创新影响力标准化研究与实践

标准联合咨询中心　编著

中国质检出版社
中国标准出版社

北　京

图书在版编目（CIP）数据

创新影响力标准化研究与实践/标准联合咨询中心编著.
—北京：中国标准出版社，2018.11
ISBN 978-7-5066-9142-0

Ⅰ.①创… Ⅱ.①中… Ⅲ.①企业创新—标准化—研究—中国 Ⅳ.①F279.23-65

中国版本图书馆 CIP 数据核字（2018）第 247163 号

中国质检出版社
中国标准出版社 出版发行
北京市朝阳区和平里西街甲 2 号（100029）
北京市西城区三里河北街 16 号（100045）
网址：www.spc.net.cn
总编室：（010）68533533 发行中心：（010）51780238
读者服务部：（010）68523946
中国标准出版社秦皇岛印刷厂印刷
各地新华书店经销
*
开本 787×1092 1/16 印张 25.75 字数 543 千字
2018 年 11 月第一版 2018 年 11 月第一次印刷
*
定价：95.00 元

编 委 会

前言

创新是社会进步的灵魂，是引领发展的第一动力，是建设现代化经济体系的战略支撑。近年来，创新理念深入人心，在党中央、国务院创新驱动发展的理念指导下，催生了数量众多的市场新生力量，促进了观念更新、制度创新和生产经营管理方式的深刻变革，有效提高了创新效率、缩短了创新路径，各行业、各领域的创新实践为稳定和扩大就业提供了重要支撑，是推动新旧动能转换和结构转型升级的重要力量，是中国经济行稳致远的活力之源。

企业是使新技术新成果转化成产品、形成产业的主体，这是市场经济的内在要求。改革开放40年来，每个重要的发展阶段和转型时期，均涌现出企业创新的典型案例。与此同时，在行业龙头企业创新引领作用的激励之下，中小企业已成为科技创新的一支重要力量，在产业发展过程中发挥着越来越重要的作用。这使得越来越多的市场主体能够在更大范围、更高层次、更深程度上实践创新驱动发展理念。也使得政府在创造良好发展环境并制定宏观支持政策的同时，能够在创新实践中进行试点示范并获得及时反馈，为进一步系统性优化创新生态环境，强化政策供给，突破发展瓶颈，充分释放全社会创新潜能提供强有力的保障。

马克思主义哲学让我们了解，事物是质、量、度的统一体，而“度”则是事物之所以能够展现个体特性的衡量标准。成书于春秋末、战国初的《考工记》是中国现存最早的关于手工业技术的国家标准雏形，是春秋战国时期记述官营手工业各工种规范和制造工艺的文献，记述了关于手工业各工种的设计规范和制造工艺，成为当时技术和工艺创新的凝练，也是引领后代工匠持续创新的重要保障。

当今，世界科技革命和产业变革加速推进，产业跨界融合发展愈发明显，新模式、新业态层出不穷，产品更新步伐加快，科技创新从科学到技术到市场的演进周期正在缩短，成果转化更加迅捷。标准化工作正逐步嵌入到科学、技术活动的各个环节，与科技创新同步甚至形成引领的趋势愈发明显。

本书汇总、甄选了企业创新和产业园区创新的各方案例，以创新落地实践的经验总结为脉络进行组织，特别是融入了企业创新与标准化工作相结合的经验案例，将技术创新与标准化深度融合产生的互动作用和模式创新进行了总结，为各行业实践创新驱动发展战略提供有益的帮助和借鉴，为企业将标准化工作上升到企业战略层面予以实施和推进提供助力。

中国科技产业化促进会标准化工作委员会

卢成绪

2018 年 11 月

第一部分　企业创新影响力评价标准及案例实践

第二部分　产业园区创新影响力评价标准及案例实践

第一部分　企业创新影响力评价标准及案例实践

第一章　企业创新影响力评价标准

一、企业创新影响力标准化工作背景

为深入实施中共中央、国务院《国家创新驱动发展战略纲要》《深化标准化工作改革方案》，贯彻落实党的十九大会议精神和习近平总书记系列重要讲话精神，加快形成以创新为主要引领和支撑的经济体系和发展模式，进一步凝练企业创新活动的共性规律和典型特点，充分发挥企业在市场经济和标准化活动中的主导地位，建立健全科学合理的创新评价制度体系，中国科技产业化促进会 2017 年 11 月发布了《企业创新影响力评价体系》团体标准（T/CSPSTC 1—2017）。

二、企业创新影响力标准化工作的目的和意义

企业在产品技术、品牌塑造、经营管理、文化凝练、社会责任展现等方面进行创新活动实践，并在此过程中实现承诺、获得认同并取得成效，从而对企业自身或相关方产生良性导向作用的能力。

企业创新影响力标准化是企业创新活动的信息反馈机制，是企业自身衡量创新投资回报率、调整创新方向、改进创新工作以及奖励创新行为的基础和标尺，能够反映企业的创新业绩、创新各主要环节的效率，乃至创新活动对企业战略、行业前景和社会发展的影响。

企业创新影响力的评价目的在于通过综合的分析，对企业的创新状况及其结果进行评价和论断，以促进企业创新能力的提高、行业整体发展水平的提升和社会经济的发展。通过自身纵向比较或与相关企业的横向比较，有利于动态掌握企业创新活动的发展情况，准确描述、分析、评价和监测各项创新活动；有利于正确评价企业创新活动的总体水平，找出优势和不足，为各项创新决策提供基本依据；有利于在行业中形成创新的导向，提高各企业的创新意识和创新积极性，促进行业和全社会创新活动的各项工作，形成进一步推进企业创新和社会发展的合力。

企业创新影响力标准化工作的开展将为中国企业的创新实践提供指引，使企业能够保持并提升创新影响力，与国际一流企业接轨提供坚实动力。

三、企业创新影响力评价标准的主要内容

企业创新影响力是指企业在产品技术、品牌塑造、经营管理、文化凝练、社会责任展现等方面进行创新活动实践，并在此过程中实现承诺、获得认同并取得成效，从而对企业自身或相关方产生良性导向作用的能力。

《企业创新影响力评价体系》中规定了企业创新影响力评价应遵循的评价原则、指标体系、指标说明、指标权重和评价方法，适用于不同行业、类型、规模企业的创新影响力评价，并为企业保持和提升创新影响力提供参考。

根据标准规定，企业创新影响力评价体系由3级指标构成，包含3项一级指标，分别是：企业技术创新影响力指数、企业品牌创新影响力指数、企业经营创新影响力指数。这3项一级指标下设共6项二级指标和29项三级指标。根据企业创新影响力指数分值，评价确定企业创新影响力等级。

标准中还给出了企业创新影响力评价模型，包括创新影响力单项指数计算模型、分类指数计算模型和综合指数计算模型，并规定了评价的具体方法和评价结果。

第二章　企业创新影响力案例实践

《企业创新影响力评价体系》团体标准的发布，为企业借助标准实现价值、创造新价值提供了崭新视角和实践指导。本章以创新标准为评价模型，甄选、汇总企业创新的各方面案例，以创新落地实践的经验总结凝练为脉络梳理，融入技术、模式创新与标准化战略案例，将技术、管理、标准化深度融合产生的互动作用和模式创新进行了总结，为企业实践创新驱动发展战略提供借鉴和助力。

第一节　潞安集团

一、企业概况与技术创新模式

山西潞安矿业（集团）有限责任公司（以下简称潞安集团），是山西省属五大国有煤炭企业集团之一，其前身是成立于1959年1月的潞安矿务局，2000年8月整体改制为潞安矿业（集团）公司。2007年，重组原新疆哈密煤业集团（始建于1958年的原哈密矿务局）成立了潞安新疆煤化工（集团）公司。2010年，重组中国第一个以煤为原料生产高效复合肥的天脊煤化工集团（原“山西化肥厂”），现已发展成为一个以煤为基、多元发展的跨地区、跨行业的现代化能源企业集团。

截至2017年底，潞安集团拥有各级子（分）公司共计175户，主要分布在山西省内长治、临汾、忻州、晋中、吕梁等地市，省外远及上海、北京、新疆、江苏、山东、深圳、香港等地，拥有1家上市公司——潞安环保能源开发股份有限公司。潞安集团先后荣获“全国五一劳动奖状”“全国创建和谐劳动关系先进企业”“全国企业文化建设优秀单位”“山西省文明单位”等荣誉称号。

2017年，潞安集团原煤产量8058.20万t，营业收入1607.5亿元，实现利润29.28亿元，截至2017年底，资产总额达到2417.92亿元。潞安集团现有职工近10万人，从2013年至今一直位列世界500强企业行列，在煤炭企业全球竞争力30强排名第15位，在全煤行业50强中排名第8位。

在50多年的发展中，潞安集团取得了辉煌的成就，形成了“十个第一”的优势与特色：

第一，1945年8月18日，潞安集团的前身石圪节煤矿在党的领导下，武装起义获得解放，成为党领导下的第一座“红色煤矿”。潞安发电厂被称为“刘伯承电厂”，是华北地区第一个“红色电厂”。

第二，1963年，石圪节煤矿被周恩来总理亲自选树为全国工交战线勤俭办企业的五面红旗之一，是煤炭系统树立的第一个榜样和典型，曾以"艰苦奋斗、勤俭办矿"的石圪节矿风享誉全国。

第三，1987 年，率先建成全国第一个现代化矿务局，综采放顶煤技术被誉为"潞安采煤法"，科技进步走在了全国最前列，引领了世界厚煤层放顶煤开采技术革命。

第四，2010 年，潞安环能股份公司被认定为"国家高新技术企业"，也是中国资本市场能源类企业和全国煤炭行业第一家和唯一一家"国家高新技术企业"；2011 年，潞安集团被认定为"国家创新型企业"，是山西煤炭行业第一家；2014 年申报的"国家煤基合成工程技术研究中心"获科技部批准，是山西第一家和唯一一家国家级工程技术研究中心。

第五，构建了"三平台九渠道一公司"融资新格局。特别是 2007 年 8 月组建山西省首家企业财务公司；上海潞安投资公司是全省成立最早、综合投资收益最优的投资公司。

第六，潞安集团主导产品具有低硫、低磷、低灰、高热值的特性，是中国最优质的环保动力煤之一；具有自主知识产权的"贫煤、贫瘦煤高炉喷吹技术与应用"，突破了国内外贫煤、贫瘦煤不能喷吹的禁区，荣获国家科技进步二等奖，喷吹煤产品被认定为高新技术产品，成为订立国家标准的基准，被授予"中国喷吹煤基地"称号。

第七，2008 年 12 月，产出全国第一桶钴基煤基合成油；2009 年 10 月，铁基催化剂出油，潞安集团成为中国唯一一家同时使用铁基、钴基两种工艺进行煤基合成油的企业，并拥有钴基固定床 F－T 合成技术的自主知识产权。

第八，潞安集团在高河能源建设的乏风氧化发电示范项目，是目前全球规模最大、全国第一家、全国瓦斯利用率最高的煤矿乏风氧化利用项目。

第九，潞安集团是全国唯一一家连续 17 年被中华全国总工会、原国家安全生产监督管理总局等部委联合授予"安康杯"竞赛优胜杯的企业。

第十，2009 年 3 月，习近平同志对潞安集团党建工作绩效管理作出重要批示，成为进入 21 世纪以来党建工作绩效管理第一个和唯一一个受到习近平同志肯定并作出重要批示的省属国有企业。

打造经济的升级版，首先必须打造科技的升级版。近年来，潞安集团深入贯彻落实习近平总书记"四个革命，一个合作"的能源发展战略思想，牢固树立创新发展理念，致力于煤炭的清洁高效利用和高端转型、深度转型、特色转型，优化提升煤炭基础产业，做强做优新型高端现代煤化工产业，大力发展绿色生物健康产业，打造布局科学、优势突出、竞争力强大的现代产业体系。致力于创新完善技术创新模式，一是注重"平台创新＋协同创新"，建成全省唯一的国家煤基合成工程技术研究中心并顺利通过科技部验收，构建完善了"一中心七平台五基地"高端开放创新体系；二是注重"自主创新＋集成创新"，围绕煤炭清洁高效利用与转化，实现了钴基费托合成工艺及下游技术突破、以潞安集团高硫煤为主的百万吨级产业化气化配煤技术突破、甲烷与二氧化碳重整生产有效合成气技术突破等；三是注重"持续创新＋全员创新"，持续实施"三个一"创新机制，强化基层单位创新管理。不断构建完善强强联合、优势嫁接的产学研用一体化高端合作机制、"技术创新＋商业模式创新"的协同创新机制、"高科技＋

现代资本”深度融合创新机制，逐渐形成了融开放型平台、国际化视野、一体化实施、高端化成果、全员化参与于一体的创新长效机制，实现了优势发展、特色发展、效益发展，走出了一条资源依赖向创新驱动快速转型的新路子，打造自主创新的示范、循环发展的典范、转型升级的样板，提升了企业综合实力和核心竞争力，开创了建设具有国际竞争力清洁能源品牌企业的崭新局面。

二、企业创新影响力实践——走高端开放合作的创新发展之路

（一）企业主要创新活动

1. 创新战略思路

创新是引领发展的第一动力，是建设现代经济体系的战略支撑。当今企业的竞争，很大程度上是集体学习力、集体竞争力的竞争。优势+创意，才能产生更多的效益。

潞安集团的发展史，也是一部科技进步史。潞安集团始终把“创新”放在企业发展的核心位置，自“七五”以来，潞安集团高度重视科技创新工作，每隔五年，都要研究制定企业五年发展规划，其中将科技创新作为一项重要内容进行研究部署。

在潞安集团“十三五”规划中，潞安集团科技发展思路是：坚持以“打造创新型企业，培育智慧型员工”为工作主线，实施“平台创新+协同创新、自主创新+集成创新、持续创新+全员创新”的开放创新驱动发展战略，以提高自主创新能力为核心，以完善科技创新体系为主线，以体制机制创新为动力，以人才队伍建设为支撑，以关键核心技术的自主研发与应用技术的系统集成为着力点，进一步提升潞安集团科技竞争力，建设“科技潞安集团、创新潞安集团、智慧潞安集团”，推动潞安集团发展方式由资源依赖型向创新驱动型转变，由高碳型能源企业向低碳型能源企业转变。

在组织实施上，构建了以集团技术委员会为核心的技术创新体系。由集团主要领导和技术、经济、营销等部门组成的技术委员会作为决策层，负责科技创新规划的制定、科研方向的确定和科技投入的审核。同时，聘请国内外知名专家学者组成的专家委员会作为咨询层，负责对公司的技术发展方向咨询服务，对公司的技术创新工作提出意见和建议。

科技资源保障。依托“一中心七平台五基地”，整合、吸收国内外创新实力强的主体进入，形成与一流科研院所、高新技术企业的协同创新，完善、规范协同创新运作模式、运行体制机制和运营组织体系，尝试以公司化、多方股权投入、风险投资等手段对协同创新进行市场化运作。充分发挥创新平台的科技资源整合作用，集成协同单位的科技资源优势，提高集团科技攻关能力，拓宽集团科技研发领域。

科技投入保障。构建科技创新投入保障的长效机制，逐步提高科技投入占销售收入的比例，提高科技创新资金投入的效率和效益。积极争取国际、国家及各级机构的科技创新资金支持，引入科技融资、优惠信贷、风险投资等市场化资金筹集方式，拓宽科技创新资金筹集渠道。

科技人才保障。以“一中心七平台五基地”为培养平台，培育科技领军人才与稳

定的研发团队和科技创新群体。建立有利于引进高层次研究人才的政策。结合集团发展战略需要，对企业科技人才机制做出系统的长远规划，确定科技人才储备规划目标。完善科技人员评估、考核与晋升机制，形成以能力和业绩为主的各类科技人才考核评价机制，形成能上能下、能进能出和优胜劣汰的竞争机制。

2. 体制与机制创新

机制决定活力。重大技术创新往往伴随着更高昂的成本、稀缺的配套资源、陌生的市场环境，通过合作机制、合作模式的创新，能够产生平台效应、集成效应、协同效应，快速变智慧资源为现实生产力和丰厚的效益。潞安集团全力构建完善了三种机制。

一是构建强强联合、优势嫁接的产学研用一体化高端合作机制。与中科院上海高研院、山西煤化所等联合，积极组建技术公司，开展钴基费托合成技术、甲烷与二氧化碳重整等技术开发成果的商业化运营，适时将推进技术公司上市。与上海纳克润滑技术有限公司开展股权合作，成立山西潞安纳克碳一化工有限公司，专业生产、销售聚α－烯烃、异构烷烃溶剂油、D系列溶剂油。与李振山技术团队共同组建山西潞安精蜡化学品有限公司，与南京天诗新材料科技公司共同组建山西潞安天诗合成蜡公司，生产合成蜡精加工产品等。

二是构建“技术创新＋商业模式创新”的协同创新机制。在项目、技术、产品等层面引进战略投资者，加快推进股权多元化，积极推进以优势项目换技术、换资金，有力推动了高端转型产业发展。比如，采用EPC/BOO等模式，引进美国AP公司、新加坡胜科公司等国际资本参与180项目建设，累计引进资金63.72亿元，构建起了“利益共享、风险共担”的股权多元化运营机制。

三是构建“高科技＋现代资本”深度融合创新机制。潞安集团牢固树立“高科技＋现代资本＝先进生产力”的理念，发挥高新技术企业优势，推进资本市场融资；在煤基高端精细化高端产品、油用牡丹产品研发上，通过与银行、基金等金融机构开展深度合作，借力资本市场，推动潞安集团高科技产业迈向优势放大、良性循环、跨越发展的“快车道”。

3. 研发支撑体系建设

企业之间的竞争是开放平台的竞争。只有依托高端化的创新平台，提高科技成果转化的效率，才能打造持续创新能力，形成持续竞争力，带动企业转型升级。

近年来，潞安集团坚持产学研用一体化推进，形成了“自主创新平台（见表2－1）、开放型合作创新平台、股权多元化共享创新平台”三位一体创新平台格局，在创新链的上游、中游和下游均实现了新突破，进一步提升了潞安集团在煤炭高端转化、深度转化技术领域的话语权。

形成了国际一流的自主创新平台（见表2－1）。潞安集团坚持建设创新型企业，设立了博士后工作站，建成了潞安集团本部和天脊集团两个国家级企业技术中心，创建了山西省首家企业研究院，建成了海外高层次人才创新创业基地。2010年7月，潞安环能股份公司被国家科技部认定为高新技术企业，这是2008年国家出台新的《高新技术企业认定管理办法》以来，全国煤炭行业首家，也是唯一一家被认定的高新技术企业。2011年潞安集团被认定为全国创新型试点企业。2014年科技部批准潞安集团组建“国家煤基合成工程技术研究中心”，这是煤炭行业第三个国家工程技术研究中

心，也是中国煤基合成行业第一个和唯一一个国家级的工程技术研究中心，标志着潞安集团在煤基合成及煤化工研发领域将拥有更多的话语权，成为潞安集团国际一流研发平台建设的里程碑事件。

表 2－1　自主创新平台

创新平台	主要研究内容
潞安环能股份公司	作为高新技术企业，开展煤炭安全高效绿色开采，智能化、数字化矿井建设，洗选技术研究与应用
潞安集团国家级技术中心	集团煤炭、煤化工、电力、光伏、农业等相关产业技术研究开发，管理集团科技创新工作
天脊集团国家级技术中心	负责集团传统煤化工、现代煤化工等相关技术研究开发
潞安博士后科研工作站	根据企业需求招收相关专业博士生进站开展相关技术攻关，破解企业技术难题
国家林业局油用牡丹工程技术研究中心潞安研发基地	开展油用牡丹产业方面的技术研发和工程化技术研究
山西省光伏电池工程技术研究中心	根据企业需要开展光伏电池工程技术研究
瓦斯研究院	开展瓦斯抽采、利用等方面技术研发

与国内外一流科研机构合作，构建了面向国际化、高端化的开放型合作创新平台（见表 2－2）。当今世界国与国、企业与企业之间的竞争，也是开放度的竞争，国际化的开放才是真正的开放，国际化的竞争才是真正的竞争。世界 500 强的一流企业长盛不衰，关键就是建立起了全方位开放型的创新体系。潞安集团在推进煤基精细化学品产业发展方面，不断强化国际化视野、国际化思维，做好世界前沿技术的追踪。

表 2－2　开放型合作创新平台

合作机构	合作内容
中科院山西煤化所	（1）国家煤基合成工程技术研究中心（山西省第一个也是唯一一个国家级工程技术中心） （2）中科潞安能源技术有限公司（钴基费托合成技术）
中科院上海高研院	（1）上海高潞绿碳公司 （2）低碳转化科学与工程重点实验室（甲烷－二氧化碳干重整技术、生物微藻技术、煤制 α 烯烃技术、超细煤粉清洁燃烧技术、碳二化工技术、羰基合成技术、微波热解技术、微通道技术） （3）先进润滑油材料联合实验室（茂金属 PAO 技术） （4）泰国曼谷联先进润滑油实验室

表 2－2(续)

合作机构	合作内容
大连化学物理研究所	(1)煤制乙醇技术(合作项目) (2)"甲醇＋甲苯制 PX"技术(合作项目) (3)"高浓双氧水"技术(跟踪项目) (4)"十氢萘"技术(跟踪项目)
解放军防化研究院	碳泡沫技术(储备技术)
天津大学	高密环保燃料油研发技术(20 万吨/年高热氧化安定性高密度航空煤油及柴油项目)
中科合成油公司	费托合成技术
上海凯赛生物化工公司	长链二元酸及生物尼龙技术
山西省资源型经济转型促进会	联合成立煤炭转型升级综合创新研究院,加强对煤炭企业转型升级成功案例、战略规划及风险管控等方面的研究,探索符合煤炭企业实际的商业模式和资本运作模式

与国内国际知名公司合作,构建优势集成、优势嫁接的股权多元化共享创新平台(见表 2－3)。潞安集团把资源变资本,以项目为载体,走出去,引进来,同世界 500 强企业合作,形成战略伙伴、科技联盟。

表 2－3　优势嫁接的股权多元化创新平台

类别	项目名称	发展优势
煤炭产业股权多元化	潞安环能股份公司	优质环保动力煤优势、喷吹煤优势、先进产能优势
	高河能源公司	先进产能矿井优势、煤电一体化优势,园区内有 2×66 万 kW 电厂和中国第一、世界最大的乏风氧化发电等项目
电力项目股权多元化	潞光发电有限公司(高河电厂 2×66 万 kW 发电项目)	高河电厂集聚了坑口电厂优势和作为晋东南—南阳—荆门特高压交流输电工程配套电源点的通道优势
	新疆潞安协鑫准东能源有限公司(准东电厂 2×66 万 kW 项目)	准东电厂集聚了坑口电厂优势和作为疆电外送配套电源点的通道优势
	高河乏风氧化发电项目	目前全球规模最大、全国第一家、全国瓦斯利用率最高的煤矿乏风氧化利用项目
	中节能潞安集团 50MW 光伏农业科技大棚项目	潞安集团单晶、多晶组件技术领先,项目实现光伏发电技术、现代农业技术集成嫁接

表2－3(续)

<table>
<tr><th>类别</th><th colspan="2">项目名称</th><th>发展优势</th></tr>
<tr><td rowspan="4">高端新型现代煤化工产业股权多元化</td><td colspan="2">“180项目”空分装置(与美国AP公司BOO模式合作)</td><td rowspan="4">以优势项目换技术、换资金、换管理</td></tr>
<tr><td colspan="2">“180项目”气化、净化、空分装置打包引进美国AP公司成立合资公司</td></tr>
<tr><td colspan="2">“180项目”水处理系统(与新加坡胜科公司BOO模式合作)</td></tr>
<tr><td colspan="2">“180项目”热电装置(与中节能公司BOT模式合作)</td></tr>
<tr><td rowspan="12">高端精细化学品股权多元化</td><td rowspan="2">高端蜡</td><td>山西潞安精蜡化学品有限公司</td><td rowspan="2">精制蜡全球领先，微粉蜡、氧化蜡、相变蜡、氯化石蜡国内领先</td></tr>
<tr><td>山西潞安天诗合成蜡有限公司</td></tr>
<tr><td>高端无芳碳氢环保溶剂油</td><td>山西潞安纳克碳一化工有限公司</td><td>聚α烯烃、异构烷烃溶剂油、D系列溶剂油技术国内领先</td></tr>
<tr><td rowspan="4">高端特种燃料</td><td>低凝柴油</td><td>国内领先</td></tr>
<tr><td>高热氧化安定性航空燃料</td><td>国际先进</td></tr>
<tr><td>十六烷值改进剂</td><td>国内领先</td></tr>
<tr><td>LPG芳构化</td><td>国内领先</td></tr>
<tr><td rowspan="4">高档润滑油基础油和高端润滑油</td><td>高黏度PAO</td><td>国际领先、煤基第一套</td></tr>
<tr><td>低黏度PAO</td><td>国际领先、煤基第一套</td></tr>
<tr><td>茂金属PAO</td><td>国际领先、煤基第一套</td></tr>
<tr><td>Ⅲ＋基础油</td><td>国际领先、煤基第一套</td></tr>
<tr><td>专属化学品</td><td>长链二元酸、尼龙5X</td><td>国际领先</td></tr>
<tr><td rowspan="6">高端技术合作股权多元化</td><td colspan="2">甲烷—二氧化碳重整技术</td><td>国际领先</td></tr>
<tr><td colspan="2">中科潞安能源技术有限公司</td><td>钴基费托技术国际先进</td></tr>
<tr><td colspan="2">中科合成油公司</td><td>国内领先</td></tr>
<tr><td colspan="2">煤制α烯烃</td><td>国际先进</td></tr>
<tr><td colspan="2">生物微藻技术</td><td>国内领先</td></tr>
<tr><td colspan="2">高档润滑油添加剂配方技术</td><td>国内领先</td></tr>
<tr><td>医疗健康项目股权多元化</td><td colspan="2">潞安集团联合北大医疗及关联方共同出资设立合资公司</td><td>打造“医教研”一体化的区域医疗中心，实现健康保险、医疗信息、医疗资源、职工养老等多领域的优势集成</td></tr>
</table>

潞安集团以建设全省第一家“国家煤基合成工程技术研究中心”为龙头，构建形成了“一中心七平台五基地”高端开放创新体系，形成了涵盖基础研究、技术中试、工业示范和技术集成与商业化的产学研用一体化技术创新体系。

“一中心”，即国家煤基合成工程技术研究中心。这是山西省第一家也是唯一一家。目前，已经初步构建组织架构，引进 12 个外部科研团队，有序开展 PAO、高密燃料、钴基催化剂、重整催化剂、高碳醇催化剂等产品的研发。

“七平台”：一是潞安集团与中科院上海高研院联合共建低碳转化科学与工程重点实验室；二是潞安集团与中科院山西煤化所合作建设煤基多联产应用基础研究平台；三是潞安集团与中科合成油技术公司合作构建高新技术公司平台；四是潞安集团与中科院上海高研院联合共建先进润滑材料研发平台；五是潞安集团与天津大学联合共建高密环保燃料油研发平台；六是潞安集团与上海凯赛生物科技公司合作共建生物化工与煤化工耦合发展平台；七是潞安集团与大连化物所合作共建现代煤化工研发平台。

“五基地”：一是煤基合成油工业试验基地；二是天脊硝基化工示范基地；三是利用钴基费托技术改造甲醇装置生产精细化学品示范基地；四是正在建设的百万吨级高硫煤清洁利用油化电热一体化示范基地；五是在“一带一路”沿线布局新疆天然气化工基地。

潞安集团坚持以科技创新为引领、以高端开放创新平台做支撑，不断加大重大技术攻关，持续提高科技创新成果的转化率，厚植产业发展的技术领先优势，持续提升产业竞争力。形成了“三个一批”关键技术梯次开发格局。

具体为：一是应用推广钴基固定床费托合成技术、高熔点费托蜡生产技术、无芳碳氢环保溶剂生产技术、高密度燃料生产技术、超细煤粉清洁燃烧技术等；二是储备开发煤制 α 烯烃技术、甲烷－二氧化碳干重整技术、碳泡沫技术、高浓双氧水、十氢萘技术等；三是攻关研发羰基合成技术、微波热解技术、微通道反应技术、碳二化工技术、煤基合成三苯三烯催化剂与反应器的开发、煤制乙醇技术、微波合成电石技术等。

潞安集团在煤基合成领域的发展思路为：“瞄准一个目标，坚持四化定位，推进三个转变，走出五条产品开发路径”。

“瞄准一个目标”，即率先推动煤基合成油 1.0 版向煤基高端精细化学品 2.0 版转型升级，实现煤炭高端转型、深度转型。

“坚持四化定位”，即差异化、高端化、规模化、国际化的发展定位。

差异化。依托技术工艺的独特性，培育石油基产品难以替代的优势。比如，潞安集团利用费托合成技术得到组成单一的直链烃混合物，碳数分布从 C_1-C_{70}，可生产不同碳数分布的单质烷烃或混合烷烃，具有了石油化工不可比拟的工艺优势。费托蜡熔点可达 115℃以上，远高于石油基生产的蜡产品；费托合成原料生产的全合成润滑油基础油黏度指数可以达到 120 以上，属于Ⅲ+类润滑油。

高端化。以高端化技术突破为引擎，生产出高熔点费托蜡、高密度燃料、全合成润滑油、低凝柴油等一系列煤基高端精细化学品，带动产业转型升级。

规模化。目前，潞安集团 16 万 t 示范项目实现了“安、稳、长、满、优”运行，并开发和储备了一系列煤基高端精细化学品及多项关键技术，为产业化发展奠定了坚实基础。180 项目建成投产后，将进一步把目前 16 万 t 示范项目的工艺装置放大、产品布局放大、盈利能力放大，实现规模效益发展。同时，将具有自主知识产权的钴基费托合成技术通过技术转让、优势嫁接，放眼全国改造，改造传统煤化工生产高端化学品，实现优势放大、转型升级、规模发展。

国际化。坚持“与能人携手，和巨人同行”的理念，开展同南非萨索尔对标，引进壳牌粉煤气化炉技术、美国 AP 公司空气分离技术、新加坡胜科污水处理技术等；太行润滑油面向世界进行市场营销布局，借船出海，参加多场国际展览会，在欧洲举办了产品推介会。潞安集团正致力培育和提升产业、产品的国际竞争力。

“推进三个转变”，即围绕煤炭基础燃料、基础原料的属性特征，潞安集团以科技为引领，推进“三个转变”（见图 2－1）。

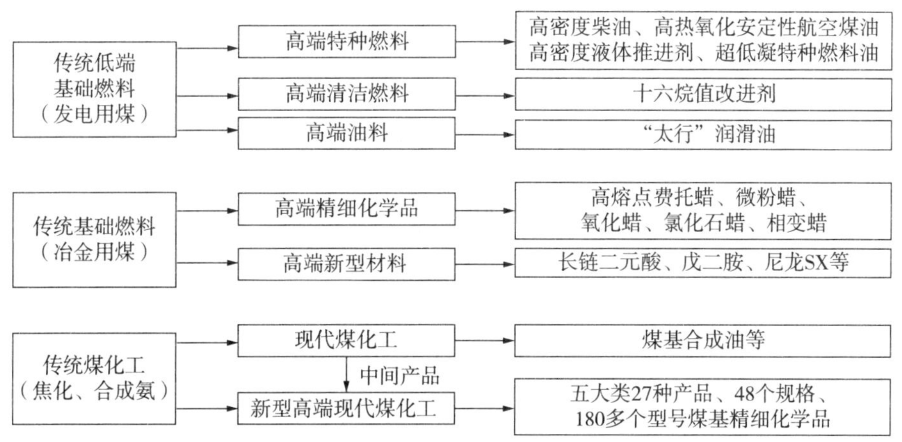

图 2－1　潞安集团发展新型高端现代煤化工“三个转变”示意图

一是传统低端基础燃料向高端特种燃料、高端清洁燃料、高端油料转变。煤炭是传统煤电企业的低端基础燃料。基础燃料向高端特种燃料转变。如潞安集团在发展煤基精细化学品中，开发的高密度柴油、高热氧化安定性航空煤油、高密度液体推进剂，性能优良，走在全国最前列。生产的－80#超低凝特种燃料油，是真正具有全天候、全球适应性的专属化学品，可满足军事、科考等在极端恶劣环境中使用，同时兼具超高的动力性能。基础燃料向高端清洁燃料转变。如 2014 年 9 月投产的十六烷值改进剂装置，可生产十六烷值高达 92.1 的柴油添加剂（国 V 成品油十六烷值为 51 以上），产品品质同壳牌一样且石油基难以生产，NO_x 排放为 0，用于改善劣质油品质，环保性能卓越。基础燃料向高端油料转变。如，潞安集团依托在 PAO 和Ⅲ＋合成基础油领域的优势，致力于高端合成润滑油的研发和生产，生产的“太行”全合成润滑油具有优异的节能环保性。其中，T6 全合成重负荷柴油机油换油周期长达 6 万 km，百公里节油 3%～10%，尾气颗粒物排放降低 28%。

二是传统基础原料向高端精细化学品、高端新型材料转变。煤炭是钢厂的传统基础原料。原料向材料转型是煤炭高端转型、深度转型的一个重要方向。基础原料向高端精细化学品、高端新型材料转变。如,潞安集团发展煤基精细化学品,着力开发高熔点费托蜡、微粉蜡、氧化蜡、氯化石蜡、相变蜡、长链二元酸、戊二胺、尼龙5X等。潞安集团是继萨索尔、壳牌后全球第三家、国内第一家采用自主专利技术生产高熔点费托蜡的企业。潞安集团正进一步延伸产业链,开发系列下游产品,3~5年内使总产能达30万t/年,成为全球最大的高端蜡供应商。潞安集团正在与上海凯赛生物公司合作开发长链二元酸、尼龙5X;同相关单位合作开发煤基碳泡沫等高端新型材料。

三是传统煤化工向现代煤化工、进一步向新型高端现代煤化工转变。潞安集团将煤基合成油作为中间产品,进一步延伸产业链,在现代煤化工的基础上,引领了新型高端现代煤化工发展,在高端转型、深度转型上取得了重大成果。目前,已开发出5大类、27种产品、48个规格、180多个型号的煤基精细化学品产品系列。其中,煤基PAO、煤基Ⅲ+基础油、二氧化碳干重整等多个技术全球领先或填补国内空白。

走出"五条产品开发路径",即高端蜡、高档润滑油基础油和高端润滑油、高端特种燃料、高端无芳碳氢环保溶剂油、专属化学五条产品开发路径。

路径一:高端蜡产业(包括精制蜡、微粉蜡、氧化蜡、氯化石蜡、相变蜡、特种蜡等),目前已开发出高熔点费托蜡、氧化蜡、微粉蜡、相变储能材料(相变蜡)、长链氯化石蜡等5个品种12个规格36个牌号,可取代进口同类产品,满足不同行业需求。

路径二:高档润滑油基础油和高端润滑油,主要包括低、高黏度PAO、S-GTL基础油、环保节能型车用油、工业用油等4个品种10个规格50个牌号。几乎可覆盖所有润滑油应用领域。

路径三:高端特种燃料(包括高密度航煤、十六烷值改进剂、超低凝柴油),主要产品包括高密度柴油、高热氧化安定性航空煤油、高密度液体推进剂等3个品种10个规格24个牌号的特种燃料产品,不仅满足民用市场,同时可满足军用特殊需求。

路径四:高端无芳碳氢环保溶剂油,主要生产单烷烃溶剂油、异构烷烃溶剂油等2个品种7个规格44个牌号的环保溶剂油为主。产品涵盖工业级、食品级、医药级、化妆品级等不同行业应用需要。

路径五:专属化学品(合成酯、合成醇),生产醋酸酯、低、高碳醇等3个品种5个规格20个牌号的产品。用作为生产香精香料、化妆品、木材胶粘剂、人造皮革、火药、医药中间体等原料。

4. 知识产权管理

科学技术是第一生产力,知识产权是第一竞争力。当今世界,知识产权成为建设创新型国家和企业的重要支撑和掌握发展主动权的关键。在知识经济时代,谁掌握了核心技术谁就掌握了市场,谁拥有了自主知识产权谁就占领了市场。专利数量的多少是一个企业创新能力的体现,同时专利的拥有量也是对国家级技术中心、国家创新型企业、国家高新技术企业的重要支撑条件。

潞安集团大力实施企业知识产权战略,提升知识产权创造、应用、管理和保护能力,充分利用专利制度,促进企业转型发展,加强知识产权成果运用,重视知识产权转让和许可,提高知识产权成果的资本化运作水平,使知识产权保护为天才之火、增添利益之油!

专利技术是未来企业间竞争的核心，也是反映一个企业具有竞争力的关键。潞安集团明确提出并建立完善企业知识产权保护制度，参与和主持国家标准的制定，拥有自主知识产权和技术，并且制定了专利战略，强调要极大地提高科技人员的专利意识，在项目的考核中要将专利的拥有作为一项重要的评价指标；要争取每年能够拥有 100 项以上专利，并进一步提高专利技术的实施率。要利用专利技术的独占权，积极参与和主持标准的制定，构筑起自己的技术壁垒，实现科技成果专利化、专利技术产业化。

不断强化对知识产权特别是专利工作的组织领导，建立健全知识产权管理规章制度，建立完善知识产权风险防范机制。制定科技成果管理办法，不断提高运用知识产权保护自身利益的意识和能力，依法保障科技人员知识产权权益，利用法律手段积极实施重点领域、重点行业和重点产品的专项保护工程。加强企业知识产权人才培养，推动优秀专利技术产业化，促进知识产权创造、保护、应用、人才培养循环机制的形成和发展。潞安集团在实施知识产权战略进程中，通过大力提升知识产权创造、运用、保护和管理能力，有效地提高了企业自主创新能力和市场竞争力，自主知识产权数量和质量有了大幅度增长。

建立知识产权管理体系，使企业拥有更多的自主知识产权，核心技术专利，营造了自主创新的良好氛围。潞安集团在技术中心设立了知识产权部，制定并落实了相关的激励制度和措施，积极鼓励支持技术创新和科学发明。在着力提高技术创新能力的同时，把技术创新与制度创新，管理创新和企业文化紧密地结合起来，全面提高了企业竞争能力。

截至 2017 年底，潞安集团获得专利权 257 项，拥有软件著作权 50 项；参与制定国家和行业标准 18 项，累计获市级以上科技进步奖 451 项目。专利申请量和获权量居全省煤炭系统首位。知识产权拥有量的攀升，使得集团公司实现了由资源驱动向创新驱动的转型，科技进步贡献率得到了大幅提升。

5. 人才队伍建设

潞安集团始终把人才工作放在优先发展的突出位置，不断开创人才强企的新局面。

坚持“党管人才”原则，按照现代企业制度的选人用人要求，从战略高度谋划，从经营层面布局，从现场需求出发，从上到下抓人才，形成了三个共识。

在组织领导上，人才是第一资源，人才工作是“一把手”工程成为共识。集团公司专门成立人才工作领导组及其人才工作办公室，形成了董事长、党委书记和总经理总牵头、负总责，分管领导重点抓，各基层单位负责人具体抓的人才工作体系。从战略层面谋划，制定了《中长期人才发展规划（2010—2020 年）》，明确人才工作的长远目标，形成了以三支人才队伍、五大考评机制、十大人才工程为主要内容的人才建设体系。从经营层面布局，出台了《关于进一步加强人才队伍建设的意见》《人才工作考核评价办法（试行）》等文件，把人才工作纳入重要议事日程，落实责任，完善措施，真抓真推。从现场需求出发，每年根据企业人才工作实际，发布年度《人才工作要点》，推动人才工作抓有方向、干有重点、评有标准、用有依据。

在使用培养上，只要放对位置，人人都是人才成为共识。人才工作，以用为本。只引不用,只培训不用或用得不好都收不到应有成效。潞安集团不断优化人才选拔使用机制,坚持不拘一格用人才,制定了干部轮岗交流办法,建立了内部人才市场,实现人才在企业内部的合理流动,做到因人制宜、量才使用,人岗相适。比如:在高硫煤清洁利用油化电热一体化项目建设中,集团从所属的天脊煤化工、煤基油示范项目、高纯硅业、树脂公司等煤化工企业抽调了200余名管理技术骨干和成熟专业人才,组成了项目的核心团队。

在执行保障上,人才投资是效益最大的投资,投资人才就是投资未来成为共识。把人才工作作为一项"硬指标"纳入各级班子考核指标体系,把不重视人才工作列入一票否决指标。围绕人才队伍建设目标,构建完善了以人才工作责任考核、专项激励、动态督导、梯队储备、长效服务及人才工作考核评价办法为内容的"五机制一办法"长效管理体系。设立"四个1000万"人才基金,专款专用,即1000万元的海外高层次人才专项基金、1000万元/年的优秀专业技术人才激励基金、1000万元/年的高技能人才激励基金、1000万元/年的后备人才培养基金。

抓住人才工作难点,实现引才、激励、培养三个突破。

打造高端化引才聚才平台,在高层次人才引进上取得突破。一是建立海外高层次人才创新创业基地,实施海外高层次人才引进工程。先后引进海外高层次人才5名,入选山西省海外高层次人才"百人计划"专家2名,入选山西省青年拔尖人才1人。二是构建上海低碳转化科学与工程重点实验室、国家级企业技术中心、博士后科研工作站等十大开放型创新平台,引进了包括中科院"百人计划"专家、国家"973""863"重大项目承担人在内的65名高端科研人才。三是全面参与山西科技创新城建设,布局构建"一中心七平台五基地",特别是建设山西省首家国家级工程技术中心——潞安集团国家煤基合成工程技术研究中心。

健全多元化激励机制,在人才激励上取得突破。坚持"特殊人才特殊待遇,特殊贡献特别奖励",巧施活用物质激励、荣誉激励和价值激励等多种激励方式。物质激励:实行首席专家一次性奖励、首席工程师一次性奖励、杰出人才每年奖励、优秀青年人才每年奖励等。荣誉激励:鼓励员工开展岗位创新,员工创新成果以创新人的名字命名,终身享用,打造潞安集团的"金牌员工"。价值激励:推行技术技能人才"首席师"机制,畅通技能人才和专业技术人才相互转化的通道,拓宽专业技术人才向经营管理人才发展的通道,构建人才成长的"立交桥",并试点推进技术人员持股,建立完善市场化激励机制。

构建特色化教育培训模式,在人才培训培养上取得突破。潞安集团"干部上讲台,培训到现场"工作得到省国资委充分肯定,工作经验作为三户企业先进典型之一在全省推广。在培训方式上,形成了订单式培养、技师直通班、优秀班组长素质提高班、学历提升教育等多种方式。在师资队伍上,实施"阳光工程",选拔出55名"阳光种子"内训师进行专业化训练和培养,打造优秀师资团队。在教学模式上,在全煤行业率先引入"行动教练式"培训技术,实现了员工从"让我学"到"我要学"、从"知道"到"做到"的主动转变,保证培训效果。在培训模式上,将干部推到厂矿一线开展培训包保,让干部与职工面对面讲解,手把手传授,包教包会。2016年,集团所有班子成

员、452 名中层干部、2669 名基层科队级干部上讲台授课，约 112200 人听课受训，有 2800 名干部与 10300 余名员工结成包保对子。

扎实推进经营管理人才、专业技术人才和高技能人才“三支队伍”建设，人才效益逐步彰显。

以“好人 + 能人”为选人用人导向，培养高素质的经营管理人才队伍。“好人”，就是突出对干部“德”的培养和考核。开设“道德讲堂”领导干部专场，提升干部“德”的修养；在干部考核中，“德”在考核中的权重达到 30%。“能人”，就是突出对干部重点工作和创新工作的考核，把干部年薪的 50% 同工作业绩考核直接挂钩。同时，加大干部市场化选聘力度，不断健全后备干部人才库。2013 年以来，通过公开竞聘方式，先后为下属整合矿井配备“六大员”12 名，选拔财务总监、总会计师后备干部 45 名，并从中选派了 11 名排名靠前、考察优秀的同志到下属子、分公司担任总会计师。

以特色化的大学生培养为抓手，打造高标准的专业技术人才队伍。截至 2017 年底，潞安集团本科以上高校毕业生共计 12994 人，占职工总数的 20.58%，通过实施下基层锻炼、轮岗交流、职业培训、跟踪培养、导师培养、职业生涯规划指导等制度，推进大学生员工岗位成才，成为潞安集团专业技术人才队伍的生力军，这一做法入选了 2013 年全省人才工作创新先进典型。在此基础上，普遍推行大学生技术团队建设，发挥大学生员工的专业优势，开展技术攻关，建成了大学生瓦斯科研攻关小组、高精尖设备技术小组、千米钻探队、太阳能光伏博士工作站等 10 余个特色鲜明、成效初显的大学生技术团队。比如，余吾煤业公司瓦斯科研技术小组以 8 名大学生员工为核心成员，2014 年 4 月成立至今已获得专利 3 项，解决该矿瓦斯治理技术难题 15 个，提出了《采空区长立管埋管抽采》技术方案，实施后，工作面上隅角及后溜的瓦斯浓度下降幅度达 36.7%，安全生产效益大大提升，每天增创 30 万元以上。

以“三个载体”为平台，建设高水平的技能人才队伍。一是精英大师工作室教科研基地。整合潞安集团职业中专与潞安集团王庄煤矿、余吾煤业等技能大师工作室的优势资源，成立潞安集团精英大师工作室教科研基地。教师与技能大师“结对子”，角色互换，双向促进，教科研用一体化水平显著提升。基地累计产生重大技能创造成果 48 项，成果推广应用 33 项，创造经济效益 1.6 亿元以上。比如，对煤基合成油示范厂的低热值尾气回收、蒸汽系统进行了优化，既实现了循环利用，又节能降本，每年可节约资金 850 万元。二是技能大师工作室。推行“技师协会”机制，打造员工培训、同业交流、标准制定、技艺传承、技术攻关、技能创造和成果应用的高端平台。目前，潞安集团共建成 13 个技能大师工作室。其中，国家级 2 个，煤炭行业级 8 个。三是“理实一体化”技能培训基地。建成了“现实版”的煤矿井上、井下生产实训系统，采取煤矿标准化的手指口述式现场教学，实现了员工培训和岗位实践的无缝对接。近年来，潞安集团培养全国技术能手 2 名，享受国务院特殊津贴高级技师 2 名，享受省政府津贴高级技师 10 名，三晋技术能手 14 名，煤炭行业技能大师 11 名。2014 年，潞安集团首席技师王岐林获国家技能人才最高奖项——“中华技能大奖”。

通过实施“人才强企”战略，潞安集团打造了一支数量充足、结构合理、素质优良、配置优化的人才队伍。“十二五”以来，先后引进外部科研团队 12 个，引进金融、煤化工职业经理人 8 名，外聘院士、专家 100 多名组建潞安集团专家决策咨询团队；培养享受国务院特殊津贴人才 12 人，省委联系的高级专家 14 人，省国资委联系的高级专家 58 人，建成国家级技能大师工作室 2 个，行业级 16 个，省级 12 个，全面夯实了企业发展的人才根基，集团上下新产业蓬勃发展、新动能持续壮大、新人才不断涌现。潞安集团荣获全国现代大型煤炭企业人力资源管理最佳企业奖和全国技能人才培养突出贡献奖。

6. 品牌塑造与市场营销

品牌是企业的无形资产，是企业软实力的象征。随着全球经济一体化进程的加快和中国市场的进一步开放，企业之间的竞争已经从产品竞争、价格竞争升级到品牌层次上的竞争，实施品牌战略刻不容缓。潞安集团坚持品质为王，发展多元产品，精耕潞安集团品牌，提升品牌内涵价值最大化。

品牌效益是最大的效益和最持久的效益。面对激烈的竞争，提出“打造具有国际竞争力的清洁能源品牌”，进一步提升潞安集团国际国内的知名度、美誉度和影响力。立足煤，以煤为基，建设大矿、好矿、强矿，推进煤炭清洁高效利用；延伸煤，差异化发展高端煤化工，率先推进煤基合成油 1.0 版（传统的以汽、煤、柴为产业定位，以替代石油基燃料产品为目标）向煤基精细化学品 2.0 版（由石油基产品替代向高分子化学领域、生物化工领域的跨越）迈进；超越煤，转型发展生物健康、现代金融、绿色光伏等多元产业。

培育做强以“优质动力煤”和“喷吹煤”为标志的煤炭产品品牌。潞安集团煤炭品质好，具有“二低、二好、二高”（低灰、特低硫；可磨性好、热稳定性好；灰熔点高，发热量高）的特点。高炉喷吹煤更是被广大电力用户誉为煤炭中的“细粮”。得天独厚的地域条件，让潞安煤备受市场青睐，也更赢得用户喜欢。

培育做强以“太行润滑油”为标志的煤基高端产品品牌。围绕节能环保战略性新兴产业，潞安集团大力发展具有国际标准、可替代进口的节能环保高端润滑油和环保溶剂油。抓住“润滑经济”的机遇，充分发挥“太行”润滑油填补国内空白、比石油基产品性价比更高、节能环保性能更好的优势，掌控“微笑曲线”中高端研发和现代营销的“两个高端”，实施品牌战略。目前开发出包括低、高黏度 PAO、S-GTL 基础油、环保节能型车用油、工业用油等 4 个品种 10 个规格 50 个牌号产品，几乎可覆盖所有润滑油应用领域。太行润滑油产品采用独特的 PAO + 烷基萘配方，具有较好的环保优势，据中汽研（天津）汽车工程研究院对公司合成润滑油产品进行的 60000km 行车试验报告表明：柴油发动机在更换合成润滑油之后，可减少全负荷烟度（颗粒物）3.5% ~ 8.3%；减排一氧化碳 2.3% ~5.8%；碳氢化合物 HC 2.2% ~3.2%；百公里油耗下降 2% ~3%，具有明显的节能和减排效果。假设国内 2.9 亿辆车全部换装合成润滑油，每年可节约 346.5 亿元的润滑油消耗费用，大幅降低废机油生成量，创造出显著的经济效益和环保效益。

培育做强以“牡丹油”为标志的生物健康品牌。油用牡丹是一种新型油料作物，具有较高的出油率，该作物丰产期为 30 年。我国于 2011 年批准牡丹籽油作为新资源食品，由牡丹籽提取的植物油，营养丰富独特，具有一定医疗保健作用。牡丹花蕊还可加工制成牡丹花蕊茶，牡丹花瓣还可研发化妆品。潞安集团抓住先机，超越煤炭转型发展，推广种植油用牡丹，并与精准扶贫相结合，调整优化种植结构，大力开发油用牡丹系列深加工产品，建设健康生物产业深加工基地，目前是全国最大的油用牡丹育苗和种植企业，十三五总规模要达到 100 万亩（1 亩 = 666.7m^2），建成全国最大的油用牡丹育苗、种植和深加工企业基地。

在品质保障上，紧紧围绕"质量即市场""服务即营销"的理念，强化质量管控，紧盯产品质量，做实销售后盾，通过牢牢把握"一个中心"，依据"两个准绳"，抓好"三个环节"，采取"多项举措"实现了全过程、全方位、全员管理，保证了产品质量合格。一个中心，即以煤质调度管理为中心，构建了通盖预测预警、事故问责、抓售前、注售中、重售后等内容的煤质调度管理体系，实现了煤质管理质跃发展。两个准线，即以《潞安矿业集团公司煤质事故隐患问责制度》和《潞安矿业集团公司煤炭质量管理办法》为准绳，筑牢煤质防线，实现红线管理，做到制度更细，管理更严，产品更优。三个环节，即抓好售前、售中、售后三环节煤质管理，实现了从井下源头、洗选加工到产品装车全过程、全方位煤质管理，确保煤质动态稳定、批批合格。

多项举措，即建立预则预警机制，实现超前煤质管理；成立煤质事故应急处理小组，及时处理煤质事故；建立外运商品煤质量批批跟踪制度，做好售后服务工作；以煤质监督检查为常态，抓好装车外运；以煤质检测为基准，抓好煤质检测；以煤炭洗选加工技术为支撑，促设计优化，保洗选高效；以用户走访和技术交流为媒介，做好客户服务；以煤炭质量标准化大检查工作为利剑，直击问题，督促整改。

在市场营销上，构建市场导向型、业务集约化、管理专业化、资源共享化的"一型三化"大营销体系。营销是检验企业经营的最终指标。潞安集团坚持以市场为导向、客户为中心，大力实施品牌营销、感情营销、差异化营销、全员营销和科学化营销"五个营销"，确保营销效益最大化。积极推进大客户和差异化战略，发挥战略用户的支撑作用。强化用户细分管理，重点培育特大型战略用户，积极拓展优势客户群体，实施差异化市场定位，灵活创新结算销售方式，为用户搭建"一站式"服务平台，完善建立用户考评激励和风险共担机制。积极推动"用户圈"向"朋友圈"的转变，践行感情营销，用户向朋友的转变，多了交情、支持，少了利益、冷漠，让选择潞安集团成为必然，使客户真正建立与潞安集团共呼吸、同命运的长谐关系。

同时，加快完善大营销体系配套建设。加快完善生产运销一体化调度机制，实现生产、库存、装车、销售信息的闭环共享和无缝对接，及时满足用户需求，提高生产经营决策效率和资源配置效率。调整优化"四位一体"运输网络布局，深挖潜力降低成本，创新多元运输模式和通道，拓展深化互联网 + 、全员营销等营销渠道，落实放大与易煤网、煤炭交易平台的合作深度和广度，努力扩大潞安煤的辐射范围。积极推动营销体制机制创新，坚持集约化、专业化、信息化的发展方向，创新管理模式，优化组织架构和业务流程。

潞安煤炭在湖南、湖北、江西、江苏、安徽等传统市场区域的基础上，现已遍及山东、河南、河北、北京、天津、辽宁等省区市，形成了市场涵盖东北、华北、华东、华中四大区域板块，影响力辐射全国的市场网络。太行润滑油已在国内 107 个城市设立了太行润滑油销售点和授权经销商。其中,山西、内蒙古、广东、福建、江西、云南实现了全覆盖。

7. 企业创新文化建设

科技创新是企业发展永恒的主题,创新文化是企业文化的精髓。有了文化的传承,也就有了科技创新可持续发展的可靠保障。文化是水,源头活水才有灵动神韵;文化是根,根深蒂固才能枝繁叶茂;文化是魂,铸魂塑形才会顶天立地。一个企业的发展壮大,必然伴随着文化的繁荣;一个企业的强盛,必然离不开文化的支撑。创新是企业发展的不竭动力源泉,也是企业常青的文化基因。

潞安集团在长达半个多世纪的发展过程中,积聚了深厚的创新文化底蕴。潞安集团企业文化建设可以分为四个阶段:以"艰苦奋斗"为核心的石圪节矿风建设时代,以"高效率"为核心的现代化建设时代,以"中国潞安"为核心的大集团战略发展时代和以"为人至诚、为业至精"为核心的国企改革转型升级时代。四个阶段一以贯之的是创新。

第一阶段是创新文化酝酿期。石圪节煤矿是潞安集团的前身,是中国共产党在晋冀鲁豫边区接管的第一座煤矿,革命创新精神在解放战争时期表现为千方百计"多产煤炭,支援前线",新中国成立后,举国百废待兴、条件极其艰苦,石圪节煤矿"艰苦奋斗,勤俭办矿",连续多年在全国煤炭战线效率最高、成本最低、质量最好、机构最精干,1963 年,石圪节矿被周恩来总理亲自树为全国工交战线的五面红旗之一。

第二阶段是创新文化建设期。我国进入 20 世纪 80 年代,随着改革开放的步步深入,世界技术革命浪潮不断对我国传统工业进行冲击,潞安集团进入现代化建设时期,1987 年被命名为第一个中国煤炭工业现代化矿区;自主创新的综采放顶煤技术被誉为"潞安采煤法",引领了世界厚煤层放顶煤开采的潮流。曾两次获得全国"五一劳动奖状"和国家级企业技术进步奖,三次获全国企业管理最高奖,被誉为"一局三金马,中华第一家",企业技术工艺、装备水平、效率效益始终名列全行业前茅。现代化时期的潞安集团企业文化建设是一种批判继承上的创新。继承了潞安集团人敢于面对挑战、勇于克服困难、迎难而上、孜孜以求的奋斗精神,并在此基础上,由过去的单纯追求产量的生产型企业文化全面上升到追求企业运行质效的经营型企业文化层面。现代化时期的潞安集团企业文化建设可以概括表述为"一、二、三、四、五":潞安集团的追求——高效率,潞安集团的精神——实干、进取,潞安集团的道路——挖潜改造、技术进步和经济杠杆,潞安集团意识——五感、四个一流。

第三阶段是创新文化成型期。20 世纪 90 年代后期,随着我国社会主义市场经济的日臻成熟完善和全球经济一体化的确立,经济形式的多样化、投资主体的多元化彻底打破了我国企业的传统经营模式,国有企业进行现代企业制度改革成为企业发展的主流。在此时代背景下,2000 年 8 月,潞安由厂矿整体改制为潞安矿业集团公司。这一时期确定了《中国潞安之歌》,颁布了《企业文化建设大纲》,推行了《潞安形象手册》及《理念手册》,实施员工行为 6S 规范考评,所谓"6S"是指:整理(Seiri)、清洁(Sanitary)、准时(Sharp)、标准(Standard)、素养(Shitsuke)、安全(Safety)。建成了全国煤炭行业、国家中西部地区第一个"全国企业文化示范基地"。

第四阶段是创新文化升华期。2011 年至今，在全国国企改革、转型升级浪潮下，创新在企业发展中作用凸显，创新已成企业发展之本。企业创新文化进入升华期，建成首届中部地区十大企业文化示范基地，不仅确立了企业标志、标准色、标准字、吉祥物，制定了《企业文化建设十二五规划》，加强用文化整合新加盟新整合新建单位用；而且经过长期的推敲和凝练，对标国际一流企业的文化，和我们传统企业文化的结合，形成了潞安集团企业文化的顶层设计——核心价值理念体系。确立了“为人至诚、为业至精”核心理念，“以阳光的心开采光明、以感恩的心回报社会、以真诚的心造福员工”的核心价值，“艰苦奋斗、博采众长、追去卓越”的潞安集团精神以及“与能人携手、和巨人同行”的开放理念等涵盖多层面的 15 条核心理念体系手册，尤为重要的是，明确提出“资源有限、创意无限”的创新理念。

作为资源型企业，资源是有限的，也是不可再生的，唯有创新才是不竭动力和源泉，唯有创新才能使有限的资源创造最大的价值，驱动企业的转型发展、永续发展。潞安集团在转型跨越发展中，大力弘扬创新文化，倡导敢为人先、勇于冒尖的创新精神，使创新成为企业的一种价值导向、一种思维方式、一种生活习惯，突出对标创新、集成创新、协同创新、自主创新、全员创新，让创新激发更大活力，创意产生更大效益，在创新中赢得主动、赢得优势、赢得发展，实现由资源驱动企业向创新驱动企业转型。

一方面，大力营造全员创新氛围。在集团班子成员层面实行“三个一”创新机制，即集团班子成员每人都要联系一个创新型项目、一所合作院校、一名行业知名专家或院士，带动创新型企业深入推进。在矿处级中层，树立“没有重点工作的干部不是重点关注的干部，没有创新业绩的干部不是优先培养的干部”理念，健全完善干部年薪同创新工作、创新业绩挂钩考核机制。在全集团组织开展以小发明、小创造、小革新、小设计、小建议为主要内容的职工“五小竞赛”活动，大力推进全员创新、岗位创新、自主创新，营造人人关注创新、人人支持创新、人人参与创新的浓厚氛围。探索建立创新创效成果征集、发布、推广和考评体系，开辟创新专栏，使优秀创新成果迅速集成、嫁接、推广和放大。

另一方面，大力营造敢于担当、鼓励创新、宽容失败的文化氛围。创新是对未来事物的探索，有探索就有可能失败，这就需要有担当精神，“失败的创新也比不创新好”“允许创新失败，但不允许不创新”。潞安集团大力营造鼓励创新、允许探索、宽容失败的文化氛围，敢于为创新者担当、撑腰做主，给失败的创新以更多的鼓励，真正让创新激发更大的活力，创意产生更大的效益。

（二）企业创新成效

企业综合发展实力明显增强。“十二五”以来，企业连续取得多个标志性成绩，连续实现高起点上的新跨越。2011 年，成为营业收入、资产总额“双千亿”企业；2013 年，跨入世界 500 强，至今已连续五年入选；潞安集团是国家开展“安康杯”竞赛以来，全国唯一一家连续 17 年被中华全国总工会、国家安全生产监督管理总局等部委联合授予“安康杯”竞赛优胜杯的企业。

促进了企业可持续发展。以重大技术突破为引擎，带动企业转型升级，优化产业结构，构建了以煤基高端精细化学品为核心、融现代焦化和特色硝基化工为一体的“潞安煤化工”板块，以新兴产业带动传统产业升级增值，促进了低端循环向高端循环转变，形成了多联产、多产品、多技术、多循环、多效益、全产业链的发展格局，实现了资源效益最大化和社会环境效益最优化，受到了党和国家领导人、科技部、山西省委省政府等各级领导的高度关注。先后获得“中国节能减排功勋企业”、“中国能源绿色企业50佳”、煤炭工业“节能减排先进企业”、“山西省节能突出贡献企业”等荣誉称号，成为“联合国清洁煤技术示范和推广企业”。

取得一批重大科技成就。近年来，荣获国家科技奖3项，省部级科技奖87项，获得国家专利授权193件，其中发明专利28项。2016年，潞安集团主导合作研制的国内首台大功率大采高电牵引采煤机，被评为“全国煤机行业十大科技创新成果”。在煤炭产业方面，建成国内第一个大采高自动化综放工作面、第一个数字化掘进工作面、第一个数字化矿井。大采高放顶煤整体工艺技术达到国际先进水平；掘锚一体化自动化掘进整体技术达到国际领先水平；资源回采率91%，达到国际领先水平。具有自主知识产权的“贫煤、贫瘦煤高炉喷吹技术与应用”获国家科技进步二等奖，喷吹煤产品被认定为高新技术产品，成为订立国家标准的基准，被授予“中国喷吹煤基地”称号。在煤基高端精细化学品产业方面，煤基合成油及高端精细化学品创造多项第一。全国唯一一家同时使用铁基、钴基两种工艺进行煤基合成油的企业。“十二五”以来，已先后开发出4大类、27种产品、48个规格、180个型号的煤基精细化学品产品系列，多项产品创造国际国内第一。全国第一个利用费托合成技术生产高熔点费托合成蜡，世界第一个利用富含α-烯烃的费托合成轻质油生产PAO高档润滑油，全国第一个利用正构烷烃生产正构溶剂油、无芳溶剂油，全国第一个利用煤基费托蜡经异构生产Ⅲ+基础油等。高河乏风氧化发电示范项目，是目前全球规模最大、全国第一家、全国瓦斯利用率最高的煤矿乏风氧化利用项目。这为建设具有国际竞争能力的清洁能源品牌企业奠定了坚实基础，为国家在煤化工领域实现前瞻性基础研究、引领性原创成果重大突破做出了积极贡献。

三、小结

潞安集团作为一家煤炭企业，近年来在企业转型发展方面取得了重大进展，无疑和其一贯注重科技进步、创新发展是密不可分的。潞安集团在科技创新方面走在全煤行业的前列，在创新发展上的探索实践主要体现在以下五个方面：

一是执着创新。纵观世界500强企业，都是把创新作为企业发展的灵魂，在创新中赢得主动、赢得优势、赢得发展，潞安集团坚持把科技创新作为一项系统工程、长远工作来抓，经历了长期的积累和攻关，成为企业转型发展的强力引擎和发展特色。

二是持续投入。2011年以来，潞安集团科技投入逐年增加，研发投入稳步增长。2011—2016年，累计研发投入196亿元，年均实施科研项目150项，为科技创新、项目实施提供强有力的资金保障。

三是聚焦人才。科技创新的根本在人才。潞安集团坚持把人才工作作为“一把手工程”，围绕经营管理人才、专业技术人才、高技能人才“三支队伍建设”，构建具有国际竞争力和潞安集团特色的人才管理体系，努力为创业创新人才、优秀青年人才、高技能人才提供更大的发展空间、更多信任宽容和更多扶持帮助，在集团形成广纳群贤、人尽其才、才尽其用的生动局面。

四是高端开放。大开放才能赢得大发展。潞安集团秉承“开放办企，共赢发展”“与能人携手，和巨人同行”的理念，积极与美国AP公司、德国西门子公司、荷兰壳牌公司、泰国班普公司、新加坡胜科公司、中节能公司等世界知名集团，围绕企业关键项目、关键领域城、关键技术，持续开展了深层次、多领域、宽范围的广泛合作，进一步提升了企业的科技创新水平。

五是注重转化。重大项目是科技创新的重要载体。一项科研成果如果在转化周期内没有转化为生产力，其经济潜能就会很快衰减。潞安集团通过不断创新与实践积累，有效带动了潞安集团一大批竞争能力强、经济效益好、市场占有率高的大项目、新项目、好项目建设，为企业的转型发展增添了强劲动力。

第二节 霍尼韦尔

一、企业概况与技术创新模式

霍尼韦尔是《财富》美国100强之一的互联工业企业，为全球客户提供专业的行业解决方案，涵盖航空和汽车产品及服务，楼宇、住宅和工业控制技术，以及特性材料。从飞机、汽车、住宅、楼宇、制造工厂、供应链到工人，霍尼韦尔创新技术致力于万物互联，创造一个更智能、更安全和更可持续发展的世界。2006年至2017年底，霍尼韦尔中国研发人员创造产出了1000多项专利和专利申请，其中2017年贡献了180多项新的专利申请，较2016年增长近30%。

霍尼韦尔在中国的历史可以追溯到1935年。当时，霍尼韦尔在上海开设了第一个经销机构。目前，霍尼韦尔四大业务集团均已落户中国，旗下所辖的所有业务部门的亚太总部也都已迁至中国，并在中国的30多个城市设有多家分公司和合资企业。2004年，霍尼韦尔在上海浦东张江高科技园区设立了中国研发中心。2016年，霍尼韦尔扩展其位于上海浦东的亚太区总部和中国研发中心，现已落成的新10层总部大楼将可以帮助霍尼韦尔扩增研发和办公区域约50%，霍尼韦尔强大的本土科研和工程创新技术不仅推动着行业的发展，也为人才培养做出颇多贡献。

霍尼韦尔科技事业部是霍尼韦尔在中国的核心研发力量，它在中国的足迹始于2002年，在北京设立了中国的第一个高科技实验室，2007年10月正式成立霍尼韦尔科技事业部（中国）。目前，该中心包含了霍尼韦尔旗下所有四大业务集团的重要实验室，包括智能建筑与家居集团、安全与生产力解决方案集团、航空航天集团和特性材料和技术集团。霍尼韦尔在中国拥有先进的研发设施，包括3D打印机、涡轮增压设计与测试、水质处理及演示系统、水质分析仪器、航空航天天线近场实验室等。

时至今日，霍尼韦尔在中国主要城市建立了研发中心，包括北京、上海、南京、苏州和西安，共配备2600多名科研人员，占据霍尼韦尔在华总员工约20%，其中约1/2的研发人员为软件工程师。

为实现霍尼韦尔“东方服务于东方”“东方服务于全球”和“成为中国式的竞争者”的发展战略，霍尼韦尔致力于本土化产品的研发和创新，以帮助中国应对所面临的严峻挑战，包括空气污染、水污染、安全与安防、节能减排、智能制造等。目前，霍尼韦尔在中国营收的近30%来自“东方服务于东方”战略下的创新和产品。

二、企业创新影响力实践——积极投身创新中国的建设

（一）企业主要创新活动

1. 多方合作助推创新

为保持澎湃的创新动能，霍尼韦尔一直与中国顶尖高校、企业和孵化器保持紧密合作，推动科研项目，并支持高科技人才的培养，力争在数字经济大潮中，引领跨领域技术合作和产品开发，推动霍尼韦尔创新力量壮大。以华东理工大学为例，多年来，霍尼韦尔与其紧密合作，在支持建设创新型国家和环境友好型社会上同向而行。

UOP大学

霍尼韦尔第一次将UOP大学项目设置到华东理工大学化工学院研究生一年级的必修课的课程中，选派UOP研究员为研究生授课，让学生在没有走出校门之前能够将学术知识与炼油化工工业实践紧密结合。

霍尼韦尔学者

霍尼韦尔为华东理工大学林嘉平教授和钟伟民教授颁发了“霍尼韦尔学者”荣誉证书，表彰其在化工技术和材料创新领域的优秀成绩。同时也邀请这些知名教授到霍尼韦尔研发中心深入交流，促进产学研合作。

基于科技带动发展与人才培养这两个出发点，霍尼韦尔携手启迪控股共建“霍尼韦尔－启迪之星智能制造加速器”项目并发起智能制造技术创业营，共同探索、培育和支持高成长性的智造领域中小企业和技术团队，实现技术、资本、市场服务的深度融合。霍尼韦尔希望充分发挥长期以来的技术积累、研发创新和管理运营的优势，帮助成长中的本土企业打造核心竞争力，加速转换科技创新带来的社会和经济效益。2017年9月，第一期创业营结业并成功举办了成果展。来自先进传感、机器人、网络通信、新材料等领域的七支创业团队集中展示了各自的科技创新成果，吸引了投资者、媒体和创业伙伴们的高度关注。目前，第二期创业营已正式开营，将有更多来自全国的优秀创业团队从中受益，并加速实现科技创新发展。

2. 人才是霍尼韦尔发展的核心力量

随着中国产业结构调整，特别是制造业的转型升级，技能型和工程型人才日益成为企业和经济发展的重要支柱，整个社会对STEM（以下称“理工科”）教育和人才的需

求规模不断扩大，层次不断提升。理工科人才是企业和经济发展的重要支柱，而理工科人才的培养更对中国进一步推进新型工业化，逐步成为制造业强国至关重要。

作为一家百年企业，霍尼韦尔非常重视每一位员工的辛勤工作所创造的价值，并提供各种资源来培养人才。霍尼韦尔有一系列项目针对人才进行多层次的培养，助力实现员工更大更广的职业价值和影响力，促就他们的科技职业道路理想。

霍尼韦尔拥有一批自身专业技术过硬，同时在霍尼韦尔以及行业内具有一定影响力和号召力的技术专家，称为"霍尼韦尔研究员"（Fellow）。这些霍尼韦尔研究员在技术团队中发挥着榜样的力量，发挥"传、帮、带"作用，培养出一批又一批的技术专才，同时也以其技术眼界，引领跨领域技术合作和产品开发，推动霍尼韦尔的创新力量。

霍尼韦尔为员工创造了不同层级的学习机会，包括各类培训课程：

针对大学毕业生的"Developing Engineer"工程师管培项目，通过约两年时间在霍尼韦尔不同业务的轮岗项目培训培养年轻的工程师。

针对需要进一步提升专业技能，学习新知识新技能的员工的"新兵训练营"和"霍尼韦尔技术学院"项目，请公司内部专家、行业专家、院校教授来传授当下新技术新知识，提升基础技术技能。

针对技术人才的全球性视野培养的"Bubble Assignment"跨地域短期任务项目，通过6～9个月的短期项目派遣，开拓技术人才的多元文化视野，促进未来的跨区域产品开发，更好地服务霍尼韦尔"东方服务于世界"的战略需求。

大力推广技术人才职业路线，以霍尼韦尔研究员为技术职业发展目标，设立技术职业发展的职业目标并配备相应的技能技巧培养计划。

鼓励技术人员参与地区性和全球性的技术峰会、研讨会和行业交流。

大力推动"一个霍尼韦尔"的企业文化，不论在专业层面还是在其他领域，创造各种机会，促进不同领域的技术人员的交流，技术人员与霍尼韦尔市场、营销人员的交流，以及技术人员与直接客户和终端用户的交流。

2017年初设立的霍尼韦尔孵化器更是为员工提供了内部创业平台，通过选拔进入孵化器的项目采用初创企业模式，在3～5个月内进行新产品快速开发，并最终进入产品商业化流程。2017年全年共有21个项目进入孵化器孵化，其中4个项目已获业务部门认可，这些项目预计将能带来1.47亿美元的收入。通过孵化器的历练，员工们收获了创业的成就感，项目商业化的成功同时也助力公司的内生式增长。

除了培养自身人才，霍尼韦尔还帮助社会培养更多理工科人才。

太空学院教师培训计划

"霍尼韦尔太空学院教师培训计划"由霍尼韦尔和美国太空及火箭中心于2004年联合发起，每年邀请来自全球的中学教师们赴美接受为期五天的宇航模拟实战训练。此训练与全球数学和科学教育的标准密切结合，具体活动包括：高性能喷气式飞机模拟训练、太空场景训练任务、陆海生存训练和交互式飞机动力学项目。该计划旨在帮助教师们开拓视野，学习如何引导学生们对科学和探索产生兴趣的方法和技巧，提高数学与科学科目的授课水平，最终推动和促进数学与科学教育，培育出更多的科学家和科研工作人员。

全球已有近2776名中学教师参与其中，包括来自中国的42名教师，将自己的所学所思带回课堂，帮助激发学生们对科学的热情。迄今为止，已有累计超过300万名学生直接获益。

卓越科学与工程计划

霍尼韦尔与全球知名高等学府合作开展“霍尼韦尔卓越科学与工程计划”。截至目前，霍尼韦尔已经11次携手诺贝尔奖得主走进中国高校，包括上海交通大学、北京航空航天大学、西安西北工业大学等。该项目为大学生和诺贝尔物理学奖和化学奖得主们之间建立起沟通的桥梁，激发他们对理工科的学习热情，鼓舞他们成为未来的科学家和工程师。

霍尼韦尔星计划航空航天创新大赛

“霍尼韦尔星计划航空航天创新大赛”（以下简称大赛）于2015年由霍尼韦尔科技事业部航空航天中国研发中心发起主办，在全国数所高校展开，旨在挖掘和培养中国航空和相关工程和技术人才。这是霍尼韦尔在中国所组织的第一个面向全国高校学生的创新大赛。

从2015年的第一届开始，大赛覆盖了中国民航大学、天津大学、西安交通大学、西北工业大学、北京航空航天大学、南京航空航天大学、上海交通大学等在中国航空业及工程领域的顶尖学府。

参赛学生可以基于自身所学习的专业，或是对航空或软件工程方向的兴趣点，来选择大赛组委会给出的某一个课题。由霍尼韦尔科技事业部航空航天中国研发中心的资深工程师组成的评委会对所有提交的方案进行初轮筛选后，进入决赛的选手需在决赛现场阐述并演示他们的设计。大赛共设三个奖项，分别是“最佳创意奖”“最佳成果奖”和“最佳动手能力奖”。

2015年和2016年两届大赛采取了命题形式，2017年第三届大赛中，组委会给予了参赛者更大的发挥空间，参赛者可以基于本人所学专业以及个人兴趣点出发，围绕民用航空技术及应用，包括但不局限于机械或电子系统、空管、无人机、制造工艺和流程等方面提交作品。2018年第四届大赛全面升级，围绕“互联飞机”“智慧建筑”“智能家居”“互联供应链”“互联作业”“互联工厂”等六大课题，诚邀中国高校的全日制本科或研究生阶段在读学生以个人或团队形式选取以上六大主题中的任一项参赛，通过数字化创新来畅想工业的未来，同霍尼韦尔一起见证“互联的力量”，共绘互联蓝图。此次大赛于2018年8月落幕，共收到65份作品，涵盖了以上全部六大主题。最终，来自西北工业大学的“O－50红细胞主从动式涵道旋翼城市飞行器”项目、上海交通大学/同济大学的“AI驱动的高效新型餐饮自助式视觉结算系统”项目，以及上海工程技术大学的“玻璃幕墙监测系统设计”三个项目荣获了特等奖，另有5项作品摘得优秀作品奖。本次大赛的“最佳人气奖”经微信投票，最终花落上海市工程技术大学“玻璃幕墙监测系统设计”项目。

3. 以科技力量践行社会责任

霍尼韦尔始终相信，我们生活与工作的每一条街道、每一个村镇、每一个城市，都不只是一个单纯的地址，而是我们的家园。为此，作为一家在履行企业社会公民责任方面有着逾百年传统的公司，霍尼韦尔的"霍尼韦尔家园建设计划"旨在通过科技的力量践行公益，积极关注社会和社区需求，携手各界共建一个更安全、更舒适、更节能的美好家园。

霍尼韦尔于2003年开始实施"霍尼韦尔家园建设计划"，并确定了其专注的五项重要领域：科学与数学教育、家庭安全与安防、房屋修缮与庇护、栖息地保护以及人道主义援助。这些领域与霍尼韦尔的历史传承、商业运营和员工准则一脉相承。

儿童安全过假期

据统计，儿童伤害是中国1～14岁儿童的重要死因。每年全球有超过100万的儿童因可避免的意外伤害而失去生命，而在每一例意外死亡的背后，是上万名儿童因意外伤害而残疾或终身残疾。寒暑假期间，孩子们可能独自在家，由于缺乏安全意识和成人的看护，意外伤害事件时有发生。为此，对儿童进行安全教育，普及伤害预防知识，提高安全意识以降低假期期间伤害事故发生率显得尤为重要。

霍尼韦尔与全球儿童安全组织于2005年起在中国合作开展"儿童安全过假期"伤害预防教育，针对6～12岁儿童开展家庭燃气安全和火灾逃生的教育。针对中国空气污染现状，该项目于2015年新增"室内空气质量"的内容，唤起对学生和家长对室内空气质量的关注。"儿童安全过假期"项目采用线上线下"双线并行"的模式，除了志愿者面授，还引入网络形式。在主题网站上，不仅可以观看教学视频，还可下载材料。公司利用霍尼韦尔和全球儿童安全组织的官方微信微博，鼓励将知识进行分享。2017年，项目首次开发了寓教于乐的移动端"假期安全智慧星"闯关游戏，触达5500余名学生及家长。

截至2017年，项目覆盖全国39个城市、7800余所学校，369万名学生直接受益。自开展以来，累计有超过720篇平面媒体和网络媒体的报道，并有1100余名霍尼韦尔员工志愿者参与其中。上海市教委出台的保障师生安度寒假的多项举措中更将"儿童安全过假期"项目的教学内容列为三份中小学生安全作业之一。2015年11月，"儿童安全过假期"教育示范基地挂牌上海花木中心小学。

四川地震援建项目

"5·12"四川大地震牵动了亿万人民的心。震后，时任霍尼韦尔董事长兼首席执行官高德威亲至震中地区，宣布捐赠130万美元用于抗震救灾，包括参与重建学校与医疗点，以及在灾区进行招聘帮助恢复就业等。原安县秀水镇三村联合小学和永丰乡保和村小学因此得以重建，并更名为"霍尼韦尔联合小学"和"霍尼韦尔保和小学"。除了资金上的支持，公司还把最先进的产品、设备和技术用于学校的建设，并为学校配备了电脑室、多媒体等先进的教学设施，以及全套的家具和运动设施，为灾区11个村庄的500多名孩子们提供了一个安全、环保、节能的学习生活环境。

自2008年以来，霍尼韦尔从未停止对两所四川援建小学的关注，始终给予源源不断的资助和支持。除了每年一次项目工作组返校探访并对校舍进行考察、评估、后期维护，还先后启动了"一对一资助项目""卓越师生游学计划""知识在线远程教育"等项目，与两所学校的师生建立了紧密的联系，大大拓宽了援建小学项目的意义。

涓流计划——霍尼韦尔安全饮水教室

原环境保护部发布的《2016中国环境状况公报》显示：在地下水方面，全国6124

个监测点中,水质为优良级、良好级、较好级、较差级和极差级的监测点分别占10.1%、25.4%、4.4%、45.4%和14.7%,各流域地下水水质监测结果总体水平均较差,全国地下水水质安全问题不容乐观。而地下水水质的好坏直接影响到我们生活饮用水的安全与否。据相关调查,全国目前约有数万所学校、数以千万计的师生直接受到清洁饮用水短缺的影响,安全饮水形势不容乐观。

2016年,霍尼韦尔和中华环境保护基金会联合发起"涓流计划——霍尼韦尔安全饮水教室"扶贫项目,为有需要的乡村中小学定制安装净水设备和配套设施,设立专门的安全饮水室,为当地师生提供清洁的冷热直饮水。除了资助这些乡镇学校安装净水设备,霍尼韦尔还开展相关的安全饮水教育活动,并将长期跟踪和支持涓流计划项目,包括委派水质分析和处理专家,并提供必要的技术支持,确保这些学校长期的饮水安全。

迄今为止,"涓流计划——霍尼韦尔安全饮水教室"扶贫项目已走进10所中西部中小学,为3000余名师生送去了安全的冷热直饮水。首批资助的五所学校给予了霍尼韦尔非常积极的反馈:学生拉肚子的情况好了很多,饮水量也有所明显增加。

(二)企业创新成效

1. 科技支持中国航空事业

霍尼韦尔航空航天矢志创新,融入中国发展,助力中国航空事业,为国产大型客机C919以及支线飞机ARJ21,新一代多用途涡桨支线运输机运12F,新型涡桨支线飞机新舟700、新舟600及新舟60,轻型单发直升机AC311等提供先进解决方案。

中国商用飞机有限责任公司自主研发的C919大型客机于2017年5月成功首飞,这是中国独立研制的首架大型窄体客机,具有划时代意义。作为中国商用飞机有限责任公司重要的国际供应商之一,霍尼韦尔为C919提供了四套先进技术解决方案,分别为辅助动力系统、飞行控制系统、机轮刹车系统、导航系统,助力C919提升安全性、可靠性和运营效率。

辅助动力系统

霍尼韦尔为C919提供了先进的HGT750[C]型辅助动力装置(APU)、APU安装包及APU启动发电系统。这套技术方案集行业领先的科技成果,并根据C919的实际情况进行最佳优化,可有效降低航班延误及航班取消率,最大程度提升C919的运行表现,从而为航空公司带来安全、高效和低成本的运营。源自霍尼韦尔传奇产品131-9 APU,HGT750[C]APU是专门为C919设计研发的。全球范围内,131-9 APU已突破了1亿小时的安全运营时间。

机轮与刹车

75年来,霍尼韦尔扎根机轮与刹车领域,积累了成功的开发经验。霍尼韦尔的机轮和刹车系统将有效延长C919的使用寿命,同时保证产品的可靠性。碳刹车解决方案由霍尼韦尔位于长沙的合资公司——博云航空系统研制,在帮助C919减少整体重量的同时可延长飞机寿命。

飞行控制工作包

依托60年飞控技术的专业积淀和研发经验,霍尼韦尔为C919提供了集成化电传

飞控系统，由位于西安的鸿翔飞控合资公司负责生产。这套飞行控制方案能够确保C919更为平稳地飞行，并为其提供自动飞行和着陆功能。该解决方案既降低了C919的总重量，又能节省所需能耗，使飞行员驾驶操控更加得心应手，航行更加安全。

导航工作包

基于超过半世纪的研发经验，霍尼韦尔将大气数据与惯导系统与其行业领先的系统稳定性及卓越性能相结合，进而降低C919运营和维修成本。这套导航解决方案为飞机制造商和运营商提供高度精确且可靠的导航信息，包括航速、飞行高度和地理位置等对飞机操控至关重要的信息。与上一代系统相比，该系统重量减轻了一半以上，同时维护成本降低了超过70%。

ARJ21-700配备了霍尼韦尔的主飞行控制系统。由于该系统不需要配备任何机械备份系统，可以有效减少飞机重量以及相关维护成本。该系统通过飞控计算机等设备为飞机提供从驾驶杆到舵面的增强飞行控制，可以大大减少飞行员的工作强度。

此外，霍尼韦尔最近推出的互联飞机技术正是依托自身综合优势，将互联技术、物联网和大数据技术引入航空领域，并成功实现应用的力证。霍尼韦尔不断提升软件开发和创新能力，以互联飞机为载体，将航空业带入物联网的“新航道”，从而推进行业智能化的进程，让决策更为高效。借助我们从机头至机尾、从地面至空中全覆盖的丰富产品和技术，霍尼韦尔正把互联飞机这一理念变成现实，不断促进航空服务业的现代化发展。

2. 核心技术创新助力实现畅享深呼吸

当前，中国正在加强大气污染的治理力度。人们需要青山绿水、洁净空气，而不需要雾霾。然而，雾霾的形成并非一朝一夕，治理雾霾也不能一蹴而就，需要社会各界携手合作、长期共同努力。正因为如此，空气和水问题正受到人们越来越多的关注，如新装修房间中甲醛、苯和有机挥发物等污染，饮水重金属污染等。霍尼韦尔一直致力于通过核心技术创新来提供一个更洁净、更安全和更可持续的环境。

霍尼韦尔在上海建立了世界领先级的水和空气实验室来支持霍尼韦尔空气净化和水处理产品的核心技术研发。通过多年在材料和生物配方上研究和革新，经过了几千次的实验，霍尼韦尔推出了针对室内环境进行综合治理和智能管理的解决方案。该方案通过高精度检测仪器帮助用户找到室内空气污染源头，然后针对不同材质使用不同的施工液进行空气污染治理，所有的霍尼韦尔施工液都具有国家权威机构出具的安全报告。

在空气净化器和净水器方面，霍尼韦尔在用户体验优化方面持续挖掘创新，让原来粗犷的空气净化器和净水器外形变得更加美观轻巧，创新型的安装方式能让家庭主妇也能轻松替换净水器滤芯，一键式智能操作免去老人对家电设置的烦恼，满足了各式人群的需求。

针对冬日雾霾，呼吸健康一直是大众关注的焦点，尤其是孩子们的呼吸健康牵动着家长和社会各界的心。霍尼韦尔基于对不同年龄阶段孩子的脸型、呼吸、行为调研，在外观和功能上突破创新，以满足这类特定人群的需求。2016年底，霍尼韦尔首发针对7～12岁孩子的KN95级别防霾口罩（萌宠口罩），以创新的角度引爆品类新的需求点，收获消费者极大反响，并荣获"最成功设计大奖"。针对更小的4～8岁儿童，霍尼韦尔推出霍尼韦尔萌宠口罩（4～8岁版），在第一代霍尼韦尔萌宠口罩的基础上，进行更细分化的创新，不仅在外观上重新设计加入小童元素，还在呼吸体验上突破性升级。这款产品拥有多达10项国家专利，升级呼吸健康体验，让特别敏感的小童也能爱上戴口罩，更舒服地戴口罩。

2017年年末，霍尼韦尔在中国推出空气侦探™全新室内空气检测仪。该产品配备多种独立传感器，可精准检测空气中的甲醛、PM2.5、温度和湿度，并能实现远程操控，及时提醒用户采取空气净化应对措施，为家中老人、小孩、孕妇等人群构筑一道健康防线。

控制交通领域的排放对中国来说是一大挑战。涡轮增压是目前最具可行性的汽车节能减排技术之一。相比体积更大的自然吸气发动机，涡轮增压技术能分别帮助汽油车和柴油车提高燃油效率20%和40%，不仅可大幅提高发动机的功率和扭矩，提升车辆响应速度，而且还能"变废为宝"，通过有效利用发动机尾气，促进内燃机燃烧更充分更清洁，减少二氧化碳和氮氧化合物的排放。

霍尼韦尔针对中国汽车市场的高速发展和政府对节能减排的迫切需求，不断创新，通过差异化的技术、差异化的用户体验和差异化的全球布局和本地能力，来保持市场的领先地位，推动了涡轮增压在中国进入"黄金时代"。

目前，霍尼韦尔交通系统拥有200多名本土工程师和研发人员，立足本土客户需求和中国市场特性，为本土和全球客户提供端到端的客户服务。全球很多市场的汽车涡轮增压器都在2.0T以上，但霍尼韦尔数年前就在中国开始瞄准了1.5T及以下的市场，并通过事实证明了这项本土化战略的正确有效。由本土平台开发的江铃轻卡N800 3.0L/2.4L夺得2016年汽车工业科技进步一等奖。新一代小型汽油机平台GT08/GT10已经在吉利、长安等本土客户上得到首发应用。这是霍尼韦尔在中国践行"东方服务于东方"本土化战略的一个重要里程碑。

所有这些霍尼韦尔本土创新技术广受欢迎，原因在于运用了霍尼韦尔用户体验（Honeywell User Experience，HUE），有助于霍尼韦尔最大程度了解客户、安装人员、维护维修人员以及渠道合作伙伴的需求，设计出直观的、令人满意的、有差异性的增值产品和服务。2017年，由霍尼韦尔用户体验中国中心设计的Air Touch X2空气净化器、萌宠口罩、即热净水机等产品荣获了IF设计奖、红点奖（Red Dot）、Good Design奖和成功设计奖等国内外设计奖项。在这些获奖产品背后，都共同体现了霍尼韦尔在用户体验上的不断创新，进而帮助霍尼韦尔在激烈的市场中取得持续竞争优势并脱颖而出。

3. 数字化创新打造制造业未来

世界各地间的连接正变得日益紧密。数以10亿计的智能设备和机器在不断产生大量的数据，在虚拟世界和现实世界之间搭起了桥梁。数字化转型是霍尼韦尔重要战略之一。霍尼韦尔通过对各种自有终端设备与云平台的结合，"端到端"地打造了自动化、互联互通、高效的解决方案。

在智慧建筑领域，霍尼韦尔创建了智慧楼宇服务管理平台。它集合了低成本整合部署、微信应用、安卓/ISO 应用以及企业服务总线（ESB）等主流技术和先进功能，实现对数据收集分析及楼宇设备远程操控，从简单系统集成转化成流程化管理，全面支持互联互通及移动解决方案，改善楼宇运营服务瓶颈，大幅提高楼宇管理水平和运营效率。达到节约成本和节能减排的效果，提高运营利润与效率，增强可持续发展，打造了互联建筑生态网。

展望未来的智慧建筑，其运营会由一套精密的软硬件体系提供支持，这套体系的设计思路可以简化为五个层次，分别是物理层、感知层、互联互通层、智能层和战略层。物理层即为楼宇本身的基础设施部署，如暖通空调和电梯设备等；感知层就是各智能化系统；互联互通层则打通了物理基础设施，借助传感器和自动化系统进行人机的交互。传统的智慧建筑解决方案多止于互联互通层。

当楼宇设计上升到智能层和战略层时，所需借重的将是大数据、云计算以及专家团队的运营经验。一家拥有大量智慧建筑实施、管理经验的公司，其价值在于从各楼宇传感器中捕获的大量运营数据以及专家团队根据大数据做出的运营优化改进方案。霍尼韦尔亚太总部新大楼正是基于该理念，在楼宇内安装了楼宇性能管理软件、楼宇自动化系统、智能照明控制系统、室内空气净化及监测系统、基于本地的能源管理和基于云服务的能源管理系统，并把这些系统所采集到温湿度、室内空气质量、照明、楼宇设备启停、楼宇能耗数据统一汇总到 CCS 系统进行大屏展示及控制，使运行人员对整个大楼的运行状态、楼宇性能一目了然，另外有能源专家团队基于云服务对这些数据进行分析，对运行中的问题及时发现并改进，逐步提高楼宇的性能，使大楼能比普通的办公建筑节能 30% 以上。

在安全与生产力解决方案方面，霍尼韦尔推出了霍 e 通批发管理解决方案，这是一款专为中小批发零售商户量身打造的业务管理神器。实现快速开单、进货等业务；并可随时随地查看报表，实时掌握库存、账务等信息。实现了多店统一管理和云端软件即服务（SaaS）服务，数据安全永久，简易操作，易用上手，完美解决中小型企业难题。

不忘初心，方得始终。100 多年来，霍尼韦尔初心不改。进入工业 4.0 时代，万物互联乃大势所趋。霍尼韦尔提供完整的互联工厂解决方案。

霍尼韦尔 Control Edge 平台可以集成逻辑控制器（PLC）、过程控制器（RTU）等控制系统，帮助工厂、电站等设施实现简便的配置、高效的运行，并减少维护工作。

在中亚天然气管道建设项目中，项目承包管理公司华为选用了霍尼韦尔自动化及安全技术，为 1830km 的天然气管道提供自动化控制。

现今，中亚天然气管道 A、B、C 线已累计输气超过 1000 亿 m^3，造福 25 个省、直辖市、自治区和香港特别行政区的 5 亿多人口，在调整能源消费结构、促进节能减排、保障国计民生方面发挥着重要作用。

霍尼韦尔于 2018 年初成立互联企业（Connected Enterprise）业务部门，并在中国成立互联企业团队，这也是美国市场以外唯一的地区团队。霍尼韦尔正在积极开发建设一个安全、标准、通用的软件平台——霍尼韦尔智享（Honeywell Sentience），通过云服务，将从楼宇到交通，从工业到家居的广泛的产品应用连接到这个统一的软件平台，并实现实时数据采撷、分析和即时反馈,不仅提高产品本身的性能表现,而且提高产品所带来的运营效益,大幅改善用户的使用体验,为其创造更多价值。

4. 让世界更安全

目前,健康中国战略正在大力实施。在霍尼韦尔看来,人民健康的范畴已不仅仅是传统的疾病防治,还应拓展到职业安全、意外伤害、食品安全等领域。作为全球个人安全防护装备的最大的供应商之一,霍尼韦尔的产品广泛应用于石油石化、通用工业、消防救援、电力安全等多个领域,满足不同行业对于个人安全防护产品的不同等级需求,保护工人在工作环境里的健康和安全,提供专业的“从头到脚”的全面防护。霍尼韦尔的产品不仅能满足工业级标准,同时还兼具耐用,舒适和美观的功能。

2017 年,霍尼韦尔安全产品研发部门递交了 54 个专利申请,其中 12 个专利申请被中国专利局接受,涵盖了听力保护、手部防护、头部防护、呼吸防护等各个领域,这些专利被广泛应用在诸多新的防护产品上,为客户提供更加安全、舒适的使用体验。以 7200 系列防尘半面罩为例,它是霍尼韦尔的首款单滤盒防尘半面罩产品,专门针对粉尘量大、浓度高的工作环境而开发,以良好的透气性和使用寿命为用户提供既舒适又安全的专业防护。该产品拥有 5 项国家专利,成果转化率 100%。采用先进的液体硅胶包胶工艺,使硅胶部分与尼龙面罩本体完美结合,便于清洁、能够以 37°快速旋转的方式更换滤棉承接座,即使是未经培训的工人也能方便及快速地安装并使用、360°万向可收紧头架设计,极大地提高了工人的佩戴舒适度、霍尼韦尔专利(Spectra®抗切割线)防伪高效防尘滤棉,以及统一的 DLS 设计和配色,兼顾性能与外观。霍尼韦尔 Rx 矫视安全防护眼镜融合了行业精尖的镜框工艺以及丰富功能镜片,通过了 162km/h 的高速粒子冲击防护测试,超弹性记忆钛镜框,扭曲不变形,更耐撞击。给使用者既安全又舒适的佩戴体验。霍尼韦尔用从头到脚的专业防护技术全方位呵护大众生命安全。

在突发的自然灾害或突发事故面前,霍尼韦尔也时刻创新,为消防队、医疗队、救援队、警队等提供先进的“武器装备”以应对灾害。霍尼韦尔 T8500 空气呼吸器配备有强大的电子化能力,支持 HUD 抬头和通信系统模块,能更及时地了解场内外一切资讯,可调节高度背板,配合不同体型,并能承受 160kg 的拉力,为救援对象预留了他救接口。T8500 不仅是熊熊烈焰中的消防员的保护神,也是应急救援中医务人员的定心丸,是密闭沉寂中作业人员的守护者。霍尼韦尔高空逃生缓降设备 S5,最大承受 140kg,拉杆箱包装设计,便于存放转移,仅需 5 个步骤,让困境中的生命再次绽放。霍尼韦尔 BoilerSuit 防化服提供了稳定可靠的一体化防化方案,雨水及有毒有害物质无法侵入。连酸碱也无法近身,作为面对洪灾的清淤工人的坚强壁垒。

霍尼韦尔生产的超高分子量聚乙烯纤维——Spectra®纤维被公认为世界上最坚韧的纤维之一,其“轻薄如纸,坚硬如钢”,应用十分广泛。霍尼韦尔中国本土研发团队在此基础上开发出了防穿刺布料,用于制作防护背心。2017 年 8 月,为积极融入国家“一带一路”倡议,霍尼韦尔在新疆签署一揽子协议。根据此次签署的协议,霍尼韦尔全新的防穿刺布料制作的防护背心将被新疆地方政府选用,为执法警察提供人身防护。

5. 持续创新助力美丽中国

十九大报告提出,加快生态文明体制改革,建设美丽中国。构建市场导向的绿色

技术创新体系，发展绿色金融，壮大节能环保产业、清洁生产产业、清洁能源产业。

2014 年 12 月，全国人大首次审议了《大气污染防治法（修订草案）》，明确要“发挥科学技术在大气污染防治中的支撑作用”。进入 2018 年，我国迎来了史上首部《环境保护税法》，不仅增加了地方政府在处理环境问题时应担负的责任，还进一步明确了对违法排污企业和相关责任人的约束和处罚。

我国已经明确提出要打好节能减排和环境治理攻坚战，并将深入实施大气污染防治行动计划列为其中的一个主要方向，计划于 2030 年将非化石能源在一次能源中的比重提升到 20%。霍尼韦尔进入中国以来，始终致力于绿色科技的研发，产品广泛用于商业、油气化工、制造、基建等领域，为环保事业持续贡献力量。

霍尼韦尔于 2017 年面向整个亚太地区推出了新型商用制冷剂 Solstice® N40。与现有广泛应用的 R404A 相比，新产品的全球变暖潜值降低了 68%，同时能够节省高达 16% 的能耗。同时，Solstice® N40 已在亚洲多个国家开展了大量的现场评估和试用，例如，泰国乐购莲花已经计划在旗下 1500 家便利店中使用该产品。接下来 N40 将有望在全亚洲区域大量应用于商超制冷系统中。

化工厂往往让人联想到高污染，高排放。但事实上，现代化的化工厂可以很“绿色”。霍尼韦尔 UOP 先进的凯勒特（Callidus）燃烧设备可以帮助国内的油气石化、钢铁企业安全且高效地处理废气，并减少氮氧化物排放。2017 年 10 月，霍尼韦尔在洛阳成立了国内首家火炬挥发性有机化合物（VOCs）排放测试中心。该中心旨在帮助客户降低工业火炬系统中的 VOCs 排放，提升火炬性能。

霍尼韦尔全新设计的霍尼韦尔麦克森 XPO™ PAK 系列超低氮氧化物（NO_x）排放锅炉燃烧器专为中国市场量身定制，旨在帮助国内商业及工业锅炉应用客户降低氮氧化物和一氧化碳（CO）的排放量，并提升能效。通过将低氮氧化物排放燃烧器与先进的 SLATETM 燃烧器管理系统集成，霍尼韦尔麦克森 XPO PAK 系列超低氮氧化物排放锅炉燃烧器在全功率段可实现超低氮氧化物排放，并可接受在线监测，同时可以帮助节约 2% ~3% 的燃料消耗。这对于 1t ~4t 的锅炉市场来说，是十分理想的选择。此外，独特的一体式设计还能为锅炉应用节省更多空间，且非常易于安装和维护。

发泡剂是冰箱、冰柜的填充材料。很长一段时间以来，大规模商用的发泡剂会破坏臭氧层，或者加剧温室效应。作为上述发泡剂的替代品，霍尼韦尔研发的 Enovate245fa 具有安全不可燃、零 ODP（臭氧消耗潜值）的环保特性，并能够满足客户降低能耗、提高保温性能、提高生产效率和节约成本等要求。

在基建领域，霍尼韦尔 Titan® 多功能沥青路面改性剂广泛应用于高等级公路沥青路面的新建、养护、改扩建工程。这种白色粉末看起来平平无奇，作用却很大。它可以显著提高路面抗永久变形的能力、改善路面抗松散、剥落的能力、提高路面的疲劳寿命，节省养护费用。它还可以改善沥青混合料在较低温度下拌和、摊铺效果，并能节约筑路工程中的能耗，大幅减少碳排放。

此外，霍尼韦尔 Zendura™ 氟碳树脂是近 20 年以来第一款新型氟树脂，可以为油漆配方提供出色的耐候性、耐久性和耐化学性，并帮客户削减 VOC（挥发性有机化合物）最多可达 50%。值得一提的是，Zendura™ 是由霍尼韦尔科技事业部旗下特性材料和技术中国研发中心经数年的努力研发而成,体现了其“东方服务于东方”本土化战略。

三、小结

2018 年,中国迎来改革开放 40 周年。在改革开放之后,霍尼韦尔在华发展的脚步越来越快,以自身的科技力量伴随着中国共同成长。改革开放的 40 年,霍尼韦尔业务在华发展蒸蒸日上,特别是过去的 15 年,霍尼韦尔积极参与到中国的经济社会发展之中,累计在中国的投资额达到 10 亿美元。2017 年的营收相比 2004 年增长了 6 倍。2013 年,中国成为霍尼韦尔美国市场以外最大的市场。

中国面临的挑战正是全世界面临的挑战,比如能效、环境、安全等问题。与此同时,从高端、中端到低端,中国市场的需求极其多元化。因此,跨国公司需要更好地借助中国的本土力量,针对中国的需求和问题来开发产品,把中国看成是全球化业务的一部分,成为“中国式竞争者”。事实证明,一旦找准了中国的问题,生产出针对中国问题的产品,就会发现这些问题跟世界其他国家和地区的问题是很类似的。在中国市场上获得成功的产品,也将有助于进一步打开其他新兴市场,甚至是欧美发达市场。

“中国式竞争者”对霍尼韦尔而言意味着什么?霍尼韦尔不仅需要吸取中国企业的长处,还要思考怎样才能让霍尼韦尔在中国的 1.3 万名员工能像小型企业一样反应灵敏,行动迅速。要具有长远的愿景,敢于梦想;要有智慧地去冒险,并对熟悉的和新的想法采取开放的态度;要具备创业家的精神,要具有“只能成功不许失败”的态度,要快速决策并执行。

成为“中国式竞争者”是一种心态的转变,核心就是速度和放权,必须授权给最优秀的员工,很多决策都能在本地实时决定,必须带着极大的紧迫感在中国做事。中国的发展速度对跨国企业而言是个挑战。那些能够成功面对这些挑战的企业,将会成为真正的领头羊。

霍尼韦尔作为中国式竞争者,将继续抓住中国宏观发展趋势,从而更好地满足中国市场的需求。这些宏观趋势涉及“数字经济”“一带一路”“美丽中国”“智能制造”等,这为霍尼韦尔带来广阔的发展机遇,在这一充满活力的市场发挥更大作用。

第三节　北京磁浮

一、企业概况与技术创新模式

(一)北京磁浮,敢为人先的业界领跑者

北京控股磁悬浮技术发展有限公司(以下简称北京磁浮)成立于 2001 年 9 月,是北京市基础设施投资有限公司旗下专业从事中低速磁浮交通研发、集成、建设、运维“四位一体”职能的北京市高新技术企业。

北京磁浮本部设有技术部、标准部、规划发展部、线路装备部等十个管理部门，设有北京磁浮项目建设管理中心、北京市中低速磁浮交通工程技术研究中心、唐山试验基地和北京磁浮公司长沙分公司等7个分支机构。截至2017年10月，公司全部从业人数共计177人。其中，中高级及以上专业技术职称86人，占员工总数48.6%。博士6人，硕士24人，拥有较强的研发创新能力。荣获北京市“劳动模范”“五一劳动奖章”“‘科技北京’百名领军人才培养工程”“北京市高层次创新创业人才支持计划领军人才”“北京优秀青年工程师”等诸多荣誉。

北京磁浮被北京市科学技术委员会、市财政局、国家税务局、市地方税务局认定为“高新技术企业”，中关村科技园区管理委员会授予“中关村高新技术企业”，是中国城市轨道交通协会常务理事单位，中国城市公共交通协会常务理事单位。

荣获“轨道交通创新力企业——2012年50强企业”“中国自主创新百强企业”“北京市专利试点单位”“杰出企业奖”“中关村十大创新标准”等荣誉。

“中低速磁浮列车”及“中低速磁浮交通系统”荣获“轨道交通十大科技创新产品”“杰出产品奖”“2013中国企业自主创新TOP100高端制造业榜单”等诸多奖项。

2011年3月，北京市科委批准成立北京磁浮和国防科大共同组建“北京市中低速磁浮交通系统工程技术研究中心”。

作为中低速磁浮交通工程化研发的先行者，北京磁浮占据行业主导地位，在中低速磁浮技术研发和工程化实施方面处于国内领先和国际先进水平。依托两条线、四代车的研发平台，北京磁浮带领工程化体系单位产生了诸多科研成果。

截至2017年9月，申请专利114项：发明专利52项、实用新型专利56项，外观设计专利3项。国家标准完成立项1项、主持/参与编制行业标准10项(8项已颁布实施)、北京市地方标准1项、团体标准9项、企业标准51项(其中颁布实施32项)。

(二)潜心研发十八年，坚守民族产业信念

秉承科技交通、人文交通和绿色交通的北京轨道交通建设理念。北京磁浮一直致力于中低速磁浮交通的工程化研发和产业实施发展工作。

2001年，北京磁浮与国防科大在长沙研建了204m的磁浮试验线和中国首辆全尺寸磁浮试验车，并于11月通过了北京市科学技术委员会组织的中试评审。2005年7月，研造了中低速磁浮工程化样车。

依托“十一五”国家科技支撑计划重点项目“中低速磁悬浮交通技术及工程化应用研究”，2008年研建了线路长度1.547km的唐山工程化试验示范基地。2009年，研造了一列两辆编组的实用型中低速磁浮列车。

2010年11月，“中低速磁浮交通系统”被认定为北京市自主创新产品。

2011年6月，研造了定型中车研制，实现了三车连挂运行。

北京磁浮作为中低速磁浮交通系统产业工程化研发的投资与组织者，承担了总体组织实施集成任务。在长期的中低速磁浮工程化研发过程中，摸索、实践出一条“共同投入、知识产权共有、长期合作、产业化收益共享”的发展道路。正是这个运作原则，保证了北京磁浮工程化研发的长期坚持、低成本和高效率进行。

北京磁浮联合国防科技大学组织建立了系统化、专业化的工程化实施体系，打造了完整、专业化的工程化研发和产业化实施链条。北京磁浮工程化体系已掌握了中低速磁浮交通系统的核心技术、关键技术和系统集成技术，形成了完备的工程化实施能力。

（三）自主研发为根，产业协作模式创新

在我国20世纪80年代初开始进行中低速磁浮交通技术研究取得成果的基础上，北京磁浮自1999年以建设八达岭旅游示范线为初始目标，投资和组织中低速磁浮交通技术工程化研发。

北京磁浮与中国人民解放军国防科技大学合作，组织联合国内航空、铁路、汽车等相关领域最具优势的研究、设计、生产、建设单位，通过掌握中低速磁浮交通系统核心技术和系统集成技术，组织建立工程化体系，形成技术工程化能力，以实现我国自主知识产权、国产化、世界领先的中低速磁浮交通系统产业化为目标，进行理念创新和模式创新，采取以企业为主体、市场为导向、产学研相结合的运作模式，通过原始创新和集成创新实现我国中低速磁浮交通系统的技术创新。

北京磁浮创新性地作为投资、建设及产业化实施组织主体，联合中国人民解放军国防科学技术大学作为总体设计及核心技术研发主体逐步建立了北控磁浮工程化体系。

由北京控股磁悬浮技术发展有限公司、国防科技大学、唐山轨道客车有限责任公司、上海飞机制造厂、上海飞机研究所、株洲南车时代电器股份有限公司、青岛四方车辆研究所、北京航空制造工程研究所、南京华士电子科技有限公司、天津机俩轨道交通装备有限公司、铁道第三勘察设计院集团有限公司、北京全路通信信号研究设计院、莱芜钢铁集团公司、中铁六局集团有限公司、中铁宝桥股份有限公司、北京中铁房山桥梁有限公司、中铁电气化局集团公司17家产学研单位参加的中低速磁浮列车产业化合作体系集结了国内铁路、航空等行业最具技术优势的单位。组成了一个涉及多学科的具有系统集成能力的队伍。

工程化体系合作单位通过签订合同、共同注册专利、注册商标、共同编制标准、共同组织磁浮列车工程化生产建设体系等方式，掌握了中低速磁浮交通技术的自主知识产权，形成了以法律合同、专利、商标、共同利益及目标等多层次约束的无形资产保证体系。工程化体系合作单位经过十余年的长期研发、建设与合作，形成了中低速磁浮交通的工程化系统实施能力。

北京市先进制造技术办公室的专题调研报告认为，中低速磁浮列车产业化体系的建设和运作模式功不可没，为产学研结合提供了一个有示范意义的案例。

“十一五”课题验收专家组认为：“研发采取了以企业为主体、市场为导向、政府支持、产学研用相结合的运作模式，解决了工程化体系合作单位共同目标、持续动力、低成本、高效率、实现整体合力等问题，实现了体制创新。建立了中低速磁浮交通技术工程化研究、设计、生产、建设体系，打造了工程化研发和实施专业化的产业链条，为实现我国中低速磁浮交通技术工程化和产业化发展奠定了基础。”

2011 年 1 月，S1 线项目被认定为国家自主创新产品首台（套）重大技术装备示范项目。

2011 年 2 月，北京市中低速磁浮交通运营示范线（S1 线）开工启动。2014 年 10 月，六辆编组的 S1 线首列车在中车唐山公司成功下线。目前，S1 线项目已进入空载试运行阶段。

二、企业创新影响力实践——北京磁浮，创造绿色交通

（一）企业主要创新活动

1. 创新战略思路

（1）总体思路与目标

以市场为导向，促进技术创新。随着北京 S1 线和长沙机场线两条中低速磁浮项目的建设，磁浮交通关注热度持续升温，国家和地方也对磁浮交通给予了极大的支持。科技部持续将磁浮课题列为“十一五”“十二五”“十三五”国家科技支撑计划重点项目。多地政府及相关机构均表达了建设磁浮交通的强烈意愿。

北京磁浮以此为契机，不断探索实践磁浮科研成果应用转化模式；实现磁浮科技突破与应用技术创新，促进前沿磁浮技术的工程化应用，为磁浮产业未来发展提供技术支撑；提高现有磁浮技术的成熟性。

技术创新是可持续发展的动力源泉。北京磁浮注重原始创新能力，打造国际领先的磁浮行业中心，为世界磁浮产业发展提供新技术、新血液、新动能；着力推动科技和经济结合，以市场为导向，结合磁浮行业特点，充分实现磁浮科研成果转化；着力加强科技创新合作，利用合作体系资源，通过磁浮科技的突破，实现应用科技的创新；着力强化核心技术研究成果转化，不断攻坚克难，推动磁浮走向世界。

响应国家政策，推进行业发展。2015 年 5 月 8 日，国务院发布“关于印发《中国制造 2025》的通知”，文中指出世界强国的兴衰史和中华民族的奋斗史一再证明，没有强大的制造业，就没有国家和民族的强盛。当前，新一轮科技革命和产业变革与我国加快转变经济发展方式形成历史性交汇，国际产业分工格局正在重塑。

北京磁浮将紧紧抓住历史机遇，随着国家“一带一路”倡议的逐步地推进，把握北京 S1 线开通的契机，加强技术创新体系、能力的建设，促进科技成果转化，提高现有科技成果的成熟性、配套性和工程化水平，为企业规模化生产提供技术支撑，培养并吸引一批高水平、高层次的科技人才，形成科技创新体系。

模式创新，“四位一体”的发展理念。北京磁浮在业内首次提出“四位一体”发展理念。公司将工作内容划分为核心技术研发、工程建设组织管理、核心装备总包集成、运营维护服务等环节。坚持企业为主体，市场为导向，产学研合作的创新发展模式，形成以北京为核心辐射全国的高端、高效、高辐射的具有我国自主知识产权、世界领先的磁浮交通产业，实现对磁浮交通系统实现全寿命周期、全产业链的覆盖，推动中低速磁浮交通技术的产业应用推广，向社会提供一种环境友好型绿色轨道交通。

(2)理念实践

*完善的工程化体系的建设。*建立磁浮交通技术工程化研究、设计、生产、建设体系是建设技术工程化研发平台和载体的前提条件,是掌握磁浮交通核心技术和系统集成技术,形成技术工程化能力的基础。技术工程化能力的形成具有组织性、经验性、网络性和累积性的特点,技术工程化研发需要工程化体系合作单位具有很强的设备和生产能力、技术和工艺水平,更需要不断积累经验,完善工程化体系的组织运作模式和流程,使工程化体系整体系统与子系统之间、各子系统之间实现顺畅有效的协调配合,提高工程化体系的运作效率,实现整体合力。北京磁浮结合自身的特点和所采取的技术工程化研发运作模式,在工程化体系担任组织运作管理角色。公司不断明确工程化体系各子系统的板块化管理和运作模式,把握工程化研发的不同阶段,努力创造条件和利用各种机会,不断积累和总结经验,完善工程化体系的运作模式、组织流程,推进工程化体系顺畅有序的运行。经过长期不懈的努力,北京磁浮已经组织建立了磁浮交通技术工程化和产业化发展完整的专业化的研究、设计、生产、建设体系,可以满足技术工程化研发的需要,为未来产业化发展奠定了坚实的基础。

*建立和坚持工程化体系的运作原则。*在建立和完善磁浮交通技术工程化体系的同时,为保证技术工程化研发高效有序和低成本进行,实现磁浮交通产业化目标,北京磁浮确立和坚持工程化体系的运作原则。工程化体系运作原则明确了公司与工程化体系主要合作单位的合作关系和利益关系,解决了公司和工程化体系合作单位共同目标、持续动力、低成本、高效率、实现整体合力、抗衡外部竞争等问题,是促进磁浮交通技术工程化研发和产业化生产力发展的重要的生产关系。

*建立知识产权保证体系和以公司为主体的产业化运作模式。*知识产权保证体系和以公司为主体产业化运作模式的建立和加强,关系到磁浮交通技术工程化和产业化发展保持持续动力、避免内耗、实现整体合力的问题,是公司、技术工程化研发和产业化发展长期坚持和发展的生产关系保证。公司与工程化体系主要合作单位建立了以共同理念、共同目标、共同利益,以人格信任为基础,以合同、专利、商标为保证的多层次的知识产权保证体系,确立了公司和国防科技大学作为核心层,其他工程化体系合作单位作为基础层,公司作为投资和组织运作主体,国防科技大学作为技术主体,其他工程化体系合作单位作为专业化实施主体的技术工程化和产业化发展的运作模式。

2. 体制与机制创新

(1)创新发展思路

认真贯彻落实党的十九大精神,深入实施创新驱动发展战略,坚持解放思想、开拓创新,充分发挥技术引领作用,以市场需求为导向,以提升公司核心技术自主创新能力为核心,着力加大科技投入力度,以开展科研项目为抓手,在做好系统规划顶层设计的基础上,加快推进新技术、新系统、新产品的研发,加快研发成果的转化。同时深化体制机制改革,推进产学研用协调发展。提升科技管控能力,加强科技创新人才培养,不断完善公司自主创新能力建设及技术创新体系建设,全面提升公司核心竞争力与整体技术水平,为将北京磁浮建设成为具有国际一流的以磁浮系统技术为特色的磁浮交通建设产业集团提供有力的科技支撑。

完善研发平台建设。北京磁浮联合体系内各单位已经建立并形成了中低速磁浮交通技术研发、设计、施工、监管、车辆、轨排、道岔、接触轨、运控、线路、检测、工程维护等配套完整的工程化体系，具备了雄厚的工程化实施能力，已经成为中低速磁浮交通系统业内最具技术实力、最具工程综合实施能力、具备中低速磁浮交通装备制造技术与服务的掌握国际一流技术的科技公司。公司及体系内各单位科技人员积极进取，顽强拼搏，在中低速磁浮交通系统中取得了一系列领先或接近国际水平的重大科技成果。公司通过不断加强的科技管控力度，进一步提高研发效率，深入开展产学研用及协同创新合作平台建设，积极拓展创新资源，继续全面提高公司科技创新和工程化实施能力。

提升公司研发和集成能力。北京磁浮将技术作为立身之本，不断强化研发和集成能力，磁浮交通系统技术研究的系统性、前瞻性、基础性；加强产品研发和集成系统性，产品系列完整性；探索新型研发体制机制、研发资源配置协调，利用新技术、新产品的推出实现优秀公司“应用一代、研发一代、储备一代”的标准。优化研发和集成资源配置，充分发挥专职研发人员，高端磁浮交通系统技术、系统研发和集成人员技术优势。加大科研经费投入，将科技经费投入和科技成果产出相匹配，基于新技术推出的迭代产品产出满足不同类型用户的需要。

加强企业文化建设。北京磁浮在科研诚信和创新文化建设上取得阶段性成果，科技人员的积极性创造性得到充分发挥，初步建立了“鼓励创新、容忍失败”的创新氛围和环境，将“勇于担当、甘于吃苦、敢打硬仗”的创新精神融入日常工作中。

(2)产学研结合方式和运行机理

坚持市场导向，做好统筹规划。坚持以市场为导向，根据国家发展战略导向和公司自身发展需要，围绕“一业为主，相关多元”的全局性发展思路及关键性重大科技问题，加强顶层设计，充分发挥科技规划的引导作用，集聚体系内各单位资源，促进产学研用协同创新，加快科技成果转化，在磁浮交通领域、立体停车领域和移动支付领域及其他战略性新兴产业领域发挥引领和骨干作用。

坚持科学发展观，牢固树立以人为本、安全发展的理念。强化“质量是生命、安全大于天”的质量安全价值观，加强科研质量管理，坚持在确保产品与服务质量安全的基础上，推进公司的科技创新。

坚持立足当前和谋划长远相结合。在巩固与完善现有技术与产品的基础上开展新一代磁浮交通技术应用前瞻性技术研究，在相关领域抢占创新发展制高点，扎实有序做好公司各项科技创新规划的落地工作，夯实科技发展基础。

坚持科技创新与体制机制创新相结合。把握公司科技创新的内在规律，及时调整优化公司研发组织结构及资源配置，加强科研管控能力，调整科技评价机制，突破科技创新的体制机制性障碍，激发科技创新体系中各要素的创新活力，增强公司创新的内在动力，逐步实现公司从粗放式、分散化管理向集约化、精细化管理转型。

坚持公司系统集成能力创新。充分发挥合作体系的综合优势，注重系统集成能力的提升，依托重点科研和S1线工程建设，全面提升系统集成技术、制造工艺技术和工程系统集成能力；注重重大技术研究成果的产业化与工程化研究，发挥市场机制作用，加快成果转化和应用,全面提升公司技术创新能力和核心竞争力。

坚持人才优先理念。将人才“引进来”和“走出去”相结合,以吸纳磁浮行业优秀人才强化磁浮核心研究力量为目的,通过逐年招收应届硕士、博士毕业生等多种方式打造磁浮人才梯队。同时从社会上引进了结构设计、牵引电气、信号等紧缺专业的专业人才,壮大核心技术研发力量。通过邀请国内外著名专家学者来中心进行授课以及开展讲座等方式加强对外交流,以强化对外交流合作为目的,通过技术培训,学术交流及规划筹备中的磁浮展会等形式强化了对新引进的技术人员的培训和学习,着力打造高技术人才。

3. 研发支撑体系建设

(1)研发目标

北京磁浮充分利用先发条件,凝练经验积累形成的技术优势,把握磁浮标准主导地位,形成了独特的竞争优势。吸引磁浮专业研究人才,锤炼磁浮核心技术工程化团队,促进公司做大做强,成为磁浮交通领域翘楚,在磁浮交通领域占领重要地位,引领磁浮发展。

(2)研发体系构架

北京磁浮实行以项目(课题)为中心的用人、分配和奖励机制,充分调动科技人才的积极性。科研人员可跨地区、跨部门聘用,实行专职和兼职相结合,从而实现人才的开放、流动与联合的运行机制;充分发挥科研开发骨干的积极性。必要情况下,也可开放平台,采用项目合作方式与其他单位进行研发协作。根据项目的任务需求组织技术研发、技术推广与产业化等工作。

北京磁浮以课题形式对国防科技大学磁浮研发中心予以科研资金支持,重点开展磁浮技术基础研发工作。形成科研成果并通过原理样机试验后,长沙分公司接棒开展工程化研发。长沙分公司侧重的磁浮产品工程化研究,与国防科技大学磁浮研发中心前沿性技术研究形成科研工作衔接。形成科研成果并通过样机试验后,公司组织进行产业化应用,并将应用情况反馈研究人员,优化设计,完善磁浮产品,成熟磁浮技术。长沙分公司作为磁浮科研与产业化之间的桥梁,为磁浮产品生产提供直接技术支持。三方在工作过程中密切协作,通过理论指导工程化方向,通过市场实践验证研究理论。形成责任分工明确而又协同互补的科研新模式。通过国防科技大学磁浮研发中心、长沙分公司、公司本部的工作衔接,实现磁浮技术研发工作良性发展。

为保障科研产品的质量安全,提升科技管理的效率和水平。持续开展制度建设,结合科技创新,不断完善各项科技管理制度。具体措施如下:

加强科研项目管理。逐步完善科研立项审批、预算执行、经费管理、项目执行监督等各项制度。对重大科研项目,在立项评估阶段建立综合评估执行机制,引入财务、安全质量、设备物资等多部门共同参与,同时加强项目执行阶段的科研设备材料采购及运行管理,确保科研项目投资的规范性和有效性;加强科研项目预算编制管理,提高预算执行率;建立完善对重点项目进展、科研预算执行情况的集中监控机制;加强项目财务验收审计管理,确保科研经费的合理使用;强化科研项目负责人负责制,调动科研团队积极性,提高研发效率和水平。

探索建立科学的公司科技评价机制。加强对技术负责人、重大项目负责人、科研项目执行及科技成果转化等多角度专业考核，完善企业科技绩效评价和科研奖励，促进科技管理科学化和资源利用高效化，形成激励创新的正确导向。

重视并加强企业知识产权保护管理。逐步建立适应磁浮交通产业发展需要的知识产权保护技术体系和组织管理体系。结合公司业务发展情况，深入研究相关的知识产权法律法规及政策，合理规划企业知识产权保护布局；针对不同的关键技术，采用自主研发（知识产权申报）或交易获取等多种方式，获得国内外相关的技术专利及软件著作权，帮助公司提高市场竞争能力，并切实维护公司的合法利益。

建立健全公司技术专家评审制度。实现科技决策的科学化、制度化、规范化；加强技术及管理培训，提高公司技术及技术管理人员的素质和水平；加强科技统计调查分析、科技情报等基础性工作，提高科技管理的前瞻性和针对性；提高产品安全质量，全面推广磁浮交通产品第三方安全认证或评估工作。

积极探索高效顺畅的研发运行机制，推动研发、设计、工程及生产的有机结合，促进科研成果向现实生产力的转化。结合公司发展战略，围绕公司产业发展布局，逐步建立系统产品研究、核心产品研发、核心产品集成应用研发、工业设计研究四级技术产品研发体系，最终形成核心系统技术产品研究、核心设备研发、核心设备应用、产品工艺制造技术相配套的梯次研发结构。

（3）运行机理

系统产品研究定位。为负责开展前瞻性技术研究、共用平台技术研究、核心系统新技术新产品研究，主要研究任务由国防科技大学承担。

核心产品研发定位。为负责开展前瞻性核心设备技术研究、悬浮控制设备配套产品、线路设备配套产品、测速定位设备配套产品、道岔及转换技术与产品，主要研发任务由长沙分公司承担。

核心产品集成应用研发。负责开展核心设备应用研发，广开思路，及时捕捉市场机遇，积极开展与工程建设密切相关的应用类产品开发，不断丰富公司产品线。主要研发任务由公司技术中心承担。

工业设计研究定位。负责为确保高质量的实现系统技术开展的产业化成果设计，主要包括产品的材料、结构、工艺等设备制造工业设计。主要研发任务由公司控股的天路时代电气和天路时代机械承担。

（4）研发投入和实际效果

多年以来，公司坚持不懈开展中低速磁浮工程化研发工作，将课题资金、上级拨款、公司收入等均投入到研发工作中，在磁浮科研方面取得了丰硕成果。不仅奠定了北京磁浮在磁浮领域的主导地位，更通过持续的研发投入，形成了三大磁浮核心产业基地：

一是长沙国防科大中低速磁浮中试基地。北京磁浮初期投入2000万元在湖南长沙国防科技大学内建设204m的试验线，一座试验办公楼、一座变电站和室内试验室。后期，依托科研项目资金，北京磁浮又陆续投入资金开展磁浮科研工作。长沙试验基地主要用于中低速磁浮前沿关键技术的研发和试验，是国防科技大学与北京磁浮联合推进中低速磁浮技术进步的基地。

截至2017年8月，长沙试验基地固定资产共计原值2832万元，净值1966万元。

*二是北京磁浮唐山车辆总装基地。*依托十一五科技支撑计划，北京磁浮投资7200万元在河北唐山机车车辆厂内建设了中低速磁浮交通试验基地；在北京市科委科研课题的支持下，陆续投入资金开展磁浮科研工作；在国资委产业化支持下，在既有的唐山中低速磁浮交通试验基地的基础上，北京磁浮又投入2044万元，进行了磁浮试验基地扩建。建设了磁浮车辆整备车间厂房，并完成了磁浮列车总装集成设备的选型及购置。与试验线联通形成了磁浮车辆生产制造与上线测试的无缝集成。主要进行中低速磁浮列车运行调试，试验改进和考核。该基地是定型中低速磁浮交通技术的重要基地。

北京磁浮投资750万元与中国中车唐山分公司合作组建了北京天路龙翔交通装备有限公司。意图在北京磁浮和中国中车唐山分公司多年磁浮领域合作基础上，基于双方的技术优势和世界先进的制造技术平台，为北京S1线提供了安全、成熟、可靠的磁浮车辆，实现磁浮列车产业化。

唐山试验基地固定资产共计原值9486万元，净值9191万元。

*三是北京磁浮车辆核心设备制造基地。*北京磁浮投入700万元在北京市丰台区建设成立天路时代电气有限责任公司，进行磁浮车辆核心设备（悬浮控制器、悬浮传感器以及测速装置）的生产制造、测试等工作。完成了磁浮车辆核心设备产业化生产的工艺布局及工艺路线的规划、生产设备的选型及购置、工艺文件的编制及优化。在国内首先形成了磁浮车辆核心设备的专业生产能力。

北京磁浮投入600万元在北京市大兴区建设成立北京天路时代机械设备有限责任公司，进行磁浮车辆转向架等磁浮核心机械产品的生产制造、测试等工作。完成了磁浮车辆转向架产业化生产的工艺布局及工艺路线的规划、生产设备的选型及购置、工艺文件的编制及优化。在国内首先形成了中低速磁浮车辆转向架的专业生产能力。

北京磁浮投资组建的磁浮车辆总装基地与核心电气产品制造基地和关键机械产品制造基地按照北京S1线项目工程需求提供了相关产品。力图构筑完整的中低速磁浮交通核心产业制造体系。

4. 知识产权管理

中低速磁浮交通系统是一个庞大的系统，以磁浮列车为核心，关联到线路、轨道及复杂设备，核心关键技术包括了磁浮车辆悬浮控制技术、列车轻量化技术、轨排轧制成型技术、列车运行控制技术等。

（1）知识产权创新合作原则

1999年起，北京磁浮与国防科技大学紧密合作，组织联合优势企业，构建了以“企业为主体，市场为导向，产学研结合”的自主创新模式，紧扣“掌握中低速磁浮交通技术，打造我国磁浮工程化实施能力，实现自主知识产权、国产化、世界领先的中低速磁浮交通系统产业化”的战略目标，北京磁浮与工程化体系单位在知识产权方面需求创新性合作，成功搭建了具备“中国集成、中国制造”产业化实施平台。

（2）知识产权创新驱动

北京磁浮知识产权创新驱动实质上是北京磁浮产学研工程化体系的知识产权合

作创新，这种知识产权合作从战略目标的确定、优势的组合、项目的研发、产业化，是一个完成的创新过程。

第一阶段：1999—2004 年，中低速磁浮交通系统中试完成。

主要内容：以北京八达岭磁浮线为目标，启动中低速磁浮交通技术工程化应用研究。研制了磁浮试验车（第一代磁浮车），建成长沙试验线，完成磁浮交通系统中试即科技成果向生产力转化。

合作单位：国防科技大学、株洲中车时代电气、常州客车厂、上海飞机研究所、上海飞机制造厂等。

第二阶段：2005—2010 年，工程化样车、唐山试验示范线、实用型磁浮列车。

主要内容：研制了工程化样车（第二代磁浮车）、中低速磁浮交通技术及工程化应用列入国家支撑计划项目、三辆编组的磁浮实用型列车（含第三代、第四代磁浮车）成功试验运行、北京市决定 S1 线采用中低速磁浮交通示范线方案。

合作单位：磁浮工程化体系已形成，共 17 家单位。除了第一阶段中的 4 家外，增加了铁三院、唐车公司、通号院、四方所、天津机车机械厂、南京华士、中铁六局、中铁宝桥、北京中铁房山、莱钢集团、中铁电气化局、北京航空制造工程所。

第三阶段：2011—2016 年，北京 S1 线工程建设。

主要内容：我国首条采用中低速磁浮交通模式建设的城市轨道交通线路 S1 线工程开工及建设、六辆编组的 S1 线首列车在唐山上线调试完成、北京 S1 线首列车上线调试。

合作单位：原北京磁浮工程化体系，增加北京新联铁科技股份有限公司、中铁电气化局宝鸡器材厂等。

（3）知识产权主要管理制度

建立公司知识产权管理顶层文件，发布《知识产权管理总则》《专利管理制度》《商标管理制度》及《专利管理实施细则》等相关文件。强调北京磁浮工程化系统单位内应形成"协约明确、合作共赢"的合作关系，通过签署相关合同、合作协议等形式巩固体系在中低速磁浮交通领域内的专利知识产权主体地位。

（4）知识产权成果汇报

北京磁浮承担"十二五"国家科技支撑计划重点项目《中低速磁浮交通应用开发及集成示范研究》，与工程化体系单位利用长沙试验线和唐山工程化试验示范基地进行了大量的测试、试验工作，掌握了中低速磁浮交通系统的核心技术、关键技术和系统集成技术。

北京磁浮知识产权合作创新引发了中国首创北京磁浮知识产权。磁浮技术及工程化应用成果 20 项之多，并完成多项中国首创。

5. 人才队伍建设

（1）企业人才战略

在当今科技与信息迅猛发展的时代，人才仍是生产力，诸要素中最重要的战略性资源。国以才立，业以才兴。在北京磁浮 18 年的中低速磁浮交通工程化研发过程中，深刻体会到"依人才成就磁浮事业，以磁浮发展凝聚人才"，是一条极其宝贵的经验。

北京磁浮成立初期，确立了"创造物质财富，实现精神价值、完善治理结构、回报贡献者”的理念和公司发展最终目标:即以掌控中低速磁浮交通系统核心技术和系统集成技术,形成工程化能力,实现我国自主知识产权,国产化世界领先的中低速磁浮交通系统产业化,采取以企业为主体,市场为导向,产学研结合的运作模式,通过原始和集成创新,实现我国中低速磁浮交通系统的技术持续创新。

北京磁浮总体发展目标奠定了人才战略的基础。作为承担国内首创、世界领先高技术产业化公司,北京磁浮长期以来坚持的选用人才的原则是“热爱磁浮想做事,具备能力肯坚持”,公司“回报为磁浮发展做出贡献者”公司战略的成功实施,决定因素最终都要落实在“人才”上,而人才战略实施的终极目标是给企业连续不断地提供实现公司战略所需要的人才。

(2)平台搭建

北京磁浮作为“磁浮”前辈,于20世纪末基于我国社会经济发展和城市化进程加快、城市交通和环保问题日渐突出局面,选择了发展低噪音、无磨耗粉尘污染,线路适应性强,乘坐平稳舒适,适合我国国情的先进的中低速磁浮交通模式。这项先进技术的产业化发展,成为第一代磁浮人的梦想。

为进一步强化“以企业为主体”的发展战略,北京磁浮始终将“坚持打造磁浮核心技术团队,建设专业性强、技能等级高的员工队伍”作为人才战略实施的重要内容。多年来伴随公司发展在人才队伍建设上重点做了以下三方面工作:

*选才引才,为人才搭建平台。*鉴于北京磁浮成立初期的组织管理模式,所有员工不足10人,为迅速打造“磁浮梦想”平台,他们面对各合作体系单位协调沟通;磁浮各子系统关键技术难点攻克;多方面战略协议经济合同签订等承担了巨大的精神压力和艰苦工作。至2015年,北京磁浮与国防科技大学组织联合当年国内具有技术领先优势的大型专业性企业,在长沙国防科技大学校园内共同建设完成了204磁浮试验线;完成了磁浮车辆单转向架系统研制工作;制造完成了第一代磁浮试验车;研制生产了工程化磁浮车,同时进一步调整完善了工程化体系和优化车辆设计。至此公司完成了我国中低速磁浮交通技术工程化研发平台建设,同时在国内磁浮业首次获得初步成功展示。“鲜花盛开,蝴蝶自来”,在当年业内人才竞争较为激烈,特别与从事高速磁浮相关方面竞争明显,源于公司高层敏感的人才意识和迅速反应,从前往他地途中“截获”4名从事中低速磁浮不同专业的高级技术人才,填补了“企业主体”实施技术研发的人才空白。2005—2006年两年间,北京磁浮采取了专业推荐和在业内广泛发掘方式选召人才,由原来仅有的6~7人增至19人,其中具备高级专业技术和管理职称的人才达14人。

*爱才助才,解决人才后顾之忧。*随着公司中低速磁浮技术研发工作逐步推进,人才队伍的不断扩大,为进一步激发专业技术人才奉献磁浮的工作热情,北京磁浮针对高端人才长期两地分居的实际困难,对主管人员提出要求,充分利用北京市促进经济发展优惠政策,积极办理专业人才引进户口进京工作。在当时阶段,此项工作摆到了公司总体工作重要位置。根据相关规定,北京磁浮首先完成了市高新技术企业认证;继而迅速掌握人才引进的全部流程;认真细致完成所有环节的操办手续。从2007年开始至2014年共为公司8名高端人才办理完成了引进,同时解决了部分家属、子女相

关就业和入学问题。

举才荐才,营造良好发展环境。长期以来,北京磁浮高度重视人才选拔、培养和使用工作。立足多方位、多角度为公司人才创造良好发展环境。对于具有继续参加专业学历学习意愿的技术人员和通过专业职称资格评审提高职称资质人员,在费用报销、薪酬待遇方面给予相应补贴和提高;在公司补贴发放中,明确规定了向各专业层级人员的倾斜标准;在专业人才的使用上,注重将高素质、高职称专业人员提拔到重要管理岗位,给予他们更好发挥自身才干的发展空间。截至 2016 年末,公司所有中层以上管理人员中,具备中级及以上专业资质人数超过 90%。

(3)初见成效

目前,北京磁浮已走过了 18 年的奋斗历程,在公司总体发展目标的指引下,人才战略得以稳步实施。主要成效包括:

多项技术难关攻破,磁浮交通各子系统研发设计、施工图设计全部由高级专业人才承担。

有多名高级专业人员组织和参加了科技部“十一五”课题《中低速磁浮交通技术工程化应用研究》、北京市科委课题《中低速磁浮交通支撑体系研究》及《中低速磁浮交通应用开发及集成示范研究》、科技部“十二五”课题《中低速磁浮交通示范工程应用技术及创新研究》等科研项目。

《北京 S1 线列车总体方案设计、技术设计及施工设计、总体技术条件》等数十项文件撰写,全部出自高级专业人员之手。

上述工作推进成就了磁浮事业的重大发展,为北京 S1 线重点项目立项和建设批复奠定了坚实基础。

在北京磁浮引进的各类人才中,1 人获得北京市“劳动模范”称号和“五一劳动奖章”,1 人入围“科技北京”百名领军人才培养工程,同时荣获“北京市轨道交通建设先进个人”称号、荣获“北京市国资委创先争优优秀党员”称号。多次获得集团和国资委系统“先进个人”称号。

6. 品牌塑造与市场营销

北京磁浮经历了漫长的工程技术研发阶段,掌握了国际领先的中低速磁浮交通的核心技术与系统集成技术,拥有自主知识产权,形成了具有产业化实施能力的合作体系,所带动的重大示范应用——北京市中低速磁浮交通运营示范线(北京 S1 线),即将向世人展示别具一格的魅力。转入北京基础设施投资有限公司旗下后,中低速磁浮产业发展迎来重大发展机遇,制定并完善了公司市场策略、企业整体战略,不断增强企业核心竞争力,快速开拓市场,增加企业盈利,促进企业长期稳定高速成长。

为应对日趋激烈的市场竞争态势,结合 S1 线正式通车的预期,北京磁浮开始探索磁浮交通市场开拓。

(1)市场战略目标

北京磁浮在长期的工程研发过程中,坚持“长期合作、共同投入、知识产权共有、产业化收益共享”原则,龙头地位来自振兴民族产业的理想和相信北京磁浮能够实现为大家带来产业化的目标。

北京磁浮作为中国磁浮产业的先行者，一直以来都将打造拥有自主知识品牌的民族产业作为理念，以拥有世界领先水平的磁浮交通技术为企业发展的核心；以发展新兴磁浮交通产业为企业发展的总目标；以发展中低速磁浮交通为代表的人文交通、绿色交通为己任；以城市交通综合解决方案为企业的发展方向。

根据国家“一带一路”倡议和“京津冀协同发展”的重要方针政策，北京磁浮坚持关注我国大中型城市以及有特色有代表性的中小型旅游城市，将全新的轨道交通模式介绍到当地，给当地政府和人民提供更多的轨道交通模式选择。

北京磁浮根据企业产品所在的行业、潜在市场以及市场策略进行了逐一的分析和制定，同时根据企业发展的需要和行业内的竞争趋势，制定适合企业自身的宣传推广方式。

(2)竞争市场分析

国内市场分析：北京磁浮对有轨道交通规划安排的相关城市进行了系统分析，对其在轨道交通方式选择上的可能性进行了调研，根据其城市规模、线路规划、城市重点发展方向等情况做了初步的了解，先后对青岛市、池州市、黄山市、郑州市、福州市、宣城市、无锡市、深圳市、南京市等意向城市的轨道交通规划建设情况进行分析汇总，并且积极参加各地方政府组织举办的招商洽谈会，参加行业内重要的交通协会组织的行业展览，实地到各意向城市进行考察，将北京磁浮的品牌、绿色交通的理念和技术产业化实施的战略全方位立体化的宣传推广到各个城市。

国外市场参与：北京磁浮对磁浮技术的国际市场也倍加关注。先后多次参与了上级公司组织的美国、泰国、越南、马来西亚、伊朗、墨西哥等海外项目的沟通交流会，向海外城市介绍了磁浮技术和项目。

(3)市场战略确立

乘北京 S1 线建设东风，北京磁浮积极面对市场竞争，总结两年多的工作实践，初步形成如下思路：发挥核心竞争力，以产业化落地为切入点，努力争取新项目，以新项目(线路)吸引 PPP 综合投资，形成磁浮产业发展新模式和新的盈利点；以总包为项目经营追求目标，以“交钥匙”模式创建行业口碑和形象，推进磁浮事业发展，让“基石”精神走遍全国。

北京磁浮作为注册资金仅有一亿元的企业为轨道交通行业乃至国家做了一个新型轨道交通系统的工程化研发，除了国家和北京市的支持之外，最重要的一点是坚持了“长期合作、共同投入、知识产权共有、产业化收益共享”的合作原则和以市场为引导，企业为主体，产学研相结合的系统创新理念。北京磁浮之所以能以北京市国资委系统三级企业的身份取得中低速磁浮交通业内龙头地位是因为掌握了核心技术与系统集成技术，同时引领了中低速磁浮交通市场。

通过长期的工程技术研发和 S1 线项目建设，北京磁浮形成了以掌握核心技术和系统集成技术为基础的，向用户提供包括中低速磁浮交通技术咨询、系统技术集成、轨道交通项目建管服务、系统运营维护服务在内的项目建设总承包服务的核心竞争力。

(4)市场战略实施

根据市场分析，初步将目标市场按区域分为京津冀地区项目和其他地区(除去国际市场）项目，按用途分为城市轨道交通项目和旅游线项目。

随着京津冀一体化的不断深入，京津冀地区的轨道交通建设项目主要是政府项目和政策项目，北京磁浮希望在京投集团的帮助和支持下不断维护和加强项目总承包（系统集成、设备总包）、项目建管、运营维护的主导地位，形成明确的、稳定的盈利模式，促进企业核心竞争力的稳定和提升。

尽快明确并获得北京地区的新建中低速磁浮交通项目，对于公司的持续发展，线路示范和市场开拓都有重大意义。

其他地区市场开拓以 PPP 模式和产业化落地为推手。当前，开辟外埠轨道交通市场最直接最有效的模式是 PPP 模式，即政府和社会资本合作。京投公司在这方面有着丰富的经验和成功的案例。希望在京投公司率领下，积极通过 PPP 模式争取到更多的磁浮项目。同时，该模式可发挥北京磁浮及项目资源优势，吸引其他社会资金合作开展 PPP 项目，分散投资风险。

作为新兴的轨道交通，北京磁浮则要体现全新的合作和投资模式，引领新的产业发展，实现磁浮交通产业化落地。磁浮交通产业具有高科技、现代制造业、2025 高端产业等概念符合时代潮流，对于各城市和政府具有较强吸引力。

体现产业化落地的重点在于：特许经营权、系统集成权利及市场开拓和实施的资质。产业化落地企业通过项目的运营和维护获得政府补贴实现基本运营，通过对外承接项目实现发展。同时体现磁浮车辆总装和集成能力是必要的，可结合中低速磁浮交通项目的实施，在车辆段中加强维修部分的组装功能，加强试验线功能实现。北京磁浮对产业化落地企业可通过投资和技术实现控制。

磁浮产业落地对于争取项目有利，对于争取项目所在省区域内的磁浮交通项目有利，对于北京磁浮形成新的利润增长点、快速发展有利，对于地方政府实现高新技术落户当地有利，对于京投公司占据国内轨道交通资源实现综合收益有利。

（5）市场战略效果

根据制定的市场战略，北京磁浮近年来不断走访和考察目标市场，并且和青岛市、池州市、黄山市、郑州市、福州市、宣城市、无锡市、深圳市、南京市等目标市场的政府主管部门建立联系，对建设磁悬浮线路的可行性进行探讨。2017 年 7 月，北京磁浮和池州市人民政府签订池州九华山中低速磁浮交通旅游示范线项目《合作备忘录》，全力推进磁浮项目在九华山景区落地。其他城市也表示对磁浮项目的欢迎，希望能在当地规划示范线并实现产业化落地，带动当地经济发展。

7. 企业创新文化建设

通过总结 S1 线建设的经验，北京磁浮提出了核心技术研发、工程建设组织管理、核心装备总包集成、运营维护服务“四位一体”的发展战略，完成了北京核心装备产业基地的建设，初步具备了工程化技术研发、项目建设管理、核心装备制造及总包集成的能力，明确了未来项目承接模式，为未来建设更多中低速磁浮交通项目提供保障。推动北京高端轨道交通产业的发展。

北京磁浮“四位一体”的发展战略由核心技术研发、工程建设组织管理、核心装备总装集成、运营维护服务四部分组成。

一是核心技术研发。开展磁浮核心技术、核心装备制造关键技术、工程实施关键技术的工程化技术研发。以与国防科技大学的合作为基础,以北京中低速磁浮交通工程技术研究中心为工程化平台,组建自己的核心技术团队(北京轨道交通技术研究总院磁浮分院),在现有技术的基础上,继续推进永磁-电磁混合悬浮技术应用实施、提速、磁浮列车多样化、磁浮技术制式多样化等,并辐射相关交通技术。掌握磁浮核心技术、系统集成技术,保持技术领先和技术进步;获取知识产权收益。

二是工程建设组织管理。在成功建设S1线的基础上,进一步完善项目建设管理机构、规范管理制度及流程、充实管理力量,形成建设管理能力,向用户提供磁浮交通项目建设从前期工作、初步设计、施工图设计、施工建设组织管理、设备安装、联合调试等全过程管理以及相关的专业技术输出,并探讨介入轨道交通相关建设项目代建管理。在逐步加强建设管理能力的基础上,形成磁浮轨道交通工程总包能力,为北京磁浮磁浮交通系统总包"走出去"奠定基础。

三是核心装备总包集成。提供磁浮列车(包括悬浮系统、走行系统)、工艺工装设备等核心子系统的产品设计、生产制造(总装)、集成调试等总承包工作。建立完整的磁浮交通装备产业链,实现磁浮交通高端装备总装制造业在京落地,初期具备每年总装磁浮列车200辆的能力。在国家首台套政策支持下,以S1线实施取得中低速磁浮核心装备包集成资质,逐步获取磁浮交通系统设备总包、工程总包资质;获取总包收益、知识产权收益和核心装备总装制造收益。

四是运营维护服务。向用户提供中低速磁浮交通项目试运营、运营过程中的设备维保维护服务及运营组织服务,探索磁浮状态检修模式、运营全寿命周期维保,提供相关的专业技术服务输出。探索联合运营模式,结合磁浮检修维护简单、检修维护量小等特点,打造磁浮交通系统运营创新模式。

从运营检修维护入手,形成核心团队,为实现磁浮交通系统交钥匙模式奠定运营基础;获取维保收益和培训费用,旅游线还可以有运营收益。

(二)企业创新成效

1. 关键技术取得重大突破

"十一五"时期,北京磁浮承担了国家科技支撑专项"中低速磁浮交通应用研究"课题。在总体方案、标准规范、基地建设、试验测试、产业研究、工程应用等方面均取得了重大成果,促进了北京磁浮工程化体系科研能力全面提升。

结合唐山试验线集成实践,建立了中低速磁浮交通系统总体方案及标准规范,搭建了中低速磁浮交通系统综合研究、设计、集成平台和系统测试平台,开展了关键技术装备适应100km/h及以上速度的试验、研究和验证工作。通过关键技术的重大突破,解决了中低速磁浮交通的技术瓶颈。

2. 科技创新能力进一步加强

在"十二五"时期,北京磁浮承担了国家科技支撑专项"中低速磁浮交通应用开发及集成示范研究"课题,研究涉及中低速磁浮系统集成技术研究、中低速磁浮安全性、可靠性和可维护性研究、中低速磁浮系统检测技术和维护设备研究、中低速磁浮轨道

轨检车研制、中低速磁浮设计、建设和运行维护等标准编制、中低速磁浮混合悬浮列车研制、中低速磁浮车辆同步牵引技术研究、中低速磁浮运行控制系统集成和自动驾驶技术研究等诸多内容。

项目验收专家组认为“项目任务书规定的其他成果指标，如知识产权、标准规范和人才培养等，均达到或超过了考核指标要求。”

北京磁浮高度重视科技创新工作，突出依靠科技创新带动全公司发展，科技创新综合能力水平不断提升。提出了技术创新的方向性延伸；随着混合悬浮系统、同步牵引技术等的研究，公司重新整合调配内部组织结构及科技资源，保障了科技项目有效实施，使公司科技创新能力进一步加强。

北京磁浮“中低速磁浮列车永磁/电磁混合悬浮技术及应用”荣获 2015 年度北京市人民政府授予的北京市科技进步二等奖。

三、小结

北京磁浮长期坚持磁浮技术工程化研发，力图通过科技成果的转化，实现自主知识产权、国产化、世界领先的中低速磁浮交通系统产业化。回顾北京磁浮的发展史，总结如下几点体会：

1. 自主创新，民族产业崛起的灵魂

现代高端技术的特点是系统性强、分工细、与信息化技术高度融合。靠引进技术进行学习愈加困难。只有通过自主建设和发展研发平台和载体，以此为依托持续推进系统的研究和试验，才能实现技术的自主创新。

北京磁浮工程化体系在 18 年的时间里组织建设了两条线、四代车，并以此为研究平台和载体，成功实现了拥有自主知识产权的中低速磁浮交通系统的工程化研发示范。

2. 产业协作，保障复杂系统工程化研发

产学研结合体系中一定要有一个系统集成主体。在中低速磁浮交通产业化体系建设中，引入投资和系统集成的主体是一个非常成功的创新。北京磁浮不仅提供研发资金，更重要的是专门集结了一个涉及多学科的具有系统集成能力的技术队伍。实践证明，中低速磁浮列车系统涉及多元的技术和不同的子系统，其复杂性使得任何一个零部件厂商都无法通过简单组合来轻易地完成，必须有专门的队伍依照一定的逻辑来进行系统综合集成。

经过十多年的研发，北京磁浮与工程化体系单位及工程化体系单位之间积累了协调运作经验，培养了技术团队。研发体系和技术成果的继承性是科技成果转化的重要保证。

3. 科研支持，助力磁浮产业发展

轨道交通装备制造属于高端装备制造领域，是近年来国家重点支持发展的领域。轨道交通装备制造产业需要长期的技术积累、制造能力建设，投入大，收效慢，利润率低。

长期以来，在各级政府部门对磁浮交通产业的关注和引导下，在北京市科委、科技部以及北京市交通委等科研课题的资金支持下，北京磁浮工程化研发工作得以延续并发展。

北京磁浮构建以“企业主体、市场导向、政府支持、产学研结合”的自主创新模式，实现整体合力、抗衡外部竞争的格局。通过联合相关领域最优秀单位，构建完整、专业化工程化研发和产业实施链条，建立板块化运作模式。这就是北京磁浮加快中低速磁浮的产业化速度，扩大产业化实施规模的实施“秘诀”。

第四节　海正药业

一、企业概况与技术创新模式

浙江海正药业股份有限公司（以下简称海正药业）坐落于东海之滨——台州市椒江区，创建于1956年，从林产化工起步，20世纪70年代进入制药领域，为国有企业。2000年7月，“海正药业”A股发行上市，目前仍为国有控股的上市公司。先后荣获“国家高新技术企业”“创新型企业”“技术创新示范企业”“国家知识产权试点企业”“药品出口示范基地”全国五一劳动奖状等称号，还多次荣获“出口型企业品牌十强”“创新型企业品牌十强”和“全国制造业500强”。

海正药业是一家以经营特色原料药、制剂、生物药等研发、生产和销售一体化综合性的制药企业。公司以“执着药物创新，成就健康梦想”为使命，以“成为广受尊重的全球化专业制药企业”为愿景，致力于药物创新引领和绿色发展，为全球客户提供更好的产品和服务。

技术创新在海正药业的发展历程中具有重要作用。海正药业的技术创新模式随着时间和企业的成长而不断完善进步，从时间上看，可分为三个阶段：第一阶段是企业初创阶段，即海正药业发展的早期20年，在“计划经济”时期，化工产品主要按照国家计划生产销售，企业基本没有创新；第二阶段是创新发展阶段，即中期的20年，自1977年首次从上海医药工业研究院购买了一种治疗前列腺增生的新药开始，进入了创新发展阶段；第三阶段是创新引领阶段，即最近的20年，海正药业借鉴欧美发达国家新药研制模式开发并建立了自己完整的技术创新管理模式，开展了自主创新。

从内涵上看，海正药业的技术创新模式经历了从模拟仿制、精益仿制、集成创新到原始创新的发展模式。模拟仿制模式，主要是国内创新能力弱，缺乏自主创新新药，只能模仿国外药品，以达到国内市场的可及性。精益仿制模式，是模拟仿制的高级阶段，一方面引进国外先进技术或产品，消化吸收，挑战专利或开发避专利工艺，开发药品；另一方面以临床重大需求为导向，抢仿专利过期药品，优化生产工艺，以更低的污染和生产成本，生产出更高质量的仿制药。集成创新模式，利用海正药业已形成的多学科跨界新技术和微生物、合成、半合成技术等进行集成创新，紧跟前沿科技进展，针对已

知机理和药物靶点,通过改造药物结构或筛选新分子,以期获得更优秀的临床效果。原始创新模式,利用海正药业自己的技术、人才与平台,自主开发原创的核心技术,如开发抗耐药肺结核的 First-in-class 1. 1 类创新药 CPZEN-45 中就拥有多项世界级核心技术,创新药 HS25、AD35 等拥有多项国际专利。

60 年的风雨历程,海正药业走出了一条"创新引领发展、筑梦'百年海正'"的发展之路。在这条不平坦的道路上,海正人用知识与技术的集成,用人才与文化的融合,围绕思想、战略、机制、专利、人才、品牌、文化以及管理等开展了自主创新活动。经过创新活动,创新能力大大增强,国际市场份额提升,拥有了一定的国际话语权,依靠新技术革命和新型制造方式推动了可持续发展,创造了海正的辉煌。

二、企业创新影响力实践——创新引领发展,筑梦百年海正

(一)企业主要创新活动

1. 从"鱼论"哲学到"创新引领"

海正药业在经历了 60 年的发展和积累后,今天的海正完成了从无到有、从小到大、从弱到强的蜕变。不断壮大的企业规模、持续增长的经济效益、纵深发展的国际化布局,受到国内外医药界的普遍关注。

随着国际医药竞争形势的变化和中国医药产业的快速发展,海正药业的一系列思想、理念、模式发生了深刻的变革。正是由于这些新思想、新理念、新模式的形成,推动了海正药业发展战略框架和战略理论体系的创新。

纵观海正药业战略理论体系的发展大致走过了三个阶段。

一是"鱼论"创新哲学思想形成阶段。国际制药大公司依靠其强大的经济实力和研发能力,几乎垄断着全球专利药市场,获得丰厚的专利产品利润,且通过兼并重组,纷纷建立内部供应链,竞相掠夺和瓜分全球市场。随着经济全球化的发展,发达国家的生产外包、研发外包成为新的产业转移趋势,原料药、制剂和研发纷纷向中国和印度等国转移。

海正药业的创新研发是一个逐步演进的过程。20 世纪 70 年代,海正药业没有药物开发技术力量,只能从国内科研机构购买成果进行生产;进入"八五"以后,海正药业利用科研单位的半成熟成果给予经费支持,借助科研单位雄厚的技术力量进行开发;根据市场需求和战略发展需要,与科研单位联合出课题,或企业出资、出课题与多家科研单位一起联合攻关,集各家之智,取各家之长,快速实现产业化;进入新世纪,海正药业建立博士后科研工作站和国家级企业技术中心,开始了创新药物、生物技术药物的自主创新。

海正药业创新研发的演进过程,可归纳为:"'花钱买鱼'——购买成果,'借池养鱼'——合作开发,'放水养鱼'——联合攻关,'筑池养鱼'——自主创新"这四个阶段,被同行和专家们亲切地称为"鱼论"。"鱼论"体现了海正药业从模仿创新到自主创新的发展历程。

在“鱼论”的指导下，海正药业又提出了现代制药企业发展的三个创新理念：第一，构建从原料药单一系列向药物研发、原料药与制剂（自主品牌）生产销售的内部垂直发展体系；第二，构建从依靠单品种创利向开发及制造多系列、多产品、梯度组合的产品群组发展体系；第三，构建从单纯仿制向创仿结合、自主创新（包括原始创新、消化吸收创新和集成创新）的发展体系。独特的“鱼论”和现代制药企业发展的三个创新理念，构成了海正药业完整的创新哲学思想。

二是“宽领域、大纵深”战略发展的布局阶段。进入“十五”期间，我国已经成为全球化学原料药生产大国，但创新能力薄弱，以仿制为主的被动局面尚未得到根本改变，国际高端制剂发展步履维艰。于是，海正药业以创新引领为导向，及时提出了“宽领域、大纵深”发展战略。

“宽领域”就是从空间、产业和人才等三个纬度实施战略布局。在空间上，从台州一地向全国乃至美国，实施全方位发展。在产业上，从单一的化学药原料药向特色原料药、生物技术药物、自主创新新药和大健康产业等领域发展。在人才上，择天下英才而用之，大量引进海归和国际化人才、国家和省级“千人计划”。

“大纵深”就是从产业链、技术创新、国际市场、管理创新、制造方式创新等五个经度向纵深发展。在产业链上，在做精做优原料药的同时，向高端制剂和特色制剂的延伸发展。在技术创新上，要从模拟仿制向精益仿制、集成创新到原始创新的发展；要从技术跟随向技术创新、产品创新到平台创新的发展。在国际市场上，要从欧美高端市场向战略性新兴市场发展。在管理创新上，要从商品创新向管理创新、人才创新、文化创新、商业模式创新、无形资产创新方向发展。在制造方式上，要从简单生产向绿色制造、智能制造方向发展。

“十一五”期间，海正药业重点推进了“宽领域”战略的实施，使海正药业逐步形成从台州到跨市、跨省、跨国多层次的发展，在美国建立了海正药业美国公司，在富阳建立了海正药业（杭州）有限公司，在江苏建立了海正药业南通有限公司，在昆明建立疫苗生产基地，在上海建设了研发机构和营销平台，在北京建立研发分支和市场中心，在杭州建立营销平台。到“十一五”期末，海正药业已全面完成了产业布局。

三是创新引领发展的转型升级阶段。产业布局的顺利实施，并不是企业发展的终结。进入“十二五”，海正药业在“宽领域、大纵深”的发展战略大框架下，加快了“大纵深”发展。“大纵深”的核心是创新引领，形式是转型升级。及时提出了“五大转型”，即从生产型向研发营销型转型、从化学药向生物药转型、从原料药向制剂转型、从仿制药向创新药转型、从产品经营向产业+资本转型，并得到了成功实施，从而加速推进产业从化学药、生物药向大健康发展。

经过5年的发展，海正药业已基本完成了转型目标。“十三五”的战略重点是“升级”，确定了业务架构、市场经营、管理总部、制造方式和盈利模式等“五大升级”的战略任务。

至此，经过60年的发展，海正药业形成的“鱼论”创新哲学思想和“宽领域、大纵深”的战略理论体系，已成为创新引领发展的灯塔，是保障持续发展和基业长青的基石。

2. 从“两次改革”到“全面深化”

众所周知，经济理论最早源于军事理论。现代军事理论认为：武器×人×体制机制=作战能力。同理：在市场经济条件下，任何企业都同样遵循着：商品×人×体制机制=经营能力这样一个公理。海正药业也不例外，在“产品”与“人”一定的条件下，体制机制就是整个公司综合经营能力中的核心关键。

海正药业是从公私合营发展而来，依然保留着地方国有的体制与机制。这种体制机制所产生的固有陋习制约着企业的快速发展。海正药业成为上市的公众公司后，大刀阔斧地进行了体制机制改革。

（1）实施了“两次改革”

首先是“公司制改革”。1997年海门制药厂整体改制为浙江海正集团有限公司，1998年2月成立浙江海正药业股份有限公司。2000年，海正药业在上交所挂牌上市后，在形式上开始从工厂制到公司制、从地方国营企业到上市公众公司进行了一系列的改革、探索和创新。2004年，集团公司实施了二次改制，通过员工买断工龄，从国企职工转为市场经济的合同制员工，带来了企业性质和员工身份的巨大变化；实施了组织变革，逐步推进了组织结构的扁平化，从部门管理改变为块块管理，进而实现了系统管理，极大地提升了竞争能力；实施了战略研究、预算管理、信息化与QEHS（质量、环境、健康、安全）体系管理与能力建设，努力与国际制药规范接轨；实施了“三项制度”（职位、薪酬与评价）改革，创新优化了人力资源管理并体现了员工参与企业发展成果分享。

第二次是“产品线改革”。将所有生产车间整合成十大产品线。对公司组织结构重新设计，建立了矩阵式（准事业部）管理结构，在产品线内部增设技术部，为新产品从实验室到中试、产业化打通了通道。在此基础上，各产品线开展了定岗、定编、定责以及人员竞聘上岗工作，改革了原有的分配模式。经过“全员大洗脑、千人大换岗”，基本完成了公司从职能式管理到产品线准事业部管理的转型变革。

（2）推进了机制创新

在体制改革的同时，在机制上进行了“五项创新”。

一是资源配置机制。建立了资源配置的“三统一”机制，即统一资金使用、统一科技攻关计划、统一考核激励。在投入上，公司规定每年的科研投入不低于工业销售收入的8%。在管理上，不按职级配置资源，而是按项目大小配置资源；在使用上，国家级项目、国际化项目、效益好项目、环境友好项目实行优先。通过资源配置机制的实施，管理上逐步与国际大公司缩小差距，使海正药业的新药研究综合能力与产业化管理水平接近或达到国际先进水平。

二是组织保障机制。新药创制是一个复杂的系统工程，需要各综合平台、各单元技术平台的密切配合，需要相关关键技术的集成创新，需要各团队之间的无缝链接，才能达到新药的集成开发。海正药业建立了严密的组织保障体系，全公司上下、实现“新药创制平台体系”“新药开发体系”和“支撑服务体系”三大体系之间、平台之间、单元之间、团队之间做到整体高效，无缝链接的体制与机制，从而加速了技术创新与新药研发。

三是技术集成机制。海正药业不仅拥有微生物从菌种到发酵、分离提取的全套技术,还拥有菌种分子改良技术、酶工程和生物催化技术、合成与半合成技术、杂质分离与制备技术、药物制剂技术等特色技术。随着基因组学、蛋白质组学、干细胞、个体化诊疗、新靶标、转化医学等现代科学技术的发展与应用,海正药业及时引入新技术,将多项技术集成于一体,加速了技术创新和新药开发。

四是科研激励机制。多样化激励,实施利益共享。建立了项目绩效考核管理,并与薪酬管理、职务迁升挂钩,完善了薪酬体系。制定了《新药研究管理办法》和《产业化技术革新奖励办法》,最大的亮点是激励自主创新,新药研究单个项目奖励金额最高可达 300 万元,技术改进项目奖励最高可达 100 万元。从国内外引进高层次人才,共同组建公司,实行股权激励。如国家千人计划特聘专家、浙江省千人计划等人才,根据不同的专业技术水平给予一定的股权激励。对大学、研究院所等转让给海正药业的项目或技术,按知识产权和转让者的要求分别实行入股、转让、效益分成等利益共享。

五是管理创新机制。以信息技术为支撑,以流程优化和效率提升为目标,引入全球领先的信息系统,分期实施,在已有管理信息系统基础上形成跨区域的总部型企业信息化网络,构建企业绩效管理、商业智能分析、商业化信息仓库等云管理模式。对公司跨区域的多业务板块分别实施运营管控、战略管控和财务管控等模式,强化公司总部管控能力。改变现有单一的、事后的、人为的管控手段,通过企业信息系统的运行,实现物流、资金流、信息流和人员的透明化、实时化、精细化,以及流程标准化,管理、技术、业务一体化。

(3)开启“全面深化”创新时代

在大数据、“互联网 +”的快速发展和“大众创业、万众创新”的背景下,海正药业根据时代潮流的发展,继续加快体制机制的创新,开启“全面深化”创新时代。

建立创客机制。2015 年 8 月,在“海正科技日”之际,代表海正药业发展方向——制剂、生物药、创新药的三个创客团队正式启动。这是海正药业改革和推动“双创”相结合的发展新模式,通过创客工作室、众创空间、孵化器等平台,鼓励员工以海正药业为创业大平台,挑大梁,创大业,同时实现从工资奖励时代向股权激励时代跨越。通过创客机制的建立,形成“大众创业、万众创新”和“互联网 +”集众智汇众力的乘数效应,是海正药业打造众创、众筹平台,构建企业与创客团队协同的“双创”新机制。通过创客机制的建立,形成激励相容的制度,调动每个人的积极性,激发企业创新活力,使创新成为海正药业发展的强大动力。

近三年来,公司根据技术创新发展的战略要求,多次调整优化了领导与决策架构,调整了中基层管理团队,对台州、富阳和如东三大生产基地实施跨地整合原料、制剂、生物和动保四大板块。

继续深化对现行体制机制的改革,落实工厂法人负责制,建立总部六中心管理体制,推进企业组织扁平化、网络化、柔性化的发展;筹建产业发展基金,引导年轻人和特色项目进行“双创”;筹建海正学院,以全面提升海正药业员工的工匠能力。

建立新的企业绩效评价体系和考核机制,探索新型激励机制,通过股权、期权、分红等激励方式,调动科研人员的创新积极性,加快海正药业的研发速度,加快海正药业

的成果转化和产品上市。

3. 从“仿制之路”到“体系创新”

要开发一个创新药真可谓是“台上三分钟，台下十年功”。生物医药是一个高技术、高投入、高风险的产业。医药界有个世界公认的“双十”定律：研发一种新药，需要10年时间，10亿美元！在美国，合成10000个具有体外活性的化合物，能进入动物实验的只有250个，进入临床试验的仅有5个，最终成为上市药品的可能只有1个。

随着国际跨国大公司关停了在欧美的药物专业研发机构，预示着新药研发的难度更大，从传统意义上的研究到涉及多基因、多靶点通路和网络调控，或是存在病毒与人体基因组/蛋白质组之间复杂的相互作用关系；新药临床研究的时间更长、费用更高、风险更大。

仰望科研的高峰，越往高处越是人迹罕至。极高的失败率，巨额的资金投入，使得很多企业在药物自主研发上望而却步。

海正药业清楚地认识到：创新是提升一个国家、民族、企业综合竞争力的重大战略，如果现在不创新，就没有未来的发展。海正药业毅然决定走自主创新之路。

要创新，关键要建立自己的创新体系。于是，海正药业就投入巨资，开始新药创制的新里程。

（1）第一层次：建立了以海正中央研究开发院为主体的研发平台

瞄准国际一流研发水准，建立自己的研发平台体系。自2000年开始，海正药业以国际跨国药企新药研发平台为标准，在椒江东厂区建立了海正药业中央研究开发院，设有7个研究所。研发设备先进，中试装备配套齐全，分析检测设备达到国际中上水平，建立了完备的数据库，已形成了包括从新药发现、成药性评价、微生物药物研发、合成药物研发、酶工程与生物催化研究、生物技术药物、药物制剂、药物杂质研究、优化与中试和产业化关键技术等10大技术平台，形成完整的从新药研发到商业化生产的平台体系。

海正药业中央研究开发院统领全海正药业的技术创新工作。建有浙江省院士专家工作站、国家级企业技术中心、博士后科研工作站、抗体药物国家地方联合工程研究中心、真菌药物浙江省重点实验室、生物技术药物浙江省重点实验室，在上海建立药物研究所，在海正药业（杭州）有限公司建立了“浙江省企业重点研究院”。

海正药业中央研究开发院和创新团队被浙江省人民政府列分别授予“省级企业研究院”“省级企业创新团队”“海外高层次人才创新创业基地”。海正药业（杭州）有限公司企业研究院，为浙江省企业重点研究院。2016年，博士后科研工作站经有关部门批准，可以自主招收博士后进站工作。

《海正药业企业创新综合平台建设》被国家重大新药创制重大科技专项列为全国三大企业平台建设之一。

根据国家临床重大需求，建立自己的新药开发体系。新药集成开发体系主要围绕三个层面进行药物创新开发。首先，重点围绕严重危害我国人民健康的恶性肿瘤、心脑血管疾病、神经退行性疾病、糖尿病、精神性疾病、自身免疫性疾病、耐药性病原菌感染、肺结核、病毒感染性疾病以及其他常见病和多发病，研制一批重大原创药物。其次，高端制剂的开发，以制剂发展拉动特色原料药同步提升；第三，以重大需求为导向，抢仿专利过期药品，开展临床亟须、短缺的通用名化学药和生物类似药的研发。

注重高效服务无缝链接，建立自己的支撑服务体系。支撑服务体系主要包括产品与项目管理体系、菌种保藏鉴定体系、QEHS 控制体系、QbD（质量源于设计）体系、信息情报管理体系、药证注册管理体系、知识产权管理体系、仪器分析管理体系等 8 大服务体系，并实现无缝链接，高效服务。

通过研发平台、新药开发和支撑服务三大体系的建设，使海正药业的创新水平逐步提高，构建起符合现代、科学、规范的企业新药综合创新平台。

（2）第二层次：产学研结合，联盟化发展

新药开发是一个庞大而复杂的系统工程。任何一家企业都难以独立完成，尤其在中国创新能力还相当弱的时期，更需要走产学研结合，联盟化发展之路。

海正药业自 20 世纪 80 年代末就开始与国内外著名大学、研究机构从产品开发、技术攻关到共建实验室，进而建立产学研联盟，形成了很好的创新机制。先后分别与军事医学科学院、浙江大学、北京大学、中国药科大学、兰州大学、第二军医大学、华东理工大学、上海医工院、上海有机所等 30 多家科研院校开展产学研结合，有些已成为新药研发的战略合作伙伴。并与北京大学共建 QbD 联合实验室，与军事医学科学院六所共建了 JT 药品原料药中试基地，与中科院微生物研究所共建了生物药研究联合实验室、与浙江大学共建浙江省抗真菌药物重点实验室、与华东理工大学联合建立了多方位的校企合作平台、与上海医工院共建化学药联合实验室、与中山大学联合建立药物筛选技术平台和药物分子设计实验室、与中南大学建立了药物分子设计协作平台。海正药业还与中国农业大学动物医学院、中国科学院青岛生物能源与过程研究所、浙江大学医学院附属第二医院达成合作，建立产学研转化平台，突破高校产业合作点对点模式，开启新药研发项目从孵化到产业化全程合作。

承建了抗体药物技术创新产学研联盟（海正药业组长单位）、抗核辐射药物产学研联盟（海正药业组长单位）、防治化学武器损伤药品产学研联盟（海正药业组长单位）、微生物药物技术创新产学研联盟（海正药业副组长单位）和抗肿瘤药物技术创新产学研联盟（海正药业副组长单位）等一批国家技术创新联盟。

（3）第三层次：整合国际创新资源，开展国际技术合作

在国际上，与美国普渡、哈佛，日本东京，巴西圣保罗，德国海得堡等 10 多所知名大学开展合作研究。目前海正药业已被纳入礼来、E－默克、诺华、拜耳、先正达等全球化战略联盟，与礼来等跨国公司通过项目转移、委托开发等模式进行全方位合作。海正药业已成为由 WHO 指定的全球抗多重耐药性结核病药物生产企业。

近年来，海正药业与日本富士、陶氏公司等多家公司建立战略联盟，开展新药合作研究，引进和合作开发一批前沿技术，拓宽研发领域和技术平台。此外，20 多名来自德国、意大利、俄罗斯、芬兰、印度、中国台湾等地的科学家为海正药业提供多领域技术服务，成为远程支持平台。

通过“逼出去”“走出去”到“融进去”这三部曲，不仅实现让产品走出去，更是将国际顶级的理念和技术、全球化的人才和国际资本引进海正药业，充分利用、合理配置

全球资源。

总之,通过三个层次的自主创新体系的建设,海正药业实施了重大新药创制自我转型的革命,取得了一批成果。从2003年至2016年的十多年时间里,研发投入占工业销售收入的比重始终保持(R&D)8%以上。截至2016年底,化学原创新药与生物药的开发,已进入临床研究达24个,在评审5个,临床前研究14个,投入生产1个;还有1个抗老年痴呆创新药和1个抗血液肿瘤创新药已进入美国临床研究。精益仿制3.1类新药上市9个,获批临床19个,在评审6个。获得国家科技进步二等奖1项,国家技术发明二等奖2项,中国专利优秀奖1项,省部级科技进步一等奖4项、二等奖4项。

由于海正药业三大体系建设不仅完整,且有特色,《海正药业企业创新综合平台建设》于2013年被国家重大新药创制重大科技专项列为全国三大企业平台建设之一。

4. 从"专利管理"到"保驾护航"

海正药业自主创新与国际化快速发展之际,其特色原料药已成为国外大跨国药企的主要供应商,从而引起了国内外相关企业的高度关注。

正当此时,海正药业通过监视,发现其他企业使用"海正"商标,这对"海正"品牌构成了巨大威胁。海正药业主动应用法律武器,向法院提起诉讼。判定竞争对手停止使用"海正"商标,"海正""HISUN"和图形被国家认定为"驰名商标"。

通过这一案例,引起了海正药业对知识产权管理的高度重视。当时海正药业专利管理部还只有三四个人,只能承担专利信息调研、专利申请和知识产权管理等事宜。

(1)创建知识产权中心

由专利部扩编为知识产权管理中心,专门负责公司的专利管理、商标管理、技术进出口专利评估及知识产权纠纷事务管理工作。加强外部知识产权律师团队建设,聘请了一批专业代理机构、律师和专家。除中国外,还在美国、英国、法国、德国都聘请专利律师机构和律师。从事专利申请及专利不侵权分析工作,在解决专利难题的过程中,培养了一批海正药业自己的专利人才。

(2)开展专利和预警分析

在企业立项和拟引进项目前,进行专利查新检索,以便了解现有技术状况和发展动态,并在借鉴现有技术的基础上,开展自主研究开发,避免低层次重复研究。在项目研发和生产过程中,及时地更新和跟踪专利情况并及时反馈,以作应对性决策。出具专利预警分析报告,提出规避专利侵权的建议方案。同时挖掘项目研发过程中的创新发明点,并评估以技术诀窍或专利的形式进行合理保护。产品销售前,知识产权中心对市场同类产品知识产权状况进行调查分析,及时跟踪,提出调整知识产权保护和风险规避方案,适时形成新的知识产权。

(3)"专利"的维权

组织应对与知识产权有关的诉讼,挑战第三方的不当知识产权,维护企业正当权益。海正先后应对阿卡波糖工艺专利纠纷案、达托霉素的用途专利案等获得成功。如海正药业成功挑战并无效宣告了国外原研药公司(专利权人)在中国申请并授权的抗生素用途专利,后专利权人不服专利复审,向北京中院和北京高院先后提起行政诉讼,海正药业积极应对并获胜诉，为国内注册及上市清除了专利障碍，为国内首仿奠定了基础。

(4)利用失效、无效专利为海正发展

近几年，世界上将有150种以上总价值达千亿美元的专利药品保护期到期，开发仿制药为中国制药企业迎来了一个良好的发展机遇。全世界90%的最新技术都是以专利形式表现的，在2000多万件专利中，除350万件有效外，其余大部分为失效、无效专利。海正药业关注竞争对手，充分利用失效、无效的专利，节省了大量的开发时间，规避了专利保护，还可以进行二次创新，挖掘了属于自己的发明创造和商机。

(5)挑战专利、研发避专利工艺

朵拉克汀注射液成功申请中国专利并获授权，制剂配方成功规避了原研厂的专利，为提前介入和抢占市场奠定基础；奥利司他设计了API(原料药)避专利工艺并申请中国专利保护。药物晶型专利是国外保护的一个重点，海正药业及时挑战美国晶形专利，为API及制剂进入美国市场清除了专利障碍。公司在实施专利权海关保护时，知识产权部及时办理专利权海关保护备案手续。海正药业还与合作伙伴(荷兰)共同研发了辛伐他汀避专利的生产工艺，海正药业首家在欧盟上市，并获得了180天的市场独占权。

从“专利管理”到“保驾护航”的知识产权管理模式，使海正药业的专利申请、授权数量大幅上升。自1999年至2007年的9年间，年均申请专利18项，年均授权专利6项；自2008年至2016年的9年间，年均申请专利56项，年均授权专利25项。到2016年底，全公司申请专利达641项，授权专利260项，国际PCT申请74项。在30多个国家和地区拥有258项专利授权，涉及创新化合物、晶型、工艺、新药组合物等方面。公司先后被认定为“浙江省专利示范企业”“全国企事业知识产权试点单位”和“全国首批知识产权管理规范试点单位”。

5. 从“人才工程”到“软实力”提升

人才是创新的根基，创新驱动实质上是人才驱动，是一个企业软实力的重点。谁拥有一流的创新人才，谁就拥有了科技创新的优势和主导权。为此，海正十分注重人才强化工程的建设与实施。

(1)坚持人才发展战略

海正药业树立人力资本的理念，贯彻以人为本的原则，把人才强化工程列为公司发展战略。实施“筑巢引凤”，创造尊重知识、尊重人才、尊重劳动、尊重创新的政策环境和工作氛围，用“事业留人，待遇留人、感情留人”为各类人才营造“家”的环境。通过物质奖励、精神鼓励、知识激励等激发员工的爱岗敬业精神。

(2)建立完善人才机制

广招人才，择天下英才而用之。公司采取多种措施引进人才，大量招聘引进高素质的具有专业特长的国际化创新人才与团队。每年不仅从国内大学、大专、中专招收数百名应届毕业生进公司，还从国外大量引入“海归”，重点引进中青年拔尖人才和高素质、复合型的专业技术人员，并做到人尽其才、才尽其用。

人才晋升机制。公司设立了人才“六通道”晋升机制，即管理族、技术族、专业族、业务族、作业族、辅助族等。如“管理族”从班组长、督导、主任、总经理、总监、副总裁

到总裁的晋升通道；“技术族”设立了从技术员、初级工程师、主管工程师、高级工程师、资深研究员、首席科学家等六个技术等级通道，保证每个人都可以找到自己对应的晋升通道。

人才培养机制。充分利用浙江省有关大学的平台培养人才，如设立硕士班，鼓励员工学习提升；设立“海正班”定向培养。利用博士后工作站培养人才。目前，海正药业博士后流动工作站已成为浙江省优秀博士后工作站，经有关部门批准，海正药业可以自主招收博士后进站工作。公司每年还选送一批优秀人才到美国深造，从而实现人才培养国际化。

人才激励机制。建立全方位的激励机制，对技术拔尖、责任心重、事业心强、忠诚度高的科技骨干和有突出贡献的人才，在生活上、经济上、行政上、社会上，给予支持。如区委、区政府划出 135 亩土地建设海正药业公租房和限价商品房合计约 1765 套，有效缓解了海正药业职工住房紧张状况，改善员工住房条件，为公司留住人才提供了重要保障。

(3)加强“三个体系”建设

建立人才保障体系。人才保障是做好人才工作最重要的环节，其目的是要留住人才，激发各类人才的创造活力和创新热情。通过完善配套政策、出台激励办法、强化评价导向、健全激励制度、构建服务体系，建立健全人才服务保障机制，为海正药业发展提供强有力的智力支持和人才保证。

建立人力资本管理体系。建立与完善人才的遴选管理体系、培训管理体系、绩效管理体系、薪酬激励体系、信息管理体系。完善绩效考核与薪酬管理、职务迁升挂钩，实行岗位竞聘制；完善干部管理制度，导入竞争机制。大力营造想事、谋事、干事、成事的良好氛围，让想干事给机会、能干事给舞台、干成事给激励，凝聚干部，凝聚员工，打造卓越团队。

强化人才远期开发体系。以公司战略为重点，强化人力资源的远期开发与管理，包括管理思想、管理知识、管理文化和管理意识，培养真正具备国际化素质和国际竞争力的人才。同时，建立面向核心职位族为主的全公司无界限的人力资源管理和子分公司人力资源一体化管理。

通过人才强化工程建设，海正药业的软实力得到巨大的提升。海正药业集聚了一批学术水平高、富有进取精神的优秀研究和管理人员。海正药业拥有专职研发人员 1225 多人，其中国家千人计划专家 8 人，浙江省千人计划专家 18 人，外籍和海归专家 66 人；博士和硕士 678 人，约占 30%；入选省“151”、市“211”、区“131”和市“500 精英”等人才工程的人才总量达到 115 人。公司按“3 ×2 +5”（跨两个部门、跨两大职能、跨两个区域、独立负责 5 个项目）的领导力发展路径，通过“送国外一年期深造、与全球顶尖的领导力中心合作培训、内部跨部门轮岗”等多种形式，对 150 余人次开展重点培养，使之成为公司研发、营销、生产及职能管理等领域的骨干，并带动更大一批年轻人在团队中成长，推动我们的组织焕发更加强大的战斗力、生命力和活力。公司被浙江省人民政府命名为“海外高层次人才创新创业基地”。

海正药业实力强大、阵容整齐的人才队伍，为创新引领、全球发展提供了充裕的人力资源保障。

6. 从“打工仔”到“中国品牌”

海正药业是1956年经公私合营而建立的地方国营小厂，直到改革开放初期还依然是缺技术、少产品，更是无品牌的“打工仔”。要想军世界医药市场，要想成为国际化大公司，就必须创立自己的品牌。

海正药业以品牌理念——以诚信为基础打造全球化品牌，以品牌方针——海纳厚生，正道修远，为基业长青负责，践行着自己的品牌之路。

（1）品牌培育发展阶段

海正药业在这60年的发展历程中，对品牌培育体系建设进行了大量的实践和探索，大致经历了四大历程：

传统品牌阶段：自公司成立到20世纪80年代，这个阶段基本是以传统的品牌方式为主，简单地护维公司形象。

LOGO品牌阶段：1998年海正药业从海门制药厂转变为浙江海正药业股份有限公司之际，公司创建了自己的CIS企业形象识别系统，设立了LOGO标志等，开启了品牌建设新纪元。

创新品牌阶段：在国际化进程中，海正药业通过增强与跨国药企的合作开发，坚持走“先仿制、到创仿结合、再到自主创新”的发展道路，强化品质管理形成规范的品质管理体系，培育实实在在的拳头产品。用高科技打造海正药业品牌，以“国际化、创特色”打造海正药业品牌，并注重品牌管理和技术保护，海正药业进入“品牌完全时代”。

体系品牌阶段：近几年来，品牌建设得到全面提升，动员公司全体员工加强品牌培育管理体系建设，包括战略、方针、目标，管理、资源、供方和伙伴、知识、信息和技术、过程管理、监视、测量、分析、评审和改进等全方位的提升，提高顾客对海正药业产品的忠诚度和美誉度，创造品牌溢价，提升组织盈利能力。

（2）品牌管理体系的培育

自1998年开始，海正药业编制了《品牌识别手册》，建立了LOGO标志，建立了品牌识别系统，重点开展了品牌培育。自工信部2012年《关于深化工业企业品牌培育试点工作的通知》下发后，公司在原有的基础上加大了对品牌培育的力度。

组织保障。成立了海正药业品牌战略委员会，公司董事长兼总裁白骅担任品牌战略委员会主任，由20多名中高层管理人员参加，品牌战略委员会挂靠在总裁办公室，由总裁办公室全权负责管理。

体系保障。品牌战略委员会在总结分析海正药业10多年品牌建设的经验体会的基础上，编制了《海正药业品牌培育管理手册》，成为海正药业品牌培育管理的纲领性文件，指导全公司系统开展企业品牌培育管理工作，并制定品牌培育管理体系文件，提供品牌培育管理体系运行的准则和方法，以确保品牌培育过程的运行和有效控制。

立体整合。品牌培育管理体系对全公司各大体系进行了大整合。整合了企业现有质量管理体系、内控流程体系、企管文件体系、EHS管理体系、企业社会责任体系、企业三册（《企业文化手册》《管理者手册》《员工手册》）等管理体系资源，进一步夯实公司品牌培育管理工作，提升公司品牌培育工作的深度和广度。

纳入规划。品牌培育管理体系已纳入海正药业“十三五”发展战略规划。明确提出海正在全球发展中，突出品牌培育管理，横向到边，纵向到底，全方位实施品牌培育，把海正药业品牌真正培育成为全球知名品牌。

持续推进。品牌培育管理体系的建立，使企业品牌管理工作形成制度化、系统化、科学化。企业全面围绕品牌战略和方针，会同相关部门完成了市场推广战略、品牌传播战略、风险防范战略等 7 大模块的子战略，并进一步通过尝试建立品牌管理年度工作计划的有效机制，更好地策划和管理品牌培育过程。并通过明确品牌管理委员会、品牌负责人、品牌管理专员、过程负责人等机构和人员，全面整合各方面资源，保障了品牌管理工作的持续推进。

有效管理。品牌培育管理体系的建立，构建了完整的体系，包括组织治理体系、经营管理体系、能力建设体系、沟通体系、指标体系和业绩考核体系，确保整个品牌培育体系能有效地管理。在落实品牌战略和方针、持续改进品牌培育过程中，首先，使企业完善了品牌战略和方针，使各项品牌活动围绕品牌战略有效实施。其次，规范了企业品牌识别系统，使企业未来的品牌传播工作更加标准化、规范化。再次，明确了企业品牌管理机构和人员，并通过整合企业现有的资源，建立了一套有效的企业品牌管理机制。最后，通过完善内外部标杆，建立监测、分析、改进的有效机制，使企业品牌培育管理工作水平不断提高，企业品牌价值不断提升。

海正药业自实施品牌培育以来，遵循法律法规、社会规范和商业道德，以海正药业使命、海正药业精神、核心价值观为引领，在生物制药与技术领域，有效控制对客户、员工、供应商、社区、自然环境等利益相关方的影响，激发利益相关方的积极性和主动性，充分发挥医药健康领域领先地位的优势，保障更安全、更高效、更低碳、可持续的企业发展，打造中国民族药企的知名品牌，愿景是致力于成为“广受尊重的全球化专业制药企业”。

(3)品牌培育的亮点成果

通过自主创新和品牌建设，海正药业赢得了巨大的品牌效应。

品牌赢得了尊敬。由于海正药业特色原料药的自主创新与产品特色，已成为全球特色原料药的供应商。

品牌让海正药业获得国际“话语权”。海正药业已从单纯的产品出口、贸易伙伴发展成为与国际大公司建立战略联盟，从单一的原料药出口发展为原料药与自主品牌制剂同步，从为国外大公司定制生产发展为共同创新研发。目前，海正药业已被辉瑞、礼来等跨国公司纳入全球化战略联盟，被国内资本市场广泛赞誉为“海正模式”。

品牌提升了海正药业价值。辉瑞作为全球医药第一，在国际上有话语权。其在全球的众多合资企业中全部居于控股地位，但在与海正药业的合资上，最终由海正药业控股，建立了“海正辉瑞制药有限公司”。这在国内国际同行中影响巨大，可以说是中外合资中的一个经典案例。

品牌赢得了市场。到目前为止，已有 30 个产品获得美国 FDA 认证，31 个产品获得欧盟 CEP 证书，是目前中国药企通过欧美产品认证最多的企业。部分产品在国际市场上具有较高的市场份额，如辛伐他汀产量国内第一、世界第二，占世界份额 40%；

蒽环类抗肿瘤药占美国市场的60%以上;阿霉素、表阿霉素产量世界第一,占全球70%;驱虫药阿维菌素等占世界非药证市场2/3以上。产品75%以上出口到欧美发达国家。

“海正”“HISUN”和图形被国家认定为“驰名商标”。

7. 从“正道文化”到“企业家精神”

坚持一年是一个概念,坚持10年是一个事业,坚持20年是一个产业,坚持50年就是一个知名企业,坚持100年就成为一个有特色文化的企业。

在全球一体化的发展中,企业文化已成为中国药企国际化发展的新门槛。为了实现“百年海正”梦想,海正药业静下心来做“正道文化”,着力提升企业的核心竞争力。

海正药业的“正道文化”是历经60年而逐步形成的,并为企业全体员工所认同所遵循的,具有海正特色的价值观念、团体意识、行为规范和思维模式的综合。

(1)海正药业“正道文化”的内涵

公司使命:执着药物创新,成就健康梦想。

公司愿景:成为广受尊重的全球化专业制药企业。

核心价值观:以仁为本、创新创业、自我驱动、专业协作、务事求真。

企业精神:海纳厚生,正道修远。

制度文化层面建立和完善了各种规章制度以及这些规章制度所遵循的理念,包括战略、研究开发、市场营销、供应链运营、质量与药品注册、EHS与工艺装备、人力资源、投资与融资、财务与审计、组织管理等理念、模式及政策等。

物质文化层面建立了包括企业LOGO、“三册”(《企业文化手册》《管理者手册》《员工手册》)、“两报”(《海正报》、手机报)、“一网”(公司网站)以及宣传橱窗等宣传载体。

其“正道文化”的实质内涵,就是要有大海一样的胸怀去接纳人类的智慧与资源,宽容开放,厚爱敬生,践行科学道理、人道主义和全球公认的商业道德规范,走正路行正理,艰苦修炼而实践久远,打造百年基业。

(2)从三个维度营造“正道文化”

第一个维度:以“正”引领一切。

“正”如其名。海正药业不断用“正”的内涵鞭策自己,诚信守“正”,稳健务实;以药为“正”,不越雷池;追求卓越,持续创新。海正以国际化的目标审视自己,立志成为中国民族药业的脊梁;海正以感恩回报社会,是一家广受客户、消费者、员工、合作伙伴、社会各界尊敬的优秀企业。60年的循正理、走正道、做正事,风雨兼程,砥砺前行,汇集成海正的文化源泉。

在“正道文化”营造中,从企业层面、员工层面再到社会层面,从上到下、从里到外,讲求针对性、系统性、趣味性和可操作性。以平台建设、“三向”学习、“三味”课堂等创新载体融入时尚元素,适合时代特色;以“三项责任工程”“七式融心法”“三爱套餐”等做法,把物质、行为、精神和制度四层面与“正道文化”融为一体,做到有声、有形、有效,以文化人,以文育人。“正道文化”的营造,形成了企业对员工、对客户、对社会负责,员工对企业、对自己负责的良性发展。

第二个维度：以“家”凝聚人心。

在尊重知识、尊重人才、尊重劳动、尊重创新的企业里，用“事业留人，待遇留人、感情留人”营造良好的环境，用“学习在海正、创业在海正、生活在海正、发展在海正”为各类人才营造“家”的氛围。

在“家文化”的营造中，“有家才有温暖、才有依靠”的理念贯穿始终。努力挖掘员工文化智力资源，提高员工的愉悦程度，增强员工对企业的认知度和归属感，打造宜创宜居和谐“家”园。举办了海正药业核心价值观论坛、知识竞赛、读书论坛、“爱在海正”故事会、每年一次的员工亲情日活动、集体婚礼，以及户外拓展等活动。通过“家文化”的营造，让每一位员工都感受到自己是这个大家庭中的一员，培育了员工感恩家庭、感恩企业、感恩社会的感恩的心。正是这些温暖，感染着一代代的海正药业员工把企业当家来爱，当家来建，当家来管。

在这个家园中，来自国内10多个民族和10多个国家的员工，在创业创新、职业发展中，都感受到了“家”的温暖。扎根海正，收获的不仅仅是一份工作，一份职业，而是生活的全部。

第三个维度：以“创新”推进发展。

在“双创”的国度里，崇尚科学、鼓励创新、允许失败是“正道文化”的又一特点。执着药物创新是海正人的使命，“以创新求奉献、以奉献求发展”这是老海正人留下的富贵精神财富，如何在当今再造一个求实、奉献、协同、创新的学习型组织是创新文化建设的重点。

在“创新文化”的营造中，开展了“三个建设”：一是建设“系统的创新文化”，从“点面创新”转向“系统创新”；在实施产品创新、技术创新的同时，还要实施市场创新和模式创新，开展全价值链的创新；从技术、产品化、产业化、商品化到品牌化，是层层拉动，而不是步步推动。二是建设“开放的创新文化”，从“封闭式研发”转向“开放式合作”，推倒任务墙、部门墙、职能墙、等级墙、资历墙、身份墙等六堵墙，实施开放、集成创新。三是建设“升值的创新文化”，从“个人学习”转向“平台升值”，站在平台起步，站在前人的肩膀上去发展，破旧立新，面向最终成果，树立“创第一”的雄心与思维。

通过“创新文化”的营造，极大地提升了科技人员的创新热情，推进了自主创新的发展，实现了技术水平全面升级。

(3)海正药业的思想者是白骅

企业家的精神是一个企业发展的灵魂，企业家精神可以说是持续创新、奉献、合作与冒险的综合。习近平主持召开中央全面深化改革领导小组第三十四次会议作出了进一步激发和保护企业家精神的决定。

海正药业董事长白骅从1968年至今，49年的创业，37年的掌门，可以说他是中国伟大的改革开放40年的见证者和亲历者；可以说他把一生都奉献给了海正，奉献给了中国制药行业。他对专业化的执着、对市场的敏捷、对资本的理性，以及独具慧眼的研发创新和国际化战略，并且取得了巨大的成就。

白骅的思想和精神对海正药业的成功至关重要。海正药业的成功是企业家的成功，源自管理者独到的经营理念。他对行业的远见和大胆决策令人叹服。与其他企业相比，海正药业更早学会双眼看世界、双腿走世界，长出飞翔的翅膀。白骅是海正药业的精神核心和灵魂，他不仅是乐队的总指挥，也是首席小提琴演奏家，他决定了整台音乐会的主调和节奏。他是“百年海正”梦想的缔造者。

在海正药业发展的历程中，白骅创造了“鱼论”创新哲学思想；提出了“宽领域、大纵深”的战略理论体系；确立了“超前投入的研究开发”“舍得投入的技术改造”“先人一步的药政注册”“接轨国际的资源整合”四轮驱动，闯出了制药企业率先走向国际化特色发展道路的“海正模式”；树起了阿霉素使海正药业“站起来”、阿佛菌素使海正药业“富起来”、他汀类药物使海正药业“大起来”的三大丰碑；绘制了特色原料药、高端制剂、创新药、生物药到大健康全面发展和打造全产业链发展新模式的宏伟蓝图。

当前，海正药业处于“十三五”战略实施的机遇期，白骅于 2016 年 6 月 26 日在集团党建工作会议上提出：一要开展“两学一做”，做合格党员，以担当精神当先锋，作表率。二要突出问题导向，破解发展难题，以拼搏精神补短板、上台阶。三要增强使命意识，营造良好环境，以创新精神激活力、出成果。四要讲求职业操守，志在精雕细琢，以工匠精神强基石、树品牌。五要牢记艰苦岁月，传承光荣传统，以海正精神聚力量、创未来。

白骅为人简单质朴、清正廉洁、勤俭敬业，有中国人的骨气和创业精神及实干作风。白骅用他的质朴，感染了一代又一代的海正人，他带出的一支务实有效、精于专业、团结合作的队伍创造着海正的奇迹；白骅用他的质朴，征服了一个个客户；白骅用他的质朴，赢得了同行的尊敬。

全球权威的世界药物新闻机构 Scrip 公布了《2013 年全球制药行业领导 100 强排行榜》，海正药业董事长兼总裁白骅排名第五。与白骅一同入选、并排名前十位的还有罗氏制药首席运营官、阿斯兰制药创始人兼 CEO、默克董事长兼 CEO、武田制药总裁兼 CEO、梯瓦（日本）和梯瓦（韩国）董事长、辉瑞 CEO、强生首席战略官、葛兰素史克 CEO。

白骅的企业家精神是深邃的，他所表达的思想、作出的决策、下达的指令只是冰山一角，他真正的企业家精神则是冰山下庞大的无法有效传递的默性知识，以及他对市场前景、技术前景和资源的想象力、感知力与判断力。正如老子所说的“道可道非常道，名可名非常名”，弘扬企业家精神就是要挖掘冰山下面“非常道”“非常名”的思想精华，而传播于世。

（二）企业创新成效

60 年的风雨历程，海正药业历经了严冬的考验，也感受到了春天的温暖，有痛苦的教训，更有丰收的喜悦。可以说，海正药业整个创新与发展历程是由无数个点滴汇聚而成，演绎了一个又一个春天的故事。

1. 爆炸，“炸”出了一个绿色发展

海正药业的快速发展，“自主创新、全球发展”已渐成中国民族药企的标杆，正如火如荼，方兴未艾……

2004 年 4 月 21 日,海正药业一车间突然发生爆炸,事故造成两死一伤,全球一片哗然,美国《纽约时报》刊出大幅照片,海正药业一片漆黑。

国外跨国公司与海正药业的部分合作项目被终止,产品销售订单锐减。一些外国大公司想并吞海正,国内企业想瓜分海正,更有一些国际竞争对手想推倒海正。海正药业何去何从?

白骅立即召开班子会议。在会上他斩钉截铁地说"海正药业是中国药企国际化的标杆,绝不能倒。海正药业人一定要挺直民族医药的脊梁,打造一个真正让外国人尊重的中国药企"。

2004 年 8 月,时任国务院总理温家宝视察海正药业,对海正药业的自主创新、国际化发展给予了充分肯定;11 月白骅应邀随时任国家主席胡锦涛出席 APEC 会议;新华社发表了《内学海正,外学印度》的署名文章。这是对海正药业的最大鼓舞,也是推动海正药业发展的宝贵精神财富。

白骅从 APEC 会议上了解到,国际药界的竞争已从早期的单品种的竞争(产品)发展到中期的综合实力的竞争(产品 + 质量 + 服务 + 工厂实力),再发展到当时的全方位竞争(综合实力 + EHS)。如果 EHS 审计不通过,其他条件再优惠也无法参与国际竞争。他明确表示:"宁可利润暂时少一点,速度放慢一点,也要给子孙留一片碧海蓝天。海正药业在国内要率先建设与国际接轨的 EHS 体系"。

要建设与国际接轨的 EHS 体系,国内没有概念,更没有标准,怎么办?

立即特聘英籍专家罗伯特为海正 EHS 首席专家,开启了海正药业 EHS 体系建设之路。但由于当时国内缺乏 EHS 体系的知识与样板,经过两年时间的建设,推进缓慢。

到 2006 年,海正药业又聘请新加坡顾问公司帮助海正药业进行了为期 3 年的 EHS 管理体系建设。在中国药界首次建立了与国际接轨的 EHS 体系,设置了 17 个目标指标、80 个指标管理方案。先后收集了 91 批 265 部法律法规,制定了 53 个 EHS 程序文件,设置了 130 多套 EHS 培训课程,开展了 50 万小时的 EHS 培训。合规守法经营,全面改造生产设施,把废水管道从地下架到空中,把储罐从地下搬到地上再加围堰,断能上锁、密闭空间……从体系制定到全员执行,从舍得投入到意识提升,从法律法规到制度完善,从危害风险辨识、内部审计到全面整改,使 EHS 体系在海正全面实施。

HES 体系的建设与实施,对环境治理、对安全生产、对员工健康无疑是有益的。但对一个传统化学制药企业来说,要做到"绿水青山"实属不易。就像一个先天不足的婴儿,要想靠后天的医治来彻底改变是很难的。

海正药业以"绿水青山就是金山银山"的理念为指导,提出了"绿色发展"的战略构想:在继续加强 EHS 体系建设的同时,用新发展理念改造海正药业,依靠新技术革命和新型制造方式来推动可持续发展的绿色产业。重点是加大绿色改造升级,推行低碳化、循环化和集约化,提高资源利用率,构建高效、清洁、低碳、循环的绿色制造体系。

于是,新一轮的绿色发展在海正全面展开,建立了绿色发展循环体系。在建设环节上,采用高标准设计,采用世界最新的 GMP(产品生产质量管理规范)管理规范,如美国 FDA(食品和药物管理局)、欧盟标准、中国新版 GMP 标准,厂房从概念设计开始;采用国际先进装备、保护环境和地下水资源系统;在研发环节上,融合 QbD(质量源于设计)、菌种基因改良等;在工艺环节上,实施技术 + 装备的创新工艺来提升传统工艺;在生产环节上,大量开展酶工程、工业生物技术的应用,开展无毒、无害原料、辅料、试剂和清洁能源的替代;在末端治理环节上,将废水、废气、固废收集与分而治之,建立厂区、车间、设备三位一体防泄漏系统,多功能废液回收系统,严格控制并逐步削减污染物排放总量,切实解决水污染、大气污染、海洋污染等问题。再配以全程 EHS 管理,并实行 PDCA 循环,持续改进。

绿色发展带来了工艺创新与装备的全面提升。实现了生产工艺"四化",即管道化、密闭化、连续化和自动化。管道化——从原料投料开始到中间反应、纯化分离、精制干燥、包装,全线实施管道化生产流程;有效减少废水与粉尘的泄漏,减轻员工劳动强度。密闭化——便于废气集中收集与处理,避免无组织排放,有效减少废气的泄漏,密闭化的板框操作与密闭化的萃取分离纯化系统。连续化——引进国外进口设备,加在线仪表监测控制的流程化提取生产线,大大减少了设备的规模与提高工作效率,有效保证职工的职业健康。自动化——生产全程实施 DCS 自动化控制系统,提高操作的控制精度,提高产品质量,同时加强在线生产安全应急体系与自动化建设,确保生产安全。

绿色发展与 EHS 管理体系不仅在海正椒江工厂全面实施,而且在新建的海正药业(杭州)有限公司和海正药业南通公司得到成功复制。从 2011 年到 2015 年的五年间,海正用于环保投入达 9.4 亿元,三废运行成本约占产品成本的 5% ~6%。先后有 19 个污染大的产品退出生产。转型升级后全公司废气总量下降 53.6%。

海正药业的 EHS 管理体系得到了工信部的充分肯定,并在此基础上建立了中国医药行业的 EHS 标准。绿色发展已成为海正创新的重要亮点。

2."两换一建",推进了智能制造

2008 年,国内部分制药企业相继出现药品质量安全事故。这些事故基本上都产生于生产过程未能有效监控或自动控制,不仅严重影响了国计民生,也严重影响中国药品走向国际。

能否用现代信息技术与工业化融合,把药品制造全过程实行自动控制,彻底消除人为偏差因素,以解决药品质量安全问题?然而当时,国际跨国药企巨头也只在部分环节进行了自动控制,而无法做到全程控制。

海正药业于 2008 年开始率先在国内进行智能制造技术创新的探索。设计并建设符合国际标准的 PAT/MES 全流程自动化生产质量监控技术体系,包括数据自动采集、工艺规程智能控制、物料系统 RFID 电子标签、LIMS 与生产、PAT 过程分析、参数放行、批检验记录自动生成、远程监控等十大系统。既实现智能制造、保证药品质量,又可在全球实现跨区域、跨国界、在线实时管理各分厂。

然而最终由于物联网技术尚未诞生,CPS 系统不成熟,成本过高难以承受[仅一台可清洗的触摸式人机界面工作站(HMI)就需要数万元,而一个车间就要用到数十台]而搁浅。

随着形势的发展，内外环境发生了巨大的变化。

国际上，从发达国家到新兴经济体，都纷纷制定以重振制造业为核心的再工业化战略，德国的工业4.0战略，美国的先进制造业国家战略计划，使制造业再次成为全球经济竞争的制高点。

在国内，出台了《中国制造2025》《"互联网+"行动计划》和关于深化制造业与互联网融合发展的指导意见。纵观全球，工业生产模式正在从机械化、自动化向数字化、网络化、智能化发展。

在台州，医化产业转型升级与环境整治正在深入推进。

面对发达国家高端制造回流与中低收入国家争夺中低端制造转移的同时发生，对我国形成"双向挤压"的严峻挑战；新一代信息技术与制造业深度融合，正引领工业发展理念、工业生产模式的重大变革，为我国制造业转型升级、创新发展带来重大机遇。

海正药业的快速发展，也受到了员工流动加快、成本增大、发展空间受限和环保瓶颈等多方制约。海正及时作出战略部署，通过新科技革命，走一条与传统制造业发展完全不同的新路——"两换一建"，推进智能制造。

（1）以"腾笼换鸟"改造旧厂。根据浙江省台州市医化产业转型升级的总体要求以及海正药业的发展目标，海正对外沙厂区原料药车间进行分期改建，逐步将初级原料药生产车间改造成高端制剂生产车间和研发基地，利用现有土地，新建符合国内国际标准的现代化高端制剂生产设施，启动了外沙原料药搬迁及产品结构调整项目和年产20亿片固体制剂、4300万支注射剂等项目。

（2）以"机器换人"改造装备。海正药业在转型升级进程中，从外沙厂区到岩头厂区，再到东外区的生产基地，每一次建设，制药装备都在技术改造中不断地换代升级。例如，在微生物药物生产车间，过去是从发酵液的液-固分离开始，经提纯、暂存、混合、到分装全部为人工作业，现在是全程均处于全自动化、全封闭化、管道化运行；从粉体输送、中间固体料仓暂存、自动上料到自动包装生产线，均在管道化、密闭化环境完成。颗粒剂制备流水线，实现过程全密闭化、全自动化、全管道化操作。自动化分装线从喷码提袋、称样、分装、热封、输送、倒袋，到全检、复称、识码、码垛、打包一气呵成，且无粉尘产生。"机器换人"作为海正药业的一大特色，精心打造了医药传统产业的升级版，努力实现减员增效、减能增效、减耗增效、减污增效和提高优质产品率、提高全员劳动生产率等的"四减两提高"目标，展示了海正药业转型升级示范工程的特有魅力。

（3）以"建设新厂"推进智能制造。公司在杭州富阳胥口建设了一个全新工厂，采用国际先进的隔离器生产装置，过滤器完整性检测装置、自动进出料系统、外包装联动线，全程实现人药分离，实现了无人工干预、药品完全独立的生产环境，从而确保产品质量真正意义上的无菌。建成了国际先进的装备体系、工艺技术体系、自动在线控制技术体系和载体给药系统产业化关键技术体系，建立了我国民族药企无菌药物大规模产业化关键技术体系，成为世界领先的生产工厂。

目前，海正药业正在台州和富阳两地工厂的车间进行试点，建设以工业互联网实现机器之间、机器与控制系统之间的互联互通。建立基于企业纵向集成、横向集成（端到端数字化集成）与CPS信息管理系统融合。利用云计算和大数据技术，实现药品质量全程可追溯、GMP 管理过程可追溯、智能生产运营、相关 KPI 统计分析和相关关键数据的分析优化,实现智能化、信息化、绿色化、网络化、数字化一体发展。不久的将来,真正意义上的智能制造将在海正药业变成现实。

3. 国家利益高于一切,百姓生命重于泰山

2009 年 4 月,北美暴发 H1N1 流感疫情,短短一个月内,世界卫生组织逐步将预警级别由 4 级提高到 6 级,预示着病毒将在“世界范围内持久传播”。

党和国家领导人为此忧心如焚,决定在国庆 60 周年阅兵前紧急储备控制抗流感特效药军科奥韦 1300 万人份药物,年底前完成 2600 万人份的储备任务。

军科奥韦由于中间体环氧化物生产条件苛刻、技术难度大而无法大规模生产。国家有关部委紧急成立多个工作组奔赴全国各地,从药厂到化工厂,调研结果:环氧化物缺乏生产条件,无法生产。没有环氧化物中间体,生产军科奥韦等于无米之炊。

国家紧急向国外公司订购世界卫生组织唯一指定用药——“达菲”。国外公司告知:10 个月后才能供货……

危难之际,时任海正药业战略与管理委员会主任的朱康勤得知这一消息后,立即奔赴北京,向国家请缨“保证完成任务”!并在“军令状”上郑重签下自己的名字。

董事长兼总裁白骅当即下令:“国家利益高于一切,百姓生命重于泰山”,把“国家急需环氧化物的生产任务”定为海正“一号工程”,集全厂之力,聚全部精英,成立六个工作小组,全面开展了“一号工程”建设。

生产线改造是第一道难关。由于工艺复杂、装备要求高,没有现成的生产线可用。为此,工艺复杂海正药业自己设计,装备特殊海正药业自己建造,精度要求高海正药业自己安装。经过十个昼夜,停人不停工,胜利完成了第一期两幢大楼生产线的改造任务。

技术创新是第二道难关。在短期内要突破从实验室到规模化大生产,其技术难度很大,开展联合攻关,从小试复核到中试放大,再到产业化大生产,失败,探索,再失败,再探索,终于突破了一道又一道技术难关。

当年 9 月,提前 18 天圆满完成了国家战略药品储备任务,提前向国庆献礼,不仅打破了国外的封锁,满足了老百姓的需求,为国家节省 58 亿元,还受到了国务院领导的好评,受到了国家工信部、发改委的表扬,浙江省人民政府为此单独发文表彰了海正药业。

可以说,“一号工程”的顺利完成,是自主创新、工艺创新、装备创新和管理创新的典范。

三、小结

一个甲子,一个轮回,60 年过去了。

海正药业从内圆走向外圆,回到了向更高层次发展的新起点。

海正药业已进入了创新引领、全面升级的新阶段。紧紧抓住“创新驱动、先进制造、现代流通、精准服务”的四大环节,强化“质量与标准、诚信与合规、开放与合作”的三大支撑，打造海正药业全产业链发展模式。

海正药业已经进入“全面创新”的新时代。从产品创新、技术创新到管理创新；从新药创制、绿色发展到智能制造；从大众创业、万众创新到全面深化改革；从区域发展到“一带一路”国际产能合作，正在全面推进。

海正药业相信：

只要坚持创新引领发展，海正一定能加快自主创新、绿色发展、智能制造，深化供给侧改革，强化企业升级发展，为我国从“制药大国”向“制药强国”的发展做出新贡献！

只要坚持创新引领发展，海正一定能做精原料药、做大高端制剂、做好创新药、做强生物药，做宽大健康，开拓两个市场，继续引领中国药业深刻变革。

只要坚持创新引领发展，海正一定能提升“正道文化”软实力，可持续发展的支撑力。唯有文化才使海正源远流长，唯有文化才使海正生生不息。文化之河绵绵不绝，海正之树青春永驻。

海正的“北国之春”已经来临，海正人一定会通过自己的努力，再写“创新引领、百年海正”春天的歌谣。

第五节　苏州热工院

一、企业概况与技术创新模式

苏州热工研究院有限公司（以下称苏州热工院）前身为苏州核电科学研究所，成立于1978年，原系电力工业部的直属科研院所。2003年根据国家电力体制改革要求，整体划归中国广核集团（以下称中广核），同年7月注册为企业法人“苏州热工研究院有限公司”，成为中广核二级成员公司。

经过近40年变革和发展，苏州热工院已成为国内专业设置齐全，综合实力较强，技术创新、转化、辐射等覆盖面广泛的核电技术研究院，建立了较为完整的以核电等清洁能源为主、常规火电为辅的综合专业技术和管理体系，致力于核电、火电、风电的技术开发、技术咨询与技术支持等服务，在电力行业具有相当的知名度和影响力。苏州热工院主要从事核能电站运行技术、核能工程技术、热能工程技术、环保工程技术、新能源技术的研究与开发应用；工程建设、工程监理、设备制造监理；科技中介服务；开展环境检测、放射性污染监测服务、材料检测；计量检测技术服务等。

苏州热工院下设9个职能管理部门、10个专业技术部门及2个专业化子公司，并拥有两个国家级研发中心，即国家核电厂安全及可靠性工程技术研究中心、国家能源核电站运营及寿命管理技术研发中心。经营业绩连年取得较好成绩，经营指标稳步增长。2016年，实现营业收入11.12亿元，同比上年增长22.43%；总资产规模达到15.71亿元，比年初增长30.22%。现有员工986人，其中科技人员831人，具有硕士以上学历的科技人员407人。

近年来，苏州热工院把握我国核电发展的重大机遇，努力实践创业、创优、创新，以自主研发为主要技术创新手段，以国家核电产业政策为导向，以市场需求为依托，以科技创新及成果转化为目标，对核电相关重大关键技术和共性技术开展了一系列研究开发，主持和参与了多项国家863计划、973计划、重点研发计划、科技支撑计划、自然科学基金、核电重大专项等项目的研究，成功进入国家核电科技创新体系；形成了一批具有自主知识产权的新技术和新成果，承担了一大批包括国家核安全法规在内的国家核电标准的制修订任务，并通过二个国家级研发中心整合行业资源、凝聚专业人才、聚集先进技术，对提升核心竞争力、带动核电设备制造业等相关产业的发展、提高核电综合经济效益和社会效益起到了重要作用。同时，持续加大科研基础设施建设，重视人才培养和研发团队建设，拥有较完善的基础设施条件和一支专业结构、年龄结构、学历结构合理的专业人才队伍，为自主研发、技术创新提供支撑和保障。

二、企业创新影响力实践——技术创新引领业务发展，自主研发驱动能力升级

（一）企业主要创新活动

1. 建立以核电技术服务为核心的创新战略

创新是当今社会分工进一步深化、“互联网+”大发展趋势下企业内部效率最大化的必由之路。作为国内成立最早的核电技术研究院之一，以及国内最大的核电专业化运营技术研究服务型企业，打破国外技术垄断、为核电提供全面技术服务、保障核电机组安全可靠运行是苏州热工院的使命，也是苏州热工院整体创新的核心意义所在。同时，苏州热工院也在不断寻求破除老国有企业“创新不足、体系僵化”弊病的改革之路。因此，苏州热工院的创新战略就是“以核电技术服务为核心，紧密结合现场需求，实现应用、科研与管理创新同步，突出重点、协同共进”。

通过近年的探索和努力，借助国内外同行对标，苏州热工院建立了以技术创新为中心、涵盖管理各要素的全面创新管理体系，形成了有技术研究型企业特色的核安全文化，搭建了“前后台联动”的核电服务型组织架构，完善了“职能服务业务、研发服务项目”的高效后勤保障和成果转化机制。核电技术研发和服务能力得到提升，公司各项业务得到长足发展。

（1）上下联动、科学决策的战略决策体系

苏州热工院秉承国家核电发展战略，结合核电发展的相关要求，立足实际，关注电厂及相关方、贴近市场，借助外脑，建立上下秉承、相互衔接、内外涵盖的战略管理系统。为了保障创新战略的落实，苏州热工院设立战略管理职能三级架构，建立由公司总经理挂帅的战略管理领导小组，下设若干战略规划小组，由战略规划部门进行归口管理。通过该战略管理三级架构，保障战略管理有效开展；通过战略选择与部署，使战略目标转化为关键绩效指标和实施计划，并配置有效资源予以实施；聚焦核心竞争力，

适应社会与公司可持续发展的需要;对公司战略及时评估、动态修订,确保公司的创新行动与整体战略保持一致,适应内外部环境的变化和挑战。

(2)围绕核电技术服务的技术创新

苏州热工院作为传统的市场化单位,通过三十多年的不断摸索,逐步探索出一套市场运作机制,但过去在创新方面的投入不足,导致核心竞争力不强。近年来,在公司高层的关注下,围绕核电技术服务能力提升,主要通过自主研发,开创实施了以核电技术服务为核心的创新战略。2013 年,公司正式启动核心能力建设专项行动,先后投入资金近 2 亿元,重点对在承担运营电厂运行、维护任务过程中的技术能力短板进行补强,通过梳理核电技术支持定位下潜在的技术需求,提前谋划。经过三年多的建设,目前已经形成了 18 大专业领域数据平台、50 多项核心子技术,全面承担起了中广核集团在建和在运多机组技术支持的重任。其中运营技术专业数据平台(OEDC)涵盖电厂的在役检查、核安全、材料分析等领域,为大数据分析、科学高效决策提供了信息化支撑。2016 年,苏州热工院“十三五”商业计划书正式发布,将科研创新作为未来公司发展的重要驱动,制定了详细的发展规划,并根据内外部环境的变化适时评估,及时修订,始终确保公司创新战略与技术支持定位相结合,取得了良好的效果。

(3)科研与业务同步的成果转化模式

苏州热工院遵循市场化的原则,不仅技术支持与服务项目采取市场化方式,同时也不断探索科研的市场化机制,将科技研发与市场项目紧密结合,一方面用科研成果引领公司业务发展,另一方面用市场项目的收益来反哺科研,保障科研项目的顺利开展,实现了科研与生产同步发展、互相促进的良性循环。

以科研培育核心技术能力。核电规模化发展后,苏州热工院在核电技术支持领域的能力尚存不足。面对核电现场各种各样的技术难题,通过科技规划布局,开展自主研发与核心能力建设,实现了能力的快速提升。通过自主研发,老化及腐蚀治理技术、核电厂燃料组件检测及测试技术、核级管道自主化焊接维修及更换技术、百万千瓦级压水堆核电站反应堆压力容器国产化材料辐照性能试验技术等多项核电厂关键技术已走在国内前列,相关技术开发出的产品也已向市场推广。

以市场项目为依托,反哺科研。苏州热工院主要从三个方面做好市场项目与科研项目的衔接:首先,联合核电业主单位一起参与科研,建立科研项目经费电厂分摊的模式,开展相关领域共性技术和关键技术研究;其次,服务项目与科研项目互相嵌入、同步开展,通过服务项目为与相配套的科研项目提供经费支持,让科研人员参与到项目的全过程中,实现业务与科研的融合;最后,将收入的 3% ~5% 作为科研发展经费,用以自主研发投入和后续发展,有力地保障了研发项目的实施,为公司后续发展提供了充足动力。

2. 全面实施管理机制创新

通过创新公司组织机构设置、创新管理流程和管理模式、创新考核与激励机制,苏州热工院实现了科研平台、科技成果、创新产品、人才队伍和科技管理的全面提升。

(1)以服务于核电运营为宗旨,持续优化公司组织体系

苏州热工院不断摸索创新组织机制,在组织机构设置方面大胆尝试。2016 年,公

司开展生产力与生产关系专项调研行动，围绕生产力发展，对生产关系进行了优化，建立围绕前台多电厂服务的矩阵式组织架构，前台电厂技术分部，负责与电厂的信息对接和技术支持，后台专注研发，以解决电厂关键问题开展基础科研工作。通过这种前后台的组织设置，实现了信息的高效沟通、任务的合理分工，实现了“专业化、集约化”。为保障创新的组织体系能够高效运作，公司不断完善各项程序制度，定期开展管理评审，对管理系统的问题进行梳理，形成改进行动并跟踪落实，使得公司的程序制度成为创新的基础保障和催化剂。同时，围绕卓越绩效，开展了包括苏州市质量奖、苏州市市长质量奖、管理创新奖等的申报工作，以专项申报作为管理体系自我改进的抓手，不断自我评估和完善，形成了从发现问题到解决问题的闭环体系。

(2)业务流程化、流程信息化，建设核电智能化数据平台

苏州热工院以“高起点、高标准、全范围、标准化”为原则，开展各项业务的流程化、信息化工作，借助信息化手段，使得各项日常工作的效率更高。管理方面，建立了包括 OA、SAP、GDAS 文档系统、UPM 财务系统、U-e 个人信息管理系统在内的各项业务电子化流程，使得管理流程固化，提高了流程的效率，使重要技术文件得到传承。从2016 年开始，不断探索从合同签订、项目立项、项目执行和项目关闭建立全寿期项目管理平台，对不同项目进行成本分析，为分类考核提供依据，为未来业务发展提供战略决策依据。技术方面，围绕核电安全、可靠、经济运行的目标，结合大数据应用，建立了前台检测、后台分析的“互联网 +”创新模式，开创性地围绕运行安全、机组效能提升、老化与寿命、化学与环保、设备可靠性、在役检查、配置管理、质量保证八大业务板块建立起了包括核安全、在役检查、材料分析、质量保证等专业在内的数据平台，充分发挥了数据的价值，建立起了大数据分析的基础有效地促进了苏州热工院创新战略的落地和核电运营技术能力提升。

(3)以战略为牵引，搭建多维度的考核架构

公司创新离不开牵引，各项创新工作都围绕公司的战略目标开展，与之相匹配的便是考核手段。苏州热工院建立了三位一体、多维度的考核架构，以专业部门绩效考核(PBA)为基本内容、补充考核指标为重要部分、外加各项加分项的考核方式，日常工作通过 PBA 指标进行跟踪，重点任务通过补充指标进行加强，重大贡献内容通过加分项给予激励，并在每一项中兼顾经营、战略任务、科研和市场开拓等内容；整体框架上合理安排权重，细分项中有所侧重。为促进科研发展，公司还将科研经费管理纳入考核指标，形成了科研综合指标、科研经费指标、科研加分指标的多维度创新指标体系。考核方案保持动态调整，根据当年度集团的战略变化，适时调整苏州热工院的考核指挥棒，使得全面的工作牵引始终围绕集团战略开展，不跑偏。公司战略通过 DOAM 方式逐级分解，形成了公司战略逐级承接的指标体系，借助考核的指挥棒，使得创新行动有人负责、有人跟踪、有人落实。

(4)鼓励创新、宽容失败的创新激励机制

苏州热工院通过创新奖项申报机制、搭建科研成果转化机制、建立向创新适度倾斜的薪酬制度，为有志于创新的科研人员营造宽松、积极的科研氛围。大力宣传、培育宽容失败的创新文化，解除勇于创新的科研人员的后顾之忧。在完善的创新文化和机

制的牵引下,科技人员的创新积极性不断提高。

3. 建立专业化、标准化和集约化的研发支撑体系

围绕以核电技术服务为核心的创新战略,苏州热工院以提高核电机组的安全性、可靠性、经济性及环境保护为目标,以推进核电相关技术的自主研发为宗旨,紧密结合核电厂实际需求,开展核电厂共性、关键技术研发,通过科技创新与应用,培育核心能力与核心竞争力,不断提升为电厂提供专业化、标准化和集约化服务水平。

目前,苏州热工院已构建了较为完善的研发体系和科技管理机制。通过科技规划引领技术研发和创新,由科学技术委员会等组成的科技研发管理体系指导创新活动,国家级研发中心和试验平台为研发创新提供支撑,研发创新推动了服务升级和引领行业技术进步,而产学研用合作则加速了技术发展和行业推广辐射。每年将主营业务收入的4% ~5%用于自主研发投入,2016 年自主研发投入为 4760 万元,占主营业务收入的4.27%。全年组织申报各级科研项目 70 多项,获批并立项 21 项;获得各类科技奖励 17 项。

苏州热工院专业技术部门和专业化子公司既是进行生产经营的主体,也是开展研发创新的主体,研发需求来源于生产现场实际需要,研发成果直接应用于现场技术服务和技术支持。苏州热工院科研业务部是公司组织机构创新成果,在原有科技管理的基础上,加强了规划和考核职能,负责统筹公司科研管理。科研管理实施分级管理,以专业技术部门和专业化子公司为科研主体,科研管理部门为协调统筹主体,开展各项科研管理工作,从科研规划、科研项目管理、实验室管理、资产资质管理等科研管理的全过程明确分工,落实责任,实现了技术研发与生产经营的无缝对接。

(1)制定多层分解的科技规划,引领自主研发方向

技术创新是企业创新的重要组成部分。苏州热工院作为技术研究服务型企业,始终把技术创新放在第一位。根据公司总体发展规划,苏州热工院制定了“科技中长期发展战略与五年发展规划”,每年根据实际情况进行适时修订。科技规划是苏州热工院开展自主研发和技术创新的指南和引领,通过从核心能力、科技投入、人才队伍、科技创新的组织和配套机制、知识产权管理、科技创新与应用等方面进行分析,提出科技创新的定位、目标、指导思想和实施战略,以及未来科技创新的重点任务。

对照核电厂技术服务能力的基础、进阶、尖端三个层次,科技规划各有侧重:对于基础层次的技术,梳理了运行安全、设备管理、运行性能提升、监/检测技术研究、环境监测与评价等八个核电运营专项技术领域内 100 多项技术子项;对于进阶层次的技术,拟定了核电厂运行许可证延续、十年定期安全审查两大核电运营专项科研任务;对于尖端层次的技术,着力解决重大科研中的技术难点,开展锆合金事故工况下堆外性能评价测试技术研究、非能动安全系统概率安全分析(PSA)研究、重大设备状态监测与故障诊断新技术、机组瞬态分析技术等若干项关键技术预研。

(2)开展共性技术研发,引领行业科技创新

苏州热工院一直关注核电相关技术的共性问题研究,并开展了深入细致的工作。根据共性技术的属性及应用范围,制定了基础共性技术、关键共性技术和战略共性技术三种研发策略。关乎核电厂安全稳定运行的技术属于基础共性技术,对于该类技

术，采用探索最佳实践，在行业内推行标准化的策略，如在大亚湾核电厂应用的良好实践基础上，编制完成14项定期安全审查（PSR）行业标准。关乎核电行业现有技术优化提升的属于关键共性技术，对于该类技术，采用自主研发为主的策略，加入中广核科技创新“引领计划”，获得资金支持，将研发成果首先在中广核全面应用，如承担PSA研究，开发多样化信息平台实现“智慧电厂”等。关乎核电技术代际更迭，能够确立我国核电国际化竞争优势的属于战略共性技术，对于该类技术，采用配合国家战略，抢占研发先机的策略，如响应国家三代、四代核电技术研发战略，开展AP1000、EPR等先进核电技术的引进、消化、吸收和培训工作，掌握技术特点以及相关的运营核心技术，做好运营服务的技术准备。

同时，通过广泛的国际交流和学术研讨，及时掌握国外相关技术领域的最新动态，同步推进相关先行技术的研究开发，取得了一系列成果，为引领行业科技创新与技术进步做出贡献。近年来，累计承担各类国家和省部级项目计55项、中广核集团尖峰计划项目20项，其中主持国家863计划1项、科技支撑1项、核电重大专项2项、能源工程示范项目2项，负责国家973计划子项1项、科技支撑计划课题1项、自然科学基金子项3项，承担核电重大专项子项10项、国家重点研发计划子课题2项。

（3）注重产学研用合作、加强成果转化及推广

苏州热工院一直与国内外相关领域的高校、院所、核电厂、设备制造厂等保持密切联系，并利用自身优势，与电厂、制造厂及高校院所等紧密合作，以打造核电上下游产业链协作为原则，以项目合同方式运作，通过产学研用合作将成果推广到市场应用，各方按照协议约定分享收益。开展的产学研合作主要形式有：合作开展研发项目、关键技术联合攻关、核电人才委托或联合培养等；主要合作单位包括：清华、西交大、浙大、哈工大、南航等高等院校，中科院金属所、原子能院、核动力所、国核上海核工院等科研院所，大亚湾、秦山、田湾等核电厂，以及东方电气、上海电气、一重、二重等设备制造厂。

通过产学研合作，加速技术攻关与成果的工程化转化，积极将相关技术成果在大亚湾、岭澳、秦山、田湾等核电厂进行推广和实际工程应用，形成了产学研用的良性循环。

（4）建设国家级研发中心，整合凝聚行业资源

苏州热工院拥有国家核电厂安全及可靠性工程技术研究中心、国家能源核电站运营及寿命管理技术研发中心两个国家级研发中心，2014年分别通过科技部和国家能源局的验收。两个研发中心内包含寿命检测中心、环境检测中心、反应堆安全分析独立验证平台、在役检查技术平台等实验平台，拥有仪器设备1316件，原值总计1.58亿元。

国家级研发中心为苏州热工院整合行业资源、建立研发联盟提供了保障。研发中心在运作过程中，根据研发项目的不同情况，分别采用自主攻关与开放协作两种管理方式：对需要掌握核心技术、获得自主知识产权的项目，主要依托自身研发力量进行封闭式研发，辅以校企联合等手段；对于已有阶段性研究成果或在其他行业得到成熟应用的可借鉴技术，结合产学研用合作，采用人员流动、设施共享、成本分摊、风险共担、

效益分享的开放式研发模式开展项目合作研发或成果的市场化应用推广。为了规范研发中心运作管理，苏州热工院制定了《国家工程中心运行机制方案》《国家工程中心市场运作管理办法》等5个管理制度，明确了项目独立核算、人员灵活流动、创新研发、成果中试、工程化应用推广、知识产权管理、成果转让收益等运行机制。依托研发中心，苏州热工院成功申请并完成国家科技支撑计划项目“核电厂核安全保障关键技术研究”、国家863项目“压水堆核电站长寿期安全运行关键技术”、国家能源重大专项“核电站寿命管理技术研究”等国家重点科研项目。

(5)促进核安全法规、标准建设

将取得的技术成果和经验以国家或行业标准的形式进行固化并推广应用，促进核电产业链的有序发展，是苏州热工院成果转化的一个主要形式，也是技术研发的重要工作之一。苏州热工院是电力行业核电标委会的秘书单位，也是中广核集团标准建设办公室依托单位，历来重视标准化建设工作。主编或参编了多项国家和行业标准。截至2017年底，共计有8项国家标准(主编5项)、124项能源行业标准(主编66项)获得批准发布，成绩卓著，充分发挥了在行业内的影响力。作为国家核安全局技术后援单位，主持和参与了大量核设施法规导则的编制，包括HAD103/12《核动力厂老化管理》及其技术文件、HAD103/11《核动力厂定期安全审查》、HAD201/01《研究堆定期安全审查》等，成为这些领域唯一的指导性核电技术导则。

4. 建立健全规范化的知识产权管理体系

随着知识经济的兴起，知识产权工作日益受到重视，知识产权已成为国家发展的战略性要素和提升国际竞争力的核心要素。企业是自主创新的主体，更是知识产权创造、运用、管理和保护的主体，提高企业的知识产权管理工作水平是增强自主创新能力的重要保证。

作为从事核电技术研发和技术支持的企业，要打破核电领域欧美先进国家的技术垄断和壁垒，形成具有自主知识产权的核心技术和关键设备，知识产权战略和知识产权工作尤其重要。苏州热工院一直以来都十分重视知识产权工作，从20世纪90年代就开始陆续申报专利权、著作权等知识产权。在《国家知识产权战略纲要》颁布实施后，公司知识产权工作进入了快速、长足的发展时期。2014年起，苏州热工院贯彻实施《企业知识产权管理规范》(GB/T 29490—2013)，建立了从组织架构到规章制度的规范化的知识产权管理体系，确立了苏州热工院的知识产权战略为：加强知识产权保护，推进科技自主创新，提升企业核心竞争能力。即在自主研发过程中，通过实施知识产权战略，促进技术创新，提升核心能力和核心竞争力。

知识产权管理者代表由分管科研的院领导担任，负责建立、实施并保持知识产权管理体系的运行，以及领导、审查、批准和监督知识产权管理办公室的各项工作。知识产权管理办公室依托苏州热工院科研业务部设立，设有专职知识产权管理工作人员，成员包括各职能管理部门代表和专业技术中心总工程师，并在各部门和中心设有知识产权联络员。知识产权管理办公室负责组织编制苏州热工院知识产权战略、目标、工作计划、体系文件，执行苏州热工院知识产权内部控制制度，负责知识产权管理体系的管理评估、内部审核等体系运行工作及分析改进工作。苏州热工院科研业务部为知识产权职能管理部门，负责贯彻实施苏州热工院知识产权方针，完成知识产权管理分解目标，并根据苏州热工院发展需要提出相应的有关知识产权发展战略建议。

以《知识产权管理手册》为核心，苏州热工院制定了相关的制度文件和程序文件，形成了完善的规范的知识产权管理体系。主要的制度、程序文件包括：《知识产权管理程序》《专利申请与管理规定》《著作权申请与管理规定》《商标管理办法》《保密管理制度》《知识产权获取控制程序》《知识产权实施、许可、转让控制程序》《知识产权风险控制程序》等。

通过建立知识产权标准化管理体系，制定知识产权方针，建立健全知识产权规章制度，加强了知识产权工作体系建设；通过形式多样的宣传与培训等，不断提高全员知识产权意识，全面提升知识产权创造、保护、管理与运用的能力。苏州热工院朝着“全面提升知识产权创造、运用、保护和管理能力，使知识产权成为苏州热工院发展的核心动力”的知识产权目标努力，知识产权申报和获得授权的数量逐年增长。截至2016年底，累计申请专利465件（其中发明256件），累计专利授权270件（其中发明92件），目前有效专利254件（其中发明92件）；获得软件著作权登记55件。

5. 围绕战略定位建设人才队伍

苏州热工院围绕公司定位和发展目标，通过组织机构建设、资源配置优化、人员效能提升，建立一支专业、高效、优质的核电技术人才队伍；通过引进现代化企业人力资源管理方法，创新管理模式，完善考核激励机制，建立与公司发展和经营环境相适应的选人、用人、育人和留人的人力资源管理机制；坚持以“自身培养为主，积极引进为辅”的原则，理顺员工职业发展通道，健全公司培训体系，夯实培训能力，逐步建立与公司学科建设和业务发展相适应的人才队伍，培养专家团队和技术领军人才，为公司战略实现和业务发展提供人力资源保障。

（1）组织机构创新

强化职能部门统筹管理。要保证核电运营技术平台能为核电厂提供标准化、专业化、集约化、精益化的服务，就必须强化职能管理，从局部职能管理向全职能管理转变。2011年至2012年，苏州热工院采用“战略管理型”模式，进行了职能管理的强化：增设计划经营部和安全质保部，此外，在保留了技术部门充分的业务自由度的同时，将部分下沉在技术部门的管理职能回收。相较于之前，强化后的职能部门，围绕运营平台建设战略，统筹管理人员招聘、市场开拓、安全质量管理、资质维护等工作，实现了市场开发系统化、项目管理标准化、安全质量管理规范化、资源配置合理化，在有效满足核电厂对于安全保障、项目规范化管理等要求的同时，极大地减轻了业务部门在职能管理方面的负担，将精力更多地投入到市场项目和科研活动中。

“三位一体”矩阵运作管理模式。2012年起，随着苏州热工院“技术平台”的战略定位以及2014年“基于群厂设备管理的技术平台”的战略细分，职能管理聚焦为通过创新管理模式，优化资源配置，培养核心人才队伍，积极提升专业化、集约化、标准化的服务水平，为公司战略实现提供保障。2016年，公司提出“创新引领、协同发展”的主旋律，技术研发、技术管理和技术服务三驾马车并驾齐驱，职能管理配套“三位一体”矩阵运作管理模式，原科技管理部合并计划经营部部分职能合并更名科研业务部，负

责统筹重大专项、研发中心、工程中心等项目组织；成立生产技术部，全面协调、管理公司多基地的生产业务和承接事业部接口的相关职能，加强苏州、深圳及多基地协调与服务，职能部门由主要集中苏州服务与管控优化成横跨苏州深圳两地、员工两地配置，各部门两地一体化管理。

（2）人力资源管理创新

人才规划与战略结合，招聘并培养技术研发人员、重点培养领军人才。为匹配公司战略，保障公司各项工作得以顺利开展，使公司稳定的拥有一定质量和必要数量的人力，公司结合内外部环境分析、战略发展规划、业务发展蓝图、人才 SWOT 分析等要素制定了与公司战略相匹配的人才发展规划。基于对人才现状及人才需求的分析，结合人才引进渠道，公司制定了相应的人才招聘规划，并按规划落实招聘计划，确保公司人员需求量和人员拥有量在未来发展过程中相互匹配。公司坚持以“自身培养为主，积极引进为辅”的原则，逐步建立与公司学科建设和业务发展相适应的人才队伍。经过多年发展，已形成以集中面授、在岗实践、技能实操、E 化学习等多种形式为实施手段，以专业技术类、通用知识技能类、管理类、素质拓展类为主的多类型培训课程库，以各级管理人员、内训师、专业技术兼职教员为主的师资教员库，以《苏州热工院培训管理》为核心的制度程序的覆盖全员、适用全员的培训体系。后续将在现有制度体系的基础上，结合公司战略和人才规划，进一步健全人才培养制度体系、完善人才培养资源体系、提升人才培养指标业绩，以打造一支专业、高效、优质的核电技术人才队伍，为公司战略实现和业务发展提供坚实的人力资源保障。

建立岗位培训制度。经过多年的发展，苏州热工院建立起了覆盖全员的岗位培训体系，通过编制岗位培训大纲，围绕“培训 - 考核 - 授权 - 上岗”制度开展实施。完成相应的培训课程开发，确保组织内的所有员工都能具备与工作岗位相适应的知识和技能。根据培训体系的要求，员工应完成拟聘岗位的“培训大纲”内容的学习，并通过考核，取得岗位授权，才能获得岗位聘任资格。公司已形成覆盖所有初中高级技术岗位的培训大系，涉及的技术岗位数量 415 个，岗位培训大纲发布率为 100%，已开发岗位培训大纲对应的培训课程 480 门，其中网络课程占比约 15%。

强化领军人才培养。核电运营技术服务涉及技术领域庞杂，对人员专业性要求极高，因此，高素质专业化的人才队伍也成为核电运营技术平台的核心竞争力所在。苏州热工院秉承着“人才成就企业、企业汇聚人才”的良性循环，致力于将苏州热工院打造为核电运营技术的聚才平台。虽然通过岗位培训制度确保了人员从事相关工作的技能和知识要求，但要做到“创国际一流”“国际化”等发展需要，还需要着重加强领军人才的培育。针对这一需求，公司制定了《三年人才培养计划》（简称《计划》）。《计划》以公司创国际一流的战略远景为核心，建立了与核心能力建设计划相匹配的人才精细化管理制度和领军人才培育计划。

对于关键岗位，尤其是紧缺岗位人才，由公司人力资源部门统筹规划，采用“外部引进 + 内部培养”的策略进行人才培育。外部引进人才来源于同行业企业、科研院所的学科领军人物，借助苏州热工院的国家级平台资源、博士后工作站和国家级重点项目吸引人才落户，从团队配置、实验室建设、研究工作自主性等方面为领军人才创造一流、宽松的研究环境。内部人才培养方面，建立了人才培养专家库，专家库人员包括离退休专家、外部合作高校和科研院所专家、国内外企业技术骨干、本公司在职技术专家等，通过当面授课、项目指导、培训课程编制等形式，对经过选拔的青年后备人才进行专项、深度培养，成长起来的青年人才通过专项的评估考核后给予关键/紧缺岗位聘任。

(3)考核与激励制度创新

综合考虑各方因素，公司转变考核导向，制定了《外部市场专项激励管理办法》，建立了以经营业绩考核为基础，由过去单一的项目考核制向基于绩效考核(PBA)的多维度、多层次绩效考核模式转化，以战略导向、价值创造、综合考核、追求卓越为原则，将毛利、核心能力建设、承担集团战略任务、外部市场开拓、科技创新等指标纳入公司经营业绩考核框架。为激发员工的工作热情，实现企业与员工双丰收，公司基于现行的薪酬福利体系和绩效考核办法，创新绩效激励机制，并基于"薪点"的实质内涵，结合成本控制、经营考核等要素建立了一套与企业相适应的多维度绩效激励模型，其激励措施包括了薪酬、福利、成就、机会等多个方面，并在员工绩效奖金分配、技术岗位聘任、职称评审、荣誉评比、培训发展等方面成功应用。多维度绩效激励从员工自身需求出发，更大限度地调动了员工工作积极性和责任感，促进了员工成长、达成了企业目标，实现了企业和员工的共赢。

6. 树立品牌形象，打造嵌入式的伙伴型客户关系

公司高层领导将品牌建设作为公司发展战略的重要组成部分来推进和落实，专门成立了由总经理担任组长的品牌建设小组，组织制定了中长期品牌发展规划。中期(3~5年)抓好技术能力、服务质量、经营管理、客户关系、渠道展示、环境支持等品牌运营体系要素，构建品牌运营立体化模式体系。开拓多元化的品牌宣传渠道，加快成果转化及应用推广，提升专家团队建设水平。以技术、产品、服务和专家为品牌价值的载体，通过媒体宣传、奖项申报、组织大型会议、行业强强联合、参与国际项目等方式，扩大品牌知名度，增加品牌的市场份额，使公司品牌在行业内具有较高知名度、信誉度、认知度和满意度。长期(5~10年)通过机制建立、资源整合、规范化运作、评价反馈等手段，完善和提升品牌运营体系各项要素，传递品牌价值、积累品牌资产，使公司成为具有行业号召力和影响力的著名品牌，在行业内外树立起清晰的"国内领先、国际一流核电运营技术平台"品牌形象。公司品牌建设始终秉承"品牌建设与核心能力建设相结合，练内功、分步走"的原则。

(1)坚持"安全第一、质量第一、追求卓越"的质量管控

苏州热工院始终将"安全第一、质量第一、追求卓越"作为核心内涵，严格践行"核安全责任重大、核安全高于一切"的安全理念，将每年5月设定为安全文化月，主持召开全员"核安全文化震撼教育"，组织开展形式多样的安全文化月活动，持续提升员工安全质量意识；组织建立以纵深防御方法论为指导的安全质量管理体系，采用分解年度工作计划、签订安质环责任书、明确一票否决事项等措施，逐级落实安全质量管理职责；总经理率先垂范引领各层级一把手下现场进行管理巡视，强化现场安全质量监督管理；严格按照核安全法规 HAF003《核电厂质量保证安全规定》要求制订项目质量保

证大纲、开展质量保证监督监查，按照“质量、环境、职业健康与安全”三标体系要求实施管理体系内部审核、现场质量控制、安全生产责任制专项检查等活动，辅以月度院务会和生产经营会、季度安委会会议等的安全质量报告评审制度，通过督办系统跟踪落实质量安全事项。

(2)打造立体化全媒体品牌宣传架构

苏州热工院构筑了品牌立体化宣传架构，综合运用网站、报刊、微信、视频等媒介，打造全媒体宣传网络，为品牌宣传提供良好的载体。宣传内容围绕品牌核心，努力实现内容的多元化，通过业务宣传、社会责任宣传、企业文化宣传，对公司技术品牌进行全方位立体化的品牌包装。拍摄企业形象宣传片，通过制作艺术化的企业名片，开展品牌的视听营销；组织策划在《中国广核报》《科技日报》《劳动保护》等杂志上发表高管访谈文章，展示企业领袖风采；推出技术品牌刊物《SNPI 之声》，向内外部推介公司的技术服务能力、科研创新成果、专业团队和专家。通过不断摸索、改进和完善，目前已经形成了具有苏州热工院特色的品牌宣传风格。此外，作为科技型企业，公司在科技实力打造及相应的科技类奖项申报方面已形成较为完善的组织和管理能力，打造一流技术品牌已取得显著成效。为进一步提升在行业内外和地方上的品牌知名度，公司研究并圈定了一批具有权威性和广泛影响力的管理类奖项，积极开展申报。近年来，陆续获得了苏州名牌、苏州市质量奖、苏州市市长质量奖等荣誉，有力提升了地方影响力。2016 年，公司又荣获企业管理领域的国内最高奖项——国家级企业管理现代化创新成果，对于在行业内外宣传推广公司优秀管理经验和改革创新亮点，打造公司经营管理品牌具有重大意义。

(3)紧密围绕电厂需求，打造嵌入式伙伴型客户关系，拓展电力技术服务市场

苏州热工院根据公司战略要求，秉承“创新引领、协同发展”这一理念，制定市场营销战略规划。实施的主要策略为：高度重视安全文化，把安全文化作为与顾客沟通的基础和桥梁，充分了解顾客需求和期望，以客户需求为导向，在多电厂、多项目技术服务和科研创新手段下，以群厂设备管理、资产管理和配置管理为牵引，各专业技术领域协同发展，积极创新，并打造嵌入式的伙伴型客户关系，成为多电厂的运营技术支持平台，契合顾客需求，超越顾客期望，持续提升顾客满意度。

*完善学科布局，打造核心能力，增加技术服务硬实力。*苏州热工院在充分了解顾客需求和市场调研基础上、对照技术服务能力的基础、进阶、尖端三个层次，围绕核电厂技术服务战略目标制定科技规划；根据共性技术的属性及应用范围，制定了基础、关键和战略共性技术三种研发策略；以目前苏州热工院定位形成以设备管理、配置管理、资产管理三大业务为牵引，发展和拓展业务覆盖面，加强技术能力的整合和集成，培育综合技术能力，打造面向多电厂的技术能力体系；并加速已有技术市场化应用为目标的核心能力建设工作，具备了针对 CPR1000 机型的 35 项、AP1000 机型的 28 项和 EPR 机型的 28 项技术市场化应用能力，促进了相关新增业务的不断增长。

通过多层次技术研发和核心能力建设，实现了核电运营技术服务能力的全面提升，增强技术服务的硬实力。

*调整业务模式，打造嵌入式的伙伴型客户关系。*随着业务在各核电基地的深入开

展，各业务深度和广度不断增长，苏州热工院提出创新基地服务组织架构，自2013年起开始建立以基地技术分部制度为核心的前后台联动的矩阵式组织架构，该组织架构在各核电基地设置技术分部及相应的经理岗位，各基地技术分部由公司生产技术部统一管理。作为苏州热工院在各核电基地唯一的业务接口，实现电厂技术服务的一站式管理。并探索和发展以流程嵌入为核心，人员嵌入为切入点的在线技术服务模式。从2015年上半年开始，苏州热工院以大设备管理为主线，由设备管理部牵头，工程改造、寿命管理等多专业协同组建驻厂队，驻厂队的工作流程与电厂工作流程对接，并为了保证流程的顺畅运作以及相关责任的切实落实，驻厂人员获得厂方相应的管理职责并现场办公，实现人员嵌入。嵌入式技术支持模式实现了专业零距离对接和管理责任共担，保证了工作的提质增效和流程的顺畅运作。为了保证嵌入式技术支持模式长期、有效的运作，苏州热工院推出“算大账”的商务合同模式，将技术支持服务内容打包为多基地核电厂标准化业务包，以“成本+激励”为计费基础，建立商务模型，进行业务包价格测算，达成合理的价格水平，双方以此为基础签订合同，实现责任共担、业绩共享。

以上举措，逐步形成了嵌入式伙伴型客户关系，增强了技术服务的软实力。

*顾客综合满意度持续提升，成为电厂服务阵营中的强有力提供方。*苏州热工院通过自主创新培育形成的多电厂运营技术服务能力，通过专业化、标准化、集约化的运营技术服务，形成的快捷关键的售前、专业协同的售中、快速顺畅的售后，客户对苏州热工院的认可度、满意度、信赖度不断提升。苏州热工院树立起了“专业、可靠、安全”的品牌形象，成为电厂服务阵营中强有力的运营技术服务提供方。目前，苏州热工院在核电行业内服务基地数量第一、业务范围覆盖最广，是国内唯一一家拥有多个国家级研发中心的核电运营技术服务企业。近年来，苏州热工院经营业绩快速增长，营业收入从2011年的3.23亿元发展到2016年超11亿元，营业收入增长率、净资产收益率等指标达到或优于国有科研设计企业的优秀水平。

7. 建立“一次把事情做好”的创新型企业文化

面对企业发展的新形势，苏州热工院与时俱进，进一步创新企业文化，始终以打造国际一流、国内领先的核电技术研究院为目标，以保障核电机组的安全性、可靠性、经济性及环境保护为己任，大力弘扬“一次把事情做好”核心价值观，坚持“安全第一，质量第一，追求卓越”的基本原则。企业创新文化作为企业创新实践活动的指导观念与思想灵魂，具有导向功能、约束功能、凝聚与激励功能。企业的凝聚力，核心竞争力明显增强，并实现稳固发展。

自2013年企业文化落地以来，苏州热工院取得了显著的成绩，获得苏州市市长质量奖、苏州“骄傲”科技创新创业人物优秀贡献奖等多个省市级奖项，先后四次荣获姑苏领军企业、苏州市首批总部企业等先进企业称号。公司总经理王安作为核电运营领域的企业家，大力推动企业升级，服务地方经济，紧紧把握国家清洁能源发展机遇，乘势而为，带领公司取得长足发展，2013年度当选为创业苏州十大经济风云人物、2014年度获得苏州市科技创新创业市长奖。

（1）以企业文化创新引领企业新发展

苏州热工院近40年的发展，形成了具有深厚文化底蕴并有着自己特色的企业文

化,但随着时代的发展,原有的企业文化难以适应企业的发展。自 2011 年定位为中广核核电运营技术支持平台以来,公司领导充分认识到一个企业的生存与发展,与企业的形象、文化塑造休戚相关,把企业文化建设好,给社会树立一个良好的企业文化形象,就能赢得市场,就有立足之地。为此,公司围绕"创建国内领先、国际一流的核电运营技术研究院"为愿景,"专注核电技术保障电厂安全回馈股东社会缔造幸福家园"为使命。把企业文化建设发展作为企业品牌塑造、凝聚企业人心、提升企业素质、促进企业发展的助推器,坚持积极探索、常抓不懈、不断整合提升,打造坚持"安全第一,质量第一,追求卓越",秉承"一次把事情做好"核心价值观的企业创新文化。

(2)以人为根本,培育全员参与的创新文化

人是一个企业的主体,自然也是企业文化的主体,把企业文化融入员工的血液中去,将核心价值观渗透到每位员工的心中。以培养职工创新创造为落脚点,通过建设人本文化,将多元化的个人价值取向引导到一元化的企业价值观上来,形成了人人为企业发展创新创造的良好文化氛围,铸造企业文化创新的基石。

深化三个创新,就是领导方法创新、宣传活动形式创新、精神文明建设载体创新。在领导方法创新上,思想上由传统的思维向开放的思维方式转变,方法上由传统固有模式向多元化、灵活性转变,开展了一把手讲文化课、多层级培训宣贯等多样化主题活动以及建立企业文化领导组架构、文化评估组织与宣传机构。加强企业文化与管理体系融合,全面系统推动企业文化落地。在宣传活动形式创新上,要坚持求实创新的指导思想,积极推进公司健康协调发展。一方面结合法定节假日及重大时间节点,充分利用党工团的力量,大胆创新地开展了很多员工受欢迎的活动。期间涌现出很多优秀的文化作品、新媒体作品、专题节目、新闻报道作品、影像作品、科普和品牌作品等,如"思明的烟瘾"荣获年度集团优秀文化作品,三八女神节旗袍专题荣获集团之声平台年度最高点击量。另一方面在企业文化落地过程中积极听取员工的意见,围绕公司战略定位的演变,确立了将企业文化共识作为各项工作的主旋律的基本指导原则,并想方设法满足员工正当合理的要求。公司上下开展了广泛、深入、持久的群众性思想解放、观念转变系列活动。例如,高层访谈、青年员工座谈、企业文化理念有奖征集活动等。在精神文明建设载体创新上,要坚持软件、硬件一起抓。坚持以经营人才为理念、以机制创新为突破口,把人作为挖掘和释放企业内部能量的切入点和着眼点,大刀阔斧地推行用工制度、岗位培训制度和薪酬分配制度改革。通过"先进人物评选""专家人才制度"鼓励创新,实现了用人上的公平竞争和管理上的纵深突破,员工潜能得到极大释放。通过开展扎实有效的活动,凝聚广大员工创新创造的智慧和力量。积极开展职工合理化建议、文化共识征集活动、安全文化宣贯活动,引导员工为公司的创新发展显出自己的聪明才智和力量。

(3)强力保障创新,激发基层工会团委组织活力

工会作为最贴近群众,最清楚员工群众的所思所想,具有很强的吸引力和号召力,在企业文化建设中具有不可替代的作用。近年来,苏州热工院工会在苏州市总工会、公司党委的领导下工作,同时接受中国广核集团联合工会的指导,紧紧围绕省委、市委总体发展战略,落实工作要求,以职工素质工程提升、职工技能比武、关爱员工、志愿者

活动等重点工作为核心，进一步夯实工会基层基础，增强了基层工会活力。

首先，强力实施员工素质工程，在提升综合素质中创先争优。公司工会努力督促和调动企业各方面力量，创造更多更好的条件，致力于员工素质提升工程，牵头成立“鹭鸣姑苏”文学社，组织员工开展“漂流书”读书、踏青徒步、技能比武等多样化系列活动，帮助职工提高科学文化、文学素养、创新技能，增强广大员工在新形势下的技术知识竞争能力。培养学习型员工，鼓励员工立足本职岗位学习成才为载体，制订明确的岗位培训计划和目标；为了进一步丰富员工业余文化生活，工会还成立游泳协会、乒乓球协会、篮球协会、保龄球协会。文体类协会是新时期工会组织活动形式的一种新的尝试和补充。在公司工会的统一领导下，各协会开展了丰富多彩的文化活动，营造了健康的企业文化氛围，丰富了员工业余文化生活，对全面推动企业文化建设起到了重要作用。文体活动不是企业文化建设的唯一内容，但它是企业文化建设不可或缺的重要组成部分，与时俱进的开展寓教于乐的文体活动，既陶冶了员工的情操，又营造了健康、文明、向上的企业氛围。

其次，工会组织按照苏州热工院发展的要求，弘扬、拓展公司企业文化，加强全员“感恩”“奉献”教育，引导员工追随核心价值观的主流思维和奉献岗位的定向活动。工会发散创新思维，以关爱员工为出发点，多次举办暖心活动，如每年春节来临之际公司领导班子慰问公司离休干部和退休院领导，代表公司广大干部员工送以新春的问候和祝福，感谢他们为苏州热工院事业发展做出的突出贡献；重阳节期间，给员工发放老人关爱卡，通过发放老人关爱卡，感恩父母传承中华美德等。以担当奉献精神践行不忘初心，2016 年度公司工会联合团委以及金阊街道联合打造的“热助彩虹，梦想阶梯”系列活动获姑苏区团青工作创新一等奖。“梦想阶梯”系列活动是苏州热工院工会团委创新活动形式，开展的关爱类助学志愿者活动，通过街道与当地子弟小学结成对子，通过“送温暖”“送知识”“送爱心”等长期的、不同主题的活动，充分体现了苏州热工院积极融入地方、服务地方的社会责任，也是创新文化工作的有益探索。

最后，工会作为员工利益的忠实代表，加强民主管理，要积极维护员工利益，也要维护企业利益。一是苏州热工院坚持和完善职工代表大会制度。充分发挥员工民主管理参与企业管理的作用，监督职代会决议执行情况，形成各司其职，相互支持，促进企业科学发展，实现互利共赢的管理体制。二是积极推行厂务公开。把企业的规章制度、管理模式、经营模式、用工制度、薪酬制度以及企业发展方向都置于员工民主监督之下，实现企业管理层与员工的相互理解、相互支持，真正体现员工民主参与、民主管理、民主监督的作用和意义。利用职工代表大会、总经理信箱、合理化建议等有效渠道，定期向员工公开协商情况，接受员工监督，切实维护员工的合法权益。

苏州热工院工会围绕定位，对内着力在履行职责搭建和谐劳动关系，在发挥职代会、民主管理、丰富员工文化生活等作用上下功夫。对外积极谋划树立良好的社会形象，除员工个人获得“苏州市五一劳动模范”荣誉称号外，公司工会也多次获得“劳动关系和谐企业”“全省厂务公开先进单位”“五一劳动奖状”等荣誉，为公司的企业文化创新建设贡献力量。2016 年苏州市总工会主席温祥华来苏州热工院调研时表示，苏州热工院这两年发展势头更加良好，公司工会工作也更好地发挥了作用，随着苏州热

工院企业效益的提升,苏州热工院工会在公司党委的领导下,在“建功立业”“维护员工合法权益”“参与和谐企业建设”“提升素质”四个职能与时俱进、不断创新,发挥出了自己的作用。

（二）企业创新成效

苏州热工院以创新战略为引领,以建设“国内领先、国际一流的核电运营技术研究院”为目标,努力提升技术创新能力及为行业服务的能力。通过自主研发,努力践行创业、创优、创新精神,科研与生产经营都走上了可持续发展之路。2012 年至 2017 年底,有 59 个科技成果通过行业鉴定和认可;获得省部级科技奖励 44 项、广核集团科技奖励 25 项、中国专利优秀奖 1 项;发表 SCI/EI 收录论文计 107 篇。

2014 年至 2017 年底,苏州热工院营业收入平均增长超过 20% ,2016 年实现营业收入 11. 12 亿元;2016 年总资产规模达到 15. 71 亿元,同比增加 110. 44% 。每年营业收入的 4% ~5% 用于自主研发投入,近三年,自主研发投入占营业收入的平均占比为 5. 6% ;截至 2016 年底,三年累计研发经费支出 1. 54 亿元。同时,苏州热工院积极开拓资金筹措渠道,通过承接国家项目、地方配套、自筹等多种途径,实现研发投入的持续增长。

苏州热工院作为国内专业的核电技术研究院,与我国核电事业共同成长,为保障核电安全、提高核电技术做出了显著的贡献,取得了显著的社会效益。始终致力于核安全技术的研究和推广,主持和参与了我国主要核安全导则的编制,整体性地促进我国核安全技术提升和安全水平提高;参与了我国几乎所有核电站的技术审查和安全监督,保证各项技术要求落到实处。建立的核电厂辐射环境监督性监测系统,推动了核电厂环境保护设施的持续改进和应急能力的不断提高,并有助于形成适合我国国情的核电环境标准体系和应急防护体系,加快核电厂向安全可靠和环境友好型企业的发展建设,全面提升了社会公众对核电的信心,为我国核电的可持续发展奠定了良好的社会基础。通过与核设备制造企业的合作,保障了产品质量、提升了行业整体技术水平。未来将进一步扩展与核电装备制造企业、建设企业合作范围,共同服务于“核电走出去”的国家战略。

三、小结

“以核电技术服务为核心”是苏州热工研究院有限公司创新战略的根本,作为国内最大的核电专业化运营技术研究服务型企业,保障核电机组运行的安全、可靠、经济、环保是公司的职责和使命所在。苏州热工院的技术创新、组织机构创新、管理模式和流程创新、企业文化创新以及品牌建设等无不围绕着做好核电技术服务的核心开展。以自主研发为主要技术创新手段,所有的研发需求都来自电厂运行现场的实际需求,所有的创新成果也都直接应用于现场技术支持和服务,实现生产与科研的协同发展。为了深入开展多电厂技术服务,建立了围绕前台多电厂服务的矩阵式组织架构,前台电厂技术分部,负责与电厂的信息对接和技术支持,后台专注研发,以解决电厂关键问题开展基础科研工作，为各电厂提供专业化、标准化和集约化服务。面对发展的新形势，苏州热工院与时俱进，进一步创新企业文化，大力弘扬“一次把事情做好”核心价值观，坚持“安全第一，质量第一，追求卓越”的基本原则，对企业创新实践活动进行导向、约束、凝聚与激励。专注核电技术服务，塑造追求卓越的品牌形象，紧密围绕电厂实际需求，以企业创新文化为基础，各专业技术领域协同发展，打造嵌入式的伙伴型客户关系，全面拓展电力技术服务市场。创新是企业发展的灵魂，而人才是企业发展的根本。通过考核和激励机制创新，苏州热工院建立了一套与企业相适应的多维度绩效激励模型，激励措施包括薪酬、福利、成就、机会等多个方面，极大地激发了员工的工作热情，促进了员工成长，达成了企业目标，实现了公司与员工的共进共赢。

技术创新引领业务发展，自主研发驱动能力升级。通过自主创新，苏州热工院实现了核电运营技术服务能力的全面提升，多项研发成果打破国外垄断，实现了技术和产品的自主化；培育形成了多基地核电厂运营技术服务能力，能够同时服务于近 20 台 CPR/EPR 系列核电机组，在国内核电运营技术服务领域占据了超过一半的市场份额。自主创新促进了企业经营业绩和品牌价值的快速提升，经营业绩快速增长，营业收入从 2011 年的 3.23 亿元增长到 2016 年超 11 亿元，营业收入增长率、净资产收益率等指标达到或优于国有科研设计企业的优秀水平。通过专业化、标准化、集约化的运营技术服务，客户对苏州热工院的认可度、满意度、信赖度不断提升。苏州热工院树立起了“专业、可靠、安全”的品牌形象，成为我国核电“走出去”阵营中强有力的运营技术服务提供方。

第六节 西门子

一、企业概况与技术创新模式

西门子股份公司（以下简称西门子）是全球领先的技术企业，创立于 1847 年，业务遍及全球 200 多个国家，专注于电气化、自动化和数字化领域。作为世界最大的高效能源和资源节约型技术供应商之一，西门子在高效发电和输电解决方案、基础设施解决方案、工业自动化、驱动和软件解决方案，以及医疗成像设备和实验室诊断等领域占据领先地位。

西门子最早在中国开展经营活动可以追溯到 1872 年，当时西门子向中国出口了第一台指针式电报机，并在 19 世纪末交付了中国第一台蒸汽发电机以及第一辆有轨电车。1985 年，西门子与中国政府签署了合作备忘录，成为第一家与中国进行深入合作的外国企业。140 多年来，西门子以创新的技术、卓越的解决方案和产品坚持不懈地为中国的发展提供全面支持，并以出众的品质和令人信赖的可靠性、领先的技术成就、不懈的创新追求，在业界独树一帜。

西门子见证了中国改革开放带来的巨大变化，同时也顺应时代潮流，不断积极进

行自身的改革与发展。2016 财年(2015 年 10 月 1 日至 2016 年 9 月 30 日),西门子在中国的总营收达到 64.4 亿欧元。西门子在中国拥有约 31000 名员工,是中国最大的外商投资企业之一。

西门子以其环保业务组合与创新解决方案全面投入到与中国的合作中,共同致力于实现可持续发展。2016 年,西门子发布全新品牌宣言“博大精深,同心致远”(Ingenuity for life)。为实现“2020 公司愿景”,公司专注于电气化、自动化、数字化领域,让关键所在逐一实现,为客户、员工和社会创造可持续的价值。

西门子是全球最具创新能力的企业之一,专注于通过技术的创新为客户及其他利益相关群体带来切实利益,推动可持续发展,西门子在全球的创新团队由西门子研究院 7000 多位核心研发人员领衔,结合各大业务板块近 15000 位的产品级研发工程师,通过全球网络化的布局和与市场需求的结合,以及与全球顶尖高校科研机构和第三方创新团队形成的开放式创新平台,为全球的市场提供西门子方式的创新服务和支持。多年来,西门子中国研究院是西门子在华创新的主体部门。

西门子在中国的创新模式——“市场驱动创新”或者“需求驱动创新”,流程是:预测、创新和科技管理、科研工作开展到商业化。主要的实施主体是西门子布局当地的研发平台和创新中心,这种依托本地创新生态系统的布局可以帮助当地企业迅速、有效、系统化地接触、开展和实施创新活动。

二、企业创新影响力实践——市场驱动创新

(一)企业主要创新活动

1. 矢志创新,融入中国发展

作为全球最具创新能力的企业之一,西门子致力于引领技术发展的潮流,专注于通过技术为客户及其他利益相关群体带来切实利益,推动可持续发展。

为进一步加强创新能力,西门子 2017 财年(2016 年 10 月 1 日至 2017 年 9 月 30 日)在全球投入约 50 亿欧元用于研发,这一金额与上财年相比增加了约 3 亿欧元。所增加投入的主要部分将被用于自动化、数字化以及分布式能源系统领域的研发工作。

中国拥有多样化的市场需求和愿意尝试新事物的客户群,是发展世界级创新的理想之地。西门子致力于为中国市场设计和开发满足当地客户真实需求的产品及解决方案,建立与客户强有力的伙伴关系,融入中国的创新体系,并为全球技术创新做出贡献。

截至 2016 财年,西门子在中国拥有 20 个研发中心、超过 4500 名研发人员和工程师,以及超过 11000 项有效专利及专利申请。

位于北京总部的西门子中国研究院,筹建于 1998 年,正式建立于 2006 年,目前已成为西门子中央研究院德国总部以外最大的研发机构。约 450 位研发人员遍布北京、上海、苏州、南京、武汉、青岛等地的研发分支机构。旨在不断努力地进行本地化设

计，打造区域创新生态系统，携手本地政府企业高校共同建立创新平台，实现多赢。2017 年，西门子中国研究院将主导公司全球的自主机器人研发工作，重点围绕新型机电一体化、人机协作及人工智能在机器人控制器中的应用等课题开展研发。并于 2017 年 9 月与清华大学（西门子全球“知识交流中心”高校之一）建立工业机器人领域的合作伙伴关系，在清华大学建立了先进工业机器人联合研究中心。不久的将来，机器人将不再仅执行重复性任务，而是踏上自主之路。这意味着它不再需要繁琐的编程，利用机器视觉和运动传感器、图像和语音识别等高级软件，能完成智能化任务，与人交流并不断从中学习，甚至可以预测人的行为。

2. 创新网络遍布全国

西门子无锡创新中心成立于 2013 年，通过多种合作模式，结合本地企业的需求，在智能装备、透明化工厂、PROFINET 等技术研究领域与企业深度合作，助力产业升级，推动企业自动化进程。创新中心已与天奇自动化工程股份有限公司合作，研发完成汽车装配线物联网应用示范项目，帮助天奇提升产品质量和服务品质，实现快速业务增长。

武汉创新中心于 2013 年成立，专注于在工业物联网数据集成和应用支撑技术、智能制造以及智慧水务等方面开展研发活动。

2016 年，西门子在中国启动“西门子中国创新中心计划”。2016 年 9 月，西门子中国研究院苏州热工院正式揭幕，通过携手本地合作伙伴，公司还建立了西门子工业信息安全运营中心，以卓越周到的服务帮助在华工业企业提高安全与运营水平，全面降低客户工业控制系统的安全风险。作为西门子全球创新网络的重要组成部分，苏州热工院是在“西门子中国创新中心计划”下建立的在华首个专注于数字化科技领域的研发机构，在大数据、物联网、智能交通、工业网络安全和工业机器人等领域从事技术创新、技术开发和应用。同时，苏州热工院将实现跨业务集团合作，从事针对中国和国际市场的全新数字化解决方案的研究。苏州优越的地理优势、生态环境、人才资源和产业聚集效应，为苏州热工院的可持续发展提供了良好基础。在江苏，以江苏市场需求为导向，结合政府和西门子关注的重点行业重点技术难关，利用全球创新资源，立足西门子苏州热工院，通过开放式创新平台形成创新生态圈开展多种合作模式的创新服务，链接包括本地高校，初创公司，示范客户，建立“开放式创新”试点。苏州热工院是西门子在中国拓展数字化业务创新生态系统的重要里程碑，将为促进当地产业升级和创新综合实验项目实施做出贡献。未来，苏州热工院将发挥其在数字化、自动化领域研发的带动作用，支持西门子各业务部门产品、技术和解决方案的研发需求，为中国工业迈向“中国制造 2025”提供创新动力。

2016 年 3 月，西门子（青岛）创新中心成立。作为西门子在德国本土外设立的首个智能制造创新中心，该中心的建立进一步推动了西门子在华研发的发展。

2017 年 1 月，西门子工业众创空间在武汉投入使用，致力于与当地政府和合作伙伴共同探索并建立中国智能制造的创新模式和产业生态系统，并联合当地大学与科研机构共同促进中、小、微企业加速创新。西门子工业众创空间是西门子武汉创新中心的一部分。

2017 年 8 月，西门子携手成都高新技术产业开发区，建立了西门子智能制造（成都）创新中心。该研发中心也是西门子在华建立的首个专注于 MindSphere 的研发中心。这一合作致力于为当地制造业提供最为先进和完整的数字化企业解决方案，助力企业实现数字化转型。作为成都产业发展的主引擎，成都高新区正积极推动科技创新同产业发展有机融合。此次合作将集成双方在制造业方面的尖端技术与经验，促进产业升级转型，助力成都高新区打造完善的智能制造生态圈。同时西门子还成立了工业软件全球研发（成都）中心，作为西门子在中国建立的首个专注于 MindSphere（西门子基于云的开放式物联网操作系统）的研发中心，该中心将成为西门子全球创新网络的重要组成部分，并在 MindSphere 生态系统中发挥关键作用。为了促进产业的转型升级，创新中心还将面向智能制造和数字化开发课程体系与认证体系，用于培养具备智能制造关键技术知识的人才。

3. 依托当地构建多方协作创新体系

“数字化转型对中国经济发展产生了深远的影响。‘中国制造 2025’和‘一带一路’倡议的提出，使中国更加需要依靠以数字化为导向的创新来实现工业升级，提升在全球的竞争力。西门子将面向未来，继续加大在中国的投资，与中国和众多客户开展合作，共同迈向数字化。”西门子股份公司管理委员会成员、首席技术官博乐仁博士（Dr. Roland Busch）说。

构建多方协作的创新体系是参与全球创新竞争的关键。西门子在中国提出：Be Open——本地开放创新生态圈；Be Local——强化本地创新平台布局；Be Global——借助西门子全球创新布局和重点合作大学推动和加速本地创新。以创新为纽带，通过参与政府资助的重大关键科研项目，和当地重点高校以及科研院所积极互动、相互交流，联系当地重点相关典型企业，试点和验证相关创新理念和创新产品，共同建设基于多方协作的健康创新生态圈是整个创新机制的关键。建议政府可以鼓励、支持建立涵盖多种企业类型、研究体系的本地开放生态圈。因为创新不仅仅指产品、技术的创新，健康的、可持续的创新生态圈还应包括来自政府顶层设计的开放体系、相互合作的当地各种类型企业、科研院所和创新支撑体系，通过自顶向下和自下而上的协作创新体系，基于数据驱动的创新带来制造创新和模式创新。

在中国，西门子多点布局的创新中心网络结合了公司的全球研发体系与本地业务，为中国智能制造引入全球前沿的数字化和自动化技术，并通过需求驱动的工业数字化创新项目推动本地创新产业发展。同时，西门子还将吸引本地创新型中、小、微企业完成合作试点项目，并联合中国本土企业，实现优势互补，搭建从虚拟到现实、从概念到解决方案的创新平台，以实现与当地政府及本地合作伙伴的共同发展与多方共赢。

2016 年 6 月，在两国总理的见证下，西门子和国家发改委续签了双方合作谅解备忘录，其中第一条就是创新研发，西门子增加在华研发人员和研发支出，强化创新能力与布局；在国家发改委的指导下深化与中国伙伴合作，促进建设“中国制造 2025”（工业 4.0）创新中心与公共服务平台。

当下，随着世界各地间的连接变得日益紧密，数以 10 亿计的智能设备和机器产生大量的数据,在虚拟世界和现实世界之间搭起了桥梁。用这些海量数据创造价值是西门子成功的关键因素之一。西门子掌握众多行业的核心知识,并能运用专业的软硬件技术来开发创新的解决方案。作为世界规模最大的软件企业之一,在不同专业领域,西门子可以整合数据、软件和硬件,帮助客户提高核心竞争力。同时,无论在国际产能,还是研发创新方面,西门子将以其在中国的成功实践及全球经验为基础,与优秀企业开展合作,共同开拓第三方国际市场。

以西门子与上海市杨浦区开展楼宇和能源开放式创新平台项目为例,这个项目不仅提高了能源利用效率,也为科技企业间的协作提供了高效交流的平台,促进了当地创新生态系统的发展。杨浦区政府的初衷是希望像西门子这样的龙头企业可以在创新方面起到带头作用,聚拢一批初创企业,通过多方合作构建本土的创新价值链。“创新必然带来风险,可能会失败。最重要的是杨浦区政府在项目中给予我们很多政策引导和支持,让我们和本地合作伙伴们一起取得创新成果。”西门子中国研究院项目负责人王超说。对于西门子而言,平台可以为本地初创企业提供楼宇和能源领域的专业技术支持,从国际视角提供经验分享,开拓更多的创新机遇。举例来说,平台实现了和西门子 Desigo CC 楼宇管理平台和适用于网络控制中心的系统平台 Spectrum Power 实现了对接。其中 Desigo CC 是西门子基于 30 年楼宇控制行业经验而开发的高技术标准管理平台,可以与多个系统互相作用,如楼宇自动化、照明控制、消防系统、安防系统、IP 摄像机等。同时它还可以集成 IT 设备和电力能源系统,让用户可以从单一界面访问不同的楼宇控制子系统。“Desigo CC 和创新平台对接后将会释放出更大的能量。因为这个开放平台允许合作伙伴调用 Desigo CC 的技术和数据。这就意味着初创企业可以借此开发更多符合终端用户需求的应用。”王超介绍道。这样初创企业就不需要再去写一个控制风机的程序,直接用 Desigo CC 已有的技术即可。“如果把西门子比作一棵大树,那么初创企业不但可以享用这棵树上已有的果实,还可以开发出自己的创新果实。”他说。平台的开放性体现在初创企业能够共享最先进的西门子楼宇和能源技术,同时企业间还可以高效沟通、互通有无,加强交流协作,从而创造出更适合市场需求的技术及方案。未来,平台还会与西门子基于云的开放式物联网操作系统 MindSphere 进行对接,从把现有的设备和系统中的数据中创造更大的价值。

4. 西门子是中国数字转型的长期合作伙伴

西门子拥有在全价值链上完整的数字化业务组合,是中国制造业企业在数字化升级道路上的长期合作伙伴。

(1)数字化创造市场价值

世界各地间的连接正变得日益紧密。数以 10 亿计的智能设备和机器产生大量的数据,在虚拟世界和现实世界之间搭起了桥梁。用这些海量数据创造价值是西门子成功的关键因素之一。西门子掌握众多行业的核心知识,并能运用专业的软硬件技术来开发创新的解决方案。作为世界规模最大的软件企业之一,在不同专业领域,西门子能整合数据、软件和硬件,帮助中国客户提高核心竞争力。

凭借创新的“数字化企业”套件,即基于 Teamcenter 的协作平台(数据主干),并集成产品生命周期管理(PLM)、制造执行系统/制造运营管理(MES/MOM)、全集成自动化(TIA)和“生命周期与数据分析”系统(基于云的开放物联网运营系统 MindSphere)的套件,西门子帮助中国企业迈向“工业 4.0”。在过程工业,西门子提供从一体化工程到一体化运维的解决方案,包括 Comos 工程设计平台、Simatic PCS 7 过程控制系统、过程仿真系统 Simit,Comos Walkinside 三维虚拟现实平台、XHQ 工厂智能营运及优化软件等,帮助过程工业企业实现数字化。

西门子提供先进的智能交通信息和管理系统帮助减少交通拥堵和事故,并能将二氧化碳的排放降低 20%。为应对不断增长的电力需求,西门子智能电网技术在供需间建立平衡,并使大规模可再生能源并网发电的成本降低近四成。通过西门子智能楼宇技术,建筑能耗可最多降低 40%。在医疗领域,西门子研发的网络影像智能处理平台“飞云”(syngo. via),能加速阅片过程,节省计算机断层扫描(CT)的心脏影像阅片时间高达 77%。

(2)迎接制造业的未来

西门子的领先技术为“工业 4.0”时代的到来奠定了坚实基础,使制造企业的生产和管理更加高效、灵活和快速。西门子的数字制造解决方案围绕数字化企业、全集成自动化、全集成驱动系统、过程自动化、能源效率和服务等领域,涵盖工业软件、硬件,以及数据驱动的服务。

西门子工业自动化产品成都生产及研发基地(SEWC)是全球最先进的电子工厂之一,也是西门子在德国之外建立的首家“数字化企业”。在西门子工业自动化全球生产及研发体系中,SEWC 实现了从产品设计到制造过程的高度数字化,缩短产品上市时间高达 50%。SEWC 还赋予了工厂极高的灵活性,可满足不同产品的混合生产,并为将来的产能调整做出合理规划。

此外,面向自动化及驱动等多个领域,西门子已经在中国研发了一系列通用型产品,包括 SIMATIC IPC 3000 SMART、S7-200 SMART、SINUMERIK 808D ADVANCED 机床数控系统以及 SINAMICS V90 伺服驱动系统等,并在 2014 年推出两款完美无谐波高压变频器产品:GH180 10kV(40-140A)和 GH180 10kV(315-550A)。定位本土市场,西门子发布了压力变送器 P310 与智能阀门定位器 VP160。此外,西门子根据中国市场的需求特别设计了高性价比的贝得电机,涵盖了低压电机和高压电机。

(3)打造智能基础设施

西门子通过自动化及数字化技术使基础设施变得更为智能,以应对中国的快速城市化发展及经济、气候和人口变化等挑战。

北京西门子西伯乐斯电子有限公司是西门子全球核心研发和生产制造中心之一,主要研发和制造消防和暖通空调产品,配备了世界一流的实验室和测试设备,致力于提供全面的楼宇产品及系统。1200 多种本地研发生产的楼宇产品远销包括中国在内的亚洲、美洲和欧洲的 60 多个国家和地区。

西门子在交通领域的研发投入助力中国铁路快速发展并保证运营安全。截至 2016 年 9 月,设立在西安的西门子信号有限公司(SSCX)研发中心已有 30 项实用新型专利和四项发明专利获得国家知识产权局授权。由其引进并完成适应性设计的 S700 K-C 电动转辙机、S 21 应答器系统及 AzS 350 U 计轴系统已经广泛应用于中国干线提速线、客运专线、高速线以及城轨线路。西门子针对高速铁路的特殊要求自主研发的JM2密贴检查器和SRT6接点组已在客运专线、高速线广泛应用。为了满足提升中国铁路道岔转换系统性能的市场需求，西门子从瑞士引进了CKA-C外锁闭装置，并进行了适应性设计。目前，该产品已通过了国家铁路局的技术方案评审，正准备上道试用。同时，SSCX也开发了S600和S650内锁闭转辙机以拓展产品线，并积极拓展海外市场。

作为开发和推广高效、可靠电力基础设施的值得信赖的合作伙伴，西门子拥有广泛覆盖面的能源管理业务组合，为中国的电力公共事业、工业、基础设施和楼宇提供所需的系列产品，涵盖高压输电系统、中低压配电、智能电网和能源自动化解决方案。西门子在上海、无锡、杭州等地建立研发团队，分别专注于气体绝缘高压组合电器、高压断路器、高压隔离开关、线路保护、中压气体绝缘开关柜、中压空气绝缘开关柜、中压真空断路器及中压真空接触器等领域的设计和开发，遵循全球化的设计和质量保证手段，服务于智能电力基础设施的方方面面。

西门子有着超过40年的移动变电站设计制造经验。西门子变压器（武汉）有限公司（STWH）是西门子能源管理集团变压器部在亚洲唯一的移动变电站研发基地。STWH是国内率先进行车载移动变电站的研发、设计与制造的行业标杆，中国首次接入电网使用的66kV及110kV车载移动变电站均由STWH设计制造。

（4）发展可持续的能源

西门子是世界领先的能源技术和解决方案供应商。作为中国能源产业可靠的合作伙伴，西门子在电气化价值链上为客户创造价值。

为了适应中国能源产业的快速发展并实现绿色电力的更高目标，西门子致力于推行现代数字化电厂的理念，为电厂的安全、经济和优化运行提供全方位的产品及服务。西门子于2016年1月在中国成立了发电及数字化创新中心。该中心由数字化发电以及能源解决方案创新中心两部分构成。西门子将发电领域的专业知识与数字化技术相结合，建立了电力生产全产业链的“数字化双胞胎”技术，为发电行业提供完整、可靠、可持续的发电数字化管理、分析、挖掘和可视化解决方案。

其中，数字化发电中心主要关注对发电企业运行、维护和经营的优化，旨在助力客户提升设备及电厂可靠性和盈利能力，并降低污染物排放水平。目前团队正努力打造适应中国市场的数字化发电产品及解决方案。

而能源解决方案创新中心则通过深度挖掘中国市场需求，提供定制化的产品和创新的系统设计，为中国能源客户提供最优的整体解决方案。同时，中心融合了西门子在全球发电业务的经验，与国内设计院深度合作，在整厂性能优化和先进环保技术等方面展开研究，致力于在能源价值链上为客户创造更多价值。

此外，西门子于2016年1月在中国成立了分布式发电创新工程中心，在工业型、航改型燃气轮机成套方案定制、客户订单工程、系统和产品开发等方面，助力西门子在中国分布式能源市场的发展。同时，西门子携手国内合作伙伴，共同推进燃气轮机成套设备的本土化，并与国内设计院开展合作，在提高分布式发电能源利用效率、降低污染物排放、改善客户投资运营等方面开展研究，推动中国能源生产和消费的绿色升级。

西门子在中国还设立了燃气轮机工程中心，在燃机研发、升级改造、客户订单工程、现场服务支持、供应链管理和产品生产支持等方面，为中国及全球的燃气轮机产品链的增值做贡献。2013年，西门子与上海交通大学合作，成立西门子—上海交大燃气轮机创新中心，在燃气轮机整体性能设计、先进制造加工技术、高温合金及涂层、燃气轮机振动等领域开展研究，共同推动中国高端装备制造业的发展。

西门子蒸汽轮机工程技术中心是西门子首批落户上海的全球研发中心之一。该中心的主要目标是在中国建立蒸汽轮机专有技术研发能力，开展下一代大型燃煤电厂蒸汽轮机产品的工程技术改造工作。此外，西门子成立了本地化的工业透平机械工程中心，为中国的石化、发电以及污水处理行业提供透平压缩机及蒸汽轮机的设计和生产。

(5)成就高品质的医疗

多年来，西门子在医疗领域始终以客户需求为导向，凭借技术创新领域的不断努力，以及全方位的医疗解决方案，致力于让更多人享受到高品质的医疗服务。

作为西门子医疗全球CT研发团队的一部分，上海西门子医疗器械有限公司(SSME)是西门子在德国之外唯一的CT研发和生产中心。2014年，SSME自主研发了新一代高性价比的16层CT SOMATOM Scope。与此同时，SSME的CT软件开发团队与西门子医疗在德国的研发中心紧密合作，致力于高级CT系统的软件开发。同时，SSME还是除德国总部外西门子全球最大的X光产品研发和制造基地。2014年，SSME第一台自主研发的乳腺X射线机Mammomat Select面世，为女性健康带来福音。

西门子爱克斯射线真空技术(无锡)有限公司是西门子在德国之外唯一的X射线管及X射线管组件研发和生产基地。到目前为止，公司已完成了RAY-6、SDR、RAY-1系列旋转阳极X射线管以及SR120、SR125、SR90S固定阳极X射线管的开发，DURA202/302/352滚珠轴承CT管、DURA422/688液态轴承CT管以及OPTITOP系列旋转阳极X射线管的转移和本地化。

作为西门子在德国总部以外最大的磁共振成像系统研发和生产基地，西门子(深圳)磁共振有限公司(SSMR)与德国爱尔兰根总部、英国牛津磁体技术有限公司密切合作，共同研发引领全球磁共振发展潮流的杰出产品。同时，西门子医疗于2012年在深圳相继建立X射线血管造影系统(AX)和医疗机械零部件(CV)事业部的研发生产基地。

SSMR AX与位于德国弗希海姆的AX总部密切合作，作为AX产品的全球研发和生产中心，共同满足全球市场需求。SSMR CV作为解决方案提供商，为医疗领域的客户提供具有竞争优势和高性价比的优质产品，包括定制的电子系统，高性能成像解决方案以及远程连接解决方案。

5. 全面携手合作伙伴前行

中国制造业正经历从“中国制造”向“中国创造”的转型，西门子能够帮助制造企业改善生产效率和灵活性，提高产品质量，并加快产品上市速度。

2016年6月，西门子与国家发展和改革委员会签署了延续全面合作的谅解备忘录，将在智能制造、智能基础设施和可持续能源领域与中国开展重点合作。西门子陆续与宝钢集团有限公司、中国船舶重工集团公司、中国电子信息产业集团有限公司和中国航天科工集团公司等企业缔结合作伙伴关系，实现强强联手，布局智能制造。

西门子与内蒙古蒙牛乳业（集团）股份有限公司携手，共同打造新的数字化工厂。西门子向蒙牛提供了 Simatic IT Unilab 平台和全集成自动化解决方案，帮助建成实验室信息管理系统，覆盖蒙牛遍布全国的 34 个生产工厂实验室和两个研发型中心实验室。蒙牛也由此实现了质量数据追溯，保证食品安全，并使全产业链管理更加科学规范。

在过程工业领域，西门子专注为客户带来长期效益，提高投资回报率。2015 年 10 月，西门子与赛鼎工程有限公司签订战略合作框架协议，双方强强联手，打造煤化工领域的“工业 4.0”解决方案。西门子从一体化工程到一体化运维的解决方案在赛鼎得到全面应用，为赛鼎的数字化之路保驾护航。

2016 年，西门子为中集来福士海洋工程有限公司旗下全球作业水深、钻井深度最深的半潜式钻井平台“蓝鲸 1 号”提供了先进的动力系统，包含 DP3 闭环动力系统，让平台可以更节能、稳定、安全地长年在海上驰骋。

作为中国能源行业忠实的合作伙伴，提升能源效率并减少温室气体排放一直是西门子长期以来追求的目标。2017 年初，西门子获得来自香港青山发电有限公司的订单，将为其位于香港的龙鼓滩发电厂提供全新联合循环发电设备。这是大中华区首个 H 级燃气电厂项目。龙鼓滩发电厂计划于 2020 年前投入运营，总装机容量将达到 550MW，每月能够为约百万家庭提供电力。

2016 年，西门子与杭州汽轮机股份有限公司（杭汽轮）和协鑫集团（协鑫）签署了战略合作谅解备忘录。借助西门子和杭汽轮在燃气轮机、蒸汽轮机及燃气－蒸汽联合循环应用领域的领先技术和丰富的生产制造与运行维护经验，三方将以协鑫一系列分布式能源项目为契机，加强天然气分布式能源的开发利用，并在其他清洁高效能源利用方面进行长期战略合作。在此之前，西门子获得了在中国的首份 4 台 SGT-800 型燃气轮机的订单。这些燃气轮机将用于山西省国新能源发展集团有限公司在保德和昔阳的分布式能源项目。这两座热电联产发电厂的总装机容量将达近 300MW。

在发电服务方面，西门子大力推进服务本地化，旨在帮助中国客户提高运营效率并降低风险。2016 年，西门子获得了国家电投河南电力有限公司旗下企业郑州燃气发电有限公司（郑州燃气）燃机长期维护服务第二周期的合同。西门子将为郑州燃气的两套 SGT5-4000F 燃气轮机机组提供专业服务，包括计划检修、备品备件、远程诊断和运行监控等。此外，西门子还将为郑州燃气提供多项量身定制的升级改造方案，助力郑州燃气改善排放水平，增强机组维护运行的灵活性，并进一步整体提升机组性能。

同时，通过采用西门子先进的 SGT5-4000F 型燃气轮机技术及专业的发电服务，并结合自主创新，京能集团北京京西燃气热电有限公司荣获“2016 年亚洲电力奖年度发电创新技术金奖”。

面对能源系统的诸多挑战，西门子为中国的电力公共事业、工业、基础设施和楼宇提供所需的产品及解决方案，实现更可靠、高效的电力供应。

携手本地合作伙伴，西门子为全球首条 1100kV 特高压直流输电线路昌吉—古泉

特高压直流输电线路提供世界首批 1100kV 换流变压器。该变压器是全球最强大的换流变压器,容量达 587.1MV·A。昌吉—古泉特高压直流输电线路是目前全球规模最大的特高压直流输电项目,长达 3284km,输电容量为 1200 万 kW。

西门子还为用电量相当于一个 5 万人小镇的中国第一高楼上海中心大厦提供了先进的能源管理和智能楼宇解决方案,从高低压配电、能源自动化,到火灾报警控制和智能照明系统,让大厦全面实现智能化管理,更安全、可靠。

此外,在快速增长的数据中心市场,西门子凭借在配电解决方案方面的丰富经验斩获了重要订单,包括为中国建设银行(北京)数据中心提供逾千台 SIVACON S8 低压开关柜。该数据中心是中国目前最大的金融 T4 级数据中心(T4 为数据中心国际标准的最高级别,代表数据中心基建最高等级的安全性、稳定性和可靠性)。

西门子还在交通、楼宇、城市基础设施等方面积极推动中国现代城市化的进程。2015 年 9 月,西门子在中国首个综合交通管理项目——珠海市综合交通管理平台一期工程正式通过验收。该平台引入西门子为珠海量身定制的“绿色交通指标体系”,通过整合所有市民出行相关的交通信息,实时收集、筛选和分析海量数据,不仅能有效为城市管理者提供决策量化依据和标准,也为市民出行提供实实在在的便利。2016 年 9 月,西门子又赢得珠海二期项目,升级和完善现有平台和系统的各项功能,并增加更多的交通应用、辅助决策、综合调度等交通管理功能,优化交通资源,更好地帮助珠海市打造绿色、智慧交通。

2016 财年,西门子为 8 条新投入运营的地铁线路提供信号系统。截至 2016 财年,西门子已为 14 座城市内超过 1000km 的地铁线路提供安全可靠的信号服务。

在楼宇科技方面,由西门子参与展馆节能改造项目的中国进出口商品交易会展馆 A 区成功荣获“LEED 既有建筑运营与维护”金奖认证,成为展览馆项目中的国内首个 LEED 金奖项目。

在商业地产方面,西门子为上海丁香国际商业中心提供了从配电工程到楼宇自动化的整体解决方案,其中包括变压器、中低压开关柜,以及楼宇自控系统、消防、EIB 照明控制系统等。

此外,西门子还为中国科学院武汉病毒研究所的国家生物安全四级实验室内 5 组互为备份的空调机组和 9 台标准空调机组提供了先进可靠的压力阶梯控制方案,帮助防止病毒泄露,提高实验室安全防护等级。

作为全球医疗解决方案最大的供应商之一,西门子为客户提供全方位诊疗产品和解决方案,从预防、早期检测、诊断到治疗和后期护理,支持中国的各级医疗机构,并帮助他们在医疗各个环节应对挑战、获得成功。通过影像诊断、临床治疗、实验室诊断、床旁诊断、服务业务及超声诊断 6 大业务系统,西门子为中国和全球市场提供包括 CT、MR、X 光和实验室诊断设备在内的众多医疗产品,以及血管造影系统和复合手术室解决方案、西门子乳腺综合解决方案、西门子肿瘤诊断和治疗解决方案等诊疗技术。西门子凭借创新技术和规模优势,在高端医学影像及诊断领域不断突破,帮助客户提供高效、精确、安全的诊疗服务,是医疗机构值得信赖的合作伙伴。

以强大的实体业务为基础,西门子还利用自有资金为全球企业客户提供专业、可靠的金融解决方案。在中国，定制化的西门子设备融资服务为商业成功提供资金原动力。服务覆盖西门子内业务和机床、制造业、基建、建筑机械和交通等领域的第三方设备。2004 年至今，西门子金融服务集团在中国的医疗设备融资总额已超过 10 亿元人民币，帮助数千家医院和中小企业完成了设备升级换代，并与数百家知名生产商和渠道商建立了牢固的合作关系。

6. 知识产权管理为创新保驾护航

创新是西门子的“DNA”。通过不断加大对创新的投入，西门子展示了其在工业数字化领域的持续领先地位。新设立的创新中心更加彰显了其在数字化领域的研发和创新能力。秉承着德国西门子公司 170 年的创新理念，西门子中国始终将知识和技术作为企业的核心竞争力来源，高度重视知识产权管理。

西门子中国的知识产权团队隶属于西门子中国研究院，负责集中统一管理西门子中国的知识产权。西门子中国的知识产权团队由拥有技术背景并熟悉西门子中国的业务与市场的知识产权专家组成，并在西门子中国的创新战略的指引下，与西门子各业务部门紧密合作，为创新成果的创造、保护和运用提供专业且有效的支撑，强化西门子中国的知识产权组合。

哪里有创新，哪里就有知识产权支持，是西门子中国知识产权团队为业务团队保驾护航的基础。为此，西门子中国知识产权团队在西门子中国业务及研发集中的区域设立了多个办事机构，并为各个业务部门配备了专属的知识产权专家，从而能够为每个业务部门量体裁衣地建立并实施知识产权发展战略，与业务部门一同定位知识产权展重点，为创新成果提供最适当的知识产权保护，并指导业务部门根据战略需要合理配置科技创新资源。

在继承了西门子全球知识产权管理制度的优势的基础上，西门子中国的知识产权团队建立起了一整套专属于西门子中国的知识产权管理体系。西门子中国的知识产权团队会每年定期与业务部门配合，组织专利评审会，来评估集团内部员工提交的发明报告，并在对每个发明报告的价值进行准确判断的基础上，选择适当的知识产权保护方式进行保护。此外，西门子中国的知识产权团队成功地将西门子全球发明人奖酬系统引入中国并进行了本地化，从而保证每一位为西门子的创新做出贡献的员工都能够得到及时的奖励。

效率，是西门子中国的知识产权团队成功的另一法宝。为了能够及时高效地处理复杂的知识产权管理事务，西门子中国的知识产权团队内部使用了完善的电子化数据管理系统。小到每项知识产权的时限监控，大到每个业务团队的知识产权组合的管理，全部可以通过系统自动完成。此外，西门子中国的知识产权团队还通过该电子化数据管理系统作为与西门子全球知识产权管理系统的接口，从而帮助实现了高效的全球化知识产权管理。

西门子中国的知识产权团队还拥有着适应于中国环境的知识产权风险防控机制，目标着眼于风险的早发现、早解决，从而能够与西门子中国的业务部门配合共同完成其商业战略。

通过多年的不懈努力，西门子中国的知识产权团队帮助西门子中国取得了优良的成果。就在刚刚结束的财年，西门子中国在创新成果的数量和质量上均首次赶上或超越了西门子美国，使其成为除西门子总部之外最大的创新中心之一。此外，西门子中国的知识产权团队通过与公安部和阿里巴巴的合作，在打击商标假冒仿冒方面也收获了喜人的成绩，不但维护了公司自身的商业利益，同时也净化了市场环境，为新时代坚持和发展中国特色社会主义贡献着自己的力量。

7. 人才吸引及培养

人才是公司最重要的资产。凝聚人才的最终目的是为了实现西门子的战略目标，同时在激烈的人才竞争中获得并保留高质量的人力资源。为此，西门子中国制定了完备的人力资源战略，涵盖了人才吸引、职业发展、学习、薪酬福利等。同时西门子也致力于建立以主人翁精神为核心的，鼓励创新的文化氛围，塑造公司的价值观，增强员工的凝聚力。

西门子在中国是个家喻户晓的品牌，也受到学生和专业人士的青睐。西门子中国通过多种举措提升雇主品牌吸引力，进一步打造雇主品牌形象：积极为中国教育事业做贡献。2011 年至 2015 年底，西门子在中国的教育领域累计投入现金、设备等超过 7 亿人民币。自 2011 年开始，西门子与中华人民共和国教育部签署了《教育合作备忘录》，并在 2016 年再次续约，携手面向“中国制造 2025”国家战略培养创新型人才。强调校企合作，促进科研成果的商业化。西门子与中国 30 多所大学建立了长期合作关系，在全国建成超过 300 个实验室，每年共同进行数十个科研项目攻关。

西门子同时也与职业院校建立合作关系，和院校定制和开发电气自动化类、机械类教材 56 种，学生们可以通过学习西门子的定制课程培养专业技能，还能获得在西门子的实习机会，完成后颁发荣誉证书。致力于高校工程人才的培养。自 2006 年以来，西门子发起并独家赞助了十届“西门子杯”全国大学生工业自动化挑战赛，并连续赞助了五届全国数控技能大赛，培养了一万余名工程人才。西门子主办的教师培训、教育论坛以及各种研讨会和讲座年均使 800 多名教师受益。

西门子积极助力培养中国未来的科学家和工程人才。“西门子科技小创客”项目旨在利用西门子的科技优势和创新理念，培养中小学生和教师的创新精神并进行科普。2016 年 6 月，西门子邀请小学生们走进西门子绿色大楼，了解“好奇号”火星探测器、体验 3D 打印技术并进行太阳能车组装比赛。2015 年，西门子和上海市杨浦区江浦社区签署了“联手推进社区创新发展”的合作框架协议，为社区学生普及创新和科技知识。

（1）职业发展

西门子一直重点关注人才发展。西门子鼓励员工做自己职业发展的主人，强调导师和意见反馈。同时，西门子多样的人才培养项目和活动为处于不同阶段人才的发展提供了广阔平台。

管理培训生项目、商务培训生项目，研发培训生项目等入门项目使刚出校门的大学毕业生们能够顺利完成从学生生涯到职场的过渡，并快速学习和实践对自己的职业发展有益的知识；为青年管理人才设计的西门子卓越管理项目和为中层管理人才量身订制的西门子卓越领导力项目，以及针对高层管理人才的培养项目，满足了不同人才拓展职业发展的需求,并使他们在与其他部门的同事共同参与的实际项目中进一步锻炼了自己的能力。

“西门子中国青年论坛”等活动既为员工提供了展现自己能力,与公司管理层碰撞创新想法的平台,又是公司选拔人才的重要窗口。

员工外派也是公司发展有潜力人才非常重要的策略之一,它能够使员工积累不同以往的工作经验,建立更广阔的工作关系,并且能够站在不同的战略高度、视角思考问题,这些都为他们能够成为公司未来的重要岗位管理者打下了坚实的基础。

此外,坚持学习也是西门子对人才培养的重要理念,20 多年前,西门子中国创办了西门子中国管理学院,提供员工学习的全方位解决方案。各业务领域的核心培训课程,涵盖销售,服务,项目管理,精益生产,大客户管理等方面。200 多个免费在线学习模块、数字化学习门户等不同的渠道和学习方式激发各层级员工的学习热情。每年举办的“西门子中国学习日”提供给员工学习交流的机会,对构建和推动企业学习文化起到了积极的作用。

(2)薪酬福利

西门子为员工提供全面和灵活的薪酬福利方案。弹性福利计划给予员工充分的自由去选择自己想要的福利项目,包括配置医疗保险,企业年金等。提倡员工持股文化,以此方式激励员工发扬主人翁精神,与员工一起分享公司的成功。提供弹性工时和在家办公等福利。

(3)企业文化

没有优秀的企业文化做支撑,再好的战略也不能保证企业的成功。在这个瞬息万变的大环境中,企业和员工都必须迅速适应变化,才能在领军的商业领域中保持竞争力,站稳脚跟。这也是为什么西门子培养并鼓励每一位员工在自己的岗位上实践主人翁精神,创新文化和多元化文化来创造和发挥自身更大价值。

西门子业务多年来保持稳健增长,是最终衡量企业凝聚人才成果的有力指标。在雇主品牌认可度方面,西门子连续 4 年被全球知名调研咨询机构优兴咨询(Universum)评为工科学生心目中机械与制造行业最具吸引力雇主第一名,连续 2 年被工科学生选入最具吸引力雇主榜单前十。另外,西门子员工敬业度调查也显示员工在多个领域对公司领导力,员工发展,企业文化等方面都有较高评价。

8. 品牌塑造与传播

(1)推出全新的品牌宣言

2017 年,是西门子成立 170 年,进入中国 145 年。2016 年,西门子推出全新品牌宣言——“博大精深同心致远”,这是西门子为客户、员工和社会创造价值的动力与承诺。作为可靠的和负责任的合作伙伴,西门子正在将自动化、电气化和数字化融入各行各业,帮助中国转型升级,让关键所在,逐一实现,为全社会创造更美好的生活。

激发品牌活力:在市场竞争中形成鲜明及独特的西门子品牌形象,在中国进一步为品牌注入活力,凸显西门子在广泛的业务领域是技术引领者,在电气化、自动化和数字化领域有全面的创新产品和解决方案。同时,需要加强公众对西门子的品牌熟悉度。支持业务发展:通过将品牌宣传活动与业务机遇相衔接,强化以应对客户挑战为

出发点的思维模式，体现西门子愿意与客户和员工一起，为全社会创造价值的愿景，即通过自身业务领域中的创新实力和技术优势，成为值得信赖、勇担责任的合作伙伴。加强品牌形象：在增强品牌的同时，进一步增加员工的敬业度和认同感。激发员工的创新梦想，共同塑造行业的未来，让西门子更具有吸引力。

专业知识和经验

自 1872 年进入中国，西门子积累了多年的专业知识和经验，对客户及其所涉及的行业有着深入的了解。西门子在中国的第一笔订单，是指针式电报机，标志中国现代化电信事业的开端。在 20 世纪来临前，西门子在中国架设了第一辆有轨电车、建设了第一家发电厂。1985 年，西门子与中国政府签署了合作备忘录，成为第一家与中国进行深入合作的外资企业。2009 年，建设完成了世界上首条 ±800kV 高压直流输电系统（云南—广东高压直流输电系统）。如今，数字化加快了业务发展的前进步伐，并正在改变着企业的经营方式。西门子依靠其深厚的工程技术和多年的行业经验帮助客户应对挑战。

案例：面对珠海市日益多元的交通环境，西门子以全球的行业经验和专业知识，帮助珠海建立了智能交通管理系统和交通信息管理平台，将交通数据进行了有效的整合，并可基于对数据的分析为城市提供管理建议。从而让交通管理变得更加高效，让公众能够找到更好的出行捷径，最终创造出一个更加宜居的现代化城市。珠海交通管理系统是西门子在中国的首个交通管理系统项目，并已经成为中国城市交通管理及绿色出行的标杆。这一全新绿色交通解决方案，将绿色交通的理念与交通管理创新相结合，不仅先进，而且具有很强的可推广性。

创新

西门子的创新专注并且扎根于深刻理解客户需求，通过突破性创新技术为客户持续地创造价值。维尔纳·冯·西门子曾说过："永远不要完全满足，而要不断寻求更好的解决方案，把技术的进步视为己任——这就是西门子创新力量的来源"。截至 2017 财年，西门子在中国建立了 20 个研发中心，拥有超过 4500 名研发人员和工程师。同时在北京、上海、苏州、南京、武汉、无锡、青岛等地成立了世界一流的创新实验室，集合了世界顶尖的研究人员在中国创造了超过 11000 项有效专利及专利申请。助力"中国制造"向"中国创造"的转型，为中国的自主创新做出贡献。

案例：在上海中心大厦案例中，面对这座拥有 127 层，且用电量相当于 5 万人的小镇的综合性超高层建筑。西门子不但需要力求以最少的能耗运营这座高楼；还必须要确保大厦建成后成千上万使用者的舒适与安全。西门子为上海中心大厦提供了先进的能源管理解决方案和智能楼宇系统，从高低压配电、能源自动化，到火灾报警控制以及智能照明系统，让上海中心大厦全面实现了智能化管理。正常投用后，整栋大厦的能耗将降低 5% 至 10%，同时该项目已荣获 LEED 绿色建筑设计白金级认证。

可靠

西门子追求最高品质，承诺交付经过验证的成果，并信守承诺。西门子为青岛啤酒提供的电机，从 1903 年投入生产到 1995 年光荣退休，90 余年间几乎从未出现故障，是西门子卓越品质的代表。

案例:在济南二机床集团有限公司的数字工厂,可靠的安全监测方式让生产效率成倍提升。在引进西门子 PLS 搭建的"虚拟实验室"后,全面优化了冲压的节奏和送料设备的运动轨迹,从而快速提升了整线的生产效率。西门子以客户的挑战为出发点,以可靠的产品及工程质量将济南第二机床厂打造成一个现代化的数字工厂。让这家创立于 1937 年的企业,在 2011 年一跃成为世界三大冲压设备的制造商之一。

责任

责任意味着西门子要为客户、员工以及社会可持续发展做出贡献。维尔纳·冯·西门子曾说过"绝不以短期利益而牺牲未来"。自 2015 年宣布实施二氧化碳减排计划以来一年间,西门子在减少碳足迹方面取得显著进展。公司的二氧化碳排放量从 2014 财年(2013 年 10 月 1 日—2014 年 9 月 30 日)的 220 万 t 降低至 2016 财年(2015 年 10 月 1 日—2016 年 9 月 30 日)的 170 万 t。2016 财年,西门子的解决方案还帮助全球客户减少 5.21 亿 t 二氧化碳排放,相当于德国每年碳排放总量的 60% 以上。西门子与环保相关业务组合整合了公司在可再生能源和能效方面的所有技术,为气候保护做出了重要贡献。2016 财年,与环保相关业务组合带来了 360 亿欧元的销售收入,占西门子全球总营收的 46%。

案例:为培养更多的创新型工程人才,西门子和教育部签订了教育合作备忘录,与中国领先的大学、高职高专学院建立了深厚合作关系。西门子针对自动化和机电一体化相关专业大学生和高职高专老师提供最新的技术资料,建立系统的课程体系,培养专业的师资力量,建立了遍布全国院校的超过 300 所实训示范中心和实验室。与此同时,每年举办的"西门子杯"自动化挑战赛,旨在让课堂知识与现代化工厂互联,培养学生的实践能力。举办 10 年来,大赛覆盖了近 40% 的理工类高院校,吸引了来自全国 28 个省市的 3414 支队伍,共计 10242 多名学生参赛。

(2)品牌传播

每年,西门子都会从各个业务部门选取代表案例,通过多元化的媒体传播渠道,尤其是数字媒体,告诉受众,西门子是如何通过创新的技术和经验,帮助中国产业升级转型,最终为人们创造更好的生活。如上所述的珠海智能交通管理系统、上海中心的能源管理和智能楼宇解决方案、济南第二机床厂的数字化整合,以及与教育部合作培养制造业人才等都是近一两年来精选出来的案例。

在创意表现上,不仅真实展现西门子为客户提供的产品、解决方案,更注重这个案例最终实现的社会效应和给人们生活带来的影响和改善。例如,西门子为中国先进的石油钻井平台蓝鲸 1 号提供电力包,保证电力供应的同时减少风险提高安全性,帮助年轻人实现探索海洋的梦想;西门子为地铁提供信号系统,连接城市与城市,让距离不再是障碍,给创业的年轻人带来更多机会与希望;西门子分布式能源给工业园区,商业楼宇和小区提供稳定高效的能源系统,让各个区域的能源管理更自主、更灵活、更绿色,人们能专注于工作、学习和生活。

在媒介传播平台上,顺应中国媒介变化趋势,积极采用创新的数字平台,如手机差旅 app,在视觉和内容渠道的基础上,增加了音频渠道等。

区别于其他的品牌,西门子的品牌传播一直突出真实性,以人性化的故事角度,讲

述普通人的体验和经历，它可以是一个工厂的技术人员，一个在天天乘坐地铁上下班的职业女性，一个在校大学生，一个周围的你我他……从而构建和维护可信赖的品牌形象。

2016 年，西门子全球品牌调研显示，经过持续的整合传播，西门子在中国的品牌知名度、熟悉度和好感度上都保持在较高水平，并在创新、专业和技术领先的品牌认知上拥有较高评价。

9. 履行企业社会责任，专注为社会创造价值

作为推动中国社会经济发展的值得信赖的合作伙伴，西门子一直致力于开展企业社会责任活动，通过技术推广、教育推广和社会发展项目，为社会做出积极而持续的贡献。成立于 2012 年的西门子员工志愿者协会已在全国 15 个城市开展志愿服务，惠及数万民众。

西门子明确承诺企业的商业活动应着眼于未来。西门子宣布于 2030 年实现净零碳排放的目标，将成为全球首家实现这一目标的工业公司。此外，公司预计将最早于 2020 年减少 50% 的碳排放量。为实现这一目标，西门子将在从 2016 财年起的三年内投资约 1 亿欧元，以减少生产设施及楼宇的能源足迹。

2016 年，西门子与教育部签订新一轮教育合作备忘录，面向“中国制造 2025”国家战略培养创新型人才。截至 2016 财年，西门子先后与 200 余所高校和职业教育机构建立了良好的合作关系，支持建立实验中心，并设立西门子奖学金，促进双方在科研、技术领域和人才方面的交流与合作。此外，西门子发起并独家赞助了 10 届“西门子杯”中国智能制造挑战赛，为中国培养和输送更多优秀的创新型工程人才。

2016 年，西门子还与山东省教育厅签订了合作备忘录。双方将合作为山东省高等职业院校和本科院校引进德国工程教育经验和西门子的工程技术与经验，共同在“智能制造”创新基地建设、人才培养、师资能力提升、工程竞赛等方面展开全方位战略合作。

在基础教育方面，西门子于 2009 年启动了面向中国外来随迁子女学校学生的全国性员工志愿者教育项目——西门子爱绿教育计划，至今已有超过 20000 名学生从中受益。已有 2500 多名西门子员工志愿者为该计划投入约 20000 志愿工作小时。该项目旨在通过科学技术教育增强外来务工人员子女的环保意识并帮助他们更好地融入城市生活。

西门子还积极扶持中小型公益机构，为弱势群体提供社会援助，并在自然灾害发生后提供及时的技术和人道主义援助。

西门子还携手南京大学、原德意志联邦共和国驻上海总领事馆及企业合作伙伴，于 2007 年成立并资助拉贝与国际安全区纪念馆和拉贝国际和平与冲突化解研究交流中心发展基金。2016 年，西门子再次为该基金的发展投入资金并承诺在未来的五年中继续为传承和发扬拉贝的人道主义和志愿精神贡献力量。

西门子还积极向汶川、玉树等地震灾区捐献医疗设备进行赈灾。

（二）企业创新成效

在 2017 年 3 月发布的“2016 年度《环球科学》创新榜”中，西门子中国研究院连续四年荣获跨国企业创新10强。《环球科学》创新榜单旨在表彰在科技创新方面表现突出、对中国本土创新有重要推动作用、研发实力处于行业领先地位,并保持较高成长性的本土和跨国企业。2017年5月,西门子荣获由第一财经传媒颁发的“2017跨国公司中国创新最佳实践大奖”。西门子凭借先进的研发理念和模式及其中国研发团队在全球研发网络中的重要贡献,2016、2017连续两年获得此奖。

西门子长期积极履行企业社会责任,得到了广泛认可并屡获殊荣。2017年初,在由中国众多媒体举办的第6届中国公益节评选中,西门子荣获“特别致敬大奖”。2016年11月,继公司荣获“社区项目和社会创新”奖后,西门子的员工志愿者协会再次在中国欧盟商会举办的企业社会责任颁奖礼上荣获“员工发展奖”。2016年9月,西门子在中国教育领域唯一的官方奖项——“CSR中国教育奖”颁奖典礼上被授予“最佳可持续发展奖”。2016年7月,继连续四次荣登《南方周末》发布的“世界500强在华贡献排行榜”后,西门子荣获“2015年度最佳责任企业奖”。2016年5月,西门子教育推广项目入选德国商会2016年度“同心、同力、同行”最佳案例。2015年和2016年,“西门子爱绿教育计划”连续两次被评为北京市“十佳企业志愿服务项目”。2015年11月,西门子荣获第二届专业志愿服务亚洲峰会“最佳实践优秀机构奖”。

三、小结

170年间,从小作坊到云端,从10名员工壮大到35万名员工,从德国走向全球近200个国家。如果说指针式电报机的发明和实用发电机工作原理的发现为西门子公司的成功奠定了基础,那么,如今身处数字化浪潮中的西门子则是再次起航。用创新科技助力制造业拥抱数字化未来,让城市基础设施更加智能,打造可持续的能源系统,为人们创造更美好的生活。“博大精深,同心致远”不仅是西门子的品牌宣言,更是西门子坚定的承诺与不懈的动力。

第七节　软控股份

一、企业概况与技术创新模式

软控股份有限公司(以下简称软控股份)成立于2000年,是依托青岛科技大学发展起来的集团化上市企业。软控股份致力于提升橡胶行业整体基础能力,推动工业整体进步,目前已构建了为轮胎行业提供智能制造整体解决方案以及橡胶新材料两大板块的业务布局,并在积极拓展节能环保类业务。

2006年,软控股份在深圳证券交易所上市;2011年至今,收入规模一直位于橡胶装备行业世界第二位、中国第一位,其中2014年跃升世界第一位;2014年,在国际上首次提出“轮胎行业智慧工厂”解决方案,并因为在智能制造方面的突出贡献,被《国际轮胎技术》评为"2016 年度轮胎行业全球最佳供应商"。

软控股份先后承建了行业唯一的国家橡胶与轮胎工程技术研究中心、轮胎先进装备与关键材料国家工程实验室，并承建数字化橡胶轮胎装备国际联合研究中心、国家认定企业技术中心、博士后科研工作站、山东省高端轮胎装备智能制造技术重点实验室等，搭建了行业最优的技术研发平台，为推动我国橡胶轮胎行业技术进步和转型升级贡献力量。

软控股份深耕橡胶轮胎行业近 20 年，多项关键技术及核心产品达到国内领先及国际先进水平。软控股份始终瞄准橡胶轮胎产业发展，以"打造独特的橡胶轮胎全产业链发展模式"为技术创新目标，构建了"绿色智能、循环发展的橡胶轮胎技术创新链"及"产学研有机融合的开放式技术创新平台体系"，建立健全了企业主导产业技术研发创新的体制机制，促进科技创新与产业升级进步、经济发展紧密结合，实现了创新驱动发展。

软控股份先后荣获国家技术创新示范企业、国家创新型企业、中国软件和电子信息技术服务行业竞争力百强企业、山东省创新百强企业等荣誉，并连续十年获评国家规划布局内重点软件企业。截至目前，软控股份拥有专利、软件著作权 1000 余项，居于全球同行业首位；累计获得国家科技进步奖 1 项，省部级科技奖励 23 项；承担各类国家级课题逾 50 项。

二、企业创新影响力实践——产学研有机结合，助推行业发展

（一）企业主要创新活动

1. 夯实创新平台建设，提供创新机制保障

（1）加强自身研发能力建设，搭建行业最优研发平台

软控股份承建了橡机行业唯一的国家橡胶与轮胎工程技术研究中心、轮胎先进装备与关键材料国家工程实验室，拥有国家认定企业技术中心、国际联合研究中心、博士后科研工作站等，并承建了石化行业轮胎智能制造及关键材料产业技术创新中心、山东省高端轮胎装备智能制造技术重点实验室、山东省橡胶与轮胎工程技术研究中心、山东省橡胶行业技术中心、山东省软件工程技术中心、青岛市轮胎工程技术研究中心、青岛市工业信息化技术重点实验室等一系列科研平台，搭建了行业最优的技术研发平台。

同时，软控股份内部建设了识别技术实验室、嵌入式系统实验室、计量理化检测中心，并与北京航空航天大学共建的可靠性技术实验室、与费斯托（中国）有限公司合作共建的气动实验室、与西门子和力士乐等国际知名自动化供应商联合共建自动化仿真实验室、亚洲最大的智能化散料输送和高精度配料实验室等，研发能力已覆盖轮胎生产全线的装备和信息化系统，形成了以市场为导向、企业为主体、产学研结合的技术创新体系。

（2）完善海外研发中心建设，搭建全球研发体系

软控股份以国家级研发平台为依托，逐步搭建起国际化研发体系。2009 年，软控股份在斯洛伐克设立欧洲研发中心，这是中国橡胶轮胎装备业在海外设立的首个研发中心；2013 年，软控股份在中国青岛成立研究院，同年在世界橡胶城——美国阿克隆建立北美研发中心，搭建起了完善的国际研发体系。

目前，青岛研究院、欧洲研发中心、美洲研发中心在集团研发中心的统筹管理下，利用统一的研发和设计平台，根据集团的研发战略规划和产品开发计划，协同配合，有步骤有层次地开展研发活动。例如新一代半钢一次法成型机的开发中，青岛研究院、欧洲研发中心和美洲研发中心针对某一机型，结合自身开发基础和人员特点，对关键布套的开发任务进行分解，每个研发中心分头推进，定期召开协调推进会，通报项目进度，集中解决重大问题，大大加快了软控股份国际化产品的开发进度，保证了数字化轮胎装备的国际领先性。

(3)研发经费的保障情况及激励机制

软控股份成立了技术创新战略委员会，由公司总裁担任战略委员会主任，主持公司的技术创新研发工作。同时先后组织成立战略决策委员会和战略编制委员会、产品决策委员会、项目管理推进小组、电气模块化全面推进小组、产能协调小组等，最大限度地匹配创新资源，提高技术创新和研发创新管理效率。

软控股份每年保证不低于收入的 5% 投入到公司的新产品新技术研发。2015 年出台并发布《软控股份技术委员会管理办法》，统筹规划公司中长期技术标准和科技规划及年度计划，并通过标准化委员会和专业技术委员会对公司技术标准体系、创新项目的开发和指导；并且在公司与合作单位/科研院所中征集、推荐技术委员会委员，对技术委员发放定期定额津贴，对解决技术难题有重大突出贡献的给予特别奖励，对委员会成员有重大技术突破或取得颠覆性成果的，根据成果突出贡献程度申请额外奖励。

2. 原始创新与合作创新相结合，推进行业应用技术的研发与应用

(1)自主创新橡机行业重大装备，推动核心装备国产化

软控股份在轮胎混炼工艺、挤出工艺、成型工艺、硫化工艺、翻胎工艺、轮胎企业节能技术、新型轮胎等方面，自主开发了数字化密炼系统、数字化内衬层挤出压延和裁断线、乘用车子午线数字化成型机、数字化群控液压硫化系统和网络化轮胎检测线等关键装备，并在各轮胎企业中得到全面应用，保证了轮胎批量生产的稳定性和均一性，使轮胎生产效率提高 8% ~10%，能耗降低 10% 左右，提高了资源利用效率。

(2)引进技术消化吸收，整体提升轮胎装备行业水平

围绕软控股份欧洲研发中心，实现了研发的“全球化”。2009 年 6 月，在斯洛伐克成功建立了我国同行业首个海外研发机构——软控股份欧洲研发和技术企业。此时恰逢时任国家主席胡锦涛对斯洛伐克进行国事访问，访问期间，胡锦涛听取公司时任总裁高彦臣的工作汇报，对软控股份的发展思路给予了肯定。胡锦涛与斯洛伐克总统加什帕罗维奇助签了软控股份与 RUBBER POINT 公司共建软控股份欧洲研发企业的合作协议，斯洛伐克先后两任总统、总理接见软控股份董事长及总裁。欧洲研发中心主要从事高端轮胎装备和轮胎生产工艺技术研究开发工作，并与 RUBBER POINT 联

合进行"制造高性能子午胎重大装备关键技术的引进与联合研发"项目，软控股份充分利用欧洲研发中心，汇聚国际高水平科研人才，快速掌握世界一流的技术成果，实现技术研发的"全球化"。

2016 年，软控股份扩建欧洲研发中心，新园区同样位于斯洛伐克的特伦钦地区，占地 3000m^2，该中心将作为软控股份欧洲研发和制造基地，进行高端成型机、硫化机以及其他设备的生产和组装，同时还在相关领域提供支持，推动 RFID 技术、物流自动化技术以及机器人技术的研发与应用。

与国外高端企业合作突破多项重大关键技术，成果显著。软控股份已引进、消化吸收了巨型全钢工程子午胎成型技术、半钢一次法技术、成型鼓技术等具有国际领先水平的工程化技术。先后与斯洛伐克 RUBBER POINT 公司、英国 TRANSENSE 公司、美国 FARREL 公司等开展数字化橡胶轮胎生产装备与信息技术的合作；于 2009 年开始与英国的 Transense 合作研究智能轮胎 RFID 芯片、基于 SAW 技术的 TPMS，合作展开了 SAW 传感器橡胶封装、天线及植入轮胎测试、数据采集器设计等，积累了丰富研发经验。

同时，软控股份持续加强与斯洛伐克、美国、德国等国家合作伙伴的科技合作力度，并重视国际人才的引进与利用。截至 2016 年底，公司已累计从法国、日本、斯洛伐克、意大利、美国等国引进各领域专家 50 余位，对公司的子午胎信息化生产管理系统等多项关键装备和系统进行技术指导，为公司产品的技术升级和结构优化提供了技术支撑。

3. 建设高端专家和创新人才团队

（1）汇集国内同行业专家及团队

软控股份建设有灵活完善的人才引进和激励机制，通过国家橡胶与轮胎工程技术研究中心这一行业最高技术研发与产业化平台，聚集行业精英，主张"不求为我所有，但求为我所用"和"事业上的自愿组合"等灵活的用人原则，搭建高端研发平台。软控股份把全国信息控制、机械、橡胶、轮胎行业的 100 余位权威专家邀请加入公司行业专家委员会，为软控股份技术研发提供全方位技术支持和咨询，并带动和培养公司年轻科研人员，搭建科研团队梯队，已经形成了一批行业内学科带头人，并稳定形成了一支由学科带头人领军的高素质、结构合理的工程技术开发队伍。

（2）引进国际高端人才和团队

软控股份注重国际高端人才的引进与合作，先后引进了斯洛伐克专家卡罗尔·万卡、伊恩·史密斯、戴维·琼斯，国际物流专家 Bob，埃及专家穆罕默德·哈桑，美国机械专家以及德国模具专家共计 10 余位，对中国橡胶轮胎装备发展做出了巨大贡献。其中，卡罗尔·万卡获得了国家友谊奖、山东省"齐鲁友谊奖""高端外国专家""青岛市国际科学技术合作奖"；伊恩·史密斯获得"青岛市国际科技合作奖"、米洛斯·克瑞克获得山东省"齐鲁友谊奖"、朴光熙获得青岛市"琴岛奖"等荣誉称号，使企业的研发力量与国际高端水平接轨。

2013 年 10 月，软控股份引进穆罕默德·哈桑教授，穆罕默德·哈桑教授是软控股份为助推公司整体技术研发能力和创新水平的提升，在工业 4.0 的技术背景下引进的知名行业专家;2014 年开始,软控股份聘请穆罕默德·哈桑教授担任公司北美研究院的执行院长,负责开发软控股份橡胶轮胎智慧工厂、橡胶轮胎行业的智能机器人、智能成型机、轮胎柔性成型系统等项目,并对公司重点研发项目进行管理。

(3)创新人才培养

软控股份积极创造良好的科研创新氛围,提出"没有人才不干,没有市场不干,没有资金不干""允许创新犯错误,不许技术不创新""为创新者埋单"等理念,坚持以"否定自我,持续创新"为核心的创新型企业文化,保证了科技人员研发创新的积极性,使科技成果向生产力的转化更有效率,培养和锻炼了公司年轻科研人员,加快创新人才培养,搭建科研团队梯队,使企业发展与科技研发更富有活力。

为使科研创新工作得到持续快速发展,公司每年拿出大量资金,分层次、有重点地对技术人员实施专项培训和继续教育,提高了员工的技术、管理水平,在各自领域成为企业的学术带头人或技术骨干。企业定期组织国内技术人员到欧洲企业、美国研发企业、英国研发企业进行交流学习,通过交流国内技术人员也能掌握国际先进的产品技术与研究方法,积极吸取国外先进生产技术和先进管理经验,使整体研发和管理水平迅速提升。

软控股份积极与浙江大学、北京航空航天大学、天津大学、哈尔滨工业大学、东北大学等各高等院校、科研院所的产学研合作中,充分发挥其技术优势,尤其针对行业内重大关键技术进行研究,部分合作已取得显著成效,实现资源共享、校企共赢;同时,持续加强与斯洛伐克、美国、德国等国家合作伙伴的科技合作力度,累计培养 200 余位高水平专业技术人才,提高了公司科研人员整体素质。

(二)企业创新成效

软控股份以国家级创新平台为契机,致力于"产学研"的发展模式,重视新产品的研发,不断加大技术创新投入,提高企业发展能力,加强科技创新和自主研发能力。

软控股份围绕智能化轮胎成套装备与系统开展了多项关键技术和工艺研发,取得了柔性化制造技术、工业机器人技术、RFID 技术、物联网技术以及轮胎绿色制造技术等关键核心技术的自主创新,通过积极组织科研项目攻关,突破完成了高效低温一次法炼胶技术与装备、高性能半钢一次法成型系统、巨型全钢工程子午胎成型重大装备及关键技术、轮胎电子辐照预硫化系统、植入式 RFID 轮胎生产工程化技术、轮胎胎胚机器人智能输送系统等一批橡胶轮胎行业重点项目,整体提升了我国橡机整体水平,推动我国橡胶轮胎行业健康快速发展。

软控股份一直致力于行业通用技术标准和专用技术标准的研究,目前累计主持及参与起草国际标准 4 项、国家标准 13 项和行业标准 36 项;其中担纲起草并完善轮胎智慧工厂各层面的标准体系,起草行业 MES 系列标准 14 项,实现了制造业生产信息管理的标准化;起草轮胎用 RFID 电子标签 4 项国际标准,实现了智能轮胎产品的标准化,是我国橡胶和轮胎行业唯一主持 4 项国际标准的企业。

2017 年 11 月 8 日,由软控股份发起,联合全国轮胎轮辋标准化技术委员会、全国橡胶塑料机械标准化技术委员会和中国电子技术标准化研究院、中机生产力促进中

心、橡胶轮胎行业优势企业共同参与的“中国轮胎智能制造与标准化联盟”（简称“联盟”）在青岛举行成立仪式，并召开第一次工作会议。软控股份担任联盟理事长单位。

1. 数字化轮胎全系列成套装备的研发和产业化

数字化轮胎全系列成套装备涵盖了从轮胎配料、密炼、压延、裁断、成型、硫化至检测共7个工序，产品“软硬结合、管控一体”，将信息技术与轮胎装备制造相结合，实现了全流程工艺控制的计算机辅助制造，是一整套数字化轮胎全系列装备。

该项成果的研发综合利用机械与自控技术、振动与测量技术、计算机技术、光机电一体化等技术，攻关突破了高效低温一次法炼胶技术、高性能半钢一次法成型装备控制技术、电子辐照预硫检测技术等一系列关键技术。该套装备主要包括数字化密炼系统、数字化内衬层挤出压延和裁断线、轮胎电子辐照预硫化系统、乘用车半钢子午胎数字化成型机、高性能半钢一次法成型工艺与装备、巨型全钢工程胎成型工艺与装备、群控液压硫化系统和网络化轮胎检测线等，在制造工艺、系统设计、网络控制等方面具有独创的优越性，经鉴定，整体技术性能达到国际先进水平，部分产品和技术达到国际领先水平。

数字化轮胎全系列成套装备的研发使轮胎企业退赔率由目前行业内平均的12%下降到8%左右。该成果大幅提高了国内轮胎生产装备的国产化率、轮胎生产的整体水平及国产轮胎的品牌效益；此外，轮胎质量的均一性和稳定性的提高，对于改善汽车安全性能、减少交通事故的发生和保护人民的生命财产安全等方面产生极大的社会效益，系统地推广应用为我国轮胎企业参与国际竞争，提高行业的综合实力，振兴我国的民族工业起到巨大作用。

2. 轮胎全生命周期MES信息管理系统的研发和产业化

软控股份开发的轮胎全生命周期MES信息管理系统采用先进和优化调度技术、RFID技术和能源计量技术，在统一平台上集成生产调度、产品跟踪、质量控制、设备故障分析、网络自定义报表等管理功能，覆盖轮胎生产过程的配料、密炼、半制品、成型、硫化、质检等全部工序，使用统一的数据库和通过网络连接同时为生产部门、质检部门、工艺部门、物流部门等提供车间管理信息服务。

该成果分别在中策橡胶、赛轮金宇集团、风神轮胎、华南橡胶、双钱集团、贵州轮胎、山东玲珑轮胎等十几家国内大中型轮胎企业进行应用，获得了认可和好评。随着轮胎企业寻求信息化管理手段的需求日益迫切，该系统的未来市场前景良好。该项目的研发和产业化推广，有效地解决了轮胎行业底层控制系统与上层管理系统信息脱节的问题，对轮胎行业各个工序的生产计划进行优化、预警和追溯，实现了生产过程的实时监控，保证轮胎产品的均一性和稳定性，为轮胎行业生产效率的提升、生产成本的降低和产品质量的提高提供了重要的技术支持，同时改善了轮胎企业的经营和管理方式，提高我国轮胎企业国际市场竞争力。

3. 轮胎行业用成套工业机器人的研发应用及产业化

目前，我国轮胎产量居世界第一位，规模以上轮胎生产企业超过400家，是名副其实的轮胎生产大国，但远非轮胎生产强国，而且我国轮胎企业仍属于劳动力密集型产业，生产过程中的自动化程度普遍低下，内部生产流通环节较多，特别是在半成品胎和成品胎之间跨区域的运输上，轮胎企业往往面临着劳动强度大，人工成本高，生产效率低等问题。从我国制造业的整体现状来看，对机器人的需求非常大，但是由于设计水平、通用性、价格等诸多方面的原因，导致国内制造业的自动化程度很低，绝大多数企业都还是人工占据绝对的主导地位，工作效率低、工人劳动强度大、安全可靠性差，制约了企业的长远发展。

该项目研发共分一次法成型机搬运机器人、AGV 自动导引小车、拆码垛搬运机器人、胎胚暂存库龙门搬运机器人、胎胚成品轮胎暂存库龙门搬运机器人、自动投入搬运机器人、自动分拣搬运机器人、成品轮胎龙门搬运组盘机器人八个部分，覆盖轮胎生产的成型、硫化、检测、仓储等各个工序。在轮胎企业应用后，可以使工序物流质量提升1%，混装差错率降低 90%，生产效率提升 10%，人工成本降低 91%。若企业按照年产 1000 万套胎计算，项目研发的全套机器人产品在轮胎行业的应用，每年会给轮胎企业带来间接经济效益 4306.25 万元。

项目的成果有利于改善劳动条件，并大大降低轮胎企业的人工和管理成本，使我国轮胎企业从管理的现代化、企业形象提升的可视性以及企业产品品质可靠性等方面呈现跨越式的发展，给我国企业带来强的核心市场竞争力，同时促进轮胎企业由劳动密集型向技术密集型转变，对社会经济结构调整、社会经济增长方式转变具有重要作用。

三、小结

软控股份将紧密结合绿色轮胎工艺的发展，加大各类新产品的研发和投资，特别是智能制造相关的新产品更是公司研发的重点，抓住智能制造机遇，积极为构建绿色智慧轮胎工厂提供解决方案，稳步推进橡机板块“中高端”“国际化”的发展战略的同时，持续投入机器人和自动化物流板块，布局橡胶新材料板块。

软控股份将加快完善建设软控股份胶州轮胎智能装备产业园建设，打造橡胶装备行业的智能化、数字化制造基地，实现装备的智能化、装备敏捷制造和装备大规模定制，并实现轮胎行业的智能化增值服务；依托中国石油和化工行业轮胎智能制造及关键材料产业技术创新中心，推进轮胎智能制造及关键材料产业技术创新与发展。

软控股份将持续打造轮胎智能工厂，助推产业转型升级。软控股份立足橡胶轮胎行业，聚焦橡胶轮胎智能工厂研发设计、生产制造、物流储藏、营销服务全生命周期，从轮胎智能制造、轮胎智能装备制造、轮胎工厂智能仓储物流等方面为轮胎企业提供轮胎智能工厂整体解决方案；利用核心制造资源优势并结合信息化技术的持续推广使用，打造橡胶装备行业的智能化、数字化制造基地，将信息技术深度嵌入智能装备，通过全方位智能控制技术的应用，使轮胎装备安全可控，自感知、自诊断、自适应、自决策等能力优化提升；搭建轮胎制造装备云服务平台，为用户提供设备远程诊断、远程升级、故障预判、设备健康状态评价等服务，提升软控股份智能制造水平。

第八节　洋河股份

一、企业概况与技术创新模式

江苏洋河酒厂股份有限公司(苏酒集团,以下简称洋河股份),位于中国白酒之都——江苏省宿迁市,坐拥“三河两湖一湿地”,是世界三大名酒湿地产区之一。洋河股份总占地面积近 $10km^2$,总资产 443.64 亿元,员工近 3 万人,下辖洋河、双沟、泗阳三大酿酒生产基地和苏酒集团贸易股份有限公司,是中国白酒行业唯一拥有洋河、双沟两大“中国名酒”,两个“中华老字号”的企业。同时“洋河”“双沟”“蓝色经典”“双沟珍宝坊”“梦之蓝”“蘇”等六枚商标受“中国驰名商标”保护。2009 年 11 月,洋河股份在深圳证券交易所挂牌上市。2012 年 7 月,公司首次跻身 FT 上市公司全球 500 强,打破了江苏上市公司全球 500 强零的记录。在“2017 全球烈酒品牌价值 50 强”排行榜中,洋河位列中国第二、全球第三位,并入选“2015 年中国品牌价值酒水饮料类地理标志产品”,成为白酒行业仅有的两个入选品牌之一。2017 年,企业营业总收入 199.18 亿元,同比增长 15.92%,净利润 66.27 亿元,同比增长 13.73%。2018 年上半年公司实现营业总收入 145.43 亿元,同比增长 26%;净利润 50.05 亿元,同比增长 28%。与此同时,洋河股份致力于苏酒文化旅游目的地建设,释放旅游生产力,2015 年所辖园区洋河酒厂文化旅游区成为国家 AAAA 级旅游景区,2017 年所辖园区双沟酒厂文化旅游区也成为国家 AAAA 级旅游景区。

洋河股份拥有深厚的历史文化底蕴。洋河酿酒起源于隋唐、隆盛于明清,曾入选清皇室贡酒,素有“福泉酒海清香美,味占江淮第一家”的美誉。双沟因“下草湾人”“醉猿化石”的发现,被誉为是中国最具天然酿酒环境与自然酒起源的地方。作为中国名酒的杰出代表,洋河、双沟多次在全国评酒会上获得殊荣,彰显了名酒风范。

2003 年,洋河股份率先突破白酒香型分类传统,首创以“味”为主的绵柔型白酒质量新风格。2008 年,《地理标志产品　洋河大曲酒》(GB/T 22046—2008)将“绵柔型”作为洋河白酒的特有类型写入国家标准。绵柔型白酒代表作——梦之蓝、绵柔苏酒先后荣获“最佳质量奖”“中国白酒酒体设计奖”“中国白酒国家评委感官质量奖”等国家级质量大奖。诸多白酒专家常用“时代新国酒、绵柔梦之蓝”“绵柔鼻祖”等赞语,首肯洋河绵柔品质为中国白酒所做出的巨大贡献。

洋河股份始终践行“狮羊文化”,通过联手中央电视台“寻找最美乡村医生”“中国网事·梦之蓝感动 2012 年度人物评选”“梦想星搭档”“中国梦想秀”及抗震救灾等社会公益活动,传递“中国梦”正能量,将“基业长青”的企业梦与“伟大复兴”的中国梦紧紧联系在一起,努力将公司打造成为一个不断超越生命周期、共筑中华民族复兴之路的伟大企业。

在白酒行业中,洋河股份的创新能力堪称行业内的典范。而今的洋河股份虽然已经在行业内占据稳固的一席之地，洋河的创新发展，最初要追溯到20世纪80年代，洋河在第三届全国评酒会上荣获全国名酒称号，并在1979年、1984年、1989年连续三年蝉联中国名酒，凭借名酒效应赢得了广大消费者的喜爱。步入20世纪90年代，迎来了白酒市场的繁荣时期，洋河趁势发展，取得了不错的销量和口碑，进入21世纪，从2003年开始，洋河步入第三个发展高峰。经过一段下大力气的市场培育，洋河蓝色经典开始爆发式增长，在其带动下，洋河的新一轮高速增长拉开序幕。2012年底，酒行业的深度调整期来临，受"八项规定"、严控三公消费等外部因素影响，高端白酒消费下滑明显，另外，库存压力和消费者断层危机也相继暴露出来，包括洋河在内的很多名酒企业，都陷入业绩放缓、增长乏力的不利处境。

面对这种情况，洋河股份再次体现出自身的创新所长，以自主研发为主，从企业结构、战略布局到市场运营手段。在这段时期，洋河股份的重磅创新之举，当推其"双核创新"战略。所谓"双核创新"，即以苏酒集团主导"颠覆性创新业务——健康"，从经营业务向经营生态和健康转变，包括转型转制，寻求长远的爆发性增长；股份公司则侧重于传统主业，确保"传统白酒业务——绵柔"的稳定增长。在双核创新的驱动力下，洋河针对技术创新、产品创新、品质创新、互联网建设、社区化营销、时尚化消费，包括渠道架构的优化、产品的迭代升级，都取得了实质性突破，使企业迅速适应了新的消费环境，实现了增长动力的换挡重启。

"双核驱动"战略的实施，其意义在于将创新确定为企业发展主线，"双核驱动"解决的是长远问题，为洋河股份创新发展奠定了制度和组织的保障。

二、企业创新影响力实践——"双核创新"战略引领中国白酒的新发展

（一）企业主要创新活动

1. 技术创新

（1）指导创新活动的总思路

创新对于洋河股份的价值不再是解决阶段性问题，更是彻底改变企业形态，使洋河成为一个创新型企业，将创新力固化为核心竞争力之一。

在今后的创新发展中，洋河股份一是要加强科技创新，积极运用高端的科技改良工艺，提高传统白酒行业的现代化水平，建立更加科学高效的现代企业机制。

洋河股份基于企业整体创新发展战略，确立以健康和体验为核心的"绵柔 + 健康"创新战略，明确创新战略三个实施阶段。第一阶段绵柔1.0，为解决传统白酒的爆辣、刺激及饮后舒适度体验较差的痛点，通过技术工艺创新，缔造绵柔型白酒——"蓝色经典"，实现品质真绵柔。第二阶段绵柔2.0，基于消费者对新型健康白酒的渴求，洋河股份持续创新工艺，深挖绵柔机理和健康因子，历时5年成功打造洋河微分子，富含大量对人体有益的微分子成分，为消费者呈现了更绵柔、更健康的产品。第三阶段绵柔3.0，基于大众对"健康梦"的追求，将深度挖掘绵柔机理和健康因子，针对不同消费个体身体生理特征和饮酒诉求，设计产品个性指标，实施"中国白酒大健康工程"的

结构升级和格局再造，给予消费者更好的快乐健康体验。

（2）技术创新具体措施

洋河股份围绕中国白酒品质革命着力技术创新，拥有绵柔、健康白酒领域核心技术 43 项，累计获得省部级以上奖项 76 项，其中国家技术发明二等奖 1 项；拥有国家专利 130 项，其中发明专利 14 项；主持或参与国家标准制定 6 项，行业标准 1 项；拥有中国轻工业国家重点实验室等国家和省级研发平台六个。2017 年新产品销售占年销售收入比例达 75%，位居行业第一。2015 年研发投入 48200 万元，占销售比例达到 3.02%。拥有行业最多的中国白酒专业委员会专家组专家 2 名、中国白酒大师 10 名、中国首席评酒师 3 名、中国酿酒大师 1 名、26 名国家品酒委员、69 名省级品酒委员，研发技术人员 1799 名。

洋河股份创建的引领中国白酒品质革命的“双核创新”模式以及与之匹配的管理方法，助推企业实现跨越式发展，被同行誉为“洋河奇迹”。

①先进技术引领新趋势

“绵柔”技术，引领白酒科技创新新趋势。洋河股份开创以“洋河蓝色经典”为代表的绵柔型产品，开创了以“味”为主的白酒新风格，在酿酒技术和健康品质上取得跨越突破，引领中国白酒品质革命。

“微分子”技术，树立绵柔品质革命里程碑。公司“微分子酒”创新采用固态发酵和细胞固定化技术、低温冷阱、深度凝冻收集分析等核心技术，“洋河微分子酒的技术研究及产品研发”成功通过国家级鉴定，成果达到国内领先水平。

“数字提取”技术，开创健康白酒新格局。应用行业数字化提取、二次发酵、高通量筛选结合技术，成功研发双沟莜清酒，创新建立以多糖、黄酮、皂苷等五大类物质为核心的健康成分体系，成果通过国家级鉴定，达到国内领先水平。

②核心工艺技术国内领先

洋河股份围绕创新战略，深度挖掘绵柔机理，打造技术核心能力，工艺技术保持领先水平。

“复合菌种耦合发酵”核心技术。该技术为洋河独创。围绕“绵柔型”技术创新，将复合菌种耦合发酵技术应用于生产。技术要点可概括为：功能微生物耦合发酵定向驯化、功能微生物骨架成分改造、现代生物工程技术应用，实现了从不同层次和风格优化绵柔型白酒品质。

“绵柔型高效功能性曲关键技术研究”。该项目先进的多菌系、多酶系产业化技术国内首创。应用现代生物工程技术、微生物技术、酶发酵技术有效结合，成功应用于生产的细菌、酵母、霉菌、河内白曲等达到 21 株。结合自动化设备，形成功能曲产业化生产。功能曲产品的质量和性能达到白酒行业领先水平。

“固态多微固定化”创新技术。该技术是应用现代分子生物学、生物工程技术，为绵柔型产品质量而创造出独特的生产工艺，为行业首创。它是绵柔型基酒生产的核心，是保证酒体绵柔最重要的工艺之一。该技术的创新，极大地丰富酒中醇甜等微量物质的形成、并保持主体成分平衡，极大地提升绵柔品质。

“绵柔核心工艺集成化研究”关键技术。该技术国内首创。利用现代机械设计、制造技术和自动化控制技术，实现绵柔工艺从原料、蒸煮、发酵等全过程连续化、自动化控制，彻底解决传统白酒生产分散、劳动强度大、操作随意的诸多问题，实现了生产过程可控和酿造技术的科学化、标准化。

“全自动码垛仓储系统关键技术”的研究与运用。该项技术达到了国际领先水平。也是同行业首家采用该项核心技术的白酒企业。该项目属于集成创新项目，通过研究全自动码垛仓储系统技术，解决了白酒企业成品酒的全自动输送、全自动码垛与全自动仓储相结合的技术难题；采用多关节机械手，实现 120 种不同规格酒箱自动堆垛，自动化程度极高。也是白酒企业采用现代化技术成功应用和对传统产业升级改造的重大创新。

③荣誉成果，凸显技术创新水平

截至 2018 年 8 月，洋河股份获得国家技术发明二等奖、省部级以上奖项 76 项，通过鉴定的科技成果 17 项。

④新品研发，推动新经济增长

根据市场和消费者需求，洋河股份相继开发了梦之蓝（梦九）手工班、双沟莜清酒（莜麦、燕麦、荞麦系列）、洋河微分子酒、梦之蓝·封坛酒、双沟 1955 系列、柔和双沟、洋河老字号、绵柔苏酒等产品的开发，完成了海天梦、生态苏酒等 72 款老产品的品质升级。近三年公司新产品销售收入已占公司全年销售收入的 50% 以上。

⑤高效的研发平台建设

洋河股份技术研发平台在行业重大前沿技术研究、科技成果转化、质量管控、基础研究与应用以及科技管理机制建设等方面成效显著，处在行业最前端。

⑥一流的产学研合作

洋河股份先后与清华大学、浙江大学、南京中医药大学、南京医科大学所、江南大学、北京工商大学等多所大专院校和科研院所建立合作关系，围绕健康白酒研发、生物活性物质研究、功能微生物研究、代谢机理调控研究等多项课题展开产学研合作。各类科研合作项目均处于行业领先地位和水平。

⑦创新的研发团队

洋河股份在高层次人才引进方面，遵循“尊重个性、唯贤适用”用人理念，引进的各类专业化人才层次高、数量多、专业广，2017 年公司从事研发工作的科研人员为 1799 人，研发人员数量冠领全国。研发团队中目前拥有长江学者 1 名、工程院院士 1 名、博士生导师 1 名、博士和博士后 4 名，硕士研究生 169 名，本科以上学历占总研发人员比例达 85% 以上。正因为公司秉持“引进人才不受限制”，各类专业技能涵盖了发酵、酿造、健康、食品、营养、中医药、风味化学、设备、环境等多学科领域，为公司研发创新体系的丰富和产品质量提升做出重要贡献。

各个研究方向均有学术带头人和技术骨干把握研究方向和工程的具体实施。其中各类技能型人才占比达到 70 以上，包括国家白酒专家组成员 2 名、金樽奖大师 1 名、国家级白酒评委 26 名、省级白酒评委 69 名，拥有中国白酒大师、中国工艺大师、中国品酒大师等 10 余名，人员占比和数量均位列行业第一。

⑧高效的研发投入

洋河股份近年来不断加大科研资金投入，为科技研发水平提升、创新成果取得提供必要的基础保障。公司连续三年实现科研资金大投入，科研资金分别增长达68%、148%，增长率行业最高。2015—2017年，研发资金投入分别为11500万元、19400万元、48200万元，近三年累计投入超过7.91亿元，2015年研发投入占销售比例达到3.02%。

⑨强大的技术设施建设

洋河股份目前已配备4000m^2试验研发场所。具体包括功能微生物研究及应用中心、风味物质研究检测中心和酒体设计中心、酿酒工艺研究室、陈化老熟研究中心、微生物扩培室。另外，还包括循环经济研究室、制曲工艺研究室、窖泥及功能微生物研究应用中心等研发试验场所，承担着酿酒、制曲、质量控制、酒体设计、试验、微生物研究等全方位的职能。同时建有1.6万m^2中试生产基地。

配备了包括傅立叶变换近红外分析仪、近红外光谱仪、气质联用仪、高效液相色谱仪、气相色谱仪、原子吸收分光光度计、大型厌氧－好氧发酵罐系统、美国赛莫尔超低温冷冻冰箱等高精尖仪器设备一百余套，这些已经全部应用于技术研发工作的开展中，承担着生产、试验、分析、检测等重要功能，效果显著。

2. 管理创新

洋河股份成功缔造“绵柔型”白酒，2003—2015年，平均复合增长率达36.02%，销售额增长40.11倍，实现增速行业第一、酿酒生产规模行业第一、白酒销量行业第一。洋河股份为行业首家通过ISO 9001、ISO 14001、ISO 18001、HACCP一体化整合型管理体系认证的企业，至2017年，连续19年获得“全国重合同守信用企业”，先后获得全国五一劳动奖状、企业文化建设示范基地、全国质量诚信优秀企业、中国质量诚信典型标杆企业等，被行业泰斗、顶尖专家称为“绵柔鼻祖”，成为中国白酒品质革命的引领者。

（1）建立多维管理责任体系

洋河股份建立独具特色的“1234”多维管理责任体系，即“一票否决制、双保险担保责任制、三全责任体系、四种特色考核机制”。

一票否决制。在产品质量管理与绩效考核上，实施双层“一票否决制”，否决不合格品的同时，否决质量责任部门、员工的绩效考核。

“双保险”担保责任制。建立“质量终身制、追溯召回制”的双保险责任担保机制。对内，实施质量责任终身制，无论是否调岗，还是职务调整，首问负责。对外，实施从原料源头、生产过程到终端的全流程透明化追溯管理。制定《产品召回管理程序》，保证产品出现安全问题时能及时召回，确保对消费者安全负责。

“三全”责任体系。实行相互交纵、互相监督的“全员参与、全流程控制、全方位管理”的三全责任体系，总裁为企业的“管理第一责任人”，全面落实公司管理责任。

四种特色考核机制。建立“部门流程红白票双重考核、各岗位机制自发考核、柔性团队横向考核、生产单元组织裂变考核”等考核机制，明确各层级的管理机制、责任及指标，开展关联考核，实施“向下负责、向上约束、上下连带、牵头为大”和“结果导向”的管理责任机制。

(2)研发体系建设

洋河股份的技术研发创新体系紧紧围绕国家长期科学和技术发展规划纲要及“创新、产业化”的方针为指导,以促进酿造产业的升级为导向,围绕技术创新关键基础性技术、产品质量安全控制、生产关键工艺技术与装备及创新产品等方面,开展创新体系建设,进行工程技术研发和开放服务。

管理组织。洋河股份技术创新体系设立了技术委员会、管理委员会、工程开发部、技术研究部、生物工程研究所、信息部、综合管理部等组织机构。

职责定位:洋河股份技术创新体系职责明确、定位合理,技术委员会作为技术最高管理职能机构,主要对公司质量管理、技术创新、产品品质保障、工艺创新与提升、食品安全风险管理(决策)、质量和技术等规范性标准拟定等起到战略目标规划、计划指标制定、决策与目标实施、管理等全方位职能的重要作用。对公司技术研究部、研究院、工程开发部现代职能机构分工明确,根据公司技术和管理委员会的主要职能要求开展工作,对进一步研发新品、建立、评估质量、生产、分析、包装、检验等各项核心工序的高质量保障和完成,起到重要约束和促进作用。

创新激励机制。洋河股份在科研激励方面,创新、独特,首创“五优”的激励机制,极大推动公司科技创新和成果转化进程,成效十分显著:

优立项目激励:全面开展课题攻关的同时,予以成果突出10万元~20万元不等的重奖;

优选方案激励:对研发方案可行性等予以论证,并给予金、银点子重奖;

优配团队激励:实施技能人才传帮带,取得突出成绩,予以加薪、晋升不同激励;

优化成果激励:对成果转化做出贡献,会给予成果经济效益10%提成激励,最高奖励达500万元;

优定规程激励:对核心工艺提升、固化,给予创意奖、贡献奖、提升奖等不同奖励和激励。

(3)知识产权管理

洋河股份在推进企业知识产权管理工作中,制定并实施知识产权总体战略,建立完善的知产管理体系,建成高效的知识产权管理平台,重视专业队伍建设,实施多维度、立体化的知产保护方式,不断提升企业知识产权管理能力。

知识产权总体战略。洋河股份制定了知识产权总体战略,即形成与公司自身经营发展与科技发展相适应的知识产权工作体系和有效的运行机制,力争在引进消化吸收在创新和集成创新上有中重大突破,企业主导产品、潜力品种及关键技术领域拥有必需的核心专利等自主知识产权,在知识产权的投入、产出、拥有量和产业化方面达到行业内先进水平。努力把企业建设成知识产权意识强、富有创新活力、转化效果显著、效益产业集聚,吸纳环境优越、维权措施得力、产权交易顺畅和专业人才齐全的创新型企业。

知识产权管理体系。为了有效保护企业知识产权,洋河应用知产管理平台,建立了立体化的知识产权保护体系。

建立知产管理体系。为建立有效的知产管理组织架构,设置了知产管理部和秩序管理部,专职知产管理人员170多名,制定《专利管理办法》《商标管理办法》等16项制度，配套建立“商标注册申请”“风险商标信息反馈”等流程。明确知产管理的牵头责任，形成基于知产管理战略的动态的管理架构，保证有效管理和服务。

搭建知产管理平台。建立个性化的专利信息数据库，同时建立高效率的知识产权管理平台，添加知识产权决策、计划、组织、执行、控制等一系列综合过程的系统化管理流程，进一步提升系统反应能力。

强化专业队伍建设。引进和培训知识产权管理人才，同时针对公司不同层次人员分别进行知识产权培养。如对领导层，加强领导层知识产权意识，开展企业知识产权管理和知识产权战略培养；对全体员工，加强知识产权基本概念等培训，提升知识产权基础知识水平；对科研、营销、人事管理人员加强宣传、设置相应的课程给予培训，提高公司全员知识产权意识和水平。

实施立体化知产保护。实施商标、专利、著作权、海关备案等多形式、立体化的知产保护方式；应用数字物流防伪系统、RFID 电子芯片等防伪技术；注重知识产权的保护，选择合适的知识产权保护方式。根据知识产权的不同保护特点，选择合适的保护方式，如针对产品的包装，进行普通商标、立体商标、外观专利等申请，做到全面保护。

示例：蓝色经典

“第一眼”，外包装专利、产品名称商标及立体商标；

“第一口”，绵柔白酒新技术专利（11 项）；

“第一次心灵感受”，对广告版面申请了著作权保护。

推动多方联动打假。将知识产权的保护和运用相结合，不断拓展联动打假维权机制，由目前的“四方”联动（公司、经销商、执法机关、外部专业机构），专兼职打假、维权人员共计 987 人。尝试、拓展互联网平台维权，目前已在河南大区试点，后续将进一步推广、应用。

（4）经营管理制度及其成效

洋河股份建立了一套经营管理和法律保护制度。主要包括：《专利管理办法》《商标管理办法》《知识产权管理系统管理办法》《知产民事维权管理办法》等 16 项。

截至 2017 年，洋河股份累计注册拥有商标 1124 件，著作权 43 件，拥有国家专利 155 项。与律师事务所、地方行政执法单位建立良好合作机制，2015 至 2016 年共计查处侵权假冒案件 1089 起，净化了市场，保障了消费者权益。

洋河股份是行业内唯一拥有 6 枚中国驰名商标、2 个中华老字号、2 个中国名酒的企业。拥有江苏省名商标 8 件，江苏省名牌产品 13 个。先后荣获“中国工业大奖表彰奖”“江苏省质量奖”“江苏省知识产权管理贯标绩效评价优秀企业”“国家技术发明二等奖”等荣誉。

3. 人才队伍凝聚

（1）构建人才与企业共同成长的共赢生态圈

“人”是承载企业运行和发展的一切，人才是企业的竞争之本和发展之本。洋河股份在发展历程中逐渐形成了自己的人才理念，即“尊重个性，唯贤适用”。尊重个性就是指洋河股份的文化氛围和管理机制以及其他一切行为，都优先保障员工在工作中能够充分发挥自己的能力，允许并鼓励员工开展每一项工作都应有自己的想法，鼓励创新,允许失败。唯贤适用就是选用有德有才有能力的人,并把他放到与其个性和能力相匹配的岗位上。

鼓励想做事的、肯定能做事的、重用做成事的,让能做事、做成事的人才脱颖而出,在为企业创造价值中体现自我价值。团结追求梦想的人们,激发人才的创造热情,挖掘每个人的最大潜能,凝聚众人的智慧,接受挑战,勇克难关,将梦想变为现实,让“以客为先,以人为本,以奋进者为纲”的企业核心价值观发挥巨大的激励作用,全面构建人才成长六大体系,让洋河股份成为大家向往和期待的企业。

(2)以培养需求为导向,构建企业人才分类体系

洋河股份将人才分为三种,即坚持问题导向、执行导向的“干才”;坚持机遇导向、结果导向的“将才”;坚持格局导向、机制导向的“帅才”。根据不同类别人才所需坚持的不同导向,分别建立素质模型,开展针对性培养、认证。公司既需要培养稀缺的帅才,也需要培养中高级领导干部的将才,更需要培养全体骨干人员的干才。

(3)以校园招聘为渠道,构建企业人才引进体系

洋河股份每年开展校园招聘名校行人才引进工程,赶赴全国985、211及省重点院校开展校园宣讲,抢夺优秀大学毕业生加入公司,作为高潜人才重点培养、重点关注、重点使用。在人才引进上,为高学历人才每月发放学历补贴,提供具有市场竞争力的薪酬待遇,对于急需紧缺的成熟型特殊人才,开辟专门渠道,实行协议薪酬制,实现精准引进。

(4)以洋河大学为平台,构建企业人才培训体系

2012年12月,洋河大学成立,成为白酒行业第一家企业大学。洋河大学现有金牌讲师33人、高级讲师69人、中级讲师28人、初级讲师146人、素质拓展训练师12人,培训内容来自工作实践,充分体现培训有用的指导思想。在培训体系上,开创新员工三级培训体系和老员工二级培训体系;在培训内容上,根据公司实际情况,自主开发培训教材,如酿酒、评酒、营销案例等,编制岗位工作流程,实行知识管理;在培训方式上,洋河大讲堂、与高校或培训机构联合办班、移动学习、光盘教学、书籍自学等多种方式综合运用,提升综合培训效果。

(5)以战略预备人才为重点,构建企业人才储备体系

根据公司战略发展需求,以满足公司未来新的组织结构和运作方式调整提供后备力量为目标,建立起一级、二级、三级战略人才预备队。战略预备人才采用推荐与选拔制,坚持理论学习和实践锻炼相结合的培养方式,优先配置培训资源,发挥导师、教练的指导作用,干部的任用原则上从战略预备人才中选拔。

(6)以双通道建设为方向,构建企业人才发展体系

洋河股份建立领导职务和非领导职务双向晋升通道,领导、管理业务能力强的人才可走领导职务晋升发展通道,专业化业务能力强的人才可走非领导职务晋升发展通道,领导职务和非领导职务对应的相同职级享受相同的薪酬待遇。双通道设计打破了人才发展瓶颈,让各类优秀人才在公司都能够得到发展,为公司人才提供广阔的发展空间。

(7)以“德能勤绩廉”为标准,构建企业人才任用体系

洋河股份的用人标准是“德能勤绩廉”五个方面,德包括个人品德、家庭美德、职

业道德和社会公德，核心是职业道德；能就是能力，分为领导能力和业务能力，从事一项工作，一定要成为这项工作的行家里手；勤的考核最大标准就是工作有没有激情，有没有兴趣；绩效看"三出"，即出数据、出模式、出人才，成绩考核不简单看数据，或者说不仅看数据，还要看有没有形成经验和模式、有没有培养出人才。公司严格按照德、能、勤、绩、廉的用人标准选拔、任用、考评人才。

经过多年人才成长体系构建，洋河股份吸引了全国大量优秀人才加入，在洋河股份的员工队伍中，拥有大专及以上学历员工总数达 7000 多人，总人数及占比超茅台、五粮液，位居白酒行业第一，同时聚集了 30 位国酒大师，技术力量为白酒行业之最，建立起了一支规模宏大、素质优良、结构合理，作用突出的高素质人才队伍。人才凝聚洋河股份，为企业飞得更高、走得更远，催生强劲的动力，企业的快速发展也为人才提供了施展才华、实现自我价值的舞台，人才与企业良性、健康发展，构建起了人才与企业共同成长的共赢生态圈。

4. 品牌塑造与市场营销

（1）企业品牌打造理念及总体思路

在品牌塑造过程中，洋河坚持以诚信为本、品质为天，追求快乐健康的用户体验，创新产品超预期满足消费者需求，不断丰富品质内涵，持续塑造品牌个性。坚持以开放的胸襟、博大的情怀丰富品牌价值，使之成为民族品牌、国际品牌、公益品牌。

在母品牌"洋河""双沟"两大中国名酒的基础上，洋河全力打造以梦之蓝、绵柔苏酒为核心的高端品牌，以洋河蓝色经典、生态苏酒、双沟珍宝坊为核心的中高端品牌，以洋河小海、柔和双沟为核心的大众品牌，以洋河微分子、双沟莜清为核心的健康白酒品牌，以洋河蓝优、双沟青优为核心的光瓶酒品牌，实现高中低档全覆盖的多品牌发展体系。

以品质为基础、品牌为核心的经营能力是洋河的核心竞争力。只有抓住产品独特的卖点，凸显文化内涵，与竞争对手进行差异化的有效区隔，才能让品牌在消费者的心中留下深刻的印记。

在市场营销方面，洋河坚持"三做、三不做"，即做市场不做销售、做品牌不做产品、做长远不做短期。品牌要高度，渠道要深度。品牌塑造要向上攀登，渠道建设要向下扎根。

（2）企业落实品牌与营销的具体措施

在品牌宣传具体执行过程中，洋河股份始终立足美誉度打造。洋河坚信广告造流行，内容传美名，口碑塑忠诚。广告投放坚持以精准预算、高效投放为原则，逐步降低传统媒体资源的使用，增强新媒体传播力度。转变内容传播方式，坚持事件营销、公益营销、口碑营销三大传播体系，积极推动品牌与消费者互动。以集中、聚焦、脉冲、整合、创新的方式开展品牌传播，为销售目标的达成提供空中拉力和强力支撑。通过赋予产品差异化的品牌定位，强化差异化的客户价值。品牌定位重点围绕绵柔品质、健康属性和体验的客户价值。

在产品质量控制上，洋河股份每推出一款新品，都会组织数量庞大的消费者口味测试；从研发平台搭建到千人品酒师队伍，技术实力堪称"行业之最"；业内第一家整合型管理体系、精益六西格玛生产管理，每一瓶酒从原粮到出厂都要历经275个指标层层考验……多年来，洋河稳居市场占有率第一，梦之蓝、绵柔苏酒、天之蓝等先后摘得最佳质量奖、中国白酒酒体设计奖、中国白酒国家评委感官质量奖等全国性质量大奖，代表了行业及消费者对产品品质的高度认可。

洋河股份在推动中国白酒产品品质革命进程中，创新性地提出并实施"1212"多品牌战略，建成行业最强的"深度分销"网络，首创"媒体广告精准投入法"和以"与大事同在"的集中式爆发、脉冲式传播为核心的传播体系，提升品牌美誉度、忠诚度，成为消费者满意度最高的白酒品牌。

在市场营销方面，洋河股份首创中国绵柔型白酒、打造蓝色品牌文化、积极研发以洋河微分子及双沟莜清为代表的健康白酒……满足了现代消费者对"更绵柔、更时尚、更健康"白酒的需求。此外，绵柔苏酒、梦之蓝等作为高端主导品牌，天之蓝、珍宝坊等作为中高端主导品牌，洋河老字号、柔和双沟等作为中低端主导品牌，同时推出洋小二等年轻化品牌、满足了不同消费层级的多样化需求。

洋河股份拥有行业内最强的"深度分销"网络，经营网络遍布全国各省、市、县（区），拥有厂方营销人员6000多人、代理商业务员及促销员6万多人，并通过"访销系统"信息化平台实现对全国200万家终端的直控。

同时在营销工作中坚定落实"522极致化工程"，即五个极致化目标，氛围营造极致化、商务团购极致化、家宴市场极致化、新江苏打造极致化、消费升级极致化；两个极致化转型，互联网的极致化转型、市场投入的极致化转型；两个极致化保障，组织保障、机制保障。

（3）企业品牌塑造和市场营销的实际成果

在品牌塑造方面，洋河股份是行业内唯一拥有6枚中国驰名商标、2个中华老字号、2个中国名酒的企业。梦之蓝入选"CCTV国家品牌计划"，成为"G20峰会选用产品"。在中国品牌促进会等联合发布的"2016中国品牌价值榜"上，以品牌强度952、品牌价值494.09亿元位列第一；并以品牌价值848.02亿元，在地理标志类品牌价值榜上位居行业第二。

洋河不仅是闻名遐迩的中国"八大名酒"，还是首屈一指的"绵柔鼻祖"，拥有"生产规模、市场占有率、绵柔品质"三项第一。2017年英国品牌评估机构Brand Finance发布《全球烈酒品牌价值50强》，洋河排名全球第三，中国第二。

同时，洋河创新研究方面也得到了国家肯定，2015荣获江苏省轻工协会一等奖。2013年，基于风味导向的固态白酒生产新技术及应用，荣获国家科技进步二等奖等。2017年，由洋河独创的"绵柔型生态窖泥的生产方法"接到国家知识产权局的发明专利授权。"生物功能曲的制备方法"也喜获国家发明专利。

在市场营销方面，根据2016年中国轻工业信息中心《中国白酒产业市场与价值研究报告》显示，洋河2014—2015年销量稳居行业第一。同年，中国消费者报社与工信部电子科技情报研究所网络舆情研究中心通过联合开发的"中国网民消费情绪指数大数据平台"，共同发布了《中国白酒品牌网民满意度前40强名单》，洋河在该名单中遥遥领先，高居榜首。

随着“中国梦”走出国门走向海外，洋河的国际影响力不断扩大。2012 年，洋河股份首次跻身全球上市公司 500 强；2016 年全球烈酒品牌价值 50 强中，洋河股份位列世界第 7 位，中国第 2 位。在东南亚、大洋洲、非洲、美洲、欧洲等地，洋河股份申请、注册商标专利多达 200 余件。2015 年企业出口总额 1200 万美元，2016 年企业出口总额 2520 万美元，产品覆盖东南亚、中东、欧洲、美洲、非洲网点 800 余家，港澳台烟酒商行、超市已布局网点近 200 家。

2017 年 3 月 13 日，由国家统计局中国统计信息服务中心（CSISC）权威发起的 2016 年第四季度《中国白酒品牌口碑研究报告》中，洋河股份一举摘得“产品好评度第一”“质量认可度第一”“品牌健康度第一”，成为整个行业拥有最多“第一”的企业，标志着其主打的“绵柔健康”的产品品质，正赢得越来越广泛而强劲的消费者口碑。

5. 创新文化建设

洋河股份创新文化可概括为“狮羊文化”，其基本内涵为“狮性羊本，‘狮羊’一体。”所谓“狮性”，是指在市场竞争过程中，公司就像一头雄狮，要开疆辟土，参与竞争，敢于胜利，要有血性，所以在这个基础上公司提出“奋进者”的概念，“奋进者”就是“狮”的文化；所谓“羊本”，实际上就是要学会感恩。企业要感恩，人也要感恩，只有做一个感恩的人，一个感恩的企业，才会做得好。感恩的文化就是“羊”的文化，在这个基础上公司提出“以人为本”的理念，所以“狮羊文化”落实在具体目标和行动上，就是“以人为本，以奋进者为纲”。

围绕奋进者为纲，公司全面深化“双向理念”，实现企业文化在方向调优中持续落地，以“双向、交互”文化理论为指导，致力“铁粉”打造，多措并举推进“羊本”文化建设有序落地。以落实“五度五米”为方针，以弘扬工匠精神为目标，以实现自动自发为举措，全面升级苏酒文化。具体有三个关键词。

一是引导。聚焦奋进者和工匠精神两个方面，找出先进典型、先进事迹，通过创新宣传和传播的方式，让被评为典型的人，真正拥有荣誉感、成就感；让没有成为典型的人，心里充满羡慕和崇拜，引导出学先进、学典型、做先进、做典型的积极性。

二是向心。聚焦双向文化建设，要让员工感到企业对员工的关心和关爱，要让员工以一种积极心态去努力工作，回报公司。

三是影响。对于企业文化方面做得好的单位，要认真对标学习，学精髓、学本质。在这样的基础上，以“创一流、争第一”为目标，服务于企业发展。

洋河股份始终践行“狮羊文化”，通过联手央视“寻找最美乡村医生”、中国网事·梦之蓝感动 2012 年度人物评选、梦想星搭档、中国梦想秀及抗震救灾等社会公益活动，传递“中国梦”正能量，将“基业长青”的企业梦与“伟大复兴”的中国梦紧紧联系在一起，努力将公司打造成为一个不断超越生命周期、共筑中华民族复兴之路的伟大企业。

（二）企业创新成效

洋河被行业泰斗、顶尖专家誉为“绵柔鼻祖”，先后获得“全国文明单位”“全国五一劳动奖状”“全国环境保护先进单位”“全国重合同守信用单位”“中国企业社会责任杰出企业奖”“首届江苏省慈善之星”“首届中国上市公司最佳社会责任奖”和“最具影响力品牌奖”等殊荣。

1. 经济效益

洋河股份缔造了绵柔型白酒新风格，在市场上掀起蓝色风暴，引领了中国白酒品质革命。从2003年到2015年连续12年年均复合增长率36.02%，销售额增长40.11倍。市场销量行业第一，2015年度的营业收入增长率9.41%及净利润增长率19.03%均大幅领先于主要竞争对手，2016年上缴税收57.92亿元，占宿迁财政收入16%；自2009年上市以来，累计实现入库税收359.20亿元，税收贡献位居行业前列，建立洋河独特的“共赢”的社会责任履行方式，带动产业链20万人就业。

2. 社会效益

洋河股份始终秉承“领头领先领一行，报国报民报一方”的企业精神，推动社会责任实践融合于品牌形象塑造，承担责任的意识由初始的追求市场效应转变为全面兼顾利益相关方的协同共赢的社会责任。

(1)保护中小股东合法权益

制定了《投资者关系管理制度》，真诚回报股东。自2009年上市以来，连续派发现金红利共计113.45亿元，中小股东派发现金红利26.72亿元，中小股东分红占比达23.55%。荣获“2014年度最受投资者尊重的上市公司”“2015年中国最受投资者尊重的百家上市公司”，连续4年获得深交所信息披露考核最高等级A级。

(2)维护合作伙伴良好关系

建立供应商分类管理策略，实施220家供应商能力提升建设，与供应商共同开展成本分析和优化。构建了万家经销商和两百万家终端网点，深度发挥营销策略、用户维护、品牌推广等指导作用，形成良好的交易和发展环境。创建“蓝色之链”供应链金融，依托洋河强大的信誉能力，为供应商、经销商提供无担保融资服务，为合作伙伴提供了资金无忧的支撑保障，形成了稳定的协同共赢战略合作伙伴关系。

(3)推进绿色制造

洋河股份着力打造环境友好型企业，连续获得环保信用评价“绿色”等级。实施节能改造和能源智能化管理，年节水674万t、节电714万kW·h、节汽14.8万t；实施清洁生产，投入1986.6万元进行提升，通过环保部门清洁生产审核；投入5亿元改进污水工程，被国家发改委列为淮河流域工业废水污染治理国债资金补助和示范项目。

(4)践行社会公益

洋河股份建立“从我做起，主动搭台”的独特公益模式，成立“关爱基金会”“蓝色经典爱心基金”及“中国梦·梦之蓝公益梦想基金”等。从捐资办学到扶危济困，从抗震救灾到慈善义卖，公益赞助“梦想星搭档”“寻找最美乡村医生”“中国梦想秀”，公益足迹遍布全国各地，帮助更多的人追梦、圆梦，生动展现了梦之蓝“中国梦”的品牌内涵，近五年累计公益捐赠和资助资金达3.2亿元。

(5)共享酒业兴城

“绵柔型”白酒深得消费者的喜爱和欢迎，在同行也引起强烈的轰动效应。企业连续多年保持较高的销售增长幅度，高于行业平均增幅，在产业带动下，吸引了几百家酒类配套企业，并解决地方20万人的就业问题，成功带动了地方经济的腾飞，形成了“酒业兴城”的发展战略。

三、小结

洋河股份在双核创新的驱动力下，公司在品质创新、技术创新、品牌创新、工艺创新、产品创新、互联网建设、人才创新等方面都取得了实质性突破，使企业迅速驶入发展的快车道，实现了快速、健康、持续的发展。

第九节　大工（青岛）研究院

一、企业概况与技术创新模式

大工（青岛）新能源材料技术研究院有限公司[以下简称大工（青岛）研究院]是大连理工大学在青岛参股设立的新型研发组织，地处青岛蓝色硅谷核心区，自2015年初成立，截至2017年底，已到位的510万注册资本金为起步，达到近60人规模，其中博士后8人，硕士以上学历超过40%，实现累计收入超过5000万元，利润近500万元，纳税超过200万元，各级政府的累计奖励及项目到位资金不超过100万元，实现了两项科技成果产业化并孵化两家科技型公司，研究院在不断发展探索中总结科技成果客观规律，大胆进行体制机制创新，探讨科技资本融合实践，在推动社会资本进入科技领域实现市场化的产业化改革方向上探索出一条可资借鉴的道路，因其在科技成果产业化过程中的模式创新和取得的成绩，以及所面对的科技成果潜在的万亿规模产业化庞大市场，大工（青岛）研究院获评2017德勤——中国企业明日之星。

二、企业创新影响力实践——科技成果产业化的路径管理创新

（一）认识科技临床——重要但被忽视的科技成果产业化阶段

科技成果产业化并不是科技成果与产业化衔接的过程，两个阶段的侧重点和评价指标有很大的差异，无法实现衔接。科技成果是科学研究的成果阶段，具有新发现、新技术等形成实验室样品规模的成果物，并辅以论文、知识产权、鉴定等评价形式，其侧重点在与创新与突破，评价指标在于相关的检验检测结论证明其技术的创新性或先进性，做了方向性或趋势性的肯定。产业化是产品的商品化阶段，科技产品应相比于现有产品具有一定的技术先进性并具有成本、质量、成品率、规模化等商品化特征，获得客户认可并具有消费市场。如果从市场、技术、质量等几个方面去量度，科技成果与产业化分属不同的极端，如科技成果面向预期市场，产业化面向当期市场；科技成果追求创新性，产业化追求稳定性等，一个具有创新性、但稳定性低、实验室成本高的科技成

果是无法直接通过规模化过渡到产品的，因此两者之间缺乏了一个阶段。

参考医学上对于新药推向市场存在一个长期的临床阶段，科技成果产业化实质是由科研成果、科技临床、产业化三个阶段构成(见表2-4)。科技临床指科技成果在产业化前需要经过的中试、小批量试验等阶段，该阶段衔接成果与产业化，更加注重成果的稳定性、一致性、成本性等产品属性，将单一评价技术性指标拓展为评价产品性指标上，并最终面向市场衔接产业化阶段。

表2-4　科技成果产业化三个阶段的敏感性分析

维度\阶段		科技成果	科技临床	产业化
市场	具有预期市场	★★★★★	★★★☆☆	★★☆☆☆
	具有当期市场	★☆☆☆☆	★★★☆☆	★★★★★
	生产成本	★☆☆☆☆	★★★☆☆	★★★★★
技术	创新程度	★★★★★	★★★☆☆	★☆☆☆☆
	技术程度	★★★★★	★★★☆☆	★☆☆☆☆
	成熟度	☆☆☆☆☆	★★★☆☆	★★★★★
质量	稳定性	☆☆☆☆☆	★★★☆☆	★★★★★
	成品率	☆☆☆☆☆	★★★☆☆	★★★★★
	质量体系	☆☆☆☆☆	★★★☆☆	★★★★★

注：★越多代表敏感程度越大。

科技临床不同于科研和产业化阶段，实验室获得证明的技术成果更多是一种方向或趋势上的肯定，但规模化之后围绕成果成功的各项因素如设备、原料、环境等已发生实质性的改变，科技临床需要同时关注科技和生产，是个再创造的过程，不同于医学临床上具有成体系的方法和大量从业人员，科技临床阶段尚未形成清晰的认知和有效的方法论，用科研的思维去进一步提升技术先进性已失去意义，用生产的思维去提高产品成品率和降低成本却无从下手(生产过程每一步都在不断调整试验，尚未形成成熟的工艺)，导致这个阶段科研人员和生产人员都感到力不从心，极易使科技成果产业化陷入了困境。

当前开展成果产业化的研发人员或企业人员均缺乏这个阶段的科学认识，双方均没有足够地关注并承担该阶段工作，因其属于实践科学，需要实践经历分析，学术界也缺乏对该阶段的专业研究，没有形成科学的发展规律，进行科技成果产业化的人员对该阶段的探索均处于自发性、离散性的阶段，使低水平、重复性错误反复出现。科技临床阶段是技术实现商品化的再创造过程，需要相当的投资强度，但对该阶段的投资既不是用于新技术开发，也不是用于产品产业化生产，不能直接带来创新技术和产品收入，导致缺乏投入主体，造成科技临床阶段缺乏资金支撑。

科技临床不是科研和产业化的附庸，而是并列的阶段，这个阶段是客观存在无法跨越的，它需要投入时间、资金甚至经受失败，是科技成果走向成果的必经阶段，但没有科学理论指导、缺乏专业化人员、缺少资金投入，是科技临床阶段真实现状，已经成

为制约科技成果产业化的最大障碍,形成了供求两旺中不畅的死亡之谷,见图2－2。

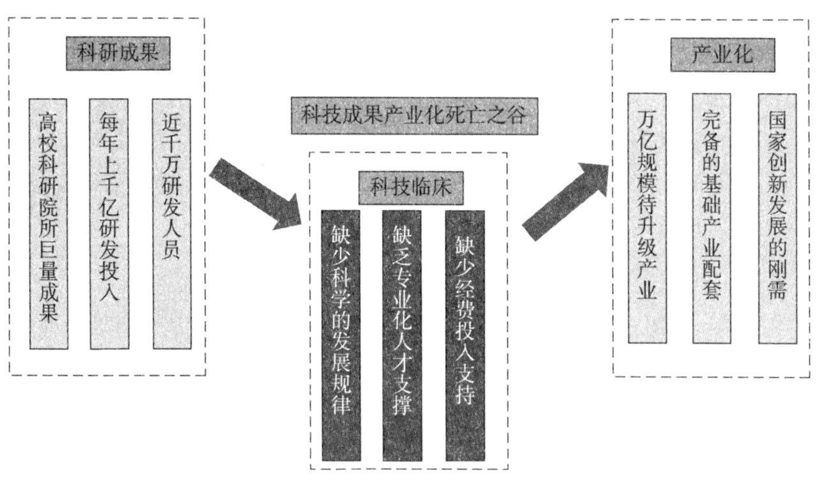

图2－2　科技成果产业化三个阶段

（二）市场化运行——科技成果产业化的机制创新

高校产业化研究院分为两种组建模式:一种是政府与高校共同组建,由政府给予相关政策,包括启动资金和协议期内的运行经费,高校实际运营,推动高校科研成果的转化;一种是企业与高校共同组建,政府给予必要的软硬件支持,以市场化的需求为导向,拉动高校科研成果的转化。我国现在绝大部分的高校产业化研究院均属前者,在政府协议期过后,如果研究院没有产生自身的盈利模式将面临很大的发展困境,大工(青岛)研究院是企业控股、高校参股的新型研发组织,没有固定编制、缺乏财政支持,依靠股东给予的注册资本金做发展本金,采用完全市场化的方式运行。

大工(青岛)研究院在2015年成立之初即面临很大的生存压力,控股集团结合自身需求给研究院设立三项课题,需要研究院组建研发团队去攻关,由于经费有限,研究院确定了高度轻资产、高度市场化的运营方针,将有限的经费全部投入人、实验等软件建设中,研究院的办公场地、设备、用车甚至是员工电脑都是租赁的,这样避免了设备等大额固定资产的投入,提高了资金的使用效力。

为了评价研究院的运行发展,借鉴其他高校产业研究院在发展中存在问题,大工(青岛)研究院设立了第一个经济指标:外部市场业务占比EMP,用于评价研究院运行健康状态。当EMP > 50%为健康状态,表示不通过股东支持、政府补贴也具备独立市场化的业务能力;EMP < 10%为危险,表示研究院经营处于危险状态,一旦股东、政府支持不到位,或外部波动,研究院都可能会陷入经营困境。研究院始终把大量精力投入外部市场,在课题研发始终以市场为导向,通过高频的市场接触,锁定明确的市场需求,结合研发团队的专业所长,推动研发过程的阶段产品化,并逐渐进入并打开市场,其硅靶材产品就是硅材料研发课题的市场化产品,从最初的几片样品,到现在数万片产品,产量已经占到细分市场的20%。EMP指标按月度由财务提供,研究院运行一来EMP指标从75%逐步提高到84%,显示整体业务收入占比是健康的。通过这种市场

化的运行思维，实现了研究院的生存之本。

大工（青岛）研究院通过科技创新创业孵化实现纵深发展，结合企业孵化发展规律制订了发展指导路线图，将发展划定3年、5年两个时间节点，制定了《大工（青岛）研究院2015—2018三年发展规划》，确定了3年发展以业务和科技课题为主，培育孵化科技型企业为支撑的主体思想，并细分了十二项近100个发展评价指标；5年中长期发展依托孵化企业对接资本市场产生的股权收益，逐步实现研究院从业务平台向科技资本平台转变的跨越式发展指导方针（见图2-3）。

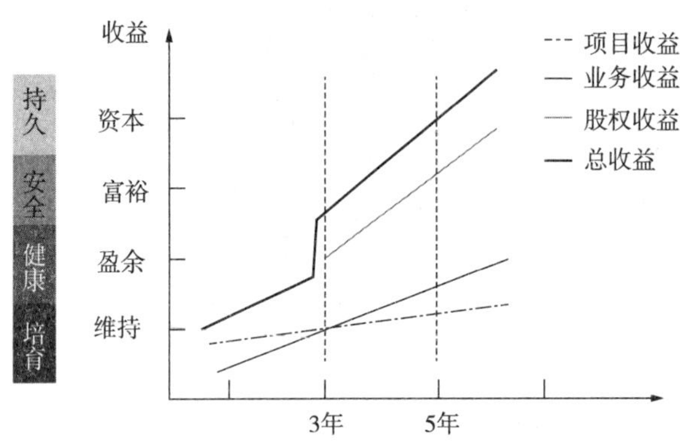

图2-3 研究院不同阶段业务重点指导图

3年以内，研究院主要工作是开展科技项目，推动科技产品市场化，稳定并扩大科技产业业务范围，所获收益以业务收益、科技收益为主，形成研究院原始积累及模式探索，渡过生存危险期，实现从培育向健康状态发展，在该阶段研究院逐步推动获得稳定业务的科技产品以孵化独立公司的形态运行，并占有70%的股权，保障在孵化公司初期足够的影响力，按照研究院规划发展。3年之后随着孵化公司经营发展，逐步具备了对接资本市场的能力，推动孵化公司融资、上市等工作，使研究院获得股权收益，并逐步成为研究院的主要收益来源，推动研究院进入到安全乃至持久阶段。

大工（青岛）研究院通过高度市场化的方式解决了业务和盈利问题，实现了2015年、2016年的盈利，但面对全国整体经济紧缩、资金短缺，研究院无论是科技产品还是科技服务均出现不同程度账期和回款慢等问题，加之研究院购买相关设备、增加人员等使现金流呈现出紧张状态。现金流是企业生存的核心命脉，决定了企业采用谨慎或积极的经营策略。为了更好把控现金流状态，大工（青岛）研究院确定了第二个经济运行指标生存指标（STD），即当期现金流能够发放工资的月数，每周五下午17:00由财务准时公布。按周统计研究院现金流的流入、流出状态，并根据指标数开展后续工作的经营策略（见图2-4）。

针对大工（青岛）研究院存在的合同账期及回款问题，积极与所在地（蓝色硅谷和即墨）的工商银行、浦发银行等沟通，探讨采用科技贷款、合同质押融资等多种方式解决科技产品的资金错期问题，实现现金流的科学运转。

与传统的高校科研机构相比，大工（青岛）研究院少了政府支持的保障，必须独自面对市场并承受市场波动的不确定性，但具有独立自主运营的灵活性，相关经营决策

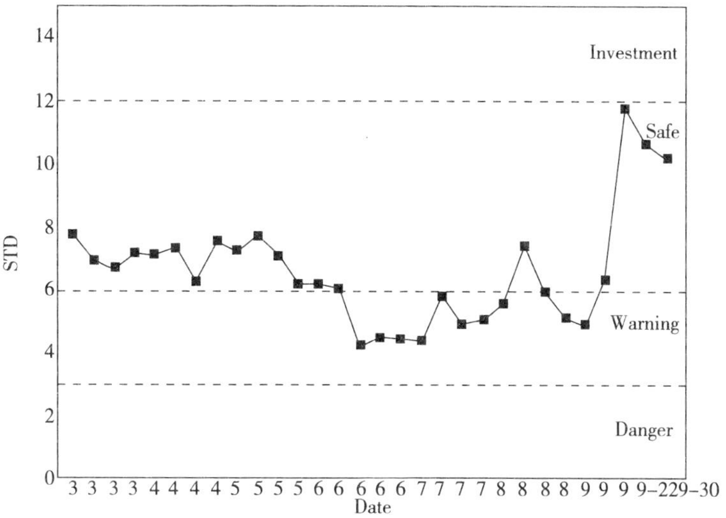

图2-4 研究院每周公布的STD指标曲线

由经营层根据运营实际作出，探索了市场化的方式对接高校和产业，推动科技成果产业化的发展。

（三）认证体系——创新科技成果产业化的路径化管理

科技临床阶段给研究院的发展带来了切身之痛。大工（青岛）研究院总经理姜大川本身就是一名科技创业者，从事硅材料再生制造研发及产业化近10年。2012年实验室成果成功后，他在课题组长谭毅教授的带领下来到青岛与企业合作进行产业化，在创业之初他理想化地认为产业化就是将实验室的设备、规模、产能放大的过程，但在实际的产业化过程中发现从几千克到几吨远不是规模扩大这么简单，如实验室做几百克的酸洗提纯试验，用大烧杯和漏斗可以实现，并将最优时间控制在30s，时间长会腐蚀硅并产生大量反应气体，到产业化阶段，一次性需要清洗上百千克硅粉，30s的时间还来不及将粉导入酸洗池，更无法谈及及时回收，诸如此类的工业化问提层出不穷，已经远非技术因素，需要成套系统及综合管理的支撑，是个再创新的过程，姜大川发现他之前具有的实验室能力远不足以支撑，由于产业化受挫，他同时面对技术开发压力、合作方的质疑、研发团队的信心丧失等，就这样在不断碰壁失败中走过了三年，最终实现产品化。

姜大川通过研究大量的成果产业化成败案例，比如已成为国内汽车变数器独角兽的企业的公司，用了十年投资10亿元在实验室成果基础上实现了产业化；一家做石油管道内壁防腐的企业在实验室成果基础上用了多年时间投入数亿最终实现工业用管道防腐等多个案例，这些企业当初看好成果，但投入了远超预期的经费和时间后最终实现成功，而这种坚持并不是所有投资人都能够做到的。在结合亲身实践和研究中，姜大川发现这个阶段的主要障碍不是科研障碍，而是包括技术、装备、生产、管理等多领域系统集成性障碍，确切地说是科研技术人员进到该领域后完全处在认识盲区阶段，已有的研发和技术经验不足以克服系统性问题，导致不断在低水平的问题上失误，延长了开发周期、不断增加开发投入,最终技术和资本方丧失了信心导致失败。

如何解决科技临床阶段的困难,姜大川结合自身经历提出了建立介于研发方法与生产体系(ISO)之间的管理体系,将科技临床阶段所必经的共性化困难显性化成为解决路径的一部分,通过调控人才、科技、资本三要素,形成路径化的约束体系,指导从事成果产业化的人员正确认识并科学解决,这些问题随着遇到的问题增加而不断迭代更新路径化体系,用众智的方式由前辈指导后辈不断推动成果产业化深入,这个体系就是认证体系(见图2-5)。

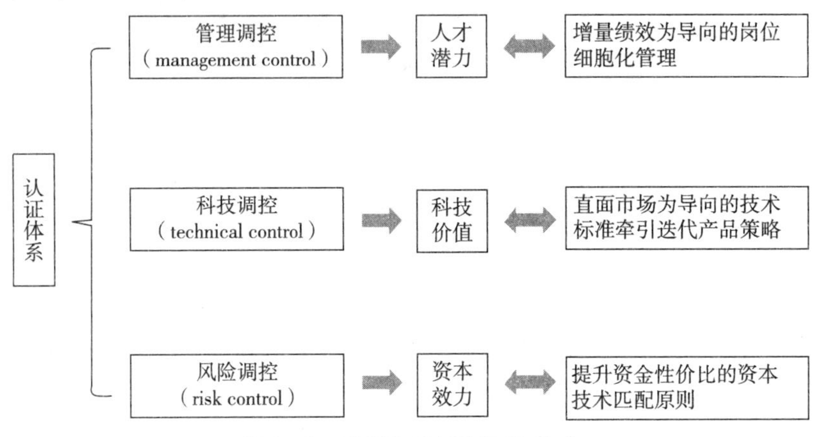

图2-5 认证体系(MTRC)构成

通过认证体系将科技临床的黑匣子破解,通过管理体系和管理工具促进产业化过程中的问题解决,才能将个性化的成功变成普遍性的规律。姜大川通过自身的经验,在研究院推动认证体系的发展,初步建立了基于管理调控、科技调控、风险调控的路径化认证体系(MTRC),大工(青岛)研究院以开展项目引进,开展科技临床认证及孵化,已经孵化了两项科技成果并均实现盈利。

1. 管理调控——基于增量价值共享的组织单元细胞化

科技成果产业化过程面对新的技术、未知的市场,缺乏可供遵循的成例,因此承担团队是否合适就成了成败的第一因素。如何激发承担团队的自身活力,使其充分调动起积极性,主动解决科技临床阶段遇到的困境,不断推动技术产业化的发展,就是管理调控要解决的核心问题。

不同于传统的生产体系较完善等加工制造业等行业,从业人员由可供依据的体系文件,只需要遵从作业指导书按部就班操作即可,需要员工发挥认真、谨慎、服从等螺丝钉精神。但在科技临床阶段,处于科技、生产、市场不断的碰撞修改过程,远没有到作业指导书的程度,不存在可供遵循的文件,不明确的事宜比比皆是,正需要承担团队完成从不断试验、从不成熟走向成熟,因此成熟行业的螺丝钉精神在科技临床阶段缺乏用武之地,需要承担团队突破传统的岗位、职能、作业流程等限制,外延到所有科技临床的空白地带,这就需要调动起承担团队的综合能力,乃至拓展到其知识和信息能力,主导到外部需求相关支持,工作量、投入、风险等远超过传统岗位范畴,这时他们承担者每一个人都是具有独立思考和运行能力的细胞,去不断克服和解决所遇到的问题,将大量基础问题解决在团队,和螺丝钉不同,细胞有生命力,需要养分。那么细胞化的承担团队动力如何得到激发、如何保持？管理调控的核心思想就是基于增量共享精神，推动实现组织单元细胞化。图2－6为公司与承担者团队增量共享分配原则。

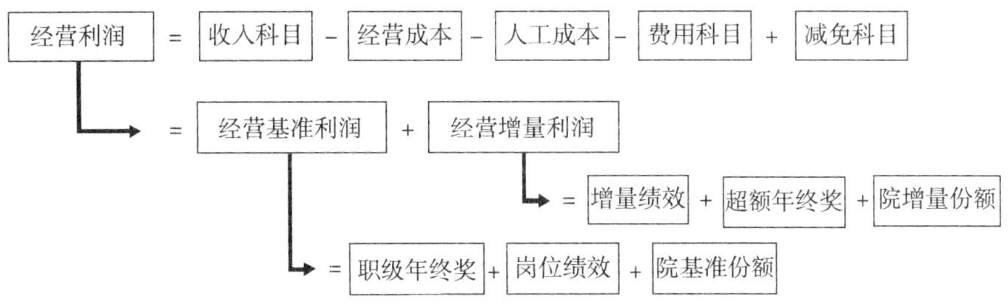

图2－6　公司与承担者团队增量共享分配原则

公司生存的目标是价值创造，对于处于临床阶段的产业化项目也一样，承担团队的贡献推动了研究院经营利润的提高，那么就与研究院共享增量利润，在这个维度上，承担团队与研究院是即是员工与公司的关系，又是创客与平台的关系，研究院平台起到了支撑和保障的作用。将经营利润按照全口径成本体系进行核算，使承担团队具有成本意识，清晰了解所开展工作的潜在投入产出比，将收入、经营、人工、费用等成本独立核算计量，在项目推进之初确定投入强度，将相关权限下放承担团队负责人，由他从经营的角度去判断和把控投入，实现自主经营的空间。费用减免依据项目处于科技临床中市场化的不同阶段，给予管理奖励和减免项，完成相应的管理指标可减免相关成本或奖励经营业绩，引导承担团队按研究院梳理的科技临床路径规律去发展，在这个阶段完成事项等同于经营业绩，鼓励管理团队在初期业务不成熟阶段，按照路径化发展提高自身能力及管理水平，并随着业务的成熟不断降低管理占比，过渡到完全市场化。研究院根据科技临床阶段项目团队的发展规律设置了从项目组到独立公司不同阶段的业务、管理、事项、综合、负绩效等考核占比，及相应的升降级方案，为各个承担团队发展提供了路线图（见表2－5）。

表2－5　科技临床阶段科技项目发展及利润考核构成

考核	项目组	部门	中心	事业部	公司
业务占比	20%	40%	60%	90%	100%
管理占比	30%	20%	10%	10%	0%
事项占比	40%	30%	20%	0%	0%
综合评议	10%	10%	10%	0%	0%
负绩效	0	5%	10%	20%	30%
总比例	100%	100%	100%	100%	100%

将考核利润分为基础利润和增量利润，其中基础利润包括基本薪资、绩效、奖金等，增量利润为包括增量绩效、超额年终奖和研究院奖励份额，增量绩效是承担团队参与增量利润共享的部分，是价值创造的再分配，不设上限，创造越大收入越多，通过增量绩效的部分激发承担团队活力，兑现价值贡献。

管理调控的核心就是激发活力，使承担团队细胞化，不仅仅是团队负责人，而是团队每一个人，通过管理调控的协同梳理，使团队构成人员每个人都有空间，共同构成有机整体，同样个体的绩效依据其自身空间的增量情况，也不受限于团队整体，提供个人空间弱化彼此牵制，创造出基于个人能力价值贡献的增量价值体系。

2. 科技调控——专利标准推动创新技术产品化

科技成果产业化发起于能解决预期市场的科技成果，落脚于得到市场认可的科技产品，起点和终点都是市场，但是从预期市场走向真实市场的一个周期，一个周期由科技和资本两个要素构成。如果以科技和资本两个维度坐标轴就分成了四个象限，科技坐标轴的正反两向分别为创新、成熟；资本坐标轴的正反两向分别为需求（收入）和投入；那么从第一到第四象限分别代表了市场、技术（创新性）、标准（成熟度）、产品，其中市场容量等于需求 X 创新，产品产量等于需求 X 成熟度，从第一到第四象限是顺序的规律，落在需求、创新、投入、成熟四个轴上的位置可以表征产品的市场、创新性、成熟度和产品产量，产品产量大于市场容量即为产能过剩，低于市场容量即为产能不足。

图 2 -7 为科技资本四象限分析图，经过分析国内外大量的优秀科技产品的象限图后发现它们都共同具有菱形图谱的特征，即既有市场，又有很多专利（创新性），有大量的研发投入，也形成了比较成熟的标准（产品稳定性），而我国典型的科研成果和传统产业产品的图谱却是菱角形：科研成果有大的预期市场，有很多专利技术，高强度的研发投入，但就是缺乏产品，呈现出无法产业化状态；传统产业有比较成熟的产品，但明确的需求，但技术和研发投入都较低，缺乏广阔市场，呈现出产能过剩状态。因此对比分析两者发现，总结优秀科技产品特征应该是菱形图谱，构成菱形图谱的研发维度是通过技术、专利、专利池、国际专利等体现形式不断提高技术创新能力；构成菱形图谱的成熟维度是通过规范、企标、团标、国标等体现形势不断提高产品稳定性的，两者是对应螺旋不断迭代提升关系的。

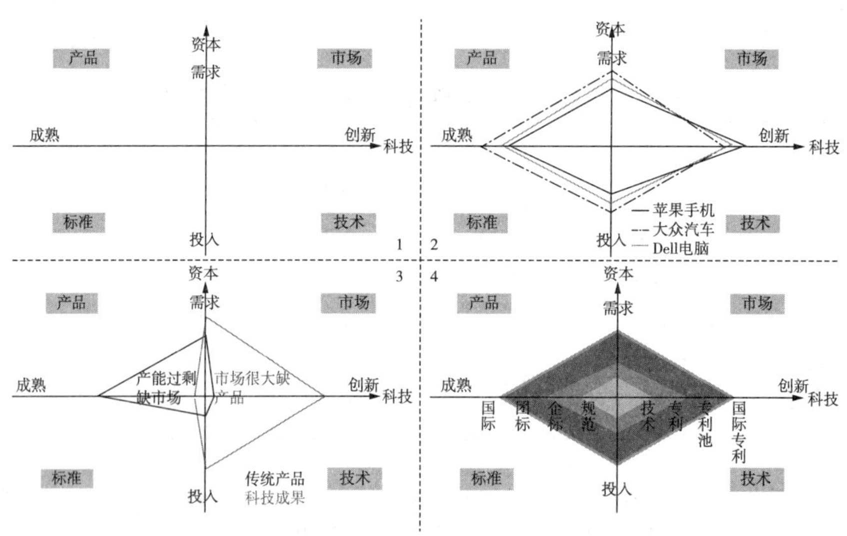

图 2 -7　科技资本四象限分析

研究院所开展的科控策略就是基于市场为导向的专利标准牵引迭代的产品策略，第一阶段：将具有市场预期的科技成果并做出样品，检测相关技术参数通过后形成第一级的产品技术规范。通过市场的反馈意见不断修改，同时进一步明确市场预期及需求，该阶段为科技成果的产品化的初级样品阶段。第二阶段：对样品得到市场认可，有市场前景的科技成果在前期实验室专利基础上申请产品专利，并进一步形成小批量样品供给市场使用，在样品制造过程中形成产品制造的企业标准，涵盖原料、生产、加工、问题处理规范等，并依据该标准指导产品生产并不断充实完善，该阶段持续时间较长，目标为获得市场的稳定批量订单，该阶段为科技成果产品化阶段。第三阶段：具有稳定的客户需求，且产品具有较高的市场容量，可以在核心专利的基础上拓展内涵及外延，申请由 30～40 项专利构成的专利池，形成对产品的全面保护，构建高价值的专利保护体系，为后续拓展市场占有率奠定知识产权基础，同时结合产品上下游及互补性企业共同申报团体标准，在细分领域内组建产品联盟形成推动合力，快速扩大市场占有率，并结合国际市场情况，探索对外出口，该阶段为科技成果进入到商品化阶段。第四阶段：具有出口订单后，布局国际专利，形成对出口产品的知识产权保护，同时进一步提高产品的稳定性和质量标准，全面对标国际客户，时机成熟可进一步联合申请国家或国际标准，该阶段是一个长期到不断深入拓展的阶段，属于科技产品的深耕提升阶段，进入该阶段后科技成果就成为实质性的优秀商品了。

研究院经过多年的探索，成功地实践了硅材料再生制造、硅靶材材料两种科技商品，其中硅材料再生制造进入了第二阶段产品化阶段，硅靶材材料进入了商品化的第三阶段。以硅靶材材料为例，形成了专利池，并牵头制定了团体标准，占到国内细分市场的 20%，产品并已经出口到欧洲，年收入超过 2000 万元，其具有菱形图谱特征，就是经过了市场、专利、标准、产品不断迭代更新过程。

3. 风险调控——科技项目“阶段－关口－里程碑”的资金倒配

管理调控和科技调控使科技成果在科技临床阶段能够有清晰的路径和适合的手段推动，但具有资金持续支持才是科技项目能够坚持到产业化的核心要素，但同样，科技投入并不是规模化生产，其原料、设备、流程都不固定甚至需要反复摸索，资金预算需求往往没有依据可循，常规的科技项目资金采用切块式的方式，通过列支设备费、原料费、能源动力费、差旅费等科目进行分解，但往往其资金依据是根据资金总量倒推列支，并不具备科学的依据，在预算执行起来偏差度很大，并且由于在资金筹备支出缺乏对整个产业化过程的把握，过程中不断出现计划外的各种问题，弥补性或弯路型资金投入不断发生，导致时间延长，资金压力增大等，会严重动摇产业化的信心。预算失效、成本超支、资金低效是现阶段科技临床阶段尚未科学化时的客观现实，如何高效利用资金，有效降低资金使用强度、提高资金等效效力，就是风险调控的核心思路：根据项目开发过程实行“阶段－关口－里程碑”控制进行资金倒配（见图 2－8）。

“阶段－关口－里程碑（TPDM）”是根据科技成果从市场需求导入，设计方案、进入开发阶段、形成样品、产品的过程设置 7 个阶段，整个过程是从智力投入起步，通过阶段与阶段间功能关口的设立，来分析项目在本阶段下的指标完成率，评价项目是否可进入下一个阶段，逐渐从智力投入到试验投入、再到产品及规模化投入，这个过程资

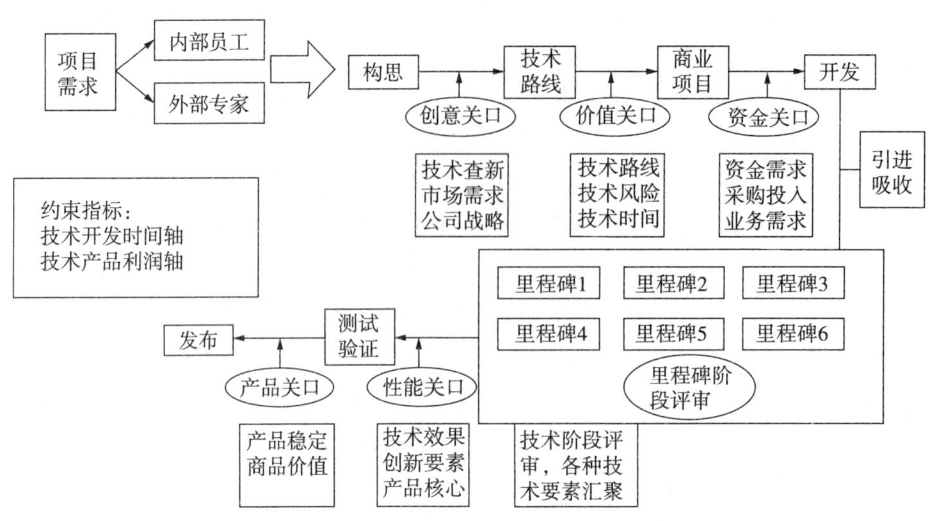

图 2-8　阶段-关口-里程碑(TPDM)管理

金投入是倒配的,越往后期风险越低、资金投入强度越大。

各个阶段有各个阶段需重点解决的指标项,包括技术、管理、团队、规范性等,推动科技成果伴随项目发展产业化形态逐步增加,强制导向承担团队关注市场,关注成果产品性,并将其纳入管理和事项考核中。资金在项目立项后仅为调研性质的投入,投入强度风险可控,即使项目失败损失是最小化的。在不同的关口阶段,有不同领域的专业人员进行独立评议,包括技术、市场、财务、生产等,通过关口后进入下一阶段,开启下一阶段的指标项完成,里程碑是将产品开发阶段进一步细分成若干个里程碑,引导其逐一攻关完成,这个过程资金投入强度是不断增加的,并对应相应的投入产出,提高了资金效力,控制了投入风险。

风险管控采取的资金倒配的目的在于将资金作为一种措施纳入科技成果产业化的路径化管理中,具有约束性质,强化了在大额固定资产投入前的智力要求与投入,通过前期的妥善设计及分析降低大额投入后的反复与损失,缩短了产业化时间,这种风险管控在新设备开发过程中尤为显著,明显降低了因设备设计得不合理导致设备报废、无效或低效这些科技成果产业化中新设备开发的常见问题。

(四)博士后人才——推动科技成果产业化的中流砥柱

科技成果产业化的成败关键在人才,在科技成果产业化中具有职业化的技术型人才是核心。国务院印发的《国家技术转移体系建设方案的通知》中明确提出了建设专业化技术转移人才队伍。大工(青岛)研究院定位为推动博士后创新创业。“博士后既有技术基础,可以承担解决科技成果的技术问题;又是年轻人具有可塑性,培养其具备经营管理能力可以承担产业化的综合管理工作”姜大川分析了我国博士后群体的特征及发展。传统的高校、科研院所等博士后就业领域越发紧缩,企业对博士后人才的需求在一定时间内无法拓展,会导致博士后人才的就业滞涨,其学科门类齐全,人才储备充足,既经过科学化的科研训练,又有年轻人具有发展的欲望和激情,蕴含者巨大的科技能力和潜力，非常适合科技临床这个领域的人才需求特征。科技临床衔接了科研成果与产业化两个阶段，也具有足够的消纳能力，博士后人才将会推动科技成果转化的进程，实现高校、科研院所的存量技术产业化。

科技创业是一个远超技术的综合能力输出，科技成果持有人开展创业存在一个悖论，即成果持有人如果放弃专业做管理是不务正业，技术得不到提升自然少了发展的后劲；如果不做管理专注专业，那管理混乱创业就不会成功。如何解决这个悖论，让成果持有人更专注于技术，就是用博士后人才衔接技术和管理，博士后人才可以是成果持有人的学生，也可以是同领域的年轻人。博士后也同样不具备创业的能力，这就需要前述的认证体系给予指导，博士后按照要求逐步完成科技成果产业化的各项环节，也同步提高了个人的综合能力，最终实现产业化，认证体系与博士后人才相辅相成，共同构成了成果产业化不可或缺的体系与人才。

大工(青岛)研究院第一家孵化公司蓝光晶科的总经理张磊是一名材料专业博士后，他从硅靶材材料研发项目组长起步，到项目经理接触市场，到事业部总经理负责综合管理工作，最终成为孵化公司总经理，从一名技术研发人员成长为一名综合管理人才。这一路也正是所开发项目不断产业化的过程，从科研成果，到现在年收入 2000 万元，利润 200 万元的科技型公司，并成为细分行业的团体标准制定者，产品出口到欧洲。

大工(青岛)研究院已有来自大连理工大学、厦门大学、山东大学、中科院等的博士(博士后)8 人，并根据科技成果产业化规律设置了 5 个阶段，每个阶段有不同的考核指标，指导博士后开展科技研发产业化，伴随这个过程，是大工(青岛)研究院的不断管理创新，激发科技人员活力，促进专业化成长。

但博士后与已经功名成就的科研大家相比显得更加庞大而弱势，他们没有相关的人才政策，又处于最需要支持的阶段，姜大川在多个场合呼吁，要关注投身科技成果产业化的博士后群体，大工(青岛)研究院已经孵化的两个项目、几个在孵项目均为博士后创业公司，他们部分已在青岛买房，结婚生子，是真正的科技成果产业化生力军。

大工(青岛)研究院就是由一群年轻人组成，他们既有技术又懂管理，直面市场，敢于探索拼搏，结合自身科研产业化经历梳理科技临床阶段的科学体系，致力于打通科技成果产业化不顺畅的问题，道路艰辛但不改初心，不断经历挫折但又不断起身前行，在实践中摸索规律，在规律下指导实践，他们处在我国科技成果产业化的最前沿，尽管所做的工作微小而具体，是我国众多科技创新创业探索的缩影，为我国高校产业化研究院发展探索了发展新模式。

三、小结

大工(青岛)研究院作为新型研发组织，通过高度的市场化运行方式，围绕“科技－人才－资本”主线，通过科技成果产业化的路径管理创新，以职能型、嵌入式的博士后创新创业为核心，依托高校引进科技成果，通过研究院进行中试熟化，孵化独立公司进行产业化，逐步形成科技成果产业化漏斗，并建立起与之配套的科技认证体系，涵盖知识产权、标准、制度、流程、科技金融等非技术职能,逐步推进认证路径化管理,探索科技成果孵化的科学方式。

第十节　伽蓝集团

一、企业概况与技术创新模式

伽蓝(集团)股份有限公司(以下简称伽蓝集团)2004 年创立于上海,是一家集科研、生产、销售、服务于一体,聚集化妆品及个人清洁与护理品业务,同时发展时尚产业,规模和实力领先的中国化妆品集团企业。集团致力于专为东方女性提供世界一流品质的化妆品,自成立以来,先后创立了美素、自然堂、植物智慧、医婷四大品牌,业务规模迅速发展壮大。至 2017 年,伽蓝集团在全国 31 个省、市(自治区、直辖市)建立各类零售网络 25090 多个,覆盖全国所有城市、县城及一万多个城镇,在百货商场、KA 卖场、超市、化妆品店、药房中均设有品牌专柜,集团总部拥有直属员工 1278 人,网络总从业人员 100000 余人,成为国内市场份额与品牌业绩同步稳定增长的行业领跑者。

2017 年,伽蓝集团实现营业收入 34. 75 亿元,纳税总额 4. 1 亿元;2016 年实现产值 192252 万元,营业总额 287364 万元,纳税总额 2. 61 亿元,位列上海市工业税收排名第 68 名,奉贤区财富百强第 5 名;2015 年实现产值为 154075 万元,实现营业总额 242462 万元,纳税 2. 52 亿元,位列上海市工业税收排名第 69 名,奉贤区财富百强第 4 名。

依靠伽蓝集团的实力和正确的战略,集团在技术、质量、品牌等方面均获得了社会各界的充分肯定。

2009 年,伽蓝集团旗下"美素"商标被认定为上海市著名商标,"美素"品牌产品被认定为上海名牌产品,此后连续多次通过复评。

2010 年,"美素"被认定为中国驰名商标。

2011 年,伽蓝集团荣获"高新技术企业"称号。

2012 年,伽蓝集团旗下"自然堂"商标被首度认定为上海市著名商标,并被认定为上海名牌产品,此后多次通过复评。

2013 年,伽蓝集团荣获"全国实施卓越绩效模式先进企业""上海市奉贤区知识产权优势企业"称号,同年,旗下"自然堂"商标被认定为中国驰名商标。

2014 年,伽蓝集团荣获"全国轻工业卓越绩效先进企业特别奖"、2013 年度上海市奉贤区"区长质量奖"、2013 年度"中国轻工业化妆品行业十强企业"、"2014 上海民营企业 100 强"、2014 上海民营"全国实施卓越绩效模式先进企业"、"上海市认定企业技术中心"称号。

2015 年,伽蓝集团荣获 2014 年度上海市质量金奖、"全国用户满意企业"、上海市

“诚信创建企业”称号。

2016年,伽蓝集团荣获“合同信用等级AAA级”企业证书、荣获“中国香料香精化妆品行业管理创新奖”“中国香料香精化妆品行业绿色环保鼓励奖”“中国香料香精化妆品行业企业社会责任奖”“中国香料香精化妆品行业优秀企业奖”“十二五”轻工业科技创新先进集体荣誉称号,同年荣膺2014年度“苏浙皖赣沪地区质量先进单位”称号,成为50家获奖企业中唯一一家化妆品企业。

2017年3月,伽蓝集团荣获“全国产品和服务质量诚信示范企业”称号,被认定为“上海市知识产权专利试点企业”,通过“高新技术企业”重新认定,并获批建立“上海市院士专家工作站”。

伽蓝集团从创建伊始,便坚持自主研发与全球合作相结合的发展路线,在全球范围寻找安全有效的天然成分,运用世界先进科技,确保其生产配方及工艺既适合东方人肤质,又时刻同步于国际一流水平。

伽蓝集团一直非常重视科研的投入与人才梯队的建设与培养,如今的伽蓝集团研发中心已经构建了一支由在世界顶级科研机构从业多年的、资深化妆品科学家陈明华博士、吴昭雄博士领衔,以及在化妆品科学、生物化学、植物及中草药、高分子材料科学等各领域具有多年研发从业经验的近百人的专业团队,稳健、专注、高素质的研发力量为伽蓝集团带来了国际视角和世界级科研理念,确保每一份“伽蓝出品”均拥有“世界品质”。从布局上来看,目前伽蓝集团已构建起上海、东京、神户等全球研发网络,而立足全球化妆品科技最前沿的巴黎实验室亦已在筹建中(韩国首尔及北美地区实验室已列入计划)。在国内,通过与中国科学院、交通大学、中国日用化学工业研究院等国内著名高校合作,搭建具有伽蓝特色的研发体系,最终成为伽蓝集团旗下自然堂、美素、雅格丽白、医婷四大品牌可持续发展的原动力。

本着“立足自主研发、汇聚全球力量、打造中国品牌”的研发理念,伽蓝集团与众多国际知名化妆品原料公司成为战略合作伙伴,并广泛与国内外各领域领先的科研机构合作,研发中心同时也力求在全球范围寻找安全有效的天然成分、运用世界尖端科技为消费者研制产品:中国首家率先使用AQUA - FEELING技术;全球范围内领先使用、中国独享具有增强皮肤弹性紧致肌肤功效的莳萝提取物LYS' LASTINE V成分;中国国内唯一获授权使用抗衰老国际专利成分——LOXL弹力锁;全球领先的3D保湿网MICROPATCH技术。

同时,伽蓝每年将大量的人力、物力投入研发,“五国科学家”领衔全品类研发,构建起一整套完整的科研体系,并于2011年起被认定为“高新技术企业”。

二、企业创新影响力实践——以自主研发与全球合作相结合,打造中国品牌

(一)企业主要创新活动

1. 创新战略思路:自主研发与全球合作相结合

伽蓝集团拥有自己的研发中心JALA R&D Center,其位于上海漕河泾技术开发

区,占地约 $4000m^2$。研发中心立足自主研发、开展全球合作,针对东方女性的饮食、文化和肌肤特点,研制更适合东方女性特质的化妆品,使伽蓝有别于其他同类产品,深受中国消费者认可与青睐。

多年来,伽蓝集团都在做两件事——创意和研发,希望通过创意能将美学艺术融入品牌精神、视觉表现和产品包装的每一个细节中。

伽蓝集团明确将研发作为推动企业发展的引擎之一。集团确保每年研发投入不低于销售收入的3%,2016年集团研发投入13642万元,占销售收入4.7%。

市场引领方向,研发提供支撑。对好的产品品质的追求基于科研创新,而伽蓝集团便是中国化妆品企业中的突出代表。为此,伽蓝集团一直持续加大科技投入,组建了新的研发中心,组建了一流水准的科学家团队,不断地自主创造和全球引进先进的设备、技术和优秀人才。过去16年中,伽蓝研发中心潜心研究东方肌肤,建立国际领先的护肤研究平台,从基因组学到蛋白质组学,从2D细胞测试平台到3D生物打印东方皮肤,再到人体临床的功效性的研究,希望为中国消费者提供真正安全有效的、且适合中国人的高品质产品。伽蓝集团要做的,是更懂中国消费者、更适合中国消费者的好产品。伽蓝集团研发的背后有自己独特的理念和技术作支撑。

伽蓝集团提出自己的研发理念:"针对东方人的文化、饮食和肌肤特点,结合艺术创意与技术突破,每一款产品及其意义都融合了传承与创新,为消费者提供艺术化呈现自然之美、人文之美、科技之美,五感六觉完美超卓的世界一流品质的化妆品,点燃消费者对美的无限想象。"集团以此理念为指导,已经相继研发出了两大尖端科技——3D皮肤模型、航天科技。本着一切为消费者着想,伽蓝集团的每一款产品从原料选择开始,都至少经过60种安全性、功效性验证,以确保为消费者提供安全有效、值得信赖的世界一流品质的产品。集团旗下产品已荣获多项国家外观设计、产品配方、科技成分等专利奖项,并获得数十项各类产品奖项。

伽蓝集团拥有即使在全球范围来看也是最独特而又具有先进性的对品质的定义:那就是"六觉六性"。"六觉"是从品的角度来定义,包括视觉、听觉、嗅觉、触觉、味觉和内心的感觉。"六性"是从质的角度来定义,包括合规性、安全性、温和性、功效性、稳定性、相容性。六性代表了产品的质量,而六觉能为产品创造价值。六性依靠的是科技,而六觉依靠的是艺术。可以说科学与艺术的完美结合正是伽蓝创造优质产品的手段和保障。

2. 体制与机制创新:持续管理创新,提升产品质量和服务水平

为了追求卓越,提高产品、服务和发展质量,增强竞争优势,促进公司持续发展,伽蓝集团将卓越绩效管理模式确定为集团管理上的目标,该模式是国际认可的现代企业管理标准,对企业可持续发展起到非常大的作用。

伽蓝集团根据《卓越绩效评价准则》导入并实施"卓越绩效管理模式",卓越绩效模式涵盖公司各个层面,包括高层决策平台、职能管理与支持平台、业务发展平台、业务保障平台的各部门,要求企业确定使命、愿景和核心价值观,履行社会责任,制定企业战略目标和规划,与相关方建立良好的合作关系,加强人力资源、财务资源、基础设施和技术信息资源的管理,实施过程控制,改进整体绩效,并取得显著的经营成果、为

利益相关方创造平衡的价值。

伽蓝集团通过定期对关键绩效指标如财务绩效（销售收入和利润总额等）、顾客与市场绩效（顾客满意率、市场占有率和品牌价值等）、社会绩效（产值能耗和公益支持等）和学习绩效（教育培训投入、员工收入增长率等）等绩效进行评审，最后确定成果并根据绩效分析提出改进建议。

伽蓝集团一切以消费者为中心，以创新为手段，不断向其提供品质、性能和价值胜过任何竞争对手的品牌和产品，使消费者在购买时和使用时均获得惊喜。为了追求卓越绩效，伽蓝每年结合绩效目标要求开展多项运营改进和管理改进。各种改进计划分系统、层次由各系统主管领导或部门负责人提出，经相关领导批准后分别列入公司或部门的年度计划中。

根据企业核心价值观和战略发展要求，伽蓝集团通过多种途径识别公司内外部创新与改进机会，严格按照 PDCA 循环开展各种创新与改进活动，并组织有效的形式和方法对创新与改进结果进行测量、分析及反馈。

为了明确改进与创新计划和目标，伽蓝每年通过公司年度计划绩效考核、过程监控、产品测量、管理评审、顾客反馈、统计分析、内部审核、自我评价、合理化建议等多种途径识别公司改进机会，并从战略、重大技术改进、流程改进、管理流程改进、产品性能改进、质量改进、合理化建议等制定改进和创新计划目标。

改进活动一般分为重大的战略调整、管理改进、营销改进、产品改进、质量改进和各种合理化建议等方面。涉及公司全局利益的战略调整、技术改造、流程改进的重大改进项目由战略委员会成立专门工作小组，向董事会提交论证报告及改进立项申请。由董事会召集有关负责人参加分析论证会，从项目的先进性、预算的合理性、实施时间、绩效预测和回报周期等多方面充分论证改进项目的可行性及风险性，从而确定该项目的取舍。

在改进项目经批准后，实施部门进行周密策划，合理安排步骤、参与人员、完成时间等，实施 PDCA 循环。项目完成后，进行试验验证或现场运行验证或会议评审，以测量改进活动的有效性，对改进结果进行运行跟踪。

伽蓝集团会根据改进和创新目标的完成情况，定期对改进和创新效果进行评价，并对改进和创新成果进行激励，召开表彰大会。公司每年对各领域取得重大改进事项进行奖励，分别为“杰出贡献奖”“最佳项目奖”“技术突破奖”“专项奖”等，其中“专项奖”包括“质量奖”“包装创意设计奖”“新产品奖”“科技创新奖”“营销案例奖”，除“质量奖”外，每个奖项按成功程度的不同分为金、银、铜三个级别。

此外，伽蓝集团还组织各层次员工开展各种改进与创新活动，其中主要涉及日常决策改进以及技术创新、管理创新。

日常决策改进方面，伽蓝集团每年进行卓越绩效自我评价来识别改进的机会，通过绩效评审会议，确定改进的优先顺序，改进计划通常落实到公司和部门年度计划中。

技术创新与管理创新方面，伽蓝集团积极鼓励团队、员工进行技术或管理等内容的创新，同时，将改善提案采用率列入各级管理人员 KPI 考核，对提案采用员工除物质奖励并张榜公布，充分调动员工改进与热情，员工提案采用率大幅度提升员工参与改进热情高涨，从而提高企业经营效益，达到卓越绩效的目的。

伽蓝集团在引进消化的基础上，不断地对生产工艺及设备进行了大量的改进和创新。为对过程的实施有效的控制，集团在 ISO 9001 管理体系运行下导入持续改进管理，整个过程依据相关程序文件和覆盖各项活动的作业指导书实施控制和管理，对作业人员进行严格培训，依据质量标准和工艺单，借助于先进的计算机程序实时监控系统进行生产过程控制。质量员和工艺员根据仪表对所有关键控制点在线监测的结果和质量部的抽检结果进行工艺调节，按照操作文件中规定的控制图判异、调节办法、控制限计算方法和时间等进行纠偏，使整个生产过程处于受控状态，产品质量逐年提高，防止缺陷和返工，也促使成本下降，增强了集团的竞争力。

伽蓝集团实施目标管理。每年初将各个过程的主要绩效指标列入公司管理目标中，进行层层展开，落实到班组和个人，每季度对完成情况进行考核。若发现业绩指标未完成计划，即分析偏离的主要原因，并采取纠偏措施。对于制造过程的日常运作，按照公司管理体系覆盖各活动的成套程序文件、作业指导书和质量标准实施控制，进行纠偏、调整。测量的主要指标是产量、成本、损耗率等。

为追求出厂的产品 100% 符合质量要求，伽蓝集团采取了以下手段：第一，利用先进的控制手段，对影响产品质量的关键控制点实施监控，发现异常及时报警调整；第二，借助于管控系统，用 X bar-R 对质量变化趋势进行跟踪、调整；第三，加强员工技能与质量意识的培训，提高员工操作技能；第四，进行技术改造和加强设备预防性维修。

同时伽蓝集团实行全产业链质量管理模式，从产品市场、研发、生产、运输、销售等各环节对产品质量进行全面把控，伽蓝集团实施"全产业链质量管理模式"，在传统质量管理模式的基础上向前延伸至对原料的管理，向后延伸至销售环节（包括代理商、经销商以及门店），从产品市场、研发、生产、运输、销售等各环节对产品质量进行全面把控，确保"全产业链"各个环节上的质量管理，在做到为消费者提供安全、优质产品的同时，提供完美服务，全面提升顾客满意度。

伽蓝集团以信息化支持工业化，提升管理效率，全面采用了 WMS 系统、ERP 系统、OA 系统等信息技术，用于管理过程、产品提供和设施运行过程控制。

在信息系统的项目推进中，伽蓝集团按以下 5 大过程进行管理：①启动过程：批准一个项目或需求，并且有意向往下进行的过程；②规划过程：制定并改进项目目标，从各种预备方案中选择最好的方案，以实现所承担项目的目标。③执行过程：协调人员和其他资源并实施项目计划。④监控过程：通过定期采集执行情况数据，确定实施情况与计划的差异，便于随时采取相应的纠正措施，保证项目目标的实现。⑤收尾过程：对项目的正式接收，达到项目的目标。项目接收后，伽蓝会根据情况，对使用员工进行充分的培训和指导。在信息技术、项目经验、人才等方面，伽蓝都实现了成果积累。

3. 研发支撑体系建设：科技创造产品价值

（1）研发体系构建的总体思路和目标

科技创新与可持续发展，是伽蓝集团不断坚持努力的方向。为了实现伽蓝发展战略，增强集团的自主创新能力，伽蓝集团布局研发中心，建立并不断优化研发体系。伽蓝研发中心坐落于上海漕河泾开发区，总建筑面积达 3000m^2，设有护肤品、彩妆、洗护

发产品消费者体验区、国家二级生物安全实验室等，并配备世界先进的科研设备。研发中心作为驱动伽蓝集团技术革新和跨越发展的引擎，为集团提供可持续发展的原动力，负责制定和实施集团总体研发战略规划。坚持“开放、合作、产业化”的运行理念，以市场需求、自主创新为研发导向，不断完善内部管理制度，规范科研管理，包括研发理念、研发投入、创新团队、组织架构、制度流程、技术平台、产学研合作等。

伽蓝集团研发体系构建的目标是具备全球研发能力，具有国内专业领域领先科技与创新能力，成为集团可持续发展原动力，开创新兴市场，引领潮流。结合市场需求与集团战略，伽蓝集团合理规划研发阶段战略，持续优化研发体系：

2011—2012 年，基础建设及优化，包括搭建基础平台，项目管理，标准化运作，合理组织架构，资源配置。中长期基础研究确定和启动。

2013—2015 年，合作与产品创新，覆盖全品类研发能力，提升研发产出和速度，巩固深化合作开发，落实中长期项目，建立在核心领域取得领先到目前的创造与领先。

2016—2019 年，建立全球研发能力，建立国内领先专业中心，领先科技（相关专注领域），国内专利数量领先技术主导，开创新兴市场，引领潮流。

（2）研发体系建设的基本构架和各自的功能、相互关系

伽蓝集团研发体系的基本构架，以研发理念为指导，以研发投入、创新团队、组织架构、制度流程、技术平台、产学研合作为支撑，以实现科技创新可持续发展为目标。

以创新理念，指导科技创新。

伽蓝集团履行为消费者提供具有视觉美观、听觉悦耳、嗅觉愉悦、味觉安全、触觉舒适的“五感六觉”的世界一流品质的产品和服务，进而传递尊重感、高贵感、安全感、舒适感和愉悦感，帮助消费者实现更加美好快乐生活的使命。

伽蓝集团研发中心汇聚全球智慧，立足自主研发，一直秉承“针对东方人的文化、饮食和肌肤特点，结合艺术创意与技术突破，每一款产品及其意义都融合了传承与创新，为消费者提供艺术化呈现自然之美、人文之美、科技之美，五感六觉完美超卓的世界一流品质的化妆品，燃点起消费者对美的无限梦想”的研发理念。

搭建创新团队，为科技创新提供智力支持。

伽蓝集团研发中心管理体制实行集团董事长直接领导下的研发总监负责制，内部培养人才的同时，积极引进外部专家。由 2012 年上海千人计划特聘专家陈明华博士担任首席科学家，同时与国内领先的研究机构专家合作，汇聚全球力量。伽蓝研发中心 2017 年有科技活动人员 386 人，在员工总数中占比 30.2%，其中上海千人计划 1 人。研究人员按学历分布：博士 17 人，硕士 116 人；按职称分布：高级职称 12 人，中级职称 34 人，由来自中、美、法、日、韩五国资深科学家团队领衔，具有国际公司多年从业经验的专业技术人员组成，涉及不同的研究领域（护肤/彩妆配方、基础研究、安全评估、分析检测、3D 细胞技术、原料开发、包材模具开发）。专业的研发团队，为集团的科技创新提供了充分的人才支撑和智力保证。

优化组织架构，提高科技创新的执行力及运转效率。

伽蓝集团研发中心组织架构持续优化升级，分工更明确，职责更清晰，大大提高了在技术创新和产品创新方面的执行力和运转效率。目前研发中心已形成产品开发平

台、包装开发平台、研发支持平台，其部门主要包括：基础研究部、分析检测部、原料开发部、护肤 & 洗护产品开发部、彩妆产品开发部、包装开发部、技术法规部、感官测评室。通过各部门之间的通力协作，从产品需求调研到原料甄选、配方设计、包装设计，功效检测等方面，确保为消费者提供安全有效、值得信赖的、功能卓越的世界一流品质的产品。

完善项目管理制度及流程，实现开发工作的科学化、规范化、程序化。

为加强和完善研发项目的管理，实现管理的科学化、规范化、程序化，保证研发项目的顺利开展与研究成果的有效应用，研发中心推行《研发项目管理制度》，规定研发项目的开展实行项目负责人制。同时，研发中心持续优化 SOP 流程，明确职责与分工，已形成一套完整的项目管理流程，例如《自主产品开发管理规程》《新产品项目管理规程》《新原料启用管理规程》《研发中心模型打样管理规程》《包装材料测试管理规程》等。另外，研发中心还完善了项目级别和项目周期，以更有效地指导产品开发。

建立技术平台和标准，为科技创新提供技术保障。

研发中心建有专业的技术平台，包括：天然产物的基础研究平台，消费者感官分析平台，科学验证平台（包装测试平台、分析评估平台、微生物检测平台、体外功效测试平台、人体功效测试平台、毒理及安全性评估平台），3D 皮肤细胞模型（可代替动物实验），航天科技平台，极地科学考察平台，原料平台，专利平台。

本着一切为消费者着想，伽蓝的每款产品从原料选择开始，都经过至少 60 种科学验证，满足消费者对质量、功能、环境的要求。60 种安全检测主要分为产品需求检测、功效评测、安全性检测、稳定性检测、感官评测等，从产品需求调研到原料甄选、配方设计、包装设计贯穿研发始终。以确保为消费者提供视觉美观、听觉悦耳、嗅觉愉悦、味觉安全、触觉舒适的“五感六觉”上的完美超卓的世界一流品质的产品与服务。

（3）产学研结合的方式和运行机理

伽蓝的研发中心立足自主研发，同时拓展与外部研究机构、高等院校的合作与交流，整合各类资源，加速成果转化，在合作创新中实现共赢。产学研结合的方式主要包括技术开发、联合实验室、联合培养人才，科技资源的共享、技术咨询或服务等。

伽蓝的研发中心产学研合作单位包括上海应用技术大学、石河子大学、上海市园林科学研究所、上海市农业科学院、上海交通大学、浙江工业大学等院校或科研机构。

（4）研发投入及实际效果

伽蓝集团确保在每年的研发投入资金上超过销售额的 3%，2016 年度，伽蓝集团销售收入为 287364 万元，研发投入为 13642 万元，占销售收入的 4.7%。2016 年至今申请发明专利 33 件，发表文章 23 篇，取得的科技创新成果主要包括：

航天科技：通过尖端科技太空实验室，进行开发功效原料、皮肤生物学机理研究、护肤功效验证研究。该成果的第一代产品——美素人参精华于 2016 年成功上市，宣告了全球首例通过尖端科技太空实验室开发护肤品的圆满成功。

3D 皮肤生物打印技术：伽蓝已拥有构建“3D 皮肤细胞模型”的自主研发能力，通过体外 3D 培养技术，可以成功构建含有表皮、真皮和 DEJ 基底膜的完整结构的皮肤

组织模型，与正常人体皮肤接近，具有皮肤的三维结构。2016 年，伽蓝集团在此基础上进一步创新，创新性应用 3D 皮肤生物打印技术，创建人体组织、打印中国人自己的皮肤。

表观遗传学——研究寻找肌肤美白调节因子：伽蓝集团研发中心最新研究成果“表观遗传学”，首次亮相第 23 届国际色素细胞学术大会，这也是中国化妆品公司第一次在 IPCC 的亮相。首次研究了亚洲人种和高加索人种皮肤 microRNA 表达谱的差异。

4. 知识产权管理：加强知识产权管理，提高创新能力和竞争力

伽蓝集团目前所持有的专利数量，在国内化妆品企业中，位居第二，综合研发能力正在不断增强，集团拥有的商标数量也十分庞大。知识产权管理，进一步提升创新力是集团运营的重要一环。

伽蓝集团的知识产权总体战略目标：通过主动地获取优势技术的专利和概念，使伽蓝的产品或服务更有效地与同类产品形成差异化来维持伽蓝的竞争优势，同时注重发展强有力的专利、商标组合来确保商业活动的高自由度，获得合作谈判中的有利筹码，以此确保商业活动的自由度，配合主动营销集团在特定专业领域内的优势技术和概念，通过知识产权许可获取收益，保障商业盈利能力。

(1)总体战略措施

制度方面：

伽蓝集团目前并非行业内强有力的知识产权持有者，集团当前的知识产权制度侧重于尽可能地促进知识产权的产出和积累。

企业文化对知识产权制度的实施也有重要影响，相较于商业目的，研发人员可能更在意其学术贡献。因此，伽蓝有意识地在研发中心营造一种自由的学术氛围。各种与专利相关的流程在保证全面的情况下也尽可能地简化了手续。

同样，设计人员拥有较强的独立自主性，为此集团在工作场所及考勤等方面给予设计人员较大的灵活性，形成较宽松的组织氛围。另外，由于作品创作的成果难以量化考量，因此对设计人员的绩效考核指标不以创作量为绝对参考。同时，对于作品的创作人除了给予物质奖励外，还注重给予精神奖励，例如通过全集团通报表扬等形式。

现阶段的制度以加大奖励力度为主，以专利方面为例：专利申请与授权后各进行一次奖励；奖励金额高于国家规定，并随技术重要性的增加而增加；技术重要性的评价包括专利对竞争对手产生的影响；奖励金额不设上限，对突破性发明的发明人实施高额奖励。

管理方面：

知识产权的管理贯穿于伽蓝集团生产经营的全流程，以专利管理方面举例：

专利管理伴随着技术管理，并贯穿技术的整个生命周期，从创意的产生到产品线的终止。据此，将专利的生命周期划分为创意探索、专利产生、专利保护、专利优化和专利终止五个阶段。

在创意探索阶段，专利战略的影响还较小且不可预测。主要通过跨行业的专利检索来探索技术发展趋势，现存技术的可专利性以及研发活动的自由度也应在此过程中一并判断。同时考虑集团在上述技术领域内的竞争能力、未来在该领域内进行交叉许可的潜力等,加强与外部知识的接触。

在专利产生阶段,即新技术和产品的开发阶段,相关领域的专利监控应当每月进行一次。监控中,需分析竞争对手的专利行为,尤其需要注意是否有替代技术产生。根据竞争对手的专利行为或替代技术的专利情况,制定合适的申请策略。与此同时,探索专利交叉许可的可行性。

在专利保护阶段,注意分析专利侵权风险,考虑进行规避或获得实施许可。在形成一些具有战略重要性的核心专利后,针对围绕核心技术的更具体的实施方案、或类似方案等进行专利申请,形成专利集群,对核心专利进行系统保护,同时需要探索所形成的核心专利在其他技术领域内进行许可的可能性。

在专利优化阶段,需对竞争对手随后的专利申请行为进行监控,如是否存在对我方技术方案的改进或变种技术,配合进行定期的专利审计活动,比如:专利的实施情况、各专利保护哪项技术或产品、哪些专利有阻拦功能、哪些专利可以对外许可等。最后检查专利集群的成本收益比率,专利集群的形成是否带来了有益效果。

专利终止阶段,则是指在发现集团拥有的授权但对集团无价值的专利会带来不必要的维护费用,此时则采取专利终止措施,考虑放弃一些技术生命周期快终止的专利。一些对其他人有利用价值但集团不会实施的专利,考虑进行对外许可或转让给他人。

知识产权应用策略:

一般认为,知识产权的主要作用在于限制竞争行为,即:防止竞争对手向消费者提供相同或近似的产品。但这并非知识产权应用价值的唯一体现。

就伽蓝集团当前的发展状况来看,从知识产权中提取价值的方式主要有三种,分别为:行使市场支配力、转让以及许可。这三种方式并没有哪一种在任何情况下都是最优的,应当根据情况的不同选取最合适的策略,选取的过程中需要权衡不同策略所花费的成本和所带来的权益,长期的和短期的都应当考虑。

一个明智的应用策略应当是在管理者、法务人员和发明者/创作者之间经过磋商后才能决定的,即需要三者都能互相站在对方的角度来思考问题。

(2)知识产权工作组织体系

组织结构上,法务部负责整个伽蓝集团的知识产权工作,并由执行总裁直接领导。集团知识产权工作主要包括:知识产权相关管理制度及标准文件的制定、知识产权发展战略及规划的制定、知识产权价值的分析评估;知识产权培训;专利的检索、分析与申请,专利的维权;商标的检索、分析与申请,商标的维权;版权的登记与维权;域名的注册及维权;

在条件保障方面,从人力资源、财务和信息资源四个方面保证了集团知识产权工作的正常、有序开展。

人力资源方面:

第一,在人事合同中规定知识产权权属、保密、竞业限制等条款。

第二,在员工知识产权培训方面,定期邀请专家或自行举办针对集团人员的知识产权培训活动,主要有:

邀请代理机构知识产权专家对管理层和员工讲解知识产权概述，使管理层了解知识产权的基本概念、知识产权在企业发展中的重要价值和意义。

邀请知名法官和工商局专家对销售员工举行了外观设计侵权判定、商标侵权判定等培训。

邀请数据公司专家对科技人员举行了专利信息检索培训、专利信息利用、技术方案创造性判断等培训。

为提高知识产权管理人员的管理水平，定期派管理人员参加外部培训和行业会议，主要有：知识产权诉讼程序、立案、证据、诉前保全，知识产权侵权（程序、实体）抗辩与反诉法律实务，企业知识产权管理实务培训，专利资产评估，企业知识产权管理体系内审员培训等。

财务资源方面：

伽蓝集团在财务系统中设立知识产权经费预算，用于确保知识产权工作的顺利开展。

信息资源方面：

伽蓝集团建立了专利信息数据库，购买了数据公司的专题专利数据库平台服务协议，该平台提供了专利检索、监控和标引功能，建立了500多种天然植物的专利信息数据库，利用标引和云协作功能与研发人员实现了专利信息的高效应用。

同时，伽蓝集团购买了商标监控软件，定期对商标公告中他人在后申请的近似商标提出异议，杜绝权利冲突后患。

知识产权管理制度：

在管理制度方面，伽蓝集团制定了《伽蓝集团知识产权管理办法》《伽蓝集团专利管理办法》《伽蓝集团商标管理办法》《伽蓝集团著作权管理办法》《伽蓝集团域名管理办法》以及《国内、国外专利申请流程》。在上述管理办法的规制下，明确了知识产权工作中所涉及各部门的分工和职责，同时为了在企业内部得到有效运行，对各个程序制作了简化的流程图，方便员工理解、参考。

（3）知识产权管理的成效

知识产权的有效管理，在集团发展中获得了明显成效。

知识产权预警降低了侵权风险。

2012年起，伽蓝集团与数据公司签订了专利数据库平台服务协议，该平台提供了专利检索、监控和标引功能，通过该数据平台来对行业竞争对手的专利进行监控，做到了专利预警；同时对竞争对手的专利技术分布进行分析，对侵权风险较高的技术范围进行标注。在产品上市前后定期对其涉及的方案进行专利检索，分析潜在的风险并提出防范预案。

商标方面，伽蓝集团在申请商标前进行查询，通过商标监控软件定期对商标公告中他人的近似商标提出异议或无效，避免权利冲突。

知识产权申请量、授权量不断增加。

商标方面：伽蓝集团每年的商标申请量为500～700件，另根据上海市工商管理局发布的《上海市商标战略年度发展报告（2016）》和《上海市商标战略发展报告（2017

上半年)》显示,2016和2017年度伽蓝集团的注册商标拥有量为上海市第一。

专利方面:从2010年伽蓝集团完善企业知识产权管理制度开始,伽蓝的专利申请量,尤其是发明专利申请量快速增长。截至2017年11月,伽蓝集团累计申请各类专利244件,其中发明专利申请99件,PCT申请1件。获得授权的发明专利21件、日本专利1件。从发明专利授权日期来看,2008年1件、2010年2件、2011至2014年共3件、2015年5件、2016年8件,发明专利授权量逐年递增。以上数据直接反映了伽蓝知识产权管理制度的适宜性。

知识产权价值的提升。

商标是企业商誉的凝聚,通过伽蓝集团全体员工在经营、运营活动中的努力,目前集团旗下"美素"及"自然堂"均获得"上海市著名商标""中国驰名商标"认定。

伽蓝集团重视专利申请的质量,依据检索得到的现有技术,确认专利申请合适的保护范围,在递交申请前对专利申请的文本进行评审,包括:独立权利要求是否概括了技术方案所有可能的实施方式,对手规避是否容易;说明书公开是否充分,从属权利要求的层次是否合理,是否能在无效、诉讼案件中保留尽可能多的保护范围等。

2016年12月,经国家知识产权局评选认定,伽蓝集团的发明专利"ZL201110296131.5一种含有牡丹提取物的微乳液及其制备方法和应用",荣获"中国专利优秀奖"。

(4)知识产权的保护能力得到加强

伽蓝集团每年都会对20多件重要的专利购买了专利保险,当专利权受到他人侵害时,能够降低维权成本。同时集团对自身的智力成果进行立体保护,例如对产品的宣传图片、视频进行著作权登记,对重要的品牌字眼进行域名注册等,防止他人的恶意抢注行为。另外,加强了侵权行为的监控,对销售员工举行了专利侵权判定等培训,使其对同行、竞争对手投放市场的产品的进行监控,能第一时间发现侵权行为,采取维权措施。

5. 人才队伍凝聚:合作共赢,快乐共享

人才是企业的核心,作为中国化妆品行业领军企业,伽蓝关注人才建设,重视人力资源管理,倡导人力资源可持续发展理念,不断吸引人、培育人、发展人,为员工提供发展机会、成长平台、坚实保障,为自身培养专业优秀人才。

伽蓝集团在人才建设上建立了"十大员工能力模型""科学的员工职业发展路线图""多层次课程体系",采用"入职伙伴""成长导师""员工成长卡""轮岗晋升制""全面评价管理"等富有自身特色的方法,开展"美丽伽园"系列活动,打造员工与企业合作共赢、快乐共享的环境。

近三年伽蓝集团的员工流失率逐年下降,薪酬福利稳步提升,员工满意度保持较高水平,并获得2011年上海最受女性关注雇主、化妆品行业2013年最佳雇主等称号。

(1)凝聚人才的总体思路和战略

伽蓝集团始终坚持"优先发展人,再发展业务"的理念,并且将这个理念落实到人才选用育留的各个环节,不断完善全面可持续的人才培养体系,在集团发展的各个阶段,员工薪酬水平均能保持行业领先,建立并持续完善员工敬业度、满意度评估及改善体系,进一步优化人力资源配置,人均产出比达到分别在每个保持阶段领先,将人员流失率控制在合理范围,保证人才队伍的稳定性和可持续发展,将伽蓝文化融入员工血液,帮助员工实现价值提升和享有更加美好和快乐的生活。

(2)凝聚人才的具体措施

人才选拔方面,伽蓝集团选择高度认同企业文化价值观、目标和产品、具备敬业精神、团队精神、工作热情、符合伽蓝能力要求所对应的人才,并在全球范围内引进具有国际视野的优秀人才。集团坚信要将合适的人放在合适的位置上,建立人力"十大能力模型",匹配人才的能力和岗位。

伽蓝集团十分欢迎年轻新鲜血液的注入,每年集团通过校园招聘,针对国内重点院校,吸引、挖掘高校优秀毕业生,通过培训生计划,定向为研发、供应链、营销等部门提供丰富的轮岗机会,并设计了培训与培养机制和通畅的职业发展通道,打造各领域的行业标杆。截至目前,共有 200 多名年轻新鲜血液的注入伽蓝。

伽蓝集团在全球范围内吸引卓越人才,提倡人才全球化,不断吸引专业优秀的海外研发、营销人才,汇聚全球的人才力量,助力集团的全球发展目标,集团现在有来自韩国、日本、法国等多个国家的外籍专家。

在重视外部吸进人才的同时也重视内部人才的培养与发展。在内部设立人才推荐和竞聘机制,重视内部人才的培育和发展,为员工提供纵向和横向的职业发展通道,鼓励员工通过内部发展提升。

人才培育方面,伽蓝集团遵循"贡献与成长"的管理理念,通过考核和评估发现每一位员工的贡献,在此基础上建立了全面评价体系,从业绩、价值观、能力三个纬度立体的评价每位员工,建立 25 宫格的人才分析纬度,对员工进行综合评估和评奖评优,根据考核结果获得晋升,让有贡献者的成长有可衡量的工具,建立员工发展模型,旨在通过员工成长推动企业可持续发展。25 宫格人才分析纬度——全面评价体系的评价结果与员工的奖惩紧密关联,根据考核结果进行综合评估评奖评优,考核优秀的员工也会获得晋升。

2015 年,伽蓝集团提出"伽蓝人才生命周期理论",并将这个理论运用到人才选、育、用、留的各个环节。伽蓝认为,人才的成长与世间万物的成长都是一样的,都具有生命周期,将其分为六个阶段——种子期、幼苗期、成长期、开花期、结果期、育种期,对于不同阶段的员工需要让他们在合适的时候做合适的事情。伽蓝给予处于不同阶段的人才充分的成长空间,确保员工的每一点、每一次贡献都得到肯定,并为其带来新的发展。

伽蓝集团不断完善员工培训体系,根据业务发展需求和员工能力序列,积极开展企业文化、专业技巧及管理技能等各类培训,通过丰富多元化的培训类型和建立系统化的培训机制,在提升员工的综合素质和专业技能的同时,增强员工融入感,极大地激发员工的工作热情,使集团的员工在愉快的心情下工作,为个人、集团和社会创造更多价值。

人才激励方面,集团重视每一位员工在"伽"的感受,为员工提供安全舒适的环境、提供行业领先的薪资福利待遇,建立公平而科学的制度和体系,确保员工的每一点、每一次贡献都得到肯定,并为其带来新的发展,从而提升员工满意度。

伽蓝集团实施全面薪酬体系,为员工提供行业内富有竞争力的薪酬福利制度,看到每一位员工的发展贡献,和员工建立起长期的信任关系,提升员工的价值。

正是因为伽蓝集团坚持人力资源可持续发展理念,严谨的选拔和快速的培养给集团带来了源源不断的人才力量的补充,加快人才队伍建设步伐,从而促进公司保持健康稳定的发展,集团的每一次发展都离不开每一位伽人的贡献。

6. 品牌塑造与市场营销:打造中国人自己的品牌

(1)品牌战略的总体思路和原则

伽蓝集团以成为全球知名的、深受消费者喜爱的美丽健康护理品牌,帮助每一位消费者实现乐享自然、美丽生活为愿景;以将东方生活艺术和价值观的精髓传遍世界为使命,倡导乐享自然,美丽生活的理念,针对中国人的文化、饮食和肌肤特点研制,甄选珍稀天然成分融合先进科技,致力于为中国消费者提供更好更专业品质的产品和服务。

目前,伽蓝集团以"汇聚全球力量、打造中国品牌"的经营策略,与法美德日等国在科技、创意、设计等领域居于全球领先的企业合作,先后创立了美素、自然堂、植物智慧、医婷四个个性鲜明的品牌。品牌发展规划主要是:与新消费者共同成长;细分市场和细分品类,要求进入所有细分市场的品类;把重心放在高端和低端市场。

伽蓝集团旨在运用来自大自然的纯净珍稀有效成分和先进科技,为消费者提供自然的、安全有效的、高品质的化妆品。旗下品牌以护肤品、彩妆为主,不断拓展其他品类;继续保持专营店渠道领先优势,大力发展商场和电商渠道;进一步精耕三、四、五线市场,加大一、二线市场投入力度。

伽蓝集团旗下的各品牌都有自己的明确定位,包括每个品牌的目标消费群、品牌口号、品牌理念、销售渠道定位等。以自然堂为例,自然堂以"你本来就很美"为品牌口号;以18~35岁(核心20~30岁)的消费者为目标消费群,以运用自然成分和先进科技为功能性资产,以自然、自信、快乐为情感性资产打造旗下品牌;销售渠道定位上,主要有百货商场、KA渠道、专卖渠道以及电子商务渠道。

(2)落实品牌战略的具体做法

2012年,伽蓝集团在十年发展战略的基础上,制定了非常清晰的品牌三年滚动发展规划,针对价值链中的侧重点、目标消费群、产品组合、区域和渠道、组合最优化等方面制定了细致的策略及方法;并将每一年、每一季度的目标细化到在哪里竞争,如何取胜,需要哪些能力、组织和系统等环节,时时回顾、总结以确保最终的实现。

针对品牌宣传,伽蓝集团致力于全面提升品牌视觉形象及公众形象,与多位影视歌明星合作,以明星代言的方式进行品牌整体及系列产品的宣传。同时与国际知名广告公司合作,从广告公司专业层面出发,根据旗下品牌不同特点,持续打造并大力推广旗下品牌形象。宣传手段方面,则以线上线下配合,线上线下并重,持续提升品牌知名度,扩张品牌市场份额。

2016年3月31日,在由《中国广告》杂志主办的中国广告年度大会颁奖盛典暨晚宴上,伽蓝集团旗下美素("人参再生精华液"上市发布项目)、自然堂分获"中国广告实效案例大奖"和"中国广告品牌创意年度大奖"两项大奖。这是业界对伽蓝旗下品牌在市场运作中所取得的卓越成绩的高度肯定。

伽蓝集团旗下美素品牌“人参再生精华液”上市项目突破了传统新品上市发布会的严肃和单一，邀请了品牌代言人舒淇小姐亲自为新品揭幕，并由中日韩100名美肤专家共同见证这款第一瓶来自太空实验室的人参精华液的诞生，标志着护肤进入太空时代。通过百名美肤专家的自媒体平台，时尚媒体全平台，消费者体验后的二次传播，最终在社交媒体网络创造了高达2.1亿的总声量。

伽蓝集团重视产品和服务质量安全，不断加强质量控制与管理，2012年1月，伽蓝正式通过SGS的ISO 9001:2008的认证，2014年12月，伽蓝又再次通过了换证审核，证实了伽蓝有能力提供符合顾客要求和符合法律法规要求的产品。

伽蓝集团深入推进质量体系建设，制定了质量手册、37个程序文件，307个规程文件和作业指导书以及885个相关表单，严格规范产品标识、配制、包装和清洗管理程序，从原辅材料、配方、半成品到灌装、制成品及存储等环节进行了全面质量监控，确保在生产和存储过程中的产品质量。

为强化质量意识，明确质量责任，突出“全过程产品质量控制”和持续改进质量理念，保证质量体系的有效运行，从而进一步提高产品质量，有效地降低质量损失，实现“打造中国人自己的世界级品牌”的目标，伽蓝集团推行质量责任体系建设，严格执行以下几点：不合格的产品不准出厂和销售；不合格的原材料不准投料、使用；没有产品质量标准、未经质量检验的产品不准生产和销售；不准弄虚作假、以次充好、伪造商标、假冒名牌；确保产品质量符合国家的有关法规、质量标准以及合同规定的要求。

除以上内容外，伽蓝集团还遵循以下原则：

经常性原则：对产品制作过程的质量检查、考核，采取随机不定时的检查，以便及时发现和控制产品质量的波动。

针对性原则：根据产品形成的过程特点，使检查考核更具有针对性、适应性、可比性，以部门生产班组或每道工序为单元实行检查考核。

追溯性原则：为不放弃对责任的追溯要求做好产品标识，便于追查和分辨质量责任。

权威性原则：为增强质量检查力度，确保产品质量，伽蓝集团有关的质量检验方法、标准、规范以及依据上述而从事质量检验的人员，具有相当的职能执法权威性。各相关部门、人员均应服从、遵守。

伽蓝集团建立了研发质保体系，该体系覆盖了从“原料开发”“配方、包材开发”“模拟生产”直至“首批生产”整个设计开发过程。通过对于每个设计开发过程近乎严苛的把控，确保产品的设计完美。

为了加强生产质量管理，伽蓝集团建立了覆盖中高层管理者、质量人员、研发人员、生产人员、委外代工厂等五大方面的质量培训制度。通过对各类人员的培训，推进质量文化建设，提升质量管理水平。成立QA巡检团队、建立质量快速响应机制，同时将质量管理延伸至上游供应商。产品质量形成的全过程中，为了最终实现产品的质量要求，公司对所有影响质量的活动进行了适宜而连续的控制，包括各种形式的检验活动：理化检验、微生物检验、外观检验、留样观察，形成一系列检验报告。这些检验活动除了用于判断产品质量是否合格,同时便于了解生产工人贯彻标准和工艺的情况,督促和检查工艺纪律,监督工艺质量;检验人员对质量数据进行收集、统计和分析,提供产品质量统计考核指标完成的状况,为质量改进和质量管理活动提供依据。

产品配送质量也是产品质量的重要一环,伽蓝集团不但对自有仓库建立了严格的产品存储要求,对于承运商、电商仓库、代理商均在推行《伽蓝储运条件》,其中包括对于各类产品存储于运输的温湿度、堆垛要求,车辆要求等。

为了完善消费者反馈机制,保证产品质量,伽蓝集团成立"呼叫中心",运用信息收集系统,定期组织质量、研发、生产、物流人员至市场进行质量访谈,获得第一手消费者反馈信息,成为产品及服务改进的依据。运用产品缺陷课堂,总结经验,规避设计风险。

伽蓝集团自2013年开始试行QRQC会议,会议由质量部主持,各部门管理层每天在生产现场召开QRQC现场质量会,QRQC看板上会记录每天所发生的质量问题,通过问题的提出,解决方案的讨论与分享,不但第一时间解决了生产质量问题,防止了问题的再发生,更提高了一线员工发现并解决问题的能力。

伽蓝集团建立"供应商全面评价体系",将新供应商的引入、供应商的日常管理制度化。

新供应商必须经采购部、研发中心、质量部等多部门联合审核,确保其在供应能力、研发能力、质量管理能力等各方面均符合要求,方可成为伽蓝的潜在供应商,经6个月的试用期后方可成为伽蓝集团的合格供应商。并在日常管理中通过履约评估、业绩考核、表现评估对其进行评估。

伽蓝集团对所有影响质量的活动进行了适宜而连续的出厂检验质量控制,包括各种形式的检验活动:理化检验、微生物检验、外观检验、留样观察,形成一系列检验报告。这些检验活动用于判断产品质量以及了解生产工人贯彻标准和工艺的情况,督促和检查工艺纪律,监督工艺质量。检验人员对质量数据进行收集、统计和分析,为质量改进和质量管理活动提供依据。

(3)企业市场营销战略的具体做法

伽蓝集团针对化妆品进行长期市场培育,举办相关行业研讨会、市场发布会等大型营销活动,为代理商销售营造良好的市场环境;与多家媒体、业内权威刊物、知名网站建立良好的合作关系,每年投入一定的经费进行系统性的广告宣传,营造良好的品牌形象;根据消费需求发展趋势适时推出新产品等。

针对品牌营销,伽蓝集团博采众长,设计了360°推广策略菜单这一独特的品牌推广工具,从主题、消费者、产品、市场/渠道、广告推广、终端形象、派发试用、人员、公关等进行全方位的整合营销,从线上如微博、微信、天猫、淘宝、京东等平台,以及线下如商超、百货、专营店等渠道为消费者带来全方位的价值体验。列举以下几个成功案例:

2016年9月5日,伽蓝集团请某明星作为自然堂全新咬唇膏代言人,现身上海发布会。在不到1h的发布会直播过程中,吸引了超过百万的累计观看人数,超出直播平均观看人数近50%。而直播期间新品备货售罄,迅速补货,首发累计售出11000支。

在“明星+品牌+直播”的运营模式日趋成熟的今天,如何将品牌营销重点集中且实现传播声量最大化是一场成功直播的关键。伽蓝旗下自然堂咬唇膏首发销量11000支就是策略达成的最直接写照。本次新品发布会直播不仅提升了品牌人气,品牌产品在年轻消费群体中引发的话题热度以及产品销量的直观暴涨,都显示出这种边播边看边卖的营销模式之于品牌的强大营销能力,亦体现出品牌对年轻消费者的真切把握。

(4)品牌塑造与市场营销的实际成果

伽蓝集团于2005年提出商超5G战略,在国产品牌纷纷退出商超渠道的局面下,宣布逆市而行进军商超渠道,这是一次至关重要的战略选择,是伽蓝发展史上的第三座里程碑。2008年,伽蓝正式发布一线品牌战略,宣布欲以十年时间打造中国人自己的世界级品牌;2010年,伽蓝集团以化妆品领军企业身份成为2010年上海世博会唯一参展的中国化妆品企业;2013年,伽蓝集团协助南北极科考,被授予“中国南北极科学考察队合作伙伴”,自然堂品牌“雪域精粹系列”和“男士系列”被授予“中国南北极科学考察队专用产品”,由此开辟在研发领域的新型科研视角;2016年伽蓝集团旗下自然堂品牌价值22.05亿元,此评估经中国资产评估协会,中国国际贸易促进会,中国品牌建设促进会,中国品牌杂志和中央电视台五家权威机构共同认证。

伽蓝集团旗下“自然堂”及“美素”品牌被认定为国家驰名商标,并多次被认定为上海市著名商标及上海名牌,深受消费者的喜爱。由上海日用化学品行业协会为“自然堂”及“美素”品牌系列化妆品出具的《近三年市场占有率及市场销售排名》显示,“自然堂”在2014—2016年销售排名均为第一;“美素”的市场排名亦上升至第三位。由上海日用化学品行业协会顾客满意度评价中心对“自然堂”及“美素”品牌产品出具的《顾客满意指数测评报告》显示,“自然堂”顾客满意度为83.86,“美素”的顾客满意度为83.79,均在国内化妆品品牌中处于上游水平。

7. 企业创新文化建设:开放、合作、产业化

伽蓝集团以“开放、合作、产业化”作为创新文化的总理念,不断完善内部管理制度,规范科研和工程化运行管理。为充分调动广大科研人员的积极性和创造性,促进企业的可持续发展,研发中心推行《研发中心激励机制方案》,奖励在科技成果转化上做出贡献的科研人员,包括通过科技成果鉴定、发表专利、发表论文等。另外,为鼓励创新、积极的团队氛围,研发中心于2016年8月制定并推行“研发之星”的激励方案。

伽蓝集团建立了科技人员的培养进修、职工技能培训、优秀人才引进,并通过对研发人员进行合理、公正的绩效考评,依据各科技人员的研发情况给予各类奖励,更好的为公司的新产品开发、科技创新、技术攻关和科研任务服务,激发科技人员的研发热情,集团制定了《研发人员绩效考核与奖励制度》。具体考核内容主要有工作业绩、工作表现、工作能力三方面。考核标准为服从性、团队意识、积极性、责任感四个子项各占25%的权重,并且分优、良、中、差四个档次。每年年终根据年度考核情况,给予经济和荣誉奖励。

为“发展人”和“激励人”,本着“结果与过程并重”原则,伽蓝集团升级更新研发中心绩效管理,全面考核各项目,包含新产品开发项目、科研项目,以及研发内部立项项目等。新品开发指标按照研发中心各部门职责不同进行分解，分为：新品配方开发、新品包装开发、新品开发支持指标进行考核。

为提高科研人员的积极性，激发科研潜能，伽蓝集团根据集团技术开发中心的工作实际，制定本集团技术开发中心科技成果转化奖励制度。定期展开行业内企业营销和商务座谈交流会，共同提高和分析，根据市场需求，结合自身的创新优势，在3D皮肤模型的导入、利用航天科技搭载酵母菌、皮肤评估与生物计量等前沿领域积极探索，围绕着科研技术这条主线展开来的活动，都在一定程度上推动着伽蓝集团在科研创新层面迈上更高台阶。

伽蓝集团建立了创新创业开放式平台，并定期与化妆品协会、欧莱雅、家化、相宜本草等行业协会和企业共同研讨，力求在全球范围开展寻找安全有效的天然珍稀成分、运用世界先进科技为东方女性研制世界一流品质的化妆品。

伽蓝集团以将东方生活艺术和价值观的精髓传遍世界，为消费者提供爱不释手的、富有艺术感染力的、世界一流品质的产品和服务，帮助消费者实现更加美好快乐的生活为使命；以成为可持续发展的、具有稳定的成长性和盈利能力的、富有社会责任感的世界级消费品企业，让员工、合作伙伴、各利益相关者的事业不是昙花一现，而是基业长青为愿景。为达成这一使命和愿景，伽蓝及其伙伴在秉持诚实、正直、信任、进取心、主人翁精神这五个基本价值观的同时，共同坚守"合作共赢、快乐共享"的企业核心价值观，以此作为公司发展的内在动力。

在伽蓝集团内部，集团自2011年发起"伽蓝艺术计划"，旨在将东方美学艺术融入集团经营行为，营造极具艺术气质的办公氛围，潜移默化地培养及提升员工的艺术鉴赏力和品位，让美、时尚、艺术点燃伽蓝人无限的梦想和创造力，并循序渐进地融入品牌精神、视觉表现、产品开发的每一个细节中，用艺术呈现自然之美、人文之美、科技之美，塑造出个性鲜明、融合传承与创新的独特品牌形象，美化消费者的生活。

为了践行伽蓝集团的文化价值观和经营理念，本着"企业履行社会责任要由内而外、由近及远"的原则，集团提出"美丽伽园"系列计划，推出惠及员工的企业福利，包括健康体检、节日礼物、商业保险、家政服务、孝亲敬老、交通福利、在职教育、户籍办理、产品分享等9项福利，旨在满足员工的物质和精神两方面的需求，提高员工个人的生活质量、社会地位和价值，弘扬孝亲、敬老的东方美好价值观，体现伽蓝视员工为"伽人"的理念及对伽人的关心，增强员工的归属感，真正体现"以人为本"的关怀，打造"快乐工作，快乐生活"的美好伽园。

在发展业务的同时，伽蓝集团积极履行社会责任，近两年慈善公益投入高达350万元。

2015—2019年，伽蓝集团与UNDP开展第二期项目合作。第二期项目在传统手工艺保护的基础上，通过集团回购产品，以公平贸易原则为彝族女性提供就业机会，在女性经济赋权的同时，传承民族优秀文化。2011年，伽蓝集团与联合国开发计划署（UNDP）签订战略合作伙伴协议（项目背景及前期合作：2011——2014年，伽蓝集团与UNDP首期四年战略合作顺利完成。2014年3月，该项目荣登UNDP全球网站，集团董事长郑春颖先生受到联合国秘书长潘基文的亲切接见，并收到UNDP向伽蓝及郑春颖先生颁发的表彰证书)。

2015—2016 年,伽蓝集团 JALA 旗下品牌自然堂与牛津大学赛德商学院为中国女性设立"牛津 - 自然堂卓越女性奖学金"。

2016 年,伽蓝集团与中华环保基金会发起成立"喜马拉雅环保公益基金",旨在保护喜马拉雅冰川,保护水的源头。

2017 年,伽蓝集团以"喜马拉雅环保公益基金"名义发起的"种草喜马拉雅活动"在西藏日喀则市亚东县举行,活动现场,环保专业人士、伽蓝集团代表及当地藏民等近百人在喜马拉雅神女峰下种下绿麦草,该公益草场约 66 万 m^2,旨在保护有"亚洲水塔"之称的喜马拉雅水源及其周边生态环境。

(二)企业创新成效

2017 年,伽蓝集团旗下"自然堂""美素"等旗舰品牌包含护肤、彩妆品类达近百亿元的市场销售规模。据统计,伽蓝在中外品牌的激烈竞争中,跻身中国化妆品市场份额第五,成为前五名中唯一的中国化妆品企业。同时品牌影响力不断扩大,旗下品牌"美素"和"自然堂"连年获得"上海市著名商标"称号,并获得"中国驰名商标"。伽蓝产品销售获得了持续的发展,近两年销售规模年均增长超过 30%,两年内新产品获利占销售收入 65.09%,连续 3 年获民族品牌化妆品销量全国第一。

2017 年,伽蓝集团实现营业收入 34.75 亿元,纳税总额 4.1 亿元;2016 年伽蓝集团实现营业总额 287364 万元,利润总额 1242 万元;2015 年实现营业总额 242462 万元,利润总额 6288 万元。

伽蓝集团不断自我发展的同时,也积极为社会做出贡献。伽蓝 2016 年度投资回报率为 6.03%,并多次荣登上海市税务部门公布的"上海市私营企业和非国有控股企业纳税百强"榜单,2014 年位列上海市工业税收排名第 66 名;2015 年位列上海市工业税收排名第 69 名;2016 年位列上海市工业税收排名第 68 名。

伽蓝集团还参与了国家标准、行业标准的制定,包括:《剃须膏、剃须凝胶》(GB/T 30941—2014),《爽身粉、祛痱粉》(QB/T 1859—2013),《润肤膏霜》(QB/T 1857—2013),《护发素》(QB/T 1975—2013)以及《化妆品专业店、专卖店经营管理规范》(SB/T 11088—2014)。此外,依靠伽蓝集团在行业内的巨大影响力,集团执行总裁刘玉亮先生有幸代表伽蓝集团参与《企业创新影响力评价体系》的制定工作(该标准已于 2017 年 11 月 1 日正式发布,并于 2017 年 12 月 15 日正式实施)。

知识产权方面,伽蓝集团 2017 年共获得授权专利 127 项,其中发明专利 26 项(其中一件为日本专利),实用新型专利 3 项,外观设计专利 98 项;2017 年已获得授权的商标共 3161 件,根据上海市工商局商标处颁布的文件显示,截至 2016 年底,伽蓝已成为上海市累计有效注册商标持有量最多的企业。2017 年,伽蓝被认定为上海市专利试点企业。

2016 年 6 月,由伽蓝集团、上海家化、相宜本草、珀莱雅等本土知名化妆品企业联合发起的中国香精香料工业协会 · 化妆品科学技术学会在上海成立,伽蓝执行总裁刘玉亮当选为化妆品科学技术学会主任委员。学会的成立,有助于建立系统的研发管理体系和战略布局，由点及面，帮助中国的研发事业走向更大的规模，同时推动国内、国际之间的互相交流和沟通的工作，夯实科技基础，引领行业发展。同月，上海市奉贤区东方美谷产业促进中心成立，伽蓝集团成为理事长单位，以打造世界级美丽健康产业"硅谷"为目标。在未来，东方美谷产业促进中心将协助奉贤区政府为美丽健康产业创建一个适合企业发展的好环境。

三、小结

在伽蓝集团的创新发展中，战略规划的制定奠定了坚实的基础。2011 年初，伽蓝正式发布了 2011—2020 年十年发展战略规划，计划用十年时间，分三个阶段初步实现"打造世界级品牌"的伟大梦想。第一阶段为 2011—2013 年，目标是成为中化妆品行业领军企业；第二阶段为 2014—2016 年，目标是进入中国化妆品市场份额前三名（本土企业份额第一名）、进入国际市场并在个别区域市场占有一席地位；第三阶段为 2017—2020 年，目标是中国化妆品市场份额第一名、将集团中的一个品牌打造为世界级品牌、在国际市场成为优秀的化妆品企业。

伽蓝集团以战略目标（而非单纯的销售目标）为发展导向，从财务、客户、内部流程和学习与成才四个维度对伽蓝未来 10 年的发展设定目标，以确保公司的全面发展，为长期可持续发展打下扎实的基础，降低集团经营风险，提升企业综合实力，打造民族化妆品领军企业。

管理模式是上述创新活动的重中之重，伽蓝集团从企业文化、战略、质量管理体系上层层落地来提升质量持续改进能力，已经形成了可持续的质量持续改进模式。伽蓝集团实行卓越绩效管理模式确定为集团管理上的目标，从领导、战略、顾客和市场、资源、过程管理、测量、分析和改进和经营结果七部分内容，整合企业内部经营运转，规制企业技术创新、品牌打造以及产品质量的提升，对企业可持续发展起到非常大的作用。企业的创新文化建设则是由内而外加深基层乃至管理层对创新的重视，促进企业创新工作的开展。

技术创新为企业创新发展提供了核心竞争力。优秀产品的诞生离不开技术的进步，伽蓝集团完善了了研发体系，从研发投入、专业团队、专业技术平台的建立以及自主研发与全球合作相结合这几方面，保障企业创新的发展。技术创新同样为产品质量提供了支撑，从而达到为消费者带了真正安全有效的产品，提升企业竞争力的目的。

知识产权的管理贯穿企业生产经营，集团知识产权制度的建立，对产品技术研发起到了有效的保护作用，通过优化企业知识产权管理，推行《商业秘密保护管理规定》《专利管理办法》，并专门配备知识产权主管人员，组织宣讲与培训，有效提高了员工对知识产权的认知水平，规范了公司的知识产权管理流程，为集团核心技术及业务建立一道安全的防护墙。

品牌建设上，伽蓝集团贯彻以消费者为中心的经营理念，建立顾客管理体系，积极开拓市场，通过多渠道，多手段的品牌推广，根据品牌特点，聘请代言人、开展符合品牌对应顾客群体营销活动，打造品牌知名度，实现持续业务增长。集团通过细分消费者

和市场，明确关键顾客，根据对顾客和市场的需求、期望和偏好的数据收集、分析，先后创立美素、自然堂、植物智慧、医婷四个不同定位的品牌，差异化满足不同消费者的需求。同时集团与广泛消费者、精确消费者、零售客户和代理商四个维度建立不同顾客关系，强化集团客户服务中心、完善顾客关系体系。

创新战略、体制与机制、研发体系建设、知识产权管理、人才、品牌塑造与市场营销以及企业创新文化建设相辅相成、紧密结合，彼此影响，对企业创新发展有着重要影响。伽蓝集团以消费者不变为原点，一切从消费者出发，再回到消费者，以消费者为中心，将消费者的个性化需求转化为卓有成效的产品和服务，打造出属于中国人自己的世界级品牌。

第十一节　双星集团

一、企业概况与技术创新模式

（一）企业概况

1. 企业发展历程

双星集团成立于1921年，是一个具有97年历史的国有企业。青岛双星是山东省轮胎行业目前唯一一家国有上市公司。2008年，为了集中精力发展轮胎产业，将原有鞋服产业全面剥离。

2014年，为认真贯彻习总书记视察山东重要讲话精神，加速落实“腾笼换鸟、凤凰涅槃”的战略部署，双星开启了“二次创业、创双星轮胎世界名牌”新征程，确定了“第一、开放、创新”的发展理念，主动淘汰了占60%的落后产能和产品，率先在全球轮胎行业建立了第一个全流程“工业4.0”智能化工厂，积极建设开放的“服务4.0”和“工业4.0”生态圈，抢先从“汗水型”转向“智慧型”。

2. 企业现状

近年来，双星集团抓住全球第四次工业革命的契机，加速企业智慧转型，率先建立了全球轮胎行业第一个全流程“工业4.0”智能化工厂，并以此培育了智能装备、工业智能物流和废旧轮胎绿色生态循环利用三大新产业。

因为创新和智慧转型，双星成为五年来中国所有企业中唯一被国家工信部授予“品牌培育”“技术创新”“质量标杆”“智能制造”“绿色制造”“服务转型”全产业链试点示范的企业，并被称为“中国轮胎智能制造的引领者”，也是中国轮胎历史上唯一被评为“全国先进生产力典范企业”的企业。

双星品牌已连续三年荣登“亚洲品牌500强”中国轮胎第一名和“中国500最具价值品牌”轮胎行业榜首。

为了发展成为具有更大规模的国际化轮胎企业，2018年7月6日正式控股锦湖轮胎，一举成为全球前十、中国最大的轮胎企业。双方协同从用户需求的引领者做起，创造全球最受信赖的轮胎品牌。

3. 企业经营情况

双星集团借"互联网+""中国制造2025"和国企改革等契机，变"新常态"为"新抢态"，抢先从"汗水型"走向"智慧型"，集团现有从业人员7236人，其中参与研发的科技人员为842人，2017年，企业资产总额达98亿元，实现销售收入40亿元，通过提高劳动生产率，在提高产量和节约原材料、燃料等消耗的基础上，利润总额达1.3亿元，集团经营状况良好，是轮胎行业规模一流、管理水平一流、企业效益一流、社会贡献一流、员工待遇一流的企业集团。

（二）企业技术创新的主要模式

双星集团技术创新以自主研发模式为主，推行基于互联网的"轮云"创新发展模式，运用工业大数据等信息技术，构建轮胎研发、制造、使用和服务全流程实时数据采集、数据高效安全存储、多源异构数据集成与协同管理、制造大数据分析处理平台为一体的全流程集成创新模式，覆盖从用户需求、产品设计、研发、柔性生产智能制造、供应链和金融等关键环节，并在轮胎制造行业及汽车后市场服务行业应用，实现基于轮胎大规模个性化定制的智能制造、智能服务新模式、新业态。

双星集团的创新活动，通过面向客户对车型、路况、性能、个性化、服务等多样化和动态变化的定制需求，基于互联网，推进智能研发、智能制造、智能服务、物联网金融建设，通过双星轮胎切入，以产品模块化设计、个性化定制实现轮胎行业的协同制造。建立直面用户的开放服务体系，建立满足用户的产品（从双星轮胎到其他品牌轮胎，从轮胎产品到其他汽车后市场产品）的新模式、满足用户的服务（从传统服务到汽车后市场智能服务）和满足用户的网络（O+O/E+E）的新业态，通过创造需求带动研发体系建设。

1. 智能研发

建立基于物联网的"星猴网"和"轮胎创客网"个性化定制服务平台，全世界用户/专家参与交互、设计；利用PLM、VR、3D打印等关键技术，实现与用户深度交互、定制参数差异化、产品模块化设计，快速生成轮胎定制方案。

2. 智能制造

利用独特的MEP系统，解决全球以液体或粉体为原料的制造企业，无法全流程实现智能制造的难题。集成MES、ERP、WMS等信息技术，全流程实现轮胎智能定制、智能排产、智能送料、智能检测、智能仓储和智能评测。

3. 智能服务

建立面向终端用户的"S2C"智能服务模式，集成CRM、VMS、"云犬"监测系统，建立直面用户的开放服务体系，对轮胎数据进行分析、处理、挖掘，为用户提供解决方案。

通过信息技术、大数据的应用实现轮胎定制个性化、生产过程智能化、服务模式信息化，产品研制周期缩短50%，运营成本降低30%，产品不良品率降低80%，劳动生产率提高70%，企业技术创新水平显著提升。

4. 物联网金融

物联网动产金融通过物联网全程无遗漏监管技术在动产融资过程中对货物、物

流、仓储、企业生产状况、产业链的各环节监管,实现质押物监管环节上无盲区、链上无缝隙、点上无遗漏的管理体系。同时,企业生产监管实时掌控贷款企业的采购情况、原料库存、生产过程、成品库存、销售情况,乃至用户使用情况,科学有效地规避了风险。两相结合,形成动产金融服务系统的完整解决方案。

二、企业创新影响力实践——"三化两圈"战略指导下的"轮云"发展新模式

(一)企业主要创新活动

1. 创新战略思路

"以'三化两圈'为指导,实现'传统制造企业'向'智能制造企业'转型"是指导双星集团整体创新活动的总思路。"三化两圈"战略是指:

(1)"三化"模式

双星集团以轮胎智慧型转型为主线,通过做精实现做强,通过颠覆实现引领,通过共享实现做大,率先在行业内探索"需求细分化、组织平台化、内部市场化"三化管理模式,并以此作为管理创新战略的思路,作为推行基于互联网的"轮云"创新发展模式的指导。

需求细分化是方向也是目标。以集群用户为导向,通过需求细分、产品细分、网络细分,不断满足和发现用户需求。

组织平台化是保障。推倒传统经济下的金字塔内组织,建立适应信息化时代的外组织和智能化的高效运营平台,让员工在流程上对目标负责而不是对上级负责。与此同时强化流程风险管控、强化资产监督。内部推行"公平、透明、简单"的办事原则,使人与人的关系变得越来越简单。

内部市场化是核心。整个双星集团内部建立"集团、业务本部和经营单元"三级决策体系,谁经营、谁决策、谁负责。各本部和各经营单元之间全部按照市场化的原则进行结算,各经营单元在各业务本部统一战略下,为集群用户协同创新,创造价值、分享价值。

(2)智能制造生态圈(工业4.0)

在物联网生态圈管理模式下建立的双星绿色轮胎智能化生产(工业4.0)基地,打破了传统的集中式生产方式,以用户大规模定制为核心,产品模块化、生产精益化为基础,集成全球先进的信息通信技术、数字控制技术、智能装备技术,实现企业互联化、组织单元化、加工自动化、生产柔性化、制造智能化,达到绿色、高质量、高附加值、高效率的目的,打造轮胎工业4.0样板工厂,为行业转型升级提供服务。

该智能工厂按照工业4.0标准规划建设,采用世界一流生产技术,现代化的物流生产布局,力求做到个性化定制订单的柔性生产,满足互联网时代用户对产品和服务的需求。智能工厂集成了全球最先进的信息通信技术、数字控制技术、智能装备技术,并对原有的轮胎工艺流程进行创新,实现了智能炼胶、智能敷贴、智能成

型、智能氮气硫化,以及智能分拣、检测、输送、仓储等30余项工艺流程的升级,使工人的劳动强度降低60%以上,产品不良率降低80%以上,劳动生产率提高两倍以上。

(3)智能服务生态圈(服务4.0)

在以"三化两圈"为核心的物联网生态圈管理模式下,双星集团确立了"服务引领、速变致胜"的营销理念,达到用户满意,为客户和用户创造价值,获取有价值的订单。以市场为中心创新营销模式,打造轮胎服务第一品牌,通过最有价值的渠道,满足用户抱怨,创造用户需求,与用户共同创造价值,实现共赢、共享、共生。

汽车后市场"智能服务生态圈"即通过双星轮胎切入,建立开放的汽车后市场智能服务生态圈,即O+O/E+E。

O+O:即线上线下无缝对接。选定核心群体作为目标用户,通过整合社会资源,建立开放的直面用户的线上和线下体系,线上线下相互融合,无缝对接。具体战略实施形式为1+N,即一个自营电商+N个社会化电商。

E+E:即路上路下无处不在:双星集团的智能服务路上通达全国,路下无处不在。具体战略实施形式为1+4,即一个开放的互联网支持中心+形象店+体验店+伞下店+移动星猴。

双星集团"智能服务"和"智能制造"两圈建成后,相互融合,形成物联网生态圈。"智能服务"生态圈内的轮胎创客网不仅可以与用户进行交互,而且可以整合全球的研发资源。星猴服务网及E+E网络体系,不仅可以为双星轮胎服务,还可以为其他品牌的轮胎及汽车后市场服务。"智能制造"生态圈不仅可以为用户创造高端、高差异化、高附加值的产品,而且可以为行业提供智能装备、整体方案和标准服务,保证创新战略的思路方向。

2. 宏观规划和总体策划

双星集团以"三化两圈"战略作为企业创新活动总思路,打破传统的集中式生产方式,以互联网、用户大规模定制为核心,以产品模块化、生产精益化为基础,集成全球先进的信息通信技术、数字控制技术、智能装备技术,实现企业互联化、组织单元化、加工自动化、生产柔性化、制造智能化,达到绿色、高质量、高附加值、高效率的目的,打造轮胎全流程协同制造体系,为行业转型升级提供服务。

(1)推动互联网、大数据、人工智能和轮胎实业的深度融合

基于物联网,将大数据、人工智能充分应用到轮胎协同制造服务过程中,推动轮胎实业转型升级快速发展。实现并继续推动互联网、大数据、人工智能和轮胎实业的深度融合,解决我国轮胎制造业生产效率低、生产过程物料管理能力差的问题,以生产数据不能及时上传、生产调度难、排产不合理、生产过程信息孤岛、质量难控制、制造技术与管理落后、生产与销售脱节及三包理赔责任难界定等问题为切入点,提升轮胎制造业核心竞争力、带动我国轮胎制造业跨越发展。

(2)由"汗水型"转向"智慧型",形成集成创新的新模式、新业态

双星集团创新驱动,自我颠覆,变"新常态"为"新抢态",积极探索轮胎工业转型发展新模式,抢先转型、抢先创新、抢先从"汗水型"走向"智慧型",成为中国轮胎智能

制造的引领者。建成达到国际领先水平的轮胎产业智能工厂示范生产基地,根据轮胎企业的生产和管理现状,针对轮胎制造业企业的研发设计、生产控制和企业管理现状以及行业发展需求,开发出轮胎制造行业的专业管理系统;实施面向轮胎企业的轮胎产品设计、制造和管理的应用与示范;支持轮胎制造业的信息技术的深化应用,满足轮胎行业产品创新和管理创新的信息化需求。构架出轮胎企业信息化管理的平台,实现轮胎全生命周期生产过程的质量监管和控制。同时,培养一批专业人才,创新轮胎制造业专业化生产及服务模式,建立轮胎制造业应用示范企业,并将在轮胎制造业中开展推广应用;建立、完善技术研发、典型示范、应用推广、技术服务体系,形成完善的轮胎制造业一体化组织工作体系和轮胎制造业信息化良好的发展环境,推动轮胎制造业转型升级和可持续发展,形成集成创新的新模式、新业态。

(3)践行"一带一路"倡议,加速中国轮胎制造洲际化

双星集团紧紧抓住"一带一路"倡议这一机遇,以"三化"国际化战略为主线,积极走出去参与国际化经营,全力提升双星自有品牌轮胎在海外市场上的品牌影响力。我国轮胎产业具备原料和市场两头在外的特性(天然橡胶80%依赖进口,轮胎40%出口海外),伴随着经济下行的大环境以及美国对乘用及轻卡轮胎"双反"、欧洲标签法规的实施,天然橡胶进口关税上调、复合橡胶国标降低生胶含量指标等一系列国内外政策环境的变化,更使行业总体将保持中低速惯性增长,前期投资项目产能集中释放以及中低端产能相对过剩更趋严重,利润空间收窄,中国轮胎行业已经进入发展新业态。

通过企业自主研发,形成基于互联网的"轮云"创新发展模式,在世界各国围绕汽车生产基地、轮胎仓库周边进行战略配套布局,将生产好的轮胎直接组装好轮辋,配送到汽车工厂生产线装车,可大大节省安全库存所占用的资金、物流距离更短、反应更加快捷;或将工厂设在欧洲专门生产雪地胎、设在美国各个州生产 UHP/AT/MT 轮胎,运用定价机制,输出原料和工艺设备。

(4)突破技术壁垒,形成国际市场核心竞争力

企业规划通过虚拟制造技术优化产品研发设计,制造过程实现装备的智能化和管理的信息化,结合先进轮胎制造工艺,能够大幅提升轮胎制造过程的智能化水平,提升轮胎均匀性、动平衡等性能,降低轮胎滚动阻力和噪音,提高轮胎抗湿滑性能,缩短轮胎刹车距离,延长轮胎寿命,轮胎产品档次得到提升,进而增加产品附加值和知名度,并可以达到欧盟、美国等国家和地区的标签法规定的标准,符合绿色轮胎要求,突破技术壁垒,形成国际市场核心竞争力。

3. 基于互联网的"轮云"创新发展模式

(1)颠覆运营模式,实现"大规模个性化定制"

用户对轮胎的要求除耐磨、安全、静音等外,更多的关注点是个性化需求。双星集团的"创客网"利用互联网,搭建了一个和全球用户交互的平台,全世界专家都可以参与交互、设计,并对方案进行评估。用户认可设计方案后,利用 PLM 系统,对每个设计方案整合全球的专家进行开发,并利用 3D 打印和虚拟仿真技术(VR)对方案进行设计仿真和工艺仿真。开发过程中不断通过全球领先的实验室和试车场进行检测,产品上市前,轮胎的各种模块化数据包括工艺数据全部进入数据库,建立模块化的数据库。

之后，用户可以利用星猴网或经双星许可的第三方网站进行模块化选择，自主选择轮胎的规模、花纹和颜色，定制自己喜欢的轮胎并下达订单。用户可以通过线上星猴网体验，也可以查看门面店地图，选择星猴快服体验店到店体验，还可以在众多第三方网站选购双星轮胎。用户利用订单系统下达的订单同步到达轮胎智能生产工厂，通过中央控制系统的 APS 高级排产计划对用户订单进行智能排产。

(2)行业首创“1 +3”的目标管理体系

“1”是安全目标，是一切发展的基础和前提，是对安全、质量等重大事故的一票否决。

“3”是经营目标、发展目标、管控目标，其中：经营目标，必须是为企业创造现有价值，主要体现在销量、收入、利润、回款等经济指标或为提高上述经济指标而开展的主要工作的目标。发展目标，必须是确保企业可持续发展，为创造未来价值目前所开展的关键任务，如市场、产品、项目、系统、机制等。管控目标，必须是确保企业健康发展，防止重大隐患或为提高企业管理水平而应重点控制的关键指标，如效率、逾期或应收、呆滞或者库存、不良率或质量等。

(3)建立“参与约束、激励相容”的考评机制

为进一步强化集团“参与约束、激励相容”的激励原则，提升企业创新竞争力，对集团所有经理人根据岗位目标(1 +3)签订契约，并根据签订的契约按月、季、年进行考核，考核结果与薪酬挂钩兑现。

“培养造就一大批具有国际水平的战略科技人才、科技领军人才、青年科技人才和高水平创新团队。”双星集团开放引进人才，搭建创新创业平台，几年来，企业全日制本科以上学历的人员由不到 40 名增加到今天的 1500 多名，其中博士硕士超过 600 名。近两年有多名人才获得山东省“泰山产业领军人才”“外专双百计划专家”等称号，通过人才引擎，推动企业创新活动，全面转型升级。

4. 加强研发体系建设，驱动科技创新

当前，我国正处于全面建成小康社会的决胜阶段和中国特色社会主义发展的关键时期。双星牢牢抓住供给侧结构性改革这条主线，把加快新旧动能转换、推动企业创新战略发展作为统领企业经济发展的重大工程，尽快通过“四新”(新技术、新产业、新业态、新模式)实现“四化”(产业智慧化、智慧产业化、跨界融合化、品牌国际化)，创新思维、大胆实践，创新性地向轮胎前端、后段延伸，以创新需求推动企业自主研发能力的提升。

(1)研发体系构建的总体思路和目标

双星集团研发体系构建的总体思路和基本目标是基于互联网的“轮云”创新发展模式的指导，构建智能研发 PLM 平台，通过智能研发平台建设完善研发体系，实现创新驱动发展，科技引领未来。

研发平台下设检测中心，是检测设备先进、检测手段齐全的国际级轮胎性能检测中心，并打造国际级轮胎研发重点实验室，以及建成国内首个低温轮胎技术检测中心。检测中心 126 余台检测试验设备，检测人员 80% 以上为研究生，具备完善的检测验证技术。可进行橡胶加工性能分析、橡胶黏弹性分析，橡胶胶料组分分析，橡胶骨架材料

分析，橡胶静态力学性能分析、黏弹性分析、老化性能分析、摩擦磨耗性能试验；高低温胶料物理机械性能等分析评价实验；具备先进的轮胎六分力测试、轮胎滚阻测试、轮胎噪声分析等国际领先轮胎测试及验证技术，可全面开展轮胎舒适性、操稳性、智能化等轮胎技术评价功能。

(2)研发体系的基本构架、功能及相互关系

双星集团研发体系的基本构架以中央研究院为基础，围绕国家级企业技术中心、工程研究中心、工业设计中心等多个研发机构进行，涉及基础能力建设、科技研发、科技奖励、科技成果推广应用、产学研用合作、科技人才等多个方面的工作。

双星集团研发机构是以国家认定企业技术中心为创新平台，技术中心由中央研究院行使职能，包含国家级企业技术中心、市级工程研究中心和工业设计中心、集团各子公司研发机构三个层面。集团级研发机构涉及轮胎、智能装备、工业智能物流(含机器人)、废旧橡胶绿色生态循环利用等多个产业领域，主要依托科技平台、工程项目，以及集团承担的国家级、省部级科研项目(课题)、集团科技重点研发项目、子公司研发项目来进行。通过科技研发产生的科技成果，通过专利和软件著作权申请、标准编制和成果鉴定来进行总结，同时，优秀的科技成果组织申报国家和省市级科学技术奖。在平台建设、研发项目申报、科技奖励申报、标准编制等方面组织开展产学研用合作，实现强强联合。在科技人才培养方面，充分依托科技平台、科研项目、产学研用合作等进行人才培养。双星集团研发体系不仅仅包含技术开发工作，而是范围涵盖新产品的全生命周期，即产品创意的产生、产品概念形成、产品市场研究、产品设计、产品实现、产品开发、产品中试、产品发布等整个过程；从管理的角度来看，其范围涵盖产品战略与规划、市场分析与产品规划、产品及研发组织结构设计、研发项目管理、研发质量管理、研发团队管理、研发绩效管理、研发人力资源管理、平台开发与技术预研等领域，每个领域及各个部门相互衔接、相互促进，形成一个有机整体，共同提升企业的科技创新水平。

(3)产学研结合的方式和运行机理

双星集团根据主营业务的特点，建立健全以国家认定企业技术中心为平台的企业技术创新体系和运行机制。加大对技术创新和研发的资金投入，形成与其他企业、大学、院所等科研机构以及中介机构的合作机制，形成一个市场高效的反馈和科学的决策机制。

双星集团与多个高校、科研院所、企业建立产学研合作项目团队，以本企业作为项目承担单位，建立分工合作的项目团队，定期召开项目例会，加强双方参与成员的合作与交流，协调处理合作单位在项目执行过程中可能出现的问题；组织技术应用交流会与研讨会，构建一个畅通的、全方位的交流平台，推进项目的顺利开展；根据各科研项目进展的需要开展广泛的国际交流与协作，定期邀请国际高水平人才合作科研和短期讲学，掌握业界最新动态和技术，拓展项目团队的国际视野，提高项目团队的研发能力。

近年来，企业分别与复旦大学青岛研究院产学研合作，开展基于工业物联网的轮胎制造过程实时数据采集与处理关键技术；与哈尔滨工业大学产学研合作，共同开发

多项绿色智能轮胎物流关键技术;与山东大学合作共建"山东大学－双星橡塑－青岛星华研究院",承接部分国家及地方的关键技术及前瞻性产品的研发工作;与韩国现代集团 MOVEX 公司签署合资协议,双方将共同出资成立合资公司,大力发展轮胎、冷链、医疗等行业的智能物流业务,并针对中国市场,共同开发智能物流关键装备与核心技术,打造全球领先的工业智能物流品牌,助力新旧动能转换重大工程的实施和中国智能制造水平的提升;与 ABB 建立全面战略合作伙伴关系,在服务机器人领域、工业机器人应用领域,共同研发、销售机器人及相关的应用技术、产品;与西门子建立战略合作伙伴关系,联合开发创新中心,西门子为公司提供数字化工厂解决方案、开放的 SIMTIC 平台;与青岛科技大学将共建"绿色轮胎研究院",围绕中国制造 2025,充分发挥各自优势,在推进科技成果产业化转化、人才培养、培训基地建设等方面开展深度合作,推进轮胎智能制造和转型升级。

(4)研发投入和实际效果

2017 年,双星集团科研投入为 13748 万元,通过保持持续稳定的科技投入和研发投入,双星集团 2017 年按照战略规划积极推进和创建创新型企业,特别做好绿色轮胎智能制造试点示范基地的建设工作,着力加强共性关键技术的研发,提高持续创新能力,积极探索适应新时期发展要求的技术创新长效体制,促进产学研有机结合,通过加大研发投入,进一步完善企业的创新体系和企业创新文化。

通过积极创新取得多方面科技成果,多项成果获得省市科技进步奖,双星通过积极创新取得多方面科技成果,多项成果获得省市科技进步奖,例如,阻燃耐腐蚀专业轮胎关键技术,2017 年获中国消防协会科学技术创新二等奖,阻燃耐腐蚀专业轮胎首次实现了消防、危化品等专业运输车辆轮胎的阻燃防腐性能,填补了国内外阻燃耐腐蚀轮胎的空白,提高了消防、危化品等运输车辆作业安全性,成为轮胎专业化、功能化发展的成功范例;半钢子午线安全轮胎耐刮、耐撞、耐刺扎技术创新体系(CROSSLEADER 安全轮胎系列),该系列安全轮胎获得 1 项发明专利,4 项实用新型专利,7 项外观专利,并获得了 2017 年度青岛市科学技术进步奖。

2018 年 4 月,山东省科技厅按照《山东省"十三五"科技创新规划》确定的"十三五"期间全省重点领域科技创新目标任务,启动山东省重大科技创新工程 2017—2018 年度重大科技创新工程项目申报工作,双星集团与复旦大学青岛研究院合作开发的"基于工业物联网的轮胎制造过程实时数据采集与处理关键技术"进行了联合申报,经过长达 1 年的三轮专家评审,最终入选 2018 年山东省重点研发计划。该项目充分利用工业物联网、工业大数据等信息技术,构建轮胎制造和使用全过程实时数据采集、数据高效安全存储等,制造大数据分析处理平台于一体的轮胎企业工业物联网平台,致力于提升轮胎产品质量,提升中国轮胎制造水平,为轮胎行业绿色制造、智能制造转型升级提供服务。

2018 年 10 月 19 日,山东省经信委发布了《山东省产业关键共性技术发展指南(2018)》,双星集团承担"功能化石墨烯橡胶复合材料及高性能石墨烯轮胎的研发"重点项目。

5. 完善知识产权管理能力,做好知识产权规划

双星集团知识产权工作积极追随基于互联网的"轮云"创新发展模式的需求,构

建支撑企业转型升级的知识产权体系，近年来取得了显著成效。加大对具有自主知识产权的技术开发，形成拥有著名品牌和自主知识产权、突出主业、核心能力强的企业集团，企业提高技术创新能力和核心竞争力。

（1）建立统一的企业知识产权管理机构

在集团设立知识产权管理处，统一管理整个集团的知识产权工作，使专利、商标、著作权、商业秘密等知识产权的管理能够规范化，即在日常工作中，由知识产权管理机构统一制定下发知识产权管理制度并监督运行；统一开展知识产权的相关培训；对企业知识产权能够进行统一地分类监管；对企业采购、销售谈判、合同签订等经营活动中涉及知识产权部分提出相应的专业意见建议规避风险。

（2）制定知识产权战略，增强企业核心竞争力

结合企业实际情况，由知识产权管理部门制定出切实可行的企业知识产权战略，制定了一套抓重点、创特色、有成效的实施办法，并通过知识产权战略的实施，有效推进了专利、商标、著作权融合使用，引领企业的科技创新活动，指导技术创新全过程。在此基础上，通过充分了解行业发展态势、竞争对手产品、技术开发态势，围绕企业的经营策略，对行业技术演变过程、国内外技术最新发展动态、技术的地域性分布状况、竞争对手知识产权状况等进行分析，制定出一套包括创新产品开发决策和知识产权申请、实施、转让、许可等切实可行的知识产权战略，不断创新，形成自己的核心技术。

（3）利用专利检索规避风险，引导技术创新

将知识产权纳入企业风险管理体系，一方面定期对知识产权风险进行辨识和评价，建立知识产权风险预警机制，制订防范预案，避免或降低知识产权风险。另一方面在知识产权实施许可或转让、投融资活动、企业合并或并购、物资采购等经营活动前都要组织系统的风险评估，从发生可能性和影响程度方面分析知识产权风险。在产品立项开发时先进行专利及查新检索，认真进行可行性分析。同时在检索分析专利时，积极进行专利二次开发，尽可能充分利用失效专利，这样既提高了研究起点，又避免了重复研究开发和侵犯他人专利。

（4）知识产权管理成效

双星认真实施知识产权战略，加大了企业知识产权工作力度，强化了专利法规宣传、专利知识普及、专利培训、专利申请与保护等工作，取得了明显成效。巩固了专利管理制度，走规范化之路，把知识产权小组的职责、专利产权的管理、专利奖惩、专利工作的考核等内容列入专利管理制度。鼓励员工的业务创新和职务发明，对发明人按一定数额进行奖励，并为员工提供了技术交流平台，从而提高了员工自主创新的积极性。目前，已经基本形成一套专利管理制度体系。建立了《知识产权管理办法》《知识产权工作奖励办法》《保密制度》《知识产权信息利用制度》和《技术资料档案管理办法》《科技档案》等一系列管理办法，同时增大科研经费投入，从制度、技术、人力、物力，保证了知识产权工作正常有序运行。

未来，双星集团将继续加强知识产权创造、应用、管理和保护工作，有效地将标准化管理方法融入企业知识产权管理中，更高层次地体现依靠知识产权战略以开拓市场、占领完善知识产权交易平台，促进知识产权转化运用，挖掘和提升知识产权价值。

通过知识产权管理规范的持续建设，推进公司科技进步和创新的发展，进一步增强企业的市场竞争力。

6. 内外并重，凝聚人才队伍

“培养造就一大批具有国际水平的战略科技人才、科技领军人才、青年科技人才和高水平创新团队。”双星集团开放引进人才，搭建人才队伍凝聚平台，三年来，企业全日制本科以上学历的人员由不到40名增加到今天的1500多名，其中博士硕士超过600名。近两年有多名人才获得山东省“泰山产业领军人才”“外专双百计划专家”等称号，通过人才凝聚，推动企业全面转型升级。

（1）通过引进战略投资者、员工持股吸引人才

为了加速新旧动能转化，双星集团拟对新发展的产业，引进战略投资者并进行员工持股试点，以便聚集更多的高端人才。围绕着新兴产业必须符合国家、省、市战略，且预期有良好的投资回报，如智能装备（含工业机器人和智能传输）、废旧橡胶（轮胎）绿色生态循环利用等领域，引入战略投资者并开展员工持股计划，通过设立合伙企业的方式，建立员工持股平台。引进战略投资者有利于实现股权多元化，加快转换经营机制，进行员工持股将经营者利益与其承担的责任紧密结合，使各方共同关注公司的长远发展，将有利于提高公司综合经营管理水平，最终真正实现各种所有制资本取长补短、相互促进、共同发展。

（2）体制机制创新，提升人员活力

建立绩效激励机制，围绕价值导向设立奖励项目及标准，制定了高比例奖罚政策，积极向员工宣导“1+3”目标管理体系、经理人考评机制、人才保留—三维度薪酬机制等，引导全体骨干员工将个人的聪明才智与公司的发展和利益结合在一起，在实现公司愿景的过程中实现个人的理想目标。

①建立健全经理人考评机制

持续完善职业经理人制度，用机制驱动人去实现目标，而不想或不敢犯错误；用流程保障人去实现目标，而犯不了或少犯错误。建立了《管理人员任用管理平台》，并明确管理人员选、任、升、降、调、免的具体工作流程，严格落实动议、民主推荐、考察、讨论决定、任职等规定动作，提高员工的凝聚力和向心力，有效提升了领导骨干队伍的整体素质，充分发挥企业经理人的作用，增强企业的竞争力和创造力，适应了集团新时期、新形势和新任务的要求。

同时，根据各经理人是否能够坚持贯彻企业战略，创造性地开展工作且经营效果明显或创新性地完成工作任务（承接企业战略项目或关键任务）的角度，对经理人进行考评，考评结果分为书面表扬、口头表扬、书面批评、口头批评，考评结果用于正负激励的兑现和经理人管理范围的调整（扩大、缩小）、职位的调整（晋升、降级、调整）、薪酬的调整（提级、降级）。从而形成能者上、庸者下、劣者汰的用人导向和环境。

②人才保留—三维度薪酬机制

建立了三维度薪酬机制，员工的薪酬标准主要根据岗位职责、目标承接情况、专业技能等确定，其中：

基本薪酬：就像轮胎的轮毂对整个轮胎的支撑，不同车型的轮毂大小不同；基本薪

酬同样是整个薪酬机制的基础,根据个人岗位目标和职责的不同而不同,能够满足每位员工的基本物质保障。

绩效薪酬:是机制的第二层,就像轮胎的充气层一样,不同的季节胎压不同。绩效薪酬同样根据各岗位承接的战略目标和绩效结果的不同而不同,通过绩效薪酬让员工与企业形成绩效共同体,使每位员工成为企业的职业经理人。绩效薪酬根据岗位类别分为年薪制、分段绩效制、业绩提成制等,并根据各自事前确定的机制进行考核兑现。

分享薪酬:是机制的最外层,就像轮胎的胎冠一样,在不同环境下有无限种可能。企业通过价值分享让员工与企业形成利益共同体,从而实现共创、共享,使员工真正成为企业的"事业合伙人",最终实现"事业共同体(合伙)+利益共同体(分享)=命运共同体",让每一个员工都成为公司的主人。分享薪酬根据各岗位创造价值的大小分为超利分享、股权激励、员工持股等,并根据各自事前确定的机制进行考核兑现。

7. 以质量为基础,塑造国际化品牌形象

(1)企业品牌战略的总体思路和原则

制定符合双星特色的品牌塑造方案以及差异化开发目标,将三个第一品牌作为双星品牌发展目标,即"创轿车安全轮胎第一品牌""创卡客车专用轮胎第一品牌""创新能源车低滚阻轮胎第一品牌",并形成了以"KINBLI""CROSSLEADER"为代表的高端品牌,形成了以"DOUBLESTAR""STAMASTER"为代表的中高端品牌,形成了以"AOSEN""DONGFENG"为代表的中端品牌,品牌矩阵齐全。

创建了"移动星猴"服务品牌。"移动星猴"颠覆了汽车后市场"到店服务"模式,解决了行业服务不规范、上门服务难的问题,以创新地满足用户需求提升用户体验为核心,建立线上线下无缝对接、路上路下无处不在的"移动上门"服务网络;它让每个移动星猴都成为一个创客,实现自我盈利,从而打造"互联网+"服务4.0的汽车后市场生态圈。

通过品牌塑造,双星产品已赢得了全球客户和用户的认可和青睐,品牌的知名度和美誉度得到进一步提升,为尽快实现"创双星轮胎世界名牌"的目标奠定了强有力的品牌基础和影响力。

(2)根据行业特点,制定符合双星特色的品牌塑造方案

中国虽然在十年前就已成为全球最大的轮胎生产国,但到目前为止还没有一个真正的世界品牌,也更谈不上话语权。中国轮胎行业现状可概括为5个"三":

三座山:质量、库存、应收成为企业的沉重负担。

三低:品牌集中度低(进入全球轮胎75强的30家中国轮胎企业销售总额还不到全球第二名的100%);产品附加值低(中国轮胎产量超过全球的35%,但收入仅占20%左右。其中,市场供不应求的高端、高附加值产品更是微乎其微);制造水平低(中国高端充气轮胎的设计、工艺、设备等大都尚处在学习和模仿阶段。特别是在汽车原配市场和参与前端设计方面与国际先进水平相比还有一定差距)。

三难:美国双反、内需下降、橡胶进口关税及产品出口退税。

三降:量、额、利同时下降。

三产:减产、停产、破产企业接踵而至。

行业已到拐点,因此,谁能够抓住第四次工业革命的机会,加速新旧动能转换,实现智慧转型,谁才可能创出中国人自己的轮胎世界名牌。双星结合自身实际情况,对市场进行充分的研究与评估,制定出适合本企业的、可行性的、独具特色的品牌发展战略,不断发展品牌,加强品牌意识。

对品牌进行科学定位。品牌定位是对市场认真分析的结果,双星针对卡客车胎、乘用车胎不同的消费群体,根据不同消费者的购买习惯、需求偏好等特征进行分割。依据目标消费群体的特征进行合理的定位,集中企业的主要精力将企业的品牌做大。

准确的市场定位是品牌经营成功的关键要素。双星从“创双星轮胎世界名牌”的战略层面,采取“三维度市场细分法”对市场进行细分,并确定重点目标市场和顾客群,提供满足不同顾客需求和期望的产品和服务。

维度一:按照地域需求不同细分。针对国外顾客在交货条件、市场准入条件和定价条件等方面的特殊要求,进行相关的技术标准研究和认证,以日韩和欧美市场为主要目标市场。根据国内不同经济区域的发展状况、产品应用行业和区域的成熟度,确定子午线轮胎及智能装备的目标市场,发现新兴市场,引导市场需求,延伸产业链,有针对性地进行品牌推广。

维度二:按行业需求、产品层次与顾客偏好细分。根据顾客的影响力、销量、发展潜力、合作深度等特性对顾客群体细分,针对性的扶植帮助终端顾客发展或对其进行有效的品牌需求引导。

维度三:基于“创造需求、引领市场、服务客户”的市场理念,青岛双星充分调研国家产业政策、行业走向、市场发展趋势等信息,分析未来市场,凭借公司技术研发平台,以新产品研发、老产品替代降成本等方式进行前瞻性品牌建设,预测轮胎产品的应用方式和领域,预见性的推出新品牌,引导顾客和市场的消费需求,从而树立品牌知名度。

确定品牌路线,重视品牌质量。品牌战略是企业品牌经营的指导,是实现可持续发展的前提和保证。同时,质量是品牌的基础,会严重影响品牌的生存和发展,良好的品质是企业创立品牌的基础,能让顾客产生信任和追求感,能让品牌的大厦根基稳固。因此,良好的质量会提高品牌在消费者心目中的地位和认可度,从而增加其销量。所以说,质量的保障是对品牌良好发展的最基本要求。

双星集团秉承“残次品就是废品,废品就要铡掉”的质量理念,建立了超前研发、专业轮胎研发、模块化设计开发、PLM 应用、大数据统计、有限元分析、质量及材料检测分析等平台,实现原材料检测、加工性能分析和成品检测功能,保证产品质量。

(3)品牌影响力不断提升,持续领跑中国轮胎品牌

双星集团加速信息技术与传统制造业跨界融合,以商业模式创新为中心,推进物联网生态圈管理模式,加强对企业的有效管理,品牌形象及影响力显著提升。

2016 年以来双星被国家工信部评为全国“工业品牌培育示范”“技术创新示范”“质量标杆”“绿色轮胎智能制造试点示范企业”“服务型制造示范项目”“绿色制造示

范”,不仅是五年来中国所有企业中唯一一家全部获得六项国家级殊荣的企业,也是唯一一个从品牌、技术、质量、制造、服务全产业链试点示范的企业,并被称为“中国轮胎智能制造的引领者”。

2016 年 9 月 24 日,以“追求卓越品质,彰显工匠精神”为主题的“第四届全国顾客满意度测评活动揭晓大会”隆重召开,双星荣获“全国顾客满意十大品牌”称号,是轮胎行业中唯一获此殊荣的企业。

2016 年,在由《品质汽车》杂志和“车质网”联合主办的“中国汽车品质总评榜”中,双星轮胎被授予“2015—2016 年度品质杰出轮胎奖”的殊荣,这是中国汽车品质总评榜中唯一一个与轮胎相关的奖项。

2015—2017 年,双星集团连续三年进入《亚洲品牌 500 强》榜单,位居中国轮胎企业首位。

2018 年 6 月 20 日,由世界品牌实验室(World Brand Lab)主办的第十五届“世界品牌大会”在北京举行。2018 年度“中国 500 最具价值品牌”榜单正式揭晓,双星轮胎以 416. 58 亿元的品牌价值再次成功登榜,位列第 98 位,位居轮胎行业第 1 位,连续三年领跑中国轮胎品牌。

2017 年 12 月 28 日,由业界权威机构世界品牌实验室举办的“中国品牌年度大奖”在北京正式揭晓。双星集团作为轮胎行业唯一获此殊荣的企业,与华为、北汽、海尔等 35 个国内各领域最顶尖的企业一同荣膺“中国品牌年度大奖 NO. 1”。这也是双星继去年斩获此奖,领跑中国轮胎品牌后的再度蝉联。此外,双星还以第一名的成绩荣获 2017“中国轮胎行业十大影响力品牌”。

2017 年 8 月 8 日,由品牌联盟、中国会展经济研究会联合主办的第十一届中国品牌节在北京顺义隆重举行。双星轮胎凭借在民族品牌中的引领作用,斩获最具含金量的“华谱奖”,成为轮胎行业唯一获此殊荣的企业。

8. 构建科学创新文化体系,引导创新发展方向

企业创新文化是一个企业的灵魂,是企业独具特色的精神支柱,是凝聚人心,鼓舞士气的核心力量,是企业生存和发展的内在动力。双星集团对于如何秉承企业创新文化,创建具有双星特色的创新文化体系进行了认真思考,由按部就班执行转向了秉承与发展。在秉承与发展过程中,结合企业发展使命、愿景与价值观总体目标,通过识别需求、寻找差异点、总结提炼的方法,在充分研讨与分析的基础上,确定了双星创新文化体系建立的基础思路,即秉承 + 践行 + 创新。

(1)企业文化内部推广方式

双星集团充分认识和高度重视企业文化在生产经营管理中的重要地位和作用,把企业文化建设作为“一把手工程”来抓,树立了“文化就是生产力,文化就是效益”的思想,将企业文化建设作为推动二次创业、转型升级,统一人员思想和目标,实现企业使命、愿景、价值观的重要推动力,得到了内部员工及外部用户、相关方的理解与认同,主要做法有以下几点:

固化企业定位、发展理念、价值观。将企业发展中总结提炼的文化理念整理并制作成“双星管理思想与文化”卡片,人手一份,随时随地学习,真正统一思想与行动。

双向强化企业文化传递。内部以《双星》报、《市场创新快报》、《创造需求快报》、《满足需求快报》、宣传栏等教育载体与员工进行文化互动；外部以“双星官网”、“双星文化”微信公众号、“双星轮胎”、“移动星猴”等媒介方式与用户、客户进行互动，传播价值观，统一战略思想。

实施“567”人才学习培训计划。为打造价值观统一、文化素质过硬、专业本领强的骨干员工队伍，以增强全员学习力为切入点，实施“567”人才学习培训计划，将企业文化、专业技能培训与生产经营深入融合。“5”即周一到周五每天1小时的企业文化及专业知识自学；“6”即周六定为集中学习培训日，中层以上人员全部进行集中学习；“7”即一周7天个人累计学习培训时间不低于15学时，让学习成为员工自觉行为，提高学习力和业务技能，增强对企业文化的认识、认知、认同。

(2)以企业文化为支撑，推动主营业务高效、快速发展

企业文化统一了全员思想、价值观，也加速了企业二次创业、转型升级的步伐。双星集团以“创双星轮胎世界名牌”为愿景，正在打造全球轮胎业首个物联网生态圈。双星物联网生态圈由两部分构成：一是以轮胎及智能装备为核心的“工业4.0生态圈”，一是以汽车后市场为核心的“服务4.0生态圈”。双星打造物联网生态圈的最终目标，是建立起开放、共享的网络平台、技术平台、制造平台、金融平台，成为一家以用户体验为核心、实现大规模定制、可以提供全方位创新服务的互联网平台企业。

2016年6月，双星全球轮胎行业第一个商用车胎全流程“工业4.0”智能化工厂全线投产，2017年7月，双星全球领先的轿车胎全流程“工业4.0”智能化工厂全线投产。至此，双星成为全球轮胎行业唯一一家同时拥有卡客车胎和轿车胎全流程“工业4.0”智能化工厂的企业。工厂中的设备包括11种智能机器人80%是双星自主研发和生产的，将人工效率提高了3倍，产品不良率降低了80%以上。

“服务4.0生态圈”即通过双星轮胎切入，建立以“O+O/E+E”为特征、开放的汽车后市场服务4.0生态圈。而双星打造物联网生态圈的最终目标，是建立起开放、共享的网络平台、技术平台、制造平台、金融平台，成为一家以用户体验为核心、实现大规模定制、可以提供全方位创新服务的互联网平台企业。互联网时代，一个不一样的双星正在浴火重生。

“研发4.0生态圈”将整个研发流程从需求管理收集、竞品分析、配方管理、轮胎结构设计、施工设计、试做试验等各个阶段的业务纳入平台进行规范的管控，每一个环节都实现规范化的业务管理和执行，以及专家向导式的智能化产品设计，设计成果将改变以往手工作业的方式，自动化、图形化地进行呈现。批量变更管理能力则使得所有相关数据能够快速响应业务的变化。整个业务流程过程中，支持建立双星产品定制化的智能运营模式，支持和用户融合的信息交互。所有的研发数据通过在线设计，分类管理到PLM平台，进行统一管理，基于自动化、电子化流程进行审批、冻结、发布和授权。发布的数据通过流程触发，实时传递到其他相关系统，各个系统互联互通。整个业务过程中，始终处于数字化项目计划、执行、反馈、监控、调整的在线项目闭环管理，同时支持资源、进度、交付质量、成本、绩效的在线监控协同。

双星集团把企业文化融入企业发展全过程、融入生产经营管理全过程、企业转型

升级全过程，进一步推进企业文化建设全面落地，也推动了企业主营业务的发展。

（二）企业创新成效

双星集团通过企业创新驱动，推动大数据、人工智能和轮胎实业的深度融合，集成创新云计算应用于轮胎产品的全生命周期，创建轮胎产业链协同制造模式，搭建覆盖从用户需求、产品设计、研发、柔性生产智能制造、供应链和金融等关键环节的全流程“轮云”创新发展模式，为传统轮胎企业转型升级提供标准化解决方案。

1. 推动互联网、大数据、人工智能和轮胎行业的深度融合

轮胎企业智能工厂建设是提高轮胎制造业生产效率、提升轮胎制造水平、促进安全生产和节能减排的重要手段。双星集团的智能制造基于物联网，将大数据、人工智能充分创新性地应用到轮胎协同制造服务平台，推动轮胎行业转型升级快速发展。实现互联网、大数据、人工智能和轮胎实业的深度融合，解决了我国轮胎制造业生产效率低、生产过程物料管理能力差、生产数据不能及时上传、生产调度难，排产不合理、生产过程信息孤岛、质量难控制、制造技术与管理落后、生产与销售脱节及三包理赔责任难界定等问题，对提升轮胎制造业核心竞争力、带动我国轮胎制造业跨越发展具有重大意义。

双星集团通过柔性化轮胎智能装备和生产管理系统的开发，建设模块化智能工厂，实现轮胎的小规模生产，可以标准化定制。模块化智能工厂轮胎柔性生产管理系统以生产为中心，将各个相关部门有机结合起来，形成一个完整、灵活、高效的生产系统。在已有的设备条件下，通过合理化安排生产，最大效率地利用设备、人力，提高信息传递、处理、反馈速度与能力，来实现最大可能的生产灵活性，在满足市场需求的同时，可以减少资金占用，缩短投资回收期，推动互联网、大数据、人工智能和轮胎行业的深度融合。

2. 加快新旧动能转换，形成智能制造新模式、新业态

双星集团建成达到国际领先水平的轮胎产业智能工厂示范生产基地，根据轮胎企业的生产和管理现状，针对轮胎制造业企业的研发设计、生产控制和企业管理现状以及行业发展需求，开发出轮胎制造行业的专业管理系统；实施面向轮胎企业的轮胎产品设计、制造和管理的应用与示范；支持轮胎制造业的信息技术的深化应用，满足轮胎行业产品创新和管理创新的信息化需求。构架出轮胎企业信息化管理的平台，实现轮胎全生命周期生产过程的质量监管和控制。双星试试物联网生态圈战略的实施，显著提升轮胎制造业企业的智能化水平，增强轮胎企业的自主创新能力和核心竞争力。同时，培养一批专业人才，创新轮胎制造业专业化生产及服务模式，建立轮胎制造业应用示范企业，并将在轮胎制造业中开展推广应用；建立、完善技术研发、典型示范、应用推广、技术服务体系，形成完善的轮胎制造业一体化组织工作体系和轮胎制造业信息化良好的发展环境，推动轮胎制造业转型升级和可持续发展。

因此，双星集团基于互联网的“轮云”创新发展模式的实施将从根本上改变我国轮胎企业现有生产模式，大幅提升轮胎装备的信息化和智能化水平，提升轮胎研发制造全流程管理决策水平，在行业内推广后，促进轮胎产业实现协同制造的新模式、新业态。

3. 形成轮胎行业绿色节能新规范，推动“美丽中国”建设

双星集团创新驱动，在基于互联网的“轮云”创新发展模式的要求下，建设绿色轮胎智能制造工厂，有利于提高轮胎制造业生产效率、提升轮胎制造水平、促进安全生产和节能减排。从四个方面实现“绿色节能”：

研发：研发新型结构及配方，采用超高强骨架材料；以有限元分析优化轮胎轮廓及材料分布，降低轮胎的重量，达到降低滚阻，降低噪音，提高使用寿命的目的。

原材料：采用溶聚丁苯橡胶、高分散白炭黑、量子点石墨烯等，减少轮胎的滞后损失，降低汽车油耗。

制造过程：智能制造工厂可以最大限度地摒弃人为因素，从而剔除设计冗余；硫化新工艺可以减少橡胶中的双硫键含量，从而降低生热。

循环利用：双星集团成功研发废旧橡胶轮胎循环利用装备，并建设废旧橡胶轮胎循环利用基地，回收废旧轮胎、橡胶制品等，变“黑污染”为“黑金”。

结合先进轮胎全流程制造工艺，能够大幅度提升轮胎均匀性、动平衡，降低轮胎滚动阻力和噪音，提高轮胎抗湿滑性能，缩短轮胎刹车距离，延长轮胎寿命。应用该工艺制造出的轮胎可以达到欧盟、美国等国家和地区的标签法规定的标准，符合绿色轮胎要求，推动了“美丽中国”的建设。

双星集团产品出口欧美、非洲、东南亚、中东等200多个国家和地区，基于互联网的“轮云”创新发展模式推行之后，产品研制周期缩短约50%，生产不良率降低80%以上，生产效率提高两倍以上。近三年，企业经济效益持续增长，2017年利润增长38%，成为行业排名第5名，全球行业排名第23名的国际轮胎。

三、小结

作为一个具有97年历史的企业，双星集团在“三化两圈”战略思想指导下，打破传统集中式生产方式，以技术创新为主要研发模式，推行基于互联网的“轮云”创新发展模式，实现大规模个性化定制，并在行业首创“1+3目标管理体系”，建立“参与约束、激励相容”的考评机制，借“互联网+”“中国制造2025”和国企改革等契机，变“新常态”为“新抢态”，抢先从“汗水型”走向“智慧型”，率先建立了全球轮胎行业首个全流程“工业4.0”智能化工厂，率先创立了开放的“服务4.0”和“工业4.0”生态圈，实现传统制造企业向智能制造企业转型。

双星集团将继续不忘初心、牢记使命，按照高质量创新发展的要求，坚定不移地发挥行业创新示范带头作用，率先做出创新驱动转型的样板，争做具有全球竞争力的世界一流企业！

第十二节　北汽福田

一、企业概况与技术创新模式

北汽福田汽车股份有限公司(以下简称福田汽车)成立于1996年8月28日,1998年6月在上海证券交易所挂牌上市,是一家跨地区、跨行业、跨所有制的国有控股上市公司。

福田汽车的前身是山东诸城机动车辆厂,1996年成立北汽福田汽车股份有限公司。2000年,福田汽车总部整体从山东迁到北京,以北京为中心整合资源,开始了商用车和乘用车多业务发展的战略转型。在发展过程中,福田汽车始终把产品创造当作核心业务来抓,1996年公司成立之初就设立了车辆技术研究所,2011年更名为福田汽车工程研究总院,作为福田汽车的产品创造中心已形成强大的整车与核心零部件的研发能力。截至2017年底,福田汽车累计研发投入达84亿元,专业研发人员8200余人。特别是2007年成立的福田汽车节能减排重点试验室使公司的研发工作上了一个新台阶。

福田汽车从一家仅能生产农用车和轻型卡车的地方企业,成长为产品品类齐全,业务遍及全球的大型国际化企业。目前,公司的业务范围主要涉及汽车与新能源汽车、工程机械、新能源、金融、现代物流、信息技术服务等六大产业,形成了由商用车、乘用车和汽车服务构成的三大业务集群。福田汽车产品的一大亮点是新能源汽车,公司紧跟新能源汽车技术潮流,不断开发更加节能环保的产品。节能与新能源产品覆盖了产品线的各个领域,新能源车的年产销量已经达到12000台,其中纯电动大客车的年产销量达1400台。福田已经成为中国新能源汽车产销量最大的企业之一。

随着业务版图的不断扩张,福田汽车的分支机构已经遍布全国乃至全球,在北京、山东、河北、湖南、广东等多个省市区拥有整车和零部件事业部;10个整车工厂分布在全国五个省市区;在北京成立了2家合资公司,分别是生产世界一流柴油发动机的福田康明斯和生产高端重卡的福田戴姆勒;在中国、日本、德国等国家和地区设有多家研发机构;在全球20多个国家建立了制造基地;产品出口到了110多个国家和地区。

福田汽车全球总部位于北京市昌平区,作为公司的全球创新中心、业务管理与运营中心发挥着指挥中枢的作用。

福田汽车结合全球汽车研发资源的属地优势,以北京工程研究总院为核心,各属地研发机构为网络,开展以自主研发为主、国际化研发为辅的技术创新工作;充分利用日本、德国汽车有利资源和人才优势,提升福田商用车世界标准的研发能力;通过印度、巴西等属地化研发能力建设,提供满足区域市场的拓展产品。

二、企业创新影响力实践——以“创新驱动，结构调整，全球化”为主线，打造科技创新型企业

（一）企业主要创新活动

1. 创新战略思路

根据福田汽车中长期产品战略规划要求，结合《福田商用车产品特性战略及技术要求》及商用车行业未来技术发展趋势、法规要求、专利平台资源和公司平台化、模块化战略要求，特制定福田汽车技术战略。技术战略规划原则见图 2－9。

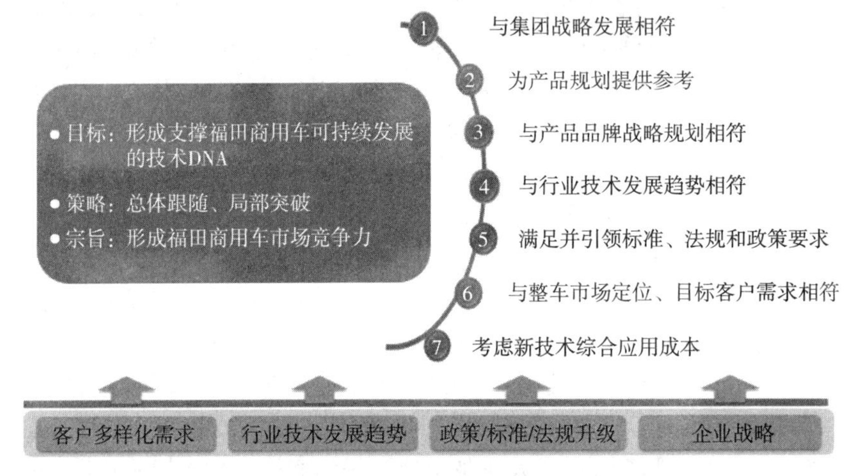

图 2－9　技术战略规划原则

根据技术战略原则完成技术战略规划框架（见图 2－10）。

（1）企业技术中心组织机构设置

结合全球汽车研发资源的属地优势，福田汽车技术中心建设以北京工程研究总院为核心，各属地研发机构为网络的全球研发布局，在全国各地工厂及事业部共设立 9 个二级研发中心；充分利用日本、德国汽车有利资源和人才优势，分别建立了研发中心，提升福田商用车世界标准的研发能力；通过印度、巴西等属地化研发能力建设，提供满足区域市场的拓展产品。

（2）知识产权创新制度建设

福田汽车高度重视知识产权制度流程的建立，为保证知识产权工作有规可循、有章可查，进行了大规模的知识产权制度流程建设，主要包括知识产权管理制度、保密制度和技术资料档案管理制度。

（3）人力资源创新管理

“十二五”末期，福田汽车在“1＋N”管理模式基础上，转型升级为“产业控股公司＋业务集团”管理模式，完成顶层架构设计与管理体系搭建，形成了面向客户、面向业务集群、面向业务流程、面向绩效的三大业务集团，定位清晰、方向明确、有效运转，业务能力与

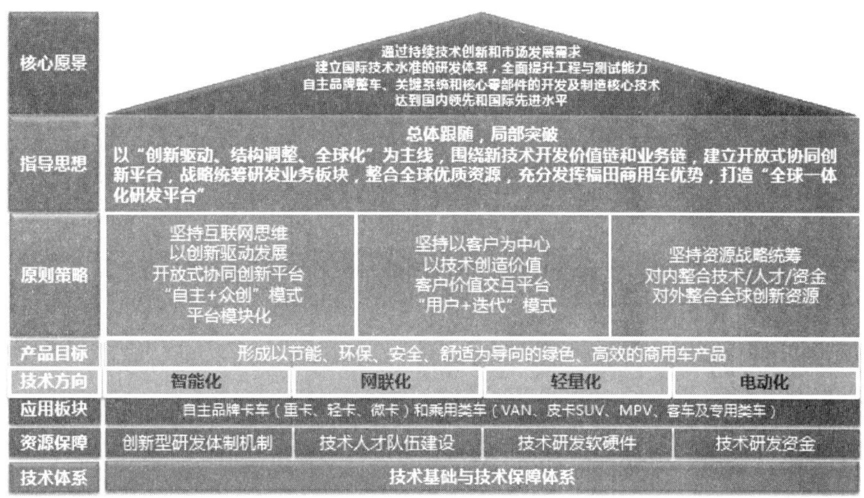

图 2－10　技术战略规划框架

工作效率明显提升。在集团管理创新与模式转型的大背景下，人力资源管理本着助推业务发展、服务支持员工的原则，以提升集团人力资源核心竞争力、保障业务发展人才需求、提升员工满意度为目标，不断推进人力资源管理模式的转型升级，大力推进人事与薪酬制度改革，不断完善员工绩效管理与任职资格体系，成立企业大学，支持集团战略目标实现。

（4）合作创新

遵循“战略互赢、优势互补、全球化”的合作原则，福田汽车已与戴姆勒、康明斯及 ZF 等合作伙伴建立了研发、销售、咨询等不同的战略联盟关系，并逐步推动战略供应商建设。2016 年，福田公司已经建立了成熟、稳定的战略合作管理体系。

通过多年的合作，福田已形成了战略联盟体系化管理，包括建立了合资公司、研发、销售和咨询等分类、分层的管理体系，不同的联盟类型由集团不同的职能部门和业务单位牵头管理；形成了从业务开发、项目运作和项目后管理的全生命周期管理的战略联盟运作管理流程，规范了业务管理流程；建立了项目绩效管理体系和合作伙伴管理体系，为有效、可持续地促进与国际合作奠定了重要基础。

（5）科学构建了福田工业 4.0 发展战略

2016 年，福田汽车在“中国制造 2025”和“互联网＋”的战略引导下，发布了“一云、四互联、五智能”的福田汽车工业 4.0 顶层发展战略，进行了对智能产品、智能工厂、商业智能、智能管理、智能制造的积极探索和实践，搭建了基于互联网架构的私有云平台，建设了大数据中心，试制了无人驾驶样车，规划了自动化高、数字化强的智能工厂，车联网覆盖了公司汽车全系列，互联网营销驱动了公司商业模式的转型，超级卡车更是在全球范围进行了有效价值传播。

面对新能源、互联网、智能制造的新浪潮，福田汽车全体员工充分认清形势，坚定信心，迎难而上，紧紧围绕“福田汽车 2020”战略，执行“商业模式、科技创新、管理创新、人才开发、全球化”的经营方针，不断创造内部机遇，抓住外部机遇，加强战略绩效、产品创造、商品制造、服务支持和制度与文化等“五大能力”的建设，不断加快商用车从低端向高端、商用类向乘用类、国内向国外、黄金价值链延伸和制造业向服务业等“五大转型”的步伐。近年来，福田汽车产品结构中高端产品和乘用类产品的比重不断大幅上升，海外市场的销量贡献度越来越高，发动机、改装车等延伸业务的取得了长足进步，制造业向服务业转型也初见成效。

2. 体制与机制创新

福田汽车实施产品创造业务转型以来，项目管理能力和工程开发能力都得到了明显的提升，产品交付延期月数也从2012年的16个月降低到2017年的3.5个月，优于行业上平均延期6个月的水平，见图2－11。

图2－11　2012—2017年订单交付延期情况趋势图

(1)总监负责制，创新以业务为核心的责任机制

福田汽车采用集团行政领导兼任产品总监的制度(见图2－12)，建立了产品总监绩效评价体系，将产品总监团队主要成员的工资与关联业务销量直接挂钩，引导新产品开发团队更多地关注市场转化效果，对各产品平台的项目群的产品规划、项目开发与商品运营业务进行统筹管理；规划总监和平台总监相互协作，支持产品总监工作。各事业部和事业本部的业务负责人重点管理各自品牌市场规划及产品规划。

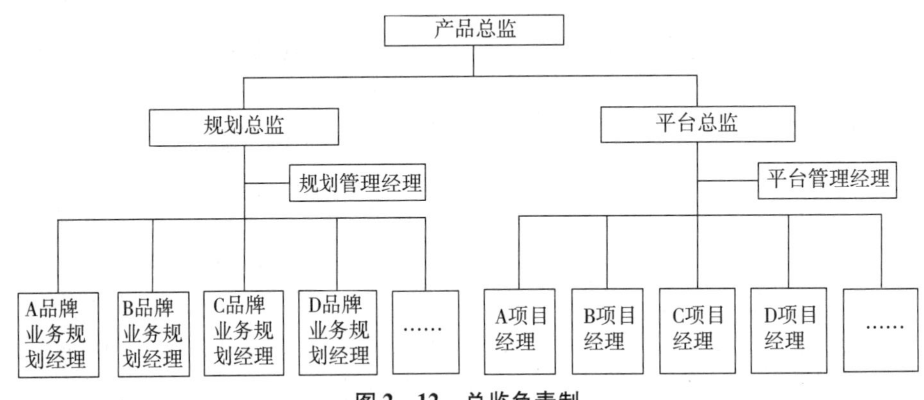

图2－12　总监负责制

在业务总监的领导下，建立以产品创造项目经理为核心，以11大业务为支撑的项目组织，组织和协调公司各专业资源投入产品创造活动中，极大地提高了在产品创造活动中部门之间的协同效率(见图2－13)。

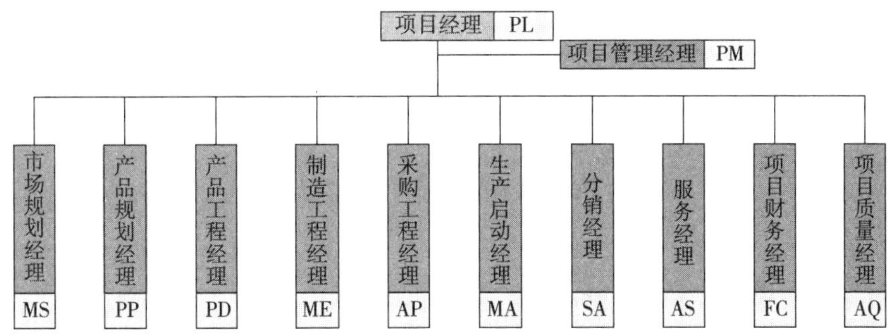

图 2-13　以项目经理为核心的项目组织

(2)绩效挂钩,创新以绩效为导向的激励机制

根据不同项目绩效指标对项目工作的不同导向,福田汽车产品创造绩效评价指标代表着公司从不同的评价维度对产品创造项目进行衡量(见图 2-14)。福田商用车产品创造项目绩效由 6 个绩效要素构成,通过项目计划、质量、成本三个过程管理指标及销量一个后评价指标构成,反映项目运行健康状况;项目收益、项目预算作为项目运行监控指标,进行过程管理监控。其中,质量指标既作为过程管理指标,也作为后评价指标。

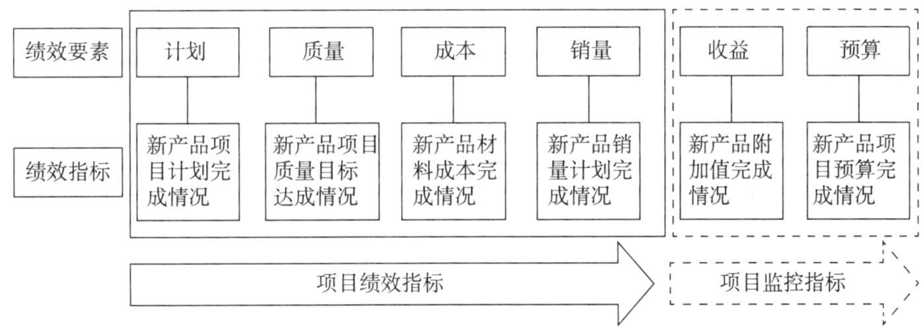

图 2-14　以绩效为导向的激励机制

根据产品创造系统的不同角色分工,项目组各角色和专业部门承接不同的项目绩效,参与项目的专业部门根据其管理职责和能力分工,承接不同的项目绩效。项目核心团队成员,按月度进行绩效评价;能力部门项目绩效依据各项目群项目绩效整体状态,按月度进行评价,以衡量其对产品创造项目的支持力度和工作成果。

(3)规范流程,创新以交付为导向的协同机制

福田汽车通过对标行业先进标杆,结合自身实际特点,建立以满足市场需求的端到端的产品创造体系——福田商用车整车开发体系(Foton Commercial Vehicle Development System,FCVDS)。

FCVDS 阐述了产品创造过程中最为关键的组成部分,为达成产品创造过程中项目目标,统一公司各业务对产品创造过程的认识,指导产品创造团队进行项目策划、业务协同、过程管控、状态报告和项目交付管理,规范产品创造各业务的工作开展。

福田产品创造体系(见图2-15)为福田公司的产品创造任务提供了方向指引,在产品创造中起到了非常关键的作用:

①提供了市场需求—产品规划—工程开发—市场投放全过程的线路图;

②标准化整车开发项目的任务分解结构(WBS),确定整车开发项目范围;

③通过整车开发流程的不断优化,持续提升项目开发效率与产品质量;

④建立统一的、标准的工作语言,支持整车开发各业务的协作。

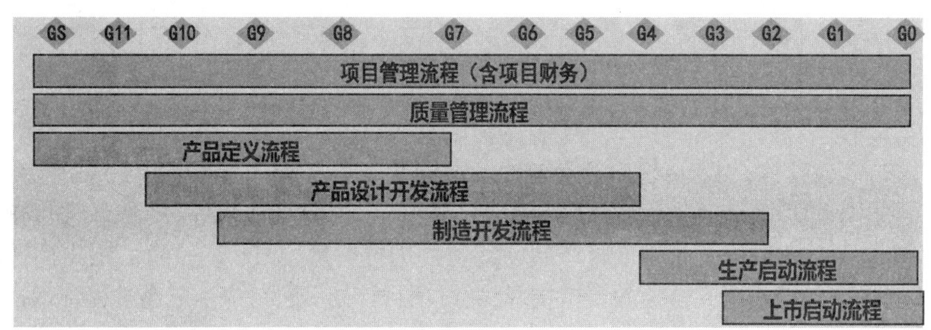

图2-15　产品创造体系

3. 研发支撑体系建设

(1)企业技术中心组织机构设置

结合全球汽车研发资源的属地优势,福田汽车技术中心建设以北京工程研究总院为核心,各属地研发机构为网络的全球研发布局;充分利用日本、德国汽车有利资源和人才优势,提升福田商用车世界标准的研发能力;通过印度、巴西等属地化研发能力建设,提供满足区域市场的拓展产品。

工程研究总院组织设置:

福田汽车企业技术中心的核心——工程研究总院,是集产品设计、工程开发与产品验证为一体的研发机构,是国家认定的企业技术中心,多次承担中国产、学、研科研项目,并多次获得北京市和国家级奖项。目前工程研究总院下设16个中心,2个分中心,2个部门,员工两千多人。

商用车研发业务始终贯彻集团横向一体化战略,围绕“平台+需求”,交付“世界标准、中端产品”的产品。通过与优秀业务伙伴的合作,实现业务的跨越式发展,建立商用车世界级高水平的工程与测试能力。2016年根据集团组织设置原则,工程研究总院对14个中心/部门的组织及业务进行优化,重点对动力传动、电子电器等研发业务进行了重新规划;同时创新了虚拟组织管理模式,以信息化方式进行会议决议项管理,促进管理效率的提升。

二级研发机构设置:

福田汽车根据战略目标及业务发展需要,在全国各地工厂及事业部共设立9个二级研发中心。截至2017年1月,二级研发属地中心人员共计达两千多人。根据承担业务将其划分为集团业务二级中心和SBU业务二级中心两大类,其中集团业务二级中心主要负责授权业务商品改进及扩展产品开发和技术管理等;SBU业务二级中心主要负责授权业务全新与换代产品开发、商品改进及扩展产品开发和技术管理等。

海外研发机构设置：

福田汽车日本研发中心成立于2004年，位于东京，拥有研发人员150余名，整合利用日本的研发测试资源，形成轻型商用车的技术趋势研究、驾驶性、人机工程、精细化和主观评价等能力；在新一代高端轻卡开发中，日本研发在造型设计、NVH和制动性能调校、车身精细化等方面投入了大量工作；按照日本标准对轻卡产品进行了基于客户需求的商品性评价工作。

德国研发中心成立于2010年，位于斯图加特，拥有员工近200名，负责中重卡的先行技术研究、欧洲研发资源的整合、平台模块的概念设计、动力传动系统的集成标定、可靠性设计和功性能的测试评价。在整车开发项目中，德国研发开展了发动机、自动变速箱的标定和匹配工作，并在欧洲典型道路试验场进行测试，为福田商用车进入欧洲市场奠定基础。

(2)产学研结合

福田汽车自成立以来非常重视与高校以及科研院所的合作。多年来，福田汽车与清华大学、江苏大学、北京航空航天大学、天津大学、同济大学、北京理工大学、吉林大学、北京交通大学等高校以及山东省农业机械科学研究所、国家钢铁材料测试中心、中国汽车技术研究中心、武汉汽车车身附件研究所、长春汽车研究所科技服务部、钢铁研究总院等单位有着深入和广泛的合作开发及技术服务。

2014—2016年，福田汽车与各高校及科研院所合作30余次，为高校和科研院所支付的科研费用超过2000万元。合作课题包括国家863项目、科技部项目、北京市科委项目、企业开发项目、整车及零部件多项性能测试及验证、技术服务及咨询等多个方面。产生出多项成果，其中包括“面向产业化的纯电动公交车开发及应用关键技术研究”“燃料电池增程式物流车关键技术研发和示范”等863项目，在汽车行业属于领先技术。

(3)企业技术创新基础设施建设

福田汽车节能减排重点试验室是以汽车节能减排为核心业务的国家级重点试验室。其主体建筑面积为13380m^2。2010年先后投资6029.5万元和4090.9万元，用于基础设施建设、设备更新及技术升级改造，已建成并投入使用建筑面积为18288m^2的现代化新型试制车间；先后引进了中重型柴油机后处理试验室排放系统、后处理试验台架、发动机直采排放分析系统、发动机低温冷启动仓系统、三坐标测量系统、气态污染物测试系统、颗粒物测试系统、换挡质量评价系统等国际国内先进的核心试验设备30余台(套)。

截至2017年底，其已拥有各类设备467台(套)，原值20415.77万余元，新增设备104台(套)，原值3998.75万余元。已具备以汽车排放和能源消耗的验证为突破口，以室内、室外两种测试渠道为手段，涵盖了整车、发动机及零部件三个验证层级的试验验证能力，并集中建设了高低温高海拔的环境模拟、国Ⅲ、国Ⅳ及升级的排放分析、全系列汽车及发动机的燃油经济性评价等核心能力。

为了不断提升重点试验室整体验证能力，打造世界级民族汽车品牌，重点试验室根据福田集团2020战略，认真地对重点试验室进行组织规划，围绕动力系统验证、零部件验证、试制验证、整车验证及新能源测试五大验证业务开展工作，建立商用车、新能源汽车全维度的验证技术平台，建设独特的小型试验场地，构建与国际标准法规同步的安全、环保、节能和可靠性技术测试分析能力，要用3～5年时间，把重点试验室建设成为国内知名的汽车试验室，用5年或更长一段时间，把重点试验室建设成为国际知名的汽车试验室。

①试验设施建设

轻型车环境测试能力的提升与扩展：建立总投资为1950万元的一套德国进口的温度为－40℃～＋60℃、相对湿度20%～95%、阳光模拟1200W/m^2、地表加热75℃的乘用车类高温高湿环境舱。

带环境模拟的新能源电机和电池试验能力的建设：建立两套英国进口的温度为－42℃～＋95℃带环境舱的新能源电机电池试验室，其中一套为乘用车及轻型汽车测试用，另一套为中、重型汽车测试用。

液压伺服台架试验系统的建立：建立一套美国进口的乘用车和轻型车的系统部件台架结构耐久性试验设备，实施系统部件的单向多向的常规加载试验、分级程序加载试验以及道路模拟试验。

TDM系统的全面上线：一期对产品开发过程中零散的试验数据、相关资源等内容进行集中整合与管理，并且进行试验数据的规范化控制，实现了试验数据信息的全方位管理、试验数据的分析与后处理、试验资源有效管理等功能。二期目前正在开发中，开发目标为实现任务完成情况逐级查询、试验费用预算执行情况统计、报告网上审批等功能。

VRTS系统的全面上线：一期已实现车辆实时监控、车辆定位及状态监控、车辆行驶历史记录回放、街道地图及航拍地图功能、车辆超速报警功能、里程统计功能、行驶路线管理、行驶路线设定及车辆越界报警。二期已实现CAN数据管理功能：CAN总线实时数据、车辆性能数据管理、车辆故障信息管理及车辆工况数据处理分析等功能，成为产品开发试验不可或缺的重要手段。

整车性能分析设备：公司拥有专业的NVH、碰撞安全、可靠耐久、操稳平顺、CFD、材料环保、驾驶性等性能方面的研发团队，拥有国内先进的动力总成半消音室；拥有国内先进的NVH测试分析仪器设备：LMS振动噪声测试分析系统4套，模态测试分析设备1套，B&K噪声源识别系统1套，传递路径分析系统，超声波漏声检测系统1套，激光测振系统1套，声品质评价系统等。

材料试验设施：目前具备基础的材料性能检测、材料认可、材料入厂检验、失效分析等方面工作，为公司各车型在前期研发及量产阶段提供材料试验方面的技术支持。现在有失效分析室、力学试验室、声学试验室、老化试验室、材料热力学试验室等7个材料检测室。试验室面积约400m^2，拥有各类先进检测分析仪器35台/套，光谱仪、金相显微镜、氙灯老化箱、XRF等均为进口设备，处于国内先进技术水平。

②试制检测设施建设

试制中心2013年起投入使用了12m三坐标测量系统、6m三坐标测量系统，最大的有效测量范围达到了12m，用于研发阶段的白车身、零部件、模检具的检测及功能模型的匹配工作，加之原有的桥式三坐标测量机、关节臂测量机，试制中心具备测量间及现场各种不同工作环境下的检测工作，具备大尺寸、关键零部件的精密测量及内外饰的综合匹配能力。其中12m三坐标测量系统及桥式三坐标测量机为福田汽车节能减排重点试验室结构检测室的受控设备，承担了重点试验室的结构检测工作。

2014年起投入使用商用车检测系统、乘用车检测系统，两套系统均采用国外设计制造的全进口设备，可以检测轴重15t以下的商用车，及乘用车的制动、灯光、侧滑、排放等功性能参数，其中关键设备制动台的重复性精度及示值误差≤1%，达到了国际领先水平，使产品质量得到了有力保障。

2014年建成的车身焊装区投入使用，焊装区共计13种80余件设备，关键仪器均采用进口设备，完成了福田第一台自主研发轿车的白车身的焊装，填补了车身试制的空白，达到了国内先进水平。2015年、2016年分别在原有的区域、设备的基础上购置及调整新的焊装设备及工装，完成了乘用车新开发两款车型的车身焊装工作。

③信息化设施建设

信息化建设是企业技术创新的重要基础保障，是提高产品开发效率、质量的工具与手段。研发IT信息化建设是以集团战略目标为指导思想，针对研发业务现状评估发现的问题、信息化建设的需求和确认的战略方向，借鉴行业标杆，吸取优势，实行统一规划、分步实施、加快推进、持续改善。保证为研发业务技术创新提供持久、有效的IT支撑。

近年来，技术管理中心逐步实现研发IT信息化对产品研发业务的全价值链覆盖，陆续实施完成了对产品数据管理、问题管理、试验管理、项目管理、知识管理、标准法规管理、竞品管理、材料管理、工时管理、技术出版物等业务的IT系统建设，并全部成功上线运行，为产品研发技术创新提供有效的管理手段。

随着集团2020战略，以及集团“转型与整合增长·创新与互联互通”的提出，技术管理中心从服务集团战略高度出发，提出“基于数字化科技创新IT手段，构建支撑平台化、模块化、一体化业务的协同研发IT平台”，更好地支持产品订单的交付，并为OTD业务提供全配置的产品资源。

2017年，研发IT的工作目标与思路主要围绕提升研发验证业务能力和产品数据管理为核心，同时做好BOM管理、协同设计与DMU项目等系统的推进与管控。2017年重点项目主要有BOM管理系统、协同设计与DMU、电子配件EPC和售后服务技术文件STMS系统。

未来，信息化建设需要进一步加快推进，持续完善。在数据方面，在数据增大、多样性、快速增长的背景下，通过信息化手段快速收集、存储、管理、使用呈指数增长的数据，同时保证数据一致性、准确性、有效性，为技术创新提供全面的大数据支持；在流程与协作方面，借鉴互联互通概念，实现市场、开发、工艺生产等各环节之间流程的规范与高效协作，提高流程的相应效率与速度，实现互联互通，是快速应对市场变化、赢得市场竞争力的关键；在基础支持上，搭建网络硬件、设计工具、办公OA以及支持各部门提升效率的IT系统能够持续跟进，满足各业务的需求。

4. 知识产权管理

(1)知识产权总体战略

集团法律与知识产权部是集团知识产权管理工作的核心部门,围绕福田汽车2020战略规划,作制定了集团知识产权战略规划:“通过知识产权主导产业链、控制价值链和分配供应链的工作愿景;建立了提升无形资产占公司资产的整体比重,开展知识产权资本化运营实现新的利润增长点的战略目标。”

(2)知识产权工作组织体系

福田汽车自成立至2008年,知识产权管理属于知识产权业务探索的过程,知识产权业务主要根据公司开展业务需求开展知识产权相关工作,在知识产权战略及规划方面没有指定明确的目标;在管理方面,除商标业务由集团统一管理外,专利业务和其他知识产权业务均由各单位根据实际运行中的需求进行自行管理,导致集团的知识产权工作没有形成系统的管理模式。

依据本阶段目标,福田汽车围绕知识产权创建、管理、保护和应用的角度进行业务设计,包括:

在专利业务工作领域,通过创建、保护和应用三个维度进行管理,具体为:

在创建方面:在专利业务方面建立了三年2000件的专利申请目标;

在知识产权管理方面:专利业务方面制定了集团专利管理委员会和知识产权部两级的管理模式;

在保护方面:制定了嵌入研发流程的专利布局和预警制度;

在应用方面:建立了知识产权信息分析利用与公司业务结合的机制,通过一系列的业务设计和规划为后续知识产权工作奠定了基础。

在商标工作领域,随着公司的发展不断探索,将注册策略从最初的简单保护性注册发展到防御性注册,从国内注册发展到全球注册,从创造到运营,从保护发展到进攻;商标管理工作也从商标注册基础业务发展至涵盖查询、注册、预警、维权、运营全方位的商标管理。

专利工作从边缘职能到重要组成,需要公司内部自上而下宣贯与推行。福田汽车于2009年在集团层面推动设立公司知识产权与品牌管理委员会和专利管理委员会,品牌管理委员会由公司总经理担任主任,专利管理委员会由主管公司研发的副总经理担任主任,副主任包括集团常务副总经理、工程研究总院常务副院长、法律事务部经理,委员包括制造部门、研发部门和相关职能部门的领导。知识产权与品牌经营管理委员会负责集团知识产权与品牌的战略规划、评审与决策、集团品牌体系的建设评审与决策、重大商标注册事项评审与决策以及年度知识产权费用预算等重大工作的决策等,并按季度召开公司级的知识产权例会。专利管理委员会负责集团专利战略规划、年度专利工作计划的审核批准、年度专利费用等重大工作决策。品牌管理委员和专利管理委员会开展工作行使职能的方式为季度例会制度。

(3)知识产权主要管理制度

福田汽车在开展知识产权工作的同时,还结合目前福田汽车业务开展的特点和知识产权的具体特点建立了《知识产权管理办法》《知识产权激励管理办法》《知识产权申请细则》《商标管理办法》《著作权管理办法》等 20 余项管理制度,从而规范和优化了福田汽车知识产权各项业务的工作流程。

知识产权获奖情况:福田汽车先后获得第十二届中国专利金奖、第十三届中国专利奖外观设计优秀奖、全国专利系统先进集体、北京市千件专利企业、国家审查员实践基地、北京市知识产权示范企业联谊基地、国家第二批全国企事业知识产权试点单位、北京市专利示范单位、首批中关村知识产权领军企业等荣誉。

知识产权许可与转让获益情况:福田汽车与戴姆勒进行专利许可和转让,转让 7 件、许可 18 件,已签署合同并备案成功;福田汽车和奔驰 - 戴姆勒公司的中重卡合资项目实现外方企业全额现金出资,中方企业出资额中有 28 亿元人民币是经评估的知识资产,其中专利权、技术秘密等知识产权资产占 4.6 亿元,品牌出资达到 15.2 亿元,并且将自主品牌"福田欧曼"在新合资公司中得以保留,成为中国汽车改革开放 30 年以来的首例。合资项目在中国范围内以福田品牌出售,并每年戴姆勒公司向福田汽车支付 1500 万元的技术许可使用费。通过与福田戴姆勒的合资,极大提升了福田的产品力和品牌力,提高了消费者对欧曼品牌的认知,加深了全球汽车行业对福田汽车的现有实力和未来发展潜力的认可。这充分表明,品牌可以成为超越土地、房屋价值最高的出资,品牌可以作为战略合作的最大筹码和棋子,成为合资合作的谈判关键,民族品牌只要经营得好也可以主导与跨国品牌的合资。

知识产权维权情况:除了商标注册及商标管理,福田汽车也非常重视品牌资产的维护。首先,将母商标和重要子商标通过代理机构进行全球监控,及时发现并阻止侵权申请;其次,在国内外利用行政、诉讼等多种手段打击一切侵犯商标侵权行为,维护良好的市场秩序,为市场竞争扫除障碍。福田汽车通过建体系,育文化,搞联动,加强与公安局、工商局、海关等行政机关的联动,利用外部代理机构等专业资源,培育集团的维权文化,建立打假体系,对福田品牌进行全方位保护,助福田品牌价值腾飞。

5. 人才队伍凝聚

在"十二五"末期,福田汽车在"1 + N"管理模式基础上,转型升级为"产业控股公司 + 业务集团"管理模式,完成顶层架构设计与管理体系搭建,形成了面向客户、面向业务集群、面向业务流程、面向绩效的三大业务集团,定位清晰、方向明确、有效运转,业务能力与工作效率明显提升。在集团管理创新与模式转型的大背景下,人力资源管理本着助推业务发展、服务支持员工的原则,以提升集团人力资源核心竞争力、保障业务发展人才需求、提升员工满意度为目标,不断推进人力资源管理模式的转型升级,大力推进人事与薪酬制度改革,不断完善员工绩效管理与任职资格体系,成立企业大学,支持集团战略目标实现。

推进人事制度改革,通过职位体系改革、人员结构优化、退出机制建立等措施实现"调结构、提效率、增效益"的管理目标,实现人才队伍素质结构的不断优化与组织活力的不断提升。

人才管理机制升级,五项改革促进人才发展。福田汽车通过完善人才的评价、选拔和任用机制来识别并用好最优人才;通过完善人才培养机制以持续补给高质量的人才;通过人才退出机制的建立来保障人才平衡流动,建立"能上能下"的用人机制;通过人才管理权限的授权与监控来提高人力资源管理效率和明确责权利；通过薪酬激励体系和分配机制的优化，即职位价值定宽带、能力和绩效定标准、绩效贡献定收入、长期与当期相结合、调薪有侧重来实现集团和员工的双赢。

人才结构持续优化，大力培养年轻干部。在"提拔70后、大力培养80后"的人才经营方针指导下，持续推进人才结构的优化。通过组织变革、职位变革、人才评价和薪酬机制优化推进效率提升与结构调整，从而提高管理效益，保障持续建立一支健康、年轻、稳定和富有激情的干部队伍。

持续优化升级基于职位的任职资格管理体系。职位与任职资格管理体系自2011年建立以来，经历了试点开发阶段、全面认证阶段和持续优化三个阶段，2016年组织全面优化创新职位与任职资格管理标准，从基于职位的任职资格管理体系出发，通过建立"八等级"+"五公开"+"四依据"的人岗匹配模型（见图2－16），夯实员工职业发展通道，牵引员工能力不断提升。

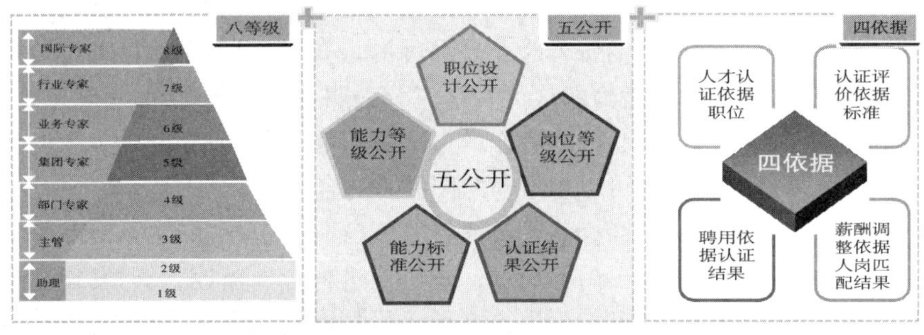

图2－16 "八等级"+"五公开"+"四依据"的人岗匹配模型

创新优化招聘管理工作，聘天下英才，为业务提供人才招聘解决方案。福田汽车人才招聘管理，坚持"突破思维转型，创新管理模式"的管理理念，聘天下英才，为业务提供人才招聘解决方案（见图2－17）。

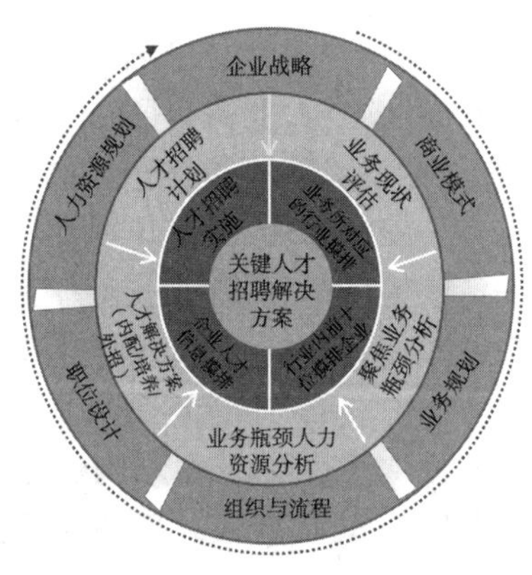

图2－17 关键人才招聘解决方案模型

社会人才开发方面：通过外部引进国内外关键人才，为业务提供关键人才解决方案，分析当下及未来业务及能力瓶颈，聚焦招聘领军的关键人才实现突破。一是通过

“战略·绩效·规划·盘点”四位一体策略，制定人才招聘解决方案；二是通过“线上·线下·内部”多重渠道择优组合，确保招聘渠道优化高效；三是根据不同人才层次和特点选择不同招聘组织形式，保障招聘快速推进；四是科学先进的面试方法技术有效组合，打造识人利器；五是通过“事业·平台·薪酬·职位”组合吸引人才加盟；六是“定位跟踪·笑迎入职”无微不至的入职关怀，让人才安心；七是要帮助人才快速文化融入，创造绩效，使得人才顺心归心。

校园人才招聘方面（见图2－18）。继续完善校招两级管理模式并有效落地，明确了集团和事业部两级单位的权责，在坚持“谁用人谁招聘”的模式基础上继续深化两级管理权限，明确两级管理分工，提出“一强化三统一”的管理思路：①强化计划管理；②重点院校统一组织；③宣传统一规范；④政策流程统一执行，规避管理的真空地带，在用人需求、选人用人方面充分放权，以各用人单位为主，自主决策，使集团的招聘效率明显提升。

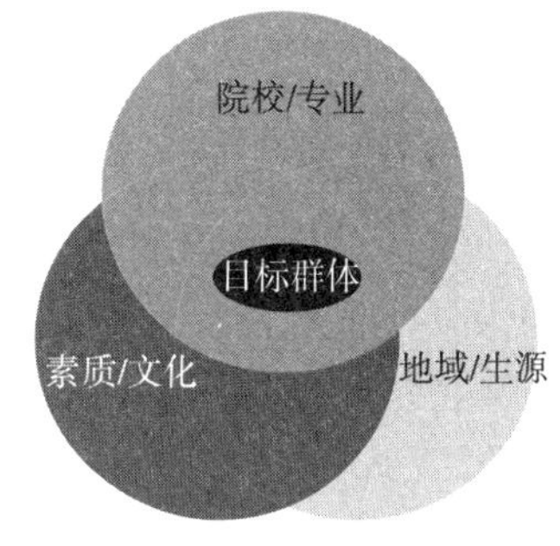

图2－18　校园人才招聘“三圆交叉”模型

以市场为导向，以业务流程为基础，建立自上而下层层分解，“过程与结果”双透明的的全员绩效管理体系。

2016年福田汽车对个人绩效管理架构进行了重新构建，创新绩效管理体系，建立基于“产品创造＋商品制造”双线管理的个人绩效管理体系，产品创造绩效以产品为主线，打破职能壁垒，围绕产品生命周期的管理建立绩效指标；商品制造绩效则围绕商品实物的制造交付与日常运营管理建立绩效指标，按业务与职能进行绩效管理。同时建立基于价值与职位的绩效管理流程体系，在集团范围内推广全员绩效管理——即：全部指标分解到人，全部员工均有绩效指标，绩效结果全员透明，全员绩效结果有应用。福田汽车集团致力于推进绩效管理的阳光工程，并于2016年末上线绩效管理信息系统，实现了绩效管理的“四透明”：绩效指标透明、考核标准透明、绩效过程透明、考核结果透明。

基于市场规律优化调整激励体系，提升人才激励力度。

2017年，根据集团经营战略需要，以战略、业务、人才发展为主线，以组织与个人绩效为导向，以员工文化建设为抓手，以职位、能力、绩效为技术方法，持续推进人事与薪酬制度改革：遵循行业及市场变化，建立基于职位、能力和绩效的薪酬激励体系。根据行业及优秀标杆数据调研，结合岗位价值差异，设置合理的薪酬水平定位策略，确保薪酬水平在行业内的竞争优势；推进基于职位价值的薪酬体系改革，基于职位和能力定薪，解决薪酬内部公平性问题。坚持绩效调薪原则，组织绩效是调薪的前提，个人绩效是薪酬调整的依据。薪酬激励模式引导长期绩效。基于业务长期发展，建立“短期＋中长期”的薪酬激励模式，通过中长期激励机制引导各业务创造长期绩效。

成立福田大学，建立并完善福田大学“6·5·4·1”的培训管理体系，引领业务推进人才培养体系全面升级。

福田汽车重视员工发展，形成了业务发展与人才发展互驱共赢的人才培养体系，于 2015 年底，成立福田大学，并在 2015—2016 年间，先后成立营销学院、工程学院、制造学院、领导力学院、金融学院、国际学院六大学院，制定了互联网特质的轻资产福田大学运营模式。

建立并完善“6·5·4·1”的培训管理体系，为福田汽车的发展提供人才支撑。“6”是指管理、专业技术、国际化、营销、技能、校园 6 支人才队伍；“5”是指培训需求调查、培训计划制定、培训组织实施、培训效果评估、培训工作总结 5 个步骤；“4”是指课程开发管理、内部讲师开发管理、培训供应商管理、培训经费管理 4 个资源体系；“1”是指一个保障，即培训制度保障。

按照企业大学的理念和模式开展各类人才培养，设计实施一系列有企业特色的核心人才培养项目，打造培训品牌，助力企业战略的落地。如：福田汽车“4×4 全时四驱”的领导力培养体系、市场部经理培养项目、技能人才体系+标杆工厂推进、海外营销直通班、“钻石讲台”内部讲师品牌、“薪火计划”高管授课平台、“五步成才法”的新员工培养体系等，在培训行业、企业内部形成了一定的影响力。

6. 品牌塑造与市场营销

福田汽车的品牌战略方针是“一个核心，两大跨越”。

“一个核心”是：坚持母子品牌战略，聚焦福田汽车母品牌，以母品牌的强大背书能力带动产品品牌的提升；

“两大跨越”是：实现由商用车品牌向全品类汽车品牌的跨越与升级；实现由中国汽车品牌向世界级主流汽车品牌的跨越与升级。

从 2017 年开始，福田汽车品牌倾力打造“领导者计划”，将通过未来 3 年的品牌战略规划，实现“中国商用车领导品牌”的社会认知。依托科技、品质、服务实力，为客户提供核心价值，打造品牌领导力；结合戴姆勒、康明斯、采埃孚三大合作资源，形成品牌飞跃发展的三大驱动力；塑造三大传播主线，构建领导品牌竞争力。进而实现福田汽车 2020 战略目标，成为中国商用车领导者，并为 2025 年成为世界级主流汽车企业、世界商用车领导者打下坚实基础（见图 2-19）。

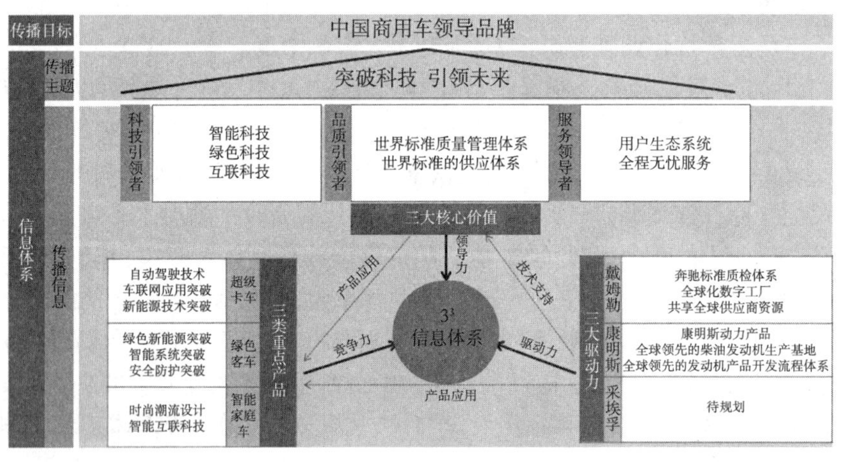

图 2-19　福田汽车品牌战略规划

纵观福田汽车成立的21年发展历程，营销战略在不断变化中稳扎稳打，树立并不断巩固了商用车第一的行业地位。

（1）市场为纲：主动进击，确立轻卡第一地位

1996—2000年，是福田汽车创立的阶段。当时正在经历市场经济改革的第二次浪潮，人均GDP不到1000美元，汽车还属于紧缺商品。

公司刚成立，首先需要解决的是生存问题，而对于当时的福田汽车来说，最关键的就是来自产品方面的困扰，选择切入什么市场关系到公司成败。

当时，福田汽车在全国范围内开展调研，以足够大的市场空间和足够长的生命周期作为业务选择准则，首次创业福田汽车就显示出其敏锐的市场嗅觉，选择了市场空白的1.5t的轻卡。

最后，因定位精准、价格实惠、皮实省油、适用于城乡接合部的短途运输——福田时代小卡一面世，便掀起购买高潮。“不大不小、用着正好”的品牌口号让老一辈福田人至今记忆犹新。

福田汽车的开拓者们就是依靠敏锐的市场直觉，打造差异化市场细分产品，凭借高效的组织迅速进行渠道扩张，迅速布局全国，在取得资质进入轻卡领域的次年起（1999年），就取得了销量6.4万辆，在轻卡领域拔得头筹，初步奠定了福田汽车在业内的应有位置，并为企业带来近6亿元的收益，这是福田汽车正式进入商用车业后掘到的第一桶金，为企业解决了生存问题。

而在激烈的市场竞争中，企业对市场变化要及时做出反应，必须建立以市场为导向的经营运作机制才能使企业立于不败之地。

在1996—2000年这五年间，福田汽车从零建立，一切以市场为中心，建立高效的组织模式，成立了营销公司，在发展初期，营销公司围绕市场为核心，下设市场发展部、渠道管理科、客户服务部、品牌与传播部，初步形成了市场、分销、服务、品牌四个版块，完成了第一次营销模式的转变。

在这期间，福田汽车在农机渠道模式基础上发展全新渠道模式，由代销模式转为经销模式，在其他品牌还停留在价格牌和常规竞争手段时，福田汽车瞄向售后服务，率先在行业内提出了自主创新的服务标准。并率先提出“购买福田产品，发动机基础件保修20万公里”的服务口号，引起业内轰动。

2000年通过区位调整，建立以北京为管理中心辐射全国的产业布局，以产物立异与撒播立异等单一功效性立异营销，迅速成长缔造了单一汽车品种年销售10万辆的事业。这些成绩与营销业务的迅速突破密不可分。

如果说第一次创业解决了福田汽车的市场准入问题，并以轻卡产品为主导，从无到有，集中有限资源，运用市场导向竞争策略，实现了企业的高速增长的话，那么，在2000年至2005年的第二次创业阶段时，福田汽车选择做全系列商用车，则完成了从有到大的转型。

随着国企改革建立以“产权清晰，权责明确，政企分开，管理科学”为特征的现代企业制度，国有大中型的公司化改革进入实施阶段。特别是“十五大”提出以公有制为主体，多种所有制经济共同发展的基本经济制度后，彻底改变了市场竞争的格局，加

快了中国市场营销发展的步伐,竞争领域的多元化和营销策略的理性化成为这一时期中国市场营销的显著特点。

那时的营销不仅仅是要把一个产品做好,这样一个简单的营销战术问题,而是要解决企业可持续发展,进行营销战略布局。

(2)战略营销:品牌为王,风雨历程创辉煌

营销无定势,福田汽车开拓市场有自己的“迷踪拳”。

2005年以前,福田汽车处在机会型增长阶段,其营销核心竞争力在于战略洞察和市场驱动。这个阶段,公司采取的营销管理模式是集团营销模式,即福田营销战略和营销运营均集中在集团营销公司。

那时,时代、欧曼、欧马可、萨普、奥铃等业务的营销战略与销售运营集中在集团营销公司统一管理,工程车、欧辉客车、海外业务独立运营,充分利用集团资源,逐步建立分销体系,决策流程短、运营效率高,营销能力培养逐步提高。

为更好地开发客户,实行多个营销运营中心模式,2003年集团营销公司成立分销管理部,各业务单位形成10张网络体系。同时分销管理部积极推进终端形象店建设及运营能力提升。

市场分销模式创新从“品牌营销”向“品牌营销+行销”转型,加大终端投入,使市场前端成为集团整个价值链的一个主要部分。实现了从中、重型卡车到商用车、由低端向高端的全系列转型突破,一举奠定了中国商用车第一品牌的坚实地位,改变了中国商用车版图,并保持至今,成为行业标杆。

在品牌运作上,2003年底,福田汽车在央视黄金时段中标,促使2004年成为福田汽车业务发展与战略的突破之年。这一项目堪称是福田汽车品牌建设与传播史上具有里程碑意义的项目。

2006—2012年10月,公司处于由机会型增长向能力型增长模式转型阶段。当做到了中国商用车第一后,福田汽车并没有沿着“不断做大”的路子走下去,而是选择再一次转型,即从本土化企业向着跨国商用车公司转变,并且不断对标先进的跨国公司。可以说,福田汽车不仅是中国汽车行业自主品牌的领军者,也是中国汽车企业国际化发展的先行者。

针对这一阶段发展特征,公司实施了品牌营销,营销战略集中管理,营销运营采取了营销公司和品牌经理矩阵式管理模式,既保持了战略洞察优势,又增加了市场运营的灵活性。

当时,整个福田营销处于体系建设和能力升级阶段。其把质量经营放在首要位置上,从过去以“外延扩大”和“争地盘、壮块头”为主的营销思路转向以“强化内涵”和“练内功”为主的营销轨道上来,在资产质量、管理质量以及服务质量等方面上档次、上台阶。

2011年,公司在坚持“品牌提供价值,行销创造财富”的营销理念之下,强化品牌营销,推进行销落地,在营销过程中,更加注重消费者体验和用户沟通,并以品牌营销为基础,大力推进行销模式,构建厂商共赢合作平台,共创价值财富,这是汽车行业营销模式的又一创新之举,为福田汽车全球化发展奠定坚实的基础,稳固了其于2009年

取得的全球商用车单一销量第一的地位。

（3）深化转型：转变营销思路引领未来

随后互联网兴起，互联网技术衍生出的虚拟市场营销彻底改变了传统营销模式，将处于发展中的中国市场营销带到了一个新的历史转折时期。

2015年，购车客户通过互联网获取信息的比率达到77.5%，超过4S店的73%，未来将逐步发展出“线上信息搜索+线下提车与服务”的新营销模式。营销业务要适应互联网环境进行转型。不管是乘用车企业还是商用车企业，想要生存和发展都必须要根据现实需求，及时转变经营思路。

其实，福田汽车的互联网思维最先是体现在营销上的。早在2011年，福田汽车就已经涉猎互联网营销领域，专门成立了数字营销科。通过五年的探索，搭建了一整套互联网营销流程体系，分别在线上销售、线上引流和线上管理营销工具开发方面取得了一定成果，为互联网营销转型之路奠定了坚实基础。

从2013年开始，福田汽车就实施了体验营销新模式，利用互联网改造营销，使营销娱乐化、信息化，为用户带去全新的体验感受，大幅提升了品牌口碑。同时，结合互联网思维，开启了商用车行业的电商营销模式，作为创新的营销手段，既提升了品牌影响力，同时进一步拓宽了分销渠道。

2014年6月，福田汽车凭借前瞻的市场洞悉、完善的经销商网络布局与强大的营销手段正式入驻天猫商城，开启了互联网与4S店结合的O2O运营模式。通过2年的运营，天猫平台已累计吸引访客超431万人，浏览量突破872万人次，总下单金额达2000万，提车数量2748台，带来线下销售额近1.8亿元。

在品牌运营模式下，福田汽车围绕国家“互联网+”战略，规划“福田汽车+互联网”的产业互联网战略，推动营销业务创新，并对整个营销体系进行了深化转型。

一方面，着手对传统营销业务进行升级，按照集团整合增长的经营方针，推进三大网系整合，完善营销两级业务分工，优化计划与营销管理本部“1”的职能定位。

另一方面，为建立面向互联网环境的新营销体系。2014年底，集团对营销定位及组织进行了优化调整，实现传统营销向“互联网营销创新”及“后市场业务拓展”的转型，将汽车服务作为企业发展三大核心之一，从新车销售及保内服务向全生命周期拓展，拓展汽车后市场业务，搭建汽车后市场业务平台，为客户提供优质服务同时为企业带来新的利润增长点，进一步形成企业竞争力。

而早在公司成立之初，福田汽车就成立了服务部。随着企业的不断发展，品牌服务从“单一品牌”服务到“多品牌”服务再到“全球化服务”转型，在几度转型的过程中，始终秉承“以客户为中心”的服务理念，关注客户需求和体验，创建了中国商用车行业最大的呼叫中心、最完善的服务网络、最小的服务半径、消费者最信任的“全程无忧”服务品牌。经过多年的精耕细作，福田汽车的“全程无忧”服务品牌已成为企业的核心竞争力之一。

2015年又一次通过一系列整合，福田汽车面向市场与客户的营销运营能力得到了进一步提升。在第三次转型中，福田汽车营销组织体系与能力建设、运营与绩效管理等方面取得了初步成果。

(4)创新变革:营销助力集团向世界级汽车品牌跨越

在这一系列卓越而富有成效的营销转型推进下,“十二五”期间,福田汽车结构调整卓有成效,五种能力建设取得突破,结构调整最大、最困难的时期已经过去。

“十三五”期间,福田汽车将继续按2020战略,持续进行结构调整和能力建设,实现商用车中国领导者目标,完成世界标准、中高端产品战略,实现乘用车消费类的重大突破,金融业务大发展,完成黄金价值链主要模块开发和制造能力建设,初步形成全球布局,在主要国家实现产业化,初步建成工业4.0架构。

未来,营销业务将配合公司各部门业务共同努力,推动福田汽车集团进一步建立国际市场布局,实现海外业务重大发展,创建现代型世界级企业——全球化市场,世界级品牌,世界级能力。

在福田汽车21年营销的演变进化过程中,福田汽车营销管理模式经历了集团营销、品牌营销与品牌运营三个阶段,在此期间,福田的营销理念、管理模式、策略及手段也在不断进行变革和创新,且每次营销模式的变革都适应了当时外部环境的变化和战略目标的要求,在支撑集团战略目标的实现中发挥了积极作用,成为福田核心竞争力之所在。

业内权威专家分析指出,福田汽车营销创新的众多举措,不仅突破了传统营销模式禁锢,实现从“销售”到“行销”的跨越,提高经销商的营销能力,建立能持续销售的系统,而且提升了吸引客户的能力,最大化地扩大客户来源,提高经销商的获利水平,进而拓展了经销商业务结构范围,完善了为客户创造价值的能力,为企业积累国际运营管理经验。

福田汽车的营销新模式也将客户利益最大化,实现从战术到战略、眼前到未来、短利到长利、生存到永续的转变,从一定程度上增强实体业务的市场竞争力,同时培养新的经济增长点,促进福田汽车品牌战略转型,进而实现福田汽车向世界级汽车品牌的跨越。

福田汽车品牌20多年深耕,取得的成绩斐然。截至2017年,福田汽车品牌价值超千亿元,达1125.78亿元,位列汽车行业第四位,连续13年领跑商用车领域。

在品牌战略的引领和营销落地实施下,福田汽车品牌营销可谓硕果累累。北京奥运圣火登珠峰CCTV特种工作用车、鸟巢等奥运场馆建设用车、APEC会议服务用车,国庆50周年、60周年大阅兵、反法西斯战争胜利70周年保障用车,G20峰会指定用车,“一带一路”保障用车……福田汽车品牌为国家的各项重任保驾护航。同时,图雅诺作为全新一代元首接待用车,是福田汽车品牌与产品实力结合的典范;更有作为中方代表实力打造“互联网超级卡车全球创新联盟”;产业跨界融合,福田汽车集团与百度共同构建“智慧交通生态”;以及成为阿斯塔纳世博会中国馆唯一合作汽车企业。凡此种种,不胜枚举。

作为全球知名的商用车品牌,北京福田汽车一直是中国汽车行业自主品牌和自主创新的中坚力量,承载着中国自主汽车品牌更高的光荣与梦想,福田汽车已经站上开创民族汽车产业振兴的新起点,它正引领中国汽车跨越世界汽车的品牌鸿沟,朝着成为世界级汽车领导品牌的目标,全面进发!

7. 企业创新文化建设

在21年的发展中,福田汽车坚持以市场为导向,培养了以发展为线,以组织目标

为基础，在法律和制度的框架内以人为本的文化。创新发展、组织目标、法律制度、以人为本是福田文化的核心要素。其中，创新发展是福田文化建设的主线，组织目标是福田文化建设的基础，法律制度是福田文化建设的保障，以人为本是福田文化建设的核心。福田文化构成福田汽车各项事业的基因，是福田汽车创新发展的精神支撑和灵魂，引领福田汽车把握住了发展机遇，拓展了发展空间，提升了发展能力。

在推进科技创新的进程中，福田汽车还形成了“集成知识　链合创新”的研发亚文化。福田汽车通过整合先进的管理思想、掌握成熟的技术经验、吸纳全球优秀人才，并将这些特有的知识资产转化为创新能力，运用到价值链的各个环节，形成福田研发的集成式竞争力。在集成知识的基础上，打破单一企业相对独立的创新方式，扩展成整个产业链上下游企业之间、相关联企业之间，以及国际企业之间的共同合作，形成福田研发的链合式竞争力。2006 年 6 月，福田汽车作为全国自主创新典型企业被中央媒体集中宣传。

为支持“福田汽车 2020”战略的实施，福田汽车在 2011 年开始就着手开展福田文化深化建设，并于 2013 年初形成了福田汽车企业文化理念体系，该体系包含企业理念体系和福田人理念体系的，其中福田汽车的使命为致力人文科技、驱动现代生活，愿景为成为科技与品质领先的世界级汽车领导企业，核心价值观为法治与公平、专业与创新、团队与责任。其中，特别强调以专业和创新反映了企业追求市场卓越表现引领行业发展。

近几年来，为推动企业全球化发展目标的实现，福田汽车提出了“创新驱动、结构调整、全球化”的方针，在“福田汽车 2020”战略目标的引领下，围绕智能环保，以提高整车性能为方向，不断调整产品结构，深化转型升级，向高科技、现代型、世界品牌目标迈进，打造科技创新型企业。

(二)企业创新成效

工程研究总院依据行业技术发展趋势及商用车产品特点，将创新技术按照智能网联、节能环保、舒适安全三个方向进行划分，并进行了相关技术项目的开发，将相应技术成果应用于整车产品。

1. 技术创新活动开展情况

(1)智能网联技术方向

启动了“新能源轻卡自动驾驶项目”开发，目前该项目已完成样车测试及演示；目标是在实际的交通环境下，沿预设的线路自主控制车辆安全驾驶，能够检测周围障碍避免碰撞，并识别交通标识，顺利完成启动到终点的自动驾驶。此项目是自主品牌首次在卡车上实现自动驾驶，应用了高精度组合定位、高精度安全地图，初步实现了 V2X 通信，为智能网联商用车发展提供优秀范例。

启动了“智能创新重卡项目”开发，该项目已在通县试验场完成整车功能测试，目前已完成交付。此项目在福田 GTL 重卡上搭载了超级巡航、自适应大灯、虚拟屏仪表、360 全景环视、智能雨刮、低速自动巡航、一键启动、指纹识别、手机映射、盲点监测、夜视仪、车道偏离等多项先进的智能化和主动安全技术的开发，为后续重卡智能网联技术开发及应用做了有利铺垫。

启动了“发动机远程锁车项目”开发,项目目前已完成交付。可以通过远程无线通信与发动机 ECU 进行认证,通过云端实现车辆远程锁车,福田汽车完全拥有知识产权并能够在发动机平台上推广使用,是网联技术应用的范本。

(2)节能环保技术方向

启动了“启停技术项目”开发,本项目在轻型柴油机上开发和匹配应用启停技术,目前改制车已装配完成,年底前完成标定。启停技术对于降低油耗有很好的效果,在行业内商用车柴油机上应用启停技术较少。

启动了“高效永磁发电机的应用”开发,通过永磁发电机储备的电能驱动工程车上装设备和整车的其他电动附件,不尽替代了传统工程车上装驱动发动机,而且节省了发动机附件驱动带来的大部分功耗,降低油耗,降低成本。目前已完成整车布置方案设计,正在进行实车装配并进行相关试验。此项技术在行业内应用较少。

启动了“档位显示与换档提醒项目”开发,实现了挡位可视化,帮助驾驶员恰当选择换挡时机,实现油耗燃油利用效率增加,该项目搭载在乘用类车型上开发,后续将覆盖卡车系列,目前正在进行标定试验。

启动了“空调匹配新型制冷剂项目”开发,为满足未来欧盟法规要求,使用新型制冷剂替代传统制冷剂,降低了二氧化碳排放量,目前该项目已成功交付。

(3)舒适安全技术方向

“液压助力制动项目”是应用于轻卡 6t 以上车型的技术,既解决液刹布置空间受限问题,又兼具降低制动排气噪音和提升制动踏板舒适性的优点,现已完成试验车辆装配,此技术应用范围广,并具有明显的成本优势,验证充分后可推广使用。

“超载报警项目”属于引领行业法规技术项目,通过在中重型车辆上匹配超载报警装置,避免车辆超载引发道路交通事故、影响车辆可靠性等问题。目前试验车辆已完成装配,标定试验进行中。此装置后续将形成模块,作为车辆配置,应用于需求产品上。

2. 技术创新活动成果

(1)项目管理方面

建立了创新技术管理流程体系;定义了创新技术规划及开发名称及节点;规范了创新技术开发过程交付物管理,建立了完善的交付物体系;建立了的创新技术开发绩效管理体系。

(2)知识产权方面

在“智能创新重卡项目”开发过程中,已形成总计 5 项实用新型及发明专利,包括一种基于倾角传感器的车辆 AFS 系统,一种应用于重卡的蓝牙智能无钥匙系统方案、驻车空调系统及具有该空调系统的卡车等。

(3)研发能力储备方面

通过技术创新活动的开展,为福田商用车在新技术研发方面获得了能力积累和储备,主要表现为:福田商用车技术能力的储备;研发工程师技术能力的储备;优秀供应商资源的培养及储备;技术创新活动形成的工程数据的储备;创新技术开发管理能力的储备。

三、小结

20 多年来，福田人创造了以发展为主线、以组织目标为基础、在法律和制度框架范围内以人为本的福田文化。要切实发挥各级企业家团队的带头作用，面对新形势，要敢于面对、善于突破、勇于作为，带领团队打造学习型组织，培养复合型人才，激发创新活力，为实现高科技、现代型、世界品牌的总目标奠定坚实基础。

福田汽车以“70 后”为核心，大力提拔“80 后”，培养“90 后”，建设年轻化、知识型、富有激情和创造力的团队——加强业务集团间人才横向交流和学习，鼓励内部人才横向纵向流动，保持组织活力，培养复合型人才。福田汽车大力推动以业绩贡献和职位价值为导向，推进薪酬制度改革，建立能上能下的用人机制，重点评估优化 BU/SBU 经营团队履职能力，实现主动调整和人员配置。在 2010 年后，福田汽车通过持续不断的创新投入，在整车、核心模块（发动机、变速箱、电机电控、车联网等）方面都打下了坚实的基础。

企业的转型和创新是一场没有终点的比赛，福田汽车全体员工在“突破科技、引领未来”的战略主题指引下，不畏挑战，不断进取，使福田汽车在激烈竞争中获得了一定的优势。

一切过往，皆为序章。成绩成为过去，但是成果必将带来新动力，福田汽车广大员工将紧跟时代发展的步伐，以客户为中心，脚踏实地、拼干劲、拼创新，把确定的各项目标推进落实到位，福田汽车上下将继续贯彻“创新驱动结构调整全球化”的方针，深化转型升级和结构调整，向高科技、现代型、世界品牌目标迈进，打造科技创新型企业。

第十三节 亨通光电

一、企业概况与技术创新模式

江苏亨通光电股份有限公司（以下简称亨通光电）成立于 1993 年，总部位于江苏省苏州市吴江区，于 2003 年 8 月在上海证券交易所挂牌上市，是全球光纤光缆行业前三强，国内行业排名第二。光纤光缆产能规模全球第一，大尺寸光棒拉丝长度全球第一，亨通蝶形光缆产能、产量、销售额全球第一，是全球第一家研究和生产光电复合缆产品的企业，是全国唯一自主研发光纤预制棒制造设备和工艺的企业，行业唯一中国首批能效之星五星级企业（最高评级），公司拥有两座具有国际领先水平的高科技产业园，在全国八省市建立产业基地，在 31 个省市设立技术服务分公司，在亚洲、南美、非洲、欧洲等地设立 18 个营销和技术服务机构，业务遍布全球，营销网络行业最广，并在巴西建立研发生产基地，初步形成覆盖全球的营销服务网络，成为全球线缆主力供应商。

作为全球光纤光缆行业前三强的企业,亨通光电在光纤光缆的销售和利润上始终保持着领先的地位。亨通光电在国内光纤网络市场占有率20%以上,国际光纤网络市场占有率12%以上。2016年实现193亿元的营业收入,利润总额为17.8亿元,资产总额达到197亿元。

亨通光电坚持创新引领创新驱动,坚持以技术创新为重点、以人才创新为依托、以机制创新为保障、以资本创新为纽带、以战略创新为前提。公司始终重视科技研发,现有1个国家级企业技术中心,拥有1个国家级博士后科研工作站、3个院士工作站、8个省级技术(工程)中心,为亨通产业升级、产品转型、企业创新汇集智慧力量。承担多项"863计划"课题、162项省部级以上科技项目;获国家授权专利总数3000余项,其中发明专利414项;参与国家及行业标准制定320项。在光纤光棒、智能电网、海底通信、电力、传输拥有最核心的自主知识产权及行业话语权。

亨通光电始终坚持"以质量求生存,以质量谋发展","质量如水,视若生命"的理念一直深植在每一位亨通员工的心中。亨通光电自2010年开始导入卓越绩效模式以来,连续多年被评为中国企业500强、中国电子元件百强企业、全球光纤光缆最具竞争力企业10强,先后荣获"苏州市市长质量奖""江苏省质量管理优秀奖""工业质量信用等级AAA级""江苏省质量奖""全球卓越绩效奖""中国质量奖提名奖"等荣誉。

一个企业,今天不创新,明天就可能被淘汰。企业要保持基业长青,就必须与时俱进、持续创新,必须瞄准国际前沿,顺应时代发展。二十多年来,亨通围绕光通信、电力产业生态链,持续推进系统集成创新,已打造形成全球领先的光通信全产业链和电力产业全领域,跻身全球前三强,向全球第一迈进。为了实现"向全球第一迈进"的企业愿景,亨通光电创造性提出了"三化融合"(即智能化、精益化、信息化)发展管理理念,为今后的创新发展指明了方向。

二、企业创新影响力实践——基于"三化融合"的创新管理

(一)企业主要创新活动

1."三化融合"创新战略思路

亨通光电以智能制造为目标,根据战略策划的总体思路(见图2-20),制定"领军国内线缆制造业,跻身世界同行前五强"的长期发展战略,通过全面推进智能制造,提出"四大转型",即"生产研发型企业向创新创造型企业转型,产品供应商向全价值链集成服务商转型,制造型企业向平台服务型企业转型,本土企业向国际化企业转型"。培育和提升技术创新能力,构建全方位、多层次的创新机制,产品多元与产业多元结合,发展网络服务商,与运营商、互联网业务捆绑发展,从系统集成商向网络服务商延伸,做中国光通信网络第一服务商。国内市场与国际市场结合,形成全球营销服务网络构架,协同全球资源,推动智能化工厂建设,打造智能化管理信息平台,自主开发核心制造系统,推进工厂智能化、管理信息化、生产精益化的"三化融合"转型升级;成为

业务覆盖全球的线缆系统集成商，打破光电线缆产业链高端的技术核心封锁，创造民营企业积极转型的优秀案例和成功典范。

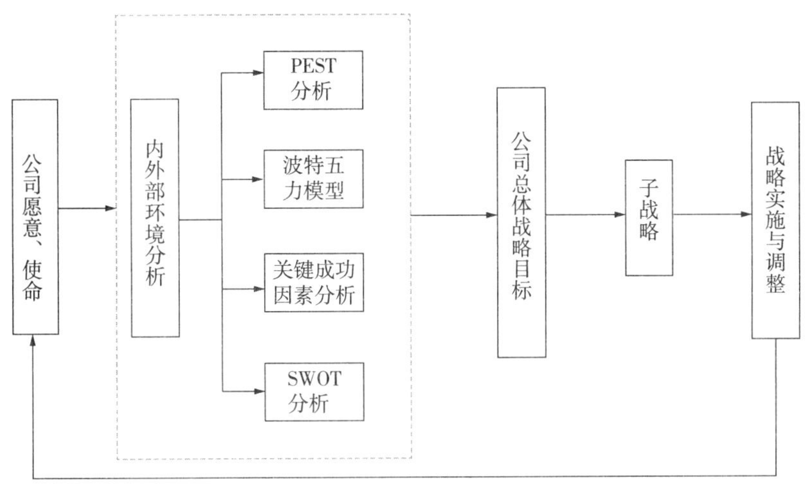

图 2－20　战略策划的总体思路

(1)推进“三化融合”，明确智能化转型方案

亨通光电全面推进“三化融合”（见图 2－21、图 2－22），推行智能化工厂建设，将“信息、质量、成本、效率”作为生产核心要素进行精细化管理，对“安全、人员、设备、现场”四种生产资源保障建立有效的管理机制，在管理活动中，收集实施生产过程产生的数据，通过整理分析，寻求改善机会和方法，形成 PDCA 良性循环。

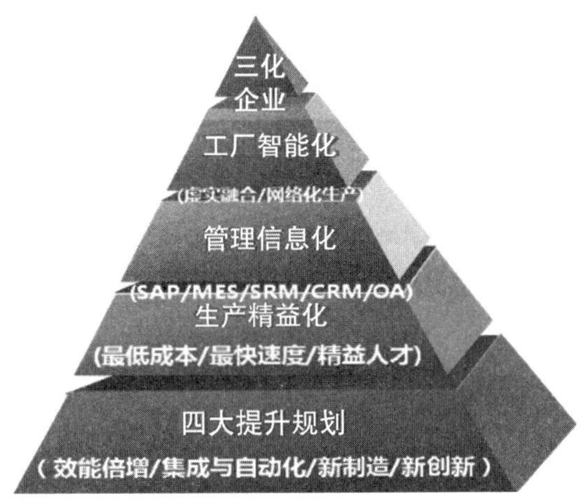

图 2－21　“三化融合”架构图

工厂智能化，即“能用机器人的不用工人、能用机器手的不用人手”，全面向智能制造、服务制造转型。

管理信息化，即实现生产设备操作、生产执行管理、经营管理及决策三个层面全部业务流程的闭环管理，做到上下一体化业务运作的决策、执行自动化。

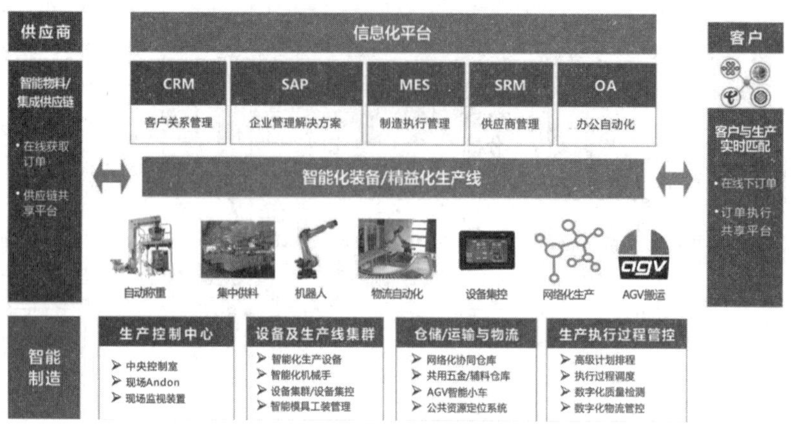

图 2-22 “三化融合”示意图

生产精益化，即践行精益求精的制造业精神，努力打造中国质量全球品牌，向产业价值链高端跃升；培育工匠精神，在擅长领域做专做精、做到极致。

(2)建设智能化工厂，实现全流程智能精益管控

智能化工厂打造覆盖生产过程全流程的智能控制体系，以智能化建设为发展的重要战略(图 2-23)。引入先进的工业工程管理理论，以时间运行分析、过程损失分析、质量控制系统为基础，全面系统地提升工作效率。构建数学模型、设备智能化、专用数据库建设等技术平台，实现管理功能，通过满足客户需求的智能控制体系建设、订单分配与订单交付支撑体系建设、制造数据采集分析筛选的智能操作，逐步建立全流程智能控制体系，实现人员绩效、设备效率、成本管理、质量控制数据化管理，努力将自动化、智能化工作覆盖到生产过程的人、机、料、法。通过完善制造信息系统，实现产品质量、数据跟踪、生产制造执行智能管控。

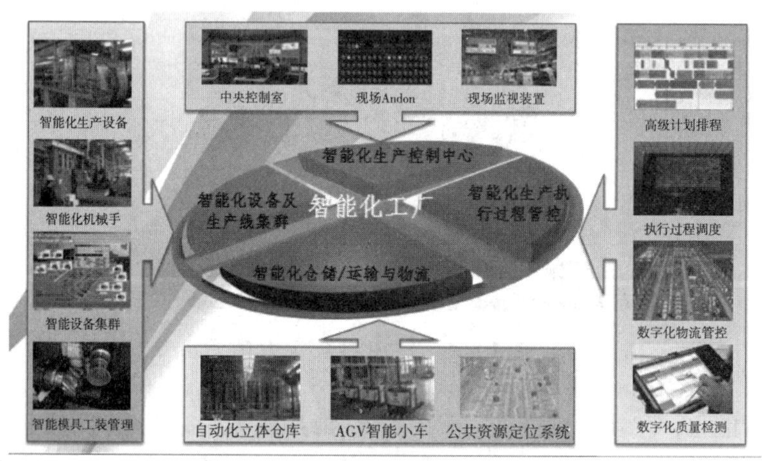

图 2-23 智能化工厂信息管理图

(3)完善运营平台,增强信息化管理基础

综合运营信息管理平台架构功能框架由信息部自行设计,引入软件外包公司开发。信息化系统建设摆脱了受制于软件供应商限制的束缚,拥有完整的自主知识产权,为亨通光电信息系统综合集成提供了基础平台保障。在技术实现上吸收了目前主流的 WEB API 设计理念(参考了淘宝开放 API 体系)突破传统 ERP 地理位置限制,支持各种终端类型为全球化办公打下基础。

亨通光电多年来持续进行信息化建设,通过搭建四大信息平台,自主设计、规划亨通光电综合运营信息管理平台系统建设,目标是实现所有信息综合集成。

2. 完善技术创新管理组织,搭建管理信息平台

亨通光电技术创新组织完善,研发平台包括 1 个国家级企业技术中心,1 个国家级博士后科研工作站、3 个院士工作站、8 个省级技术(工程)中心以及各公司技术部门,拥有多项专利等核心技术,拥有国内唯一的光纤预制棒自主知识产权(见图 2 - 24)。

图 2 - 24　研发平台示意图

亨通光电国家级企业技术中心下设 7 个技术中心(见图 2 - 25),全面覆盖光纤光缆、电力传输全产业链领域。技术管理方面,通过完善研发的评估、研发管理制度,创新管理平台,多渠道收集国际先进技术信息,聘请国内外知名专家,参加国际行业学术交流会及展会,引进国际先进技术和先进标准和高技术水平人才,保障技术水平的先进性。

亨通光电完善研发的评估、研发管理制度,建立产品创新、发明专利、新产品销售、国际文献等多维度创新奖励机制,制定《创新管理办法》,规范技术创新、管理创新、制度创新通过合理化建议、金点子等形式积极开展各方面的改进与创新活动。完善多层次激励、中长期激励、全员创新激励机制规范创新项目实施过程。研发部门制定《新产品开发制度》《科技成果管理办法》等制度,构建完善的技术评估体系,采用外部评估与内部评估双管齐下的方式对现有技术及新技术进行全方位评估,为持续研发提供强大动力。

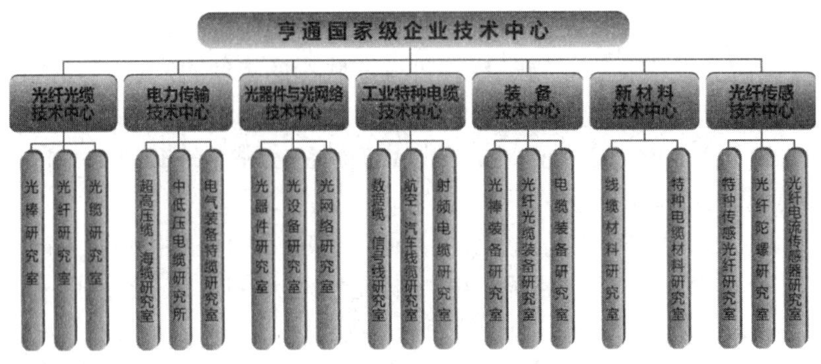

图 2－25　企业技术中心架构图

2012 年，亨通光电以顾客、市场为创新结果的导向，投入创新管理系统（金点子系统），创建了独具特色、国内少有的创新管理平台，使得技术创新和管理创新成为常态，并提升到制度化和系统化的高度。进行自下而上，由外及内的创新金点子收集、反馈。通过这个平台对技术创新的复杂过程进行引导和管理，形成对创新知识的有效获取与共享机制。同时也使技术创新各个阶段进行系统性管理，从而提高员工的创新效率和创新能力。

3. 明确研发创新方向，巩固领先优势

亨通光电已经坐稳了国内光纤行业第一阵营，但目标并不止于此。随着“互联网＋”政策的推广，市场对低损耗的要求逐渐提高，企业技术创新工作面临更高的要求，亨通光电积极探索向高端产业转型升级，围绕生产型向研发型转型战略，以高新技术领先、走科技兴企的道路，巩固领先优势：关键装备自主研发，生产设备行业绝对领先，检测设备高档次、高精度，技术国内一流、国际领先。

亨通光电以市场为导向进行技术攻关，形成具有自主知识产权的关键技术、标准工艺和新型产品。自主研发核心装备，以解决进口设备订购周期长，技术封锁等问题；完善产业链配套，完备光缆生产全套生产设备制造；丰富产品体系，加快新产品研发和创新，在通信用单模光纤开发上跟上国内、外标杆企业。构建多元化经营产业结构，增强抵御风险的能力，开拓新的业绩增长点，实现可持续发展。

公司按照“处于国内领先地位，达到国际先进水平”的原则进行设备新建和改造，在引进具有国际先进水平的生产设备同时发挥自我技术优势通过自主研发设备，使主要基础设施设备的技术水平 70% 处于国际领先地位，30% 处于国内领先地位。亨通光电自主研发全产业链的生产装备，已具备光缆生产全套生产设备的制造，即棒、纤、缆的设备，为亨通的全球拓展打下了良好基础。

打造一体化产业链：发挥产业链优势，专注于产业链一体化，在光通信全产业链上布局打造从上游原材料至成品的完整产业链，实现产品棒纤缆一体化，突破单独的光纤、光缆或电缆产品限制。

在上游原材料方面，光纤预制棒完全自主研发，比直接进口降低成本 27% 左右，比合资形式掌握光纤预制棒技术节约高额的技术专利等费用，扩大成本优势。在中游制造方面，通过自主技术和工艺流程的优化，自主研发和制造拉丝塔完全是，比国外性能相当的单塔投入成本节约将近50%，产能高出25%。在下游应用方面，积极进行产品布局，逐步将光纤的下游应用多元化以降低经营风险，扩大市场空间。研发和投入的产品包括光纤复合低压电缆（OPLC）、220kV以下海底电力电缆、500kV以下陆用超高压电力电缆、海底光缆、高压海底光电复合缆、FTTH用特种光纤、适合FTTH用的室内软光缆、城域网使用的带状光缆等特种光缆和特种数据通信线缆等。不断地提升产业规模，不断地技术创新，不断地降低成本，完成不同产业板块之间的联动，赢得更大的调整空间和利润空间。

丰富产品体系，推动产品升级：亨通光电每年根据行业特点进行产品结构调整，通过更新技术和提高水平增强竞争力，针对新技术和市场进行开发，创立新主营产品结构，积极进行下一代产品的研发，作为新结构调整的技术基础，保证企业的可持续发展。亨通光电是国内唯一自主研发光纤预制棒制造设备和工艺的企业，实现预制棒的国产化。实现常规光缆到特种光缆，光缆产品到光纤拉丝，光纤拉丝到光棒技术的突破，亨通还在特种电缆、海底光电复合缆以及材料等方面加大研发和创新力度，不断丰富产品体系，奠定从生产型向生产研发型再到研发生产型企业转变的基础。

注重标准管理，抢占技术制高点：亨通光电注重标准的制定与提升，多渠道收集国际先进技术信息，掌握最前沿的产品及行业信息。积极引进国际先进技术和先进标准，通过比对确保光电新产品达到国际领先水平。凭借在光纤光缆技术研发中的突出优势，积极参与国内外标准化活动，抢占光纤光缆技术的制高点。作为通信标准化协会会员单位，参与制订、修订各种国家、行业标准五十多项，其中接入网用光电混合缆、光纤复合低压绝缘电力电缆等多个标准均为国内首次提出，有很高的探索价值，为国内相关产品的有标化统一化生产打下了坚实的基础。

4. 完善知识产权管理

（1）构建产业链高端技术专利布局

亨通光电作为国内上市公司，全球光纤通信前3强，国内市场占有率20%，国外市场占有率12%，在本行业内国内专利数量较多，有效发明专利占比30%以上，且有权专利均已进行产业化应用，在光纤预制棒和光纤陀螺技术方面实现了中国企业的历史性突破。其中公司首创的连续化学气相沉积（CCVD）等高层次技术低成本的制造工艺，成为国内唯一拥有完全自主知识产权制棒技术的企业。2011年，大尺寸光纤预制棒研发及产业化申请江苏省科技成果转化项目，2014年，亨通光电自主知识产权的大尺寸光棒项目进入大批量生产，创下三项世界第一。

（2）高素质、复合型知识产权人才团队建立

目前，公司设立知识产权部，由总工程师担任管理者代表，知识产权部设4名知识产权专员，10名兼职人员全面负责协调企业内、外部知识产权管理全过程，各职能部门配合做好相关知识产权管理工作。派遣5～10名技术研发人员参加江苏省知识产权工程师培训；鼓励员工参加专利代理人资格考试，并对考试通过人员进行奖励；鼓励员工参加亨通大学的知识产权课程，并进行考核；不定期派遣各部门员工参加企业外训，以此提高员工的专业技能，全方面提高员工的知识产权专业能力和意识，更好地做

好知识产权管理工作,提升企业的知识产权管理能力。

(3)人人知道保护,个个参与创造

通过全员微创新提案的形式,让员工的好主意、好点子能够为企业的发展做出贡献。目前,本公司每年都有上千条好的建议被公司采纳,尤其是研发部和生产部的很多建议都申请了专利,进行了知识产权保护;没有申请知识产权的也作为技术秘密/商业机密进行了应用。

创新虽“微”,效益却不菲。在2017年初对2016年微创新取得的各项成绩及对2017年的规划进行了全面的总结分析,并对2016年度在微创新中做出突出的优秀案例、优秀个人及团体代表进行了表彰。2016年度共完成1319件微创新提案,是2015年度实际完成提案数的五倍之多,其中人均提案数为1.15件,累计效益达1036万元。

5. 构建全面的人才梯队

(1)人才战略总体思路

人才战略是亨通光电发展的先行战略。亨通光电为员工营造健康向上的文化氛围,采取各项举措最大限度地保证员工的职业健康安全和合法权益,本着“留得住、育得出、用得好、引得进”的原则,努力创造唯才是举、人尽其才的良好用人环境。

人才战略是亨通战略实施前提与重要保障。亨通坚持“人才资源是企业的第一资源”理念,创新人才培育和引进方式,着力建设一支与国际化战略发展相适应、总量适当、层级机构合理、专业结构配套的国际化人才队伍。并于2014年6月成立亨通管理学院,亨通管理学院以“引领人才发展,推动组织进化”为使命,传播亨通文化,支持战略实施。

(2)教育培训制度落实,系统分人分层制定培训计划

公司建立了以企业培训开发为主和员工自主开发相结合的培训开发体系,并不断优化完善,持续提高培训的有效性。公司倡导“终身学习”的理念,根据不同类型、层次人才的能力结构和发展,构建横纵结合、交叉配合、手段多样、全面系统的培训管理体系,包含培训需求分析、培训课程体系构建、讲师体系建设、培训效果评估等。并制定《公司管理培训管理制度》《公司培训指导意见》《公司讲师管理办法》《公司培训组织管理办法》《导师制管理办法》《大学生培养管理办法》《高技能人才管理办法》等制度保障实施。

公司每年制定年度质量培训计划。首先向公司本部相关部门发放年度培训需求征询表,人资部汇总后,依据公司质量发展规划,制订年度员工质量教育培训计划,于每年年初下达计划至条线部门。

(3)构建专技人员发展平台,打通职业发展通道

公司建立多通道、分层次的人才培养制度,为员工学习与成长创造机会,给员工提供多种升迁阶梯和发展机会。发展通道横向、纵向都是相通的,员工可以通过自身的职业兴趣、爱好选择匹配的职业发展通道,公司也可以通过职务晋升和岗位轮换帮助实现员工实现职业发展。

(4)深化推行“师带徒”,打造明星员工培养新模式

公司2016年在人才培养上大胆创新,实行师带徒模式,主要有新进员工师带徒,

转正员工师带徒，重点骨干带徒弟，导师制。对技能优秀的一线师傅颁发公司聘书，对重点骨干及徒弟签署师带徒协议。公司定期召开员工座谈会，及时了解师带徒运行情况，深化推行师带徒制度，努力打造企业明星员工。

6. 开发国际市场，拓展全球布局

亨通光电坚定执行国际化战略，将大部分资源都投到海外市场，包括每年在海外建设两个生产基地，招揽国际化人才。亨通光电将全力推进国际化进程，成为业务覆盖全球的线缆系统集成商。

(1)分析国际市场，确立开发策略

结合战略，充分调研，获取市场信息：根据战略规划和发展方向，多渠道获取市场信息和顾客需求信息。对国内外市场的不断走访、与客户进行探讨、行业需求调研等方式获取竞争对手信息；以上方式为有效细分市场、确定目标客户群、制定合理的营销策略提供了依据。

“多维度”顾客和市场的细分：由于光通信产品的特殊性，顾客需求与地域特点、应用环境、应用领域、解决方案、顾客类型等因素息息相关，公司从多个维度对顾客和市场进行细分。

按地理区域划分：通过对国内外各区域经济、政治、文化等的差异性和相似性进行对比分析，各区域行业发展的程度、市场需求的潜力和竞争态势等进行分析，确定目标市场定位及相关举措。

通过以上对区域市场细分和定位，亨通光电形成了以国内为根据地，全面进军国际市场的局面，并在巴西等地建立海外生产基地，在实现国内市场的拓展的基础上，加快国际化战略落地的目标。

(2)布局海外基地，完善销售渠道

海外基地的布局方面结合自身的实际情况和专业优势，择重点而拓之。从区域上来看，未来的市场集中在南部非洲、中东、东南亚和南美，包括除中国外的其他“金砖四国”。亨通光电在这些区域选择已开发的国家建立生产基地，实现跨国经营，以2012 年与巴铜 CBC 导体有限公司在巴西合资建设的亨通巴铜光通信技术有限公司为例，以已经开发的巴西市场为中心，以墨西哥为北美市场的桥头堡，通过光缆产品的市场配型，进军北美市场，覆盖巴拉圭、智利、阿根廷等国的业务，以点带面，建立起通畅的销售渠道，实现对美洲市场的全覆盖，能够有效协同全球资源，为国际化战略再添重要一笔。

(3)开展全球营销，推进品牌传播

在品牌建设方面，亨通光电明确提出“打造世界知名品牌，成就国际优秀企业”的愿景。实现品牌传播“三大转变”：国内品牌向国际品牌转变、行业品牌向公众品牌转变、知名度向美誉度转变。

一是规划全球品牌布局，在 60 多个国家进行海外商标注册，国际注册商标近百件，奠定品牌传播基础。获取重点产品包括欧盟、巴西、哥伦比亚等 7 个国家地区的 11 项国际认证，取得市场准入敲门砖。每年世界展会 20 次，积极参与国际行业会议及展会，及时跟进国际市场及行业发展趋势，紧跟国际市场步伐，加快亨通国际化步伐。

二是展开品牌公关，宣传亨通理念文化，提升品牌美誉度，提升品牌价值，积极申报中国名牌产品、驰名商标、中国500最具价值品牌。提高市场、客户认同感，对外强化行业、公众认知度。

7. 构建优秀企业文化

亨通光电经过20多年的发展，已经逐步形成以发展为核心的创新文化、以市场为导向的经营文化、以才为本的用人文化、以回馈社会为追求的责任文化体系。

20多年来，亨通人不畏艰难险阻，充分发挥创新进取精神，已经将亨通建设成中国通信行业领军企业之一，在这个不断拓展的过程中，公司高层领导不断总结和提炼引领亨通持续高速稳健发展的动力源泉——核心精神，并逐渐将其梳理成亨通的企业文化。在新的时期，汇集亨通人集体智慧，将多年积攒的文化理念为基础，经过提炼，确立了现阶段符合亨通光电经营特点的愿景、使命、价值观。

2010年以来，公司导入卓越绩效评价模式，不断完善企业文化建设的有效性监测、评估和改进过程，对顾客、员工、供方、股东、社区等相关方进行企业文化认可度调查，并实施有针对性的改进。行之有效的文化机制为企业文化环境建设奠定了良好的基础。

使命：传输进步，繁荣社会

传输体现出亨通光电线缆行业特征，通信和电力是光电线缆传输的主要应用领域，代表这国民经济的神经中枢和发展动力，带动人类社会的进步与发展。亨通的使命就是要推动通信与电力产业发展，促进社会全面繁荣。

愿景：打造世界知名品牌，成就国际优秀企业

亨通作为光电线缆行业领军企业，肩负着中国线缆行业走向世界、中国民营经济融入全球的重要使命。这一愿景也承载着全体亨通人成就百年亨通的梦想。亨通国际化是百年亨通的必由之路，是产业报国的最好实践，是做强做大的发展平台，是企业社会价值的最大体现。

价值观：成败源于战略，卓越源于管理，产品源于人品，地位源于作为

成败源于战略。自古不谋万世者，不足谋一时；不谋全局者，不足谋一隅。只有把握好全局性、根本性、方向性的战略问题，才能有效推动企业科学发展。企业如果没有很好的战略，无论过去多么辉煌，最终也会被历史淘汰。

卓越源于管理。成功的企业来源于卓越的管理。企业要想在激烈的市场竞争中脱颖而出，获得成功，就必须强化管理，在实践中不断完善各项规章制度，提高整体管理水平和核心竞争力。

产品源于人品。员工的品质决定其工作的品质，而工作的品质又决定着产品的品质。优秀的产品生产过程是高素质员工品格的物化过程。

地位源于作为。员工只要有所作为，就会赢得尊重。得到尊重就是地位，亨通将这种价值观推广到企业与社会的关系，认为亨通要赢得社会的尊重，必先对社会有所贡献和作为。

亨通人不断总结锤炼，形成更能促进企业向上发展的文化软实力。亨通通过不断反思总结，逐渐形成了理念文化、行为文化、制度文化和物质文化四大文化，以企业使命、愿景、哲学、作风、道德、方针为内核企业文化体系。

（二）企业创新成效

1. 提高竞争能力，确立行业领先地位

凭借自主研发的核心技术和国际化的人才队伍，亨通光电已跻身全球光纤通信前三强，全球市场占有率13%以上，成为光纤通信网络集成解决方案全球十大供应商之一。人均产值不断增长的同时，大幅压缩员工单位工时。提高供应链协同管理和生产智能管控水平，提升产品快速交付能力。新产品开发周期逐年缩短，科技研发锤炼出“4项世界之最的光纤技术”，分别是光纤预制棒直径达205mm、预制棒长度达6m、单根预制棒拉丝长度达1.5万km、拉丝续航能力超过168h。进一步确立了亨通在同行中领导地位，树立了良好的形象。

随着智能制造的深入推进，亨通一举成为全球第一家研究和生产光电复合缆产品的企业和最大的光电复合缆产业基地。创造了单模光缆产量全球第一；大尺寸光棒拉丝长度全球第一等多个世界第一。主持、参与6项光电复合缆行业标准起草。产品应用领域广泛，自主研发的陀螺产品成功用于天宫一号与神舟十号对接；亨通光电亚马逊工程创造了“大截面、大跨度”两个世界之最。

2. 完成三大转型目标树立成功典范

完成三大转型目标，作为江苏省唯一转型升级优秀案例入选中央统战部《怎么转——转型的智慧》一书，向全国民营企业推广。三大转型包括：

（1）生产型企业向研发生产型企业转型：2005年以来，亨通光电累计承担200多项高新技术研发项目，自主研发工艺装备，成功研发出高品质的光棒，一举打破光电线缆产业链高端的技术核心封锁和被国外垄断的光棒制造技术，改写国外光通信产品价格垄断的局面，奠定中国在世界光通信领域的地位和话语权。为中国大规模、低成本开展光通信骨干网、城域网和光纤接入网的建设做出了突出贡献，展示了中国制造向中国创造转变的创新能力，树立了从“中国制造”向“中国创造”转型的行业典范。

（2）从产品供应商向系统服务商转型：亨通光电组建自己的设计、工程及维护服务中心，与运营商合作，实现从产品供应商向系统服务商转型。目前共完成20个工程服务项目，创造产值1.5亿元，创造利润4000万元。

（3）从本土企业向国际化企业转型：亨通光电在俄罗斯、中东、南非、南美、东南亚等20多个国家和地区设立营销和技术服务机构，基本形成全球营销服务网络构架构，服务支撑体系共69个服务机构，总计服务人员数达650人。向国外输出资本和技术，在巴西及马来西亚建立生产基地，实现跨国经营。

3. 实现企业发展，提升社会影响力

亨通光电积极开展“智能化工厂”建设，在提升光缆市场占有率的同时，积极开拓新业务，寻找新利润增长点；围绕关键指标，在提能增效、节支降本、管理创新方面求突破，优化考核模式，同时细化市场分工。加大国际高端市场的拓展，与国脉工程积极配合，探索新业务、新营销模式，引入专业人才，建立专业团队，持续推进内部节资降本，增效创新，提升设备智能化与自动化，创造利润点，资产总额、利润总额不断上升。2014 年产能过剩和价格战双重压力环境下实现逆势增长，2015 年在宽带中国传略推进下，利润总额达 8.38 亿元，同比增长 77.83%。

亨通光电为客户提供光电线缆系统解决方案，拥有自主知识产权的光电线缆产业群，紧随“互联网 +”时代发展，实时调整发展战略，向运维服务调整，同时高起点进入互联网产业。数据电缆产品在三大运营商（中国联通、中国电信、中国移动）的市场占有率为第一，设立江苏省首家“轨道交通电缆传输工程技术研究中心”。拥有 1 个国家级博士后科研工作站、3 个院士工作站、8 个省级技术（工程）中心；承担一项“863 计划”课题、162 项省部级以上科技项目；获国家授权专利总数 2000 余项，其中发明专利 178 项；参与国家及行业标准制定 177 项。创新成果显著，自主开发光棒制造设备、大长度海底光缆制造技术、缆型过渡技术等。先后获得“中国驰名商标”“国家免检产品企业”“中国能效之星企业”“中国两化融合示范企业”等多项殊荣。

2015 年度荣获亚太质量组织（APQO）“全球卓越绩效奖”（世界级），这是中国通信行业及江苏省首家获得该殊荣的企业并共同分享在企业经营管理质量领域取得的优秀实践方法与成果。

三、小结

亨通光电坚持做好战略性创新。把创新规划做到未来三至五年甚至十年以上的发展方向，引领公司延伸产业链、向高质量发展。亨通光电最重要的几次战略创新，比如上马光纤、光棒、ODN，以及近几年制定的“国际化战略”“向系统集成服务商转型”，都是针对未来市场做出的决策。而这些决策也成功帮助亨通在大浪淘沙中成长起来。

亨通光电以人才创新为依托。在人才招募上，亨通“要不拘一格引进国际化人才、团队”；在人才管理上，要建设“知识互补性”团队，实现三公原则，公正、公平、公开地保证每个人的展示空间；在激励机制上，对于创新贡献者慷慨奖励。除了在管理、激励机制上吸引人才，亨通还建设了 3 个院士工作站、6 个省级工程技术中心以及江苏省重点实验室，并以此作为人才基地。

亨通光电坚持技术创新。所有的创新，最终一定要体现在产品上，否则就是无效创新。2000 年以来，亨通独立改造了光纤、光缆生产线，根据自身需求重新设计了拉丝塔、光棒等原材料生产工艺，而这一切都是为了更高效、低成本生产光纤光缆。通过一系列创新，亨通光纤单位成本的产能明具备明显优势。

亨通光电坚持资本创新。亨通光电 2003 年的上市，给亨通集团提供了一个广阔的平台。上市以来，控股股东亨通集团没有减持过一股，且亨通光电坚持每年向股民现金分红。也正是因此，亨通光电能够多次在关键时刻融资成功，以支撑起光纤、光棒、ODN 的发展规划，成就了亨通光电的全产业链优势，使其得以在残酷的竞争中“剩者为王”。

第十四节　格力电器

一、企业概况与技术创新模式

著名经济学家辜胜阻说,格力电器与苹果有惊人的类似。

国际投资银行家库恩博士在《透视广东:打造中国未来》一文中称,格力电器已经具备世界级企业的资质,代表着中国企业的发展方向。

(一)经营业绩

成立于1991年的格力电器在2012年实现营业总收入1001.10亿元,成为中国首家超过千亿的家电上市公司;2013年实现营业总收入1200.43亿元,净利润108.71亿元,纳税超过102.70亿元,是中国首家净利润、纳税双双超过百亿的家电企业;2017年格力电器实现营业总收入1500.2亿元,净利润224.02亿元,纳税149.39亿元,连续16年位居中国家电行业纳税第一,累计纳税达到963.53亿元。2018年,格力电器位列"福布斯全球上市公司2000强"榜单第294位。连续多年上榜美国《财富》杂志"中国上市公司100强"。

从1995年至今,格力空调产销量连续23年位居中国第一,从2005年至今,连续13年位居世界第一。全球用户超过4亿。

2013年,格力中央空调以超过15%的市场占有率首次成为中国中央空调市场的销售冠军。2014年上半年,格力中央空调在全国的市场占有率达到16.9%,销售额超过50亿元,成为上半年唯一一个50亿元以上的中央空调品牌。2013年至今,格力中央空调连续5年保持国内市场第一的份额。

格力电器始终坚持以自主品牌为主,不盲目追求规模而是追求可持续发展。目前,格力电器先后在巴西、巴基斯坦设立工厂,取得了良好的效果,其中巴西工厂连续多年盈利,被国家领导人誉为中国企业走出去的典范。格力电器还在其他160多个国家和地区建立了格力自主品牌销售渠道,自主品牌出口占总出口额的1/3。2012年3月,格力形象片亮相纽约时代广场,预示着格力电器搏击国际市场的决心和信心。

(二)创新驱动,做强做大

回顾格力20多年的发展历史,创新驱动是成功的最关键因素。

2001年,格力电器向日本企业购买技术,不料遭到拒绝,迫使格力卧薪尝胆,花了两年时间把日本企业花了16年时间才研究出来的技术研制成功。

此后,格力电器确立了"技术创新,自主研发"的企业长远发展战略。在"创新驱动"的战略指导下,格力潜心研发,建成了全球规模最大的专业空调研发中心,拥有国家重点实验室(行业唯一)、国家节能环保制冷设备工程技术研究中心(每两年举办一次国际学术交流会)各1个;拥有国家级工业设计中心、国家认定企业技术中心、国家通报咨询中心研究评议基地、机器人工程技术研发中心各1个;目前拥有12个研究院、74个研究所、929个先进实验室,研发方向涵盖制冷、机电、通信、物联网、智能装备等领域,共研发出24项"国际领先"级技术。截至2018年6月30日,公司累计申请专利38925项,获得授权专利22975项。其中申请发明专利17008项,获得授权发明专利4279项。2017年申请技术专利7698项,平均每天有超过20项专利问世。在国家知识产权局公布的2017年中国发明专利排行榜中,格力电器排名全国第七,家电行业第一。

2011年12月,全球首台直流变频离心机组在格力电器下线,综合能效比11.2,比普通机组节能40%以上,效率提升65%以上,经权威鉴定达到"国际领先"水平。2013年4月,格力电器实现了直流变频离心机250冷吨(1冷吨=3.517kW)到1500冷吨的系列化量产。同时,技术上有了进一步的突破,综合能效比提升至11.68,是至今为止最节能的中央空调,再次创造了大型中央空调的节能新高度。

2012年2月,格力1Hz变频技术荣获国家科技进步奖,格力电器成为唯一获奖的专业化空调企业。

2012年12月,格力双级变频技术被国家权威机构鉴定为国际领先,改写了空调行业百年历史,引领行业进入双级变频的新纪元。

2013年12月,格力光伏直驱变频离心机系统被鉴定为国际领先,通过将太阳光所发直流电直接接入中央空调,驱动机组运行,实现太阳能的高效化利用。实现了中央空调能源自给自足、不用电费,开创了中央空调的零能耗时代。

2014年3月,格力磁悬浮变频离心式制冷压缩机及冷水机组被鉴定为国际领先,该产品应用了磁悬浮轴承技术,使压缩机在无油状态下运行,克服了传统机械轴承式离心机能效受限、噪音大、启动电流大、维护费用高等一系列弊端,是一种更为节能、高效的中央空调产品。

2016年3月,格力高效永磁同步变频离心式冰蓄冷双工况机组被鉴定为国际领先,该产品采用了双级压缩中间补气技术,满足了蓄冰工况下大压比的需求,提升了机组能效;并且研制出中高压大功率变频系统,实现了1500RT以上超大冷量蓄冰变频离心式冷水机组;同时采用高效双工况多点气动设计、大功率高转速的永磁同步电机、智能制冰控制等技术,使机组无论是在空调工况还是蓄冰工况下都能保持高效稳定运行。

2016年8月21日,格力电器百万千瓦级核电风冷螺杆式冷水机组填补了国内技术空白,环境温度-40℃工况下制冷技术处于"国际领先"水平。

2016年9月24日,格力电器"三缸双级变容压缩机技术的研究及应用"项目在能效进一步提升的基础上,大幅提高了严寒环境下的制热能力,使空气热泵在室外环境温度低至-25℃时热泵制热量仍不衰减,并具有优秀的性能系数,达到"国际领先"水平。

格力电器自主研发的磁悬浮变频离心式制冷压缩机及冷水机组、光伏直驱变频离心机系统、双级变频压缩机、无稀土变频压缩机、R290环保冷媒空调、1赫兹变频空

调、多功能地暖户式中央空调、永磁同步变频离心式冷水机组、超低温数码多联机组等一系列"国际领先"产品,填补了行业空白,引领空调业发展。

创新驱动使格力电器一步步走向行业技术的最前沿和制高点,掌握着全球30%的空调市场份额。

(三)"创新驱动"经验分享

1. 宽容失败

创新是做前人未做过的事情,失败在所难免。公司领导曾表态,"企业鼓励创新,允许犯错,只要是你为创新而犯的错,我们不仅不会惩罚,反而会奖励。"

格力电器常年开展全员参与的合理化建议活动,每个员工都可以就技术创新、工艺改进等提出自己的建议,被公司采用的可以获得不同金额的奖励。这些合理化建议不一定完全"合理",也不都是"很大"的创新,绝大部分都是"丁点"的改进,"比如发现一个螺钉没有太大作用可以取消,或者螺丝长了可以截短,都可以获得奖励。"

格力双级变频压缩技术,就是历经4年,在无数个失败中最终成功的,具有划时代意义的创新技术。

2. 打造制冷行业"硅谷"

自主创新是格力电器竞争制胜的重要法宝。与其他家电企业热衷于花巨资引进国外技术不同的是,格力电器坚持自主创新,十分重视对技术研发的投入,在格力电器,科研的投入不是按"销售收入的百分之几"来预算的,而是根据企业未来发展的实际需要,"按需分配",是中国家电业科研投入最高的企业——格力年均研发投入逾40亿元。

在格力电器,研发投入没有上限一说。只要经过讨论确定的研发方向,需要花多少钱都没问题,即使遭遇失败,依然可以继续尝试。

3. 尊重知识,关爱员工

"企业的产品要有核心竞争力,必须靠自主创新;而自主创新的核心是人才。""只有忠诚企业的人才,才能保证企业的发展,才能保证技术创新、管理创新和营销创新。"这两年备受关注的"用工荒"实际上是"荒"的是技术型、知识型人才。作为一个技术驱动型企业,格力电器把员工视为企业发展的重要战略资源。

首先,格力电器努力营造适于人才发展的环境,留住人才。有公平公正,才能用规则与制度创造公平发展的空间、共建共享的平台,建设一个人人肯努力、人人有机会、人人有希望的企业。格力电器在企业内部推行"公平公正、公开透明、公私分明"的管理方针,不以权谋私,不以权谋利,不以权欺人,坚持做到严格按照法律、法规办事,有效地杜绝本位主义、官僚主义在工作中的不良影响,为7万多员工创造了公平公正的工作环境。

格力电器董事长董明珠时常说:"我自己公平公正,中层干部就不会有委屈,就没有人颠倒是非打小报告,就不会伤害真正优秀的人才。"正是由于有公平公正的环境,格力电器才吸引了庞大的研发人才并人尽其才。

此外,格力电器还努力为员工营造舒适的生活环境,让员工无后顾之忧。比如,格力先后斥资6亿元建设康乐园，为员工提供稳定充裕的生活环境实现“一人一居室”，改善员工居住条件；建设格力技术工程学院，让员工有机会在企业继续深造，使90%以上的一线员工都具备大专学历，成为技能型人才。

其次，格力电器提供良好的福利待遇，稳定人才。格力电器的工资水平一直高于行业的薪酬水平，从20世纪90年代开始公司就为员工购买养老、医疗、失业、工伤、生育等保险，并提供丰富的诸如免费上下班车、免费午餐、节假日慰问金、中晚班津贴、工龄津贴、保健津贴、夏季高温津贴、特殊工种津贴等各种福利；为激励科研创新，格力电器每年评选科技进步奖，重奖科技人才，最高奖金达100万元。

再次，格力电器提供广阔的发展平台供员工自主成长。格力电器重视对自主人才的培养，在格力电器没有空降兵，公司的技术骨干、中层干部乃至高层领导，大都来自基层培养。格力电器的研发团队，10多年土生土长培育起来的核心骨干，占研发团队总数量的20%，这其中，进公司5年左右的年轻人占了一半，队伍很年轻，能战斗，敢创造，举个例子说，10年前，负责中央空调的技术人员不过40人，现在，已经达到900人，大型空调的技术研发全部“自主研发”。

除了研发部门和实验室，格力电器的“草根创新”也蔚然成风，如从机修工成为十七大党代表的机修班长张树源（现已调任珠海香洲区工会副主席）、开叉车创造吉尼斯世界纪录的叉车司机曹祥云、全国五一劳动奖章获得者卢锦光……他们都是新一代产业工人的榜样。格力电器在家电业内素有“黄埔军校”之称。

企业转型升级的标志是在市场上有没有定价权。

格力的盈利能力充分说明了格力电器的定价能力，这也标志着格力电器在新一轮的转型升级中取得了显著的成效。

二、企业创新影响力实践——责任、诚信、奉献驱动下的创新

格力电器董事长董明珠说，“人活着的意义不是为了自己，而是为了全天下的人。我们要把国家标准、国际标准作为门槛，以消费者的需求为最高标准。因为我们的创造给消费者带来更美好的生活才是我们的目的。要实现这样的目标，就要不断创新。创新是企业的灵魂，是企业发展的唯一推动力。全员创新，才能保证企业充满活力。”

一个没有创新的企业是没有灵魂的企业。秉持“工业精神”的格力电器时刻不忘自身承担的社会责任——摒弃商业投机，通过不断掌握核心科技，创造绿色环保的高科技产品，提升中国产业的全球影响力，为人类创造更好的人居生活环境，改变消费者的生活方式，使消费者生活得更好更舒适。

正是因为肩负着对国家、社会、个人的责任，格力电器倡导并践行着诚信和奉献精神。诚信生产、诚信经营，通过不断自主创新为社会发展奉献力量。同时，用“以人为本”的温情对待每一个企业员工，使他们获得成长，在这个过程中，每一位格力人也忠诚于自己的岗位，与企业共同进步发展。

（一）企业主要创新活动

1. 营销创新

格力营销体系的变革始于1994年。那一年，格力部分销售人员“集体哗变”。销售人员掌握企业命运是当时普遍的社会现象。格力突破了这种固有的思维，大刀阔斧进行了改革，建立了规范的制度，将企业命运系在业务员身上的局面彻底打破。因为这次改革，1995年，格力的销售额就翻了7倍。当年，格力空调的销售再没有一分钱的应收账款，也没有出现一分钱的三角债。经过两年的时间，从1997年到现在，格力再没有一分钱银行贷款。

家电行业市场混乱，价格竞争是众多企业惯用的营销手段。但是“价格战”容易导致偷工减料，降低质量和服务水平，对厂家、商家、消费者都是不负责任的。格力电器始终把价格控制当作营销的一个重要环节，1997年进行了第二次营销变革，组建了湖北销售公司，打破了销售领域的混乱格局。从策略上、管理手段上创新了营销模式，保证了消费者、商家和厂家的根本利益。曾经为了保护广大经销商的利益，格力在面对单方面降价的国美时，主动退出，自建渠道，这段故事在业界为人津津乐道。

截至2018年6月，格力在全国拥有27家区域性销售公司，在全球拥有超过3万家专卖店，共计经销网点超过60000家，专业售后服务网点超过13000家，专业售后服务人员超过150000人。格力遵循“先有市场，再有工厂”，独特的渠道建设思路在家电业界独树一帜。格力的渠道模式被学术界称为“21世纪经济领域的全新营销模式”。而格力“自建渠道”的营销模式也使企业“诚信”可以贯穿于生产到销售的每一个环节。

2. 管理创新

“公平公正、公开透明、公私分明”是格力的十二字管理方针。格力通过制度建设、文化建设和员工培训来不断强化管理。格力管理的精髓在于通过管理，让每个员工都热爱自己的企业。格力注重建章立制、奖罚分明，通过制度建设向管理要效率、要质量。

格力以质量管理为中心。1994年，格力发现购进的一批零配件有质量问题，彻底坚定了对每一个零配件进行检验的决心，于1995年建立了行业独一无二的筛选分厂，对进厂的每一个零配件进行严格检测；在设计、制造、采购等环节大力推行“零缺陷”工程；全面实施“精品战略”，打造精品；同时导入了卓越绩效管理模式。格力创新性提出把售前服务而不是把售后服务做到最好，大胆在业内率先推出空调6年免费包修、变频空调2年免费包换的服务承诺。

格力于2006年提出了“八严方针”——严格的制度、严谨的设计、严肃的工艺、严厉的标准、严密的服务、严明的教育、严正的考核、严重的处罚。格力致力于实现效率、产品和思想的“三个转型”，不断进行“双效”——效率和效益的提升。格力的管理还聚焦于细节，从“一张纸一滴水抓起。”严格、规范的管理使格力获得了长足发展的动力。

多年来，格力电器致力于自主创新体系的建设，以“营造自我超越的创新文化、建立高集成的研发体系、拥有原创性的核心技术、构建全方位的产品系列”为主要内容，推动企业实现从“规模驱动业绩增长”到“创新驱动持续发展”战略转变。2015 年 1 月 9 日，格力电器凭自主创新体系荣获国家科学技术进步奖。

3. 科技创新

一个没有核心科技的企业是没有脊梁的企业，从 2001 年开始，格力电器清醒地认识到企业只有拥有核心技术才能不断创造价值，完善自己，进而制造出更优质的产品为消费者创造更美好的生活。

格力电器一直锲而不舍地坚持“核心技术自主研发”。格力目前拥有全球最大的空调研发中心，拥有中国制冷行业唯一的国家节能环保制冷设备工程技术研究中心。格力下辖凌达压缩机、格力电工、凯邦电机、新元电子、智能装备、精密模具 5 大子公司。截至 2018 年 8 月，公司拥有 12000 多名科研人员，拥有国家重点实验室（行业唯一）、国家节能环保制冷设备工程技术研究中心（每两年举办一次国际学术交流会）各 1 个；拥有国家级工业设计中心、国家认定企业技术中心、国家通报咨询中心研究评议基地、机器人工程技术研发中心各 1 个；目前拥有 12 个研究院、74 个研究所、929 个先进实验室，研发方向涵盖制冷、机电、通信、物联网、智能装备等领域，共研发出 24 项“国际领先”级技术。截至 2018 年 6 月 30 日，公司累计申请专利 38925 项，获得授权专利 22975 项。其中申请发明专利 17008 项，获得授权发明专利 4279 项。2017 年申请技术专利 7698 项，平均每天有超过 20 项专利问世。在国家知识产权局公布的 2017 年中国发明专利排行榜中，格力电器排名全国第七，家电行业第一。

自主创新也让格力摘下多项“国际领先”的桂冠，真正做到了“三个走在前面”——管理走在前面，技术走在前面，产品走在前面。作为中国家电行业科研投入最高的企业，格力的科研投入不设上限，“按需分配”，格力年均研发投入超过 40 亿元。

“掌握核心科技，引领中国创造”。在研发上追求极致，完美的格力将以技术绝对领先型企业的标准来要求自己，不断超越。

4. 人才创新

格力重视人才，只有依靠忠诚企业的人才，才能保证企业的发展和创新。格力重视自己培养人才，为企业自身，更为全社会。

格力电器有一整套“选、育、用、留”人才培养体系，“能者上、庸者下”，为各类人才提供了施展平台。格力建立了周全的奖励机制，全方位激发员工荣誉感和激情。无论是一线工人、专业技术人才还是企业领导层，格力都注重自己培养。近年来格力开始加大了对技工人才的培养力度，为一线员工提供了“机械师成长路线”，激发每个人的荣誉感。格力通过建立工程技术学院的“育人工程”、一人一居室的“安居工程”、设立自动化研究院以提高人均产值的“创新工程”和讲真话、干实事；讲原则，办好事；讲奉献、成大事的“三讲”教育，在人才培养上，继续向新的高度攀登。

格力的信念是：为每个格力人提供充分的成长空间，即使他离开格力，也可以很好地服务于全社会。

（二）企业创新成效

1. 营销创新成果

1992 年，时任格力电器华东片区业务经理的董明珠率先打破"代销制"，确定"先付款后发货"原则。

1994 年，格力销售人员"集体哗变"。董明珠临危受命，出任经营部部长，通过加强制度建设、优化人才培养体系等一系列改革，改变了原来企业命运系在销售人员身上的局面。

1995 年，董明珠确立"格力淡季销售政策"，既解决了淡季生产的资金问题，又缓解了旺季供货的压力，实现产商共赢模式。

1995 年，格力电器销售业绩同比增长了 7 倍，格力空调产销量跃居全国首位。

1997 年 12 月，格力电器在湖北成立了由经销商共同参股的区域性销售公司，开创了 21 世纪经济领域的全新营销模式。目前，格力拥有 27 家区域销售公司。

20 世纪 90 年代末，格力电器确立了"先有市场，后有工厂"的国际化战略，加大自主品牌出口。

1999 年 11 月，格力电器决定投资 2000 万美元，在巴西建立了年产 50 万台空调器的生产基地，实现生产、销售的当地化，大大增强了格力电器在国际市场上的竞争力。

2012 年 3 月，格力代表"中国制造"亮相美国纽约时代广场。

2012 年实现营业总收入 1001. 10 亿元，成为中国首家超过千亿的家电上市公司。

2013 年实现营业总收入 1200. 43 亿元，同比增长 19. 91%，实现净利润 108. 71 亿元，同比增长 47. 31%，成为中国首家净利润、税收双双超过百亿的家电企业。

2015 年 7 月，全球首家"格力时尚生活馆"在杭州盛大开幕，掀起新一轮家电时尚风暴。

2015 年 9 月 22 日，由新华社《财经国家周刊》、瞭望智库、珠海格力电器股份有限公司联合主办的中国制造业高峰论坛暨"中国品牌在行动"新闻发布会在珠海隆重召开。格力电器发布了最新产品——格力"画"时代空调、磁悬浮离心机、晶弘瞬冷冻冰箱、TOSOT 零耗材空气净化器，并发布了新广告语——"格力，让世界爱上中国造"。

2016 年 3 月 8 日，格力电器在北京举办了"董明珠自媒体上线暨格力大松高端电饭煲万人体验行动"新闻发布会，格力电器董事长董明珠对外宣布，由她亲自创办的自媒体平台——"董明珠自媒体"当天正式上线。同时，当天发布了新品——格力 TOSOT IH 高端电饭煲。

2017 年 3 月 4 日，"创造改变未来"格力智能装备全球首发暨高峰论坛在北京国家会议中心举行，格力电器自主研发的系列智能装备成果首度对外亮相。

2017 年 5 月 27 日，中央电视台 CCTV-1 推出了《格力完美产品是如何炼成的》3 分钟企业品牌故事，为观众讲述了格力由一条 0. 3mm 的缝隙引起产品改良的故事，展现了格力人追求完美的工匠精神。

2017 年 6 月 10 日，格力电器重磅推出空调安装"高温补贴"新政，对 2017 年 6 月 1 日至 7 月 31 日安装的格力空调，每台再补贴 100 元高温安装费。仅此一项空调安装“高温补贴”，格力电器约新增10亿元的投入。

2. 管理创新成果

1991年，珠海经济特区工业发展总公司（格力集团的前身）决定将“冠雄”和“海利”合并，建立格力电器。同年11月18日，投资2亿元、占地10万 m^2 的格力电器一期工程开工建设，格力电器正式诞生。

1994年，格力电器在国内外市场开始统一使用“GREE”商标。

1995年，经过董明珠的大力整肃，格力空调产销量跃居全国首位。从这一年开始，格力空调的销售没有一分钱的应收账款，也没有了一分钱的三角债。

1995年4月，格力电器决定实施了“精品战略”，提出了“出精品、创名牌、上规模、创世界一流水平”的口号，动员全公司上下狠抓产品质量。

1995年7月，格力电器成立空调行业独一无二的“筛选分厂”，对进厂的零部件进行全检。同期，格力电器签发“总经理12条禁令”（现增改为“总裁禁令”）。

1996年11月，格力电器股票在深交所挂牌上市。

1997年，提出“好空调，格力造”的口号，在全员中全面灌输质量意识。

1998年7月开始，在装箱单里加多一张《中国质量万里行》杂志“质量跟踪投诉卡”，成为国内第一个敢于主动让用户随时向“中国质量万里行”投诉自己的企业。

1999开始，格力投入百万巨奖推行“零缺陷”工程，开始在全员中灌输“零缺陷”的质量观念，并在设计、制造、采购等环节大力推广“零缺陷”，使格力空调的售后返修率大大降低。

2001年，董明珠升任格力电器总裁，整顿干部队伍和工作作风，确立了“打造百年企业”的发展目标，格力电器开始进入高速发展的10年。

2001年5月，格力电器第四期工程开工建设。四期工程占地达20多万 m^2，包括中央空调厂房、模具厂房、技术研究中心、销售中心等多个重大项目，特别是中央空调项目，标志着格力空调在取得家用空调的领导地位后，正式向中央空调冠军吹响了进军的号角。

2001年6月，投资2000万美元、年产空调达50万台的格力电器（巴西）有限公司投产，格力电器国际化迈出了关键性的一步。

2001年8月，总投资2亿元、年产能力达100多万台的格力电器（重庆）有限公司一期厂房正式在重庆高新区二郎科技新城开工奠基，标志着格力的“西部战略”拉开了决定性的序幕。

2001年9月，格力空调荣获原国家质量监督检验检疫总局授予的“中国名牌产品证书”。

2003年12月，投资达7亿元，总建筑面积达20万 m^2 的格力电器四期工程竣工投产，格力电器成为全球最大的专业化空调生产基地。

2004年9月，格力电器收购集团旗下的凌达压缩机、新元电子、格力电工、小家电等子公司，进一步加强和完善了配套产业链，为冲刺世界冠军夯实了坚实的基础。

2005年，提出了全新的目标“精品战略”——“打造精品企业、制造精品产品、创立精品品牌”，同时导入卓越绩效管理模式，全面推行卓越绩效管理。

2005 年 1 月,格力电器率先推出家用空调“整机六年免费包修”,创国内家电行业售后质保先河。

2006 年 9 月,格力空调被原国家质检总局授予空调行业唯一的“世界名牌”称号,是中国空调行业第一个也是目前唯一获此殊荣的企业。

2006 年 11 月,原国家质量检验检疫总局授予格力牌窗式空调“出口免验”证书,是中国空调行业第一个获此殊荣的企业。

2006 年,质量总结大会上,格力电器提出了“八严”方针——“严格的制度、严谨的设计、严肃的工艺、严厉的标准、严密的服务、严明的教育、严正的考核、严重的处罚”,以此鞭策格力人保持清醒的头脑并不断创新,打造真正的世界级品牌。

2009 年,格力电器分体机荣获原国家质量监督检验检疫总局颁发的“出口免验”资格,由此成为中国空调行业唯一一家以窗机和分体机均获得“国家出口免验”资格的企业。

2011 年,格力在售后 6 年保修政策的基础上,推出自 2011 年 1 月 1 日起购买的家用直流变频空调器实行售后一年包换的政策。

2012 年 2 月,格力电器率先承诺变频空调“两年免费包换”。

2012 年 5 月,董明珠升任格力电器董事长兼总裁,带领格力电器成为首家实现千亿的专业化家电企业。

2012 年,格力电器全面实施“自动化生产”战略,推行产品“零缺陷”,贯彻“以品质替代售后服务,最好的服务就是不需要售后服务”的质量管理方针。

2014 年 9 月,格力电器率先推出家用中央空调“6 年免费包修”。

2015 年 1 月 9 日,格力电器“基于掌握核心科技的自主创新工程体系建设”项目荣获国家科学技术进步奖。格力凭创新实力第三次获得国家科学技术奖,成为获此国家级奖项最多的空调企业。

2015 年 5 月 13 日,格力电器获得中国质量认证中心(CQC)颁发的家电行业首张 CCC 现场检测实验室证书,证明了格力电器的实验资源与质量处于行业领先水平。

2015 年 10 月,格力电器“空调设备及系统运行节能国家重点实验室”顺利获批科技部第三批国家重点实验室,格力是此次唯一获批的家电行业企业国家重点实验室。

2015 年 12 月 26 日,格力电器杭州智能产业园项目奠基仪式在大江东产业集聚区举行。杭州智能产业园是格力电器在长三角地区建立的首个生产基地。产业园占地面积约 1500 亩,总投资 100 亿元。建成后将主要进行家用和商用空调等智能电器的生产,预计 2017 年建成投产。

2016 年 3 月 2 日,格力智能装备产业园在湖北武汉蔡甸经济开发区正式开建,该基地主要从事工业机器人、智能自动化设备、高端数控机床、精密模具等产品的研发、生产和销售。格力智能装备产业园拟投资 50 亿元,占地 1500 亩(1 亩 $=666.7m^2$),预计 2018 年建成投产。产业园建成投产后,将推动蔡甸区约 20 家格力配套企业做大做强,提供 5000 个就业岗位。

2016 年 12 月 12 日,格力电器(杭州)有限公司奠基仪式举行。2016 年 4 月,格力电器(杭州)有限公司注册成立,总投资超 70 亿元。格力电器(杭州)有限公司坐落于杭州市大江东产业集聚区临江高新技术产业园，作为珠海格力电器股份有限公司的全资子公司，是格力电器在全球兴建的第 11 大生产基地。公司主要生产空调分体机、多联内机、窗机以及除湿机等产品，预计 2017 年建成投产后，年产能达 500 万台套以上，年产值 100 亿元左右。杭州公司产品销售市场以“出口为主，兼顾内销”，将成为格力电器最大的出口基地。

2017 年 11 月 13 日，南京市政府与格力电器签署战略合作协议，格力电器中央空调智能制造基地及配套项目正式落户南京。一期项目主要生产中央空调及配套产品，计划总投资 100 亿元，整个项目建成后，将成为格力电器国内最大的中央空调智能制造基地。

2018 年 1 月，经全球领先的检验、鉴定、测试和认证机构——通标标准技术服务有限公司（SGS）正式授权，格力电器荣获 SGS 全球首张北美认证授权实验室资质证书。

3. 科技创新成果

1992 年，格力开发研制出大圆弧面板、流线型结构的窗式空调。该产品获得 6 项国家专利，成为当时获国家专利最多的空调。

1993 年，格力电器投入巨资，建立了具有世界级水准、国内一流的空调研究所。

1993 年，格力电器研制出了节能型分体机——“空调王”，它是当时世界上制冷效果最好的空调器。不久，“空调王”投放市场，立即引起轰动。

1994 年，格力电器专利产品“灯箱面板”柜式空调风行天下。

1996 年 11 月，格力“冷静王”在西欧市场供不应求，一举改变中国电器只能“上地摊”的形象，为民族工业争了气。

1997 年 11 月，格力向市场推出了“更冷、更静、更省电”的分体空调“冷静王”，是当时国内噪声最小、制冷效果最好的空调。

1998 年 1 月，格力空调通过国际电磁兼容 EMC 认证，标志着格力空调在防电磁波辐射、抗电磁干扰方面已经达到了国际水准。

1999 年，格力电器成立中央空调研究所，成为国内首家研发、生产家用空调和中央空调的专业化家电企业。

1998 年底至 1999 年初，格力电器率先在业内建成空调长期运转实验室，对新产品和成品进行长期的、恶劣工况条件下的实验，从而全面提高空调的可靠性、稳定性和一致性。

2000 年，格力“空调贵族”灯箱柜机因其外观设计新颖、经济效益好而获“中国专利优秀奖”，是空调行业中唯一获此殊荣的产品。

2000 年初，格力相继推出了室内机体积轻盈小巧的“蜂鸟”挂机，不带任何附加功能的、经济实惠的“蜂蜜”挂机，以及动感灯箱画面柜机。新产品受到消费者的欢迎，其中“蜂蜜”年销售逾 20 多万台。

2002 年，格力电器在智能化霜技术领域取得重大突破，获得多项发明专利。

2004 年 3 月，巴西国家技术监督局（INMETRO）宣布：在当年的“A”级节能标签复测中，格力空调免于复测，可直接再授予“节能标签”；格力巴西实验室为“认可实验

室”，今后凡格力巴西试验室的测试结果，INMETRO 直接认可，无需复测。

2005 年 11 月，全球首台超低温热泵数码多联机组在格力电器下线，是 1998 年至 2005 年原建设部组织鉴定的首个获“国际领先”认定的项目。

2006 年 5 月，格力电器研制成功世界上第一台热回收数码多联机，是国内第一家拥有热回收多联机自主知识产权的企业。

2007 年 3 月，格力“Digital Heating 数码涡旋超低温空气源热泵（空调）多联机组”被国家科技部、商务部、原国家质量监督检验检疫总局、原国家环境保护总局四部委联合认定为国家重点新产品。

2007 年 3 月，格力“热泵型空调器的除霜控制办法”（简称“智能化霜”技术）发明专利获得省人事厅、省知识产权局合颁的“广东省金奖专利”荣誉，并于 2008 年斩获第十届中国专利奖优秀奖，成为中国专利奖空调行业唯一的获奖单位。

2007 年 7 月，格力电器“热回收数码多联空调机组”“基于正弦波驱动的变频空调控制”和“应用 EVI 超低温制热和智能化霜技术的全新滑动门柜机研制”三项技术通过了广东省科技厅组织的技术成果鉴定会，被权威专家评审团一致鉴定为达到国际同类产品技术先进水平。

2007 年，中央空调模块化直流变频一拖多面世，最多可以连接 64 个内机，标志着格力直流变频中央空调进入全新的领域。

2008 年 9 月，格力电器承担的“采用自然环保工质 R290 研发高效节能空调器”通过专家验收，这对中国空调业打破国外技术壁垒，促进空调产品出口具有重要意义。

2009 年 3 月，经国家科技部批准“国家节能环保制冷设备工程技术研究中心”正式落户格力，这是中国制冷行业第一个，也是唯一的国家级工程技术研究中心。

2009 年 10 月，世界第一台新型高效离心式冷水机组在格力电器面世，比传统离心式冷水机组节能 30% 以上，被权威机构鉴定为“国际领先”。

2011 年 7 月 14 日，全球首条碳氢制冷剂 R290（俗称“丙烷”）分体式空调示范生产线在格力电器正式竣工，并顺利通过中德两国联合专家组的现场验收，达到“国际领先”水平。

2011 年 7 月，格力“冷暖辐射生活热水多功能一体地暖户式中央空调”被鉴定为“国际领先”。

2011 年 9 月，格力“地（水）源热泵机组”被鉴定委员会鉴定为“国际先进”。

2011 年 12 月，全球首台直流变频离心机组在格力电器下线；2013 年实现系列化量产，综合能效比（IPLV）11.68。

2012 年 2 月，国家科学技术奖励大会在北京举行，格力“1Hz 变频技术”荣获“国家科技进步奖”。格力电器成为该奖项设立以来唯一获奖的专业化空调企业。

2012 年 12 月，格力电器环保成果获联合国认可，率先承诺全部采用新冷媒。

2012 年 12 月，格力“双级增焓变频压缩机的研发及应用”获“国际领先”认定。

2013 年，首个应用了格力双极压缩直流变频离心热泵技术的“工业余热热泵供暖项目”在石家庄投入运行，大幅度降低建筑能耗，实现无污染供暖。

2013 年 12 月 21 日，格力光伏直驱变频离心机系统鉴定为“全球首创、国际领先”,实现了中央空调能源自给自足、不用电费,开创了中央空调的零能耗时代。

2014 年 3 月 7 日,格力磁悬浮变频离心式制冷压缩机及冷水机组被鉴定为“国际领先”,该产品应用了磁悬浮轴承技术,使压缩机在无油状态下运行,克服了传统机械轴承式离心机能效受限、噪音大、启动电流大、维护费用高等一系列弊端,是一种更为节能、高效的中央空调产品。

2015 年 8 月 8 日,由格力电器自主研发的“百万千瓦级核电水冷离心式冷水机组(定频)”被专家组鉴定为“国际先进”,实现我国自主品牌零的突破。

2016 年 3 月 29 日,由格力电器自主研发的“高效永磁同步变频离心式冰蓄冷双工况机组”被专家组一致鉴定为“国际领先”。

2016 年 8 月 21 日,中国机械工业联合会在珠海对格力电器研发的百万千瓦级核电风冷螺杆式冷水机组、百万千瓦级核电水冷离心式冷水机组(变频)样机召开了鉴定会,现场专家一致认为:百万千瓦级核电水冷离心式冷水机组(变频)填补了国内技术空白,永磁电机变频技术处于“国际领先”、整体技术达到“国际先进”水平;百万千瓦级核电风冷螺杆式冷水机组填补了国内技术空白,环境温度 -40℃工况下制冷技术处于国际领先水平,整体性能达到“国际先进”水平。

2016 年 9 月 24 日,由中国制冷学会牵头组织的格力电器“三缸双级变容压缩机技术的研究及应用”项目鉴定会在珠海进行。经过评审,专家组一致认为该技术属国际首创,达到“国际领先”水平。应用此项技术的产品在能效进一步提升的基础上,大幅提高了严寒环境下的制热能力,使空气热泵在室外环境温度低至 -25℃时热泵制热量仍不衰减,并具有优秀的性能系数,彻底取消了其他辅助加热手段。格力三缸双级变容压缩技术是在第一代双级增焓压缩机技术的基础上创新升级而来,拥有完全自主知识产权。

2017 年 1 月 19 日,国家知识产权局公布了 2016 年中国发明专利排行榜,格力电器凭借 3299 件发明专利申请受理量和 871 件发明专利授权量,均位居全国榜单第七位,成为该榜单发布以来,唯一一家上榜的家电企业。

2017 年 2 月,格力北美光伏多联机首次产品发布会暨全球首张光伏多联机 UL 证书颁奖仪式在美国波多黎各圣胡安市举行,格力北美光伏多联机荣获全球首张光伏多联机 UL 证书。

2017 年 8 月 16 日,由中国制冷学会组织的格力“分布式送风技术在热泵空调上的研究及应用”项目科技成果评估会在珠海召开,经专家一致认定,项目成果属国际首创,技术达到“国际领先”水平。

2017 年 9 月 27 日,由中国制冷学会组织的格力项目科技成果评估会在珠海召开,经由 13 名权威专家评估一致认定,“基于大小容积切换压缩机技术的高效家用多联机”产品为国际首创、达到“国际领先”水平;“面向多联机的 CAN + 通信技术研究及应用”达到了“国际领先”水平。

2017 年 12 月 21 日,由中国机械工业联合会牵头组织的“车用尿素智能机”科技成果鉴定会在珠海格力电器总部举办,经专家组评审,格力车用尿素智能机被鉴定达到“国际领先”水平。

2018 年 1 月 18 日，国家知识产权局公布了 2017 年中国发明专利授权量排行榜，格力电器凭借 1273 件的发明专利授权量成为唯一一家进入全国前十位的家电企业，也是我国第一家“年度发明专利授权量”超千件的家电企业，在总排名上，格力位居全国第七位。

2018 年 5 月 16 日，“新时代·让世界爱上中国造——格力 2018 再起航”梦想盛典于珠海市体育中心举行。盛典现场，格力正式对外发布了 5 项刚刚获评“国际领先”的新技术及其应用成果，包括“基于 G—PLC 无通讯线缆的多联机系统”“空调光储直流化关键技术研究及应用”“全工况自适应高效螺杆压缩机关键技术研究及应用”“地铁车站用高效直接制冷式空调机组”项目总体技术达到“国际领先”水平，“工业机器人用高性能伺服电机及驱动器”项目总体技术达到“国际先进”水平，其中伺服电机功率密度、过载能力等性能指标达到“国际领先”水平。至此，格力自主研发的“国际领先”技术已达 24 项。

4. 人才创新成果

格力电器秉持“公平公正、公开透明、公私分明”的管理方针，注重对干部队伍的思想和行为管理。

1995 年开始，格力电器设立科技进步奖，最高奖励可达 100 万元。

格力电器与清华大学、马里兰大学等国内外著名高校合作，开设机械、自动化、制冷、MBA 等专业“硕士班”，为员工就近提供再深造机会。

技能型人才已经成为驱动格力电器业绩飞速增长的强劲引擎。公司每年定期举行“格力电器劳动技能精英赛”。

2014 年 7 月 4 日，总投资近 4 亿元的格力康乐园二期员工公寓正式投入使用，标志着格力向一线员工“一人一居室”目标迈出实质性步伐。

截至 2018 年 6 月，目前，格力电器拥有百千万人才 1 人，享受国务院津贴的员工 23 人，高级职称员工 40143 人，中级职称员工 429980 人，珠海市高层次人才 4551 人，珠海市青年优秀人才 176187 人。

三、小结

目前，格力已为全球 22 个国家提供了 5000 多套光伏空调，使用范围已覆盖了中东、北美、东南亚等地区。2018 年 1 月，格力光伏产品落地全球最大的光伏项目美国凤凰世贸中心，将领先的技术带到了这一全球标准最严苛的国家。

党的十九大提出，创新是引领发展的第一动力，是建设现代化经济体系的战略支撑。

制造业是实体经济的主体，是技术创新的主战场，是供给侧结构性改革的重要领域。在格力，创新是整个企业的座右铭。正是由于对营销模式、质量管理、人才选用、技术攻克等方面的创新，格力取得的硕果累累，此次格力电器荣获国际质量创新奖，正是其坚持自主创新的价值体现。

第十五节　片仔癀药业

一、企业概况与技术创新模式

1. 企业概况

漳州片仔癀药业股份有限公司(以下简称片仔癀药业)是由成立于1956年的原漳州制药厂于1999年12月改制创立,是国家高新技术企业、中华老字号企业。2003年6月,公司股票于上交所成功上市。现公司资产总额50.2亿元,拥有22家控股子公司、9家参股公司和5支产业基金,职工近2000人。

2. 经济效益

片仔癀药业经营范围涉及中成药、化妆品、日化品、保健食品、医疗器械、现代医药物流等行业,并大力发展高科技产品,进军大数据领域。主营中成药,其中核心产品片仔癀具有500年历史,历经几十年的磨砺,成为国宝名药、传世经典,也是“福建三宝”之一。片仔癀被列为国家一级中药保护品种,处方及工艺受国家绝密级保护,其传统制作技艺列入国家级非物质文化遗产名录,并大量出口东南亚、日本、韩国等十几个国家和地区,多年位居中国中成药外贸出口单项品种第1位,享誉斐然。2016年公司完成营收22.93亿元,比增21.59%;实现净利润5.42亿元,比增16.08%;上缴税收3.83亿元,比增48%;增速高于国家中医药发展战略规划平均水平2倍以上,位居行业前列。

目前,片仔癀药业已跨入中国制药工业100强企业行列,被评为全国最受投资者尊重的上市公司,位列中国主板上市公司价值百强榜第19位,并被列入福建省“创新100”示范企业。

3. 品牌建设

“片仔癀”商标被评为中国驰名商标;片仔癀品牌连续四年荣登胡润品牌榜,蝉联中国最有价值品牌500强、中国品牌价值500强、健康中国肝胆用药第一品牌,被评为2016中国自主品牌100佳。2016年以248.23亿元的品牌价值高居中华老字号品牌价值第3位,2017年以品牌价值298.19亿元位列中国品牌价值500强第101位、位居行业第3位。片仔癀药业董事长刘建顺荣获第十四届中国经济年度人物、2016年中华商标领军人物、2016年中华老字号突出贡献奖等荣誉称号,被聘为“中华老字号振兴技术委员会”委员。

4. 科技成果

片仔癀药业成立以来,以弘扬中医药文化为己任,用工匠精神,结合现代理念和科技,大力促进公司的发展。创新“合作+无围墙研究院”研发模式,建立以课题为纽带的研发平台共建模式,借智借力借势,共同开展临床研究、中药药理及分子机理研究、新药研发及临床试验等诊疗新技术的研发与协同攻关,不断探索更为灵活高效的研发

平台运行机制。片仔癀药业建立“博士后科研工作站”和“院士专家工作站”，开展专家智囊团建设工作，成立了以陈可冀院士为首的专家技术委员会，并引进全国学科带头人，有效地提升了科研实力。

片仔癀药业研发投入占销售收入5%以上，居行业先列。近几年来，片仔癀药业发明专利的授权数及专利总数呈良好的上升趋势，截至2016年12月，公司共拥有专利95项，其中发明专利51项；现有研发人员85名，与6家国内外各类研发机构建立合作关系，合作项目达25项，形成国家或行业标准14项。

5. 战略规划

片仔癀药业审时度势，依据国内外经济格局发展的新变化，主动适应、把握、引领经济新常态，加快供给侧结构性改革，从需求端发力，从供给端助力，推动企业转型升级，实施“一核两翼”大健康产业发展战略，着力打造“制药（传统中药＋生物制药）＋现代健康生活方式＋现代物流方式”的发展模式，为社会提供全方位服务，促进企业逆势增长，取得了行业瞩目的成绩，努力实现超百亿企业的奋斗目标。

二、企业创新影响力实践——一核两翼，“制药（传统中药＋生物制药）＋现代健康生活＋现代物流方式”新模式

（一）企业主要创新活动

1. 创新战略思路

（1）创新发展总思路

片仔癀药业的创新发展总思路是立足企业现状，创新发展理念与发展模式。

从企业外部环境来看，国家将“健康中国”建设首次列入《十三五规划》中，医药健康产业迎来积极良好的政策环境；《中国的中医药》白皮书的颁布，为中医药产业的发展进一步指明了方向；国家“一带一路”倡议，让中成药提供更多走向世界的机会。在此大环境下，医疗健康产业已经成为“健康中国”的立足之本，随着我国新型工业化、信息化、城镇化、农业现代化深入发展，人口老龄化进程加快，医疗健康产业得到前所未有的发展空间。

从企业内部环境来看，作为国有上市企业，片仔癀药业在品牌市值、资本运作、保密配方与研发技术方面具有比较优势。独家生产的片仔癀为国家一级保护品种，生产的产品遍及中成药、化妆品、日化品、保健食品、医疗器械、现代医药物流、智能可穿戴等。公司长期专注于中医药文化的传播和产品研发制造，核心产品片仔癀，自主定价，国际影响力、境外知名度、美誉度高，出口能力强。漳州地区健康产业资源极其丰富，气候宜人，为片仔癀药业“大健康产业”的发展创造了有利条件。

片仔癀药业通过充分分析内外部环境，依据国家战略布局及居民消费结构的改变，创新战略发展思路，制定“一核两翼”发展战略，以“创特色做精品树品牌，立产业兴产品争效益”为理念，制定“制药（传统中药＋生物制药）＋现代健康生活＋现代物流方式”的创新发展模式，借助资本手段，强化并购，加快片仔癀大健康产业布局，打

造超百亿企业。

(2)战略新规划

创新质量管控,确保产品质量。

片仔癀药业以 GMP 为基础,并全面引入 ISO 9001、ISO 14001、OHSAS 18001 三大体系,完善公司管理体系,通过企业文化建设,尤其是质量文化建设,与弘扬中医药文化的有机结合,使质量意识深耕于每个片仔癀人的思想中。精品国药是几代人的追求,原料、生产过程、成品等全过程的把控,以高于国家标准进行生产。公司发展人工养麝、发展名贵中成药种植基地和标准化问题,解决原料的质量问题,又助力地方经济发展,也为片仔癀绿色可持续发展创造了条件。

跨界合作共赢,科研合作创新。

片仔癀药业创新"合作 + 无围墙研究院"研发模式,建立以课题为纽带的研发平台共建模式。公司聚焦中药新药研发,着力自主品种二次开发,拓展保健食品、化妆品等新产品开发,目前,公司已形成以片仔癀为核心产品的中成药、保健食品、功效化妆品和日化品、医疗器械、功能饮料、中药饮片等七大类400 多种产品,并形成系列,满足社会"健康与美丽"的消费需求。

立足市场定位,营销模式创新。

片仔癀药业从自身实际出发,结合当前经济形势,通过对市场的分析,创新营销模式,推行创新营销模式:

①实现从"坐商"到"营商"的转变,将文化传播、品牌展示、产品推介、现场体验有机结合,在全国重点城市、旅游城市布局开设"片仔癀体验馆"。

②通过兼并重组,重构公司传统药品销售流通渠道,形成"医药流通 + 片仔癀体验馆"的营销模式。

③依托大数据平台的强大功能,创新"互联网 + ",打造集特色中医药咨询、食疗和体验为一体的"互联网 + 片仔癀大健康"O2O 大健康服务管理平台,加快"线上线下"融合,带动改造传统商业模式成为公司发展的重要增长极。

④借助媒体平台,精准宣传,提升品牌知名度,为产业扩张和产品销售助力。

创新"上市公司 + PE"资本运营模式。

片仔癀药业设立产业并购基金,开展并购。公司整合资源,在厦门设立片仔癀(厦门)营运中心,借助厦门的区位优势,为公司大健康产业的快速发展,搭建资本运营平台,吸引项目落地。

三年来,片仔癀药业设立规模 20.5 亿元的 5 支产业并购基金,按照"上市公司 + PE"资本运营模式,开展形式多样的收购兼并、产业整合、项目孵化,推动产业链上下游延伸扩张,促进公司持续快速发展,实现资本与增长"静与动"的转换,将资本转化为发展动能,成效显著。至目前为止,累计储备 40 个项目,完成 9 个项目的投资。同时,通过加快项目投资等手段,拉动股票市值的不断提升,为全体股东和广大投资创造价值。2016 年底,片仔癀股票市值以 272.7 亿元位列 2016 年上市医药制药企业市值排行榜第 20 位。初步实现了投资拉动的战略意图。

创新人才战略，助力企业发展。

片仔癀药业实施“人才强企”战略，强化人才培养、引进、考核、使用工作，形成“想干事的人有机会，能干事的人有平台，干成事的人有地位”的用人机制，全面促进人才事业的发展。

2. 管理机制的创新

管理是企业发展永恒的主题，是企业提高竞争力的关键。片仔癀药业通过制定、执行、检查和改进过程管理，推行公司管理理念和模式的创新。

（1）积极引进现代管理方法和手段

公司推行6S管理，通过整理、整顿、清扫、清洁、素养、安全六个方面，使生产现场和工作环境更加整洁、有序、高效。

公司推行卓越绩效管理模式，通过综合的组织绩效管理方法，使组织和个人得到进步和发展，提高整体绩效和能力，为顾客和其他相关方创造价值，为公司业绩持续增长提供有力的保障。

（2）考核机制创新

片仔癀药业实行考核机制创新，主要包括：

修订完善原有的考核机制。加强车间绩效考核管理，对各车间水、电、汽、辅助材料、包装材料、成品收得率等能源物料消耗历年数据和生产情况进行综合分析并进行重新调整。

建立对营销保障部门的考核机制以及ISO三大体系运行的考核机制。

完善对职能部门的考核体系进行改革，在职能部门实施KPI考核。

强化现场管理。通过实施6S、卓越绩效管理，完善考核机制，提升车间现场管理水平。重点强化检查和改进环节，针对公司现行的GMP、ISO三体系、6S、安全生产认证、卓越绩效等几大体系的检查，成立联合检查小组，定期检查，并对检查结果进行复查，做到有检查，有反馈，有改进。

持续推行“钉钉子精神”活动，鼓励员工自发扬主人翁精神，持之以恒地做好每一件事。

3. 以市场为导向驱动科研技术水平的发展

（1）研发体系构建的总体思路

片仔癀药业以市场为导向，以构建“分层级、无围墙”研发体系为总体思路，坚持以市场驱动产品开发为理念，形成市场导向型顶层设计，以技术支持片仔癀产品与服务外沿拓展。注重营销过程中技术互动，加强“人与人”“人与产品”“产品与技术”的沟通，在渠道建设、品牌推广、产品营销中实现技术化、个性化、差异化、精准化，增强企业自主创新能力。

（2）研发体系基本构架

片仔癀药业构建以专家为智囊，企业研发团队为主体的分权化、协作式研发架构。在构建“分层级、无围墙”研发体系过程中，形成以高级专家组成的技术委员会为指导，以自身研发团队组成的技术中心为核心的研发基本架构，基本架构按照相关职能进行划分，构建起新产品开发、质量管理、质量控制三大模块，各模块就自身职能进行二次分化，并对本模块职能享有主导权，同时围绕产品开发整个周期三大模块间跨部门协作运行，统筹管理，以确保产品开发顺利进行。

基本构架的功能与关系：组建技术委员会，专家智囊团建设常态化。公司坚持“人才是企业创新核心”的理念，引进陈可冀院士、姚大卫院士等顶级专家组成技术委员会，专业涵盖临床前、临床及制剂等涉及药品研发各个方面，作为公司日常研发事务战略支持与技术指导，带领公司研发团队创新能力不断提升。同时，技术委员会专业领域逐渐细化、外延逐步拓宽，并建立引进机制，不断补充优秀专家人才，实现专家智囊团建设常态化。

片仔癀药业专设技术中心，科技人员团队化。设立公司技术中心，完善配套软硬件设施。在技术委员会带领下，技术中心组建起新产品开发、质量管理、质量标准提升三大创新团队，围绕药品开发各个方面，细分模块，各司其职，独立运行，同时跨模块间分工协作，致力于形成产品研发产业链闭环结构。

(3)以共建平台为载体，构建多元化产学研结合模式

片仔癀药业以搭建研发平台为载体，辅以兼并/重组等手段，力争实现先进研究技术成果转化最大化，打造技术咨询、技术转让、联合培养人才等产学研多元化结合模式。

目前，片仔癀药业建立起院士专家工作站、博士后科研工作站两大自主研发平台，借助省级企业重点实验室、省级企业技术中心及传统中药制药企业工程技术研究中心构建企业研发平台，同时依托香港浸会大学、香港中文大学、北京林业大学、中国药科大学等一批境内外科研院校形成联合研发平台。结合政治、地缘优势，并利用各大研究机构特色优势构建起分层级、模块式关键技术研究平台，以项目为抓手，配套建立起全方位服务平台，技术研究平台以及相应转化平台，实现产学研合作高效运行。

(4)研发创新突飞猛进

近三年，片仔癀药业研发投入持续增长，2016 年，共投入研发经费 5417.99 万元，占销售收入比例达到 5.0%，公司整体研发实力不断增强，成效显著，公司研发创新突飞猛进，主要包括：

片仔癀药业与吴孟超院士所带领的福建医科大学孟超肝胆医院达成战略合作，共建“福建医科大学孟超肝胆医院——片仔癀医学转化研究中心”，与香港浸会大学成立“片仔癀－香港浸会大学中药创新研发平台”，与中国药科大学共建中国药科大学－片仔癀联合实验室，与北京林业大学共建“北京林业大学－片仔癀麝类生物学联合实验室”，共同开展临床研究、中药药理及分子机理研究、新药研发及临床试验等诊疗新技术的研发与协同攻关，不断探索更为灵活高效的研发平台运行机制。

积极争取引入全国中医肿瘤学科领域知名专家 2 名，完善专家智囊团 300 位专家信息，保障专家资源储备。

持续推进在研新药肠激安胶囊、紫堇达明等项目；新立项治疗骨关节痛新药研发项目、抗焦虑药物项目以及其他 4 个品种作为新药研发储备形成新药开发良性循环；有组织地开展涉及临床、药理毒理、林麝人工繁育及取香标准化等 20 个项目研究。

通过与省市相关管理部门积极沟通，抓住企业与政策的结合点，成功获批 16 个科

技项目,其中“林麝驯养繁殖标准化及养殖麝香基地建设”获国家项目支持,“名优中成药片仔癀治疗肝癌二次开发研究”等8个项目获省级项目支持,获资金资助达714万元。

不断深挖创新点,提升专利数量与质量。共计获授权专利17项,其中发明专利5项,实用新型专利12项;19项专利获受理,其中发明专利12项,实用新型专利7项。通过扎实推进各项研究工作,夯实公司的研发基础,以科技力量助推公司产业发展。

4. 知识产权保护助力企业创新发展

(1)企业知识产权总体战略

知识产权战略是企业创新发展的重要组成部分。公司全面构建知识产权管理体系,确定了“强化知识产权保护,提高市场竞争能力,打造自主诚信品牌,促进市场经济繁荣”的方针,制定了公司知识产权中、长期发展目标,并结合多种保护方式全面进行知识产权战略工作。

以专利保护和中药品种保护相结合的方式强化权利主体。专利权是一种专有性财产权利,具有独占性和市场垄断性,保护力度大,范围广,但申请周期长;中药品种保护权是中药在我国所享有的特殊行政保护,保护条件低,申请程序简便,但不具有独占性,保护范围窄,保护力度较弱,且尚未国际化,效力仅限于国内。在产品保护方面,公司充分考虑二者的优势和不足,采取专利保护和中药品种保护相结合的方式,强化对自有产品的保护力度,保障产品在国内外市场的个性化竞争优势。

强化商标权保护。商标是企业及其产品的象征,在市场经济活动中有重要意义。一个知名商标往往蕴含着企业形象、商品质量、顾客信赖、企业文化内涵。知名商标有助于获得消费者信赖,有力促进商品销售。商标保护一方面立足于中华老字号、中国驰名商标等基础,进行全面的品牌培育,向企业上下游宣传品牌知识,起到了良好的思路宣贯与保护作用,另一方面,以法律为手段,追究侵权行为的法律责任,进一步保护产品,占领市场。

以商业秘密保护拾遗补阙。无论是专利保护、中药品种保护、商标权保护均有各自的优势和局限,要形成严密的知识产权保护体系,还需要商业秘密保护。通过《公司保密制度》《档案管理制度》《核心技术人员管理制度》等制度形成行之有效的保护措施。

以竞业禁止制度稳定人才队伍。对负有保密义务的员工,公司在劳动合同中与其约定竞业限制条款,并约定在竞业限制期限内给予其适当的经济补偿。竞业禁止制度是保护公司商业秘密的需要,进一步增强公司知识产权保护力度。

(2)知识产权工作组织体系

片仔癀药业从实际情况出发,建立适合公司的高效的知识产权工作组织体系,知识产权管理工作由总经理总负责,分管副总经理作为管理者代表直接负责,制定各部门的相关工作职责,围绕上述知识产权战略构建和公司的知识产权保护机制,与公司的发展经营战略融为一体,营造公司创新环境,驱动公司创新发展,防范市场风险,创造经济效益。

产品研发部负责制定知识产权工作目标,试、投产指导与产品有关的注册申报及保护品种申报，医药技术类发明专利（质量标准类除外）专利申报计划制定、技术资料整理和审查意见答复、公司发明专利的组织申报与维护，知识产权信息资源管理，发明专利相关项目的申报和管理，与专利有关的统计工作，公司技术标准的组织及全过程管理、专利数据库管理。

质量检验部负责质量标准研究，质量标准、SOP修订，质量标准类发明专利申报计划制定、技术资料整理和审查意见答复。

市场策划部负责制定知识产权工作目标，新产品项目知识产权分析及市场调研，品牌管理，品牌及产品广告策划和包装设计，外观专利的申请和维护，打假维权，产品知识及人员培训、对外信息发布审批。

产品销售部负责制定知识产权工作目标，产品知识及人员培训，国内市场的调研与知识产权风险评估，产品销售（产品涉及知识产权状况分析、风险规避），产品宣传和展览（制定知识产权保护或风险规避方案），市场监控（跟踪和调查相关知识产权被侵权情况）。

国际贸易部负责制定知识产权工作目标，产品知识及人员培训，国外市场的调研与知识产权风险评估，产品销售（产品涉及知识产权状况分析、风险规避），境外产品注册，境外产品宣传和展览（制定知识产权保护或风险规避方案），境外打假维权，市场监控（跟踪和调查相关知识产权被侵权情况），涉外贸易过程中的知识产权工作，承接境外来料加工项目。

生产制造部负责保密区域管理，产品、工艺方法的技术改进专利申报，委托加工、来料加工、贴牌生产等合同管理（明确知识产权权属、许可使用范围、侵权责任承担等），涉及生产计划的编制与执行，调度、协调车间生产，对车间生产组织实施进行技术指导。

财务部负责设立知识产权经常性预算科目，参与对外投资管理，知识产权专项经费预算管理。

企业管理部负责知识产权管理评审，规章制度的制定，企业管理奖项申报，负责企业管理标准的组织及全过程管理。

采购部负责产品采购阶段的知识产权信息搜集，供方信息、进货渠道等信息资料的管理和保密工作，采购合同管理（明确知识产权权属、许可使用范围、侵权责任承担等）。

法律事务室负责参与公司重大经济活动的谈判工作和招投标活动，重大合同会审与规范，商标和外观设计专利的申报和维护，知识产权风险管理及争议处理，诉讼和非诉讼法律事务，法律咨询，普法教育。

生产车间负责协助技改类项目专利申报计划制定、技术资料整理和审查意见答复、贯彻执行公司生产经营计划，落实经济责任制，做好生产现场管理和安全生产管理。

人力资源部负责制定知识产权工作目标、知识产权培训组织和管理、博士后工作站管理，新入职员工知识产权背景调查、人事合同管理、核心员工离职签署竞业限制协议、建立知识产权奖励制度、涉密人员和涉密文件管理。

办公室负责公司知识产权相关文件发布和管理。

信息中心负责企业信息化建设的推动，计算机软、硬件维护，计算机网络及信息安全，公司网站维护、软件类项目专利及申报计划制定、技术资料整理和审查意见答复，电子类产品和软件采购管理（明确知识产权权属、许可使用范围、侵权责任承担等）。

设备部负责技改类项目专利申报计划制定、技术资料整理和审查意见答复，设备采购合同管理（明确知识产权权属、许可使用范围、侵权责任承担等）。

证券投资部负责对外信息披露，证券事务，对外投资项目前期工作（包括开展相关知识产权尽职调查等），对外投资管理。

审计部负责知识产权管理评审、对内部部门、全资子公司和控股公司的审计，对重大合同、基建、设备安装工作招投标全过程的专项审计，其他专项审计。

党群部负责保密工作。

（3）知识产权主要管理制度

片仔癀药业根据知识产权工作的要求和企业实际情况，修订了《知识产权管理工作手册》《无形资产管理制度》《产品发明专利》《中药保护品种管理制度》《技术项目管理制度》《药品、保健食品、食品生产许可注册管理制度》《公司保密制度》《研究与开发费用核算管理制度》《档案管理制度》《核心技术人员管理制度》《公司对外发表论文管理制度》《员工培训管理制度》《研发业务外包管理制度》等一系列的知识产权制度。2014 年 1 月公司正式公布并实施《漳州片仔癀药业股份有限公司知识产权管理规范》，在全公司范围内有效地加强了知识产权管理工作力度。

同时，片仔癀药业对公司拥有的无形资产，包括专利、专有技术、商标和土地使用权的取得、使用、维护、处置和保护程序做了详细的规定，规范无形资产的管理和使用效率。

片仔癀药业建有严格的保密制度，设有保密委员会和保密领导小组，根据保密工作需要确定保密重点部门和重点岗位，对秘密技术明确划分密级和范围，制定相关的保护措施。涉密人员均与公司签订《保密协议》，明确其保密责任和义务，对特殊人才和岗位人员签订《竞业限制协议》。全体员工均接受保密教育，公司每年至少组织一次对保密员、涉密人员的集中保密教育。所有涉密载体均实行严格的保密管理，公司所有终端设备均自动对电子文件进行加密处理，涉密信息只能在加密通道传输。

标准化工作是公司科学管理的基础，是公司科学组织生产、经营活动的依据。为了加强公司的标准化工作，片仔癀药业建立标准化管理方法，贯彻实施国家、行业等各类各级标准，为促进技术进步、改进产品质量、提高经济效益提供保证。

片仔癀药业档案管理制度规定对档案资料坚持集中统一管理原则，保证全公司档案的完整、准确、系统、安全和有效的利用，并逐步实现档案管理的现代化。各部门工作职责均修订档案归档范围及兼职档案员名单，对归档、借阅程序有明确的规定，同时还制定了《档案保密制度》和《档案库房管理制度》。

（4）知识产权管理的成效

引导高质量的创新产出。近三年来，片仔癀药业每年研发经费投入 4000 万元以上，用于新产品开发、技术创新、技术合作、科研人员绩效奖励、知识产权管理等，为科研活动提供了充分的经费保障。先后承担“十一五”国家科技支撑计划、国际科技合作项目、国家“重大新药创制”科技重大专项等9项国家级科研项目及10项省级科研项目,取得丰硕的技术成果。截至目前,公司已累计提交国内外专利申请188件,其中126件已获授权,有效发明专利53件,数量位居中药行业前列。

独家品种片仔癀已经申请中国发明专利19项,其中已有14项发明专利获得授权。其他独家品种如茵胆平肝胶囊、金牡感冒片、肝宝片、复方片仔癀软膏等围绕处方、复方有效成分、制备工艺、新剂型、质量标准、质控技术、药物新医疗用途等方面共申请国内外发明专利41项,已授权26项,形成全面的专利保护体系。其中“一种治疗肝炎的药物及其生产工艺”获得2010年度福建省专利奖二等奖。公司研发新产品主要有清热止咳颗粒、金糖宁胶囊、肠激安胶囊等,共申请发明专利41项,根据产品的研发进程设计严密的专利保护策略,确保新产品在市场上的竞争力。此外,公司还拥有国内外注册商标124件(含1件中国驰名商标)、国家中药保护品种3个,先后参与制定国家和行业标准13项。

有效运用知识产权。片仔癀药业重视专利实施与产业化,目前专利产业化比例已达80%以上,专利产品达26个。在知识产权保护体系下,专利产品实现年销售收入达10亿元以上,为公司带来了巨大的经济效益和社会效益。公司居中国中成药行业50强,先后入选国家高新技术企业、国家火炬计划重点高新技术企业等。近年来依托片仔癀二次开发申报的“片仔癀及其制剂在保护记忆功能和抗缺血方面的新用途”“片仔癀的检测方法”“片仔癀或其制剂的含量测定方法”等系列专利,对片仔癀临床应用范围、质控手段等技术成果进行保护。目前,片仔癀在治疗恶性肿瘤、酒精肝、肝纤维化、登革热等疾病中发挥了重要的作用,建立了从该原料、中间品到成品的全面、先进的质控体系,片仔癀营收年增长超亿元。

建立高效的知识产权工作机制。专利管理人员的工作从被动专利申报逐步走向产品研发的前端。目前,结合新产品开发和技术创新,在抓好发明专利的开发、申报与管理的同时,开展产品开发过程中的专利布局,即加强“专利规划”,在产品开发立项前,引导技术人员进行专利文献资料的检索与分析,避免重复研究与侵权;规避竞争对手专利,打破技术垄断,抢占市场,开发具有自主知识产权的新产品。技术成果形成后及时申请专利,防止他人无偿使用,使公司对于技术成果的所有权能够较长时间稳定,保障技术成果的产业化。

片仔癀药业凭借在知识产权创造、运用、管理与保护上的优势,先后被评为全国企事业单位知识产权试点单位、国家知识产权优势企业、福建省知识产权优势企业等,目前还成功跻身“2015年度国家知识产权示范企业”行列,是福建省唯一一家获此殊荣的制药企业。相信通过知识产权的保护和运用,将更好地推动片仔癀药业的发展,使其未来的中药创新开发更具有生命力。

5. 实施“人才强企”战略

(1)人才队伍的总体思路和战略

片仔癀药业以“人才强企”为企业人才培养思路,以机制创新为动力,以结构调整为主线,以“想干事的人有机会,能干事的人有平台,干成事的人有地位”为用人机制,

充分挖掘企业现有的人力资源，实现人才价值最大化，凝心聚力，共谋发展。

人才队伍总体战略是：通过完善人力资源体系建设，创新人才引进机制，全面规划、合理配置人才，建立有效的激励机制，激发人才的创造热情和奉献精神，加快人才梯队建设，多渠道、多途径地凝聚人才力量。

(2)制定并推行人才战略新措施

以产、学、研合作为基础，吸引人才。片仔癀药业通过加强与科研院校的合作，逐步建立了“产、学、研”一体化技术创新体系，与中科院药物所、香港中文大学、香港大学、中国药科大学、厦门大学、上海中医药大学、暨南大学等科研机构和高等院校建立长期的合作关系，建立联合实验室，吸引联合实验室的人才。通过“产、学、研”合作，利用科研机构和高等院校的人才、设备等优势进行合作开发研究，围绕企业发展继续解决的重大关键技术难题联合攻关，促进高层次“产、学、研”合作，以课题培养人才、吸引高层次人才，为企业带来源源不断的发展动力。

创新线上培训模式，多渠道培养人才。为提高员工素质，满足公司发展和员工发展需求，创建优秀的员工队伍，建立学习型企业，片仔癀药业每年按工资总额的2.5%提取培训经费。公司制定了多项培训制度，建立了“三级培训体系”，采用“请进来，走出去”的方式，开展各级各类人员专项培训。

片仔癀药业建立了片仔癀网络学院，在原有的线下培训的基础上，新增了线上培训。网络学院依托北大时代光华管理学院培训学院强大的培训资源，可为员工提供3000余门培训课程，课程内容涵盖面广，涉及个人发展、生产管理、市场营销、人力资源、财务管理、战略管理、领导力等方面。让员工以较低的成本学到国内一流讲师、教授主讲的课程，较为全面地满足公司不同层次不同员工的学习需求，实现全员参与学习。片仔癀药业还设立“微课堂”，为在线学习增添了新途径，提高了员工对培训内容的接受效率。

引入竞争上岗机制，拓宽选拔通道。在用人方面，片仔癀药业坚持“公开、公正、平等、择优”的原则，畅通“纵横发展”的职业发展通道，推行“想干事的人有机会，能干事的人有平台，干成事的人有地位”的选人用人机制，标准上坚持年轻化、知识化、专业化原则。片仔癀药业通过制定《专业技术职务评聘管理制度》《工人技术等级鉴定与考核管理制度》等，畅通了各系列员工的发展通道，使德才兼备的优秀人才脱颖而出。

片仔癀药业还引进竞争上岗的干部选拔任用方式，通过搭建平台，引入竞争机制，为企业发展培养新生的中坚力量。

创建积分考核机制，激发人才潜力。为进一步加强和创新公司绩效考核管理模式，片仔癀药业在实行经济责任制考核的基础上，创新推行个人综合表现的积分制考核。

员工积分制管理由A分和B分两部分组成：A分的增减主要由员工承担常规性工作的完成情况所得，直接与遵守纪律、岗位职责、工作任务的完成情况等因素相关联，是员工日常工作考核评定的重要依据；B分则是用来肯定、奖励员工的劳动付出，引导员工积极参与企业管理、技术改造、企业文化建设、安全文明等各项活动，是作为干部考核、人才选拔和优秀员工评选的重要参考，也是公司发放各类专项奖励与福利的重要依据。通过积分制考核的方式，加强了对员工的综合能力和综合表现的全方位量化考核，有助于激励员工的主观能动性，发挥员工主人翁精神，争创业绩。

(3)创新人才战略成果

片仔癀药业实施“人才强企”核心人才战略以来，在人才队伍建设、人才凝聚方面取得丰硕成果。“人才强企”的战略，使公司拥有一大批优秀人才：先后有1人获得“福建省第一批科技创新领军人才”荣誉称号、福建省第二批经营管理人才1人，1人获全国“讲理想、比贡献”活动科技标兵、2人获得“福建省优秀企业家”荣誉称号、7人获得“漳州市优秀人才”荣誉称号、4人获得“漳州市青年科技人才”荣誉称号、3人获得“国家非物质文化遗产传承人”称号、1人获得“福建省优秀高技能人才”荣誉称号、1人获得“福建省优秀技术能手”荣誉称号、1人获得“漳州市产业人才高地领军人才”荣誉称号；在每年对员工的年度考核中，均会有一批优秀人才脱颖而出，被公司予以提拔任用。这些优秀员工或成了活跃在公司管理、技术领域的带头人，或成了企业管理的中坚力量，他们是公司创新人才培养机制的受益者，也是公司人才凝聚、人才培育的优秀典范。

6. 立足品质，擦亮品牌，发展品牌

(1)品牌战略的思路和原则

品牌战略是企业发展的“敲门砖”。片仔癀药业以“以工匠精神做中国品质，以创新意志筑长盛产业”的品牌战略方针为指导，系统规划品牌发展。以“一核两翼”为品牌发展战略理念，以“两个转变”“两个引领”“四个聚焦”“六项举措”为品牌发展思路，以发展国际中成药肝胆用药第一品牌为目标为品牌发展原则，以“传统中医药+生物制药+现代健康生活+现代流通方式+生物制药”为发展模式，在国际国内开展系统的品牌建设与推广，努力把片仔癀打造成全球知名的中成药肝胆用药第一品牌，构建以片仔癀为核心的一流健康养生品牌集群，实现品牌全球化发展。

品牌战略理念和发展思路见表2－6。

表2－6　品牌战略理念和发展思路

战略理念	一核两翼	以保健药品、保健食品、功能饮料和特色功效化妆品、日化产品为两翼
发展思路	两个转变	从传统经营理念向现代经营理念转变、从计划经济以生产为中心向市场经济以顾客为中心转变
	两个引领	科技引领、市场引领
	四个聚焦	聚焦资源、聚焦应用、聚焦营销、聚焦人才
	六项举措	理产品、树品牌、梳渠道、拓市场、抓管理、施兼并

(2)质量管理与品牌宣传新模式

片仔癀药业以品牌战略为导向，大力推行质量管理与品牌宣传新模式。品牌战略以指导片仔癀人以高品质的良药为基础，以质量臻于至善为核心，实现打造“国际知名的中成药肝胆用药第一品牌”的目标，大力提升产品质量，并注重品牌宣传与推广的新模式。

立足品质，强化品质。片仔癀药业秉承“振兴中医药文化，传承创新发展国宝名药，增进人类健康福祉”的使命，坚守“良药济世、臻于至善”的经营理念，遵循“以匠心、仁心铸精品国药”的质量价值观，以“选材精良，匠心精制，服务精诚、精益求精”质量方针为指导，在 GMP 的基础上，并全面引入 ISO 9001、ISO 14001、OHSAS 18001 三大体系，完善公司管理体系，组织制定《质量、环境、职业健康安全管理手册》及其他相关文件，并基于风险的思维，应用过程方法建立、实施和保持质量、环境和职业健康安全管理体系，进一步完善公司的管理系统，并顺利通过三大体系的认证。公司形成“以‘国宝名药’为核心的‘传承 + 创新，生态 + 文明，匠心 + 仁心’的质量经营模式”，并不断引入中医药文化，使质量意识深耕于每个片仔癀人的思想中；在质量控制中，通过对原料、生产、成品等生产全过程的严格把控，以高于国家标准组织生产。公司同步利用生化与分子生物学、循证医学等手段，对片仔癀等独家功效优势品种、药效机理研究、临床研究等系统性科学研究，开展关键药材基地建设及标准化研究、开展生产过程科学验证研究，建立现代完整全过程数据链，保证产品质量和消费者的健康。

片仔癀药业逐步完善中药材基地的建设及标准化工作：在林麝养殖基地组织实施“麝香产业化基地建设”项目（国家工信部“中药材扶持资金”项目），完善林麝基地建设和配套，自有和协议合作养殖户的圈养林麝约占我国人工养殖林麝的 60%；获得专利 5 项。在云南文山苗乡，合作建立三七种植基地。在福建推进建立铁皮石斛种植基地。计划在福建、四川分别建设重楼、川贝母的种植基地。

形成片仔癀品牌推广体系。品牌宣传与推广方面，围绕“文化传承与振兴”“药传承与发展”两大主题，在文化宣传中推广品牌，在品牌推广中渗透文化，实现品、牌推广与文化传播相得益彰，结合新型推广模式，形成了独具特色的片仔癀品牌推广体系。

文化传承与振兴。片仔癀药业的历史传承与近现代发展史与中医药文化的传承紧密相连，片仔癀药业以传承振兴中医药文化为己任，将品牌推广与中医药文化传播融会贯通。片仔癀启动了一系列文化传承与振兴活动，以片仔癀为载体在国内国际广泛传播、国内部分传播活动，诸如片仔癀博物馆宣传、片仔癀杯 - 金牌培训师、片仔癀文化节、中华老字号振兴计划系列活动。

名药传承与发展。片仔癀药业依托企业领袖与行业权威人士将片仔癀发展中成药的先进模式与创新思路广为传播，经中央电视台、凤凰卫视等权威媒体认同并进行专门访问与报道。

片仔癀药业立足于实际，采用 3 大新模式，全面打造片仔癀品牌战略。一是用传统营销手段加现代互联网新媒体，通过线上线下，大大提高了片仔癀品牌的推广；二是“体验馆”模式，将体验馆打造成“文化传播 + 品牌展示 + 产品推介 + 现场体验”的有机结合体，以中医药文化体验、中药用药体验为核心开展文化传播、品牌推广与产品销售；三是打造“福建三宝”，充分传播片仔癀是福建三宝之一，打造片仔癀的品牌知名度、美誉度。

(3)强化市场营销,打响品牌主旋律

片仔癀药业以现代市场营销理论为指导,针对中医药行业中药品、保健品的特性,形成了一套以价值营销为核心,以事件营销、体验营销、技术营销相结合的营销体系,在运用中获得良好成效。

"创造+推助",策划事件营销。片仔癀药业在市场策划部专设事件营销运营团队,适时创造大事件营销,并紧跟片仔癀热点口碑与大事件开展推助营销。对创造性大事件进行周密的全程策划,热点推助事件在24h内策划事件传播方案,利用自有官方媒体、新闻门户网站、线下纸媒等热门媒体打造传播热点,诸如昔日荣光,筑梦杨帆重走海丝路活动事件策划,唤起海外新一代华人对片仔癀的关注;打造"片仔癀清火传奇"话题,利用微博"大V"转发推助,配以隐形清火产品系列宣传。

打造体验营销,创中成药行业先河。打造重体验,甄价值的单品牌片仔癀体验馆,提升客户的体验型消费;建立资深老中医坐诊的体验式国药堂中医馆,获得专业的问诊体验。"工业+旅游"式观光工厂,融合工业参观与休闲旅游,使参观者亲身体验两化融合成果、示范智能化制造工艺、中医药文化传承创新成果等内容,具有中医药文化教育,优势产业发展成果示范价值。

梳理片仔癀价值体系,开展价值营销。通过文化体验营销活动、文化传播事件营销策划传播片仔癀的历史价值与文化价值,通过口碑相传与事件营销构建心理价值,达到了良好的成效。

市场驱动式产品功效开发,实现技术营销互动。片仔癀药业以市场驱动产品开发,让片仔癀古老中成药"老树开新花"。一方面,系统性地收集用户使用反馈,总结优势功效,依托无围墙、分层级的研发体系开展药理和临床研究进行科学论证;另一方面,根据市场需求,依托强大的研发体系开展顶层设计,开展片仔癀循证医学相关证据研究,逐步完善证据链条。

(4)立品牌,创营销,促发展

片仔癀品牌价值2016年达248.23亿,2017年达298.19亿元,成为国内肝胆用药领域第一品牌,成为中成药行业传承与创新的典范。片仔癀被列为国家一级中药保护品种,处方及工艺受国家绝密级保护;片仔癀的传统制作技艺列入国家级非物质文化遗产名录。"片仔癀"商标被评为中国驰名商标,有力地促进了企业的发展。2012年至2016年,片仔癀品牌旗下产品的总销售收入增长76.4%,达120000万元,净利润增长67.6%,达66000万元。

7. 创新建设"文化三体系",推动公司全面发展

片仔癀药业百年传承的企业,树立"弘扬中医药文化,服务人类健康,勇于跨越、追求卓越"的创新文化理念,从"铸魂""育人""塑形"三个方面推进企业文化建设,不断深化企业文化内涵、理念、文化体系建设,形成具有时代特征又有片仔癀特色的企业文化体系,为企业改革发展注入动力,形成不可替代的核心竞争力。

片仔癀药业建立"文化三体系",全面进行企业文化的宣传与推广。

铸片仔癀"魂"。一是宗旨魂,明确企业要为社会创造价值,为股东创造价值,为员工创造价值;二是使命魂,明确企业的责任就是弘扬中医药文化,服务人类健康,呵

护生命健康，成就强大片仔癀中医药民族工业；三是愿景魂，塑造把片仔癀打造成拥有厚重中医药文化价值、国内一流的健康养生龙头企业的美好愿景。通过“铸魂”形成公司勇于挑战的亮剑精神，锐意进取的创新精神、无缝契合的团队精神、自我超越的学习精神。

育片仔癀“人”。制度是行为规范，是企业精神和外观展现的纽带和桥梁，企业的价值观需要通过企业的制度设计来体现。片仔癀药业以企业文化的基础，建立“制度文化”体系，确保公司规范发展，最终实现发展目标，让企业文化融入公司的各项运行中。

塑片仔癀文化“形”。“外显文化”是企业的“形象力”，也就是企业形象，它是市场经济条件下企业谋求生存和发展的重大战略问题。通过加强企业的环境卫生的整治，服装礼仪的统一与规划；在公司的标志、陈列、广告宣传等统一图案、标识，塑造片仔癀特色的视觉形象；加强企业内部氛围的烘托，在公司的每一个角落都充满着文化的气氛，积极与相类传媒合作，宣传企业形象。

公司实行文化与业务的有效耦合，以文化为魂，促进企业发展。

在国家相关法规要求下，片仔癀药业以企业文化为理念，结合公司实际，全面建立各项经营制度，迸发活力，提高积极性，促进公司良性发展，建立起公司完整的企业形象。

按照国家财经制度、上市公司规则和国家相关规定，建立完善的财务、预算管理规范，强化内控体系；明确职工道德与诚信评价体系，规范企业管理者的行为模式和一般员工的行为模式；建立客户服务管理规范，主动倾听客户，互位思考；形成人力资源管理规范，激发职工的工作积极性和创造性；创新项目管理规范，拓展职工的思维空间和方式，评选奖励优秀的创新思想，并通过审批立项流程转入创新项目；建立质量、安全生产管理规范，按照法规要求，落实公司安全生产管理责任制，强化质量监管，保持“安全生产、质量安全”双达标企业；执行与责任追究管理规范，建立决策事项的下达跟踪与问责机制，使决策事项得到及时有效的执行；树立人才文化观，用机制激励人，用业绩考核人，用事业留住人，建立梯队人才储备力量，形成“想干事的人有机会，能干事的人有平台，干成事的人有地位”的用人导向；严格对子公司进行监督管理规范，确保控股子公司的生产经营处于受控状态，确保投资收益率，确保国有资产安全、保值增值。

完善企业整体形象，促进经营的快速发展。加强环境和卫生整治、强化办公场所定置；规范服饰、仪礼仪式、文明用语等；加强视觉上的规范，规范企业标识、品牌标志图案、广告宣传、网业等；要加强企业内部氛围的烘托，包括设立宣传橱窗，利用社会上的各种传媒的平台，宣传企业形象；充实完善“片仔癀博物馆”，重点突出文化历史价值，加深片仔癀文化厚重感等。

片仔癀药业通过树立企业文化理念，形成具有片仔癀特色的心怀若谷，友爱包容，创造和谐宽松的人文环境；秉持“做放心药，办良心事”的文化理念，形成言必行，行必果，言而有信，恪守本分，恪守道德底线的工作氛围。通过企业文化对员工的思想引导，形成仗义执言、阳光监督，团结向上的现象，培养出敢担当，有包容，爱岗敬业，乐于奉献的片仔癀人;形成有效的长期运行的经营管理与人才机制,促进公司良性发展。

(二)企业创新成效

1. 创新能力和科技成果产出

片仔癀药业研发体系建设不断完善下,创新能力不断增长,近年来在研新产品保持2~3个速度递增,承担科技项目数量持续增长,专利体系建设取得较好成效,片仔癀大品种培育初具规模并不断完善,整体创新能力提升助力公司销售实现较大突破。

2. 经济增长和市场份额的增加

片仔癀药业的经济效益不断增长,从2012年至2016年,公司的营业收入由11.7亿元增长至22.9亿元,利润由3.5亿元增长至5.42亿元,上缴税金由1.87亿元增长至3.83亿元。

3. 企业对国家和社会的贡献增加

片仔癀药业作为地方龙头企业,现有22家子公司。创新带动整个集团的发展,使得地区支撑企业生产经营的行业如建筑、生产设备制造行业、设施设备维护行业也直接受益,整体相关企业链得到全面发展。

企业上交的税收增加,增加了政府的财政收入,2012—2016年,净利润增长67.6%,达66000万元,直接促进了社会的发展。

促进社会人员就业。随着公司的全面发展,增加公司的用工人数,促进就业,近3年来,公司新进员工总数年均约为5%。同时增加了员工收入,近3年来,员工的收入稳步增长,其中,2015年增长11.1%。

为社会和股东及广大投资者创造了价值。片仔癀药业股票市值由一百多亿元增至2016年的270多亿元。片仔癀药业还积极参与扶贫济困工作,3年来,公司的捐献的扶贫济困款物达1000多万元,较好地履行了企业的社会责任。

三、小结

片仔癀药业成立以来,充分分析企业内外部环境,坚持"一核两翼"发展战略,着力打造"制药(传统中药+生物制药)+现代健康生活方式+现代物流方式"的创新发展模式,立足品质,创新质量管控,跨界合作共赢,创新营销模式,以市场为导向驱动科研技术水平发展,取得了令人瞩目的成绩。公司将努力实现"以工匠精神做中国品质,以创新意志筑长盛企业"的战略方针,实现品牌全球化发展。

第十六节　青岛啤酒

一、企业概况与技术创新模式

青岛啤酒股份有限公司（以下简称青岛啤酒）的前身是1903年8月由德国和英国商人合资创建的日耳曼啤酒公司青岛股份公司，是中国历史悠久的啤酒制造厂商，目前品牌价值1168亿元，居中国啤酒行业首位，位列世界品牌500强。1993年，青岛啤酒分别在香港、上海上市，成为首家在两地上市的中国内地企业。

青岛啤酒一直坚守"好人酿好酒"的质量理念，公司43066名员工都视质量为生命，努力为消费者提供安全、健康的优质啤酒。青岛啤酒率先在行业内通过质量管理体系，全公司所有工厂食品安全管理体系认证，先后又建立并持续运行了职业健康与安全管理体系、环境管理体系、测量管理体系和信息安全管理体系，这六大管理体系全部获得外部认证。近几年，啤酒行业进入新的发展阶段，青岛啤酒守正出新，运用"基于'三解码六保障'的质量叠加管理模式"，夯实基础质量，突出特色质量，不断满足和引领消费者需求。

作为世界第五大啤酒商，青岛啤酒在销量和利润上，保持着行业领先地位。青岛啤酒市场占有率19%，行业排名第二，一直保持着市场先进水平。2015年，青岛啤酒实现营业收入达276.3亿元，收入规模继续保持国内啤酒行业领先行列。青岛啤酒已远销94个国家和地区，是国际市场上最具知名度和出口量最多的中国啤酒品牌。

青岛啤酒几乎囊括了1949年新中国成立以来所举办的啤酒质量评比的所有金奖，并凭借质量在世界各地赢得了诸多的荣誉：1906年，建厂仅三年的青啤公司生产的啤酒在慕尼黑博览会获得金牌奖，成为第一个在世界扬名的中国酒类品牌；20世纪60年代初，根据青岛啤酒操作实践编写的《青岛啤酒操作法》，在全国啤酒行业推广；1963年的首次全国啤酒质量评比会上，青岛啤酒被评为国家名酒并获唯一金奖；2002年、2006年，青岛啤酒两度获得国家科技进步奖，也是啤酒行业仅有的两项国家科技进步奖；2010年12月，依托青岛啤酒组建了酿酒行业唯一一家国家重点实验室——"啤酒生物发酵工程实验室"，担负起引领中国啤酒行业发展的历史使命，成为提升中国啤酒行业整体竞争实力的里程碑。

创新是百年青啤永葆青春的基因和法宝，作为一家百年企业，青岛啤酒以持续满足消费需求为目标，在传承传统工艺的基础上，勇于做新技术、新工艺的追求者和探索者。以消费者需求作为衡量创新的标准，不断强化，形成了技术创新、管理创新、理念创新、模式创新四种创新模块加一个创新支撑平台的创新模式，激发了组织创新活力。

二、企业创新影响力实践——基于“4 +1”模式的创新管理

（一）企业主要创新活动

1. 技术创新模块

技术创新是青岛啤酒保持行业领先地位的重要保障。青岛啤酒依托全国酿造行业唯一的国家重点实验室，基础研究与技术开发并重，构建了完善的集成研发管理体系（见图 2－26），形成卓越的创新能力，自主创新能力不断提升。开发了六大核心技术，源源不断地推出新产品，使青岛啤酒的技术水平始终保持行业领先地位。

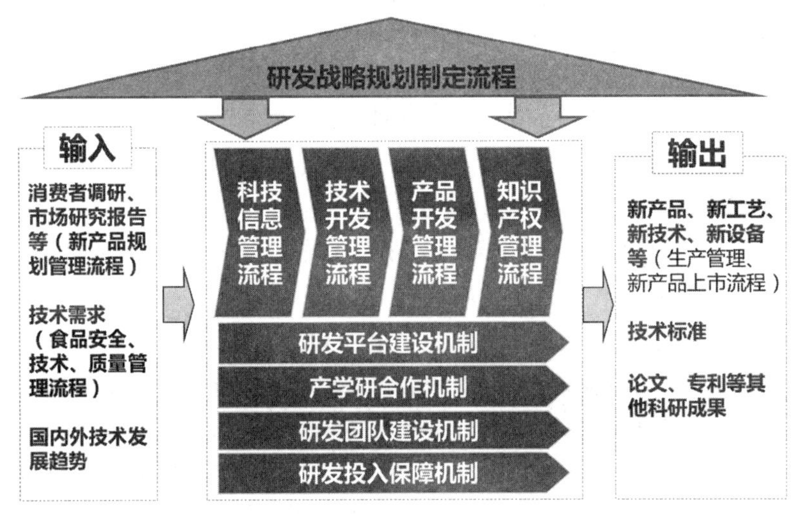

图 2－26　青岛啤酒集成研发管理体系

（1）国际一流的研发平台

青岛啤酒是中国啤酒行业率先开展研发的企业，早在 1994 年，创建了国内首家啤酒研究机构——青岛啤酒科研开发中心。1996 年，认定为中国啤酒行业首家国家级企业技术中心。2010 年 12 月，经科技部批准建立“啤酒生物发酵工程”国家重点实验室，成为酿酒行业唯一的国家重点实验室，也成为提升中国啤酒行业整体竞争实力的里程碑事件。

（2）遍布全球的产学研合作网络

通过建立联合实验室、联合开发项目、联合培养人才、共享科技信息、联合举办学术会议等多种方式，与国内外知名研发机构建立了长期、稳定和密切的合作交流关系，形成了国际合作网络（见图 2－27）。目前已建成 7 个联合实验室，联合开发了 20 多个研发项目。

（3）高水平的研发团队

利用国际一流的研发平台吸引人才，完善的培训机制培养人才，科学的薪酬机制

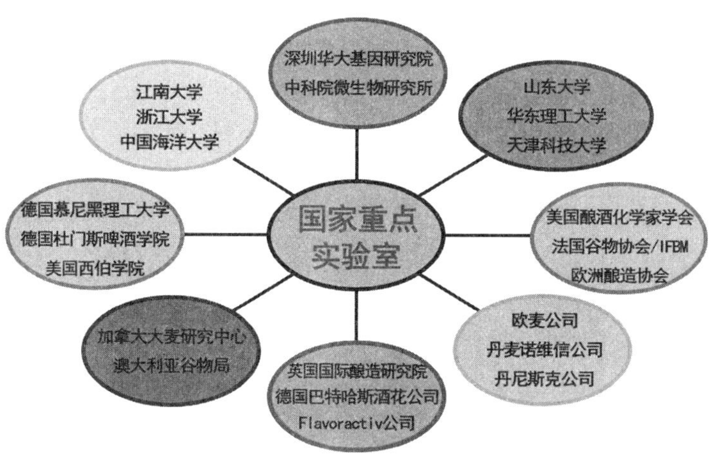

图 2－27 国际合作网络

激励人才，和谐的研发文化稳定人才，建成了一支具有国际先进水平的科研创新团队。其中国务院特殊津贴专家 4 人，中国酿酒大师 4 人，山东省有突出贡献中青年专家 2 人，泰山学者 1 人，青岛市拔尖人才 2 人，青岛市创新领军人才 1 人。公司还先后选派 30 余名研发人员赴德国杜门斯啤酒学院、英国国际酿造研究院（BRi）等机构在职进修，每年有 20 余人次参加世界酿酒大会（WBC）等各类学术会议。团队获得 2015 年度青岛市首届“科技创新团队奖”。

（4）充足的研发投入

为了保证公司技术创新战略的顺利实施，青岛啤酒科技活动经费列入企业年度预算，占公司销售收入的 3%，并保证全面落实到位。

基础研究与技术开发并重，占领技术制高点。

*承担重大科研项目，科研成果引领行业发展。*依托国家重点实验室，立足国际前沿，承担了国家、省、市各类科研项目多项，取得了以啤酒行业唯一两项国家科技进步二等奖为代表的一系列研发成果。发表 SCI 论文数量位居国内外同类研发机构前列；授权和申请发明专利、参与制定的国家标准和行业标准数量的数量位居中国啤酒行业首位。

*潜心开发核心技术，保持行业领先。*形成了酵母测序及选育技术、风味图谱及调控技术、高效低耗酿造技术、微生物快速鉴定技术、原料品种鉴定技术、蛋白质鉴定和酶调控技术等 6 项核心技术，外围技术近 100 项；6 项核心技术全面领先于中国食品行业，部分内容达到国际领先或国际先进水平（见表 2－7）。

持续开发新产品，保持产品核心竞争力。

*主流产品，突出青岛啤酒特色。*青岛啤酒基于“基础质量”和“特色质量”叠加的理念，吸收欧洲优秀的发酵技术和酿酒文化，不断利用基础研究成果对工艺和技术进行创新，在提升基础质量的同时，突出青岛啤酒的特色质量，使主流产品风格更加突出、特色更加鲜明，并不断进行产品的系列化，丰富产品品类（见表 2－8）。

表 2－7　六项核心技术创新点及技术水平

核心技术	创新点	技术水平
风味图谱及调控技术	开发了 330 种微量及痕量啤酒风味化合物的高效定量分析技术，建立了涵盖 131 个关键控制点的啤酒全生命周期风味稳定性控制体系，使风味保鲜期从 45 天提高到 120 天以上	授权发明专利 10 项； 获得国家科技进步二等奖 1 项，山东省科技进步二等奖 1 项，青岛市科技进步二等奖 1 项； 大部分风味物质检测技术达到国际先进水平，少数检测技术为国际领先； 风味稳定性控制技术达到国际先进水平；风味调控技术为国际领先
高效低耗酿造技术	低能耗煮沸技术使煮沸蒸发率由原来的 12% 降低到 4%，超高浓酿造工艺将麦汁浓度从 13°P 逐步提高到 22°P，快速发酵工艺将发酵时间从 25 天缩短到 13 天等； 通过这些技术，吨酒水耗、煤耗、电耗由 $8m^3$、100kg、100kW · h，降到 $3m^3$、43kg 和 70kW · h	授权发明专利 4 项； 获得国家科技进步二等奖 1 项，山东省科技进步二等奖 2 项，青岛市科技进步二等奖 1 项，中国酒业协会科技进步三等奖 1 项； 国内发酵浓度最高 16°P，周期最短 18 天，国外发酵浓度最高 18°P，发酵周期最短 15 天，该技术达到国际领先水平； 综合能耗水平达到国际先进水平
酵母测序及选育技术	国内首次实现 Lager 酵母的全基因组测序，建立了比较基因组杂交芯片（CGH）等技术手段，形成酵母代谢途径及关键基因研究平台，具备诱变育种、杂交育种、定向育种等 3 种选育技术	授权发明专利 5 项； 仅日本朝日公司开展酵母测序技术研究；该技术在测序、基因代谢研究以及选育技术方面达到国际先进水平
微生物快速鉴定技术	具备快速培养基、PCR（聚合酶链式反应）、基因芯片、GeXP（多重 PCR）等技术，可以实现 2h 内同时测定 18 种乳酸菌、lager 酵母、野生酵母菌	授权发明专利 3 项； 获得山东省科技进步三等奖 1 项，青岛市科技进步一等奖 2 项，青岛市科技进步三等奖 1 项； 国内外啤酒公司仅具备 PCR 技术；基因芯片、GeXP（多重 PCR）等技术达到国际领先水平
原料品种鉴定技术	利用 SDS-PAGE（凝胶电泳）、SSR（微卫星标记）、RAPD（随机扩增多态性分析技术）、AFLP（扩增片段长度多态性）、GeXP（多重 PCR）5 种技术，建立一套完整啤酒原料（大麦、麦芽、酒花）品种和纯度鉴定技术体系	授权发明专利 3 项； 获得青岛市科技进步一等奖 1 项； 该技术达到国际先进水平

表 2－7(续)

核心技术	创新点	技术水平
蛋白鉴定和酶调控技术	拥有电泳、疏水色谱、串联质谱等多种蛋白质分析技术,可以对蛋白的分子量、特性等进行鉴定,可以实现对极限糊精酶、脂肪氧合酶的调控	授权发明专利 4 项; 获得青岛市科技进步一等奖 1 项; 蛋白鉴定技术达到国际先进水平

表 2－8　近几年上市的中高端主流产品

产品名称	产品定位	创新点
奥古特	中国醇厚型啤酒品类的高端品牌,产品附加值高	授权一项发明专利,获得山东省科技进步三等奖; 酒体醇厚柔和、麦香浓郁; 采用了"高麦香醇厚型啤酒技术的开发和应用"技术,国内首次引入麦香成分指标,形成香气控制的综合评价体系,麦香物质麦芽酚(maltol)、呋喃酮(DMHF)分别提高了 33%、55%
逸品纯生	中国纯生品类的高端品牌,产品附加值高	授权两项发明专利,获得青岛市科技进步三等奖; 泡沫细腻,口感新鲜,酒香清醇,口味柔和; 采用国际领先的基因芯片、GeXP 等微生物控制技术,实现了无菌酿造;对酒花配方以及添加工艺进行评价和优化,主要酒花香气成分里那醇提高了 80%
鸿运当头	中国超高端产品的代表,产品附加值极高	授权两项发明专利; 优雅的酒花香气、浓郁的麦香、醇酯协调; 采用了以稳定充氧为核心的"醇酯调控"技术,强化和塑造了青岛啤酒经典产品的风格特点
经典 1903	中国醇厚型啤酒品类的主导品牌,产品附加值较高	获得山东省科技进步二等奖; 麦香浓郁、醇香四溢; 确定出 48 种风味关键调控化合物及其调控标准,构建出一套涵盖原料、酿造过程和成品的啤酒特征风味及稳定性综合评价体系,从而保证各地生产的青岛啤酒具有统一的风味和口感
皮尔森	中国真正意义上的首款皮尔森啤酒,产品附加值较高	集合了全球顶尖的原料、千锤百炼的配方、新型的酵母、创新的酿造工艺以及众多酿酒师精心慢酿,代表行业最高酿造水平的大精酿作品; 口味特征为香气优雅,苦爽回甘,酒体顺滑,浑然天成,既具有欧洲皮尔森啤酒的典型特征,又融入了青岛啤酒独特的风格特征

洞察消费趋势，满足个性化需求。在消费者主权时代，啤酒企业除了注重啤酒产品的多元化外，还要创造出更多超出消费者想象的新口味，以满足不同人群的口味需求。公司洞察和把握消费需求，率先研发出具有独特风味、适合消费者的新产品，用特色质量占据消费者的心智。

近几年，围绕新口味、营养、健康已储备了百余款新产品，而上市产品则创造了多个国内第一，开创了行业先河（见表2－9）。新产品带来的经济价值成为新常态下青岛啤酒在市场上的新增长点。

表2－9　近几年上市的个性化产品

产品名称	产品定位	产品特色
全麦白啤	中国白啤领导品牌，产品附加值较高	申请两项发明专利； 丁香花香味突出、果香愉悦、适度酸感、协调、酒体混浊、富含酵母； 采用上面发酵技术，混浊稳定性技术
黑啤	国内首次上市，产品附加值较高	淡爽型、枣黑、姜黑三种产品，原浓低（12P）、焦香突出、苦味愉悦； 特殊焦香麦芽烘焙技术及配方，达到普通黑啤酒的口感
炫奇果啤	青啤首款女士啤酒，产品附加值高	水蜜桃、芒果两种口味，水果香气浓郁，酸甜爽口； 解决果汁的混浊问题，使果汁啤酒的稳定性达到普通啤酒的水平
IPA啤酒	打造中国IPA品类第一品牌，产品附加值极高	采用源自欧洲的甄藏酵母，全球独特香型酒花配方； 具有浓郁的酒花香气、独特的水果酯香、强烈且愉悦的苦感、浓醇圆润的酒体
魔兽啤酒	首款针对特殊游戏群体的啤酒，产品附加值较高	利用电影《魔兽》上映时机，提出“为了部落，为了联盟，干了这杯魔兽罐啤酒”，魔兽迷的圈子里已经开始流传这句“百年青啤回春”的戏语
欢动	中国首款运动型啤酒，产品附加值较高	授权一项发明专利； 含海洋活性因子
零醇	中国首款无酒精类啤酒饮料，产品附加值较高	授权一项发明专利，获得青岛市科技进步一等奖； 风味、口感和啤酒接近，采用无酵母酿造技术

由于产品储备多，市场响应能力较强。比如2015年习近平总书记访问英国品尝IPA啤酒之后，青岛啤酒率先推出了早已储备的IPA产品，上市之后立即受到消费者欢迎。

2. 管理创新模块

以满足消费者需求为目标，以科技创新为引领，青岛啤酒持续深入地为企业管理系统引入新的管理方法和管理手段，开展管理创新。

在供应链的前端，青岛啤酒引入集中采购的方法，实施了采购管理上的创新，降低了采购成本，引领了行业采购的发展。

在战略管理方面，青岛啤酒引入平衡计分卡的管理方法，平衡财务指标、客户指标、内部运作指标和支持性指标之间的关系，助力青岛啤酒实现了持续稳定地发展。

在供应链后端，青岛啤酒实施了物流管理的创新，提出了“像送鲜花一样配送啤酒”的理念，使得青岛啤酒的物流管理引领行业发展。

（1）机制创新激活人力资源

业绩为王，创新以价值为核心的激励机制。

青岛啤酒通过实施以薪酬激励为基础、职业发展激励为动力、情感激励为凝聚、文化激励为核心的全面激励体系（见表2－10），驱动企业质量提升。

公司形成了经营管理者、专业职能、研发等不同序列薪酬模式。针对工艺质量人员，既有品管部长、总酿酒师等行政职务，也有业务主管、首席研发师等专业职位，满足不同性格特质员工的职业成长需要；针对一线技能人员设立了技工、高级技能师等通道，获得首席技师资格可每月享受津贴、纳入高层次人才库，定期参加新技术新知识培训及休假等。

表2－10　全面激励体系

激励类别	对　象	内　容
文化激励	全员	企业愿景/使命/价值观/企业文化认同；和谐的人际关系；公平公正安全环保的环境
		劳动模范、优秀党员、星级员工等个人荣誉；篮球、羽毛球、DV、FLASH等各类文体活动；QC成果、合理化建议等
	各部门/单位	经营管理（进步）奖、基层先进党组织、工人先锋号、名牌班组、“战狼荣誉战区”，“战狼荣誉先锋”，战狼奖赏等荣誉激励
情感激励	全员	职工体检；面谈机制；员工联谊会
	特定人员	EAP心理辅导；生日祝福；春节团拜会；回家看看；电话访谈；旅游；外派家属慰问；高考员工子女奖励；三八、六一等节日礼品
职业发展激励	全员	行政职务/专业职位晋升；内外部培训；工作丰富化；授权激励等
	特定人员	轮岗交流/挂职锻炼；海外集训；TT-BMBA课程班；TT-MA财务总监班；金★计划；银★计划；MBA/酿造/机械工程研究生班；管理培训生A计划；金牌专家库；金钥匙帮扶分队等

表2－10(续)

激励类别	对　象	内　容
物质激励（薪酬激励为主）	全员	“金麦穗”特别分享计划
	公司中层经营管理者	执行年薪制；总裁奖励；“两考一评”浮动基薪
	营销业务单位	超目标激励；季度销售激励；旅游激励；季度职能纵向考核激励
	制造工厂	质量改善专项激励；产销协同激励（C项目工厂） 单项奖（质量、市场支持、成本、EHS、设备）
	研发人员	研发项目奖励
	全员	节日福利酒；结婚喜酒；劳保用品

公司形成了经营管理者、专业职能、研发等不同序列薪酬模式。针对工艺质量人员，既有品管部长、总酿酒师等行政职务，也有业务主管、首席研发师等专业职位，满足不同性格特质员工的职业成长需要；针对一线技能人员设立了技工、高级技能师等通道，获得首席技师资格可每月享受津贴、纳入高层次人才库，定期参加新技术新知识培训及休假等。

为提高企业创新能力，优先给予质量管理特殊激励，如针对品酒师设立品评补贴、对国评委专项奖励；在奖金结构中专设质量奖，以激励质量改善；变革研发薪酬政策，建立科研项目分级评价机制，根据成果等级给予薪酬激励，鼓励多出成果。

青岛啤酒每年组织金银牌酿酒师、质量优胜杯评选等；对于获得高等级的科研成果，曾经拿出100万元重奖国家科技进步二等奖项目的研发人员。

以人为本，创新以能力为导向的用人机制。

“学历为资格、能力为标准、悟性有潜力、发展看业绩”，这是青岛啤酒的选才标准。公司搭建了内部招聘平台，使用双条线人才盘点法辨识优秀质量人才。除了考量专业化与业绩贡献，公司对质量人员还关注品评能力、创新能力等。

基层人才培养，中心人才共享，总部人才积聚。基于人才储备的“金★”“银★”计划，“金牌专家库（1382人）”和“金钥匙”（328人）帮扶分队，为青岛啤酒质量人才梯队奠定了基础。

完善培训开发、绩效评价、轮岗交流、激励约束等机制，围绕各级人才逐步形成了具有青岛啤酒特色的人才培养经典项目（见图2－28）。

青岛啤酒在人力资源管理上的创新，让百年企业充满了活力与激情：

先后荣获中国年度最佳雇主企业、中国最佳领导力培养公司、人力资源管理杰出奖等奖项，其中人力资源管理的经验案例被载入了“中国雇主品牌”蓝皮书。

青岛啤酒开发的《人才管理，组织成功的驱动力》获得轻工业优秀管理成果二等奖。

青岛啤酒研发的“双条线、三维度”人才盘点法为集团化企业“矩阵式人才管理”提供了最佳实践案例。

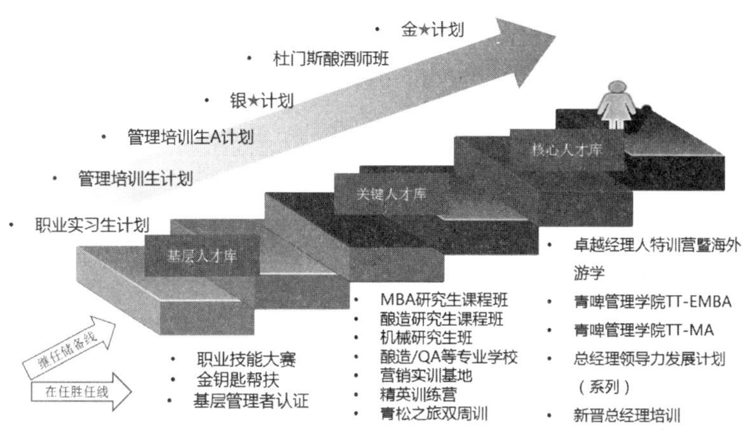

图 2－28　人才培养项目

独创包装有效工时利用率。通过研究产量与班次配置、非生产活动安排等，探索提高生产人员工作时间投入产出效率的方法与途径，为企业提高了效率，为员工赢得了休息时间。这种对生产经营活动中劳动生产率的研究与实践，在国内流程性行业还不多见。

（2）知识管理化个人知识为组织智慧

知识难以量化，通常是散落在个体之间，形成信息孤岛。公司通过创新知识管理机制与平台，将这些“珠子”串成最美的项链，形成了青岛啤酒的知识宝库。

青岛啤酒以频道经营为知识管理的落地模式，以“关键程度”和“影响程度”来进行知识资产梳理和价值评估，确保适应业务发展的需要，并在线上（知识门户）和线下（专业学校）进行最大范围的共享。同时，公司以不断深化“业务、知识、办公”一体化协同的知识管理门户来促进公司一体化运作。最后，以三大主题活动（QC 和六西格玛活动、最佳实践交流、管理创新项目）为主线，以激励制度为支撑，推进公司的知识创新文化建设，形成了有独具特色的“三力合一”的知识管理推进方法和“共享、协同与创新”的知识管理文化。

如针对新产品开发上市流程，单独开发了新产品管理系统平台：对市场需求、项目计划、项目沟通、开发成果、项目总结、市场评价等一整套过程通过 KM 系统上进行 E 化实现，在确保新产品开发上市业务流程高效运转的同时，沉淀所有与新产品开发的相关的知识。

青岛啤酒的知识管理荣获“哈佛商业评论管理行动奖”，中国最受尊敬的知识型组织（China MAKE）卓越大奖及亚洲最受尊敬的知识型组织（Asian MAKE）大奖，成为首获此奖项的亚洲啤酒企业。

3. 理念创新

回顾全球啤酒行业的发展历程，青岛啤酒独创性地提出了啤酒行业四阶段发展理念，并基于四阶段理念，为质量管理、质量发展指明了方向。

公司认为，全球啤酒行业的发展历经四个阶段。

第一阶段是两三百年前的“艺术化”阶段，以德国为代表，以酿酒师的喜好为中心。

第二阶段是“工业化”阶段，以美国为代表，以提高效率降低成本为中心。

第三阶段是20世纪90年代后期的“证券化”阶段，出发点和重心更加偏重投资者。

第四个阶段就是目前“科学+艺术”的阶段，以消费者为中心，差异化、特色化成为新风向。

此理念一经提出，立即得到了社会各界的认可，《经济日报》等多家权威媒体进行了报道，被视为啤酒行业未来发展的风向标。

根据啤酒行业当前处于“科学+艺术”阶段的判断，公司又对这个阶段的消费者需求进行解码，识别出这个阶段取得竞争优势的关键因素，那就是产品质量是基础质量与特色质量的叠加。

啤酒行业四阶段理论，前瞻性地指出了未来啤酒行业的大趋势，对啤酒企业确定发展战略具有很强的适宜性。同时，“基础质量”与“特色质量”叠加的理念，不仅适用于啤酒，也适合于其他产品，在移动互联网带来的消费个性化时代，任何产品都可以以此理念打造自己的市场竞争力。

凭借四阶段理论和“基础质量+特色质量”的理念，2016年公司董事长孙明波以第一名的成绩荣获山东省省长质量奖个人奖。

4. 模式创新

基于满足消费需求的目标，青岛啤酒持续创新模式，管理企业的各种资源（资金、原材料、作业方式、销售方式、信息等），形成能够提供消费者无法自力而必须购买的产品和服务。

在质量管理方面，青岛啤酒独创了基于“三解码六保障”的质量管理模式。

随着企业规模和市场环境的变化，青岛啤酒不断优化运营模式，适应市场需求。

2014年，青岛啤酒提出了“自我颠覆”的运营模式创新，成立了“蓝军”，防止诺基亚、柯达等大企业被别人弯道超车而不自知的悲剧，“我们宁可自己把自己打败，也不能让我们的对手把我们打败。要在这个时代中取胜，唯一的法宝就是战胜自己，就是转型”，所以，公司赋予蓝军的使命就是模拟竞争对手的策略，从不同的视角观察公司的战略与战术，进行逆向思维，审视、论证“红军”战略/产品/解决方案的漏洞或问题，挑战主流产品及正式的渠道、终端、客户，创造出新的竞争力。

随着网络购物的快速发展，青岛啤酒行业内率先启动电商建设，与天猫、京东、1号店等国内电商巨头合作，同时自建青岛啤酒微信商城、自行研发的O2O模式APP“青啤快购”，已上线37个城市，覆盖50余万用户，并在“双十一”电商市场青岛啤酒连续三年夺啤酒类第一。

近年来，社区消费日渐成为消费者的日常，和朋友相约在社区客厅，两瓶啤酒、几碟精致小吃，或者相约看一场酣畅淋漓的球赛，或者商务洽谈，成为一种时尚。面对这样的消费趋势和消费需求，青岛啤酒积极响应，创造性地推出了TSINGTAO1903社区客厅项目，打通与消费者之间的“最后一公里”，通过生活方式的引领，为市民打造啤酒文化体验地，将青岛啤酒精酿产品和啤酒文化带到百姓家门口，让市民随时品尝到品种丰富的青岛啤酒全系列新鲜美酒，最快速度品尝到青岛啤酒上市新品，随时感受社区客厅打造的精致生活。目前，青岛啤酒社区客厅在北京、青岛已建设23家，下一步还将陆续扩展，成为一种新的时尚。

（二）企业创新成效

1. 经济价值

公司开发了核心技术 6 项，外围技术近 100 项，已在公司全面推广应用。其中代表性成果创造的经济效益（按照三年经济效益核算）见表 2-11。

表 2-11　代表性成果创造的经济效益

技术名称	创新点	推广应用及经济效益
啤酒风味物质图谱技术的开发应用	荣获国家科技进步二等奖，成为中国食品行业第一个国家科技进步奖； 国内首次开发了 214 种物质的定性分析和 174 种物质的定量分析方法，建立了比较完整的啤酒图谱数据库； 解决了长期以来对啤酒的评定依赖评酒师口味品尝的局面	双乙酰、酒花物质分析方法已被国家啤酒行业新标准采用，啤酒保鲜度的测定方法已在全行业内推广应用； 项目应用于对外地收购厂的技术改造、工艺改进的指导，实现异地生产青岛啤酒，推广前三年新增税金 2628 万元、利润 4450 万元
啤酒高效低耗酿造技术的开发应用	荣获国家科学技术进步二等奖，是中国啤酒行业所获的第二个国家科技进步奖； 研发了叠式煮沸工艺，缩短煮沸时间 32min，发酵周期由 28 天缩短为 20 天；提高设备利用率 60%～100%； 选育出耐酒精度 16%（体积分数）的高浓酿造菌种	吨酒耗水、耗电、耗煤分别降低了 27.8%、29.3%、31.8%； 该项目在全公司成功推广应用，推广前三年累计新增产量 212 万 t，节省成本 3.22 亿元，对啤酒行业提高效率、降低消耗产生了巨大推动作用
高辅料高浓酿造技术的开发与应用	荣获山东省科学技术进步二等奖； 解决了啤酒淡旺季需求与生产之间的矛盾； 选择合适的辅料，使辅料比例达到 70%，开发出高辅料高浓啤酒酿造新工艺； 开发了高效节能酿造工艺，效率提高 100%，节约糖化蒸汽 45%； 建立了高于国标的营养型啤酒专用糖浆质量标准	推广前三年累计新增啤酒 420 万 t，节约原料成本 2.35 亿元，节省能源消耗 7586 万元
啤酒低能耗煮沸工艺技术的研究与应用	荣获青岛市科学技术进步二等奖； 对煮沸过程中影响啤酒稳定性、口味、新鲜度等关键质量指标如可凝性氮、DMS、泡沫等进行系统研究，最终建立了初期强烈煮沸、中间温和沸腾、后期强烈煮沸的三段式煮沸工艺，缩短煮沸时间 30min，蒸发率由 12% 降低至 4%	吨酒耗汽降低了 50% 以上； 已在公司成功推广应用，推广前三年累计产量 402 万 t，节省能源成本 2992 万元

表2－11(续)

技术名称	创新点	推广应用及经济效益
大麦预发芽损伤评价和安全储存期的研究应用	荣获青岛市科学技术进步二等奖； 开发了大麦预发芽损伤的检测方法，建立了大麦预发芽损伤及程度判定标准； 建立了基于RVA值、贮存温度、湿度的大麦安全储存期生产控制标准； 提出了大麦储存指数(BSI)，实现了对大麦安全储存期的预测	推广前三年应用本技术检测出12.9万t预发芽损伤大麦，并依据损伤程度采取相应的贮存措施或折扣处理，及时指导麦芽生产，避免了贮存期间的发芽率降低，挽回因发芽率下降导致的直接经济损失7720万元，从源头上保障了啤酒原料的品质
啤酒风味及风味稳定性控制的关键技术与应用	建立330种微量及痕量啤酒风味化合物的高效定量分析技术，构建出一套啤酒特征风味及稳定性综合评价体系； 建立了醇酯风味调控技术，并结合麦芽香气及酒花香气调控技术、不良风味控制技术及水质调控技术组成啤酒风味特征调控体系； 建立了涵盖131个关键控制点的啤酒全生命周期风味稳定性控制体系，使风味保鲜期从45天提高到120天以上	推广前三年通过青岛啤酒产量增加以及奥古特、逸品纯生等新品上市，累计新增销售收入152.39亿元，新增利润30.18亿元，新增税收26.46亿元
22°P超高浓酿造技术的开发应用	在前期16°P高浓的基础上，进一步提高至超高浓度22°P，对菌种选育、麦汁制备、发酵工艺以及超高稀释率口味协调等关键技术及设备进行创新与突破，实现了22°P超高浓酿造的工业化生产，形成了超高浓酿造技术体系	在公司19家工厂推广应用，推广前三年累计节约成本3700万元，实现产值50.5亿元
啤酒酿造过程污染微生物监控技术集成平台的建立与应用	具备快速培养基、PCR(聚合酶链式反应)、基因芯片、GeXP(多重PCR)等技术，可以实现2小时内同时测定18种乳酸菌、lager酵母、野生酵母菌，达到国际领先水平	在公司14家工厂推广应用，提高了微生物的检测效率，减少库存费用； 推广前三年纯生产品总计新增销售收入1.33亿元，新增利税2714万元，项目的实施还降低了刷洗成本5428万元，总计创造直接经济效益8143万元

2. 社会价值

2015年5月9日，中央电视台经济信息联播播出了《青岛啤酒：百年企业的创新之路》，报道了青岛啤酒作为一家具有百年历史的企业，通过创新赢得国内外消费者喜好、促进企业持续稳定发展的消息。《人民日报》、新华社等几十家权威媒体也多次报道青岛啤酒作为传统企业通过创新支撑企业发展的事迹，赢得了社会的普遍认可。

每年，中央部委、各地省市级知名企业都有几十个团组到青岛啤酒来学习创新方

面的做法以及实践经验。公司历年获得创新方面的奖项见表 2－12。

表 2－12　公司历年获得创新方面奖项

获奖日期	成果名称	奖项名称	备注
2015 年	啤酒企业信息系统用户管理的实践	轻工业管理现代化创新成果三等奖	国家级
2015 年	青岛啤酒海上啤酒节整合营销项目	中国质量协会品牌创新成果“营销创新”奖	国家级
2015 年	青岛啤酒品牌形象一致性管理——终端品牌运营	中国质量协会品牌创新成果“理论创新”奖	国家级
2014 年	优化环境管理体系，积极承担社会责任	轻工企业管理现代化创新成果三等奖	国家级
2014 年	啤酒企业信息化管理和服务的应用于实践	轻工企业管理现代化创新成果二等奖	国家级
2013 年	基于知识管理的 QC 一体化推进	山东省管理创新成果奖	省级
2013 年	基于消费者的品评体系变革	轻工企业管理现代化创新成果二等奖	国家级
2012 年	人才管理，组织成功的驱动力	轻工业优秀管理成果二等奖	国家级
2009 年	以执行为基础的战略管理	山东省企业管理现代化创新及优秀应用成果特等奖	省级

青岛啤酒在技术创新方面的成就，提升了中国啤酒行业的技术水平，推动了啤酒行业的技术进步。在某次谈及青岛啤酒自主开发的啤酒高效低耗酿造技术时，时任中国啤酒分会会长肖德润表示，“在啤酒生产的过程中如应用此项技术，将节约近三分之一的能耗，可以把中国啤酒行业与国外的差距缩短 20 年。”

中国酒业协会理事长王延才在接受采访时也曾谈到：“青岛啤酒对于中国啤酒业的发展起到了引领和推动作用，在行业技术进步过程中，青岛啤酒建立了一支强大的技术力量，建立了一个完善的品质的保障体系，为行业整个产品的结构调整起到了带头作用。”

同时，这些技术的推广应用使得国内啤酒行业吨酒耗电、耗水、耗煤的水平得到大幅降低，我国 10 年前平均吨酒消耗水 $8m^3$、耗煤 100kg、耗电 100kW·h，而目前研发的新工艺分别可以达到为耗水 $3m^3$、耗煤 43kg 和耗电 70kW·h。这些新工艺既符合国家“资源节约型、环境友好型”企业发展要求，又促进了啤酒行业健康发展。

青岛啤酒还积极组织或参与行业和企业间的技术交流，推广新技术；作为主要起草人，参加了啤酒行业所有国家标准的制订，通过标准提升国内啤酒行业的技术水平。

三、小结

青岛啤酒是中国历史悠久的啤酒制造厂商，多年来以持续满足消费需求为目标，在传承传统工艺的基础上，勇于做新技术、新工艺的追求者和探索者。以消费者需求作为衡量创新的标准，不断强化，形成了技术创新、管理创新、理念创新、模式创新四种创新模块加一个创新支撑平台的创新模式。青岛啤酒以建设国际化大公司为目标，基础研究与技术开发并重，构建了完善的集成研发管理体系，开发了六大核心技术，使青岛啤酒的技术水平始终保持行业领先地位。公司持续深入地为企业管理系统引入新的管理方法和管理手段，开展管理创新：在供应链的前端，引入集中采购的方法；在战略管理方面，引入平衡计分卡的管理方法；在供应链后端，实施了物流管理的创新。青岛啤酒不断进行战略性调整，加快整合创新，不断提高自身核心竞争力，正以稳健的步伐向国际化大公司迈进。

第十七节　中冶集团

一、企业概况与技术创新模式

（一）企业概况

中国冶金科工集团有限公司（简称中冶集团）是中国特大型企业集团，是新中国最早一支钢铁工业建设力量，是中国钢铁工业的开拓者和主力军。

从 1948 年投身“中国钢铁工业的摇篮”鞍钢的建设，到建设武钢、包钢、太钢、攀钢、宝钢等，公司先后承担了国内几乎所有大中型钢铁企业主要生产设施的规划、勘察、设计和建设工程，是构筑新中国“钢筋铁骨”的奠基者。作为全球最大最强的冶金建设承包商和冶金企业运营服务商，中冶人“用心铸造世界”，在国内 90%、国际 63%的冶金建设市场展现了中冶人的骄傲与自豪。

1982 年，经国务院批准正式成立中国冶金建设公司，隶属于冶金工业部。2008 年 12 月，中冶集团发起设立中国冶金科工股份有限公司（简称中国中冶）。2009 年 9 月，中国中冶在上海、香港两地成功上市。2017 年，中冶集团总资产为 4208.5 亿元，营业收入 2513.2 亿元，利润 72.3 亿元。现有从业人员 116013 人，其中科技人员 17788 人。

中冶集团是全球最大最强的冶金建设承包商和冶金企业运营服务商；是国家确定的重点资源类企业之一；是国内产能最大的钢结构生产企业；是国务院国资委首批确定的以房地产开发为主业的 16 家中央企业之一；也是中国基本建设的主力军，在改革开放初期，创造了著名的“深圳速度”。2016 年公司荣获中央企业负责人 2015 年度经营业绩考核 A 级企业、中央企业负责人 2013—2015 年任期经营业绩考核“科技创新优秀企业”，在“世界500强企业”排名中位居第290位，在ENR发布的“全球承包商250强”排名中位居第8位。

中冶集团作为国家创新型企业，拥有13家甲级科研设计院、15家大型施工企业，拥有5项综合甲级设计资质和29项特级施工总承包资质，其中，双特级施工资质企业数量达10家，位居全国第一。拥有24个国家级科技研发平台，累计拥有有效专利23000多件，连续五年（2013—2017）位居中央企业第四名，2009年以来累计获得中国专利奖52项（其中2015—2017连续三年获得中国专利奖金奖），2000年以来共计获得国家科学技术奖46项，累计发布国际标准44项，发布国家标准430项。累计获得中国建设工程鲁班奖92项（含参建），国家优质工程奖158项（含参建），中国土木工程詹天佑奖15项（含参建），冶金行业优质工程奖606项。拥有53000余名工程技术人员，中国工程院院士2人，国家勘察设计大师12人，国家百千万人才工程专家4人，享受国务院政府特殊津贴人员500余名，中华技能大奖获得者1人，世界技能大赛金牌选手2人，全国技术能手51人。

中冶集团按照“做冶金建设国家队、基本建设主力军、新兴产业领跑者，长期坚持走高技术高质量发展之路”的战略定位，始终以独占鳌头的核心技术、无可替代的冶金全产业链整合优势、持续不断的革新创新能力，承担起引领中国冶金向更高水平发展的国家责任；始终以卓越的科研、勘察、设计、建设能力为依托，加快转型升级，打造“四梁八柱”综合业务体系，锻造成为国家基本建设的主导力量；始终以创新驱动作为企业发展的新引擎、新动能，担当起国家新兴产业发展突破者、创新者、引领者的重任，不断打造新常态下推动可持续发展的靓丽新“名片”。

面向未来，中冶集团以“一天也不耽误，一天也不懈怠”朴实厚重的中冶精神，大力提升质量效益，全力推进改革创新，不懈倡导并履行国有资产保值增值责任和企业社会责任，奋力踏上“聚焦中冶主业，建设美好中冶”的新征程。

（二）企业技术创新模式

中冶集团的技术创新模式以自主创新为主，并紧紧围绕“做冶金建设国家队、基本建设主力军、新兴产业领跑者，长期坚持走高技术高质量发展之路”的战略新定位来进行谋篇布局。

在钢铁冶金领域，中冶集团完成了顶层设计，出台了《打造全球最大最强最优冶金建设运营服务“国家队”顶层设计方案》，编制了《冶金建设国家队行动手册》，明确在钢铁冶金8大部位19个业务单元的技术创新均要瞄准世界第一的目标，强化第一梯队的高端引领，突出解决打造“国家队”瓶颈问题，巩固提升全流程系统集成能力和竞争优势，力争通过3～5年时间，形成独占鳌头的核心技术、无可替代的冶金全产业链整合优势、持续不断的创新能力，承担起引领中国冶金向更高水平发展的国家责任，并在全球钢铁冶金市场的占有率由目前的60%提升到80%。目前，集团在钢铁主工艺流程方面已经形成“冶金工厂高端咨询与总体设计技术”“环保型原料储存与清洁转运技术”“大型烧结工程设计与装备技术”“新一代清洁炼焦工艺与装备技术”“特大型高炉高效长寿设计建造技术”“大型炼钢（含连铸）工艺、设备及自动化成套技术”

“带钢热连轧综合技术”“高性能冷轧板带工艺及装备技术”等系列国内第一、国际一流的系统性核心技术，确保了“核心技术升级、实用技术普及、高新技术突破”，用先进技术改造提升传统技术，巩固和提升了传统技术优势，促进了科研与工程一体化的创新优势，提高了核心技术能力和系统集成能力，并在多个大型钢铁企业得到推广应用，效果显著，获得了多项国家及行业科技奖励。近年来，面对钢铁行业的环保压力，集团积极打造绿色钢铁，在绿色、循环、低碳的核心技术上发力，研发应用了“新一代绿色智慧高炉技术”“大型带式焙烧球团技术”“绿色高效焦化技术”“活性炭（焦）烧结烟气脱硫脱硝技术”等一批节能环保新技术，为宝钢、武钢、山钢等企业的“绿色钢铁”生产提供了充分的技术保障。同时，在冶金智能化方面，运用大数据、云平台、物联网等数字化、信息化和自动化技术，在工厂设计和工艺设计两个层面加强智能化建设，实现核心设备智能化，着力打造中冶品牌的智能化钢铁示范工厂，引领中国钢铁智能化发展。

在基本建设领域，加快推进中冶智慧工地产品——“轻筑”在项目的应用，发布中冶智慧工地建设标准。加大“中冶云”平台产品研发与推广，将其建设成为工程建设领域的主流云平台。积极加强装配式建筑技术开发，以装配式建筑快速发展为突破口，统一中冶装配式建筑品牌，在产业规模、产品体系、技术研发等方面形成合力全面提升，打造国内一流的装配式建筑企业。积极开展绿色施工，大力发展“非开挖埋管技术、静压施工法施工技术、高性能混凝土技术”等绿色施工技术，提高绿色施工技术水平。积极加强示范工程建设，为集团施工企业申报鲁班奖和提升中冶品牌影响力提供了更加有力的支撑。积极加大 BIM 技术的推广应用，全面提升集团工程技术实力与行业竞争力。通过工艺仿真、无人机勘测、BIM 建模、虚拟现实等技术优化设计施工方案，提升项目管控水平，打造代表中冶水平的智能化工厂。进一步加强在超高层建筑、道路、桥梁、隧道等技术领域的研发和成果转化，夯实基本建设主力军的地位。

在新兴产业领域，以市场需求为牵引，以技术突破为驱动，快速组建了综合管廊、海绵城市、美丽乡村与智慧城市、主题公园、水环境、康养产业、装配建筑（北京、河北、上海）九大技术研究院，充分发挥九大技术研究院在绿色建造、绿色施工、污水处理、固废处理等方面的技术支撑作用，在新兴产业占据更多技术制高点，支撑集团大举向新兴产业领域发力，快速占领新兴市场，为集团转型发展提供新动能，牢牢把握企业转型发展新机遇。同时，积极加强新材料领域的技术研发和项目建设。

二、企业创新影响力实践——以战略引领创新，打造“世界一流”

（一）企业主要创新活动

1. 创新战略思路

指导企业整体创新活动的总思路，包括四个创新、三个拓展、三个提升、三个转变。

（1）四个创新

思想观念创新。一是按照十九大的精神，贯彻国资委国企改革的要求，做好企业的顶层设计；二是站在企业长远发展的角度，明确战略定位，增强战略定力，持之以恒，久久为功；三是从决策层、经营层、员工等不同层面，促进思想观念的转变，适应新时代环境的变化。

技术创新。一是设计企业要按照冶金建设国家队的要求，加大原创性技术的研发，真正能够拥有一批国内一流、国际领先的技术成果；二是施工企业要加大工法等施工技术的研发与应用，提升整体的施工技术水平；三是加强技术创新体系建设，真正形成大众创业、万众创新的机制和氛围。

经营模式创新。一是加强项目获取的不同方式，如通过投资、入股、合作开发、共同研发等；二是积极介入到项目的运营体系中，通过加强项目的运营管理，从项目运营中获取收益；三是加大产融结合的力度，充分利用资本的力量获取项目；四是通过不同的模式获取海外项目，如亚投行贷款、世界银行贷款、资源交换等。

组织模式创新。一是根据集团发展战略的变化不断调整自身的组织模式，适应新形势下冶金建设国家队的管控体系；二是通过对项目管控组织模式的调整，提高运营效率，提升收益水平。

（2）三个拓展

市场空间拓展。一是国内市场的区域拓展，要真正的形成三力合一，把区域市场做实，区域公司要取得资质，要真正成为市场的主体；二是海外市场的拓展，按照“强强联合拓展国际市场”的发展思路，加强集团各子公司之间驻外机构的对接沟通以及与多家国内外知名企业签订框架合作协议或意向书，充分利用当地的资源、利用国内对外的投资，把区域办事处做实，实现信息共享和优势资源互补。

业务范围拓展。一是深度拓展冶金业务，充分利用绿色、环保、智能的理念和全国钢铁保有 10 亿 t 产能的优势，不断挖掘现有冶金客户的市场潜力；二是积极推动非钢业务的培育和发展，不断开拓新的领域，打造出非钢业务的品牌。

业务协同拓展。一是借助打造千亿内部市场的机遇，积极主动与五矿相关部单位联系，开展业务协同，扩大业务范围；二是借助五矿海外的丰富渠道，获取信息，开拓海外市场。

（3）三个提升

项目管理能力提升。一是按照打造二级子公司项目管控主平台的要求，完善本企业的平台建设；二是加大项目经理的培训，提升项目经理的个人素质和管理能力；三是构建与市场相适应的项目管理组织架构。

经济效益提升。一是提升企业整体的财务、资产指标；二是确保完成全年的预算指标；三是做好减亏控亏等专项治理工作。

企业品牌提升。一是打造高端项目，提升标志性工程的品牌影响力；二是加大对外宣传力度，形成真正的品牌；三是提质创优，推动各类奖项的参评。

（4）三个转变

从工程承包商向运营服务商转变。一是设计企业要转变只能做新建、改造等业主主动委托的项目状况，不断深入到业主的生产运营服务全过程，主动发现问题降低业主的运营成本；二是施工企业要从单纯的施工、安装、调试，向投产后的生产运营转变，做到做一个工厂，留一块自留地，形成不断的效益来源。

从业务同质化向差异化转变。一是设计企业要按照自身的技术优势，不断优化资源配置，提升拳头产品的竞争力，抛弃什么都能做，什么都做不精的状况；二是施工企业要不断培育自身的优势品牌，要与其他子企业形成差异化发展；三是对于转型业务坚持在自身看家本领的“合理半径”内聚焦发展，紧扣优势和特色，明确主攻方向。

从内部竞争向外部协同转变。一是加强冶金行业内的市场协调力度，最大限度保证集团的利益；二是一致对外，采取群狼战术，在市场上相互支持，保证集团利益的最大化。

2. 宏观规划和总体策划

坚持以“冶金建设国家队、基本建设主力军、新兴产业领跑者，长期坚持走高技术高质量发展之路”为战略方向，聚焦冶金建设国家队再拔尖、再拔高、再创业，子企业总部项目管控平台建设等重点工作，着力在公司治理等破解制约企业发展的体制机制难题。重点工作包括以下几方面。

(1)完善现代企业制度，提升公司治理能力

进一步完善子公司法人治理结构是保障子公司健康发展、保障国有资产保值增值的根本性措施，也是股东的责任。《中共中央国务院关于深化国有企业改革的指导意见》《国务院办公厅关于加强和改进企业国有资产监督防止国有资产流失的意见》《国务院办公厅关于建立国有企业违规经营投资责任追责制度的意见》《国务院办公厅关于进一步完善国有企业法人治理结构的指导意见》等文件都对国有企业法人治理的完善提出了明确的要求。

(2)深化运行机制改革，激发企业内生活力

打造子企业总部项目管控平台，是中冶集团暨中国中冶提高项目管控能力，提高企业竞争力的一项长期的战略性措施。在项目部的功能定位方面，集团鼓励子公司建立行之有效的机制，使项目部在干好项目的同时，承担起以施工现场保营销市场的责任，成为有活力的市场营销的重要力量。

鼓励和指导子公司开通各种人才都能得到发展的职业上升通道，避免各类专业人才在行政职务一个通道上拥挤，创造出全部员工都具有实现职业规划的环境。

鼓励和指导子公司积极探索薪酬分配改革，用市场化方式解决企业技术核心骨干、主要项目管理人员薪资待遇问题，使他们可以获得有竞争力的薪资待遇。

(3)加快产业布局调整，提升资源配置效率

推动内部整合。中冶集团所属子公司的专业施工资源，在全国范围内有一定的比较优势，比如钢结构工程、管道工程、大型吊装工程等，由于这些专业资源分散在各子公司内，任其自然生长，也没有对资源进行整合，不能发挥聚合效应，所以其比较优势和市场影响力在逐步削弱。2018 年，集团以钢结构的区域整合为起点推动内部资源整合。

探索外部并购。一方面是国内并购。中冶集团目前正处于转型升级和扩张发展期，在国内有市场潜力的地区并购一些企业，弥补布局空白，加快属地化发展十分必要。另一方面是海外并购。中冶集团作为以“冶金建设国家队、基本建设主力军、新

兴产业领跑者，长期坚持走高技术高质量发展之路”为发展战略的国有综合性大型企业集团，无论是从服务于“一带一路”倡议角度，还是自身国际化发展的战略需求，开展海外并购迅速扩大海外营业规模是一项紧迫的任务。

(4)抓住“一带一路”的机遇，培育发达国家市场，加强品牌建设，提升国际影响力和知名度

在继续巩固国内市场的绝对主导地位外，“国家队”再拔尖、再拔高和再创业工作从市场拓展角度，重点应瞄准“一带一路”沿线国家，并逐步打开欧美发达国家市场，不断提升在国际市场上的品牌影响力。

“一带一路”倡议也是冶金国家队建设的重要机遇和集团在相当长一段时间内值得重点培育和关注的市场。当前，中冶集团在“一带一路”沿线的海外布局和资源投入与集团的整体战略还有巨大的差距，需要尽快有针对性梳理“一带一路”市场布局，鼓励有能力的子企业积极参与和承担起海外区域市场拓展的任务，在重大战略性项目上集合集团资源强力支撑业务开拓。

除了技术创新等基础性工作之外，从市场拓展的角度，要充分利用好集团已经在相关发达国家布局的平台和当地的技术、人力、营销等资源，有针对性地推广集团的相关核心技术和装备产品，成为“国家队”再拔尖相关工作落地的重要平台。

3. 体制与机制创新：创新体制机制，稳步发展提升

(1)集团公司层面

根据“聚焦中冶主业，建设美好中冶”的发展愿景和“打造业务板块清晰、经济效益良好的上市公司”的目标，现阶段公司总部采取“以战略管控为主导加关键运营功能管控”的模式，持续对组织架构进行调整。

在“战略管控”方面，着重明确各业务板块的发展思路，有针对性地对各子公司进行战略指导；积极推进内部改革创新，尽快解决目前内部同质化竞争和混搭的产品组合所构成的商业模式问题。在“关键运营功能管控”方面，加强公司整体的市场开发能力、内部市场和项目协调，优化市场布局，推行物资集中招标采购，加强对工程主业和房地产业务的过程和目标管理。待总部的战略管理能力得以充分提升、公司整体的商业模式改造成“基本没有内部同质化竞争、业务板块清晰”之后，公司总部的管控模式逐步向战略管控模式转变。

为贯彻落实党中央国务院关于中央企业“瘦身健体”提质增效的要求，目前公司正在推行实施“三级财务、三级管理、四级法人”的管控方式，全面减少管理层级，清理法人单位，提高管理效率，防控管理风险。

(2)子公司层面

各子公司应建立起科学完善的公司治理结构和满足当下、适应未来发展的管控模式，其职能应该健全，内部应该高度协同，并能从风险管理和内部控制的角度出发，形成必要的、适度的相互制约。子公司总部应建立规范的总部管理机构和科学有效的管理流程，形成部门之间、人与人之间高度协同、高效率的运营管控模式，使子公司总部运营管理成本低、效率高、效果好，更加有利于控制风险，更加贴近市场和客户，为实现“聚焦中冶主业，建设美好中冶”的发展愿景奠定坚实、有效的组织与管理基础。子公

司总部管理机构优化设计的基本原则为：

满足发展战略。首先要与中冶集团和子公司自身的发展战略要求相一致，并充分考虑各自的主营业务、市场环境、业务规模、人力资源条件、公司现状和未来发展的需要。

设置精简高效。一是确定科学、清晰的职能定位和清晰的业务流程，避免信息传递失真，保证没有职能空白。二是具有足够的灵活性，能对外部变化和客户诉求及时作出反应，又快又好地应对市场变化和响应客户需求。三是既不把简单的问题复杂化，也决不忽视有效的内部控制，务必做到不相容职能及不相容岗位分离。四是各部门之间、人与人之间的工作量应该做到基本均衡，使日常事务性工作与即时性工作合理搭配并权责对应。

系统高度协同。确保各部门彼此呼应，协调一致，充分协作。做到职能定位清楚，职责边界清晰，确保权责对应；业务流程环环相扣；尽可能避免业务交叉和同一个业务部门由多个领导分管。

突出主营业务。充分考虑自身的主业定位，结合主业特长与市场特点，设计突出自己业务特色的管理机构。现阶段尤其要提高市场研究能力和开发能力，提高成本控制能力，提高风险管控能力，提高对客户的反应能力与管理能力。

适度对接上级。根据子公司所处的层面、管控重点、工作对象和内容，各子公司应采取在清晰的发展战略指导下的“以运营管控为主导”的模式，但同时必须根据集团总部组织架构设置与职能定位，明确对口的部门和岗位，使上下管理职责紧密对接，确保政令畅通，管控有效落地。

4. 研发支撑体系建设：创新驱动发展，科技引领未来

技术领先是中冶集团高举的牌子和旗帜，更是集团未来高质量发展的根基所在、潜力所在、希望所在、关键所在。集团以顶层设计强化科技战略引领，瞄准世界科技前沿、把握产业发展的趋势和规律，找准未来科技创新的主攻方向，密切跟踪国际同行的技术动向，充分整合集团的科技资源，定期梳理集团主要业务的技术路线图，通过集团战略性科研课题来落实和推进。

(1)研发体系构建的总体思路和目标

总体思路：中冶集团研发体系构建的总体思路是遵循一条主线，以四化为抓手，服务一个战略。一条主线是指积极构建完整的科技创新体系，这个体系涵盖研发基础能力建设(科技平台)、科技研发(研发项目)、科技成果总结(专利、标准、成果鉴定)、科技奖励(中冶科技奖、国家及行业科技奖申报)、科技成果推广应用(中冶建筑新技术应用示范工程、中冶集团 BIM 大赛)、政产学研用合作、科技人才等主要方面。四化是指：以“智能化、绿色化、装配化和科技成果市场转化”的“四化”为主要抓手，推动企业技术创新。一个战略是指集团战略新定位，即“做冶金建设国家队、基本建设主力军、新兴产业领跑者，长期坚持走高技术高质量发展之路”。在冶金建设方面，力争在钢铁冶金八大部位十九个业务单元达到世界一流水平，始终以独占鳌头的核心技术、无可替代的冶金全产业链整合优势、持续不断的革新创新能力，承担起引领中国冶金向更高水平发展的国家责任。在基本建设领域，始终以卓越的科研、勘察、设计、建设、服

务能力为依托,加快转型升级,打造“四梁八柱”综合业务体系,锻造成为国家基本建设的主导力量。在新兴产业领域,始终以创新驱动作为企业发展的新引擎、新动能,担当起国家新兴产业发展突破者、创新者、引领者的重任,不断打造新常态下推动可持续发展的靓丽新“名片”。

目标:中冶集团研发体系构建的基本目标是实现创新驱动发展,科技引领未来。中冶集团以科技创新为原动力,坚定核心技术引领,抢占未来科技创新的战略制高点,在核心技术的迭代升级中再造企业新优势,在系统能力提升中推进企业由要素驱动的粗放增长迈向创新驱动的内涵增长。

(2)研发体系的基本构架

中冶集团研发体系的基本构架包括:基础能力建设(科技平台)、科技研发(研发项目)、科技成果总结(专利、标准、成果鉴定)、科技奖励(中冶科技奖、国家及行业科技奖申报)、科技成果推广应用(中冶建筑新技术应用示范工程、中冶集团 BIM 大赛)、产学研用合作、科技人才。

科技平台是中冶集团研发体系的基础,它包含国家级、省部级与集团级、子公司级三个层面,国家级科技平台有 24 个,省部级与集团级科技平台有 119 个,子公司级科技平台有 50 个。集团级科技平台中有九个专业技术研究院,主要为新兴产业领域。集团的科技研发主要依托科技平台、工程项目,以及集团承担的国家级、省部级科研项目(课题)、集团科技重点研发项目、子公司研发项目来进行。通过科技研发产生的科技成果,通过专利和软件著作权申请、标准编制和成果鉴定来进行总结凝练,其中,优秀的科技成果组织申报中冶集团科学技术奖(国家奖励办备案的社会力量办奖)、行业科技奖及国家科技奖。对于一些关键核心技术进行推广应用,比如通过中冶建筑新技术应用示范工程、中冶集团 BIM 技术应用大赛来进行推广。在平台建设、研发项目申报、科技奖励申报、标准编制等方面组织开展政产学研用合作,实现强强联合。在科技人才培养方面,充分依托科技平台、科研项目、产学研用合作等进行人才培养。总之,中冶集团研发体系是一个有机的整体,各部分之间相互关联、相互依赖和相互促进,共同提升中冶集团科技创新水平。

(3)研发体系的落脚点——重大科技专项

按照“做冶金建设国家队、基本建设主力军、新兴产业领跑者,长期坚持走高技术高质量发展之路”的战略定位,为使项目研发真正起到支撑集团战略发展的作用,集团着重加强了冶金建设、基本建设、新兴产业三大领域重点科研项目的培育、扶持和立项工作,积极组织各子公司申报与承担国家重点研发项目,始终站在国际水平的高端和整个冶金行业的高度,积极谋划科研战略布局,力争通过持续不断的创新能力,形成独占鳌头的核心技术,助力中冶集团成为冶金建设国家队、基本建设主力军和新兴产业领跑者。2012—2013 年,中冶集团启动实施了中冶重大科技专项,分两批共立项 27 项重大科技专项,并通过利润分配进行抵扣的方式给予经费支持近 2 亿元,专项涵盖了冶金建设、基本建设和新兴产业三大领域。2018 年,为重点解决冶金国家队建设过程中遇到的核心技术卡脖子的问题,确保冶金设计和建设领域引领世界第一优势地位,集团组织开展了冶金建设国家队重大研发项目的申报和评审工作。

(4)产学研结合的方式和运行机理

中冶集团一直重视加强“产学研用”合作,加强与相关院校、协(学)会及企业客户的科技合作与交流,充分借用“外脑”,实现优势互补和强强联合。围绕解决重大技术难题,充分利用外部科技资源,大力推动协同创新,实施联合攻关,加速技术成果的应用转化和产业化,积极构建优势互补、分工明确、成果共享、风险共担的开放式技术创新体系,打造一个大的科技创新交流合作平台,全面提升集团科技创新水平与核心竞争力。近年来,中冶集团分别与清华大学、北京科技大学、东北大学、东南大学、武汉科技大学、西安建筑科技大学等相关高校开展了战略合作,建立了深层次、高起点的长期、稳定的科研合作机制。例如:与东南大学、清华大学等高校以及企业共同组建了“新型建筑工业化协同创新中心”;与北京科技大学、清华大学等有关高校,武钢、兴澄特钢等相关企业联合申报国家科技奖及国家科技专项;与教育部、湖北省、中钢集团共建武汉科技大学等。

(5)研发投入和实际效果

2017 年,中冶集团科技投入为 756608 万元,其中研发投入 666907 万元,通过保持持续稳定的科技投入和研发投入,集团着力加强共性关键技术的研发与攻关,不断推进核心技术产品化、产品产业化,涌现了一大批高水平的科技创新成果。2017 年,中冶集团组织科技成果鉴定 86 项,其中达到国际领先水平和国际先进水平的科技成果 38 项。新申请专利 7881 件,其中发明专利 3867 件。

5. 知识产权管理:质量并举、以质为先

近十年来,中冶集团知识产权工作积极实施“质量并举、以质为先”的发展战略,积极构建支撑主业转型升级的知识产权体系,取得了显著成效。近年来,集团又紧紧围绕“做冶金建设国家队、基本建设主力军、新兴产业领跑者,长期坚持走高技术高质量发展之路”的战略新定位,落实集团对“冶金建设国家队要再拔尖、再拔高、再创业,在系统创新力拔尖升级上狠下功夫,做精做强做优冶金核心主业”的工作要求,大力加强专利布局、专利申请和专利运营工作,普及知识产权意识、提高专利质量、使知识产权和生产经营结合得更紧密。

(1)积极构建高效的知识产权工作组织体系

近十年来,中冶集团积极推进知识产权工作,建立并逐步完善了知识产权管理体系,包括三个要素,管理机构、管理制度和人。集团总部和各子公司都有了知识产权管理部门、配套的各项规章制度,以及专门负责的人员。在集团总部设立了专利管理办公室,专门负责整个集团的知识产权战略、专利布局、专利申请等知识产权管理工作。同时,集团要求有科技活动的子公司都成立知识产权管理部门或设立知识产权管理专员,负责各单位的知识产权管理工作。通过十年的磨合,目前这套体系运行良好,有很强的执行力,也取得了丰硕成果。

(2)知识产权管理制度及举措

为进一步规范集团及所属单位的专利管理工作,鼓励员工进行发明创造,保护发明创造专利权,促进专利技术推广应用,提高集团市场竞争力和经济效益,使专利管理工作更好地为企业转型发展服务,集团建立健全了知识产权管理体系,完善了专利管理制度。2007 年 11 月,集团印发了《中冶集团知识产权管理规定》;2009 年 7 月印发了《中国冶金科工股份有限公司知识产权重大事项预警管理办法》和《中国冶金科工股份有限公司专利管理办法》。文件明确了中冶集团专利管理实行总部战略管理和子公司具体实施的两级管理模式。

集团在专利管理工作方面采取了一系列具体措施:首先是加强知识产权教育培训和宣传,大力推广创新方法 TRIZ 理论的培训和实施,提高员工创新和知识产权保护意识;把知识产权纳入管理过程,将专利指标作为对子公司负责人年度经营业绩考核的一项重要内容;每年进行专利排名,提高子公司专利申请积极性,形成你追我赶的态势;设立中冶集团科学技术奖(国家科技部批准设立),奖励发明创造;在集团科技成果鉴定和中冶集团科学技术奖申报中明确对专利申请的具体要求;重视集团专利布局:宏观上配合主业市场和国内外区域市场需要进行布局,微观上重视核心技术专利群布局和有权利要求重叠的多项专利组合,形成核心技术专利网;集团还积极争取国家知识产权局和地方政府对所属子公司的专利工作给予支持,降低子公司专利申请方面的成本。

*以专利贯标为突破口,提升集团及子企业知识产权管理层次。*推动子企业建立一个统一归口管理各部门具体负责的管理架构。明确归口管理部门及其具体职责范围和权限,年度工作目标和怎样考核。明确人力资源部门、法律部门、财务资金部门、经营部门、工程管理部门以及各设计部门等业务部门在知识产权工作中的具体责任和考核办法。把知识产权工作纳入 PDCA 的管理的过程,职能管理与流程管理相结合,建立考核制度。推动子企业要贯彻实施 GB/T 29490—2013《企业知识产权管理规范》(2013 年 3 月 1 日起实施),简称专利贯标。集团从 2013 年开始推动专利贯标,中国一冶和中冶南方是第一批试点单位,目前已经有 5 家子企业通过认证,争取 2018 年再有 2 家通过认证,3 家子企业做认证前期工作。

*继续保持专利数量优势,普及专利意识,形成知识产权文化。*专利是传递知识产权意识最有效的载体,一定规模的专利是普及知识产权意识的必要条件,数量的扩张不是目的,目的是形成中冶集团知识产权文化。要形成知识产权的文化氛围,首先要让从最高层领导到最基层员工都要具有知识产权意识,中冶集团各级领导特别是高层领导的支持是开展工作的前提。通过 10 多年不断的培训和宣传,中冶集团员工有了基本的知识产权意识,但是仍需加强。在这个过程中,集团充分利用专利这个载体来传达知识产权意识,通过大量申请专利来普及知识产权意识,深入理解知识产权规则。同时,积极探索多种途径激发科技人员的创新动能,使企业保持创新活力。

*以申报中国专利奖为抓手,提高专利质量,实现从量变到质变的突破。*提高专利质量是集团今后知识产权工作的重点。国家知识产权局设置的中国专利奖配套设计了非常科学的专利评价体系和评奖办法,中冶集团以申报中国专利奖为管理工具,积极组织相关子公司开展中国专利奖的申报工作,通过组织申报中国专利奖,大幅提升了中冶集团的专利质量。与此同时,为进一步提升集团专利质量,自 2018 年起,集团对子企业专利申请考核只考核发明专利申请数量。

知识产权工作进一步与企业生产经营工作结合,让专利在生产经营中发挥更大作用。知识产权工作的重要作用是为生产经营工作提供支撑,中冶集团在未来的工作中将继续加强专利运营,探索专利资本化有效途径,激发有效专利的经济和市场价值,将集团知识产权工作的重点放在提高知识产权收益上,让领导和员工看到和体验到以往的知识产权积累给企业和员工带来了好处,知识产权工作才能获得更大支持,从而进入良性发展通道。同时,积极探索专利运营的主导机制,尝试由经营部门主导相关工作,集团内部宣贯《企业知识产权管理规范》(GB/T 29490—2013),让大家认识到知识产权工作不仅仅是科技管理部门一个部门的工作,而是每个部门都有责任,每个人都有责任,从而推动知识产权工作与生产经营工作的结合。

(3)知识产权管理成效

目前,中冶集团各子企业在知识产权工作方面已经形成了你追赶的态势,专利从过去的装饰门面到现在已经成为了刚需,在集团专利的上市价值评估、高新技术企业认定、政府资助项目申报、企业资质维护、企业技术中心认定、企业研发机构认定、科技投入的税上优惠、招投标等方面都起到了不可替代的作用,集团的知识产权文化已基本形成。

随着全球经济一体化进程的加快,中国企业不得不面临一个全新的竞争环境,即全球的企业竞争已不仅停留在有形资产的竞争,无形资产正在成为决定企业生死存亡的关键。近年来,国务院国资委高度重视中央企业的无形资产管理特别是知识产权的管理,提出无形资产是最有价值的资产,是衡量一个企业的价值、品牌最为关键的要素,是关系企业生存发展的重要战略性资源。中冶集团深刻地认识到专利作为无形资产蕴藏的巨大潜能,近年来通过一系列重大举措,实现了专利管理工作的飞跃式发展。自 2012 年集团“9 · 5”工作会议以来,中冶集团紧密围绕“聚焦主业、建设‘美好中冶’”的奋斗目标,加强专利总体布局的顶层设计,积极推动专利申请工作的重心转移,着重提高发明专利占比。经过广大科技工作者十年来的共同努力,集团有效专利数快速增长,发明专利占比明显提高,围绕集团主业与核心技术构建了多个核心专利群,建立了支撑主业发展的知识产权保护体系,专利申请数、新获授权数及有效专利数在中央企业中的排名逐年上升。2013 年 11 月,中冶集团被国家知识产权局确定为第一批“国家级知识产权优势企业”,2018 年 8 月被确定为“国家级知识产权示范企业”。中冶集团有效专利数由 2006 年度的 614 件跃升至 21025 件,增长了 3324. 27%;发明专利总数由 2006 年的 83 件跃升至 5666 件,增长了 6726. 51 %;有效专利数连续五年(2013—2017)位列中央企业第四名,仅次于国家电网、中国石化和中国石油,目前集团累计有效专利已达 23000 件。2009—2017 年,集团共计获得中国专利奖 52 项,特别是近三年(2015—2017 年)连续获得中国专利金奖 3 项,成为国内唯一获此殊荣的企业。

未来,中冶集团将继续加强知识产权创造、应用、管理和保护工作,加强相关部门之间的紧密协作,继续做好专利分析与布局,继续提高发明专利占比及专利质量,进一步加强专利贯标和专利运营,探索专利资本化的有效途径,激发有效专利的经济和市场价值,并将核心专利技术转化为制造企业的高质量产品推向市场,为集团发展战略提供更好的服务。

6. 创新体制机制,提升中冶人才资源竞争优势

人才资源是第一资源。中冶集团要想在激烈的市场竞争中赢得主动,归根结底要靠人才的实力,人才优势是最需要培育、最有潜力和最可依靠的优势。目前,集团现有中国工程院院士 2 人,全国工程勘察设计大师 12 人,国家百千万人才工程专家 4 人,享受国务院政府特殊津贴人员 500 余名。同时,集团拥有中华技能大奖获得者 1 人,世界技能大赛金牌选手 2 人,全国技术能手 51 人。

中冶集团以做“冶金建设国家队、基本建设主力军、新兴产业领导者,长期坚持走高技术高质量发展之路”为战略新定位,为了顺应这一战略新定位的要求,集团进一步明确了“以价值创造为导向,坚持‘服务发展、以用为本、高端引领、创新机制’的原则,建立一支数量充足、结构优化、布局合理、素质优良的干部人才队伍,建立科学公平合理的长期吸引、留住、用好人才的激励约束机制,为企业创新发展、持续发展、领先发展和打造具有国际竞争力的世界一流综合性工程公司提供坚强的人才支撑”的人力资源战略。

具体来讲,集团的人力资源战略就是要在保持 10 万人左右队伍的人员规模总量前提下,使人才总量和比重稳步增长,人均年创收创利进一步提高,人才分布与中冶业务发展方向、发展规模相协调。大力实施重点人才培养工程:以建立 45 岁以下的百人企业家队伍为重点,打造一支忠诚担当、具有国际视野、富有创新精神、懂技术会管理善经营的领导团队;以院士和全国工程勘察设计大师后备人才为重点,打造一支能够准确把握产业发展趋势、掌握行业科技前沿技术、在行业内有影响力话语权的高层次专家型科技领军人才队伍和科技创新团队;以优秀高技能人才为重点,围绕企业主业、关键工艺、重点专业、主导工种,打造一支规模适当、工种配套、专业技能精湛的产业工人队伍;统筹推进经营管理、市场营销、项目经理、党务纪检等专业人才队伍建设,引进一批国际化高端人才、企业管理和产业发展紧缺的高端人才,促进集团人才队伍整体素质的提升。要围绕聚才、引才、育才、用才,创新人才发展的培养开发、评价发现、选拔任用、流动配置、激励保障机制,用好、用活智力资源,把优秀人才聚集到“建设美好中冶”大旗之下,让各类人才创新创造活力竞相迸发。

当前,集团主要以四方面工作为主要抓手,大力推进人力资源战略的实施。

(1)加快企业人才队伍结构优化调整,提升人才竞争优势

一是加大优秀基础性人才的引进力度,在保持 10 万人左右队伍的人员规模总量前提下,技术工人比重继续降低,员工的学历结构持续改善,员工劳动生产率进一步提升;二是确保冶金国家队总体阵形保持稳定,推进人才由传统冶金向基本建设和战略性新兴产业有序流动,充分挖掘人力资源潜质,提升现有人力资源价值;三是加大高层次人才的选拔和培养力度,提升中冶集团在行业内的影响力和话语权。近年来,集团高层次人才队伍建设有所突破,初步形成了子公司技术骨干、学科带头人—子公司技术专家—集团首席专家—业内知名专家—院士、大师等国家级顶尖专家的人才梯队。一大批技能精湛的技能人才在国内、国际大赛上屡获殊荣,“工匠精神”备受尊崇。

(2)以体制机制创新激发人才活力,人才价值得到充分尊重和认可

中冶集团近年来大力推进体制机制改革,不断加大在科技创新领域和高层次人才培养方面业绩突出子公司和优秀人才的奖励和激励力度。集团坚持工资总额与经济效益、人均创利挂钩原则,探索实施工资总额分类核定,打破“大锅饭”和“平均主义”,向业绩突出者、贡献较大者和科技人才、高技能人才、基层和一线员工倾斜,实现员工收入与岗位价值、个人贡献和企业效益挂钩。正在研究优化科技人才激励机制,提高科技人才科研成果转化收益分享比例。设立科技奖励专项资金,加大对做出突出贡献科技团队和人才的奖励力度。建立有利于扶持集团新兴产业快速发展壮大的激励政策,对重点发展的新兴业务,探索实施核心骨干团队持股、业绩提成等,吸引创新人才,稳定核心团队,构筑企业与员工利益共享、风险共担、事业共创的“命运共同体”。中冶集团已正式下发文件,对于国家科技进步一等奖完成单位给予重奖600万元,二等奖完成单位给予奖励100万元;中冶集团给予集团首席专家津贴10万元/年;给予世界技能大赛金牌获得者30万元重奖,参赛技术团队同样重奖30万元,金牌获得者被授予中冶集团劳动模范荣誉称号等,重视人才、尊重人才、鼓励人才的企业氛围愈加浓厚。

(3)注重打通不同人才的成长通道,实行人才的多元化发展

干劲来自人心。企业越是向前发展,就越要不遗余力地开辟科学多元的人才发展通道,下大力解决过去人才发展通道过窄或不畅、体制不顺、机制不活、效率不高等问题,确保不同岗位人才有不同的成长路径,充分调动干部员工干事创业的积极性和创造性。通过职位体系建设,实现做领导的有领导通道,做专家的有专家通道,做工人的有工人通道,为各类人才提供“纵向贯通、横向互通”的多通道职业发展路径与阶梯,充分挖掘每个人的潜能和价值,帮助和推动他们做好职业生涯发展规划。集团和子公司积极搭建培训教育平台,通过内请和外派,为领导干部、专业管理人员、专业技术人员、项目管理人员、高技能人员和企业班组长等举办形式各样的专项培训和继续教育,为他们提供学习、提高和沟通交流的机会,搭建终身学习、不断成长的平台,提升干部员工的理论修养、综合素质、专业技能和履职能力。

(4)加大优秀年轻干部的培养选拔力度,让优秀年轻干部接受历练,加快成长

年轻干部的不断成长是中冶事业继往开来、薪火相传的根本保证,当前,集团年轻干部的断档和青黄不接是制约子企业快速发展的“瓶颈”和“软肋”,加快推进年轻干部成长已经成为集团党委近年来重点推进工作之一。2014年以来,在干部队伍年轻化方面既提出了要求,也采取了具体举措。

2014年,集团提出大的子公司、班子年龄结构不合理的子公司,可以配备两名45岁以下的优秀年轻干部进入领导班子,特别优秀的年轻干部提拔使用时可先不占班子职数。2015年提出,要进一步加大后备干部和优秀年轻干部的选拔培养力度,突出“基层导向”“业绩导向”和“青年导向”,使基层经验丰富、勇于改革创新、善于解决难题、工作业绩突出、职工群众认可的优秀干部,特别是40岁以下的优秀年轻干部能够一批批脱颖而出。2016年提出,要尽快建立起一支45岁以下的百人企业家领军队伍。2017年提出,子企业都要选备一名80后的年轻干部进班子,总部机关的年轻干部要

有计划地到子企业挂职交流。力争到2020年，子企业领导班子和集团总部职能部门负责人中45岁以下的年轻干部，总体上达到相应层级干部总数的四分之一左右。2018年年中工作会议上，国文清董事长对年轻干部培养再次做出了具体而明确的要求，要求各子企业要切实把培养年轻干部摆上重要议事日程，认真开展优秀年轻干部推荐工作。在集团党委的大力推进下，一批"70后"甚至"80后"优秀年轻干部进入集团党委管理干部序列，有的已经开始担任正职，形成老中青梯次配备、老同志把关掌舵、中青年冲锋在前的生动局面，实现干部队伍的有效衔接、正常交替与良性发展。

7. 品牌塑造与市场营销：提升品牌、加速发展

（1）品牌战略的总体思路和原则

作为全球最大的国际工程承包商之一，中冶品牌在国内外具有很高的知名度和品牌价值。中冶品牌作为一种精神、一种企业内涵、一种文化的张力，渗透于中冶内部的各个环节，得到中冶人高度认可。为打造百年企业，中冶必须以技术为核、以品牌为心。中冶集团从1999年规范运作以来正式推出统一的中冶标识"MCC"，2003年12月正式推出中冶品牌识别手册。中冶品牌以服务为核心，品牌建设以企业经营理念、企业文化、企业价值观念及对消费者的态度等为主体内容。同时，采用核心元素高度统一基础上的各具特色的母子品牌体系。以"中冶（MCC）"为品牌名称，以"中冶人用心铸造世界 A Partner of Choice"为品牌识别语，大力宣贯"一天也不耽误，一天也不懈怠"的中冶精神。

（2）品牌战略的实施

中冶集团始终高度重视品牌建设，并以产品质量控制和品牌的宣传为重点，着力抓好品牌建设。

产品质量控制：

2018年，中冶集团紧紧围绕"建管控平台、抓标化管理、创精品工程、树中冶形象"年度工程管理工作主基调，按照工作会议上提出的"以创建鲁班奖、国家优质工程奖、詹天佑奖为突破口，推进质量品牌提升"要求，推进工程质量管理提升各项重要举措，全力创建精品工程，以高质量发展打造高质量品牌。

一是开展质量品牌提升活动，加强质量管理和品牌建设能力，建设了一批质量水平国内领先的精品工程，国家级工程质量奖项创建数量显著提升，有力支持公司承接高端市场工程项目，培育和打造中冶质量品牌。

二是培植高质量品牌理念，清醒认识创建精品工程是公司品牌战略发展的需要，要用精品工程诠释"中冶品牌"内涵，用中冶品牌打开市场，秉持"中冶人用心铸造世界"的座右铭，将工匠精神融入中冶品牌，让"工匠精神"渗入每个岗位、每道工序、每项工程，推进全体员工形成"精品意识在我心中，精品工程在我手中"的质量品牌理念。

三是通过创建精品工程，对内实现以点带面，引领公司整体质量水平提升，对外实现品牌效应，提升公司美誉度和影响力，形成"高速度"和"高质量"双轮驱动的可持续发展态势，为社会提供高质量精品工程；首次召开创优工作推进会，提出年度创优目标，并分解到各子公司，强化目标引领，细化责任分解，推进公司创优深入开展，用精品工程提升中冶品牌影响力。

四是践行“创优全覆盖”战略，实施“层层推进、步步为营”的创优策略，推进全公司在建项目根据实际情况，创建不同级别的优质工程，以创优打造企业品牌，在加强创优策划、推进过程控制、实施技术引领、深化二次设计、提升细部质量方面下功夫，通过创建各级质量奖项，塑造良好企业形象，提高市场竞争力。

五是组织开展公路与市政工程、民用建筑工程质量检查，以各子公司自查、选派子公司专家实行片区检查和集团督查相结合的形式，深化工程质量监管，加强工程质量精细化和标准化管理；为配合集团大力推进海外业务发展的战略需要，组织各子公司开展海外工程自查，有效控制海外工程质量风险，为公司高质量发展夯实了基础。

品牌宣传方式：

以统一品牌为原则，万众一心。正式推出“MCC”LOGO以来，中冶集团内部全面整改，大力推广。领导层以及各子公司高层高度重视品牌工作，从品牌管理到品牌维护，摸索出了一条属于中冶自己的品牌发展之路。为推进品牌建设不断建章立制、完善管理，形成了一套基本配套的管理体制：2005年2月，集团印发了关于中冶品牌建设的14条意见，；2007年上半年，集团印发了进一步加强中冶品牌建设的指导意见（品牌体系）；2015年6月，印发了中国中冶施工现场品牌识别手册。

以品牌宣传为抓手，推动发展。中冶集团深知品牌是企业核心竞争力的重要组成部分，坚持认为品牌是企业对外张扬的因子。通过多种宣传途径，如利用媒体广告、社会责任报告、工程项目形象展示、会展、宣传品发放等多种手段，自觉自发地开展了企业品牌建设活动，树立中冶品牌知名度、美誉度，提高中冶知名度，为开拓市场打下坚实基础，从而推动中冶高技术高质量高速度发展。2017年5月，中冶展厅作为中冶品牌名片建成。

（3）市场营销战略的具体措施

*稳固控制传统冶金工程市场。*冶金主业是中冶的立足之本、根基之源，中冶集团按照“冶金建设国家队再拔尖、再拔高、再创业”的要求，以打造世界第一的冶金建设运营服务“国家队”为首要任务，紧跟国内钢铁企业布局调整和产业升级的步伐，强化高端引领，树立我们在八大部位、十九个单元的核心技术和控制能力，保证主要钢铁企业的大中型项目不旁落的同时，牢牢巩固“冶金建设的国家队”的地位。同时，继续深挖冶金节能环保技术改造市场潜力，紧紧抓住节能环保、智能控制、产品升级等机遇，积极探索和实践新的经营模式，以合同能源管理、建设+运营、合作开发运用新技术、产融结合等方式，推进与重点钢铁企业的深度合作，做精做优做强冶金核心主业，实现“冶金建设国家队再拔尖、再拔高、再创业”。

*围绕经济热点地区抢抓市场机遇。*中冶集团紧跟京津冀协同、长江经济带建设、雄安新区建设、粤港澳大湾区建设等国家战略和“一带一路”倡议，聚焦经济热点地区，积极推进与地方政府和大型企业的战略合作，并加强与中国五矿的协同和互动，创造内部市场。特别是雄安新区这一国内热点区域，中冶集团全面加强与河北省以及雄安新区各级政府、当地企业、金融机构的全面对接，并就雄安新区高速公路、交通市政基础设施、安置房建设、地下综合管廊、装配式建筑、特色小镇等内容进行重点推进，积

极参与到雄安新区建设中去,争取更大的市场份额。

发挥全产业链整合优势开拓大项目。中冶集团要充分发挥整体优势,全力开拓大项目,重点跟踪运作一批超百亿的重大项目,以扩大企业的影响力。集团总部做好总体组织、协调,为子企业做好引领、提供支持;充分发挥集团具备的全产业链优势,实现勘察、规划、设计、咨询、施工与房地产一二级开发联动的有效匹配,形成市场开拓的中冶"联合舰队"。通过团队作战,打造中冶集团在城市建设中的全产业链供应能力,进一步提高获取大项目的集群战斗力和协同作战能力,增强市场竞争能力。

培育和巩固新兴业务比较优势。中冶集团六大技术研究院发挥技术支撑作用,在本领域的核心产品和技术等研发上下大力气,大力降低建设成本,坚持走高技术建设之路,出台相关建设技术标准,为业主打造多种建设模式选择,要做到人无我有、人有我优,培育和巩固起集团在新兴市场中的核心竞争优势,抢抓市场、抢抓机遇。

打造区域公司的市场助力作用。各区域公司不断加强属地化建设,加强营销人员资源配置,重点经营本区域内的"高新综大"非钢工程项目,做好区域内资源整合工作,发挥出市场开发平台作用,做市场开发增量。各区域子公司正在通过内部吸收合并、外部收购和混合所有制改革等多种渠道,努力获取高等级总承包资质,为尽快做强做优做大创造条件。

创新商业合作模式,加强产融结合开拓市场。中冶集团将加大对 PPP 模式和其他融资代建等商业模式研究和探索力度,加强产融结合,利用好产业基金等资金支持,创新商业合作模式,以小资金投入撬动大项目开发,全面提高中冶集团在高速公路、市政基础设施、轨道交通、棚户区改造、新区成片开发等国家基本建设市场中的竞争能力,获得更多的市场份额。

(4)品牌塑造与市场营销的实际成果

经过 10 余年的沉淀与积累,中冶品牌逐步走向成熟。目前,中冶品牌深入人心,统一的中冶品牌转化为宝贵的无形资产,并成为中冶资本增值的重要基础之一。中冶品牌建设主要成果:一是各子企业都已普遍重视企业形象与品牌建设,普遍重视挖掘并有效展示竞争力特点与技术特长,呈现出越来越强的态势;二是部分子企业已从注重产品品牌建设转向企业形象品牌建设,着手打造覆盖企业所有产业的特色名片;三是突破企业和行业领域,注重融入社区奉献社会人文发展,建设有责任的企业形象和有责任的中国企业形象。

2012 年以来,中冶集团新签合同额连续五年高速增长,在 2015 年、2016 年、2017 连续跨越 4000 亿元、5000 亿元、6000 亿台阶,2017 新签合同额达到 6028 亿元,五年复合增长率超过 20%,集团项目储备与可持续发展能力稳步增强。在冶金工程领域签约了河北纵横丰南钢铁项目、乐亭宣钢搬迁项目、石家庄钢厂搬迁项目等国内重点钢铁企业主要冶金项目,进一步巩固了冶金建设"国家队"的行业地位。在基本建设领域,承建了贵阳市轨道交通 2 号线二期工程,三都至荔波、紫望、三穗至施秉三条高速公路、G30 连云港－霍尔果斯高速公路、长春龙翔国际商务中心项目 EPC 等一大批有影响力的大项目,不断扩大了基本建设主力军的影响力。在新兴产业领域,承建的综合管廊 1119.3km,投资额 1129.5 亿元,在国内管廊市场中继续保持领跑地位。一批美丽乡村、智慧城市、海绵城市、环境保护、主题公园等重大新兴产业项目相继落地，新兴产业领跑者的地位在不断加强。

8. 企业创新文化建设：中冶文化引领企业高速发展

中冶集团始终坚持推进企业文化体系建设进程，精耕细作、精益求精，充分发挥主观能动性和创造性，提高企业文化宣贯力度，企业文化建设工作不断取得了新进展，企业及员工文化水平不断提高，中冶文化成为企业和谐创新、持续发展的强大内在驱动力，中冶知名度和美誉度得到了大幅增强，中冶员工在“一天也不耽误，一天也不懈怠”的中冶精神的指引下，朝着“聚焦中冶主业，建设美好中冶”的发展愿景不懈奋斗。

(1)以“红色基因”“蓝色畅想”“金色愿望”勾勒中冶文化的内涵气质

中冶企业文化源自中冶人强大的“红色基因”，健康茁壮成长。中冶集团拥有70年的悠久历史。1948年，中共中冶提出“集全国力量，首先建设鞍钢”，在当时为鞍钢就是为全国的号召下，5.6万冶建大军奔赴鞍钢，中冶集团及其所代表的中国冶金建设行业兴起于当时的鞍钢修复。伴随着钢铁工业在全国的布局，中冶还积极投入武钢、包钢、攀钢、首钢、上钢、邯钢等一大批大中型钢铁企业设计、建设中。中冶人坚守“效率创造价值、创新驱动发展、品质铸就永恒”的核心价值观，保证质量的情况下，不断技术革新，拥有众多专利，建成很多代表性项目，改写了很多设备、材料长期依赖进口的历史，成为铸造国家实力的中坚力量。

中冶集团始终坚持党的领导、吸取“红色基因”先进文化，坚持创新性发展，继承党的优良传统，坚决贯彻落实中央部署，继续坚持“一个核心，五个引领”(以党的领导为核心，实施政治作风引领、发展战略引领、制度创新引领、破解改革难题引领和国企文化引领)，具有鲜明的时代特征，着力加强企业党的建设，走出一条听党指挥、勇担国家重任、引领行业的特色文化之路，为企业改革发展营造了优良的文化环境。

中冶企业文化源自中冶人强烈的“蓝色畅想”，在充满机会和挑战的时代，为应对日益复杂、动荡和多元的世界，需要创造性的思维方式和系统的认识论。1999年以建设公司为母公司的中冶集团正式成立，中冶集团迎来改革发展的新阶段。作为国家级创新型企业，中冶集团以科技创新为抓手，加快企业产品转型升级，推动企业转型发展。在“做冶金建设国家队、基本建设主力军、新兴产业领跑者，长期坚持走高技术高质量发展之路”的战略引领下，集团科技创新水平取得了长足的发展，整体科技实力大幅提升。集团科技成果数量和质量有了显著提高，国家科技奖、行业科技奖及“中冶集团科学技术奖”屡创佳绩，中冶集团累计获得中国建设工程鲁班奖92项(含参建)，国家优质工程奖158项(含参建)，中国土木工程詹天佑奖15项(含参建)，冶金行业优质工程奖606项。拥有53000多名工程技术人员，24个国家级科研平台，累计拥有有效专利22923件，连续四年位居中央企业第四名。这是中冶集团打造“国家队”科技水平最有力的体现。

近年来，企业成功转型，业务结构持续优化，基本建设业务大幅跃升，新兴产业强力崛起，中冶新的增长极和竞争优势在加速形成。作为以技术和管理为龙头的工程公司，在市场开拓方面，注重基本建设领域、新兴产业领域做到独具特色，在人力资源管理方面，持续推进“基于员工个人知识转型、企业整体知识结构调整的企业转型”，提

升了专业化品牌的基础和保障。2017 年新签合同 6101 亿元，同比增长 20%，新签合同连续三年每年刷新一个千亿新高。

中冶企业文化源自中冶人庄重的“金色愿望”，四海相通，用心铸造世界。站在新的起点上，深化供给侧结构性改革将围绕唱响质量变革、效率变革、动力变革的主旋律，再塑新的竞争优势和可持续发展能力，大力培育和积极传播体现中冶特色的使命与发展愿景、积极向上的企业核心价值观、诚实守信的经营理念、社会责任感与开拓意识强烈的企业精神，战略的顶层设计不断完善、逐渐提升，企业文化建设得到了前所未有的重视和更大力度的推进。

中冶集团领导班子首先从文化的再造入手，重塑企业核心价值，持续引领企业发展战略，带领 17 万中冶人发起了改革脱困、奋力自救的大决战：提出并带头践行了“一天也不耽误，一天也不懈怠”朴实厚重的中冶精神；制定了“聚焦中冶主业，建设美好中冶”美好愿景和发展目标；形成了“效率创造价值，创新驱动发展，品质铸就永恒”的核心价值观；高度概括出以“要站在国际水平的高端和整个冶金行业的高度，以独占鳌头的核心技术、持续不断的革新创新能力、无可替代的冶金全产业链整合优势，承担起引领中国冶金建设走向更高水平、走向世界发展的国家责任”为主体的企业责任观；发展完善了以“做冶金建设国家队、基本建设主力军、新兴产业领跑者，长期坚持走高技术高质量发展之路”为主的核心战略体系；继承发展了以“忠党报国、吃苦耐劳、敢打敢拼、勇攀高峰”为核心的优良品质，成为中冶人最鲜明的精神标识；擦亮了“中冶人，用心铸造世界”的品牌形象；创造出了“一个核心，五个引领”的独具特色的党建文化。

中冶文化的重塑，推动了中冶核心文化元素的统一，提升了中冶品牌知名度、认可度与美誉度，增强了中冶人的归属感、认同感、自尊感和成就感。

（2）中冶文化发展不断演进和提升，多措并举为打造优秀文化提供有力支撑

中冶集团企业文化建设起步于规范运作的 1998 年，由此，中冶集团企业文化建设开启三步走策略，特色文化成果不断涌现。

一是强力推进，完善企业文化体系，形成了较为规范的中冶文化。2007 年 8 月发布了《中国中冶施工现场品牌识别手册》，同年 11 月发布了《关于进一步加强中冶品牌建设的决定》；2008 年 8 月发布了《关于新形势下进一步加强中冶文化建设的通知》；2014 年 10 月 10 日建立起了企业文化的顶级管理制度——中冶企管 44 号《中冶集团暨中国中冶企业文化管理制度》（共 6 个制度），主要规定了管理机构与职责权限、企业文化建设、企业文化管理与评估内容；2015 年 6 月《关于认真执行 < 中国中冶施工现场品牌识别手册 > 及相关工作要求的通知》，推进了施工现场形象规范建设。

二是创新提升，大力倡导文化自觉，鼓励文化自强。中冶集团大力倡导各子企业文化自觉，抓住文化特点，凸显文化成效。实行“一主多元”的企业文化建设模式，强化文化建设的系统性和文化管理的有效性。坚持引导子企业培育和发展具有代表性的特色子文化，形成了一批重要成果。在挖掘子企业企业文化特色、促进子企业学习交流的基础上，推进了围绕企业发展战略和生产经营活动开展的企业文化建设，强化了工作针对性，提高了工作效率和效益，成为中冶文化继续腾飞的坚实基础。2006 年

后，中冶联合中国企业文化促进会，培养300人的企业文化管理师队伍、创建了40家“企业文化建设全国示范单位”；组织参加了多届中企联举办的“全国企业文化优秀成果、全国企业文化优秀案例、全国企业文化建设突出贡献人物评选活动”等。开展的企业文化建设活动得到中冶集团领导及各子企业领导高度重视，中冶企业文化人才队伍不断壮大，形成一大批有中冶特色的企业文化新成果。

三是凸显战略性，中冶集团积极致力于企业文化与企业战略的融合，逐步走上了引领企业发展的道路。2012年以来，为应对经济发展新常态和钢铁行业去产能转型发展的严峻形势，中冶集团创造性地提出了“聚焦中冶主业，建设美好中冶”的发展愿景，描绘出把中冶打造成为“青年人理想向往的高地，中年人创业发展的平台，老年人休养生息的港湾”的美好前景。大力倡行了“一天也不耽误，一天也不懈怠”的新时期中冶精神和“勇于拼搏、开拓创新、严谨精明、忠党报国”的中冶企业家精神，制定并着力实施了打造“四梁八柱”升级版、再造“美好中冶”新优势，“做冶金建设国家队、基本建设主力军、新兴产业领跑者，长期坚持走高技术高质量发展之路”等不同阶段的战略定位。形成企业综合竞争力的有效管用的真正意义上的企业文化。与中国五矿集团实施战略重组，两大集团进入到战略融合的新阶段，文化融合首当其冲，企业文化建设面临全新的形势和要求，以文化的传承、弘扬、发展、创新促进企业持续、健康、有序发展，任务艰巨，责任重大。

新时代，中冶集团将全面贯彻党的十九大精神，坚持以习近平新时代中国特色社会主义思想为指导，肩负使命、砥砺奋进、拼搏实干，以“一天也不耽误，一天也不懈怠”的中冶精神，按照“做冶金建设国家队、基本建设主力军、新兴产业领跑者，长期坚持走高技术高质量发展之路”的战略定位，为加速培育世界第一冶金建设运营服务“国家队”，为全面推进中冶高质量发展，“建设美好”中冶而不懈奋斗。中冶人怀揣伟大梦想展望未来，共同绘就一幅绚丽多彩的冶金世图。依靠战略引领、纪律严明和以中冶精神为核心的文化支撑，回归科研设计主业，向高端打，往前沿冲，把工程技术优势、建造与运营管理优势、装备制造与成套优势匹配起来，形成新的综合竞争优势。让中冶集团成为党和国家最可信赖的依靠力量的“国企”典范，让中冶集团全力打造世界第一冶金建设运营服务“国家队”在全球生动体现，为党在赢得具有更多新的历史特点的伟大斗争中做出重要贡献。

（二）企业创新成效

近十年来，集团通过大力实施创新驱动发展战略，巩固提升全流程系统集成能力和先进装备制造能力，促进科技与市场的紧密结合，加强核心技术的产品化、产品产业化，科技创新水平得到持续提升，科技创新对集团转型升级的支撑、引领作用日益突显。

集团在冶金工程领域的技术优势已全面向基本建设及新兴领域延展，市场竞争总体优势不断得到加强。为应对钢铁产能严重过剩的严峻形势，尽快提升新兴市场的竞争力，抢占新兴产业的制高点，实现企业转型升级。集团依托60多年的技术积淀，把在冶金等工业领域对“水电气”的技术优势延展到市政基础设施及新兴领域，担当起相关产业技术的突破者、创新者、引领者，用强大的科技实力为“基本建设主力军”“新兴产业领跑者”提供强有力的技术支撑。近年来，集团快速组建综合管廊、海绵城市、智慧城市、主题公园、康养产业、水环境及装配式建筑（北京、河北、上海）等九大专业研究院，以技术创新支撑集团快速占领新兴市场。

冶金建设“国家队”第一梯队的研发实力与国际竞争力得到进一步巩固和加强，冶金全产业链整合优势已越趋明显。根据冶金建设“国家队”顶层设计方案和《冶金建设国家队行动手册》的相关要求，集团科技资源充分向第一梯队倾斜，进一步巩固和加强第一梯队的研发实力与核心竞争力，以世界第一的标准牢牢掌握引领中国冶金发展的制高点。目前，集团冶金全产业链整合优势更加明显，进一步提升了中冶作为冶金工程建设运营服务“国家队”的整体水平与核心竞争力。

多专业、多学科系统集成能力和技术优势更加明显，科研与工程一体化优势日益显著。近年来，集团积极鼓励技术专家和科技领军人才充分掌握行业领域的先进技术，逐步从企业型专家向行业型专家跨越，从冶金专家向复合型专家跨越，从国内专家向国际专家跨越。集团在科技创新方面具有其他建筑类企业不具备的多专业、多学科系统集成能力和技术优势，既包括采矿、选矿、烧结、球团、炼铁、炼钢、轧钢等冶金工艺专业，还包括土建、给排水、氧气、燃气、热力、通风、总图、自动化、信息化等通用专业。集团紧紧围绕市场开拓，紧密结合工程实践开展技术研发，研发成果充分地应用于工程咨询、设计、施工、运维等过程中，实现研发工作的闭环运行机制，多专业、多学科集成、科研与工程一体化优势日益显著。

科技与市场结合更加紧密，技术进步对企业的贡献能力与水平进一步提高。近年来，中冶集团紧紧围绕企业转型发展的需要，以市场为导向，充分发挥科技支撑作用，着力推进科技与市场的紧密结合，为集团开拓国内外市场提供好技术服务。在先进制造领域，公司研发的特殊钢大断面连铸、烧结环冷机台车、特厚大矿体高效开采、特大型高效长寿高炉等一批先进新工艺、新装备在钢铁企业得到推广应用，效果显著，获得多项国家及行业科技奖励。在节能环保领域，公司研发应用了绿色环保智能化原料场、活性炭（焦）烧结烟气脱硫脱硝、焦化废水处理等一批节能减排新技术，为宝钢、武钢、山钢等企业的“绿色钢铁”生产提供充分的技术保障。在新兴市场领域，以市场需求为牵引，以技术突破为驱动，为集团转型发展提供新动能，支撑集团大举向新兴产业领域发力，快速占领综合管廊、海绵城市、美丽乡村、智慧城市、主题公园、水环境及康养等新兴市场，牢牢把握企业转型发展新机遇。在重点专利技术推广应用方面，加强专利运营管理，协助子公司开展专利转让和专利许可等项业务，部分核心专利技术通过许可使用等方式获得可观的直接经济效益。例如：中冶建研院开发的双向螺旋挤土灌注桩新技术的核心专利转让费收入目前已超过 3000 万元。

近十年来，中冶集团在科技创新方面获得了多项国家级荣誉。2009 年获得国家创新型企业称号；2010 被评为“全国第二批企事业知识产权示范创建单位”；2012 年成为《中央企业“十二五”科技创新战略实施纲要》实施 15 家重点联系企业；2013 年被国家知识产权局确定为第一批“国家级知识产权优势企业”；2018 年被确定为“国家级知识产权示范企业”。近十年，集团共获得国家科技奖 28 项、中国专利奖 52 项（金奖

3项);集团累计有效专利已连续五年(2013—2017)位居中央企业第四名;拥有国家级研发平台24个;累计发布国际标准44项、国家标准430项;拥有有效国家级工法73项;集团科技进步与技术创新强势突进,数项指标名列中央企业前茅,集团科技管理与科技创新整体水平进入了中央企业"第一梯队",并于2016年荣获国资委"科技创新优秀企业"称号(2013—2015年任期),成为获得该荣誉称号的23家中央企业之一(排名在第16位),位居冶金类与建筑类中央企业前列,实现了集团科技创新整体水平大幅度跃升的总体目标,为集团攻坚克难、触底反弹和转型升级提供了硬支撑和新动能。

作为全球最大最强的冶金建设承包商和冶金企业运营服务商,中冶人"用心铸造世界",目前已占有国内冶金建设市场90%的份额、国际63%的份额,并力争通过3~5年时间,形成独占鳌头的核心技术、无可替代的冶金全产业链整合优势、持续不断的创新能力,承担起引领中国冶金向更高水平发展的国家责任,并在全球钢铁冶金市场的占有率由目前的60%提升到80%。

三、小结

今后,中冶集团将紧跟国家未来转型发展的重大战略,积极顺应两化融合发展趋势,加快发展先进制造、3D打印、"互联网+"技术,在科技创新活动及为全球客户提供冶金全产业链服务过程中,加快引入并应用3D打印和"互联网+",通过信息技术与生产制造技术的深度融合,不断改进、创新现有研发设计、装备制造、运营服务等全方位商业模式,有效降低企业生产经营和管理成本,在国际市场中确立"中冶制造"的价格优势、性能优势和质量优势,争取在下一轮全球产业重大变革中占据有利地位。

第十八节　欣意电缆

一、企业概况与技术创新模式

河北欣意电缆有限公司(以下简称欣意电缆)位于石家庄高新技术产业开发区内,是一家大型民营企业,公司2012年3月宣告成立,注册资本金4亿元人民币,目前现有员工206人,其中研究开发人员数41人,企业内部组织结构完善,分别设有:办公室、财务部、销售部、市场营销部、总经办、售后服务部及产品研发机构等。截至2016年底企业资产总额达124380万元;2017年度销售额98000万元,利润总额5600万。

欣意电缆是2012年河北省、石家庄市重点项目,是欣意集团最大的产业基地,同时也是全球最大的铝合金电缆产业基地。项目占地2000亩(1亩=666.7m^2),共分三期建设。一期工程总投资25亿元,占地700亩,其中600亩用于厂房建设,100亩用于办公楼、院士专家工作站及附属设施建设。目前,一期工程已建成投产,年产能可达100亿元。二三期铝基项目占地1300多亩,总投资100亿元。项目全部完工后,石家庄基地将集电缆研发、设计、制造、销售于一体，形成“以铝代铜”高端产业群。届时，欣意电缆总产能将达到500亿元以上。做强做大的欣意电缆，还将在全球范围内通过建厂，收购、兼并其他电缆企业，委托加工等方式扩大产能，使公司总生产能力达到1000亿元以上，成为名副其实的世界铝合金电缆生产巨头。

欣意电缆一直致力于铝合金电缆的产品研发与生产，公司的主要产品，是拥有完全自主知识产权的欣意牌稀土铝合金电力电缆。

目前，欣意电缆主要生产中低压铝合金电力电缆，未来还将生产特高压电缆、矿用电缆、核电缆以及汽车线束、漆包线等。在发展过程中，欣意电缆始终将创新作为立业之本和发展之道，在创新转型中不断突破。

优秀的企业用数据说话，欣意电缆作为全球四大铝合金电缆制造商中唯一的中资企业，作为中国铝合金电缆国家标准的缔造者，将继续脚踏实地，立足现在，着眼未来，始终将创新作为立业之本和发展之道。相信在不久的将来，欣意会不断推动质量技术创新，引领“以铝代铜”高端产业群的快速发展，让品质为中国说话。

二、企业创新影响力实践——自主创新谋发展，匠心品质赢市场

（一）企业主要创新活动

1. 依据市场需求战略调整，根据自身实际创新思维

欣意电缆始终坚持“以铝代铜”指导创新活动。以“以铝代铜”理论为基础围绕解决我国铜资源匮乏，电解铝产能过剩的可持续发展战略需求，从技术创新和生产管理创新两条主线构建公司决策运营体系，开展持续的创新活动。

20世纪90年代，欣意电缆和大多数企业一样主要做铜电缆，可是1993年，铜锭的价格几乎一夜暴涨，企业原本可观的利润陡降40%以上。

这让欣意电缆元气大伤，也让公司作出一个大胆的决定：“与其被动地由市场牵着鼻子走甚至被击垮，不如迎难而上，爬到市场的尖端去！”。于是，公司把目标瞄准了有色金属材料的最前沿，选择了在中国市场仍是空白的铝合金电缆。

虽然当时铝合金电缆再我国市场一片空白，但是追溯到1968年，美国南方电缆公司就开始研制生产合金电力电缆并在美国、加拿大、墨西哥等国家开始推广应用。但是由于生产技术的垄断，中国一直没有生产出真正的铝合金电缆。

2003年欣意电缆为了打破这种局面，成立了自己的铝合金电力电缆研发团队。经过800多个日夜的反复试验研发，2005年终于生产出了拥有完全自主产权的欣意牌稀土铝合金电力电缆，这种电缆的问世，打破了欧美国家40多年垄断铝合金电力电缆技术和市场的局面，填补了国内空白，加快了我国“以铝代铜”事业的高速发展。

2. 着眼于大型科研生产联合体

欣意电缆建立了以“一个总设计部、两条指挥线”为基础的企业管理体系，保障公司组织体系的运转流畅、整体最优及协同高效。在重大科研技术领域组建专项设计组，统筹新产品新领域的设计、研发和生产。围绕目标产品的产出，不断强化“两总”，

即总指挥、总研发师在生产和创新中的作用。在两总下形成两条指挥线，即产品指挥系统，包括总指挥、指挥调度系统、相应职能部门；产品研发师系统，包括总研发师、分系统主任研发师、部门级主管研发师。

将各研发室建设成大型科研生产联合体。联合体以研发为基础，以实现最终产品和技术产业化为基本导向，保障研发成果顺利转化为产品。使联合体具备研发、设计、生产、制造、服务等综合能力，成为集成创新的经济实体。强化具有总体性质的联合体的辐射和拉动作用，提升系统集成能力；发挥具有专业性质的联合体的支撑和推动作用，提升专业技术、产品的研发与制造能力，形成符合发展需要的组织模式。

为了促进研发成果的转化，开拓市场，提升企业竞争能力，公司始终按照分工明确、职责清晰、协调高效的原则，在公司总体创新战略思想引导下，与俄罗斯铝业联合公司形成战略合作，在铝合金新产品的研发商有效配合，共同开发更具科技含量的超高压、特高压铝合金电缆产品，从整体上支撑公司发展目标的实现。

积极生产与创新资源，按照重点突出、结构合理、功能完善、资源集约的原则，形成欣意电缆强大的自主研发能力和规模生产能力。

3. 建立专业化、集约化研发支撑体系

在研发系统和机构建设方面，以高端铝合金产业群为发展导向，兼顾重点技术领域的发展，布局并建设系统级研发中心、重点专业技术研发中心、重点实验室为主的多层研发体系。截至 2017 年底，河北欣意电缆有限公司拥有研究开发人员数 41 人、研发机构 2 所、产学研合作项目 2 项。

欣意电缆通过产学研合作建立研发机构、合作研发项目、建立企业研究基金、建立科技园区移机合作培养人才等多种形式，整合外部各种创新要素和资源，扩大外部支撑，建立了开放式的合作创新平台，提升生个研发系统的支撑和引领能力。目前河北欣意电缆有限公司与国网南瑞、国网电力科学研究院、中国机械工业北京电工技术经济研究院、清华大学、青岛科技大学、河北科技大学签署战略合作协议，在新型铝合金材料、铝合金电缆新品种等多个领域展开联合研发。

4. 知识产权制度为创新护航

欣意电缆通过制定与实施知识产权战略，加强知识产权工作体系建设，建立健全知识产权规章制度，进行形式多样的宣传与培训等，不断提高全员知识产权意识，全面提升知识产权创造、保护、管理和运用的能力。

在知识产权战略方面，欣意电缆发布了《知识产权工作纲要》，提出按照“激励创新、强化管理、加强保护、促进运用”的原则，着力提升运用知识产权制度和国际规则的能力。

在工作体系方面，欣意电缆建立三级知识产权管理体制，各级管理机构组成做到“横向到边”；建立型号和重大研发项目知识产权责任制，做到“纵向到底”；充分发挥集团公司知识产权中心在知识产权管理和应用方面的技术支持和技术服务作用。

在管理制度方面，公司颁布并实施了一系列鼓励和保护知识产权的制度，其中包括《河北欣意电缆有限公司知识产权管理规定》《河北欣意电缆有限公司技术秘密管理办法》《河北欣意电缆有限公司专利管理办法》及《河北欣意电缆有限公司商标管理办法》。通过这些规定和制度的贯彻落实，集团的知识产权创造、保护和管理能力得到显著提升，专利拥有量有了明显的增加。

5. 推进干部队伍年轻化

欣意电缆党组及各级党委坚持"人才高度就是事业的高度"的思想凝聚人才。从规划、制度建设、政策引导、环境优化入手，营造激励创新创造的人才成长环境。着重加强以重点学科带头人为代表的创新人才、以优秀企业家为代表的经营管理人才和以能工巧匠为代表的技能人才等的培养和凝聚。

公司成立后，为了解决型号队伍人才交替和可持续发展问题，欣意电缆积极推进型号领导干部年轻化，制定下发《领导干部管理规定》，明确提出 45 岁以下领导干部培养、选拔、使用的政策措施，明确目标，有针对性地实施领导干部的培养选拔计划，大胆启用优秀年轻人才，设置总指挥助理、总设计师助理，充实领导岗位，有效地实现人才交替。到 2016 年底，集团 20 多名领导干部中，45 岁以下的占 66%，集团领导以及部门领导都实现了年轻化。这一指标也受到国际同行的青睐。

欣意电缆坚持"统筹规划、突出重点、分级负责、分类培训"的原则，构建了具有欣意特色的人才培训模式，充分发挥老专家和高技能人才的"传、帮、带"作用，建立制度保障欣意特色的人才培养体系，加强了人才培养力度。公司按照创新型企业的要求，狠抓预先研制，通过重点任务和建立重点实验室等为创新型人才成长搭建平台，打造创新人才队伍。

6. 以质量为基础塑造中国精品

欣意电缆在始终坚持"质量是生命、质量是效率、质量决定发展"的质量观基础上，从加强企业文化建设和加强知识产权保护的角度，塑造企业品牌，增加品牌的知名度和美誉度。

欣意电缆先后推出了视觉、理念、行为三大识别系统。在识别系统方面，公司开发了具有电缆特色并能反映企业文化内涵的企业标志，包括图形标志、组合标志两种。同时，提出了将企业名称或品牌名称经过特殊设计后确定下来的规范化的立体表达形式，即标准字。河北欣意电缆有限公司将统一的视觉标示系统作为统一员工的意识和对外宣传视觉导向。

欣意电缆拥有国际领先的试验器材，在每个细节上都认真负责，一丝不苟，确保不让一寸不合格电缆出厂。凭借自己过硬的质量，欣意牌稀土铝合金电缆通过了美国 UL、加拿大 CUL、澳大利亚 SAI GLOBAL、马来西亚 SIRIM 认证，成为国际电缆企业中一枚活跃的中国标签。

质量铸就品牌，质量是企业品牌建设的基础。欣意电缆将"超越用户期望，创造世界品牌"作为公司的质量方针。同时公司将"让品质为中国说话"作为所有员工永恒的质量座右铭。它一直深深地印刻在欣意人的脑海里，自觉地体现在欣意人的行动上，对欣意发展具有巨大的现实指导作用，结合新时代的发展要求，逐步形成了欣意电缆"零缺陷"理念。做到了连续 12 年出口美国 23 个州无一例质量事故发生。

7. 打造新时代"中国创造"精神

欣意电缆继承了以"做中国良心企业"为核心的文化传统。2002 年以后，为了进一步提升企业核心竞争力和市场开拓能力，设立了统一的企业文化部，归口管理并积极推进企业文化建设，在完成企业识别系统建设的同时，大力加强创新文化等专项建设。

在理念方面，欣意电缆将“以国为重，以人为本、以质取信、以新图强”作为集团发展的核心理念。在新的高强度市场竞争条件下，逐步形成并不断弘扬体现“高度责任感使命感驱动，高成功目标的追求，高度自主原创精神的倡导，高复杂系统集成下的协同，高层次的全员智能开发，高风险下的坚韧执着，高度的奉献精神”等特征的创新理念。在创新行为方面，倡导“以国为重，自主创新；大力协同，集智攻关；严慎细实，精准试验；爱护人才、培养人才；系统管理，技术民主”等规范，同时，重点推进新时代主题思想文化的学习和认同，加强了理念与员工行为的有效统一。

欣意电缆将创新文化建设与业务发展相融合，与国家政策推进紧密结合，与满足市场和客户需求相结合，与促进创新人才培育相结合，逐步推进学习型组织建设，进一步促进转化为创新型组织。

“让品质为中国说话”是欣意电缆自信发展的鲜明特征。品质优良，技术创新贯穿于公司的管理和发展的全过程，贯穿于企业创新战略制定与实施、体制创新、技术创新体系建设、创新文化建设等各方面，形成了具有欣意特色的管理方法，促进企业健康、可持续发展，取得了良好的业绩。

（二）企业创新成效

2017 年，由亚洲品牌网、《环球时报》社、《企业管理》杂志社共同主办、中国华信特别协办的“2017 世界品牌峰会”上，备受业界关注的“2017 世界创新品牌 500 强排行榜”强势发布。欣意电缆作为全球四大铝合金电缆制造商中唯一的中资企业，中国铝合金电缆国家标准的缔造者，凭借自主发明的“欣意”牌稀土铝合金电力电缆荣登“2017 世界创新品牌 500 强”，与苹果、微软、丰田、华为等著名品牌共列榜单。欣意电缆作为一家集电缆研发、设计、制造、销售于一体的国际化铝合金电缆生产企业，不断转型、锐意创新，研发了完全自主知识产权的“欣意”牌稀土铝合金电力电缆，被国家发改委列入《战略性新兴产业重点产品和服务指导目录》，成功开启了一个电缆“以铝代铜”新时代。该电缆的问世，一举打破了欧美国家 40 多年垄断铝合金电力电缆技术和市场的历史，填补了国内空白，被称为一场有色金属的材料革命。

为不断增强研发能力，欣意电缆先后与国网电力科学研究院、中国机械工业北京电工技术经济研究院、清华大学、青岛科技大学、河北科技大学签署战略合作协议，在新型铝合金材料、铝合金电缆新品种等多个领域展开联合研发。截至 2016 年底，公司已申报国家专利一百余项，已获批 12 项。

三、小结

在发展过程中，欣意电缆始终将创新作为立业之本和发展之道，始终坚持自主创新的战略，依据市场需求战略调整，根据自身实际创新思维，着眼于大型科研生产联合体,建立专业化、集约化研发支撑体系,以质量为基础塑造中国精品,打造新时代“中国创造”精神,以过硬的产品质量为基础,开展持续创新活动,全面提升了创新能力和核心竞争力,对产业发展提供了有效支撑。

第二部分　产业园区创新影响力评价标准及案例实践

第三章　产业园区创新影响力评价标准

一、产业园区创新影响力标准化工作背景

为深入实施中共中央、国务院《国家创新驱动发展战略纲要》《深化标准化工作改革方案》,贯彻落实党的十九大会议精神和习近平总书记系列重要讲话精神,加快形成以创新为主要引领和支撑的经济体系和发展模式,进一步凝练产业园区创新活动的共性规律和典型特点,建立健全科学合理的产业园区创新评价制度体系,中国科技产业化促进会于 2017 年 11 月发布了《产业园区创新影响力评价体系》团体标准(T/CSPSTC 2—2017)。

二、产业园区创新影响力标准化工作的目的和意义

产业园区创新影响力是产业园区通过创新活动所带来的直接和间接的经济效益、产业园区自身竞争能力和创新能力的提高以及在此过程中产生的社会作用力。

产业园区创新影响力标准化是产业园区创新活动的信息反馈机制,是产业园区自身衡量创新投资回报率、调整创新方向、改进创新工作以及奖励创新行为的基础和标尺,能够反映园区的创新业绩、创新各主要环节的效率,乃至创新活动对产业园区战略、行业前景和社会发展的影响。

产业园区创新影响力的评价目的在于通过综合的分析,对产业园区的创新状况及其结果进行评价和论断,以促进产业园区创新能力的提高、行业整体发展水平的提升和社会经济的发展。通过自身纵向比较或与相关产业园区的横向比较,有利于动态掌握产业园区创新活动的发展情况,准确描述、分析、评价和监测各项创新活动;有利于正确评价产业园区创新活动的总体水平,找出优势和不足,为各项创新决策提供基本依据;有利于在行业中形成创新的导向,提高各产业园区的创新意识和创新积极性,促进行业和全社会创新活动的各项工作,形成进一步推进产业园区创新和社会发展的合力。

该标准的制定和实施,将为中国产业园区的创新实践提供指引,使其保持并提升创新影响力,为其打造具有国际竞争力的产业园区提供坚实动力。

三、产业园区创新影响力评价标准的主要内容

产业园区创新影响力是指产业园区在创新资源聚集、创新创业环境、创新活动绩效、创新驱动发展等方面进行实践,并在此过程中实现承诺、获得认同并取得成效,从而对产业园区自身或相关方产生良性导向作用的能力。

《产业园区创新影响力评价体系》中规定了产业园区创新影响力评价应遵循的评价原则、指标体系、指标说明和评价方法，适用于不同类型和规模的产业园区的创新影响力评价，并为产业园区保持和提升创新影响力提供参考。

根据标准规定，产业园区创新影响力评价体系包含 4 项一级指标，分别是：创新资源集聚指数、创新创业环境指数、创新活动绩效指数、创新驱动发展指数。这 4 项一级指标下各设 5 项二级指标，共计 20 项二级指标。根据产业园区创新影响力指数分值，评价确定产业园区创新影响力等级。

标准中还给出了产业园区创新影响力评价模型，包括创新影响力单项指数计算模型、分类指数计算模型和综合指数计算模型，并规定了评价的具体方法和评价结果。

第四章　产业园区创新影响力案例实践

《产业园区创新影响力评价体系》团体标准的发布，为产业园区借助标准实现价值、创造新价值提供了崭新视角和实践指导。本章以创新标准为评价模型，甄选、汇总产业园区创新的各方面案例，以创新落地实践的经验总结凝练为脉络梳理，融入技术、模式创新与标准化战略案例，将技术、管理、标准化深度融合产生的互动作用和模式创新进行了总结，为产业园区实践创新驱动发展战略提供借鉴和助力。

第一节　嘉兴经济技术开发区

一、园区概况

嘉兴经济技术开发区位于嘉兴市的主城区，是一个典型的城市型开发区，创建于1992年8月，是浙江省政府首批批准设立的省级经济开发区，2010年3月，被国务院批准升级为国家级经济技术开发区。规划面积40km^2的嘉兴国际商务区创建于2010年1月，依托沪杭高铁开发建设，与开发区合署。

目前，开发区、国际商务区核心区块规划控制面积达110km^2，委托管理城南、嘉北、塘汇、长水四个街道，总人口32万多人。2010年6月，以开发区、国际商务区为重要组成部分的嘉兴现代服务业集聚区获省政府批准，成为全省14个产业发展大平台之一，规划面积达110.3km^2，与开发区、国际商务区合署。

2013年，为充分发挥国家级开发区在经济社会发展中的辐射、带动作用，根据浙江省委、省政府提出的高标准推进开发区整合提升工作的精神和要求，嘉兴市委、市政府决定以国家级开发区——嘉兴经济技术开发区（国际商务区）为核心区块对嘉兴工业园区（含嘉兴科技城）、嘉兴秀洲经济开发区、嘉兴港区（含嘉兴出口加工区）三个省级开发区（园区）进行整合提升，总面积达284.8km^2。2014年2月，以嘉兴经济技术开发区（国际商务区）为核心区的嘉兴经济技术开发区深化整合提升方案获浙江省政府同意批准。

整合后的嘉兴经济技术开发区，根据嘉兴市总体发展规划，依托区位交通优势、主城区科技人才资源和港口岸线资源，按照“新型工业化”与“新型城市化”协调推进要求，坚持先进制造业和现代服务业“两业并举”的发展方向，实践跨区域、跨层级、组团式的合作开发模式，着力构筑以嘉兴经济技术开发区（国际商务区）和嘉兴港区为双核，嘉兴工业园区和秀洲工业园区为两翼的发展格局，有力地推进了产业和城市功能的集聚提升，实现了整合提升后的开发区总量扩张、质量提升、环境友好、社会和谐，一个具有较强竞争力的产城融合示范区日益凸显。2017 年，在全国 219 家国家级开发区综合发展水平考核评价中首次进入前二十强，列第 17 位，利用外资首次进入前十强，列第 9 位；连续五年在全省 21 个国家级开发区年度考核中排名第二。2017 年，规模以上工业总产值 2604. 17 亿元，出口总额 79. 53 亿美元，进口总额 43. 93 亿美元，利用外资 11. 34 亿美元，固定资产投资 868. 96 亿元，财政总收入 185. 35 亿元，税收收入 192. 42 亿元。

二、园区创新影响力实践

洋奶粉“巨头”美国雅培投资 2. 3 亿美元建厂，丹麦乐高玩具一期投资 3. 6 亿美元，建设亚洲首家工厂，美国荷美尔投资 4. 6 亿美元设立投资总部及高端食品加工两个项目……近年来，一批大名鼎鼎的外资大项目、好项目不约而同地落户嘉兴经济技术开发区。

作为党的诞生地——南湖红船边的开发区，嘉兴经济技术开发区自 2010 年升级为国家级开发区后，紧盯大项目、好项目，招商引资呈现“招大引强、量质并举”的良好态势，全区经济社会实现了跨越式的发展。2013 年、2014 年、2015 年、2016 年、2017 年连续五年在浙江省 20 个国家级开发区综合考评中名列第二位。

2016 年，“十三五”的开局之年，站在新一轮发展的起点上，肩负“干在实处永无止境，走在前列要谋新篇”的新使命，嘉兴经济技术开发区正以一种敢于担当、锐意进取的精神，坚持开放与创新融合、创新与产业融合、产业与城市融合，发挥优势，乘势而上，全力打造好全省外资集聚地，向着更高目标坚定地追寻、挺进。

（一）从“五个度”“四高一快”到“五项原则”——外资“大腕”云集

“我今天到开发区走了、听了、看了，了解了这里的发展环境，感受了项目建设推进的速度和质量，我深深地觉得，当初荷美尔几经调研、比较，选择落户嘉兴经济技术开发区，这一决定真是太明智了。未来，我们将把更多先进的技术和设备带到这里。”2015 年 10 月 9 日，在实地考察嘉兴经济技术开发区以及荷美尔嘉兴项目基地后，荷美尔集团董事长、集团总裁杰夫 · 艾丁格由衷地说。

近年来，嘉兴经济技术开发区云集了一批赫赫有名的外资“大腕”级项目。2015 年是美国财富 500 强荷美尔高端食品及其中国区总部、法国莫林糖浆、意大利米开朗冰激凌项目；2014 年是世界 500 强荷兰皇家飞利浦、日本臼井鹤见、中国香港协鑫集团浙江省区域总部和天然气分布式能源示范项目；2013 年是丹麦乐高玩具、日本 JFE 项目；2012 年是德国海拉车灯项目；2011 年是美国雅培营养品项目。

在当下世界经济形势不乐观、区域招商引资竞争又近白热化的大背景下，这些投资商集体选择嘉兴经济技术开发区，原因何在？在招商引资这场没有硝烟的战争中频频胜出，嘉兴经济技术开发区靠的是什么？

嘉兴市委常委、开发区党工委书记何炳荣为我们揭开了其中的奥秘。第一，始终把招大引强作为首要目标，以投资强度、注册密度、产出幅度、环境可容度和科技先进度“五个度”作为标准，严把项目准入关，将科技含量高、资本密度高、产业关联度高、投入产出高和投产速度快的“四高一快”项目作为主攻方向。只要谈项目，就先拿“五个度”和“四高一快”来衡量。

第二，坚持招大引强是“一号工程”“一把手工程”。党工委、管委会主要领导乐当“第一招商员”，拜访客商、洽谈项目，协调解决各种难题。

第三，项目洽谈追求专业、精准。根据投资商对投资目的地的考量体系，从区位优势、产业基础、设施配套、物流条件、审批时间……几十个指标予以科学、量化地说明。项目签约后，对项目服务更是诚信、高效、全方位，客商的不断“点赞”足以说明一切。乐高项目，从拿地到开工，法定审批时限要236天，而实际审批只用了2个月。飞利浦项目从签约到开工，也只有短短3个多月时间，速度之快太惊人！

2014年9月，浙江省委书记夏宝龙在考察嘉兴经济技术开发区时，对该区提出了“要打造成为全省外资集聚地”的殷切期望。“夏书记的这一期望与要求内涵丰富、意蕴深远，不仅要求集聚外资企业，更要求集聚资金、技术与管理；不仅体现在数量、体量上的集聚，更体现在创新、绿色与节约上的集聚。”何炳荣说。

为此，嘉兴经济技术开发区站在更高的起点上，划定了“十三五”招商的新坐标，从战略和全局的高度，进一步扩大开放，构筑发展新优势。要全面融入上海，积极对接“四个中心”建设，深度参与“长三角一体化发展核心区”建设，构建承接上海自贸区溢出效应的先行区。要树立国际化视野和战略思维，推进国际化招商，创建国际化园区，培育国际化企业，加快建设国际化经济平台。

在招商引资上，又创新提出产业导向、资源节约、环保低碳、安全管理、诚信守法等五条原则，针对重点企业抓精细招商，针对重点产业抓链条招商，瞄准世界500强企业、知名跨国公司和行业龙头企业开展基地招商，着力引进一批规模体量大、带动能力强的税源型、龙头型、基地型项目。

“未来，我们将致力于全面提升招商引资的规模和质量，在全力打造好全省外资集聚地这一宏伟目标的征程上迈出更加坚实的步伐。”陈利众表示。

（二）高端大气，强势崛起——大平台方兴未艾

抢抓新一轮国际产业分工机遇，首先要具备出类拔萃的承载能力。“唯有大平台，才有大项目、大产业，才能大发展”，何炳荣说。为此，近年来，嘉兴经济技术开发区以“高起点规划、高标准建设、高质量推进”为要求，重点打造先进制造业、现代服务业和2.5产业同步发展的产业平台，不断提升承载大项目、好项目的能力。

——嘉兴国际商务区：这里是现代服务业的集聚区和城市建设的新高地，总面积40km^2。自2010年建立以来，共安排政府投资项目150余个，完成投资222亿元，区域内道路框架基本贯通，城市形象日新月异。已引进重大项目40多个，总投资超500多亿元，其中阿里巴巴菜鸟网络和北大青鸟上海自贸区嘉兴服务中心等重大服务业项目正顺利推进。区域内的嘉兴国际金融广场，规划建设18幢现代化大厦，总建筑面积158万m^2，已引进近30个项目，一期5幢高楼已拔地而起。

——嘉兴先进制造业产业基地：总面积23.22km^2，是先进制造业项目集聚的高

地。在这块长三角区域罕见的一马平川的万亩产业基地上,"九通一平"已经完成。两个世界500强企业乐高玩具和飞利浦优质生活家居业务(中国)创新园做了门对门的"邻居",其中乐高项目已于2014年9月试生产,总投资10亿元的东方日立环保锅炉项目已生产。区域内的玛氏、雅培、荷美尔、莫林、意大利冰激凌等高端食品项目已形成气候,产值200亿元的高端食品园区呼之欲出。作为浙江省唯一的中德产业合作园——浙江中德(嘉兴)产业合作园也选址于此,规划面积4.04km^2,重点引进高端(精密)机械设备制造、汽车关键零部件制造、电子信息产品制造,有10多个德国项目将陆续落地。

——嘉兴智慧产业创新园:占地面积3.23km^2,是2.5产业发展的重要平台,力求打造成为全国领先的智慧产业创新基地。目前,总建筑面积22万m^2的一期工程全面建成运行,总建筑面积31万m^2的二期工程正在抓紧建设,配套的784套人才公寓已建成。已引进世界500强甲骨文服务外包及人才实训项目、中航集团智慧城市项目、北斗车载导航云计算数据中心等各类项目80多个。

接下来,嘉兴经济技术开发区将不遗余力地打造发展大平台,"十三五"期间将全面形成"一体两翼三引擎"的发展格局,陈利众介绍说。"一体"是指嘉兴经济技术开发区要更主动、更好地融入嘉兴全市的发展大局,带动全区经济社会再上新台阶。"两翼"是指嘉兴国际商务区要突出重点、组团开发,重点发展高铁核心区和金融商贸区,形成产业集聚。嘉兴先进制造业产业基地要继续引进在行业中有较高品牌影响力的企业和标志性项目,打造成为"长三角"先进制造业集聚、有较强辐射和示范作用的产业基地。"三引擎"是指嘉兴国际金融广场要打造成为嘉兴市区域性金融CBD、金融企业集聚地、商贸企业总部区和上海金融后台配套服务中心;浙江中德(嘉兴)产业合作园要按照打造成为工业4.0示范基地、引领产业示范区的标准,高标准建设、高质量发展、高速度推进。同时,强化两个特色小镇建设,马家浜健康食品小镇要在高端食品项目招商和产业培育上寻求新突破,努力构建产业集聚发展、古老文明与现代文化相融合的特色小镇;运河智慧小镇要重点围绕智慧经济和信息经济,引进高级管理人才,打造成为一个集生态、景观、人文于一体的智慧小镇。

(三)产城融合,民生为本——居住幸福感随之而来

嘉兴经济技术开发区是典型的城市型开发区,紧贴母城嘉兴发展,"亦产亦城、产城融合"的特点非常明显。近年来,在快速发展的同时,大力推进民生实事,稳步实施基本服务均等化,让群众共享改革发展成果。

发展社区经济就是嘉兴经济技术开发区近年来的创举。针对社区普遍存在自身"造血"功能偏弱、收入渠道不广、工作支出难保障等问题,2012年,何炳荣书记在深入调研的基础上,提出了"社区强则街道活、社区富则民心齐"的观点,并以此统一思想,出台相关政策措施,创造性地开展社区经济发展工作。在保持原有财政拨款正常稳定增长的情况下,由区财政安排每个社区居委会200万元,街道财政配套安排400万元,作为社区经济发展资金。

有了这600万元资金的注入,社区通过合理开展购买店铺、购买菜场等资产经营活

动,每年都能获得一笔稳定的收入。2013—2015 年,社区经济的收益就达到了 1842 万元,实现了“有人办事、有钱办事、有心办事”。

建设社区居家养老中心,又是为老百姓办的一件贴心事。当前,滚滚而来的“银发浪潮”将社会养老这一亟待解决的民生问题摆在了人们面前。民之所盼,政之所为。2014 年,嘉兴经济技术开发区率先破题,把社区居家养老服务中心建设列入了全区党的群众路线教育实践活动十大专项行动,用一年时间实现了全区 24 个社区的居家养老服务中心全覆盖,且全部达到 5A 级标准,形成全区“一刻钟社区养老服务圈”。2015 年,又通过了社区居家养老省级标准化试点验收,成为全省社区居家养老服务水平的标杆。此外,还为全区近 2 万名 60 岁(含)以上老人送上一份特殊的礼物——每人一份意外伤害保险,保费全额由政府“埋单”。

同时,通过“五水共治”的“清三河”攻坚,小时候看到的水清岸绿的模样又回来了;推进“三改一拆”,盘踞多年的违章建筑终于倒下了;引进北大附属嘉兴实验学校,引进的美国哥伦比亚凯宜国际医院,国际化的教育、卫生资源近在咫尺……一件件实事让百姓的幸福指数步步走高。

“全力打造好全省外资集聚地的出发点和最终落脚点,是提高人民群众的生活水平和质量。为此,我们将进一步发展各项社会事业、加强社会治理创新、推进生态文明建设,持续改善民生,让群众有更多的获得感。”陈利众表示。

三、小结

走向未来,嘉兴经济技术开发区要以邓小平理论、“三个代表”重要思想和科学发展观为指导,深入学习贯彻习近平总书记系列重要讲话精神,以加快打造全省高端外资集聚地为工作主线,坚持先进制造业与现代服务业发展同步、工业化与城市化发展同步、经济建设与生态文明发展同步的协调格局,积极探索“统分结合、资源共享、联动发展”的新型模式,努力促进资源在区域间的优化配置和管理效率提高,着力打造成为省、市重点的开放载体和产业平台,建设成为长三角经济社会发展的重要增长极。

第二节　重庆经济技术开发区

一、园区概况

重庆经济技术开发区(以下简称重庆经开区)于 1993 年经国务院批准设立,是西部地区最早设立的国家级经济技术开发区。重庆经开区设立以来,先后带动完成近 $90km^2$ 的开发建设任务,成为重庆乃至西部地区重要的经济发展引擎。2010 年拓展至南岸区茶园地区,规划总面积约 $60km^2$,承担了承接两江万亿工业板块、引领江南万亿工业板块、带动重庆主城东南片区经济发展的重要战略任务。

重庆经开区以电子信息、高端装备制造和现代服务业为三大主导产业，是国家高技术产业基地、国家移动通信高新技术产业化基地和国家新型工业化电子信息（物联网）产业示范基地。相继入驻了美的、维沃、科大讯飞等一批知名企业，布局了全国第二个油气交易平台重庆石油天然气交易中心，有迎龙商务区、保税物流中心（B 型）等对外开放平台，是主城南部片区发展的新引擎。2017 年，重庆经开区实现地区生产总值 278 亿元，规模以上工业总产值 842 亿元。

园区拥有 110kV 迎龙、峡口、莲池、东港变电站 4 座，在建 220kV 书房变电站 1 座，电力保障能力强；拥有覆盖全境的供气管道，并与重庆外环高压燃气管线相连，气量气压充足；拥有日供水能力 10 万 t 的臭氧深度净水水厂 1 座，水源清洁，出厂自来水达到直饮水标准；拥有日处理能力 10 万 t 的污水处理厂 1 座，工业和生活污水可全部纳管。

重庆经开区立足“高新技术产业基地、内陆港口开放基地”两大定位，做强“高端装备制造、现代信息技术、现代服务业”三大产业，实施“土地整治、基础设施建设、招商引资、产业发展”四项举措，推进“内陆开放城市的先导之区、高端产业之区、临港生态之区、创业成才之区、安康幸福之区”五区建设，实现率先、优质、跨越发展，10 年内建成“西部领先、全国一流、国际知名”的经济技术开发区。

重庆经开区全力实施“12345”发展战略，围绕 1 个目标，立足 2 大定位，做强 3 大产业，完成 4 大任务，推进 5 区建设。围绕将经开区建设成为“西部领先、全国一流、国际知名”的经济技术开发区的总体目标，到“十二五”末实现投产、在建和招商项目产值 2000 亿元，其中实际投产项目产值 1000 亿元。立足“高新技术产业基地、内陆港口开放基地”两大定位，打造西部地区重要增长极的增长极、长江上游地区经济中心的高端产业集聚地。做强高端装备制造、现代信息技术和现代服务业三大主导产业。到“十二五”末，新区可建设范围内土地整治基本完成，基础设施配套趋于完善，招商引资取得显著成效，现代产业体系初步形成。1 年打基础、3 年上台阶、5 年见成效，10 年内把经开区建设成为国家中心城市和内陆开放高地的先导示范之区、高端产业之区、临港生态之区、创业成才之区、安康幸福之区。

二、园区创新影响力实践

党的十八届三中全会以来，重庆市委按照中央全面深化改革的要求和部署，紧密结合重庆实际，围绕“科学发展、富民兴渝”总任务，深入实施五大功能区域发展战略，务实推动重点领域和关键环节改革。在全面深化改革的浪潮中，重庆经开区迅速吹响号角，高举改革旗帜，全面深化各领域改革，改革力度之大前所未有。

一系列求真务实、勇于创新的改革举措，使“全面深化改革”变成了生动实践，为园区经济发展提供了强劲的动力，促进了园区经济持续健康快速增长。2015 年，重庆经开区工业总产值、财政收入、进出口贸易等多项经济指标保持增长，并全面完成或超额完成全年目标任务。

（一）推进行政审批改革，节省企业办事成本

“十二五”期间，重庆经开区行政审批持续优化，逐步压缩重点产业和重点建设领域审批时限，推动“一门式受理、一站式办结”，亲商重商的工作氛围加快形成。企业服务平台不断完善。成立了专门的企业服务中心，具有综合服务功能的经开区企业服务公共窗口、经开网企业服务专栏和企业服务“云平台”建设加快推进。企业服务长效机制逐步健全。严格执行领导联系重点项目、服务企业走访座谈、企业问题限时办结、企业服务通报考核等相关制度，完善产销对接、银企对接、用工对接、要素保障、转型升级等服务长效机制，固化工作流程，提高工作效率，及时有效解决企业问题，促进企业发展壮大。

2015 年 10 月 1 日，经开区在辖区范围内对新设立企业、农民专业合作社正式实施“三证合一”登记模式。“三证合一”后，打破了工商、质监、税务三个部门的办证界限，企业只要到工商部门一个窗口，提交一套材料，办一份证照即可完成登记，有效节省企业的办事时限与成本。

（二）布局电子信息创新服务链，促进产业加速发展

重庆经开区以管理创新、服务创新为关键，布局三个“三位一体”的电子信息创新服务链，统筹推进各项服务工作，促进电子信息产业加速发展。2015 年，以智能通讯终端为主的电子信息业实现产值 388 亿元，占工业总产值的 43%，成为经开区第一主导产业。

布局“金融—供应链—企业”三位一体的创新服务链。重庆经开区通过引进或参股电子信息供应链管理公司，并通过银行授信和委托贷款方式支持供应链管理公司为电子信息生产型企业开展采购分销、库存管理、国际中转、国内配送、进出口通关等业务。政府平台公司与金融机构合作，为手机企业提供订单融资、出口退税账户托管贷款和应收账款质押授信等融资服务，帮助一批电子信息企业及时解决物料采购、增值税出口退税等问题，加速电子信息企业资金周转回笼，提升其市场竞争力。

布局“财政—海关—税务”三位一体的创新服务链。重庆经开区财政每年安排专项资金，结合企业生产经营和科技研发情况，通过关键设备购置补贴、研发补贴、首台套补贴、房租补贴、物流补贴等方式向企业提供财政专项扶持。经开区海关针对电子信息产业转移的实际情况，支持建设保税物流平台，完善区域通关和一体化通关，进一步简化报关、查验等流程。税务部门针对电子信息产业特点，开展了一系列针对性的服务，将出口退税时间缩短至 20 天。

布局“用工—住房—社保”三位一体创新服务链。重庆经开区以财政补贴的方式帮助企业招工、稳岗，并承租“城南家园”部分公租房，专门用于电子信息产业工人和技术人才入住，同时还从社保、教育、消费、医疗、交通、户籍等方面为电子信息企业用工提供全方位支持，确保企业用工稳定、技术人才队伍稳定。

（三）创新体系建设加快推进，促进科技成果转化

重庆经开区充分发挥产业引导股权投资基金、战略性新兴产业股权投资基金等作

用，吸引更多社会资本、民间资本投资企业研发活动。重点培育企业研发创新中心和企业技术中心，让企业成为创新的主体力量，支持大型企业发挥创新骨干作用，支持中小微企业开展科技创新。近年来，推动实施重庆蓝岸公司设计研发基于英特尔芯片和微软系统的平板电脑、重庆通用集团透平机械研发生产和系统集成、重庆城投金卡公司基于 RFID 智能交通监控管理系统等 50 余个自主创新研发项目。“十二五”期间，经开区新增高新技术企业 30 户，高新技术产品年均新增 38 个；专利申请总量达 6054 件、增长 81%，专利授权总量达到 4235 件、增长 95%，有效发明专利 945 件，万人发明专利拥有量 18.08 件。新增国家级企业技术中心 2 个（通用工业、重庆机床），市级企业技术中心 18 个（长江电工、长江轴承、圣华曦药业等），拥有市级以上重点实验室、工程技术（研究）中心、企业技术中心累计达到 36 个。128 个项目（莱美药业、重庆机床等）获国家及市级科研项目、资金 1.01 亿元，获得市级科学技术奖励 78 项；科技成果转化 176 项。

同时，加速催化企业与高校科研院所的协同创新。加强创新成果与产业应用对接，加强创新项目与市场需求对接，引导中国信息通信研究院西部分院、中移物联网公司、声光电公司等大型企业集团联合重庆邮电大学、重庆交通大学等高校、科研院所，搭建电子信息产业协同创新联盟。通过专利导航、技术标准评级补贴、创新成果产业化补贴和股权化改造等方式，一批协同创新项目取得初步成效。如中国信息通信研究院西部分院研发的物联网应用测试系统已投入长安产品检测。

此外，重庆经开区还大力推动传统制造业两化融合转型升级。支持企业将物联网信息技术融合到企业产品研发和制造的全过程，实施“两化融合”，增强企业自主创新能力。支持企业专注于技术和产品研发生产的同时，利用互联网集众智进行开发和销售，推动企业生产模式和组织方式变革，增强企业创新能力和创造活力。迪马工业利用物联网技术开发特种车辆，提升了企业核心竞争力；伊士顿电梯加载电梯远程安全监控系统，增加了产品附加值；重庆机床集团研发机床装备定位系统装置，拓展了国际市场。

（四）探索 PPP 模式，推动广阳湾产城融合示范区项目

2015 年 6 月，重庆市“首宗一级土地整治 PPP 项目”招标成功。该项目位于广阳湾国际生态智慧城。广阳湾国际生态智慧城涉及土地 5000 余亩，项目一期涉及土地 2000 余亩，投资总额近 30 亿元，引入社会资本 12 亿元。该项目的招标成功，在全市范围树立了标杆，发挥了示范效用。

“十二五”期间，经开区以促进产业转型升级发展和加快新型城镇化建设为目标，实施广阳湾 $10km^2$ 滨江区域的整体城市规划设计，按照产城融合、宜居宜业、智慧生态、绿色低碳、协同发展的理念，统筹功能局部，协调建设风格，以高端住宅区为主体，加快完善大型城市综合体和商务休闲设施配套，积极打造产城融合发展示范区和绿色智能示范区。

（五）创新招商引资机制，打造内陆开放高地

重庆经开区将外向型经济工作与加快建设“内陆开放城市的先导之区、高端产业

之区、临港生态之区、创业成才之区、安康幸福之区”紧密结合，全面深入推进招商聚资和开放平台构建工作，区域对内对外开放水平持续提升。

结合主导产业发展定位，大力实施“走出去、引进来”战略，积极开展招商选商，促成了一大批高端产业项目入驻。成功举办“香港·重庆经开周”招商推介活动；组织赴德国、法国、比利时、日本招商考察；积极参加渝洽会、厦洽会、西博会；广泛搭建招商平台，努力布局产业集群，在招大引强上取得突破。截至2014年，经开区汇聚世界500强和国际知名企业逾40家。

“十二五”期间，重庆经开区先后创办“中法生态园”“日本电子电机产业园”等外商投资基地，经开区海关、进出口检疫检验机构等相继入驻，外经贸绿色服务通道成功建立，为继续扩大对外开放提供了有效平台。同时，集保税仓储、元件供应、来料加工等多种功能于一体的保税物流中心（A型）成功获批，辐射整个经开区和重庆都市区南部片区，将极大节省企业出口退税周期，大幅降低企业生产贸易环节成本，成为经开区打造内陆开放高地的又一重要支撑。

（六）创新筹融资体制机制，解决建设和发展资金

2015年10月30日，重庆经开区开发投资集团取得了上海证券交易所关于非公开发行公司债券挂牌转让无异议的函，获批发行15亿元公司债券。发行公司债券是经开区拓宽资本市场融资渠道的新尝试，也成功实现了经开区开投集团在中国三大债券市场发债的愿景。

重庆经开区还积极探索资本市场公募融资。2015年11月10日，国家发改委正式下发核准批复，批准重庆经开区开发投资集团发行15亿企业债券。

2010年底，重庆经开区落户江南新城，“白手起家”艰苦创业。到2015年底，先后储备土地10000余亩，为平衡基础设施建设资金缺口提供了可靠保障。同时，通过PPP、商贷、信托、债券等多种方式，累计实现融资近50亿元，基本保障了基础设施建设和土地整治的资金需求。同时，随着经济发展水平的不断提升和开发建设进程的不断深入，财政收入规模持续增加，综合用地出让趋于成熟，资金瓶颈得以突破，开发建设资金相对充足。

三、小结

近年来，重庆经开区以中国智谷（重庆）为依托，大力发展大数据智能化产业，加快新兴产业集聚和传统产业升级，已拥有中国信息通信研究院西部分院、工信部重庆赛迪研究院、工信部智能终端软件测评中心、交通部通信信息中心西部分中心、北斗运营及产品入网检测中心、软件和集成电路促进中心等国家级平台。未来，重庆经开区将抢抓战略机遇，坚持高质量发展，全力打造现代化产业发展的引领区、国际化营商环境的示范区、大众创业万众创新的集聚区、开放型经济的先行区、体制机制创新的试验区、产城景深度融合的形象区。

第三节　邳州经济开发区

一、园区概况

江苏邳州经济开发区始建于2001年,2006年5月经江苏省人民政府批准升级为省级开发区。2013年11月,开发区与戴圩街道实行“区街合一、以区为主”的管理模式,行政管辖面积80.08km²,下辖25个村(居),人口8.12万人。近年来,开发区充分发挥资源和区位优势,科学规划产业布局,建立了高效运行的管理体制,形成了特色鲜明的主导产业,具备了完善配套的基础设施、科技创新的研发基地和功能健全的发展平台。

园区目前重点发展煤化工产业、电子化学品产业、高端装备制造及新兴产业等三大主导产业。结合区划调整,开发区根据现有产业发展情况及招商引资重点,进行了深入的思考,对于产业规划形成了初步意见,形成了“一区两城五片区”的园区发展思路。

“一区”,为区划调整后的开发区,管辖面积80.08km²。

“两城”,为两座产业新城。一座是原开发区城市发展片区,位于官湖河以东、建设路以侧、环城北路以南、长江西路以北,在辽河西路以南,因前几年的发展,工业企业较多,为“退二进三”区域,目前基本上完成企业的退出,辽河路以北区域多为村庄。开发区确立了“整体设计、分步实施、产城融合、协调发展”的开发思路,已聘请上海睿意德集团为新城建设顾问单位,聘请龙安集团为新城规划设计单位。同时,借鉴上海先进开发区的运行模式和发展理念,成立了邳州金水杉建设(集团)公司,主要承担开发区城市发展片区的开发建设任务,用3~5年的时间完成此区域的企业和村庄的搬迁,将开发区新城建设成为规划先进、功能齐全、业态科学的产业新城、宜居新城、生态新城、活力新城和城乡建设示范城。另一座在原戴圩镇区建设的新城,开发区的新城建设更多的是为承接邳州北部乡镇群众进城及外来人口落户的需要,新城的建成将会与老城区和新城区连为一体。戴圩附近大量的群众更多的会向戴圩镇区附近安置,而戴圩镇区处于工业主园区和附园区的中心位置,更适合承接周边群众的转移和产业工人的落户。

“五片区”,为煤化工片区、电子化学品产业片区、装备制造及新兴产业片区、港口物流片区、重大项目片区等5个产业片区。煤化工片区,位于沂州煤焦化附近,5.63km²,围绕着煤焦油、粗苯、甲醇、乙二醇等4条产业链抓招商,目前园区规模初具雏形。电子化学品片区,即省批的4.4km²的环保化工集聚区,重点发展以光刻胶为起点的电子新材料产业。装备制造及新兴产业片区,位于250省道两侧,5.5km²,系开发区发展中心区、形象展示区,重点发展体量大、科技含量高的装备制造及新兴产业。港口物流片区,位于环城北路南侧、大运河东侧,该区域已建成沂州港口,借助大运河

的水运优势,发展港口物流产业。重大项目片区,位于红旗路西侧、250省道北侧,4.86km^2,该片区域靠近250省道和京杭运河,适合大项目的大进大出,适合放一些体量特大、产业带动性强的项目。

坚持招商引资和招才引智并举,加大人才引进力度,先后多次面向社会公开招聘招商、融资、规划建设、城市管理等高层次专业人才。坚持把科技创新作为推动新型工业化的核心动力,不断完善以企业为主体、市场为导向、产学研相结合的创新体系。截至2015年底,开发区拥有1家国家级工程中心、1家国家级企业技术中心、1家千人计划研究院、3家院士工作站、7家博士后工作站、省级以上高新技术企业21家,33家省级研发平台。近年来,获批国家千人计划、国家创新基金、省双创计划、省博士集聚计划资助、科技型企业技术创新资金等补助资金累计2.6亿元。

二、园区创新影响力实践

近年来,邳州经济开发区大力实施创新驱动战略,充分发挥科技创新引领作用,突出产业创新力,完善创新创业环境,推进大众创业万众创新,不断增强创新创业对经济社会发展引领和支撑作用,努力打造经济发展的新引擎。

(一)加快体制机制创新

邳州市委、市政府在全国率先对开发区建立特别机制和实行特殊政策,实现了"开发区的事开发区办、开发区的钱开发区用、开发区的人开发区管",有效地规避了传统体制内的机制臃肿、扯皮等现象,办事流程更加简化,资金运转更加高效,干部队伍更具活力。在"双特机制"引领下,开发区先行先试,积极探索符合自身发展的体制机制,建立政企分离的管理模式,成立园区公司,负责建设、招商、运营等工作,市场活力不断提升;成立投资服务中心、投融资管理办公室等多个专业高效队伍,人才队伍更加专业;全国范围内选拔招商骨干,探索招商社会化路径;建立工作推进和督查微信平台,事中事后执行、交流、监管更加便捷;积极构建金融对产业培育和扶持的机制。

(二)加快构建现代产业体系

树立整体思维、长远观念,静下心来、耐住性子,坚持产业链、价值链招商,持之以恒培育具备独特吸引力和强大生命力的产业体系。煤基新材料产业,形成了循环经济绿色发展集群,实现了由传统煤化工向新材料的根本转型,是全国煤化工领域节能环保、绿色发展的典范,高端针状焦、碳纤维等一批新材料项目填补国内空白。非晶科技产业,正加快建设全国重要的铁基非晶带材及非晶合金变压器生产基地。铅循环经济产业,形成再利用、资源化产业技术创新体系,是全球最大的铅酸电池综合利用基地,成为国家级"城市矿产"示范基地新样板。电子产业,与中科院合作建设先进光刻胶材料研发中心,先进光刻材料达到国际领先水平,高端光刻设备冲破国外技术封锁,光电材料、设备和芯片制造有效耦合,形成了独具邳州特色的集成电路产业发展模式。截至2015年底,开发区已落户世界500强企业8家,中国500强企业12家,累计引进外资超过8亿美元。随着世界跨国公司和行业龙头企业高端产业链条项目落户，充分发挥了外资的技术溢出和综合带动效应，全面提升了开发区在全球价值链及国际分工中的地位。开发区独具特色的现代产业体系已经建立，正强力引领和助推区域新型工业化进程。

（三）加快推进产业转型升级

依托省级两化融合示范区，积极推进企业融入“互联网+”，加快工业化与信息化高度融合，以信息化推进产业转型升级。将信息技术与现代管理技术、先进制造技术相结合，带动产品设计方法和设计工具的创新、企业管理模式、制造技术及企业间协作关系的创新，改进制造企业的生产、经营、管理水平，提高产品质量，降低生产消耗，全面提升制造业竞争力。以市场为导向，依托博康信息化学品、军霞健身器材等十余家省两化融合示范试点企业，精心选择一批符合国家产业政策、信息化和工业化融合基础较好的项目，优先引进有一定规模和品牌、市场发展潜力大、对产业带动力强的项目，提升企业专业水平、生产效率和决策效率，助推产业全面转型升级。

（四）加快培育创新型企业集群

深入实施创新型企业培育行动计划，促进企业与科研院所、高校紧密结合，沂州焦化、网为电气等企业分别与中国矿业大学、天津大学建立了产学研联盟。充分发挥博康信息化学品、领世激光、鲁汶仪器等企业与中科院微电子所、半导体所、比利时微电子研究中心等智库合作，在开发区建立联合实验室、提供技术支持。对于博康信息化学品、领世激光等承担国家重大科技专项攻关任务的企业，采取多种形式予以帮扶。支持民营企业和中小微企业创新活动，深入实施科技中小企业创新工程。推动博康信息化学品、鲁汶仪器等具有自主知识产权、市场前景好、诚信的高成长型企业上市融资。积极运用新一代信息技术，鼓励中小企业技术创新、管理创新和商业模式的创新，形成“专、精、特、新”科技型中小企业集群，加快培育科技“小巨人”企业。

（五）积极构建新型产业研发体系

支持具备条件的科技型企业建设企业技术中心、工程中心、研究中心等研发机构，加快推进企业研发机构提档升级。加大产学研合作力度，发挥创新源头作用，着力推进产业关键技术研发，开展技术攻关，构建校企联盟，实现新材料、电子等重点领域研发新突破，形成一批高价值知识产权、战略性产品和先导性产业。推动企业面向“一带一路”沿线地区和国家加强科技经贸合作，鼓励企业联合国内外的技术转移机构共建跨国技术转移中心、海外研发机构。

（六）着力培育知识产权密集型企业

以获批国家知识产权试点园区为契机，实施严格的知识产权保护制度，培育知识产权优势企业，发挥专利示范企业的带动作用，增强知识产权创造能力。强化知识产

权专项资金的导向作用，加大特色优势产业的知识产权工作培育力度。深入实施企业知识产权战略推进计划，推进企业组建知识产权联盟。加快建立健全社会化、网络化的知识产权中介服务体系，形成有利于推动自主创新和拥有知识产权的创新文化。加快建设知识产权服务中心，加大知识产权代理、评估人才的培育和引进。

（七）加大人才培养引进力度

依托徐州市高层次人才基地，推进人才强区、人才强企联动发展。深入实施“才富开发区”战略，绘制全球创新资源体系下“人才需求图”，建设高端化、特色化“人才特区”。突出“高精尖缺”导向，加快推进领军人才引进倍增、产业紧缺人才集聚、创新创业人才培育、人才安居乐业工程建设，培养一批国内领先水平的学科带头人和急需人才，培养和引进高级技师、高级工为主体的高技能人才。完善企业家培训机制，加快培育和引进国际视野和资源整合能力的优秀企业家、高素质职业经理人。壮大创新管理人才队伍，提升企业创新管理人才培训能力，对全区科技型企业创新管理人员进行脱产培训，培养创新意识，掌握创新路径，提升创新能力，打通科技服务企业的“最后一公里”。紧密结合产业发展需求，完善招商引资和招才引智联动机制。拓宽人才招引渠道，组织开展重大招才引智活动，建立人才招引网络体系，不断释放“产业吸引人才、人才集聚产业”的共生效应。实施“人才＋资本”“技术＋市场”模式，依托资本、企业识别人才。深化“专业＋产业”模式，依托专家的专业技术优势，提升人才项目引进质量。

（八）深化科技创新体制改革

健全激励创新市场竞争机制，实施普惠创新支持政策，消除影响创新的各种障碍，形成公平竞争的激励机制和投资回报机制，落实企业研发费用加计扣除政策，扩大固定资产加速折旧实施范围。制定实施政府采购支持自主创新产品实施办法，完善自主产品政府采购政策。建立科技创业教育培训体系，重点开展企业家精神、团队精神、商业模式等培训，营造良好的科技创业发展环境。建立适应创新链需求的科技金融服务体系。充分发挥国家、省创业投资引导基金的导向作用，鼓励自然人探索股权众筹等支持创新的互联网金融模式。推进科技金融专营机构建设。鼓励金融机构设立科技金融专营机构，开发科技金融专营产品，建设科技金融服务中心。引导互联网金融支持科技创新，帮助科技企业、创新项目扩大融资渠道。支持科技金融、互联网金融、创业投资等新型金融业态集聚发展。

（九）充分发挥创业创新服务平台功能

整合区域创新资源要素，构建区域创新体系，统筹推进省产学研协同创新基地建设，全面提升园区创新创业功能。积极创建国家级科技企业孵化器，重点做好研发中介、技术转移、创业孵化、知识产权等领域工作，建设集科技成果汇集发布、科技创业投融资服务、技术交易服务等功能于一体的公共服务平台。坚持创新与创业、线上与线下、孵化与投资有机结合，加快构建一批低成本、便利化、全要素、开放式的众创平台，努力为广大创客提供良好的工作空间、网络空间、社交文化和资源共享空间。鼓励大学生创业,建设大学生创业园等创业载体。成立创业者联盟,定期组织召开创业沙龙活动,开展创客大赛,促进共同发展。研究探索创业券、创新券等公共服务新模式,在全社会营造以人为本、鼓励创新、宽容失败的创新环境。支持建立多种形式产学研合作组织,鼓励高校院所进入各类创新园区建立联合创新载体,提升产学研信息网络服务平台能力。

(十)营造创新创业发展环境

加强政策引导,营造发展宽松环境。坚持依法行政、按政策办事,严格遵守国家财税政策和土地政策。推行一键式服务,"投资开发区,服务找一人"的理念更加深入人心。推行代办服务制,客商只负责签字和第三方付款。推行项目服务清单制,一个项目、一个清单、一次交办。推行个性化服务,针对不同的企业不同需求,"一企一策""一事一策"。坚持跟踪服务,从项目签约、手续办理、开工建设到投产运营,全过程流水线服务。进一步完善创新型科技人才在居住、资助、教育、职称、医疗、税收、知识产权等方面的系统化特惠政策。加强财政投入支持,发挥科研经费、贷款贴息、抵押融资、税收优惠、住房补贴等方面政策措施的杠杆作用。成立创投基金、光刻基金、非晶基金,引导知识产权作价入股,搭建科技人才与产业对接的平台,打通资本服务产业通道。

三、小结

邳州经济开发区充分发挥资源和区位优势,科学规划产业布局,统筹区域协调发展,建立了高效运行的管理体制,形成了独具特色的现代产业体系,具备了完善配套的基础设施、科技创新的研发基地和功能健全的发展平台,已成长为东陇海产业带上建设速度最快、发展最优、最具投资潜力的省级开发区之一。

第四节　宜兴环保科技工业园

一、园区概况

中国宜兴环保科技工业园(以下简称宜兴环科园),位于中国著名"环保之乡"江苏宜兴,是1992年经国务院批准的首批国家级高新技术开发区,是当时唯一设在县级市的国家高新区,也是唯一以环保产业特色命名的高新区,列入《中国二十一世纪议程》优先发展计划,先后获得了"国家科技兴贸节能环保创新基地""中国环保装备新型化工业化示范基地""国家首批低碳示范园区试点单位""国家级环保服务业示范园"等称号。

二、园区创新影响力实践

依托“中国环保之乡”宜兴40多年的产业积淀，历经20多年发展，宜兴环科园积累了良好的发展基础，形成了发展的独特优势。2014年，科技部和江苏省政府签署《部省十大合作计划》，共同支持环科园创建中国环保产业创新发展示范基地。“中国环保技术与产业发展工作推进会”永久会址落在宜兴，并已连续举办两届。园区目标是建设“全国最大的环保产业集群、环保技术创新高地、环境服务业示范基地”，全力打造成为“中国环保第一园”。

（一）产业集群优势突出

宜兴环保产业起步早、发展快、影响力大，园区已形成了1700多家环保企业、3000多家环保配套企业的环保产业集群，造就了10万环保产业从业人员，其中环保专业研发人员8000多名，专业技术人员20000多名，专业市场营销人员近万名。宜兴环保从水处理技术起步，到目前已形成了以环保工程承包为龙头，以环保设备制造为重点，以原辅材料及零部件配套为支撑的完整的产业链条。环保产品涉及水、声、气、固、仪及配套产品等六大类、200多个系列、2000多个品种，其中以给水、排水、循环水、污水处理等为主的多系列、多品种水处理设备和技术，已达国内领先水平，是中国最大的水处理产业装备生产集聚地，环保产品年销售规模超过500亿元，其中水处理占到70%，水处理设备的自我配套率高达98%，国内市场占有率达40%。园区形成了集研发设计、装备制造、物流仓储、销售与服务等多种功能为一体的产业支撑体系，是中国环保企业最集中、产品最齐全、技术最密集的产业集聚区。北控水务、中节能、新加坡联合环境、新加坡美能等一批海内外知名环保企业落户。中节能宜兴环保科技产业园、北投装备产业园启动建设。“中韩大邱环保产业基地”“中新水处理国际创新园”等环保专业园区正在筹建中。

（二）载体支撑功能完善

近年来，宜兴环科园围绕强化产业发展支撑功能，采取规划先行、园区引导、多元投入的发展模式，投资100多亿元，规划建设了200万 m^2 的各类功能性载体。初步形成了设计、研发、检测、培训、展示、交易等完善的公共服务支撑体系，为促进环保产业可持续发展奠定了坚实的基础。园区投资建设的环保科技大厦、科技孵化园、国际环保展示中心、人才培训基地、人才公寓、大学科技园等六大功能性载体已经投用。宜兴环保科技创业中心、卓易软件园等4家国家与省级科技企业孵化器，吸引了200多家中小型高新企业入驻孵化。同时，按照搭建高端平台、促进高位发展的思路，建成了环保物联网中心、中宜环保学院等一批高端平台，国家2011协同创新计划的“水污染控制先进技术与装备协同创新”一中心两基地落户，环保论坛会展中心、青梅园环保谷等一批功能性载体正在规划建设中。一是环保工程设计平台。成立中宜环境工程设计院（甲级资质），面向行业开展环境设计服务。二是环保技术研发平台。建立了南京大学宜兴环保研究院、哈尔滨工业大学宜兴环保研究院、江苏省(宜兴)环保产业技术研究院、中科院(宜兴)生态土研究院等15家环保技术公共研发平台。三是环保产品检测平台。建立国家环保产品质量检验监督中心,总投资1.7亿元。四是产品展示交易平台。2009年投资13亿元建设宜兴国际环保城,2013年交易额达到60亿元,已经成为国内乃至国际最大的环保装备和产品的集散交易中心,国内外近千家环保企业入住交易,并成功举办了4届环保产品和技术装备交易会。投资1.5亿元建设国际环保产品展示中心启动运行,促进国内外最新环保技术与产品集中展示交易。注册2000万元,建立了全国首家宜正环保电子商务平台。五是环保人才教育培训平台。投资2亿元与湖北理工学院合作创办中宜环保学院,开展全日制本科教育、在职研究生培养、资格资质培训等环保产业实用型人才的教育。六是知识产权保护体系。与宜兴市检察院联合成立知识产权保护中心、知识产权检察室,与市法院联手成立知识产权巡回法庭等。七是环保产业金融支撑平台。编制了环保产业投资价值报告,引导节能环保项目向环科园集聚;引进与设立产业投资基金,实施基地、基金、基业“三基”工程,引进与设立了7个产业投资基金,基金规模达到了40亿元。

(三)技术创新实力强劲

园区始终以科技创新作为驱动产业发展的主引擎,矢志不渝地推动产业技术升级。有80多家企业被认定为国家高新企业,规模以上工业企业研发机构实现全覆盖。集聚各类高层次人才1000多人、高校研究团队300多个。国内环保技术领域的钱易、李圭白、张杰、曲久辉、任南琪、陈吉宁等上百名知名专家加盟宜兴环保技术创新。园区企业与国内外300多家大专院校、科研院所建立了稳定长期合作关系。国家节能降耗水处理装备产业技术创新战略联盟等4个国家、省级技术创新联盟和行业发展联盟落户。创造了“一品一所一公司”[一个科研产品+一个研究所(团队)+一家实施产业化的企业]等新模式,推动科技成果产业化。近三年中,园区130多家企业承担并实施了各级各类科技计划项目。其中,5家企业承担了国家水专项,13家企业承担国家863项目,5家企业承担了国家环境类支撑计划项目,23家企业承担了国家中小企业创新资金项目,一批企业在环保技术细分领域处于国内领先水平。获得第六届中国环境产业大会颁发的“2012中国环境服务贡献大奖”。2013年,科技部、江苏省人民政府联合签署了《部省共同推进中国宜兴环保科技工业园创新发展合作计划》,明确将宜兴环科园作为中国环保产业转型发展示范区合力推动建设。2015年,在江苏省政府制定的《苏南国家自主创新示范区发展规划纲要》中,明确把宜兴环科园作为重点建设的创新核心区之一。

(四)国际合作全面推进

坚持“走出去”和“引进来”相结合,切实提升环保产业发展的国际化水平。建成了中德、中丹、中芬、中荷等10个清洁技术对接中心,一大批国际先进技术在园区企业中实施转化。7家企业赴马来西亚、俄罗斯、美国设立生产基地和代表处;凌志环保、江华集团分别与美国PARC研究中心、以色列耶达研发有限公司联合成立了创新研究院;与国际水协会主席格雷·戴格院士合作建立了外籍院士工作站。威立雅、凯丹、苏伊士等一批国际知名环保公司多次来园考察洽谈并购合作。参与担纲代表国与国之间产业合作的中韩、中新(新加坡)环保交流合作计划、中美"能源与水"科技合作计划、中以水资源高效利用合作计划等。中新水处理创新园等一批"园中园"项目建设正在筹划推进中。还与环保部对外合作中心、中环国投、清华大学,签订了成立"国际环保技术合作有限公司"协议,为开展国际环保技术交流和转移、承接国家部委海外援建工程迈出了重要一步。

(五)部省高端资源集聚

依托环保产业集群优势和创新发展优势,国家科技部等部委与江苏省政府在推动环保产业发展中聚焦环科园。先后有商务部和科技部的"国家科技兴贸节能环保创新基地"、科技部的"国家节能降耗水处理装备产业技术创新联盟"、中组部的"国家千人计划环保产业研究院"、工信部的"中国环保装备新型化工业化示范基地"、原国家质检总局的"国家环保装备质量检验监督中心"、原环保部的"中国东盟环保技术与产业示范基地"等十大"国字号"重大平台相继落户。省内唯一的环保领域专业研究院——江苏省环保产业技术研究院落户园区,完成了科技部环保数据库建设、环保产业十二五规划图解的编制,成为原环保部、科技部的决策智囊。部省许多国家级重大专项、国家科技成果转化项目、专业课题招标项目都交由园区承担。

(六)创新产业发展模式

2014 年,宜兴环科园创新推出了"环境医院"模式,掀起了一场环保行业革命。在一个协同机制下,以宜兴环保产业集团为龙头,从污染源的分析诊断、治污方案设计到环保设备、除污药剂等,将企业、人才、技术、资本等诸多要素有机整合,构建一个"一站式"、全流程的环境综合服务平台,为环境问题的治理和改善提供系统解决方案。牵头组建宜兴环保产业集团,建成了"环境总院",首批包括污泥处理、土壤修复等 11 个专家门诊入驻,做大做强企业池和资金池"两池",走出去建立分院,联合抱团开展流域治理和区域总承包,提升市场竞争力。和中植资本、大唐金控等业界知名金融企业战略合作,推进总规模 30 亿元的环保产业基金和注册资本 6 亿元的金融租赁公司组建,为实施区域治理、第三方治理、PPP 模式的实施提供强大的资本支持。

(七)发展空间不断拓展

区域规划面积从初期 $4km^2$,拓展到 $212km^2$,形成"一园三区"新格局。"十二五"以来,实施"高举高打、重构发展"战略,引进国内外一流规划团队担纲编制空间战略规划、总体规划,围绕"环科新城"建设编制产业规划、水域规划等一系列控制性规划,形成了较为完善的规划建设新体系。"一园三区"中核心 A 区主要突出"优",实施腾笼换鸟,提升内质,做强高端承载,优化城市形象;新街 B 区主要突出"控",涵养和保护自然生态环境,控制项目开发,作为未来发展的预留区;高塍 C 区主要突出"拓",拓展有形空间,变为有用空间,重点布局大环保、大节能主题的重大项目、园中园项目,形成大产业集群,打造一个全域环保节能产业公园。

三、小结

宜兴环科园先后规划建设了约200万m^2的各类功能性载体,初步构建了设计、研发、孵化、检测、培训、展示、交易和科技金融等促进产业发展的公共服务支撑体系。环保科技大厦、科技孵化园、国际环保展示中心、人才培训基地、人才公寓、大学科技园等六大功能性载体已经建成。江苏鹏鹞环境工程设计院、南京大学宜兴环保产业研究院、哈工大宜兴环保产业研究院、中科院宜兴生态土研究院、湖北理工学院宜兴工程学院、国家环保装备质量监督检测中心、国际环保交易城、宜兴环保电商平台、中宜环境医院等一批科创型平台相继投用。"水污染控制先进技术与装备协同创新"一中心两基地落户。未来概念水厂、环保论坛会展中心、青梅园环保谷等一批载体正在规划建设中。80多家企业被认定为国家高新企业,规模以上工业企业研发机构实现全覆盖。建立了10个国际清洁技术对接中心,正在实施的国际技术合作项目51项。与园区企业与国内外300多家高校和科研机构建立了长期稳定的产学研合作关系,建成江苏省(宜兴)环保产业技术研究院、清华大学一环新技术应用研究中心等15家产学研合作研发平台,在园区创新创业的各类高层次人才达1100多名,正在实施的研发项目和科技成果产业化项目达340多项,一批企业在环保技术细分领域处于全国领先水平。

第五节　中国(广东)自由贸易试验区

一、园区概况

中国(广东)自由贸易区试验区(以下简称广东自贸试验区)于2014年12月31日经国务院正式批准设立。

广东自贸试验区的实施范围116.2km^2,涵盖三个片区:广州南沙新区片区60km^2(含广州南沙保税港区7.06km^2),深圳前海蛇口片区28.2km^2(含深圳前海湾保税港区3.71km^2),珠海横琴新区片区28km^2。

依托港澳、服务内地、面向世界,将自贸试验区建设成为全国新一轮改革开放先行地、21世纪海上丝绸之路重要枢纽和粤港澳深度合作示范区。

经过3~5年的改革试验,营造国际化、市场化、法治化营商环境,构建开放型经济新体制,实现粤港澳经济深度合作,形成国际经济合作竞争新优势,力争建成符合国际高标准的法制环境规范、投资贸易便利、辐射带动功能突出、监管安全高效的自由贸易园区。

二、园区创新影响力实践

（一）园区主要创新活动

省委、省政府高度重视广东自贸试验区建设工作，按照省委省政府工作部署，广东自贸试验区在建立健全工作机制、完善制度创新体系、加强宣传推介等方面开展了一系列工作。

1. 建立健全了工作机制

建立了统筹管理、分级负责、精干高效的管理架构，省和三个市分别成立了自贸试验区工作领导小组，组建了广东自贸试验区工作办公室和三个片区管委会，配备了班子，充实了人员，目前已形成了配合顺畅、高效有序的运行机制。为落实《总体方案》，省政府制定了《建设实施方案》，作为自贸试验区建设发展的指导性文件，提出了8个方面62项重点任务和112条具体措施，每项任务都明确了负责单位和目标节点。各市也分别制定了片区《建设实施方案》，确定了各片区重点工作任务和建设项目。目前，方案中大部分举措都在推进中，部分事项已取得阶段性成果。

2. 完善了制度创新体系

积极推广上海自贸试验区可复制改革试点经验，配合国务院有关部门推广的29项改革事项和省级政府负责推广的6项改革事项，都已落地实施并不断深化，汪洋副总理在广东省落实该项工作的报告上批示“广东做得扎实”，对广东省的复制推广工作予以充分肯定。围绕落实自贸试验区《总体方案》，商务部、财政部、交通运输部、海关总署、原质检总局等国家部门相继出台了10多份配套文件，省和中央驻粤20多个部门出台了近30份具体操作文件，在体制机制改革、投资贸易便利化、贸易航运金融业务创新等方面提供了制度支撑。全国人大常委会授权国务院在自贸试验区暂时调整有关法律规定，目前国务院正在清理需要调整实施的行政法规和部门规章。《中国（广东）自由贸易试验区管理试行办法》已公布实施，省人大常委会将制定《中国（广东）自由贸易试验区条例》列入2015年立法计划，自贸办已拟定了条例草案报送省政府。

3. 开展了系列宣传推介活动

自贸试验区挂牌以来，省自贸办接待了近百次境内外考察团组，向美国商务部部长考察团、新加坡企业代表团、欧盟大使考察团、港澳各大商会代表团等举办了30多场专场推介会。省委组织部举办了自贸试验区建设系列专题研讨班，培训了400多位领导干部，三个市对各级干部进行了轮训，深化了各级干部对自贸试验区重在制度创新、重在对接国际高标准投资贸易规则的认识。通过系列宣传、推介、培训等活动，广东自贸试验区已成为展示广东新一轮改革开放形象的重要窗口。

（二）园区创新成效

广东自贸试验区在探索高标准规则体系、促进投资贸易便利化、加快政府职能转变、深化粤港澳合作以及聚集高端产业等方面，率先挖掘改革潜力，破解改革难题，推出了一系列改革举措，形成了一批制度创新经验。

1. 积极探索高标准投资贸易规则体系

一是建立与国际接轨的投资管理体制。在投资准入方面，确立了以负面清单为核心的外商投资管理模式，同步开展了内资企业投资项目负面清单管理试点，90%以上的外资项目实现了备案管理，并实行备案文件自动获取制。在提高投资便利化水平方面，率先实现企业注册登记“多证合一、一照一码”，绝大部分企业注册登记1天内可办结，横琴还在全国率先探索“商事主体电子证照卡”；创新企业注册登记“一口受理”系统，南沙将海关报关单位注册登记、前海将外商投资备案纳入系统，横琴推行商事主体登记窗口与银行网点一体化服务，海关、检验检疫实现部分报关报检业务“全城通办”。二是建立高标准贸易便利化制度。海关推进了“先进区、后报关”，建立“口岸快速验放”“港区一体化运作”等16项创新制度，率先试点以政府采购形式支付海关查验服务费用，平均通关效率提高50%以上；检验检疫部门立足建立事前备案、事中采信、事后追溯的监管新模式，推进“智检口岸”“原产地签证清单管理”“船舶无疫通行”“第三方检验结果采信”等20多项创新措施，查验率降低90%；国际贸易“单一窗口”在南沙试点，关检深化“三互”合作，开展“一机一台、合作查验、分别处置”作业模式。三是对标国际推进贸易金融业务创新。在全国率先创设了“跨境电商商品溯源平台”“国际货物延迟中转”“平行进口汽车检验监管”“入境维修产品监管”等新型贸易业态监管模式；就国际船舶登记、启运港退税、货物状态分类监管等制度创新形成专题报告报相关部委；跨境融资、资产证券化、互联网金融等创新业务不断推进，成为全国首批外债宏观审慎管理试点区域，发行了国内第一只符合国际惯例的公募房地产信托投资基金（REITs）产品和首只10亿元离岸人民币债券。

2. 推动建立高效透明行政管理和服务体系

一是加快简政放权，22个省直部门向3个片区下放了第一批60项省一级管理权限，广州市向南沙下放58项市一级管理权限；各片区调整、取消、合并了一批行政审批和备案事项，审批时间压缩了50%以上；探索推行行政审批“零收费”，结合社会综合治理探索“零罚款”，依托企业办事全流程在线办理落实“零跑动”；推动“智慧自贸试验区”建设，自贸试验区电子政务系统已进驻省网上办事大厅，初步建成企业专属网页通用版，企业所有涉税事项实现网上办理，启动集电子政务、企业信息化、园区监控系统等大数据分析为一体的智慧前海云平台建设。二是强化事中事后监管，三个片区建立了市场监管信息平台，对市场主体实现分类监管和随机抽查，推行行政违法行为提示清单；前海拟定了社会信用体系建设试点方案，进一步整合金融、口岸、国税等中央驻粤单位相关数据，搭建与市场化征信机构相对接的信用大数据平台和信用服务市场体系；省编办拟定了自贸试验区综合行政执法体制改革方案，探索建立集中统一的行政执法体系，横琴综合执法局已正式运作，南沙和前海正在组建综合执法机构。

3. 优化适应开放型经济发展的法治和人才环境

一是在法制建设方面，拟定了自贸试验区管理条例，各市利用地方立法权正在制定相关条例和规章；省高院、省检察院分别出台了为自贸试验区建设提供司法保

障的意见，前海和横琴新区法院启动了综合改革示范法院试点，重点管辖涉外涉港澳台商事案件。二是在法律服务方面，发展国际商事纠纷多元化解决机制，设立了国际航运、海事物流、国际金融等专业仲裁中心，中国自贸区仲裁合作联盟在前海成立；国际法律查明研究中心在前海设立，知识产权运营公共服务平台和南方知识产权运营中心正在筹建。三是在人才保障方面，省委组织部牵头拟定了关于促进自贸试验区人才发展的若干政策意见，从高层次人才评价认定机制、停居留和签证政策、创新创业激励支持政策、打造优质人才载体、建设人才综合服务体系等方面提出 22 条政策建议。

4. 推动粤港澳深度合作

一是深入推进与港澳服务贸易自由化，着力在金融、贸易和专业服务等方面取得突破，与港澳跨境人民币贷款由前海扩大到南沙、横琴；区内公共服务支付领域向港澳开放，粤港合资基金管理公司、证券公司已获批筹建，粤澳保险机构在横琴可相互提供跨境车险服务。创新粤港“前店后仓”“港资港货交易中心”“中国超级干线”“检验检疫 CEPA 模式”“一张证书深港直通”等贸易合作机制，横琴口岸实现了与澳门 24 小时通关，澳门单牌车进入横琴实施办法已争取国家相关部门同意。6 家内地与港澳合作律师事务所成立，首家香港独资船舶管理企业获批。二是重点合作项目深入推进，南沙粤港深度合作区已就园区选址、交通、企业入驻等与港方进行了研究论证；前海启动了香港优势产业基地建设，香港新世界周大福港货中心进入实质性建设阶段；横琴粤澳合作产业园、澳门新街坊等已在规划建设。南沙粤港澳青年创业工场、前海深港青年梦工厂、横琴澳门青年创业谷开园运作。目前，在前海注册的港资企业超过 2000 家，在横琴注册的澳资企业近 500 家。

5. 促进高端产业集聚发展

2016 年 1 ~10 月，广东自贸试验区累计新设立企业超过 4.3 万家，注册资本总额 1.5 万亿元，其中外资企业 2131 家，合同外资 1321.1 亿元，实际利用外资 184.2 亿元，注册资本 10 亿元以上的重点项目超过 180 个，在全国四个自贸试验区中居于前列。一是国际贸易新业态发展迅速。成为大型跨境电商布局的重点区域，相关的物流、保税仓储、进口商品直销店等产业蓬勃发展，随着配套的监管服务、基础设施等日益完善，有望发展成为千亿级的产业集群。2016 年 1 ~10 月，在区内注册的融资租赁企业超过 500 多家。集聚了 34 家要素交易平台，深圳石油化工交易所、国际葡萄酒投资交易中心、国际供应链管理综合服务平台、香港金银业贸易场前海贵金属交易物流中心、国际文化对外贸易平台等交易平台建设初具规模。二是进一步拓展国际航运服务功能，江海联运码头、国际邮轮码头、汽车码头正启动建设，新开辟了 9 条国际班轮航线、7 个“无水港”。前海蛇口实施母港战略，加快推进西部港区资源整合，促进西部港区码头一体化运作。开拓国际中转业务，积极推动 DIT 国际延迟中转、整车进口、工程塑料保税中转和结算等中转业务。推动航运服务业发展，设立了广州航运交易有限公司，加快推进设立航运交易所、航运产业基金和航运保险公司。三是推进金融开放创新。金融机构加快入驻，2017 年 1 ~10 月，区内入驻金融类机构达 1.65 万家，其中持有牌照的金融机构 43 家，大量 PE、融资租赁、商业保理、互联网金融、小额贷款等新型金融业态在区内集聚发展。金融创新平台纷纷落户，集聚了广东省金融资产交易中心、珠海产权交易中心、前海股权交易中心、前海保险交易中心、前海金融租赁交易中心等10余个重大金融资产交易中心。

三、小结

接下来，广东自贸试验区将按照省委省政府的统一部署，立足于高起点规划建设、对接高标准规则体系、促进高端化产业聚集，加快形成可复制可推广经验。重点推进以下工作：

1. 抓制度创新，对接高标准规则体系

加强对TPP、TTIP等国际高标准规则体系研究，力争在投资规则、贸易规则、知识产权、法治环境、金融创新等重点领域和关键环节先行试点。推动各片区突出重点、系统推进改革创新，南沙片区重点在以高标准投资贸易规则推动广州市航运物流和贸易中心建设等方面取得突破；前海蛇口片区重点在打通境内与境外、在岸与离岸、本币与外币的金融创新试点等方面取得突破；横琴片区重点在探索建立口岸综合监管机制，推动粤澳共享旅游资源，着力建设国际旅游岛等方面取得突破。积极争取国家支持，推进启运港退税、货物状态分类监管、国际船舶登记、游艇自由行等一批跨部门改革事项，探索发展离岸贸易、离岸金融等新型业态，不断拓展自贸试验区试点空间；立足地方自主改革，在建立社会信用体系、完善综合行政执法体制、建设智慧自贸试验区、深化国际贸易“单一窗口”试点等方面取得更多创新经验。

2. 抓营商环境，打造高水平开放平台

在硬环境方面，重点推动南沙明珠湾区起步区、前海自贸新城以及横琴国际旅游岛建设，加快配套的港口码头、铁路、城轨、地铁、高速公路、无水港等基础设施建设。在软环境方面，强化法治建设，依托前海和横琴新区法院专业化国际商事审理机制，充分发挥区内国际仲裁调解机构以及法律查明中心作用，建立国际化法律服务体系；出台促进自贸试验区人才发展的政策措施，营造具有吸引力的创业创新环境，打造国际人才港；探索建立统一的知识产权管理和执法体制，发展专利导航产业，建立知识产权运营机制，建设国际化知识产权保护和服务体系。

3. 抓项目和政策落地，加快高端产业集聚

各片区《建设实施方案》中分别提出了一批重点建设项目，下一步将积极推动这些重点项目逐项落地。近期重点推动葡语系/西语系经贸合作平台、国际邮轮母港、海上丝绸之路沿线港口城市联盟等“一带一路”建设重点项目实施，争取创新型期货交易所、规模3000亿元中国保险投资基金、航运保险公司、合资证券公司等金融项目获批筹建，加快推动香港优势产业聚集基地等粤港澳合作项目建设。定期召开各片区现场会，组织省及中央驻粤部门协调解决片区建设中遇到的困难和问题；建立联合督查机制，由省委改革办、省委督查室、省政府督查室、省自贸办等部门对省市各部门和各片区建设工作进行督促检查；建立第三方评估机制，对自贸试验区改革创新情况及时总结评估，加快形成可复制可推广的制度创新经验。

第六节　拉萨经济技术开发区

一、园区概况

拉萨经济技术开发区(以下简称拉萨经开区)于2001年经国务院批准设立,是全国第47家、西藏自治区唯一的国家级经济技术开发区,是国家工信部批设的全国新型工业化产业示范基地。近年来,拉萨经开区始终坚持党建统领发展,以独特的区位优势、完善的基础设施、高效的服务环境和强劲的发展势头,成为西藏功能最齐全、交通最便捷、政策最规范、服务最优质、发展最活跃、生态最宜居、规划最科学的园区。商务部2017年国家级经济技术开发区综合发展水平考核评价工作中,拉萨经开区在全国219家国家级经济技术开发区中由2015年的第207名跃升至第65位,综合考核进入全国70强,仅用一年时间排名晋升了142位,成为全国提升速度最快、提升幅度最大的国家级经济技术开发区。在拉萨市目标绩效争先进位考核中,2015年荣获进位三等奖,2016年荣获进位一等奖,2017年斩获争先一等奖,取得了历史性突破。

经拉萨市统计局核定,2017年,拉萨经开区实现地区生产总值71.58亿元,较上年同期增长10.3%;税收收入76.8亿元,增长18.65%;财政收入29.03亿元,增长26%;规上工业增加值11.83亿元,增长11.6%;固定资产投资55.36亿元,增长77.4%;社会消费品零售总额16.5亿元,增长13%;招商引资到位资金42.41亿元,增长84%。2018年一季度,拉萨经开区实现地区生产总值18.38亿元,较上年同期增长8.2%;税收收入25.52亿元,增长1.47%;财政收入8.54亿元,增长15.71%;固定资产投资增长43.8%;社会消费品零售总额3.2亿元,增长14%;招商引资到位资金5.83亿元,增长41%。

(一)园区主要特点

1. 功能齐全

园区总规划面积5.46km^2,共有A、B两个区,其中A区作为首期开发建设用地,属建成区,B区开发建设全面展开,完成了“七通一平”等基础设施建设,已满足企业投资建设的条件。新增面积为5.752km^{2}的市级工业园作为拉萨经开区扩区范围,已经市委、市政府批准同意。目前,管委会拥有拉萨经开区投资发展有限公司、拉萨中开藏域投资开发有限公司、西藏顶立建设工程有限公司、西藏人力资源管理有限责任公司4家国有企业,业务涉及项目投资、园区开发、工程建设、市政服务、城市服务、人力资源和投融资等领域,服务功能不断完备。同时,投入资金10.5亿元,建成占地面积达13334m^{2}的工业中心一期,成为全区首个实体工业经济集约集聚发展的样板工程。投入资金5.7亿元,建设“双创”中心,着力解决创业创新场地少、创业创新成本高等问题,全力打造引领全市、示范全区的创业福地、创新高地。

2. 交通便捷

近年来，拉萨市加快完善公共交通等基础设施建设，新增公路里程近2000km，拉萨贡嘎机场开通33条国内国际主要航线，国家电网、电话通信、宽带网络实现城乡全覆盖，物流、仓储、企业达到200多家，仓储、运输、装卸、冷链配送物流服务体系全面建立，基本形成了“一环四射”的交通骨干网络和航空、铁路、公路、管道为一体的立体化运输网络。拉萨经开区东临拉萨市主城区，西接青藏铁路货运总站，南眺拉萨火车站，北连堆龙新区，青藏公路、拉萨西环线、中尼公路穿区而过，距市中心9km、拉萨贡嘎国际机场45km、拉萨铁路客运站2km，区位优势明显、交通十分便捷。

3. 政策规范

党中央历来高度重视西藏工作，赋予西藏诸多特殊优惠政策。西藏自治区执行“收入全留、补助递增、专项扶持”的财政政策和“税制一致、适当变通”的税收政策，执行比全国各档次贷款基准利率水平低2个百分点的优惠贷款利率政策。国家为西藏企业上市开辟“绿色通道”，实施企业首发上市优先审核政策，即报即审、审过即发，截至目前上市企业达12家（含主板、新三板、创业板）。拉萨经开区坚持用足用活中央赋予西藏的特殊优惠政策，严格按照国家和西藏自治区相关法律法规，研究出台《拉萨经济技术开发区转型升级创新发展产业扶持专项资金管理规定（试行）》《拉萨经济技术开发区专项资金实施细则》，从产品研发、创业创新、技术升级、品牌战略、质量管理、知识产权、企业上市等方面形成了一套系统的企业发展扶持体系，加大了对园区企业特别是实体企业的扶持力度，进一步坚定了园区企业发展的信心。

4. 服务优质

始终秉承“以诚相待、马上就办、主动服务”的工作理念，坚持把改善行政管理、提高办事效率、提供优质服务作为园区软环境建设的主要内容，实行首问负责制，从接受客商第一次咨询开始，指定专人负责，实行全天候、全方位、全过程的“管家型、保姆式”服务，职权内的事立即办，职权外的事帮着办；急事急办，特事特办，限时办结。设立企业综合服务机构，每年由财政列支500万元预算资金，用于招商引资、企业一条龙服务等工作。对在园区固定资产投资达5000万元或年纳税额度达到2000万元的企业，成立专班实行专人服务。在中国社科院对全国38个主要城市公共服务满意度测评中，拉萨市公共安全感连续5年排名第一，在2016年度中国最安全城市排行榜中，拉萨市位列内地城市公共安全感第一，2017年，拉萨市成功获评全国民族团结进步创建活动示范城市。

5. 发展活跃

紧紧抓住西藏自治区建设南亚开放大通道、对接“一带一路”和孟中印缅经济走廊、推动环喜马拉雅经济合作带建设的有利契机，充分发挥地缘优势和区位优势，以拉萨火车货运站为中心，全面推进规划为6.32km^{2}的拉萨综合保税区建设，不断拓展开放领域、完善开放机制，提升开放水平，促进西藏开发开放；加快中尼友谊工业园建设，帮助实现产业转移，全力发展外向型经济；认真贯彻落实中央第六次西藏工作座谈会精神，大力发展“飞地经济”，在北京、深圳、上海、南京、成都5地设立6个区外产业交流中心，有效承接区外产业落户区内，着力打造以产业对接平台、技术交流枢纽、人才

合作通道、品牌招商阵地、创新创业中心为主体功能的综合载体，有效覆盖京津冀、长三角、珠三角和成渝经济圈。参照内地国家级经济技术开发区成熟做法，加快拉萨经开区与堆龙德庆区产城融合发展，统筹推进基础设施建设和功能配套，推动基础设施互联互通、资源要素对接对流、公共服务共建共享，全力打造西藏自治区第一个产城融合发展的示范区。

6. 生态宜居

拉萨是青藏高原的"净城"，拥有最蓝的天、最白的云、最清的水、最优的空气，冬无严寒、夏无酷暑，全年日照时间3000h以上，素有"日光城"的美誉，是当今世界上最清净、最圣洁的城市。拉萨经开区作为拉萨市五大功能区之首，占据拉萨市最优生态环境，拉萨河、流沙河、堆龙曲蜿蜒环绕A、B两区，园区平均空气湿度比拉萨市主城区高出6%以上。特别是近年来，拉萨经开区按照"布局优化、产业成链、企业集群、物质循环"要求，统筹园区空间布局，调整产业结构，优化资源配置，确保大地常绿、空气常新、碧水常流、土壤常净，成功创建成为"国家循环经济示范园区"；严格落实"河长制"工作要求，投入资金8000万元，开展拉萨河经开区段河道整治工程，改善河道生态环境，建成西藏首个以天文为主题的滨河公园，全力打造水系相通、水清岸绿、人水相亲的生态环境，构建了"人、园、景"相得益彰的生态发展格局，让园区所有企业、全体人民群众共享。

7. 规划科学

拉萨经开区充分发挥区位优势和政策优势，深入贯彻中央精神和区市党委的决策部署，坚持新发展理念，紧紧围绕发展、稳定、生态三件大事，正确处理"十三对关系"，深入实施"六大战略"，抢抓发展机遇、做好顶层设计、提升工作格局、完善园区功能，加快建设党建坚强、经济繁荣、全面开放、生态优美、平安和谐、幸福共享"六个新经开"。

（二）园区发展方向

拉萨经开区主要发展方向包括：

建设党建坚强新经开。坚持党要管党、全面从严治党，充分发挥党工委把方向、谋大局、定政策、促改革、抓落实的领导核心作用，大力实施骨干培养、党群连心、基础提升、品牌创建、干部廉洁"五个工程"，全面推进党的政治建设、思想建设、组织建设、作风建设、纪律建设，把制度建设贯穿其中，深入推进反腐败斗争，推动形成政治清明、政府清廉、干部清正、社会清朗新经开，努力成为西藏园区党建"排头兵"。

建设经济繁荣新经开。坚定不移贯彻新发展理念，坚持质量第一、效益优先，以供给侧结构性改革为主线，以创新为驱动、以招商为突破、以产业为基础、以项目为平台、以企业为主体，改造提升传统产业、培育壮大新兴产业、支持发展净土健康产业，推动经济质量变革、效率变革、动力变革，加快建设实体经济、科技创新、现代金融、宏观调控有度的经济体制，推进更高质量、更有效率、更加公平、更可持续的发展。

建设全面开放新经开。立足西藏、放眼世界，积极对接"一带一路"和孟中印缅经济走廊，紧抓推动环喜马拉雅经济合作带建设的有利契机，加快申报建设拉萨综合保税区、开工建设中尼友谊工业园、全面运营驻区外产业交流中心，主动融入京津冀、长三角、珠三角和成渝经济圈，着力构建对外开放的新平台、新载体、新格局，推动拉萨经开区成为西藏面向南亚开放的“桥头堡”，成为构建开放型经济新体制的“排头兵”。

建设生态优美新经开。牢固树立绿水青山、冰天雪地就是金山银山的理念，深入实施“环境立市”战略，严格落实“党政同责、一岗双责”，持续开展大气污染防治行动、保蓝天；严格落实“河长制”、护碧水；持续巩固循环化园区建设成果，守净土；引导、鼓励企业实施国家节能行动，降低能耗、物耗，推进资源全面节约和循环利用，优能源；坚持宜林则林、宜灌则灌、宜草则草，让园区更美丽、让生态更美好，切实用实实在在的举措呵护“世界上最后一方净土”。

建设平安和谐新经开。树立“人本化、法治化、标准化”管理理念，深化“双联户”创建、延伸“网格化”管理，巩固维稳工作片区责任制成果，完善党委领导、政府负责、企业主责、社会协同、公众参与、法治保障的社会治理体制，提高社会治理社会化、法治化、智能化、专业化水平。树立安全发展理念，弘扬生命至上、安全第一的思想，提升安全防范治理能力，坚决遏制重特大安全事故，切实让园区更有序、更安全，让群众更满意、更幸福。

建设幸福共享新经开。始终坚持以人民为中心的发展思想，紧紧抓住保障和改善民生这个人民群众最关心最直接最现实的利益问题，不遗余力推进对口帮扶尼木工作，强力推进拉萨经开区尼木县产业园建设，2016 年帮助尼木县财政收入过亿元。投资 4.3 亿元建设扶贫搬迁安置房供尼木县、当雄县 433 户 1690 人和昌都“三岩”125 户搬迁户入住。出台《拉萨经开区驻区企业吸纳易地扶贫搬迁人口就业补贴细则》，对吸纳易地搬迁群众和墨竹工卡县 50 名贫困群众就业的辖区企业按照劳务合同约定工资的 20% 给予补贴；成功举办 2017 年冬季大学生就业暨精准脱贫招聘会，提供就业岗位 1123 个，责无旁贷确保易地搬迁群众搬得出、稳得住、富得起。依托五地六中心，安排 358 名西藏籍大学生实习，每人每月发放 4800 元 ~ 7000 元的实习补贴，切实让全市乃至全区各族人民共享拉萨经开区改革发展成果。坚持配套高端化、服务精准化、保障均等化的标准，加大教育医疗、住房保障、文化体育等民生领域的资金投入，使各族人民群众获得感、幸福感、安全感更加充实、更有保障、更可持续。

二、园区创新影响力实践

拉萨经开区自 2001 年成立以来，开发建设从无到有、从弱到强，发展规模和质量快速提升，较好地发挥了经济增长的拉动作用、开放合作的示范作用和产业升级的促进作用。

“十三五”时期是新一轮科技产业革命和中国经济发展方式转型升级的历史性交汇期，是国家深入推进创新驱动发展战略、提振“互联网 +”和“大众创业、万众创新”发展活力的跨越发展期，是西藏自治区强化改革开放、强化产业支撑、强化扶贫攻坚的关键时期。拉萨经开区作为拉萨市深入实施“六大战略”、实现跨越大发展的主力军是带动拉萨乃至藏区创新驱动发展的关键力量。深刻领会“一带一路”倡议、把握区域协调发展战略，积极把握技术创新、服务创新和“互联网 +”模式创新对高原产业的重塑提升趋势，着眼于带动西藏净土健康产业的质量和效益提升，培育适应高原特点的科技创新功能，打造生态环境保护和低碳绿色发展为前提的高原特色实体经济主阵地，是大力发挥对西藏小康社会建设、经济持续发展的支撑作用，率先实现转型升级、创新发展，是新形势下对拉萨经开区提出的战略要求。

“十二五”期间，拉萨经开区地区生产总值年均增长率达到 23.7%，2014 年达 55 亿元，超额完成“十二五”规划目标。实体经济引领地位更为夯实，工业总产值维持 48% 年均增速，2014 年达 19.4 亿元，占自治区工业总产值的 12.9%。财税主力区作用更加凸显，2014 年税收收入实现 46.3 亿元，年均增长 48%，占自治区税收收入比重达到 26.6%，公共财政预算收入 18.23 亿元，是自治区税收贡献最多的区域。工业效益持续提升，工业增加值年均增长 59%，2014 年达 7.2 亿元，工业增加值率由 2010 年 11.3% 提升至 2014 年 37.1%。

拉萨经开区融入拉萨市“东延西扩”城市总体发展规划，是西藏区位优势最强，基础设施最好、产业政策最优惠、行政服务效率最高的区域，在全区经济发展中切实发挥着领头羊的作用。拉萨经开区在转型升级创新发展方面的主要工作及未来工作重点归纳有以下几点：

（一）创新驱动格局初步形成

拉萨经开区着力营造良好的创新创业环境，聚集了一批高原特色的创新型企业，以企业为主体的创新发展格局加速形成。甘露藏药、月王生物、天知生物、天麦力健康品等企业先后通过高新技术企业认证，积极承担科技部创新基金项目、国家发改委产业振兴计划项目、国家 863 项目等一批重大科技项目，产业创新能力进一步增强。涌现出一批创新成果，月王生物的青稞红曲制备研究获得拉萨市科技进步一等奖，冬虫夏草酵素产业化项目获得国家火炬计划示范项目证书，天麦力青稞精华系列成功纳入国家食品添加剂标准。

（二）园区承载能力基础夯实

拉萨经开区 AB 区实现联动开发，整体承载能力大幅提升。完成 A 区的“八通一平”，道路绿化、路灯亮化、清洁美化工程深入推进，以阳光新城为依托的商业街基本形成，城业服务设施功能不断完善。B 区基础设施建设坚持高起点规划、高标准建设、高质量管理，项目总投资共 12.3 亿元，市政道路和地下各类管网建设稳步推进，绿化及其他配套设施前期工作有序展开。存量土地挖潜工作深入推进，建立产业发展的准入退出条件和建设用地规划机制，土地利用效能不断提高。

（三）重点产业发展态势良好

拉萨经开区投资环境持续完善，企业落地进程不断加快。至 2015 年底，拉萨经开区累计落地企业 131 家，总投资 198.42 亿元，累计注册企业 2895 家，累计注册资金 775.97 亿元。拉萨经开区基本形成了以绿色食饮品、医药保健品、民族手工艺等为主的净土健康产业集群和新能源产业为代表的战略性新兴产业集群。

绿色食饮品业聚集效应不断增强。2011 年拉萨经开区正式挂牌国家级绿色食品产业新型工业化示范基地。聚集了天地绿色、娃哈哈、高原天然水、高原之宝、奇圣等龙头企业,2014 年末拉萨经济技术开发区食品产业产值达 339 万元,饮品产业产值达 15 亿元。

医药保健品业现代化步伐加快。2014 年拉萨经开区医药保健品产值达 2.3 亿元。聚集了甘露藏药、天知生物等全国藏医药 GMP 认证企业,占自治区 GMP 认证企业总数的 30.4%,共获得医药保健品批号七十余项,形成了以藏医药、中药、保健品为重点的特色医药产业集群。随着传统医药、医用材料、口服保健品、外用保健品等产业链的加快拓展,拉萨经开区已成为自治区最重要的医药制造基地之一。

战略性新兴产业培育加速。新能源产业实力不断增强,以金凯新能源为代表的企业入驻拉萨经开区,并在新三板成功上市,成为拉萨经开区培育的首家新三板上市企业。电子信息产业实现零的突破,引进了金采科技等技术实力较强的企业,带动拉萨经开区导航测绘、软件开发、企业信息化服务能力取得重大发展。

(四)完善产业发展政策和人才保障

完善产业政策、成立产业基金。研究出台鼓励龙头企业开发新产品、新技术、新工艺的产业政策。对符合拉萨经开区发展要求及产业政策的重大项目优先支持,对重点企业实行一事一议。研究制定配套的科技、人才、资金、创新创业等相关政策,促进净土健康产业向高端化和产品高附加值化发展。成立产业投资基金,支持落户企业的新品研发、市场开拓、技术改造等。

大力引进产业发展所需人才。依托西藏自治区首批人才试验区建设,积极创建拉萨市首家博士后工作站,做好高级人才的保障服务。推进与国家部委、对口支援地区、科研院所的人才交流,深入开展干部援藏与人才援藏。加快发展现代职业教育,提升发展保障水平,深化产教融合、校企合作,鼓励中外合作培养技术技能型人才。设立创业投资引导基金、创业投资贴息资金、知识产权作价入股等方式,搭建科技人才与产业对接平台。

(五)以“十三五”规划引领产业发展

经开区将按照“十三五”总体规划描绘的新蓝图,积极主动融入“一带一路”倡议机遇期,全面参与到拉萨作为内陆通向南亚陆路通道国际“大陆桥”的中心城市、“孟中印缅”经济走廊、“环喜马拉雅经济合作带”,加快推进转型升级、创新发展、产城融合、抓大引强、高新技术发展的思路落实,力争到“十三五”末,使经开区成为引领西藏转型升级创新发展的先导区和现代净土健康产业优化升级基地和引领区。着力实施藏京技术合作平台工程。2016 年,计划在北京市海淀区中关村核心区(海淀园)建设京藏产业交流及双创中心,规划建设用地 1.4 万 m^2,总投资 14 亿元。经开区将利用中心的载体作用,积极发展飞地经济,整合藏京两地研发、投资、孵化、交流、展示资源,设立净土健康产品博览中心、雪域文化体验展示中心、高原产业技术研发中心和拉萨

电子商务服务中心,打造西藏和拉萨净土健康产业发展及成果的窗口和展示平台,营造经开区经济发展的新亮点。着力实施“互联网+”跨越发展工程。以申报国家级电子商务示范基地为主线,加快聚集一批电商平台服务企业,推进传统企业利用电子商务创新升级。力争到2020年,有100家企业在经开区进行电子商务虚拟注册,经开区的50%净土健康传统企业应用电子商务,培育5家以上拉萨市电子商务示范企业。着力实施净土健康品牌提升工程。在B区投资2亿元建设净土健康产业博览中心,定期举办净土健康产品博览会,积极吸引净土健康产业龙头企业、重点企业入驻,力争建设集展会、市场、体验、电子商务于一体的常态化综合服务平台,提升“拉萨净土”品牌影响力。

(六)优化发展环境,做好产业配套

根据经开区目前土地资源极缺的情况,进行土地集约整合,提高产出效率。要积极与堆龙德庆县做好撤县设区的对接工作,实施产城融合发展,以保供集约节流为原则,推进土地利用管理创新,同时,A区重点挖存量,整治闲置土地资源,B区重点规范提质量,在提高土地利用深度上下功夫,坚持维稳和环保两个底线,建立严格的准入条件和建设用地控制机制,提高土地投资强度、产出效益和税收贡献等综合考核指标;进一步完善B区雨污管网等配套设施,启动“经开大桥”建设和“天网”工程,主动融入拉萨市区的大环线战略;进一步推进生态工业园区建设工程,提高服务水平,优化经济发展环境;进一步搭建政企银多赢发展的合作平台,推动优质要素资源聚集,促进优势产业崛起。一是实施投融资服务提级工程。计划与拉萨市担保公司合作,共同出资成立经开区融资担保有限责任公司,与投资、保险、贷款等净土健康产业金融机构签订长期战略合作协议,搭建融资担保服务平台,重点推动一批创新型、成长型特别是拥有自主知识产权的企业在主板、中小板、创业板和境外资本市场上市。二是建设创新创业中心。在经开区A区投资5亿元建设创新创业中心,以创新创业中心,搭建开放的“双创”载体,增强创业培训、创业交流等配套服务功能,鼓励有志之士在经开区开展创业活动。支持创投公司、创业孵化、科技金融等服务企业入驻,为创业企业提供全流程的创新创业服务。三是大力发展循环经济,打造生态园区建设。以拉萨市创建国家循环经济示范城市为契机,推进经济循环发展。一是发展生态循环工业,促进企业循环生产、园区循环发展、产业循环组合。目前,天地绿色、娃哈哈、天佑德等一批企业已率先实施循环经济发展模式。同时,加强清洁能源利用,坚持和推动太阳能、风能等新能源产业发展。二是制定环保准入推出机制,严格执行国家和自治区规定的环评标准,提高园区项目准入门槛,通过第三方环评机构对项目能效及环保指标对申请企业进行甄选,对“危险、污染、高耗”的项目实施一票否决。鼓励新入园企业优先采购节能、节水设备和设施。对企业工业能耗进行在线监测,建立能源计量统计数据库,制定分级节能减排目标。建立环境动态监测机制,围绕污水、大气和废气、固体废物等环境指标进行定期环境综合评估,对不达标企业实施罚款、停业限期整改、清退等措施。发展园区经济同时严守“环保”底线,保护青藏高原碧水蓝天,实现经开区可持续发展。

(七)拓展园区发展空间

全面对接东嘎新区发展规划,坚持大项目带动,以链条式融合方式提升产业基地配套模式,促进拉萨经济技术开发区与堆龙分园、农牧基地等周边园区协同发展。以资本为纽带,大力推进体制机制创新,支持拉萨经济技术开发区投资发展有限公司与东嘎新区联合开发拉萨经济技术开发区堆龙分园,完善合作机制,推动拉萨经济技术开发区跨区域发展。与东嘎新区农牧基地建立战略合作机制,保障拉萨经济技术开发区企业原材料供应。支持园区企业在异地建立配套产业的专业生产基地等配套产业,为园区产业发展提供有力支撑。

三、小结

今后,拉萨经开区将坚持社会稳定和生态保护两条底线,扎实开展招商引资工作,推进主导产业高端化、特色产业现代化、支撑产业中枢化,搭建有特色、强吸引的高端要素聚集平台,努力把经开区打造成为西藏实体经济核心区、高原创业创新主力区、净土健康产业引领区,全力打造经开区"升级版"。

第七节　张江国家自主创新示范区

一、园区概况

上海张江高新技术产业开发区,目前共有22个分园,总面积531km^2,覆盖上海市所有行政区。2011年,国务院批复支持上海张江高新技术产业开发区建设国家自主创新示范区,赋予张江深化改革、先行先试使命,张江进入新的历史发展时期。

张江国家自主创新示范区(以下简称张江示范区)是上海创新发展的重要引擎、全国创新改革先导区以及上海建设具有全球影响力科技创新中心的核心载体。现拥有近70000家科技型、创新型企业,其中高新技术企业3759家;1700多个研发机构,300余个公共服务平台;部属、市属高校42所;院士176人、国家千人586人,本市千人383人,是上海产业发展和高端人才集聚地。2017年,张江示范区规模以上企业总营收4.25万亿元,同比增长10.8%,其中工业总产值1.44万亿元,同比增长8.9%;净利润2820亿元,同比增长13.1%;战略新兴产业产值突破1万亿元。

20多年来,上海市张江高新技术产业开发区历经"起步、聚焦、发展和示范"四个发展阶段,特别自2011年国务院批准建设张江示范区以来,聚集创新资源,推进科技成果转化,发展高新技术特色产业,不断提高核心竞争力,积极探索具有中国特色、时代特征、上海特点的高新区发展模式,形成了创新发展的上海优势,已经成为上海创新实力最雄厚、高新技术产业最集中、最具技术辐射力的区域,成为吸引"大众创新、万

众创业”的创新的热土、创造的高地、创业的乐园。

张江示范区作为上海建设全球影响力科技创新中心的核心载体，到2020年将完成空间优化调整，构建张江核心园加浦东创新带、沪北创新带、沪西南创新带即“一核三带”的功能布局。重点建成一个综合性国家科学中心和若干重大创新功能型平台，形成科技创新功能集聚的张江科技城；建成一批承载成果转化、技术转移、万众创新的示范区域；建成一批产学研用协同、龙头企业主导、创新生态良好的“四新”经济特色产业基地；建成双自联动的国家级人才改革试验区，形成创新创业人才的集聚高地；建成一批海外孵化基地和科技园区，形成走出去和引进来的国际合作载体；在产业化和规模经济水平、知识创造和孕育创新的能力、国际化和参与全球竞争的能力、可持续发展能力等方面达到建设世界一流科技园区的指标。

二、园区创新影响力实践

（一）经济总量不断攀升

张江示范区是上海建设全球影响力科技创新中心的核心载体，既是科技创新和新兴产业建设发展的主战场，也是深化改革的先导区。

1. 从总量看：以年均20%以上速率不断攀升

在张江示范区内每年有上千个新技术、新产品、新模式诞生。2014年张江示范区营业总收入3.37万亿元，同比增长9.8%。工业总产值1.33万亿元，净利润1842.09亿元，进出口总额1028.92亿元，分别较上年增长23.9%、12.2%、14.5%和7.3%。实缴税费227.39亿元，同比增长6.1%。高新技术产值5779亿元。在22个园区中，总收入在千亿元以上的分园有8个，其中张江核心园、金桥园、嘉定园达到4000亿元以上。

2. 从规模看：“一核三带”空间布局进一步优化

根据“高标准、高质量”要求，选取《上海张江国家自主创新示范区发展规划纲要（2013—2020年）》、科技部“世界一流高科技园区”“国家级高新区评价指标体系”的主要关键指标，经过实地勘察、指标测试、委办协商、区县沟通、集体审议等多个环节，最终形成可获得、可对标、科学合理的张江高新区扩区“5+5”指标体系。

根据新标准，进一步遴选优质地块，初步形成张江示范区空间规模和布局调整方案，积极协调国家有关部门给予支持，张江示范区面积531km^2，实现了上海17个区县的全覆盖，包括张江核心园、漕河泾园、闸北园、青浦园、嘉定园、金桥园、杨浦园、徐汇园、长宁园、虹口园、松江园、闵行（莘庄）园、普陀园、奉贤园、金山园、崇明园、临港园、陆家嘴园、宝山园、黄浦园、静安园和世博园，拥有张江高新区的22个园区及124个（地块），完成了《规划纲要》部署的“一核三带”空间布局。

3. 从资源看：各类创新要素高度集聚

张江示范区集聚着7万余家创新型企业、1400余家各类研发机构、43所大学；500余家各类公共服务平台，74家孵化器，占全市总数的64.55%，具有国家级研发与创新服务机构355家，占全市总数的74.59%；其中全市的国家级工程技术研究中心、985大学和211大学均在张江高新区范围之内；分布在各园区的世界500强企业有310家，跨国研发总部有304余家，外国专家和留学生近5万余人，另有4个国家级协同创新中心。

4. 从地位看：在上海乃至全国位居前列

张江示范区已将上海17个区县内80%的知识经济集聚区域基本纳入张江高新区管理范围，80%以上的各类领军人才工作在张江示范区，80%以上知识产权在张江示范区，80%以上的科技型企业也在张江示范区，经认定的高新技术企业2599家，战略性新兴产业企业3837家，港澳台企业2226家，外资企业4990家。张江示范区已经形成了科技创新和新兴产业的高地，不仅地均的经济产出名列全国国家级高新区的前列，而且带动了上海产业结构的调整，支撑了经济社会发展。

（二）深化改革先行先试

为充分发挥张江示范区作为上海创新驱动、转型发展主要载体和深化改革、先行先试重要平台作用，张江管委会在积极推进落实国家创新政策，根据示范区建设发展的现实需要，不断持续深化股权激励、科技金融、财税支持、管理创新等5个方面的先试先行，取得实效。

1. 从理念看：秉承服务“加减乘除”工作法

作为政府的派出机构，张江高新区管委会只有编制29人，实有到岗21人，是典型的小机构、大服务，没有行政审批权，也没有臃肿的办事机构。

工作职能：履行协调服务职能，为园区、为企业、为人才提供规划、政策、协调等多方面服务。协调19项市级行政审批权全部下放到各园区，做到放手放权，精兵简政，为创新主体提供发展空间。

工作定位：多做加减乘除。“加”就是多做园区希望和想做又没办法做的事情；“减”就是减轻负担，减少发展创业成本；“乘”就是把政策优势已成倍的方式无限放大；“除”就是破除体制机制障碍，在先行先试上多做工作。

工作重点：聚焦产业链、价值链的缺失部分。以“深化协调”之姿，通过资金引导，改变园区间产业同构化现象，协调促进产业资源在各园区之间的梯度配置。

2. 从管理看：园区管理体制机制改革试点

在实际出发，张江高新区管委会既尊重22个园区发展模式的多样化自然生态，同时也将张江专项用于支持共性技术服务、金融服务、人才服务、科技服务、专业服务等各园区的公共平台建设。梳理园区体制机制评价体系，从园区科技创新的投入产出和运行质量，考察园区管理体制机制的合理性，把指导园区改革体制机制的重点放在健全管理机构职能、充分授权运营主体、引导主体向功能性公司转化。已有12个园区所在区县政府健全了分园管理机构的职能，增加了向负责园区管理运营主体的授权。

3. 从放权看：行政审批权下放园区试点

按照“成熟一个试点一个，能承接一项下放一项”的原则，与10个相关部门紧密对接的同时建立健全市、区、园行政审批改革联动机制，印发各项行政审批操作手册，

形成申报、评估、放权的快捷流程，已有预防性卫生审核、绿地范围控制线的划定调整、环境影响评价、企业集中登记注册、土地出让、规划参数调整、设计方案审查、项目备案核准、软件企业认定和软件产品登记、市高新技术成果转化项目认定、高新技术企业认定和技术先进型服务企业认定等12类19项审批权下放各园区，形成适合园区现有管理体制的承接事权模式。张江核心园、金桥园、陆家嘴园进一步健全一站式服务中心，闸北园、青浦园、金山园、嘉定园、杨浦园依托区县政府建立服务窗口和绿色通道。经评估，不同行政审批时间均缩短三分之一以上。

4. 从平台看：引导市场参与社会化服务平台建设试点

以张江示范区为先行先试平台，会同市有关部门开展体制外单位承办园区公共服务平台。知识产权、科技中介、科技融资、企业信用、人才服务等八类公共服务平台建设，并视完成效果给予相应补贴，从而引导社会优质资源向园区集聚，为企业服务。构建体制外平台建设模式。通过进一步简政放权，让试点单位突破原有的体制内服务平台模式，突出市场对资源配置的决定作用，形成“政府引导＋市场化运作”的平台建设模式，加快全面推进世界一流科技园区建设。制定自主创新引导相关政策。制订实施企业自主创新引导政策和专项资助办法，成立张江协同创新研究院，推进产学研协同转化创新成果。重点支持企业自建或与高校、科研院所共建研发中心、技术中心、工程中心，加大研发投入，提高创新能力。打造创新生态基础工程。引导社会各类优质资源为示范区服务，55个创新服务平台、43家专业化服务机构，在上海张江高新区内打造一系列“不占土地、没有土建”的创新生态“基础工程”。遴选56家企业，开展了社会化人才服务机构、人才培养产学研联合实验室建设试点、重点领域人才实训基地建设试点、企业专利联盟建设试点、知识产权服务平台建设试点、企业信用管理平台建设试点、科技融资服务平台建设试点等平台的建设试点，完善园区公共服务体系。目前张江各个园区拥有公共服务平台230多个，其中80%以上都拿到了“张江专项”。

5. 从政策看：构建张江专项发展资金政策引导机制试点

构建起张江专项资金资助政策体系，内容涉及产业、人才、平台、科技金融、创新创业等多方面，实现专项资助资金向政策引导资金的转变。制定实施8类100余项专项政策，修订完成专项发展资金使用和管理实施细则，制订并发布专项发展资金经费管理和审计评估实施办法，实现张江专项发展资金从科研经费管理向产业经费管理转变的改革。

重点支持企业自建或与高校、科研院所共建研发中心、技术中心、工程中心，加大研发投入，提高创新能力。充分发挥重大项目的引导功能，制订实施企业自主创新引导政策和专项资助办法，聚焦新经济领域中处于国际发展前沿、具有领先地位的重大项目，围绕项目核心技术的产业化和服务的国际化，构建研发转化、技术转移、中试生产、公共服务、产业孵化、市场运营一体化的功能集聚区域，推进工业园区运营模式向科技园区运营模式的转型。

（三）创新能力持续增长

助推张江成为与美国硅谷、中国台湾新竹相并列的新一代国际级集成电路核心基地,成为全国名列前茅的文化创意核心基地,成为智慧经济的核心基地。张江创新代表中国创造,已经在云计算、节能环保、新药研发等领域带动大批中小企业参与创新,进一步加强面向终端市场的创新,并把创新成果推广到全球市场。

1. 从创新看:聚焦“四重”开展“四新”

推进产学研协同转化创新成果,联合市教委成立张江协同创新研究院,聚焦重点区域、重点领域、重点企业和重点团队,开展新技术、新模式、新业态、新产业经济创新基地建设,特色基地。

(1)国家新品再创造

2014 年张江示范区重点领域又新建 4 个国家级协同创新中心,产生了 16 个国家重点新产品。其中包括张江高新区的展讯通信、中微半导体等在集成电路领域不断取得技术突破;振华重工“3000 吨级海上起重铺管工程船关键技术及应用”项目获得上海市科技进步一等奖;联影医疗开发出世界首台高清超速 96 环 PET-CT、中国首台全部核心部件自主研发的 3. 0TMR。以互联网为基础的大宗商品交易平台快速成长,一号店、上海大众点评等均成为新兴业态中细分领域的龙头企业。

(2)特色基地再领先

推进具有国际话语权和领先地位的新药创制、微创器械、高端医疗、集成电路、量子通讯、智能制造、网络视听、新型显示、高温超导、太赫兹、先进传感器等 25 个特色产业基地建设;组织企业申报国家重点新产品和创制行业标准、国家标准或国际标准;在协同创新中支持重大自主创新项目。

(3)协同创新再突破

围绕集成电路创新突破、智能制造、智慧应用、网络信息安全和云计算、物联网、大数据、网络视听、文化内容、机器人、3D 打印等领域,在核心技术高端研发、关键设备和新材料研制上重点突破,并在文化和资本和市场结合上重点促进,扶持百亿级的领军企业,形成营业收入千亿级的智慧经济集群。和记黄埔四个 1. 1 类靶向抗癌药物都进入临床试验阶段,得益于与美国礼来、强生制药、德国默克、英国阿斯利康、瑞士雀巢等跨国药企研发中心开展的新药研发合作,该合作完全不同于仅参与国际供应链的新药研发外包服务。大飞机项目在研发和制造中也开展了与通用电器等跨国研发中心的协同创新。

2. 从成就看:张江创新成就中国创造

我国迄今为止最大的科学装置上海同步辐射光源在张江建成并投入使用,船舶及海洋工程国家实验室、国家蛋白质科学基础设施在张江示范区开建或建成。

(1)科技成果助世博

中科院浦东科技园、中科院上海高等研究院、中电集团上海基地、国家人类基因组研究中心、上海科学院等相继落户张江。智能家居、人脸识别、新能源汽车、LED 半导体照明、TD – LTE 的技术解决方案等一大批产品和技术等 1000 多项科技产品和技术在世博盛会上运用。

(2)科技奖励再攀高

自张江示范区获批以来,还诞生了 4 项国家科技进步奖特等奖、一大批国家级科

技奖励,参与制定国际标准749项,参与制定或承担修订国家和行业标准531项;累计申请知识产权得到公开和授权的81000余件,其中,发明专利48000余件;产生了世界首台20lm平方微型激光投影仪、世界首款第三代电子书、中国第一款具有自主知识产权商用微机点陀螺仪等成果,高频语音通讯SOC芯片、模拟移动广播电视芯片、多媒体编解码芯片、CMOS图像传感芯片等重要产品已取得国际话语权。

(3)领先突破再布局

特别是2014年通过调研论证,预选布局的21个重大项目具有领先国际水平、填补国内空白、带动产业快速发展、良好市场前景和批量汇聚高端人才等明显特征。项目集聚的重点企业达到190余家,具有国际一流水平的高端人才达到400余人。其中:世界首创项目5个,即上海量子通信产业园、太赫兹技术产品中试基地、胶囊内镜机器人生产线、人声音频解码技术产业化、全尺寸集成电路产业化。其中,上海量子通信产业园一期建设项目,在上海建设全国量子保密通信总控中心和大数据服务中心、陆家嘴金融量子保密通信应用示范网,将打造量子通信领域国际研发中心和国内总控中心。国内首创的新技术或新模式的产业化项目9个,即医学大数据公共服务平台、干细胞转化医学产业基地、原创1.1类抗癌新药艾诺赛特中试、太阳电池校准与标准测量中心、上海联影医学影像临床示范应用中心、国际技术转移转化运营试验区、知识产权价值提升与实现服务平台、企业信用建设大数据管理云服务平台、上海高校张江协同创新服务示范平台。其中,国际技术转移转化运营试验区采取运营资本的方式运营技术成果,创建技术负债、技术保险、技术理财、技术租借、技术信托、技术并购、技术交易品的承销,技术交易品私募发行等技术成果运作新模式。对国内同类产业具有带动作用的项目7个,即互联网金融产业园、移动互联网视频产业园、游族视频产业基地、物联网先进传感器产业示范工程、抗体和疫苗生物制造技术应用及原材料和装备国产化中试基地、国际化影视后期制作文化科技产业园、医疗器械产业加速器。

3. 从服务看:以张江为代表的东方创新已服务世界市场

一批跨国研发中心亚太区总部的入驻,在上海创新驱动和全球创新体系中发挥国际化高端研发的重要作用。跨国中心齐集聚。在张江500强企业的跨国研发中心中,不少是亚太区研发总部,乃至全球研发创新中心之一。比如生物医药领域的辉瑞制药、诺华制药、阿斯利康、礼来制药等,IT领域的IBM、GE、eBay、霍尼韦尔等。300多家跨国公司研发机构,占全国总量的1/5,成为全国跨国研发中心集聚度最高的区域。创新反哺新格局。跨国公司亚太研发中心在张江进行科技创新,之后将最新的科技成果应用于西方发达国家,甚至全世界,加快世界科技革命与产业化的步伐,从而改变了西方技术单方面输出中国的格局,被称之为从东方反哺西方的“反向创新”。例如霍尼韦尔亚太研发中心设在张江,原先看重的是用“东方创新服务东方市场”,如今,已经拓展到“东方创新服务世界市场”的新战略、新格局。

(四)特色集群集聚度最高

张江高新区以代表“中国智造”和“中国创造”为己任,制定发布新兴产业发展规划,明确战略性新兴产业建设布局,大力发展新技术、新产品、新模式、新业态,重点扶持互联网＋新模式，形成智慧经济、平台经济、健康经济、绿色经济四大创新集群。成为全球具有影响力的科技创新成果的重要策源地。在生物医药、集成电路、机器人与智能制造以及新兴工业互联网等重点领域，集聚一批具有世界先进水平的科研机构、创新型大学院所、实验室和大科学设施。成为全球具有影响力的科技成果转化和产业化平台。在集成电路设计、测试、智能机器人、工业互联网等领域，新建一批具有国际先进水平的研发公共平台和应用服务平台；鼓励跨国公司研发中心开放实验室、基础软件等研发资源，实现资源共享。成为全球具有影响力的高科技企业发展高地。鼓励风险投资机构、产业资本、高校院所以及跨国公司等各类市场主体兴建创业孵化器，特别是“创投＋孵化”“产业＋孵化”以及各类具有创新模式的孵化器发展，形成大众创业、万众创新的局面。集成电路、生物医药、金融服务业、文化创意产业、数字出版产业等也形成了竞争优势和中国之最。

1. 从能力看：最大的集成电路产业基地和集成电路领域地位领先

集成电路、生物医药、通信设备研发制造和软件开发等特色产业在全国继续居于领先地位，形成了通信设备制造、核能、新能源汽车、太阳能、风能、节能、环保、航空航天、智能装备、LED 照明、物联网等产业集群。新能源装备、物联网、云计算、半导体照明、航空航天等战略性新兴产业也快速发展，在全国拥有重要地位；上海集成电路产业产值占全国的三分之一左右，相关企业数量占全国该产业企业数量的 40% 以上，形成国内最为完善的集成电路设计研发和产业链；在芯片设计、第二代身份证（芯片）和材料三个方面分别各获得一项国家科技进步一等奖。可大批量生产 90nm 晶圆，65nm 已经量产，40nm 研发成功；TD-SCDMA 手机芯片占全国市场的 70% 以上。

2. 从实力看：最大的生物医药产业基地和生物医药领域最强的研发基地

如今，张江示范区已成为中国生物医药产业参与国际竞争的知名品牌。生物医药研发、制造单位达到 400 多家，覆盖药物发现、评价、动物实验、临床试验等新药创制环节；形成国内最为完善的生物医药研发和产业链研发外包服务等高端研发产业发展处于国内领先地位。生物医药龙头企业和关键研发、检测机构密集程度在全国领先；抗艾滋病原料药占据全球 40% 的市场份额；抗体类新药研制走在全国最前列；微创医疗的心脏血管支架约占全国市场份额的 40%；承接国家重大科技专项中的生物医药类项目占全国十分之一强；福布斯全球制药企业 12 强中有 7 家在张江高新区设立研发中心。新一代生物技术多领域渗透应用，形成新产品和新行业。绿谷集团、和记黄埔、中信国健、微创等自主创新企业成长壮大；质子重离子医院、上海国际医学中心引领一批个性化医疗的健康服务企业拉长了健康经济的产业链；罗氏制药、辉瑞制药、礼来、美敦力等跨国研发总部的入驻，使张江“药谷”成为创新度最高、创新资源最丰富、产业集群最聚合的生物医药国家级基地。

3. 从水平看：最大的软件产业基地

在张江示范区内，核高基软件、嵌入式软件、钢铁生产控制软件、动漫软件等的研发水平、市场份额均位居全国前列。其中，钢铁生产控制软件占据全国 90% 左右的市场份额。在钢铁企业技术改造、大桥设计、隧道设计与施工、核电站设计与施工等方面，保持了世界一流的技术水平。有关工程项目总承包能力全国领先。

4. 从层次看:最大的金融服务业基地

中国平安、中国银联、交通银行、中国银行、中国人民银行、中国人寿、上海期货交易所、中国(上海)外汇交易中心等18家国内顶级金融机构的数据中心均设在张江示范区。银联卡国内持有量突破21亿张,并在境外83个国家和地区实现受理。园区公司开发销售的大智慧证券软件占全国证券营业部份额70%;每天人民币国际汇率最后牌价、上海各类商品期货结算价等就诞生在张江高新区。这里为上海国际金融中心提供了强有力的后台服务支持。

5. 从文创看:最大的科技文化创意产业基地

作为全国首批16家"国家级文化与科技融合示范基地"之一,文化与科技相互交融,相关新兴产业快速发展。新业态领航。以网络文化信息服务业、现代设计业、广告会展产业、数字出版业、动漫游戏产业为代表的文化科技融合新兴业态在规模和速度上持续领航,张江拥有国家宽带网络应用工程技术研究中心、上海微系统所物联网系统实验室仿生3D研发中心、区域光纤通信网国家重点实验室等众多文化和科技类的科研机构,提供技术支撑;版权保护最好。拥有上海版权交易中心等交易平台、上海作品版权登记保护应用平台等,加快版权产品交易、产权保护力度。集聚核心动漫类企业,包括动漫谷文化创意产业基地、国家数字出版基地等;微系统所、百视通等龙头企业在3D影视拍摄、制作与播出等方面实现技术突破,打破国际垄断。幻维数码等企业打造了外滩灯光秀、中华艺术宫开门多媒体投影秀等作品。PPTV、PPS等基于大数据、云转码等技术,实现渠道全覆盖。张江动漫游戏、数字出版、广告会展、网络文化信息服务、现代设计等五大重点产业总收入年均达1000亿元以上,已经成为张江主导产业之一。

2014年,随着宝山园、世博园、黄浦园、静安园的加入,张江文化产业营收扩大到2281.15亿元,集聚各类文化科技企业6000余家,包括百事通、大众点评、PPTV、淘米网等一批行业内领军企业,拥有国家认定的动漫企业27家,国家认定的网络视听企业19家,国家认定的数字出版企业82家,分别占上海总量的75%、60%、70%。部分企业文化科技创新成果亮相第十届中国(深圳)国际文化产业博览交易会。

(五)各类人才作用突显

制订国际人才试验区建设若干意见,探索具有国际竞争力的人才制度和服务机制。汇聚张江示范区创新创业。一批领军人才和企业领袖,带来了具有世界先进水平的技术项目、管理团队和创新理念,提升了高新区自身的能级。

1. 从类型看:集聚国内领先的创新创业人才

目前,张江高新区已集聚形成四个层次国内领先的创新创业人才队伍:一是创新型创业领军人才。特别是由千余名"千人计划"人才为生力军的创新型企业家队伍,他们既是创新资源的整合者,也是模式创新的引领者。二是高端研发人才。园区集聚了大批硕士、博士以上的高端研发人才5.9万人,海外留学和外籍人士从事研发创新的约5.6万人,他们是技术创新的主力军。三是富有经验的工程技术人才。张江高新区22园的大批创新企业所吸引的工程师和高级技能人才逾百万,他们是科技成果产业化的价值实现者。四是为科技创新服务的支撑人才,包括科技金融、产业投资、孵化服务、知识产权交易等方面的人才。为了进一步集聚培育发挥人才优势,既要推广中关村人才特区建设经验,又要有张江自身的先行先试,在股权激励的财税政策、海外高层次人才引进的绿卡政策、引进人才的本市户口办理,以及人才的居住、子女入学等,都要有机制创新的新突破。

2. 从服务看:搭建人才公共服务网络平台

根据园区实际,为人才提供多种服务和支撑。窗式服务。建立分园人才“一站式”服务专窗。推进29个海外高层次人才创业基地和9个留学生创业园建设。资金资助。制订实施张江专项资金人才专项资助办法,推广人才加项目的合同管理、议价薪酬制度,激发人才创新活力。仅张江示范区内74家孵化器,每年孵化毕业创新型企业1200余家,上海周边地区的科技园区,甚至鼓励创新创业人才到上海的孵化器注册企业,毕业后回到当地。人才支撑。截至2014年,张江示范区集聚了该市60%的国家级和市级领军人才和高端人才,其中院士159人、国家千人计划人才586人,该市千人计划人才383人,分别占全市的95.2%、93.6%和86.5%,为“四新经济”发展提供了有力支撑。

3. 从制度看:不断升级人才政策和制度再创新

在上海市委市政府出台的《关于加快建设全球最具影响力科技创新中心意见》中提出了38项人才政策和制度创新。其中,在引进海外高层次人才上,提出缩短外籍高层次人才永久居留证申办周期,简化外籍高层次人才居留证件、人才签证和外国专家证办理程序,对长期在沪工作的外籍高层次人才优先办理2~5年有效期外国专家证,开展在沪外国留学生毕业后直接留沪就业试点;在职务发明收益上,构建职务发明法定收益分配制度方面,允许国有企业与发明人事先约定科技成果分配方式和数额;允许高校和科研院所科技成果转化收益归属研发团队所得比例不低于70%,转化收益用于人员激励的部分不计入绩效工资总额基数,等等。

4. 从联动看:发挥“双自”联动和政策叠加优势

为充分发挥中国(上海)自由贸易试验区和张江国家自主创新示范区(简称“双自联动”)政策叠加和联动优势。人才政策再突破。在纳入自贸区的张江示范区内位于浦东的张江核心园、金桥园、陆家嘴等双自联动区域率先开展人才政策突破和体制机制创新;探索简化海外高层次人才外汇结汇手续;体制机制再创新。探索设立民营张江科技银行,集中开展针对人才个体信贷业务和投贷联动业务;建设海外人才离岸创业基地,推进人才试点政策在全市复制推广;建立与国际接轨的高层次人才招聘、薪酬、考核、科研管理、社会保障等制度,支持高校和科研院所试点建立“学科(人才)特区”实施长聘教职制度,构建灵活的用人制度。这些措施,有些已经实施,有些即将出台操作性文件。

5. 从政策看:制定了培养和集聚人才的资助办法

用足国家政策,制定符合张江实际的人才专门政策。国家赋予张江示范区的政策包括股权激励、高新技术企业研发经费和职工教育经费税前扣除、对奖励科技创新人才的股权允许缓交个人所得税等。张江示范区还专门制定了培养和集聚人才的资助办法,办法明确了多个人才资助事项。如:对领军人才运用资助知识产权创办符合园区定位的企业,给予初创期最高200万元的一次性补贴;对领军人才创办的企业建设实验室和生产线最高给予500万元的资助;对研发成功的新技术、新产品中试、试制项目,最高给予1000万元的资助;对成功引进经省部级以上有关部门认定的领军人才和产业发展急需的外国专家等高层次人才的单位给予200万元的一次性补贴;对以企业为主,联合高校、科研院所建立的联合实验室、张江人才实训及时完善技术条件项目给予最高200万元的资助等。这些政策都为人才发挥作用提供了帮助。

(六)创新创业环境良好

遵循市场规律,利用市场机制集聚社会资源,优化创新创业环境,是张江示范区引导资源配置的重要理念和方式。

1. 从体系看:健全"三区联动、融合发展"保障体系

制订实施公共服务平台、企业信用管理等专项支持政策,引导园区整合社会资源,建立服务数据库,开设服务窗口,规范服务制度,促进科技服务的专业化和规模化,带动科技服务业加快发展。张江核心园国家专利导航产业发展试验区各项工作得到落实,漕河泾园国家知识产权服务业集聚发展试验区基本达成了业态集聚。持续推广科技园区、大学校区和公共社区联动发展经验,支持园区针对新兴产业薄弱环节引进关键机构、研发中心和研发总部,健全园区产学研合作机制。

杨浦、徐汇、长宁、虹口4个园区成功实践了大学校区、科技园区和公共社区"三区联动、融合发展",示范区内9家国家大学科技园、50家各类孵化器,聚集了4园3万余家科技企业,成为吸收上海和长三角高校毕业生就业的重要基地,其规模位居全国前列。一大批"天使"投资和创业投资、股权投资机构落户张江示范区,"投贷联动""投贷保联动""保贷联动"等服务创新,科技型中小企业履约保证保险贷款、知识产权质押贷款等金融产品创新得到较大范围的推广。此外,按照"行政效率最高、行政透明度最高、行政收费最少"的要求,突破体制和政策限制,建立了"小机构、大服务"的管理和服务体系。

2. 从生态看:积极推进生态园区建设

张江高新区管委会参与了环境保护部张江示范区内生态工业区建设规划论证工作。截至2014年底,张江示范区已建成国家生态工业示范园区6家,在建国家级园区1家,市级在建园区4家。其中,张江核心园、闵行开发区通过了国家生态工业示范园区建设领导小组办公室的验收。漕河泾浦江园、嘉定园国际汽车城零部件配套工业园获批成为市级生态工业园区。闵行园莘庄工业区顺利通过国家生态工业示范园区建设绩效评估市级考核。闸北园市北园区通过国家生态工业示范园区市级验收。

与此同时,绿色经济在张江研发创新高端设备研制和新技术、新模式的应用上积极发挥引领作用。在生态企业建设中,张江在低碳和新能源发展上起点很高,在理想能源、亚申科技、益科博、凯世通、舜宇海逸、弥亚微电子等"千人计划"企业带动下,在通用电气、霍尼韦尔、西门子、施耐德等500强企业的入驻和功能发挥下,重点扶持合同能源管理、分布式能源等新模式,引领具有低碳、生态、循环、节约特色的"绿色经济”的集群化发展。

3. 从示范看:推进张江示范区创客空间示范工程

通过政府购买服务,引导社会资源向创新创业环境的各个环节配置,支持民营企业创办创客空间,仅创客家一家公司,在不到3个月的时间里在各园区布局了6个特色鲜明的创客空间;引进飞马旅等服务品牌,各种类型的创新创业服务包括资本对接活动每年可达数百场,受众可达5万人。大力推进从事金融业务的企业承担园区科技融资服务平台建设,打造贴近企业、贴近市场的企业融资服务,仅2015年一季度,通过平台帮助科技型小微企业融资贷款余额达到30多亿元。

(七)辐射带动作用明显

按照国家对上海提出的“服务长三角、服务长江流域和服务全国”的要求,有力促进了高新技术的转移和成果转化,成为辐射带动长三角和全国发展的重要技术源泉,成为吸收上海和长三角高校毕业生就业的重要基地。

1. 从国际看:健全面向全球开放的创新体系

在国际上,张江示范区还与法国、芬兰、德国、美国、韩国等建立战略合作关系,共建姐妹园区、打造国际化环境下创新创业运作平台。积极推进国际合作,深化与美国加州政府、比利时布鲁塞尔大区政府、美国麻省理工学院、加拿大国际孵化器等建立的战略合作关系,服务企业引进国际先进技术和开拓国际市场。积极利用民营企业海外业务体系建立海外人才技术和项目的孵化基地,已与德国、美国、日本、新加坡、以色列开设6个基地。与此同时,张江示范区内的本土企业在海外建立研发中心、产业基地等海外投资项目也逐年递增。据2014年的不完全统计,项目为载体的人才、资本、技术国际合作达到1200余个。

2. 从国内看:开展国内跨区域的战略合作

上海的发展离不开全国各地的大力支持,上海的发展也对各地,尤其是长江经济带发挥着辐射带动作用,张江向全国输出的技术总量占张江技术总量的30%以上,张江向外地输出的高新技术企业达到数千家。目前,张江示范区与外省市合作建设的科技园有30余个,与28个省市建立了创新联动合作机制,推动了张江示范区技术、产品、人才、服务、品牌和管理模式的输出。仅张江示范区与江苏盐城的合作,就有450家上海企业到盐城落地,其中包括一些领军人才。盐城市领导为了奖励为盐城发展做出贡献的张江人才,专程到张江示范区召开表彰大会。跨区域战略合作为上海与外地的创新联动和产业活动提供了有效载体,也为上海创新创业提供了更加广阔的空间和市场。

三、小结

经过20多年的发展,张江示范区以“科技创新、人才创新、产业创新、开放创新、城市创新、模式创新”六大创新为引领的“张江模式”,已经成为引领中国科技产业发展的创新高地,成为中国创新的名片。

“张江模式”引领创新的亮点主要包括：

一是引领科技创新，如量子通信卫星和C919大飞机的上天、5G中国“芯”的诞生、1/3中国1.1类新药成果的原创，以及大科学设施集群和国家实验室的建设。

二是引领人才创新，率先建设以战略科技人才、科技领军人才和企业家领袖为引领的人才高峰，深化人才改革试点，上海60%的世界顶尖创新人才、“千人计划”创业专家集聚张江，凝聚了5.38万一流研发创新人才。

三是引领产业创新，以药品和医疗器械上市许可持有人制度试点、集成电路保税产业链为改革先发效应，推动项目和企业的分散发展变为产业链的集群式发展，基本形成中国“硅谷”“药谷”“医谷”联动的创新集群优势，形成了生物医药、集成电路、高端装备和类脑科学、人工智能、精准医疗等“三优三新”的优势创新集群。

四是引领开放创新，率先形成科研创新国家队、跨国研发国际队、企业为主体的产学研合作本土队协同创新和成果转化的开放创新模式，在集聚科学大设施、大平台、大机构，推动跨国研发中心融入科创中心建设，发挥企业创新主体作用，推动离岸创新创业和跨境技术交易等方面走在前列。

五是引领城市创新，率先规划建设世界最好的科学城，推出80万m^2的租赁房用地，进一步从房地产开发转向“人才为本”的产城融合。

六是引领模式创新，率先推进张江高科“房东+股东”的新型开发模式，率先推进新技术、新模式、新业态、新产业的“四新”经济发展模式。这些都已经成为全国各地创新的样本。

第八节　银川经济技术开发区

一、园区概况

银川经济技术开发区（以下简称银川开发区）是2001年经国务院批准设立的国家级开发区。截至2016年底，银川开发区共注册各类企业6700余家，其中工业企业275家，规模以上企业90家；高新技术企业44家，占全区46%；自治区科技型中小企业104家，占全区20%。2017年，银川开发区完成规上工业总产值310亿元，同比增长28%，占银川市工业总产值（含宁东）14.8%；规上工业增加值同比增长12.6%；完成固定资产投资77.7亿元，同比增长12.6%；实现财政收入（税收收入）11.4亿元，完成年度预算的120%；招商引资实际到位资金53.3亿元，完成年度任务的122%，全面完成全年目标任务。一季度预计完成规上工业总产值75亿元，同比增长30%，工业增加值同比增长16%，完成固定资产投资11.2亿元，同比增长10%，完成本级财政一般预算收入3.79亿元，同比增长17.06%，各项指标实现开门红。

（一）体制机制和发展规划

银川开发区党工委、管委会分别为银川市委、市政府的派出机构，行使与开发区建设有关的自治区级经济管理权限，实行“封闭式管理、开放式运行、自主式开发”。根据自治区编办“三定”方案，银川开发区党工委、管委会内设“两办六局”（党政办公室、经济合作局、经济贸易发展局、财政局、规划和土地局、建设局、组织人事劳动局、政策法制办公室）。区市工商、国税、地税、公安、消防、检察部门在银川开发区设有派驻机构。银川开发区规划控制面积约75.65km^2，建成区面积约30km^2，包括主要发展形成以现代服务业为主的东区（2.26km^2），以培育发展信息、生物科技和知识产权转化为主的南区（银川iBi育成中心，1.02km^2），以发展高端装备制造及战略新材料为主的西区（30.68km^2，建成区25km^2），以培育发展科技、媒体、电信三大产业为主的银川TMT育成中心（原银川科技园，3.52km^2，建成区1km^2）四个区块。另外，还有以承接东部产业转移及发展能源化工下游延伸产业为主的横山工业园（38.17km^2，建成区0.1km^2）。2018年，根据银川市委、市政府的统一部署，银川市金凤工业集中区划转银川开发区统一管理，目前正在积极推进整体移交工作。

（二）主导产业和发展现状

近年来，银川开发区以学习贯彻党的十九大精神和落实区、市园区工作会议要求为主线，以扎实推动体制机制改革、产业集群发展、园区创新发展，着力推进战略新材料、现代装备制造、大健康三大主导产业发展为抓手，力争银川开发区实现转型升级、弯道超车、跨越发展，加快打造升级版的银川经济技术开发区。其中：高端装备制造产业，现有小巨人机床、共享铸钢、舍弗勒轴承、巨能机器人等规模以上装备制造企业40家，2017年实现产值52.98亿元，占银川开发区规上工业总产值17.1%。主要产品智能加工中心、大型铸钢件、高端精密轴承、工业机器人等技术水平在国内领先。共享集团3D打印及铸造智能化工厂项目年底可实现产业化。宁夏首个国家级产业创新中心国家智能铸造产业创新中心在共享集团成立。被工信部认定为“装备制造国家新型工业化产业示范基地”、国家高端装备制造产业11家标准化试点单位之一。战略新材料产业，现有银川隆基硅、宁夏银和新能源、天通（银厦）新材料公司等规模以上企业17家，2017年实现产值122.4亿元，占银川开发区规上工业总产值39.4%。以单晶硅、工业蓝宝石、半导体晶圆等晶体材料为主，建成年产1.8万t的世界最大的单晶硅棒生产基地，年产1500t的中国第二大工业蓝宝石晶棒生产基地，年产180万片大尺寸电子级半导体晶片项目建成投产、二期项目计划3月底开工，被商务部、科技部认定为“新能源国家科技兴贸创新基地”。大健康产业，紧紧抓住北京经济技术开发区和银川市合作共建银川开发区的战略机遇，利用北京经开区医药产业方面的优势资源，抓住该行业扩大西部市场以及生产制造等环节急需从东部地区向中西部地区转移的迫切需求，探索发展大健康产业，打造从原料药，到中药、化药、生物药的研发、临床、生产、销售，并涵盖保健品、特医食品、医疗器械等全产业链的产业体系。此外，银川iBi育成中心、TMT育成中心（原银川科技园）融合、错位、互动发展，形成高端生产性服务业和国家级“双创”基地的新经济产业集群。2017年8月，银川开发区被国务院批准为第二批“大众创业、万众创新”示范基地。银川开发区还引进培育了蒙牛乳业、张裕葡萄酒、沃福百瑞枸杞制品、泰国正大饲料等一批国内外农产品深加工龙头企业。

（三）基础设施和发展条件

银川开发区主要发展区块位于银川城市规划发展区内，公路、铁路、航空交通运输条件十分便捷，生活服务配套设施依托主城区辐射便利完善，银川开发区建成区基本实现“九通一平”。随着“智慧开发区”“产城融合”等项目的推进和实施，银川开发区的基础设施条件将进一步升级。目前，银川开发区已建成近百万平方米的工业厂房和研发办公用房，为项目投资和创新创业提供了便利条件。近年来银川开发区充分发挥先行先试的体制优势，建立了高效便捷的管理服务机制，深化“一站式”服务模式，打造“零”收费开发区，在全区率先实现企业“三证合一”登记制度改革，简化了审批手续，提高了办事效率。在招商引资、企业发展等方面认真落实国家、自治区、银川市相关政策外，还制定出台了《“金豆子”企业培育工程实施办法》《打造“低成本”园区的若干政策规定》《推进绿色发展的若干政策规定》等一系列政策措施，同时针对重大项目采取“一事一议”“特事特办”，着力引导企业做大做强、创新发展。银川开发区已聚集宁夏最优质的高端装备制造、战略新材料、生产性服务业人才集群，周边数十所大中专院校，也为企业开展产学研合作和人才培养引进创造了条件，有力地保障了园区企业的人才需求，成为宁夏政策最优，对外吸引力最大的园区。在商务部发布的国家级经济技术开发区综合考评中，银川开发区在全国 219 个国家级经开区中综合发展水平排名第 95 位。

二、园区创新影响力实践

银川开发区经过多年的发展，综合实力得到了显著提升。截至 2016 年底，开发区培育高新技术企业 32 家，占全宁夏的 52%。培育装备制造、生物医药工程，汽车零部件、石油化工等 6 家院士工作站，国家级企业技术中心 3 家，国家和地方联合工程研究中心 9 家，国家技术创新示范企业 1 家，国家科技成果转化服务（宁夏）示范基地 1 家，自治区级企业技术中心 17 家，工程技术研究中心 3 家，自治区技术创新中心 9 家，自治区工程实验室 10 家，科技创新能力不断提升。创全国驰名商标 5 件，宁夏著名商标 47 件，特色产业的引领和示范作用正在不断增强。

（一）创新实践方案

1. 创新发展思路——“三调、两转、一示范”

“三调”即调高、调新、调轻。“调高”即将开发区打造成为高新技术产业和高附加值现代服务业的聚集区，以科技创新驱动开发区转型升级。到 2017 年，开发区高新技术企业要从目前的 22 家增加到 30 家，高新技术产业产值比重从目前的 20% 调升到 30%。“调新”即将开发区的发展方式由依靠项目带动和投资拉动逐步调整到依靠创新驱动和新型业态带动。“调轻”即重点发展非重化工产业，提高消费品生产的比例，优化全市产业结构，提升抗风险能力。逐步提升信息产业、现代服务业等第三产业的比重，降低加工制造业的比重。推动开发区从产业新城向城市新区转变。到 2017 年，使开发区第三产业比重从目前的 20% 调升到 30%，通过稳定存量，调整增量，提升开发区发展质量、发展速度与发展水平区。

“两转”即转变引进培育企业的方式，由单一的政策鼓励引导向加强创新平台建设与政策引导相结合转变。到 2017 年底，开发区单位面积的投入和产出比从目前的 100 万元/亩提高到 200 万元/亩。

“一示范”即到 2017 年，建成技工贸总收入达到 1000 亿级的产业区，将开发区打造成为推动全市、引领全区转型升级的示范区。

2. 发展目标

将银川开发区建成“开放、高效、活力、发展”的开发区，是开发区未来的发展目标。

3. 产业特色

银川开发区形成了特色鲜明的优势产业。开发区高端装备制造产业形成了明显的比较优势，虽然规模不大，但产业体系完整，技术含量较高，配套完善，特色突出。小巨人机床、共享铸钢、舍弗勒轴承、西北轴承、巨能机器人等企业在全国及世界具有影响，建设、培育了在国际国内西部有较大影响的 2 个“单打冠军”和 17 个示范工厂。主要产品数控机床、起重机械、特种铸钢、高端轴承等技术水平在国内领先。以光伏材料为主的新材料产业形成了从单晶硅生产到切片、电池组件较为完整的产业链条，隆基硅、银星能源、银和新能源等企业发展迅速，已建成国际上最大的单晶硅材料生产基地，年产量 15000t，正在打造国内最大的工业蓝宝石生产基地。银川“iBi”育成中心已成为引领宁夏生产性服务业的示范区。

（二）主要创新活动

1. 构建创新政策体系

先后制定了《十二五科技创新工作实施方案》《十二五时期建设“人才特区”暂行办法》《中国驰名商标和宁夏著名商标的奖励办法》《促进投资和产业发展的若干政策》等，形成了较为完善的政策保障体系。

从 2011 年起，每年兑现科技扶持奖励资金超过 2500 万元，其中 2014 年为 130 多家企业兑现扶持奖励资金 6827 万元。

2. 推动科技创新

加大创新投入。2014 年银川开发区研究与开发（R&D）经费投入占地区生产总值的比重达到 3%，其中企业 R&D 投入占全市的比重达到 50% 以上；开发区财政科技投入占开发区财政支出比重达到 3% 以上，2017 年争取达到 5%。2014 年高新技术实现产值 37 亿元，占规模以上工业总产值的 20%。

形成多层次的研发体系。一是形成多层次的研发支撑体系，依托国家和自治区重点实验室、工程中心、研究院所和重点企业的研发机构，形成与重点高新技术产业发展相配套的研发支撑体系；二是形成应用技术的支撑体系，主要依托大型骨干企业技术中心，实现二次创新和集成创新；三是形成重点学科支撑体系，充分发挥重点学科、重点产业化基地等对重点高新技术产业发展的学科和人才支撑作用。

培育重大高新技术创新源。银川开发区运用利益机制，通过有效的产学研合作，实现企业高新技术源由外生性为主向内生性为主的转变，在“技术轨道”的切换中获得技术创新的后发优势。鼓励企业购买高校、科研院所的专长技术，进而再创新，通过集成自主技术与消化再创新技术，实施技术追赶战略。支持企业通过各种有效方式整合核心竞争力要素，使重大技术创新源内生化，形成具有专业特色与竞争力的核心技术，提升自主创新能力，逐步摆脱技术源依赖性过大的困境。

3. 推动产业创新

鼓励企业开展科技创新。银川开发区给予经省级以上行业主管部门认定的公共技术研发平台项目，投资1亿元以上的一次性扶持100万元；投资5000万元至1亿元的一次性扶持80万元。

对新认定的高新技术企业、国家级企业技术中心、国家地方共建实验室，新认定的自治区级企业技术中心、工程实验室、技术创新中心、工程技术研究中心，通过复审的高新技术企业、企业技术中心，除国家、自治区、银川市奖励外，一次性分别给予30万元、10万元、5万元奖励。

获得国家科学技术进步奖、国家技术发明奖排名在首位的企业，一等奖一次性奖励50万元，二等奖一次性奖励40万元，三等奖一次性奖励30万元；新获得自治区科学技术进步奖排名在首位的企业一等奖一次性奖励30万元，二等奖一次性奖励20万元，三等奖一次性奖励10万元；新获得自治区科技创新成果奖、科技进步考核先进单位的一次性奖励5万元。

鼓励企业开展职务发明。企业获得一项职务发明的，一次性给予第一发明人3万元奖励，给予第二发明人0.6万元奖励；同年度获得两项职务发明的，一次性给予获得两项职务发明同为一人的第一发明人7万元奖励，给予第二发明人1.4万元奖励；同年度获得三项以上（含三项）职务发明的，一次性给予获得三项以上（含三项）职务发明同为一人的第一发明人10万元奖励，给予第二发明人2万元奖励。

给予新获得国家产业化示范基地的项目一次性奖励100万元；新获得自治区产业化示范基地的项目一次性奖励50万元。

4. 聚集创新人才

银川开发区2011年被宁夏回族自治区党委、政府列为“人才特区”。开发区实施“1521”人才引进培养工程。“1521”人才引进培养工程，是指围绕开发区五大主导产业和领域，用五年时间，以培育战略性新兴产业为主题，以高层次人才为重点，以其他人才为补充，以企业为主体，引进和培养10名左右掌握国际领先技术、引领产业发展的领军人才；500名左右从事科技创新、成果转化的高层次人才；200名左右硕士研究生；1万名左右技能人才。为开发区做大做强主导产业提供人才支撑。

创新团队。能够引领开发区产业发展、产生重大经济和社会效益的创新团队，给予最高不超过1000万元的风险投资。

首席科学家、技术带头人。国家实验室、国家级工程（技术）研究中心、公共研发平台、国家级企业技术中心首席科学家、技术带头人，以及国内外高级职称（务）的工程技术专家、经营管理专家，以及纳入国家“千人计划”、自治区“百人计划”的科研人员，给予最高不超过 100 万元，扶持方式采用风险投资方式；创办企业获得银行贷款的，给予 50% 的贷款贴息，连续补贴 2 年，补贴总额不超过 100 万元。

留学回国创业人员。掌握自主知识产权或拥有核心技术留学回国人员到开发区创办高新技术企业的，根据项目评审结果和科技含量、辐射带动作用、市场前景等因素，采取股权投资、风险投资方式扶持，最高不超过 50 万元。

技术研发、服务平台。鼓励开发区内国家及自治区级实验室、工程（技术）研究中心、公共研发平台、企业技术中心引进和培养高层次人才，开展技术创新活动。一次性给予对新批准设立的自治区级院士工作站、专家服务基地、博士后工作站，分别给予 50 万元、30 万元、20 万元资金支持。

大学生就业。鼓励企业吸纳应届国民教育系列高校毕业生到开发区工业企业、“IBI”育成中心孵化企业就业，其在企业月工资不低于 2000 元，签订 3 年及以上劳动合同并缴纳社会保险的，按照每人每年 3000 元标准，补贴 2 年。

5. 推进创业载体建设

银川“iBi”育成中心是银川开发区着力打造的“宁夏第一、西北一流、全国特色”的集信息产业、生物技术、知识产权转化为一体的智慧生态园区。

宁夏国家高新技术创业服务中心是自治区科技厅设在开发区的科技中介服务机构，旨在为创业企业孵化提供优质平台，并积极为科技型企业争取国家和区、市各类扶持政策和资金；支持企业创建国家、行业标准和贯标工作及申报专利；为企业提供管理、技术、信息、人才、法律等方面的服务。

宁夏留学人员创业园为留学人员提供了宽松舒适的工作和生活条件，营造了良好的创业和发展环境，是广大留学人员回国创业、施展才华、实现自我价值的重要平台。

6. 提升园区综合服务

建立人才公寓。投资 1.1 亿元，建设的 3.03 万 m^2、612 套的高技能人才公寓正式投入使用，已有 1239 名高技能人才入驻。360 套职工公寓解决了超过 1300 名骨干职工居住问题。积极协调相关房地产企业，为企业职工提供 7.1 万 m^2 的限价商品住房，确保各类人才引得进、留得住、生活得好。

（三）创新成效

1. 获得的荣誉

银川开发区被工信部认定为“装备制造国家新型工业化产业示范基地”，被商务部命名为国家电子商务示范基地，被商务部、科技部认定为“新能源国家科技兴贸创新基地”，被原文化部认定为国家文化产业示范基地。从 2011 年到 2013 年连续三年被国家级投资评估机构评为“十佳最具投资竞争力园区”。

2. 重要创新成果

银川开发区国家重点新产品包括：GS 门式工业机器人（宁夏巨能机器人系统有限公司）；数控装配压装机（银川西部大森数控技术有限公司）；光电互补智能控制楼宇照明系统（宁夏银星能源光伏发电设备制造有限公司）；蒸汽－燃气联合循环机组高中压外缸铸件（宁夏共享铸钢有限公司）；自动报警高精度三相电能表（宁夏隆基宁光

仪表有限公司)。

科技成果转化包括:科技重大专项“高档数控珩磨机”(宁夏银川大河数控机床有限公司);科技重大专项“2MK2250×150 大功率船用柴油机用数控珩磨机”(宁夏银川大河数控机床有限公司);国家科技支撑计划“石油采输系统节能关键技术与示范”[宁夏三新实业(集团)有限公司];国家科技支撑计划“冶金法制备太阳能集多晶硅技术研究及工业示范”(宁夏宁电光伏材料有限公司);国家科技进步二等奖“大型高端燃气轮机铸件研发及产业化”(宁夏共享铸钢有限公司)。

宁夏留学人员创业园已有 17 家留学人员企业入住,46 名回国留学人员从事研究和开发工作。目前,宁夏博奥生物工程有限公司、宁夏瑞赛而商务有限公司、宁夏佰福特实验室有限公司等 4 家企业产品已批量生产。

高新技术创业服务中心已累计孵化企业 86 家。

银川“iBi”育成中心运营一年来,实现了核心业态的裂变式聚集和主营指标的几何级增长,成为西部高端生产性服务业的聚集区、宁夏科技型服务业发展的引领区、引领全区转变经济发展方式的示范区。目前入驻企业 300 余家,从业人员突破 4000 人,预计主营业务收入达 30 亿元,实现网络交易额 2500 亿元,上缴税收 1 亿元。在十二届大连软交会上获 6 项国家级大奖,先后荣获国家创业孵化示范基地、国家科技型企业孵化器、国家文化产业示范基地、国家知识产权试点园区等 8 个国家级示范基地称号。

三、小结

银川开发区的创新实践,引起了区内外主流媒体的高度关注。人民日报、新华社、经济日报等中央媒体及区市主要新闻媒体连续聚焦开发区,仅 2013 年、2014 年两年累计报道超过 380 篇(次),银川开发区的影响力正逐步扩大。

2018 年,经开区将认真贯彻落实党的十九大、自治区第十二次党代会及银川市第十四次党代会精神,按照“绿色、高端、和谐、宜居”的发展理念,围绕市委、市政府提出的“高端定位、绿色发展、合作创新、提升水平、提质增效、引领示范”的发展要求,立足打造全区绿色发展示范区、高端产业聚集区、创新驱动引领区和转型升级示范区,全力推进与北京经开区的战略合作以及招商引资、项目建设、土地“做除法”等重点工作,勇于担当、主动作为,当好全市工业经济发展的领头雁,争当全区工业园区的排头兵,全面开创经开区“二次创业”跨越提升的新局面。

第九节　苏州工业园区

一、园区概况

苏州工业园区是中国和新加坡两国政府间的重要合作项目,于 1994 年 2 月经国务院批准设立，同年5月实施启动，行政区划面积278km²，其中，中新合作区80km²，下辖四个街道，常住人口约78.1万。

近年来，苏州工业园区坚持以习近平总书记系列重要讲话特别是视察江苏重要讲话精神为指引，统筹推进“五位一体”总体布局，协调推进“四个全面”战略布局，坚持稳中求进总基调，践行五大发展新理念，经济社会保持健康持续较好发展。2017年实现地区生产总值2350亿元，同比增长7.2%；一般公共预算收入317.8亿元，增长10.3%，占GDP比例达13.5%；进出口总额858亿美元，增长15.5%；实际利用外资9.3亿美元、固定资产投资476亿元；R&D投入占GDP比例达3.48%；社会消费品零售总额455亿元，增长12%；城镇居民人均可支配收入6.6万元，增长7.7%。在全国经开区综合考评中位居第1，在全国百强产业园区排名第3，在全国高新区排名上升到第5，均实现历史最好成绩。

二、园区创新影响力实践

（一）构筑特色产业体系

园区坚持引进和培育并举，大力发展高端高新产业，形成了“2+3”特色产业体系（“2”，即电子信息、机械制造等两大主导产业；“3”，即生物医药、人工智能、纳米技术应用等三大特色新兴产业）。累计吸引外资项目4800多个，实际利用外资300亿美元，92家世界500强企业在区内投资了156个项目。主动对接“中国制造2025”，大力发展智能制造，促进“工业化+信息化”深度融合，积极推动制造业向“制造+研发+营销+服务”转型，推动制造工厂向企业总部转型，目前拥有各类外资研发机构161家，经认定的省级总部机构39家、占全省20%。生物医药、人工智能、纳米技术应用等三大新兴产业去年分别实现产值615亿元、350亿元和500亿元，增长28%、30%和36%，园区生物医药产业竞争力在全国高新区中排名第一，纳米技术应用产业被誉为全球八大微纳制造领域最具代表性区域之一，同时，百度、华为、滴滴、科大讯飞、苹果、微软、西门子等都在园区设立了人工智能相关领域研发或创新中心，园区正在加速成为国内领先、国际知名的人工智能产业发展高地。

（二）实施聚力创新战略

园区制定出台《加快建设国内一流、国际知名的高科技产业园区的实施意见》，启动实施创新产业引领、原创成果转化、标志品牌创建、创新生态建设等四大工程，加快形成以创新为主要引领和支撑的经济体系和发展模式。累计建成各类科技载体超600万m²、公共技术服务平台30多个、国家级创新基地20多个。积极开展招校引研，重点瞄准大院大所名校，引进中科院苏州纳米所、中科院电子所苏州研究院、中国医学科学院系统医学研究所等“国家队”科研院所10家，牛津大学苏州先进研究中心、哈佛大学韦茨创新中心、微软苏州研发中心、协鑫中央研究院等新型研发机构近500家，中国科技大学、西交利物浦大学、加州大学洛杉矶分校、新加坡国立大学等中外高等院校 29 所，在校生人数 7.85 万人，获批全国首个“高等教育国际化示范区”。深入实施“金鸡湖双百人才计划”，集聚高端人才，累计入选国家“千人计划”143 人，其中创业类“千人计划”57 人、占全国比例近 7%，大专以上人才总量居全国开发区第一，园区被评为国家级“海外高层次人才创新创业基地”、中国科协“海外人才离岸创新创业基地”，被确定为中组部人才工作联系点。突出企业创新主体地位，深入实施“企业扎根”和自主品牌企业培育计划，大力培育壮大创新创业企业集群，目前集聚科技创新型企业 4000 多家，国家高新技术企业 875 家，上市企业 18 家、新三板挂牌企业 108 家。近三年平均每天产生发明专利 11 件，保持全省领先。苏州金融资产交易中心、股权交易中心等资本要素市场先后设立，东沙湖基金小镇入选首批“江苏特色小镇”，区域股权投资基金规模超 1800 亿元，覆盖创新型企业全生命周期的科技金融服务体系日趋完善。集聚硅谷 PNP、百度创业中心、腾讯云基地、苏大天宫等众创空间 80 多家，其中 13 家列入“国字号”序列，金鸡湖创业长廊被评为全国“2017 十佳创业园区”。

（三）深入推进开放创新

苏州工业园区认真落实国务院批复精神，统筹推进开放创新综合试验，每年确定一批重点改革任务，累计形成 79 项改革创新举措，其中一批改革试点成果在国家和省市不同层面得到复制推广；按照商务部要求，委托北京大学产业技术研究院完成了开放创新综合发展指数研究，建立了数据模型，2015 年园区综合评估得分 107.11 分，2016 年达 115.20 分（2014 年基期分为 100 分），改革试点效应正在加速显现。坚持问题导向，找准改革“靶点”，破解发展瓶颈，积极开展先行先试探索，主动对接复制上海等自贸区改革创新经验，构建开放型经济新体制综合试点试验、综保区企业一般纳税人资格、贸易多元化等试点有效开展。深入推进“放管服”改革，构建了“一枚印章管审批、一支队伍管执法、一个部门管市场、一个平台管信用、一张网络管服务”的治理架构，形成了“大部制保障、信息化支撑、不见面审批、专业化服务、平台型监管”的园区特色。积极探索“2333”改革，即企业 2 个工作日内注册开业，3 个工作日内获得不动产权，33 个工作日内取得工业生产建设项目施工许可证。主动融入“一带一路”建设和长江经济带等国家战略，推进国家级境外投资服务示范平台建设，苏宿工业园区、苏通科技产业园、苏滁现代产业园、霍尔果斯开发区、苏相合作区等“走出去”项目进展良好，园区发展经验和模式得到较好复制推广。

（四）持续优化宜居环境

苏州工业园区牢固确立并坚持“无规划、不开发”的理念，坚持“先规划后建设、先地下后地上”“一张蓝图绘到底”，制定完善了 300 多项专业规划，并配套制定了一系列严格的规划管理制度，确保规划得到严格执行。坚持产城融合发展，金融商贸区、科教创新区、国际商务区、旅游度假区等重点板块加快建设，服务经济加速繁荣，集聚金融类机构 894 多家，服务业增加值占 GDP 比例达 44%，获批成为全国首个“国家商务旅游示范区”，阳澄湖半岛成为首批国家级旅游度假区。率先把信息化列入区域总体发展战略，入选全国首批智慧城市试点，成为全国首个数字城市建设示范区。坚持生态优先，扎实开展“两减六治三提升”环保专项行动，深入实施生态优化行动计划，部署开展“基层大走访、问题大普查、环境大整治、管理大提升”四大行动，城市环境综合治理取得明显成效，区域环境质量综合指数达 97.4，整体通过 ISO 14000 认证，成为全国首批“国家生态工业示范园区”。

（五）不断增进民生福祉

苏州工业园区着力构建富民增收长效机制，重点加强对园区居民再就业和新生代动迁居民的帮扶，动迁居民稳定就业率超过 96%，过去五年城镇居民人均可支配收入年均增长 9.1%，居省市前列。实施区域一体化八项工程（规划建设、产业布局、基础设施、公共服务、社会保障、社会管理、生态环境、文明素质），财政累计投入近 20 亿元，改造提升动迁社区 43 个、面积 1087 万 m^2，惠及动迁居民 5 万余户，居住环境和生活质量得到显著提升。坚持现代化、均衡化、特色化方向，推动教育、卫生、文化、体育等公共服务优质均衡发展，城乡社保全面并轨，基本养老保险、医疗保险、失业保险三大保险保持 100% 全覆盖。高度重视文化建设，先后成立苏州芭蕾舞团、交响乐团，打造了环金鸡湖马拉松赛、龙舟赛、双年展等一系列国际性文体品牌活动。推进社会治理创新，构建了“一口受理、一门办结、全科社工、全天服务”的社区为民服务模式，入选全国首批“社区服务信息惠民工程智慧社区建设”试点。常态化开展“社情民意联系日”等活动，每年实施一批民生实事项目，增进了居民群众的获得感和幸福感。安全生产三年提升计划深入实施，平安、法治园区建设不断深化，社会保持和谐稳定。

（六）全面加强党的建设

落实全面从严治党要求，牢固树立“四个意识”，扎实开展群众路线教育实践活动和“三严三实”专题教育、“两学一做”学习教育，始终在思想上政治上行动上自觉同以习近平同志为核心的党中央保持高度一致。深入推进基层党建创新工程，制定关于加强和改进新形势下党的基层组织建设等实施意见，全区建立基层党组织 1962 个，其中非公企业党组织 1162 个、组建率达到 97%。从严加强干部队伍建设，制定实施履职保护、绩效考核、创新激励、责任追究“四项机制”“六个办法”，推行《园区工作人员行为导则》，积极开展处级干部挂钩服务重点企业、机关干部基层蹲点调研、“六个一”基层走访调研等活动，为企业、群众解决了一批热点难点问题。压紧压实管党治党“两个责任”，严格执行中央“八项规定”和省委、市委的有关规定，坚持不懈开展“清风行动”，注重把握运用监督执纪“四种形态”，扎实开展巡察工作，营造了风清气正的良好政治生态。

三、小结

今后，苏州工业园区将深入贯彻落实党的十九大精神，以习近平新时代中国特色社会主义思想为指引，进一步以世界眼光和国际标准，在更高坐标系中提升发展标杆，确立更高的目标定位，在夯实全面小康基础上，对标国际先进水平，积极谋划现代化建设，展现发展的创新性、探索性、引领性。力争到2030年，园区主要经济、社会发展指标进一步攀升，达到或接近主要发达国家水平，勇当高水平全面建成小康社会的标杆，勇当建设具有时代特征、江苏特点的中国特色社会主义现代化的标杆，努力在全市建设"四个名城"中发挥引领示范作用，走在推进"两聚一高"新实践、建设"强富美高"新江苏的最前列。一是打造创新源地。自觉践行新发展理念，坚持把创新作为引领发展的第一动力，扎实推进开放创新综合试验，构建完善国际化、开放型创新体系，深入实施创新产业引领、原创成果转化、标志品牌创建、创新生态建设等四大工程，突出人才首要地位，集聚整合更多国际高端创新要素，持续优化创新创业环境，加强科技成果对接转化，不断铸就创新发展新动能。二是打造产业高地。深刻认识"我国经济已由高速增长阶段转向高质量发展阶段"的重要判断，深入实施转型升级战略，推动经济发展质量变革、效率变革、动力变革，不断提升发展质量和效益，增强区域经济创新力和竞争力。以智能装备高端突破、制造业智能化转型、企业品牌和质量提升为主攻方向，加快推动电子信息、机械装备两大主导产业迈向中高端。重点培育生物医药、人工智能、纳米技术应用等三大未来主导产业集群，努力打造具有园区标志、领跑全国乃至全球的产业地标，推动互联网、大数据、人工智能和实体经济深度融合，加快培育具有国际竞争力的现代产业。三是打造民生福地。围绕"解决好人民日益增长的美好生活需要和不平衡不充分的发展之间的矛盾"，推动公共服务优质均衡发展，推进治理体系和治理能力现代化，实施好各项民生实事项目，积极构建富民增收长效机制，健全完善具有园区特色的公共教育、医疗卫生、文化体育、社区服务等公共服务体系，不断增强居民群众的获得感和幸福感。四是打造宜居胜地。坚持多规融合、以人为本、共建共享、绿色低碳、智能智慧的理念，不断丰富提升城市功能内涵，改善城市环境面貌和人居环境质量。大力实施"生态优化行动计划"，推动形成绿色低碳的生产生活方式和城市建设运营模式，实现生态环境质量持续好转。推动文化事业和文化产业繁荣发展，大力弘扬中华优秀传统文化，推进中外人文交流，打响"创新之城、非凡园区"品牌。

第十节　上海青浦工业园区

一、园区概况

（一）基本情况

上海青浦工业园区是1995年11月25日，经上海市人民政府批准成立的九大市级工业开发区之一，目前规划面积56.2km^2。园区不仅位于长三角"之"字形经济圈的交接处，是上海通往江苏、浙江两省的交汇点，而且也是长三角制造业产业带的中心，具有承东启西、东联西进产业带的枢纽作用和对长三角、华东地区的辐射作用。

经过20多年的开发建设，上海青浦工业园区已经成为全区经济发展的重要增长极,2016 年,园区的规模工业产值、就业人口和税收收入分别占全区的 1/2、1/3 和 1/4;已经成为全市投资环境最好的区域之一,世界 500 强和行业龙头企业纷纷在园区投资落户。目前,已形成了以德国海德堡为代表的印刷传媒产业,以日立电梯为代表的精密机械产业,以腾讯云计算为代表的电子信息产业,以高田汽配为代表的汽车零部件产业,以日本尤妮佳为代表的纺织新材料产业等主导产业格局。同时,一批研发中心、技术服务中心等与园区制造业相关的配套生产性服务业也初具雏形,综合配套能力不断提升,产城联动效应逐步显现。

2017 年,上海青浦工业园区整合两家国家级开发区:上海青浦出口加工区和上海张江高新技术产业开发区青浦园,实行“一园三区”一体化改革,采取“机构一体、三块牌子、一套班子”的运作模式,进一步强化园区在产业招商、规划建设、企业服务、人员管理、财务管理等方面的一体化功能,开启新时代上海青浦工业园区跨越式发展的新征程。

(二)主要特点

二十多年来,上海青浦工业园区以科学发展观为统领,历经初创发展阶段的滚动开发、高速发展阶段的整体推进再到提升发展阶段的五个转变,有效地推进了工业集中、土地集约、产业集聚的进程。目前,青浦工业园区已经成为全区最好的投资环境之一,成为青浦区最重要的经济增长极,成为社会和谐发展的园区。

1. 全区最好的投资环境之一

上海青浦工业园区一直致力于打造先进制造业基地,开发二十多年已经形成了雄厚的产业基础。目前,已形成了以日本发那科机器人、美国斯伦贝谢油田设备、日立电梯为代表的精密机械产业,以美国英威达、法国博舍、德国杰斯曼为代表的新材料产业,以美国希悦尔、宝龙药业、滇虹药业为代表的生物医药产业,以腾讯、南大苏富特、天玑科技为代表的软件信息产业,以德国海德堡印刷设备、美国当纳利印刷、香港中华印务为主导的印刷传媒产业。同时,上海青浦工业园区已成为上海市生物医药、电子信息、新材料、软件和信息服务、先进重大装备产业(光机电)等五大产业基地。现园区正在积极创建国家新型工业化示范基地和国家级生态园区,进一步提升园区产业发展与绿色生态环境。

2016 年以来上海青浦工业园区转型升级推进有力。12 家转型发展优质项目集中签约,项目涉及工业大数据、工业 4. 0 智能制造、总部研发、招商平台和土地二次开发等五大类,总投资超 20 亿元,将为未来园区注入新的活力。

2. 全区重要的经济增长极

二十多年来,上海青浦工业园区坚持一手抓实体性落户企业,推动主导产业的发展和产业链的形成;一手抓民营经济的发展,做到保存量、求增量,初步形成了内外资并举、多种经济协调发展的经济格局,综合经济实力不断增强,全区的经济贡献率进一步提高。日益成为青浦区区域经济发展的强力推动器和上海市打造先进制造业的重要基地之一。

3. 社会和谐发展的园区

在注重开发建设的同时,上海青浦工业园区十分注重对投资“软环境”的营造,积极处理好“三农”问题。

一是通过与科技综合服务平台、信息服务中心、人力资源和社会保障平台、行政服务中心等政府职能部门合作，联合打造政策法规和信息服务平台，为社会各界提供各类公共服务。

二是通过实施“企业服务年”、开通全天候值班企业服务热线、百分百处理企业的投诉、“结对子”企业联系册，不断探索和创新企业服务工作，为园区企业提供细致、周到的服务和创业环境。

三是积极搭建产学研合作平台，促进企业技术创新，以构建科技服务平台为载体，提高科技创新服务水平。

四是做到既办好工业、发展经济，又反哺农业、注重和谐，促进经济和社会事业全面发展。20 多年来，园区已累计建设民乐、民惠两大配套商品房（动迁房）基地以及清河湾动迁小区约 120 万 m^2，动迁农民 7000 余户，提供就业岗位约 12 万人，解决镇保约 3 万人。逐步实现了“工作有岗位、居住有改善、保障有覆盖”，失地农民安居乐业、社会事业和谐发展的良好局面，有效推动了青浦区的城市化进程。

二、园区创新影响力实践

多年来，上海青浦工业园区在“创新驱动、转型发展”的大背景下，坚持由要素驱动向创新驱动转变，创新转型收到了实实在在的效果。各项工作目标和任务均有序推进，园区经济和社会发展继续保持了平稳向上的发展态势，难点不断被攻克、亮点也接连闪现。

（一）产业先进

加快引进和发展“两头在青、中间在外”企业，是多年来上海青浦工业园区发展转型的重要方向和途径。因此，园区不断把制造业曲线向上游的研发、设计与下游的营销与服务两端环节延伸，把资源消耗大、产品附加值低的生产制造环节逐步外移，从而不断优化产业结构，提升园区先进制造业的能级和水平。

2015 年 7 月 14 日，德国科德宝集团为旗下克鲁勃公司和肯天公司投建的一座崭新的现代化研发中心投入运行。扩建后的青浦生产基地很快成为克鲁勃公司和肯天公司亚洲地区的最大销售和制造中心，并专注于特定研发项目，更快应对本地市场状况，提供一系列的尖端技术和研发服务，满足中国市场需求。德国罗森伯格通信技术有限公司于 2009 年引进园区，由于用人成本较高及招收工人难度逐年增加，企业有意迁往内地发展。园区及时跟踪企业需求，经过主动沟通和商谈，凭借着园区独有的服务优势、品牌优势和资源优势，企业最终决定把公司总部、研发中心及销售结算中心继续留在园区，而将生产基地转移至外地。该企业只需约 2000m^2 办公楼用作研发和办公，却同样可带来超 5 亿的营业收入。

目前，上海青浦工业园区已引进了中国最高的高速电梯试验中心——日立电梯研发检测中心、中国最先进的汽车碰撞安全测试中心——日本高田国际安全测试中心、中国民用航空的重要维修基地——东航普惠上海发动机维修中心，以及德国妮维雅研发中心、日本发那科研发检测中心、美国润盈生物销售体验中心、德国克鲁勃新材料研发中心、移动智地研发中心等10余家高端制造业的研发中心、技术服务中心及营销中心项目。上海市制造业税收30强企业、青浦区纳税第一大户日本尤妮佳在园区投资设立中国区总部，世界钣金加工机械设备的领导厂商——日本天田公司投资设立的中国区总部，实现了青浦地区“跨国公司企业总部”项目零的突破。

（二）资源高效

随着国家土地新政的不断出台，可供园区开发的新增用地空间也十分有限。园区要实现转型发展，必须突破的一大瓶颈便是土地资源的束缚。几年来，上海青浦工业园区按照“控制总量、用好增量、盘活存量、提高质量”的思路，采用土地回购、腾笼换鸟、借笼养鸟等方式，积极推进闲置资源利用，采用收购、置换、转让等方式，提高土地利用率；通过产学研合作提升技术、关停并转等手段加快淘汰落后产能。盘活约1km^{2}的存量土地，占园区规划总面积1/16，使有限的土地资源产出最大化。

上海青浦工业园区在企业服务走访中了解到日本昭和高分子公司有意向出让15亩闲置地，德国特吕茨施勒有意向新增厂房的信息，及时将两家企业的需求信息进行了沟通和对接，经过多次的沟通洽谈，初步达成共识，形成了可操作方案。土地置换后，特吕茨施勒将扩大产品品种、增加20%～30%的产能，税收有望过亿元。

住商物流、胜代机械的闲置资源通过协议转让，上海青浦工业园区成功引进了日本日通和日本安田两家著名企业，合计合同外资超过4000万美元，投资额超过8000万美元。此外，园区还将回购的土地供应给上海家化项目，盘活近133340m^2 土地。

未来五年，上海青浦工业园区以统一规划调整、优化产业布局、提升产业能级、提高资源利用效率为主要方向，拓展园区产业发展空间，力争五年内将园区的土地产出提高到7000万元/hm^2。

（三）产城一体

上海青浦工业园区开发二十多年来，随着先进制造业企业不断提高产业能级，引入“三个中心”功能，生产性服务业企业的逐步落户，大批中高级人才进驻园区。因此，园区坚持以新型工业化引领城镇化水平提升，以新型城镇化支撑工业优化升级，实现工业化和城镇化良性互动，立足长远，突出重点，在空间上产城联动、在布局上功能分区、在产业上二三融合，促进了人流、物流、商流、资金流、信息流的集聚和运转，为青浦新城的建设提供发展动力。

上海青浦工业园区把中央商务区作为“产城融合”的重要载体，着力打造以卓越世纪中心主体的城市综合体，正逐步形成业态合理、功能齐全、综合配套、环境高雅的区域商业商贸中心。央企葛洲坝集团也二度拿地，建设集住宅、商业、办公、文体于一体的项目，并配备菜场和3000m^2 社区活动中心，以进一步提升园区的综合配套能力，积极推动园区产城融合发展。

特别是重点做好“一廊”和“一片”的开发。一廊，即把外青松公路两侧2km^2 打造成为产城融合的主廊道，将外青松公路沿线土地调整为总部、研发、办公用地，逐步实施优二进三战略。一片，即把城中北路以西、崧泽大道以南，约 $3km^2$ 打造成产城融合、宜商宜居的片区。目前，区域内已基本形成工业园区大厦、工商联大厦及政府职能部门办公的商务办公大楼群、"富力桃园"和"旭辉苑"的高级住宅区、沁园湖中心绿地广场；星级酒店、会所、体育中心和购物中心以及幼儿园、小学、惠民服务中心等公建配套设施正逐步完善中，将为青浦新城的发展发挥重要的辐射和带动作用。

（四）生态文明

"看得见绿，望得见水。"创建国家级生态型园区，是园区实现可持续发展的根本保证。上海青浦工业园区在加快经济建设发展的同时，一直十分注重环境保护和节能降耗工作。目前，园区正遵循"产业先进、低碳转型，绿色制造、资源高效，产城一体，生态文明"的发展思路，加快创建国家级生态园区，致力发展循环经济，推动清洁生产活动，实现园区"生产、生活、生态"的和谐发展，实现经济效益、社会效益和生态效益的统一。

对于新引进企业，上海青浦工业园区重点加强绿色招商，设置入园企业门槛，坚持实行环保一票否决制，对部分高能耗、高污染和产出效益低的劣势企业进行整顿调整，推动产业向高端低碳发展。对现有主导产业，加强 ISO 14001 环境管理体系认证和清洁生产审核，提升企业生态建设的责任。对于高能耗高污染企业，在梳理现状的基础上，重点促使企业的腾笼换鸟和转型升级。重点在引导企业开展生态设计，推动重点企业能源节约，全面开展资源集约利用，强化园区环境污染控制等方面下功夫。

创建期间，单位工业增加值综合能耗下降 14.03%，单位工业增加值新鲜水耗下降 13.44%，单位工业增加值废水产生量下降 14.30%，单位工业增加值 COD 排放量下降 16.39%，单位工业增加值 SO_2 排放量下降 19.75%。2013 年 6 月 4 日，园区通过了由国家原环境保护部、科技部、商务部三部委联合组成的专家组评审。目前，创建国家级生态示范园区也已步入了快车道。

（五）科技创新

2015 年，园区围绕发展方式转变和产业结构调整，着力培育高新技术企业，完善科技服务体系，进一步发挥出科技创新对园区发展的支撑引领作用。截至 2013 年，园区专利申报数达 434 件，拥有国际知名品牌 10 件，国内驰名商标或名牌产品 137 件，其中：上海盈创公司利用 3D 打印技术，将建筑垃圾在短短一天时间内打印成一幢别墅，上海市委书记专程前往参观考察。

从 2009 年开始，上海青浦工业园区对每年获批"上海市科技小巨人工程项目、创新资金市区联动项目、青浦区创新示范（争创）企业"的企业，按照市、区匹配资金发放形式进行相应的匹配资金扶持，并作为日常扶持工作加以落实。同时，园区始终致力于自主创新能力的提升，园区拥有国家级企业技术中心或研发机构 3 家，市级企业技术中心或研发机构 13 家，例如日立电梯试验塔、申雅密封件有限公司实验室、上海普利特复合材料股份有限公司中心实验室、英威达中国纺织研究中心等创新中心在国内行业中具有较大影响力。至2013年底,科技研发经费支出占GDP比重3.68%,高新技术企业85家,高新技术企业产值占工业总产值32.8%,成为上海市高新技术企业的集聚地之一。

三、小结

未来的上海青浦工业园区,将按照“以产业园区开发模式为主,辅以园区建设配套,主要以进行土地开发和招商引资、产业引进和转型升级、战略任务和专项任务为主要目标,构建专业领域的研发、孵化、生产、服务为基础的创新产业体系”的功能定位,围绕“中国制造2025”,加快园区产业集聚集群发展,大力发展并逐步形成:以福赛特智能设备、哈工大人工智能、上海启迪等为代表的人工智能产业,以上海华测导航技术、东航GE、英国IMI等为代表的高端装备产业,以杏灵科技药业、上药津村制药、英诺伟医疗产业、中国科学院上海巴斯德研究所研发中心、植颂生物科技等为代表的生物医药产业,以美国娇丹娜(Jordana)化妆品和瑞士美德乐等为代表的快速消费品产业,以上海巴安燊翱环保为代表的新材料产业,以东方雨虹集团、京东供应链、德国歌德技术中心等为代表的现代生产型服务业。同时,积极创建国家级生态示范园区和国家级综合保税区,全力打造青浦中部地区的科创高地,经过3~5年努力,将“一园三区”建设成为集产业招商一体化、规划建设一体化、园区管理一体化、企业服务一体化的先进制造业及现代生产型服务业高地,努力打造一个富有活力、拥有实力、积聚潜力、彰显魅力的“升级版”园区。

第十一节　张家港经济技术开发区

一、园区概况

张家港经济技术开发区(以下简称张家港经开区)于1993年经江苏省政府批准设立,2011年9月升级为国家级经济技术开发区。区域面积153km^2,常住人口53万人。近年来,张家港经开区紧扣“现代产业集聚区、科技创新示范区、开发开放先导区、幸福宜居新城区”的目标定位,充分发挥地处张家港市主城区的区位优势,依托坚实的产业基础,坚定不移实施创新驱动战略,大力引进各类人才,集聚创新资源要素,加快载体平台建设,全面构建政府推动、市场驱动、企业主动的创新体制机制,全力打造创新创业高地。经开区先后获批国家高新技术创业服务中心、国家知识产权试点园区、国家示范型国际科技合作基地、海外人才中国创业示范基地、中国产学研合作创新示范基地。

截至2017年底,张家港经开区新兴产业产值占规上工业比重达到72%,高新技术产业产值占比达54.5%。拥有总面积达32.5万m^{2}的国家级科技孵化器3个;产

学研合作载体7家;众创空间9家(其中国家级1家,省级众创空间6家,苏州市级1家);已经参与和设立产业基金超70亿元;省级以上研发机构141家,授权专利1.86万件;自主培育国家"千人(万人)计划"专家10名,"省双创"人才38名、"省双创"团队3个,"姑苏计划"人才51名。创业链条基本形成,创新空间更加丰富,创新成果日益显现。

二、园区创新影响力实践

(一)围绕转型升级,推动高技术产业蓬勃发展

张家港经开区始终坚持把创新发展作为转型升级的第一推动力,围绕产业特色,持续加大科技创新的投入力度,加速科技与产业融合发展,探索出了一条以创新型开发区建设推动经济社会发展的新路子。

1. 经开区(杨舍镇)初步形成自主可控的现代产业体系

经开区(杨舍镇)地处全球经济最活跃、交通最便捷的长江三角洲中心地带,经过20余年发展,经开区成功跨入国家级开发区第一方阵,跻身"中国最具发展潜力园区"前十强。近年来,区镇初步形成了以智能制造与再制造、绿色能源、半导体芯片为核心,以国际商贸、服务外包、软件动漫、总部经济等现代服务业为特色的现代产业体系。围绕打造"国家智能装备产业基地",建设全国最具有竞争力和示范性的智能装备产业基地。亚洲最大的帘子布生产基地骏马集团、全国纺织行业前五强澳洋集团、中国LNG和再制造产业先锋富瑞特装、核电装备制造领域新锐海陆重工、中国高端液体(饮料)包装机械专家与领导者新美星等一批国内标杆型企业相继落户;引进了中德两国总理亲自见证的长城宝马光束汽车、全球排名前三的自动变速箱生产商加特可、汽车零部件全球第一的采埃孚天合及第三的麦格纳、工业机器人全球第六的日本不二越、起重机全球第一的美国马尼托瓦克、精密轴承第三的日本恩斯克、焊接全球第一的英国伊萨等一批世界500强企业和世界知名企业。围绕打造"国家绿色能源产业中心",集聚了太阳能光伏组件单体产能全国第一的协鑫科技、全球新能源500强第四十六位的爱康集团、全国知名的光伏企业彩虹永能等国内领先的绿色能源规模企业。围绕打造"化合物半导体世界之都",集聚了外延芯片单体产能居全国第一的华灿光电、封装全国前三的晶台光电,以及恒嘉晶体、锐捷光电、能华微电子、韩国IA、凯威特等一批半导体领军企业。

2. 经开区(杨舍镇)具有较强的科技创新活力

经开区(杨舍镇)始终坚持以科技创新能力的持续提升全面激发经济社会活力,集中抓好"中科院纳米产业园、华夏科技园,沙洲湖科创园、软件动漫产业园,商务产业园、教育产业园、健康产业园"7个功能平台的建设运营,发展数字经济、平台经济、总部经济。截至目前,累计自主培养国家"千人计划"专家7名,"万人计划"专家3名;柔性引进国家"千人计划"专家38名。2017年研发经费支出占GDP比例超3%,近三年科技投入年增10%左右;万人有效发明专利拥有量90件;科技贡献率超65%;高新技

术企业114家、上市企业8家、“新三板”挂牌企业19家。先后获得国家国际科技合作基地、中国产学研合作创新示范基地、国家海外高层次人才创新创业基地、中国十强创新力开发区、国家知识产权试点园区等称号。

3. 以人才项目为突破点的产业化进程方兴未艾

以人才生项目,以项目带人才,以高端人才为引领,创新专业服务,加速人才项目产业化进程,为创新型开发区构建产业发展的生态圈。加快以产业链打造人才链,实施产业节点“群链式”引才,量身定制引才优惠政策,鼓励引导引才平台企业围绕自身项目发展需求,推荐引进产业链上下游配套项目,形成“抱团”发展的新格局。通过汉酶生物、智能电力研究院等“群链式”引才平台,已累计引进生物医药、智能电网等群链式项目30余个。积极推动本土百强企业、国家级高新技术企业、上市企业与领军人才开展嫁接,遴选一批“互补性、共生性”较强的本土企业,推动与领军人才结对成“创业伙伴”,让领军人才成为本土企业家的“创新助手”,让本土企业家成为领军人才的“创业导师”,实现了人才企业借资本市场的快速成长。目前,已成功嫁接合作创办企业25家,企业新增产能产值超30亿元。

(二)强化招才育才,打造国际化与本土化结合的人才高地

张家港经开区牢固树立“人才是第一资源”的理念,大力实施“科技兴区、人才强区”战略,科学培养人才、引进人才、用好人才,充分激发人才的创造活力,形成人才引领发展、发展集聚人才的良好局面,为全区经济转型升级提供了强有力的智力支持和人才保障。

1. 围绕产业引才

紧扣服务产业经济发展主线,突出人才与产业的匹配度、与地方经济社会发展的衔接性,制定重点引进产业目录,将再制造、智能装备(机器人)、电力电子作为“三大”重点产业发展方向,做到高端引领、重点突出、按需引才。目前,自主培育国家“千人计划”7人,柔性引进“千人计划”31人,江苏省“双创”人才27名,苏州姑苏领军人才35名,张家港市领军型创新创业人才140名,实施“千人计划”产业化项目38个,拥有各级各类人才总量12万人。

2. 利用项目聚才

招商引资与招才引智相结合,实施精细招商、精准引才,先后引进了德国西马克、日本那智不二越机器人、恩斯克精密机械、美国天合以及其辰光伏、华灿光电等一批大项目,汇聚了一大批高层次创新项目和人才。引进创新创业项目累计达到300个,新增硕士以上各类人才2000余名,有力提升了人才集聚度和区域创新力。

3. 依托平台揽才

建成各类科技载体150万m^2、省级以上创新基地30个,拥有国家级孵化器1家、省级孵化器1家。区内已有沙洲湖科创园、张家港科创园、华东国际技术创新园三大创新载体。建成清华大学张家港智能电力研究院、华东锂电技术研究院、清研再制造产业研究院、哈工大张家港智能化装备及新材料技术研究院、西工大张家港智能装备技术产业化研究院、千人计划(张家港)电力电子集成技术研究院等八大研究院,引进

印度 NIIT 张家港软件和服务外包学院,有效集聚了一大批海内外高层次人才。

4. 用好资源育才

经开区拥有优质的高等教育、基础教育、职业教育、成人教育和国际化教育机构,形成覆盖学前教育到高等教育的完善教育体系,建有 4 所大学,设有专门的外国人学校以及众多职业技术学校。引进了德国 BBW 教育集团"双元制"职业教育,为企业定向培养具有欧洲高级技工资质的高素质员工。

(三)突出人才优先,构建高效优质的亲才服务体系

张家港经开区突出人才在经济社会发展中的引领作用,不断优化人才发展环境,完善和创新亲才服务体系,激发人才创新创业活力。

1. 多层面的政策扶持体系

经开区大力推行领军型创新创业人才计划、紧缺高层次人才引进计划、港城英才计划等,覆盖不同层次和产业领域的人才政策体系。通过政府政策性保障,吸引海内外带资金、带技术、带项目的人才来张家港经济技术开发区创新创业。同时,大力发展"香樟树众创空间",每年从新兴产业转型升级投资资金中安排 1000 万元专项用于扶持创客项目,积极探索创新创业认筹基金模式,为种子期、初创期和扩展期人才项目提供个性化资金支持保障。

2. 全方位的公共服务体系

先后搭建"科技文献服务、信息资讯、专业技术服务、中介服务、技术成果转化交易、投融资服务"六大公共服务平台。引导各类科技服务要素向科技创业园集聚,先后引进科技评估、科技法律咨询服务、专利申请、科技风险投资等中介机构 30 余家,形成符合科技产业发展特色和区域科技创新体系建设的服务体系。

3. 一站式的人才服务体系

推进科技人才工作的规范化和制度化,科技人才局作为全区专职人才服务机构,集中为高层次人才提供"一站式"服务,并通过组织企业管理、知识产权保护、股权融资、市场营销等培训,不断提高人才企业的综合能力。全区累计建成近 50 万 m^2 的人才公寓,以及 5 万 m^2 的员工宿舍,采取人才公寓和租房补贴相结合,解决海外人才及员工住宿问题。另外,完善的教育、医疗服务体系,为高层次人才创新创业提供了良好的服务保障。

(四)全力打造"天更蓝""水更清"的生态环境

自经开区获批创建国家级生态工业示范园区以来,张家港经济技术开发区以生态创建区为重点,以城乡一体化为引领,全面推进环境提升工程,加快完善生态系统,全力打造"天更蓝""水更清"的生态环境。

1. 突出转型升级,降低经济发展对环境的压力

近年来,经开区审时度势,将转型升级作为开发区发展的首要任务,着力推进现代纺织服装、现代装备制造、新能源、新材料、LED、新能源汽车和再制造七大主导新兴产业,并已取得重大突破,新兴产业产值占规上工业比重达到 72%,高新技术产业产值

占比达54.5%。注重科技的引领作用,江苏彩虹永能、爱康集团、协鑫集成科技等企业陆续建立了全球一流的研发机构。引进了多所大学研究院和百多个科创团队,科技对产业发展、环境保护的支持作用日益明显。随着转型升级步伐的加快,单位工业增加值COD、SO_2排放量、新鲜水耗均有显著下降。

2. 突出循环经济,推进传统产业生态化改造

针对传统产业废弃物产生量大、资源化利用空间大的特点,着力实施补链招商。引进印染污泥造粒项目,将印染企业产生的污水处理污泥处理后变成热值较高、材料轻质的污泥颗粒产品,出售给建材企业用作原料,实现了废弃物的资源化利用,并串起了纺织印染——建材制造产业链。鼓励园区企业开展废物资源利用,如恩斯克精密机械建设了一套废乳化液处理系统,将自身和区内其他设备制造企业产生的废切削液经处理后上清液回用于冷却系统,大大减少了固废排放量。注重政策引导,开发区内再制造产业示范基地于2013年10月获国家发改委批复实施方案,并于2014年7月获国家发改委、财政部批复为园区循环化改造示范试点园区。开展了节水型企业、能效之星企业的创建,加大了企业节能减排力度,有力促进了现有企业的生态化改造。

3. 突出典型引路,发挥示范带动作用

围绕"生态、低碳、集约、高效",致力在企业、产业、园区、社会四个层面构建生态工业示范园区框架。先后实施了涵盖产业升级与生态工业、资源能源集成优化、环境基础设施建设、管理及制度创新、生态安全维护和生态文化等27项重点示范工程,这些示范工程在各个领域起到了龙头标杆作用。张家港市龙杰特种化纤有限公司、华灿光电(苏州)有限公司等企业在各自的行业中开展循环经济试点,开展清洁生产审核和节能审计,开展形式多样的员工创建活动,激发了更多的企业走清洁生产、循环经济之路,有力推动了生态工业示范园区建设。

4. 突出环境责任,营造良好的生态文明氛围

企业是生态建设和环境保护的主体,在创建过程中,开发区注重将生态文明建设与其他四个文明建设有机结合,引导企业将生命周期分析、环境审核、环境标志、生态设计等国际环境管理的先进经验引入企业的日常经营活动,确立企业环境方针,构建企业环境责任,张家港易华润东新材料有限公司、张家港市龙杰特种化纤有限公司等企业每年向社会定期发布环境管理年报。生态工业示范园区创建涉及社会各个层面。通过形式多样、寓教于乐的宣传方式,引导员工和市民从日常生活细节做起,养成善待自然、保护生态的良好习惯,逐步形成了全民关心环境、参与环保的良好氛围;积极开展各类绿色学校、绿色医院、绿色社区创建活动,鼓励企业积极投身环保公益活动,让生态文明在开发区生根开花。

三、小结

推动高质量发展,是新时代我国经济发展的基本特征,是引领改革发展的根本性要求。经开区将坚持把解放思想作为力量之源,在弘扬张家港精神中拔高站位,到2020年力争实现"张家港精神最足、改革创新最活、经济质态最优、动能转换最快、城乡统筹最强、文明程度最高、群众获得最多、干部面貌最佳”八大愿景，为高质量建设“四个港城”做出更大贡献。

第十二节　济南高新技术开发区

一、园区概况

济南高新技术开发区（以下简称济南高新区）是1991年3月经国务院批准设立的首批国家级高新区。规划面积141km²，形成了中心区、综合保税区和孙村新区三大片区，辖4个街道办事处、66个村（居），常住人口约30万人。按照“一区多园”的发展模式，先后建设了齐鲁软件园、创业服务中心、留学人员创业园、综合保税区、国家信息通信国际创新园（CIIIC）等国家级专业园区，先后被列为全国软件出口创新基地、服务外包示范基地、游戏动漫产业化基地、集成电路设计产业化基地、海外高层次人才创新创业基地和国家创新药物孵化基地。

二、园区创新影响力实践

创新是济南高新区的灵魂。创新和创业是高新区发展永恒不变的主题，也是实现又好又快发展的重要支撑。作为全市经济发展的重要增长极，高新区在创新驱动、转型发展中肩负着重要使命。

近年来，随着发展形势的变化和自身发展的实际，济南高新区适时提出了加快“三次创业”发展的总体思路，即：围绕一个目标（建设全国一流高新区），实施两大战略（创新驱动、产城融合），明确四区定位（高端产业密集区、高层次人才聚集区、创新发展示范区、宜业宜居新城区），实现五个跨越（产业培育、自主创新、城市建设、社会管理、改革创新），加快推进高新区转型发展、跨越引领，努力谋求新作为、创造新业绩，在全市创新发展中“形成新支点、走在最前列”。在这一总体思路的引领下，全区经济社会发展不断取得新成绩、实现新突破。

（一）园区主要创新活动

1. 搭建创新创业平台

国家信息通信国际创新园建有软件与信息服务、集成电路设计、数字媒体技术、通信测试、量子通信研发、千万亿次超级计算机及物联网嵌入式系统研发等8大技术平台，全部面向园区企业开放使用。济南高新区聚集了浪潮、航天软件、神州数码等信息技术企业近1400家，年实现技工贸总收入近千亿元；济南高新技术创业服务中心是科技部首批认定的国家级科技企业孵化器，转化高新技术项目1500余项，一大批科技型中小企业在这里成长壮大，成为支撑济南高新区快速发展的主力军。

2. 促进科技与金融结合

深圳证交所路演中心、山东省金融数据中心在此落户。全区上市企业总数达40家,其中"新三板"上市21家,成为全市"企业上市示范区",在全国高新区也名列前茅。

3. 人才凝聚

秉承"人才强区"战略,出台了一系列创业扶持政策及人才吸引措施。积极进行创新创业资金、项目贷款贴息、人事代理、公寓配租等方面的支持,营造宽松开放的创业环境。目前,济南高新区已引进中央"千人计划"专家28人,山东省"泰山学者海外特聘专家"40人,济南市"5150引才计划"276人,已成为国家高层次人才创业示范区和齐鲁人才特区高地。

4. 创新发展"五个聚焦"

聚焦研发资源,重点加快量子通信、超算等国内一流平台建设,推进齐鲁电机国家级企业技术中心、齐鲁制药国家级工程技术中心、重汽国家级工程技术中心建设发展;聚焦创新项目,强化企业在创新中的主体地位,抓好航天科技、国威卫星等项目发展,加快推动高端容错服务器、三维CAD、量子通信技术等重大科技专项实施,努力打造几个在国内知名的科技创新闪光点;聚焦培育孵化,全面加快创新创业基地建设,大力支持创新能力强、成长速度快、发展潜力大的科技型中小企业;聚焦科技金融,加快建立以天使投资、风险投资、股权融资、融资租赁、上市融资等多元化梯形融资体系,完善高新区科技金融综合平台建设;聚焦高端人才,全力推进"齐鲁人才特区"建设,继续保持全省领先,力争成为全市第一、省内一流、国内知名的人才洼地。以领军人才为核心构建连接全球、国际国内联动的格局,引进一批高端人才、带来一批项目、培育一批产业。

(二)园区创新成效

目前,全区高新技术企业达到222家,占全市的43.2%,"十二五"期间累计获得各类科技立项646项、专利授权8810件。全区共有国家级孵化器3个,孵化面积达到60万m^2,在孵企业总数达到了343家,市级以上科技研发机构达到274家,其中国家级6家、省级145家。近年来,全区科技创新不断呈现新成果、新亮点,浪潮集团研发的32路高效能服务器一举打破了美国垄断格局,由济南量子通信研究院研发的量子通信设备成功应用于十八大会议服务,晶正电子研发的铌酸锂单晶硅薄膜填补了世界空白,蓝孚高能电子加速器填补了国内空白。科技金融体系逐步健全,目前已拥有各类金融机构255家,去年为中小企业提供风险投资、私募债、小额借款、知识产权质押贷款、担保资金等14.6亿元。企业上市势头良好,主板上市企业达到19家,"新三板"挂牌企业达到21家,位居全国高新区前列。"齐鲁人才特区"建设成果显著,国家"千人计划"达到29人,省"泰山学者海外特聘专家"达到56人,市"5150引才计划"达到276人,保持全省领先。

三、小结

以创新创业立命的济南高新区，正在形成创客、小微企业、大中型企业共同发展的良好生态。政府尽最大努力简政放权，提高审批效率，打造创业服务全产业链。当前，高新区正结合“三次创业”，进一步优化创新创业生态环境，构建引领新兴产业发展方向的“众创空间”，推动形成大众创业万众创新蓬勃态势，打造经济增长新引擎。到2020年，高新区目标是集聚创业者20万人、科技创业企业2万家。

提升审批效率打造方便快捷的政务环境。高新区先行先试，实施商事登记联合审批改革，探索推行营业执照、组织机构代码证、税务登记证和公章刻制“一表申请、一窗通办、部门联审、三证合一、档案共享”注册登记新模式，企业设立和变更时间缩短到只需3个工作日。高新区扶持创业蛮拼的，创业者办“三证”全部免费，一分钱不用掏。企业查询信息、打印资料的费用也由政府提供。据统计，仅去年高新区就拿出1300多万元，为创业者无忧创业买单。下一步将为“大众创业、万众创新”营造最宽松环境，推动商事登记改革、人才流动、财税支持等政务服务高效协同，打造全省行政审批事项最少、行政效率最高、行政服务成本最低的“三最园区”，让创业者时时感到方便舒心。

做强孵化载体为大众创业提供“众创空间”。大众创业草根创业，需要载体平台。高新区将完善“创业苗圃 + 孵化器 + 加速器”的梯级创业孵化体系，打造一批低成本、便利化、开放式的“众创空间”，让创客们自由共享经验、知识、思想和仪器设备等创业资源，让每一株创业“萌芽”都能“孵化成苗”。在国家信息通信国际创新园，涵盖创客咖啡、创业苗圃、创业孵化器的链条式服务空间初显成效。在这里创客可以实现从第一张办公桌到第一间办公室，再到第一家规模公司的创业“三级跳”。

聚集创新要素，提供“智力源泉”。激活万众创新的活力，形成人人创新的新态势，科技创新是新引擎，高端人才是源头活水。高新区相继出台系列文件，将引才和引智相结合，面向全球重点引进100名以上能推动高新技术产业发展的高层次创新创业人才，由此构建了国家、省、市、区四位一体的人才扶持体系。截至目前，高新区累计引进国家“千人计划”人才29人、山东省泰山学者56人、济南市5150人才276人，为经济发展、转型升级做出了重要贡献。推出“海右人才计划”，诚邀全球创客。对于入选“海右人才计划”的人才，可给予创新创业团队最高500万元、创业人才最高100万元，创新人才最高50万元的扶持资金，同时还可以享受减免办公场所租金、融资贴息和专家公寓实物配租等扶持。符合条件的人才还可以申报更高层次的人才计划，入选后高新区给予相应资金配套扶持。

创新一直贯穿于济南高新区的发展实践之中，2013年济南高新区曾荣获新华社评选的“中国创造力开发区”称号。当前，在“三次创业”新思路的引领下，创新力将在济南高新区的发展中发挥更加重要的作用，成为经济社会进一步发展至关重要的因素。

第十三节　山西运城盐湖工业园区

一、园区概况

山西运城盐湖工业园区位于晋陕豫“黄河金三角”的运城市北端，创建于2003年，2006年被山西省政府和国家发改委确定为省级开发区。2005年，山西运城盐湖工业园区被山西省经委授予“循环经济示范园区”，2010年9月在“第六届中国工业园区招商引资高层论坛暨颁奖盛典”上，荣获“中国低碳经济示范园区”和“中国最具发展潜力开发区”荣誉称号。2012年被确定为山西省转型综改试验区“一市两园”中的科技创新园。2015年10月16日，在北京召开的“纪念开发区30周年暨榜样开发区创新大会”上，获评“中国创新力园区”，2016年6月26日，在第二届“一带一路”园区建设国际峰会暨十三届中国企业发展论坛上，荣获“2016中国产业园区创新力百佳”奖。

2017年9月，山西省人民政府批准运城盐湖工业园区与盐湖区文化产业园整合扩区，扩区后规划面积为30km^2。截至2017年底，山西运城盐湖工业园区总投资197亿元，入驻企业300家，其中规模以上工业企业28家，高新技术企业16家，园区经济实现持续稳步增长。2017年，山西运城盐湖工业园区GDP总量为43.17亿元，完成营业总收入260亿元，高新技术产业产值113.8亿元。

二、园区创新影响力实践

一直以来，山西运城盐湖工业园区坚持“科技进步是立园之基、强园之本”的原则，十分注重自主创新工作。2012年，在山西省转型综改试验先行先试工作中，山西运城盐湖工业园区因具备明显优势，被确定为运城市转型综改试验“一市两园”中的科技创新园，大力度开展科技创新工作。

（一）建立科技创新工作机制，鼓励企业自主创新

2012年以来，山西运城盐湖工业园区加大科技创新投入，共投入近40亿元，用于高新技术人才引进培训、高新技术企业培育和技术创新工作，同时，建立健全科技创新工作机制，出台科技创新奖励办法，鼓励企业进行科技创新，提高企业自主创新能力。山西运城盐湖工业园区连续三年开展科技创新先进企业评选活动，共评选出29家科技创新先进企业，给予科技创新奖励81.8万元，充分调动了企业科技创新的热情。石药银湖制药、山西凯盛肥业等30余家企业建立了自己的科研机构。

（二）培育高新技术产业，提升园区核心竞争力

山西运城盐湖工业园区加快培育和发展高新技术产业，一方面做好“存量”，对发

展良好的科技型中小企业，登记在高企培育库中，做到动态管理。对符合申报高企条件的企业，通过引进知识产权代理中介机构，邀请科技、审计等专业部门的专家，对企业进行高新技术专题培训，提供个性化服务，避免企业多走弯路。2017 年，共推荐申报了 4 家高新技术企业，全部通过了审批。另一方面，园区做好“增量”，提高企业入园“门槛”，引进高新技术和具备条件的企业入驻。近年来，招引入园的 30 多家企业，90% 都属于高新技术或者具备高新技术条件的企业。尤其是国强科技、寰烁科技等一批主攻产业企业，综合科技含量较高。

（三）加强产学研合作，促进科技成果转化

一直以来，山西运城盐湖工业园区非常注重加强与科研机构的产学研合作，鼓励企业以多种方式同国内科研机构、高等院校开展科技合作，促进科研成果转化。山西运城盐湖工业园区共有 50 余家科研机构，与清华大学、北京大学、北京科技大学、中国农业大学、华南理工大学、太原理工大学等 70 所大专院校，中国科学院、中国工程院、中煤科工集团重庆研究院、中国水产科学院、中奇药物研究院等百余家科研机构建立了产学研合作平台。2014 年 8 月，园区成立了山西运城铁力新型建材研究院；2014 年 11 月 1 日，园区成功引进山东高端科技工程研究院，在园区设立山东高端科技工程研究院运城分院，并召开了第一次铝工业发展技术研讨会。运城分院将利用山东高研院的优势资源，从技术、金融、人力资源等方面，促进园区企业升级转型，每年将在园区转化技术成果 20 项以上，举办一次以上经济发展高端论坛或研讨会，促成不少于 10 个经济技术合作项目，带动园区高新技术产业的快速发展。

（四）引进科研高端人才，实现人力资源的最优化配置

山西运城盐湖工业园区通过人才市场等中介机构，采取多种形式帮助入园企业引进和培养所需要的各类人才，使园区企业以最低的成本，实现人力资源的最优化配置。2015 年，园区设立了院士工作站，聘请中国工程院院士赵沁平作为院士工作站专家带头人，工作站建立之后，发挥专家团队人脉优势和技术力量，指导企业与全国高等院校开展产学研合作，培养、引进了 100 余名高端人才。中磁科技有限公司的董清飞董事长是国内知名的材料学工学博士，长期从事钕铁硼稀土永磁材料研究。其右科技有限公司总经理吴林茂是运城市在工程技术方面享受政府特殊津贴的第一人，是山西省委联系的高级专家。凯盛肥业有限公司聘请了国家级专家黄振峰等生物领军人物，并与俄罗斯生物研究所共同实施了科技部国际合作项目，园区专利事务咨询中心的赵树海高级工程师拥有自主专利 30 余项，其自主发明的绝缘子风力清扫环曾获第 42 届日内瓦国际发明展览会金奖。

（五）建设省级科技孵化器，搭建科技创新公共服务平台

为了降低初创科技型企业产业化的风险，2012 年以来，山西运城盐湖工业园区加快建设科技企业孵化器，积极搭建科技创新公共服务平台，包括建设科技创新服务中心、创办大学生科技创业园、建设创业苗圃、搭建专业技术实验平台、建设小微企业孵

化基地等，形成“苗圃－孵化－加速－产业化孵化链条”，助力科技型中小企业高质量发展。2017年7月，园区科技企业孵化器被省科技厅认定为省级科技企业孵化器，这是该市唯一的一家省级科技企业孵化器。孵化器通过为创业者免费提供科研场所，知识产权、政策法律、技术金融等一条龙服务，打造中小企业发展热土，鼓励创新创业人才在园区“落地生根”。现已成功孵化瓦屋无人机等30家优秀企业，培养了70余名优秀人才。同时孵化器定期举办创新培训、创客沙龙、企业联谊等活动，让创业者在园区开心学习、安心工作，舒心生活。

三、小结

目前，运城盐湖工业园区立足当前发展实际，积极培育发展新兴产业，已形成高端装备制造、新材料、生物医药、文化创意等4大产业领域。*装备制造国内领先，孕育智能新突破。*传统装备制造领域，矿用风机、制版印刷机械等产品技术水平国内领先，市场份额占比大。山西渝煤科安运风机首创对旋风机填补行业空白；运城制版印刷设备产品国内第一。新兴装备制造领域，植保无人机、激光投影仪、交通智能称重系统等以技术绝对优势快速抢占国内市场。其中，瓦屋科技创造中国乃至全球果树植保飞防领域的无人机第一品牌；寰烁自主研发生产的“电脑投影一体机”被工信部确定为行业标准。*新材料产业地位凸显，加速崛起新高度。*铝精深加工领域，依托河东龙新材料积极建设国家新型铝镁合金产业基地；永磁新材料领域，中磁科技生产能力排名第三，单厂规模行业第一，产品核磁共振磁钢国际市场占有率达80%；建筑新材料领域，黄河新型化工生产的“恒久”牌聚羧酸盐系减水剂被评为“山西省著名商标”，产品技术紧追世界名牌西卡。*生物医药产业特色发展，天然萃取新活力。*园区以生物提取为特色，汇聚鑫中大生物科技、瑞芝生物、石药银湖等30多家企业。其中，鑫中大生物科技是山西省“四新”中小企业，生物自然提取率达90%，技术水平领跑全国；瑞芝生物自主研发的“灵芝菌粉生产方法”和“姬松茸营养粉机器生产方法”获得国家发明专利；石药银湖全线通过新版GMP认证，已建成山西省最大、最先进的大输液业生产基地和智能立体仓库，实力打造山西南部药企新“航母”。*文化创意产业蓄势待发，绽放文化新光彩。*依托历史悠久的河东文化资源，重点发展创意产品生产和交易、文化旅游、创意教育等业态，已建成舜帝德孝文化公园、德孝古镇、水墨河东艺术公园等载体，成为华夏文化的重要传承之域。如今，科技创新已经成为山西运城盐湖工业园区进一步发展的新引擎。

第十四节　长治高新技术开发区

一、园区概况

长治高新技术开发区（以下简称长治高新区）成立于1992年，2015年2月，经国

务院批复升级为国家高新区，成为继太原高新区后全省第二家国家高新区，同时也是国家新型工业化产业示范基地。原有规划面积 7.53km^2，2016 年 12 月，全省开发区改革创新发展大会之后，长治高新区在市委、市政府的正确领导下，全面加快“整合改制扩区调规”步伐。2017 年 7 月，省政府审议通过了高新区的扩区可研报告，并按程序上报国务院等待批复。整合扩区后，高新区规划面积由原来的 7.53km^2 调整为 104.31km^2，共辖科技工业园、漳泽工业园、老顶山物流园、翟店工业园 4 个园区。

近年来，特别是升级为国家高新区以来，长治高新区在市委、市政府的正确领导下，大力实施创新驱动战略，初步形成了生物医药、装备制造、电子信息、健康食品、现代服务五大重点产业，入区企业 4000 余家，其中工业企业 267 家，规模以上工业企业 17 家，比较有代表性的企业有潞安集团环能（总部经济）、康宝药业、达利食品、立讯精密电子、潞安集团太阳能、澳瑞特健身器材、铱格斯曼航空科技等。2017 年，全区共完成营业收入 358.26 亿元、规模以上工业总产值 297 亿元、财政总收入 26.9 亿元。

党的十九大之后，高新区按照十九大提出的培育若干世界级先进制造业集群和全省经济工作会议提出的打造制造强省的要求，结合高新区实际，确定了以打造先进制造业集聚区为主攻方向，统筹发展新一代信息技术、高档数控机床及机器人、航空航天设备、节能与新能源汽车、生物医药与高性能医疗器械等战略性新兴产业，“一业为主、多业并举”的产业发展思路，力争通过 3 ~5 年的努力，建成千亿级产业园区，打造“上党动力源、三晋创新城”。

二、园区创新影响力实践

近年来，长治国家高新区立足区域产业集群布局现状，围绕战略性新兴产业的培育和发展，积极推进创新型产业集群建设，加快科技成果在产业集群内的转化，从根本上改变产业跟从、技术依赖的格局，使这里成为长治自主创新的高地、高新技术产业应用的前沿阵地。

（一）围绕创新驱动战略，打造创业创新高地

长治高新区经过二十多年的开发建设，已成为投资环境优良、服务设施配套、产业结构合理的现代化工业园区，具备了投资兴业的良好环境和条件，堪称长治地区的创业创新高地。

1. 全面开启国家高新区建设新征程

2015 年，长治高新区领导班子经过深入研究和多方调研，确定了“2345”工作思路，即：围绕两大主题，打造三区特色，坚持四业并举，实现五大提升。具体讲，就是要以“创新发展、率先发展”两大主题为统领；以打造“改革创新先行区、高新产业集聚区、产城融合示范区”三区特色为目标；以“立足发展实际，做大现有企业；突出孵化功能，加速创新创业；实施腾笼换鸟，盘活低效企业；推进提质扩区，承载更多产业”四业并举为抓手，力争通过两到三年的努力，使全区“高新技术企业、外资企业、科技研发机构、高新技术产业产值、高新技术产业税收”五项指标实现大幅提升，成为长治市科

技创新和加快高新技术产业发展的强大引擎。

2015 年 2 月,长治高新区经国务院批复升级为国家高新区,进入国家高新区队伍后,长治高新区坚持高起点定位、分步骤实施的原则,以国家级标准、全领域视野、专业化眼光,科学制定高新区未来发展规划,进一步突出高新区的功能定位,优化高新区的产业布局,使高新区的发展更加科学有序。同时,积极对接科技部、国家高新区,对接省委、市委决策部署,综合各种政策信息和先进经验,使长治高新区成为创业创新的高地。

2. 积极推进扩容工作

长治高新区实施“一区多园”发展模式,核心区初步形成五大产业格局:以西门子大型特种电机基地、玉华再制造、中德合资博太科电气、钜星锻压、贝克电气、康宝机器人为标志的先进装备制造产业;以康宝生物医药集团为代表的生物医药产业;以飞利浦 - 中池联华、炎黄照明、山西福万达等为支撑的光电产业;以山西达利、佰和园、世龙为引领的高档食品产业;以中信北斗产业园、钜星电商产业园、北斗视讯中国煤炭 3 号线、上海迈诚金融信息服务有限公司、居然之家、金威商贸、益东国际为范式的现代三产服务业。而辐射区则形成了郊区漳泽工业园、城区城南机械工业园、长治县科工贸产业园、屯留康庄工业园和煤化工业园、潞城翟店工业园、襄垣王桥和富阳工业园等多个新兴产业园区。

3. 科技创新精彩纷呈

晋升为国家高新区后,长治高新区认真贯彻落实党中央、国务院实施新驱动战略和“大众创业、万众创新”号召,突出科技孵化功能,积极担当国家使命,全力谋求创新发展新突破,研究制定了推动科技创新、金融振兴、民营经济发展的扶持政策,加大对税收特殊贡献企业、新申报高新技术企业、申请上市企业、重点孵化项目的扶持。这些举措,使全区科技创新和高新技术产业发展呈现出生动和强劲的良好局面。

同时,为促进科技成果转化、扶持科技企业发展、培育未来产业领军人物,长治高新区建立了多个为中小科技企业提供场所、政策扶持和配套服务的公益性孵化平台。而长治青年创融投综合服务平台则是长治高新区管委会组织成立的综合性服务平台,该平台采用“政府指导、市场运营、企业参与、资源共享”的运作模式,致力为全市青年创新创业及中小企业提供十大服务功能,即政策咨询、上市孵化、创业培训、金融对接、法律服务、财税指导、专利申报、营销策划、工业设计、引资引智等全要素、专业化、保姆式、一条龙的优质服务,帮助全市中小微企业健康快速成长。

4. 创新活动高潮迭起

作为国家高新区,长治高新区以“打造创新高地、引领经济转型”为己任,以建设“改革创新先行区、高新产业集聚区、产城融合示范区”为目标,为长治市培育新产业、集聚新项目、转化新技术、引进新人才提供平台和载体。随着理念和行动的转变,加之“互联网 +”的兴起,一些创新活动在长治高新区上演。

近年来,长治高新区先后举办了长治市电子商务创意创业大赛;参加了科技部组织的新升级国家高新区座谈会;参加了省委组织的科技创新研讨会;邀请科技部专家领导来我区进行实地考察和项目技术论证;与光明日报、中国教育电视台、中国互联网

协会联合举办了全国大学生移动应用创新大赛和中国长治“互联网+区域化”发展论坛；与腾讯公司签订了战略合作协议；与市内7家高校签订了政校企战略合作协议；主办了中国教育电视台高校创意总部优秀企业推介会；主办了山西省面食文化节和山西面食文化论坛；成立了长治青年创融投综合服务平台等等。这些创新活动，不仅提升了长治高新区的知名度和美誉度，同时也吸引了各类创新要素，成为区域科技创新和经济发展的强大引擎。

（二）坚持提质增效，产业发展步伐加快

长治高新区坚持走内涵发展的路子，进一步做优存量、做大增量、做活变量，全面加快产业发展步伐。

1. 招商引资成效明显

新引进项目主要包括中汇联创新科技研究院、新型氧化铝高阻隔薄膜、IPO金融服务平台、煤焦智慧物流信息平台、无线射频电子标签、中国3号线煤炭能源物联网等。

如今，中汇联创新科技研究院、上海迈诚金融信息服务有限公司、久安人工心脏科技开发有限公司、北斗瀚海科技有限公司等一批科技含量高、市场前景广的企业进驻高新区科技孵化园。

截至目前，长治高新区有西门子大型特种电机有限公司、山西纳格尔机床刀具有限公司、昌盛斯波雷堡非晶电气有限公司、博太科电气有限公司、山西炎黄照明有限公司等外资企业和山西玉华再制造科技有限公司与英国曼彻斯特大学激光研究所合作激光再制造项目、山西中池联华科技开发有限公司与荷兰飞利浦公司合作LED照明项目等与外资协作项目。

2. 项目建设进展顺利

近年来，长治高新区充分发挥高新区在引领高新技术产业发展、支撑转型跨越发展中的集聚、辐射和带动作用，致力打造长治工业科技孵化器。

达利公司扩大生产规模，德益超级电容、康宝智能机器人、炎黄科技玻璃LED、煤炭3号线、中池联华等一批项目，长治高新区本着打造一批旗舰型企业的宗旨，多年来，以非常之举、超常之策，解决项目建设遇到的困难和问题，为企业创造一流的成长环境。

3. 坚持走产学研一体的发展路子

积极引导鼓励区内企业与国内外高校和科研院所建立稳定、长期的合作关系，组建自己的企业技术中心和研发团队，制定国家标准和行业标准，走出一条科技兴企、科技强区之路。同时，按照“政院企联合、产学研一体”的思路，依托山西中信高科有限公司筹建新材料科技产业园，已成立山西康宝博士院士工作站、中嘉加泰医用高科技检验试剂研发博士工作站。14家企业与科研院所签订了产学研合作协议；与长治医学院、长治学院、山西机电职业技术学院、长治职业技术学院、长治技师学院、晋东南会校等院校、康宝集团、山西达利、山西佰和园等企业签订政校企战略合作协议，通过优势互补合作共赢，进一步提升企业科技研发水平，推动区经济增长。

4. 加大中小企业扶持力度

为解决长治高新区企业“融资难、融资贵”的问题,深入企业了解其融资需求及存在困难,并结合企业实际情况,推荐一批优质企业,推进银企充分合作。长治高新区金融企业进一步转变经营策略,从之前的注重提高贷款量,转变为注重服务质量和提高服务覆盖面。

(三)坚持共享发展,公共服务水平提升

高新区在抓好经济建设的同时,始终高度重视民生事业发展,努力让改革发展成果更多更好地惠及全区群众。

1. 重点民生工程进展顺利

全面完成市政府重点工程容海幼儿园的建设和装修工程,着力推动高新区中心医院工程。对火炬中学按照总体规划、分步实施原则进行全面改造。

2. 各项社会事业扎实推进

四所学校教学成绩显著提升,火炬中学被评为长治市初中教学质量先进学校、长治市义务教育阶段教学质量检测先进学校。卫计局为全区群众提供更优质的卫生和计划生育服务。研究实施了“五老”补贴、一户多残补贴、失独家庭补贴三大补贴政策,加大对弱势群众的关怀。开通了民生热线电话,形成便捷高效的便民服务和指挥调度平台。建立了农民工工资保证金制度,切实保障农民工的合法权益。民生普惠力度明显加大,民生保障水平显著提升。

3. 城市建设管理有序开展

长治高新区集中开展了两违整治、危房危楼清查、保障房复审、建筑安全宣传、环境保护、重污染企业搬迁等工作,城市建设各项工作稳步推进。与此同时,扎实开展爱国卫生运动,按照全区市容环卫管理一体化要求,不留死角不留盲区进行整治,有效保持了全区干净整齐、清洁有序的环境面貌。

(四)坚持六大战略,开创高质量发展新局面

1. 坚持大规划引领,找准产业新城的总体定位

完成高新区总体规划、产业发展规划、土地利用总体规划、环境保护规划等“多规合一”。统筹发展新一代信息技术、高档数控机床及机器人、航空航天设备、新能源新材料等战略性新兴产业。同时,大力度推进征地拆迁,全方位铺开基础设施建设。

2. 平台是当今经济发展的新动能和新优势

高新区实施大平台承载,立足产业链最高端、最顶端,变引项目为引产业,打造智能制造产业园、航空产业园区、国际合作产业园区。重点抓好中电智云智能制造项目,建成分布式、高带宽的大数据云平台;全力引进全国电子行业最大央企中国电子集团。努力引进一批外资企业、外资项目,提升高新区国际化合作水平和核心竞争力。

3. 坚持大项目支撑,迅速做大经济总量

发展是第一要务,项目是第一支撑。立足现有企业,千方百计延长链条、提升质量,加速向高端制造、智能制造转变。实施全员开展招商引资战略,力争通过中介招商

引进5～10家带动能力强、科技含量高的重大项目。

4. 坚持大改革推动，推行市场化运作机制

在基础设施建设方面，积极探索“政府主导、企业运作”的开发经营模式，构建“专业化、扁平化、高效化”的经营管理体制。在“智库”建设以及各个领域建设，聘用相关专家，形成高新区强大“外脑”，同时提升各项工作专业化水平。充分利用国家高新区的品牌效应，引进国外的高新项目、先进技术、先进理念、先进管理模式，在长治消化吸收再利用，形成新的发展动能和优势。

5. 创新是引领发展的第一动力，坚持大创新突破

大力实施高新技术企业倍增计划，积极引进国内外大专院校、科研院所设立专业化的新型研发机构，促进高企数量和质量大幅度双提升。在金融创新上出实招、放大招，建立融资信息对接服务平台，发挥投融资平台作用。在管理机制创新上，坚持政策、资源、资金和人员向基层集中、向一线汇聚，形成现代化机关单位管理运营机制。在发展机制创新上，以盘活闲置资产为突破口，变死资产为活资本。

6. 坚持大服务保障，着力创优营商环境

研究制定财政、金融、招商、人才引进等方面的政策制度，打造惠企利企的政策环境；探索完善“一枚印章管审批、一支队伍管执法和一个大厅管服务”的管理体制，打造务实高效的服务环境；强化政务诚信、商务诚信、社会诚信、司法公信和公民诚信建设，建立健全诚信体系；认真落实关于整顿和规范市场秩序的各项规定，完善市场秩序监管机制，促进公平竞争、有序竞争，打造诚信和谐的社会环境。

三、小结

长治高新区抢抓机遇，乘势而上，在“高”上做文章，在“新”上求突破，持续集聚创新要素，不断培育创新主体，优化创新创业环境，为助推全市经济社会发展注入加速引擎、提供强劲动力。实施“大规划引领、大平台承载、大项目支撑、大改革推动、大创新突破、大服务保障”六大战略，开创新时代高新区高质量发展新局面。

第十五节　兰州经济技术开发区

一、园区概况

兰州经济技术开发区（以下简称兰州经济区）始建于1993年3月，时为省级开发区。2002年3月经国务院批准为国家级经济技术开发区，面积9.53km^2，位于安宁区核心区域，是甘肃首家国家级经济区。根据《科技部关于支持开展兰白科技创新改革试验区建设试点的复函》（国科函高〔2014〕214号），2014年起兰州经济区被纳入兰白科技创新改革试验区的重点建设区域。2018年，按照兰州市委、市政府《关于促进兰州经济技术开发区加快发展的意见》,空间布局调整为"一区六园",重点发展建设机场北高新园区、安宁园区、西固园区、红古园区、皋兰园区、皋兰生态修复和产业发展示范区等六个二级园区,规划面积265.32km^2。"十二五"期间,兰州经济区累计完成地区生产总值708.01亿元,第二产业增加值414.27亿元,工业增加值320.02亿元,规模以上工业增加值301.72亿元,第三产业增加值285.03亿元,固定资产投资1001.92亿元。2014年兰州经济区被省开发区建设发展领导小组评为"2014年度优秀开发区",在全省7个国家级开发区中排名第1位,在全省35个省级以上开发区中排名第2位。根据甘肃省开发区建设发展领导小组的考核评估,兰州经济区在全省35个省级以上开发区中综合排名保持在前5位。

二、园区创新影响力实践

(一)产业布局发展形成新格局

兰州经济区着眼于集聚集约集群发展,依托现有产业基础,在各园区培育发展特色主导产业,形成各具特色、错位发展、优势互补、多元支撑的产业发展格局。已成为兰州重点项目投资最为密集的区域之一,形成了以中石油西部物流中心等为代表的总部经济产业集群,以莫高国际酒庄、华润雪花啤酒等为代表的轻工食品产业集群,以众邦电缆、宏宇变压器等为主的先进装备制造产业集群,以兰州汽车城、金皇康等为代表的商贸服务产业集群,以兰州交大、甘肃农大、飞天文化产业园和科技孵化园等为代表的科教文化产业集群,以万里、兰飞和长风等为代表的航空航天产业集群;以兰州西部药谷、和盛堂、新兰药、佛慈制药等为代表的生物医药产业集群,以正威国际为代表的电子信息产业集群,以国际港务区、铁路集装箱中心、铁路货运中心、公路集装箱中心等为代表的现代物流产业集群,以兰州兴盛源再生资源循环经济产业园为代表的国家"城市矿产"产业集群。

(二)创新驱动发展取得新突破

"十二五"期间,兰州经济区加快融入兰白科技创新改革示范区建设,全区实有企业889家,其中规模以上工业企业63家,高新技术企业23家。开发区从业人员69007人,其中:高新技术企业从业人员11003人。各类重点实验室和工程技术中心近50个,其中省部级实验室7个、省部级技术中心10个。一是多渠道筹措创新资金,积极争取兰白技术创新驱动基金,筛选第一批项目102个,总投资554.2亿元,其中38个总投资258.9亿元的战略新兴产业项目、14个总投资16.8亿元的装备制造业项目、41个投资224.7亿元的节能环保产业项目、3个投资13.6亿元的科技孵化器项目,6个投资40亿元的其他项目。与省国投签订合作协议,拟利用省国投设立的甘肃生物产业基金、有色金属新材料投资基金、先进装备制造创投基金、长城兴陇丝路产业投资基金、节能环保和服务业创投基金等6只基金为园区建设、科技创新项目和企业提供资金支持。与兰投控股等企业合作,共同组建2.5亿元的"兰州生物医药创业投资基金",重

点用于兰州经济区生物医药产业园区的医药产业发展和园区建设。二是着力打造科技孵化平台,以安宁园区交大科技孵化园为基础组建了“兰州经济区创新创业园”,以兰州职业技术学院综合实训中心为基础组建了“兰州经济区兰州职业技术学院大学生创业园”,为企业创新、大学生创业提供良好的基础和环境。三是加快兰州西部药谷产业园建设,项目规划设计方案已经由省发改委批复;与国康药业、彩虹药业、阿奇生物等企业签订了框架合作协议。

(三)多元化投融资开拓新渠道

一是全力打造投融资中心(城市建设投融资发展公司),积极推动“银、企、政”三方合作,为中小企业发展提供资金支持。通过资金争取、项目申报、银行贷款、与非银行金融机构合作、合资建设等形式筹措资金。二是积极争取各类专项扶持资金。“十二五”期间,全区累计申请到 11512.2 万元扶持资金,其中:2011 年申请到蓝科石化、鑫兰石化、兰州机床厂、宏祥电力等 4 个项目专项补贴资金 210 万元;2012 年申请到扶持资金 1260 万元,其中 514#道路贷款贴息 1000 万元、兰州市第一批扶优扶强专项资金 80 万元、兰州市第一批生物医药发展专项资金 120 万元、承接产业转移及示范区规划编制前期费用补助资金 60 万元;2013 年申请到扶持资金 5153.2 万元,包括基础设施建设贴息资金 1352 万元;2014 年申请到扶持资金 2124 万元,包括基础设施贷款贴息到位 1914 万元;2015 年向上争取资金 2765 万元,其中:城市棚户区改造省级补助资金 575 万元,中央财政城镇保障性安居工程专项资金 1426 万元,城市棚户区改造市级补助资金 286 万元,第六批省预内投资预算资金 250 万元,省级外经贸发展专项资金 120 万元,开发区基础设施项目贷款贴息资金 108 万元。三是加大金融合作力度,“十二五”期间,全区累计融资 26.44 亿元,其中:2013 年获得交通银行信贷资金 2.5 亿元;2014 年获得兰州银行、交通银行信贷资金 4.7 亿元,国家开发银行土地储备贷款 10 亿元;2015 年共融资 6.2 亿元,其中与兰州银行合作融资 3.2 亿元;与兰州新区合作融资 3 亿元。

(四)循环经济发展取得新成效

抢抓全省创建循环示范区的机遇,制定实施《兰州经济区循环化改造实施方案》,积极推进产业结构调整、循环经济产业链构建、能源资源高效利用、土地污染集中治理、基础设施建设。重点构建了生物医药、有色冶金、“城市矿产”、新材料、绿色物流等 5 大循环经济产业链。重点推进 12 个循环经济项目,其中:和盛堂制药、敬业向日葵、甘棠铝业、庆丰铝业、雄泰铝业、金霸铝业等项目正式生产;正威电子信息产业园、新天地铝业、兰亚铝业(一期)、报废汽车拆解等项目正在试生产。成功申报了 3 家省级循环经济示范企业和 2 家市级循环经济示范企业。

(五)体制机制改革激发新活力

经过 2011 年增容扩区、2012 年融合兰州新区发展和 2014 年空间布局调整后,兰州经济区现辖安宁园区、西固园区、红古园区、皋兰园区及机场北高新园区等五个二级园区,规划面积达到165.32km^2,发展空间大幅度扩展。在调整优化中,兰州经济区不断完善管理服务体制,建立便利化"一站式"服务体系,实施行政事项审批实行并联审批制、限时办结制、重大事项审批"绿色通道"等制度改革,发展活力进一步迸发。"十二五"期间,招商引资方面,聘请了北京市甘肃商会、广东省甘肃商会、四川省甘肃商会、市政府驻厦门办事处等12个招商引资区域代表帮助开展招商引资工作;项目建设方面,通过领导包抓责任制、百日会战行动、项目现场推进会等措施全力推进了项目建设;投融资方面,主动同投资机构、保险公司及商业银行等合作加大对开发区基础设施、公共服务设施和政策平台建设的投入;规划审批方面,从项目建设的规划选址、用地规划许可、工程规划许可、工程初步设计、施工合同备案、工程施工许可、安全备案、工程质量监督、招投标、工程竣工验收等阶段实现了"一条龙"审批服务;房地产方面,建立了"一站式"的房地产交易大厅、实现了房地产交易与权属登记管理工作一体化。

三、小结

兰州经济区以创新驱动发展,逐步形成产业发展新格局,通过多元化融资开拓新渠道,积极推进循环经济发展,加强体制机制改革,激发园区新活力,开创了开发区创新发展新局面。

第十六节　包头稀土高新技术开发区

一、园区概况

包头稀土高新技术开发区(以下简称包头稀土高新区)位于包头市南部,总面积120km^2,由建成区、滨河新区和希望园区组成,下辖万水泉镇和民馨路、稀土路2个街道办事处,人口13万人,是国家级高新区中唯一以稀土资源命名的高新区。现有注册企业4600多家,其中稀土企业65家,上市公司投资企业22家,世界500强企业7家,外资企业39家;高新技术企业49家、占自治区的40%;拥有"千人计划"人才6名、占自治区的60%,"草原英才"工程人才26名、占自治区的50%;专利总数2410项、占全市的50%;研发中心达50家、其中国家级3家,创新创业团队5个,"创业海归"329人。包头稀土高新区先后被国家有关部委认定为国家新型工业化产业示范稀土新材料基地、国家稀土新材料高新技术产业化基地、全国稀土新材料产业知名品牌创建示范区、国家海外高层次人才创新创业基地、国家创新型特色园区等18个国家级基地(中心)。

近年来,包头稀土高新区在包头市委、市政府的正确领导下,以习近平总书记系列重要讲话精神为指导,认真贯彻落实自治区"8337"发展思路和包头市"5421"战略定位,按照"高新特快"发展要求和"南高"发展定位,以创新作为引领,抓住"大众创业,

万众创新”的“牛鼻子”，按下全面深化改革“快进键”，开启“三次创业”新征程，全面加快创建全国一流创新型特色高新区步伐。

二、园区创新影响力实践

创新是区域发展的灵魂和原动力。包头稀土高新区作为内蒙古自治区创新驱动战略发展的排头兵和前沿阵地，在大众创业、万众创新的新形势下，按照自治区“8337”发展思路和包头市委、市政府对稀土高新区“高”“新”“特”“快”的发展要求，充分发挥科技、人才、创业、创新等方面的优势，以科技创业服务中心“1428”孵化体系为“主战场”，重点围绕“集聚要素资源，完善孵化链条，优化政策保障、激发社会力量、搭建共享平台”五个方面下足功夫，着力构建政府扶持、市场主导的创新创业服务体系，初步形成了良好的创新创业生态环境，成为内蒙古自治区大众创新创业示范区和包头市最具吸引力的梦想起源地。

（一）构建全要素“众创生态圈”，汇聚创新创业力量

站在创新创业发展征程的历史新拐点上，2015 年初，包头稀土高新区率先垂范，依托科技创业服务中心成熟的孵化基础，同步整合稀土大厦、总部园区、时代广场等楼宇资源，建设包头高新技术特色产业孵化基地，打造了 18 万 m^2 的全要素、低成本、便利化的众创载体；包头稀土高新区相继建成创业街、创 COFFEE、众创空间暨大学生第二创业示范基地、金融超市等新型创新创业孵化载体，引进行业领军企业、创业投资机构、创客服务机构等社会力量营造良好的创新创业环境，培育发展了一批充满活力的大众创新创业企业，逐步形成了要素齐全、功能完善、合作开放、专业高效的“众创生态圈”。

1. 创 COFFEE——带着“点子”来创业

创 COFFEE 总面积 200m^2，由包头稀土高新区引导创立，由包头市小马驹有限责任公司负责运营管理，以“创业 + 投资”为主题、以“众创空间 + 配套孵化”为特色，借鉴国内先进的“众创空间”管理运作模式，通过提供“创业交流 + 创业会客厅 + 创业媒体 + 专业孵化 + 创业培训”等互动交流平台，为创客搭建集创新、孵化、辅导、投资于一体的最优众创平台。

创 COFFEE 运营负责人刘运波给眼前的咖啡厅这样定义：这个空间为创业者而生，一站式解决创业难题，为孵化企业免费提供开放式办公空间。有想法缺资金的，可以带上梦想来找钱；有资金但找不到合适投资方向的，可以来这里找项目；微小企业不懂运营的，这里有深厚的资源圈帮你出谋划策……

创 COFFEE 可以负责从一个点子到一个公司的全过程孵化。一是定期开展项目路演、BP 会客室、项目众筹、读书会、创业公开课、高校巡讲等多层次、多样化创新创业活动，通过项目征集、实战模拟、人才交流等形式选拔培育优秀创客或团队入驻孵化，着力打造活力迸发、潜力无限的“创业乐园”。二是拓展融资渠道，构建新型投融资体系。针对大多数创客资金不足的现状，与 IDG 资本、红杉资本、真格基金、洪泰基金等

20 家天使基金和风险投资公司建立起了合作关系，为创客如何在资本市场快速获取支持支招，为优质创业项目进入融资平台提供畅通的众筹渠道。积极与政府协商相关的政策支持，吸纳小额担保企业和银行作为公司的投资股东，协商增加小额担保贷款资金投入，降低门槛、扩大银行贷款发放范围和额度，实行一站式无障碍服务，及时为创业者提供小额担保贷款。三是推动企业与科研机构结合，一方面将大力促进科技成果的转化，实现产业化生产，造就一批具有自主知识产权的高新技术骨干企业；另一方面实现人才和技术试验平台的共享，为企业创新发展提供雄厚的人才支持技术支持，从而有效解决目前产、学、研脱节的严重问题，实现资源的优化配置和良性循环。

2.“众创空间”——“零成本”入驻

就业创业是民生之本、安国之策。缺乏良好的创业环境、由创业场地产生的高昂创业成本等依然是制约青年创业的重要因素。众创空间暨大学生创业第二示范基地依托包头稀土高新区科技创业服务中心和包头市大学生创业指导中心，构建的面向人人创业的服务平台，重点培育包括大学生在内的各类青年创新人才和创新团队，聚合各类创业要素，为创业者打造肥沃的创业“土壤”。2015 年 7 月，众创空间获评“自治区第一批众创空间试点”。

一是硬件环境升级提质。众创空间总面积 1500m^2，装修风格现代明快，创业席位近百个，集种子园地、创业苗圃、创业成长、创业服务四大功能于一体，配套布局开放办公区、个别独立办公区、商务洽谈区、公共服务设施等区域，配备电脑、百兆宽带、财务代理机构、录音棚、会议室、导师指导室等硬件配套设施，创业者可拎包入驻。二是创业扶持降低门槛。采取“席位制”方式管理，面向种子期项目和团队提供最长 6 个月的免费办公、导入创业培训课程，从财政税收、孵化场地、创业资金、优秀奖励、校企合作、导师机制、创业服务等方面给予小微企业全方位的扶持。进驻企业比照高新技术企业享受高新区相关优惠政策；免除三年内房租，按照最低标准，每年仅收取 3000 元 ~6000 元的现代化办公设备、宽带入网、水电暖等使用费用，并免费享受创业咨询、专利申请、项目申报、优惠政策落实及贴息贷款申请等服务，大大降低小微创业初创成本。三是中介服务省心贴心。引进财务代理、法务咨询、形象设计、投融资等服务公司，为小微企业提供免费的工商注册、财务咨询、法务咨询以及市场价半价享受广告设计、财务代理、税务办理、投融资等服务。同时，为了适应大学生申请贴息贷款的要求，引入培训学校进行合作，实施创业培训、创业实训、各类初中级职业培训和企业人力资源管理培训，提高大学生创业技能，丰富创业知识。四是创业活动营造氛围。众创空间还会通过讲座、沙龙、研讨、交流等多种形式，开展企业管理、项目申报、资金融通、文化建设、人力资源管理等培训，提升中小企业创业能力，帮助企业引进、培训各类专业人才。

3. 低风险创业，创业导师保驾护航

为了悉心培育科技型中小企业和创业企业家，降低创业成本和创业风险，包头稀土高新区推进“创业导师 + 专业孵化 + 创业投资”的孵育模式，扶持小微企业顺利通过初创期，聘请 25 名来自成功创业的企业家、投融资专家、管理咨询专家以及专业技术领域中的权威人士担任创业导师，辅导创业者和中小企业解决在创业过程中遇到的资金、人力资源管理、财务管理、市场开拓等方面的问题。同时，进一步优化导师结构，

组建由各行业专家、优秀企业家组成的创业导师服务体系，进行“一对一”或“一对多”的创业辅导，提供创业培训、政策咨询、项目对接、财务代理、投融资、专利申报、项目评估、市场运作等“一条龙”创业服务，全面落实各项创业扶持政策。

4. 创业融资，金融超市“量体裁衣”提供支撑

“创客”要想“无中生有”，真正把天马行空的想法创意转化为触手可及的产品服务，最急需的是资金。包头稀土高新区引入集 VC、PE、融资担保、融资租赁等业务于一体的多元化、多层次、多渠道的综合性金融服务超市，通过市场化运作，在企业成长的不同阶段给予全方位的金融服务，简而言之，就是让企业找到钱，用好钱，破解资金瓶颈之困。

平台架构主体——包头金融超市是内蒙古互融网络科技有限公司发起成立的一个互联网 + 金融服务项目。自上线以来，金融超市创新服务模式，打造“一站式”金融服务平台，助力众创生态发展。一是通过为创业者以及中小企业提供优质的贷款信息咨询服务和融资贷款产品，实现了金融机构、平台与客户之间的良性发展与共赢，透过互联网、移动互联网等技术，使得融资贷款业务更具透明度、参与度更高、协作性更好、中间成本更低、操作更便捷。二是与五家银行、八家小额贷款公司，及中国平安等国内知名 4 家金融机构达成合作协议，已经拥有会员 600 多人，公众平台关注量达到 1000 以上。同时，与山东商会、河北商会、食品行业协会、江西商会等行业协会合作，并与 30 余家中小企业签订了投融资顾问协议，为科技型企业提供全面、专业和个性化的金融和中介服务。三是组织律师事务所、会计师事务所、资产评估、金融服务、投资公司等相关机构定期到科技企业、新兴企业、“创客”企业拜访，主动推销，提供“一站式”会计服务、律师服务、咨询服务、培训业务、人力资源等相关服务。四是通过一对一融资顾问服务等方式提升“创客”企业自身融资技能，一方面，为“创客”提供各类金融、会计、法律相关专题培训，提升创客的融资素养、法律素养；另一方面，激发各类企业及机构精英对“创客”的认同意识，引导民间资本管理公司、融资性担保公司等各类金融机构认识“创客”，了解“创客”，投资“创客”。

与此同时，包头稀土高新区整合政府、社会、企业及国内外的资金资源，为中小企业持续开展创业投资促进服务，多途径为企业解决融资难问题。一方面加强对企业投融资意识的引导，将少数项目前景好、融资可能性大的项目列入重点服务对象，帮助进行融资意识沟通、商业计划梳理、推介资料包装等工作，以提高项目的融资概率。另一方面加强与信誉较好的投融资机构的合作，使之成为投融资服务工作的固定伙伴。近五年，科技创业服务中心组织企业申报国家、自治区和包头市各类科技计划项目，累计争取无偿资助资金 1.67 亿元，极大地发挥了政府引导资金雪中送炭的作用。先后与工商银行、邮政储蓄银行、上海浦东发展银行等金融机构保持长期合作；与内蒙古产权交易中心合作共建科技型企业股权投融资服务平台；组织召开投融资座谈会、项目与资本对接会、项目招商会和银企对接会等活动，为企业融资 4.15 亿元，为企业健康发展提供了支持。

（二）培育全链条孵化体系，形成创新创业资源大循环

包头稀土高新区加速构建和完善“创业苗圃 + 孵化器 + 加速器 + 产业园区”全链

条创新创业孵化服务体系，以便更有效推动企业自主创新、培育战略性新兴产业、提升区域创新能力，努力营造良好科技创新创业环境，力争为区域经济建设发展提供强有力的科技支撑。

科技创业孵化链条以孵化器为核心，以现有科技企业孵化器为基础与核心，向前端延伸建立创业苗圃，向后端延伸建立加速器，为处于不同发展阶段的创业团队和企业，提供全程的、阶段差异化的专业化孵化服务。

对未成立企业的创业团队开展选苗、育苗和移苗入孵工作，打造了大学生创业指导中心、众创空间等创业苗圃，对包括在校大学生在内的有创业意向或项目的人员和初创期企业提供创业指导和全要素扶持，为创业的沃土培育更多的幼苗，助力企业从一颗创业的种子发展成为科技领先企业。

对前景较好的高新技术项目，可入驻孵化器成长。包头稀土高新区已经建成14万m^2的内蒙古自治区规模最大、功能最齐全、服务体系最完善的高新技术特色产业孵化基地进行孵化，并构建起"一个中心、五个孵化器、两个产业基地和八家高校院所孵化中心"的"1528"的高新技术特色产业孵育体系，重点培育稀土、电子信息、电子商务、新能源与节能环保、生物医药、高端装备制造等高新技术企业和高端配套企业，为入孵企业提供高水平、高质量的专业化孵化服务。该基地在孵企业730家，毕业企业260余家。在孵企业共获得各级各类科技计划项目支持1200余项，资助资金2.2亿元；获专利授权588项，在全国孵化器行列中位居前列。

对具有高成长性的企业不仅要"扶上马"，还要"送一程"，鼓励其进入高新技术产业基地的标准厂房加速发展，促使成果尽快转化。目前，基地已投资4亿元，建设完成8万m^2主体厂房及3万m^2研发和服务中心，通过"拎包入住"形式、"抱孩子"计划、"科技+金融"的服务体系，柔性引进高端人才，降低落地项目的中试成本，缩短科技成果由中试到产业化"最后一公里"的距离。目前，清华启迪科技园、湖南英思特晶体电波有限公司等32个高新技术产业化企业已入驻，预计32家企业完成项目投资26.87亿元，总产值约61亿元，利税约4.25亿元。

若企业发展成熟需要更大场地进行规模化生产，可进入产业园区享受优惠政策、自建厂房，这里为成熟企业提供完整的配套服务及园区服务，提供成熟的商用办公空间，大企业形成自身微生态。发展成熟企业提供智慧、资金反哺支助创业大军创业，这样形成一个良性创业资源大循环。

全产业孵化链条在一个体系内将各类资源和服务有效集成，形成适应科技企业发展的完整生态系统，提高企业自主创新能力，助推企业迅速发展壮大，促进区域经济转型发展。

事实上，在包头稀土高新区，中天宏远科技、博特科技、物通天下等一批高成长性的企业，最初都是名不见经传的小公司，但经过包头稀土高新区的精心培育和大力扶持，这些企业在高新区搭建的全产业链条里快速成长，目前都已成为相关行业的优质企业。

（三）强化政策体制保障，激发创新创业新活力

包头稀土高新区出台了《包头稀土高新区大众创业万众创新实施意见》，从加快

培育创新创业主体、加快构建众创空间、加快培育创新型产业、完善创业投融资机制、建立完善的创新创业公共服务体系等5大方面，提出了高新区在推进大众创业万众创新中的16项主要任务及需要出台的各类政策，如：鼓励社会力量创办孵化器、扶持创新创业、吸引高层次人才创新创业、创业投资引导资金管理及创业导师管理等一系列有利于大众创业、万众创新发展的政策体系。出台《加强知识产权保护的若干规定》《企业技术创新奖励办法》《关于加快包头高新技术特色产业基地建设的意见》《鼓励扶持电子商务产业发展的暂行办法》，重点从专利补助、规范科技开发项目、电子商务企业入驻优惠等方面，充分释放改革红利，积极抢占"智慧高地"。同时，包头稀土高新区正在酝酿出台《包头稀土高新技术产业开发区关于促进科技创新创业20条政策措施（试行）》《包头稀土高新技术产业开发区科技企业孵化器管理办法》《包头稀土高新技术产业开发区创业导师管理办法》《包头稀土高新技术产业开发区关于鼓励扶持大学生自主创业的管理办法》《包头稀土高新技术特色产业孵化基地企业管理办法》《包头稀土高新技术产业开发区众创空间管理办法》等政策，旨在通过一系列的政策保障，最大限度撬动创新杠杆，以四两拨千斤的方式激发创新创业活力。

创新投融资机制。一是以"拨改投"放大资金效应。拿出财政资金1500万元，与社会资本共担风险，设立2.2亿元的创业投资基金，重点投资新能源和节能环保、新材料等战略新兴产业领域，使更多的中小微企业形成专、精、特、新的比较优势。目前，已完成投资2050万元，推动了清华启迪11个高新技术项目落地。二是创新金融产品和服务。整合现有的风投、保险、信托等金融服务资源，组建中小企业金融超市，一站式解决企业金融服务需求。推广"助保金贷款"业务，财政每年安排不低于2000万元的"助保贷"保证金，合作银行按不低于保证金10倍安排贷款额度，推动改善中小企业融资难困境。目前，已建立3个"助保金池"，为企业授信6890万元。三是借力资本市场融资。通过专项补贴、培训讲解等方式，帮助企业解决股份制改制等困难，推动中小企业加快进入主板、创业板、新三板融资。今年以来，金海新能源、一机宏远电器先后在"新三板"挂牌，一灌通、金丝宝玉、金沃重力先后在上海股权交易中心挂牌，包头高新技术特色产业基地项目入围自治区首批推介的PPP融资项目。

激发行政改革活力。加快行政审批事项改革，对全区89项行政审批事项进行清理，确认保留22项，审批手续办理时限由23个工作日压缩到3.4个工作日，有9项审批事项实现即时办结。组织19个部门完了2580项行政权力梳理，全部在网上进行公示。在行政审批大厅开辟"小微企业绿色通道"，采取一站式窗口、网上申报、多证联办等措施提高小微企业相关行政审批效率。全面落实"先照后证"改革，即将实施"三证合一"审批。

可以预见，包头稀土高新区迎来创新创业的黄金时代。

（四）鼓励社会力量参与模式，打开创业孵化新局面

"大众创业、万众创新"点燃了全社会的创新创业热情，同时，也催生了一大批市场化、专业化的新型创业孵化机构。包头稀土高新区借势发力，凭借丰富的孵化器运营管理经验，鼓励多元化投资和社会力量创办科技企业孵化器，盘活闲置资源，为初

创、成长、加速三个不同发展阶段的创业企业提供专业化的孵化服务，提高创业服务效率和孵化成功率，打开创业孵化新局面。

经过多年发展，包头稀土高新区社会力量创办孵化器底子好、基础牢。广益孵化基地、正大孵化基地、天然气大厦孵化基地和长荣孵化基地，有效拓展孵化面积 2.2 万m^2。

2015 年，同德实业有限公司建设的“大学生创业指导中心实体产业孵化基地”和包头中冶置业有限责任公司在包头稀土高新区时代广场建设的 4 万 m^2 的“创谷”孵化基地成为社会力量创办孵化器中的“领头羊”。主要针对初创期中小微企业和创新创业人员需要，以培育高新技术企业和创新型企业家队伍为宗旨，专门为初创期中小微企业和科技人员创新创业提供公用技术设施、公共技术服务及孵化场地等配套服务，推动中小微企业快速成长。

包头稀土高新区通过“民办官助”的方式，将社会力量孵化器机制灵活与政府宏观调控和资源丰富的优势结合起来，探索出一条新的孵化经济发展之路。

首先，实现了政府服务职能的延伸。社会力量创办孵化器能够有效地突破各种条条框框的束缚，独立自主运营，在引进天使投资、股权融资方面完全遵循市场化的激励机制，更容易实现个性化的投融资服务；同时，社会力量创办孵化器主要由成功企业或企业家等创办，能够将其成功发展的经验传授给初创企业，并按照初创企业的特质定制服务，如帮助初创企业搭班子、猎人才，提供具有实战经验的管理、市场、财务等服务。

其次，实现了政府管理职能的延伸。社会力量创办孵化器以市场化的运作模式和灵活的用人激励体制，制定符合市场规律的盈利模式，激发企业提供高质量的产品和提升服务品质的积极性，打造出一支素质高、能力强的孵化服务团队，能够为我所用，成为政府孵化管理人才体系中的重要一环；同时，专业团队嫁接政府管理职能，负责孵化器内企业进驻审批、项目把关、项目申报等企业管理工作，并帮助申请财政资金和税收优惠等。

第三，实现了招商引资职能的延伸。社会力量孵化器在不断提升孵化承载能力和水平的前提下，充分利用自身行业发展中的资源、人脉，吸引各类优秀人才和成长性好的项目竞相入驻。

（五）搭建“互联网＋”公共服务平台共享创新创业资源库

在“互联网＋”驱动下，高新区助推创新创业的服务模式也迎来了转型升级。

近期，在稀土大厦建成的“互联网＋”创新创业服务基地，搭建起中国生产力学院包头分院、上海交大包头培训基地、包头企业大学等九大创新创业服务平台，该基地将发挥“互联网＋”服务、培训、第三方服务和多媒体展示推广发布四大功能，设置包括培训功能区、企业公共服务网络平台区、多媒体展示与发布区、第三方服务平台区、多功能网络电视会议区、企业家沙龙体验区在内的六大功能区域，为企业家量身定制学习、培训、咨询等创新创业服务，形成“科技型服务”的新模式。

在“互联网＋”创新创业服务基地，企业还可以享受到“线上培训—挖掘需求—项目撮合—达成合作—平台签约—项目落地”的技术转移全流程服务。

经过多年的努力和发展，包头稀土高新区已经涌现出了一大批技术力量雄厚、技术水平先进、发展前景良好的高新技术企业，累计孵化企业1400余家，累计培育产业化企业120余家；在孵企业实现技工贸总收入771.7亿元；毕业企业实现技工贸总收入92.41亿元；实现财政收入8.39亿元。

到2020年，包头稀土高新区将形成创业主体大众化、孵化主体多元化、创业服务专业化、创业模式多样化的发展格局，集聚各类创业人才6500人；带动就业40000人；孵化创业主体1500个；各级各类孵化器达到30家；聚集金融、科技服务、咨询、评估等中介服务机构150家；营业总收入达到160亿元。

三、小结

“时代潮涌千重浪，风劲正是扬帆时。”包头稀土高新区始终坚持创新发展，打破思维定式，用好激励创新创业这根“魔力棒”，撬动各种要素集聚，定将走出一条符合自身实际的创新发展道路，成为内蒙古地区环境最优、效率最高、成本最低、效益最好的全要素创业“栖息地”。

第十七节　大连保税区

一、园区概况

大连保税区位于大连新市区核心地带，行政管辖面积251.3km^2，由保税区、大窑湾保税港区、出口加工区A区、大连汽车物流城及专业化港区五部分组成，下辖二十里堡、亮甲店、大窑湾3个街道、22个行政村和7个社区，常住人口近10万人。区内注册企业5300家，外资企业1600余家，世界500强企业18家。大连保税区是国家级新区金普新区的重要组成部分，是我国目前行政管辖面积最大、唯一集“保税区、出口加工区、保税港区”管理于一身的特殊经济区，也是东北地区开放层次最高、政策功能最全、区位优势最突出的综合经济区。目前，大连保税区正积极实施汽车城、物流城、生态城“三城联创”战略，建设大连国际航运中心、物流中心、贸易中心的“核心功能区”，同时积极申办自由贸易园区，相关工作已取得重要进展。

2015年，全区预计地区生产总值增长4.5%，完成一般公共预算收入15.7亿元，固定资产投资42亿元，外贸出口总额45.7亿美元，规上工业总产值305亿元，社会消费品零售总额增长7.3%，货运总量增长1%。

二、园区创新影响力实践

近年来，大连保税区在中央和辽宁省委、省政府，以及大连市委、市政府的领导下，积极先行先试，充分借助金普新区大开发、大建设的机遇，加快申办自由贸易区，争当大连市“对外开放领跑者”和“深化改革试验田”，在创新发展、转型发展方面取得了丰硕成果，集中体现在以下几个方面。

（一）体制机制不断创新

自大连保税区成立以来，就一直走在体制机制创新的路上。特别是近年来，保税区明确提出加大软实力发展力度，通过改革，把市场配置资源的决定性作用发挥出来，充分激发市场活力，营造一个非常好的营商环境和一流的国际性政务环境。保税区在这方面主要做了几项工作：自贸园区申办工作取得重大进展，调整自贸园区规划范围和总体方案，编制完成《自贸园区战略发展规划》，明确打造国际贸易、现代物流、金融服务、专业服务及先进制造五大产业体系。行政审批制度改革全面启动，公布2015版权力清单，保留各类行政职权1083项。全面优化行政审批流程，建设工程项目审批时限压缩至36天。“三步提交、两日办结、一口领证”的“321工作法”被列为大连市16项“过硬措施”之一。创业环境持续改善，实现企业注册集中登记、并联审批、在线办理和全程公开，年内新注册企业1161家，区内企业总数达7273户。建立“众易空间”“创业孵化基地”等“双创”平台，引进企业350余家。加快商事制度改革，企业信用体系初步建立。华谊公司初步形成一体两翼发展格局，全年实现收入1.2亿元。

（二）产业基础不断夯实

大连保税区现已形成以港航物流为主的现代服务业、以整车和零部件生产为主的装备制造业、以LNG和粮食矿石等为主的能源产业、依托现有产业基础的国际贸易产业和都市型现代农业。而随着多年不断地投入和建设，相关产业发展迅猛，大连保税区的政策功能优势和产业集聚效应更加凸显，并呈现出不断转型升级的态势。现代服务业方面，大连保税区出台加快建设大连国际航运中心、物流中心、贸易中心核心功能区的相关意见，航运中心核心区实现创新发展。其中，《关于创新大连国际航运中心发展的意见》复制上海自贸区便利化措施14项，企业通关成本平均下降30%。特殊监管区试点启用新保税物流监管系统，通过信息共享、同步查验、并联通关，实现货物“进口直通”“出口直放”和“口岸零等待”。铁路集装箱中心站发送“辽满欧”国际班列40班次，大连航空运力遍及全国30个大中城市。目前，大连保税区的关税、进出口货值、集装箱运量分别约占东北全境36%、59%、97%，物流中心能级不断扩大，中石油LNG年储运规模达600万t，北良港粮食中转能力破20万t，毅都、恒浦新增冷储能力30万t，保税港区口岸冷链储存规模连续第3年保持全国第一。市场贸易更加活跃，石油交易所、环渤海能源交易中心实现网上交易，世合车城、港口物资市场开业运营。跨境电商综合实验区平台建设成果丰硕，保税区与“聚划算”合作探索“电商+保税”新模式，进口食品交易中心、中免友航分别成立O2O体验区，维龙集团投资1亿美元建设跨境电商总部基地。进一步壮大以汽车产业为核心的先进制造业，汽车产业集群持续发力。三大整车厂均推出符合市场特点的新产品，新逍客、新瑞虎5相继下线，黄海纯电动轻客交付运营。保税区整车产能突破18万辆、产值超过230亿元，分别增长70%和111%。汽车零部件产业加速聚集,优升冲压、海沃汽车、宇德辅机等11个项目竣工投产,中源汽车、玛弗罗等外资企业先后增资,全区汽车零部件企业达90余家。

(三)加快推进新型城镇化建设

大连保税区现有二十里堡、亮甲店和大窑湾三个街道,在全域城市化背景下,采取政府与企业合作的方式建设了大连保税区生态城,将其作为保税区下一步发展人口转移的新城市和新兴产业的聚集区加以推进。大连保税区坚持加快建设完善涉农街道的基础设施建设和城市街道的城市管理水平,坚持走生态文明之路发展保税生态城。保税生态城持续健康发展,启动生态城"十三五"规划编制,开工建设市政基础设施工程31项,升级改造河道3.2km,铺筑市政道路8km,铺设水、电、热等各类市政管线30余条,以综合教育、健康医疗产业为切入点的招商引资工作取得积极进展。基础设施日趋完善。开工建设亮甲店镇区城市自来水管网改造、岔山都市型农业园设施工程,加快推进北青线二期、永安大街隧道、104中学和广宁寺货运枢纽周边道路施工任务,完成保税区热网改造、全区交通设施工程、汽车物流城道路照明LED示范工程。创新公共服务方式,推进大窑湾街道智慧社区建设。与此同时,保税区坚持以"普惠制"思路加快提升民生质量。2015年,切实做好就业和社会保障工作,完成实名制就业1820人,稳定就业率67.5%。城镇职工、城乡居民等各项社会保险机制平稳运行,新修订被征地人员社会保障实施办法得到全面落实。认真落实各项强农惠农政策,完成6万亩大田作物干旱保险,为农民挽回灾后损失700余万元。完善低保、临时、大病、医疗"四位一体"救助体系,为1044名生活困难老人免费办理意外伤害保险,为1200余名低保老人和残疾人提供居家安养服务。教育文体卫生事业基础不断夯实。开工建设东北师大保税区实验校和金港学校及幼儿园,高水平通过国家义务教育均衡化发展评估示范区省检,成功举办第二届全民健身运动大会。基本公共卫生服务水平再上新台阶,二十里堡街道卫生院被评为全省群众满意乡镇卫生院。农村环境连片整治由示范向常态转变。完成红亮河河道达标治理,防洪抗灾水平大幅提升,沿线生态环境明显改善。超额完成青山工程造林任务,全年植树55.44万株,造林2215亩。

三、小结

"十三五"期间,大连保税区将紧紧抓住全面深化改革开放、加快大连全面振兴的历史机遇,坚持创新、协调、绿色、开放、共享的发展理念,持续推进"三城联创"发展战略,着力壮大国际物流、汽车及零部件制造、市场贸易三大主导核心产业,加快建设大连国际航运中心、国际物流中心、国际贸易中心核心功能区。

一是建设自由贸易试验区先行区示范区。按照国际通行的贸易便利化标准,加快复制推广上海自贸区等国内改革开放先行区域的制度经验,争取在金融改革、融资租赁、期货保税交割、贸易结算、跨境电商、船舶登记等领域率先实现突破。

二是建设大连国际航运中心、国际物流中心、国际贸易中心核心功能区。推进港航物流与国际贸易深度融合发展，建设跨境贸易综合服务体系。整合优化海关特殊监管区域，推进大连出口加工区转型为大连综合保税区，把大窑湾保税港区建设成与国际通行监管制度相衔接、融入全球自由贸易体系的重要载体。加快物流基地建设，推进汽车、油品、矿石、粮食、木材等大宗商品物流基地建设，建设成为东北亚重要的资源类商品分拨基地；推进装备材料、进口食品、冷冻冷藏、跨境电商等专业化物流平台建设，建设成为“一带一路”重要的货物转运基地；加快船用保税油供应基地等功能性物流基地建设，建成东北亚地区重要的船舶油料和船用物资供应基地。强化国际贸易体系。建设国际(跨境)贸易营运中心，建立跨境贸易产业基金，着力打造区位特色明显，贸易与金融、物流深度融合的临港贸易集群，到“十三五”期末初步建设成为交易功能完备、优势货种齐全、金融配套完善的贸易综合体系。建设大连跨境贸易电子商务试验区，建立海运直购和保税跨境电商监管流程，建设进口商品保税体验店，加快形成集平台运营、商品流通、物流分拨、展示销售为一体的综合性跨境电商服务体系。

三是建设以出口为主导、新能源为方向、产业集群为目标的我国北方重要汽车产业基地。推动三个整车厂创新升级，启动东风日产二期、奇瑞二期，扶持三个整车厂研发、制造、推广新能源汽车。加快培育壮大专业分工明确的汽车零部件产业集群，根据零件的性质规划布局动力总成、底盘、内饰、电子电器四大生产基地，实现零部件本地配套率达到50%以上。全力打造新能源汽车动力电池研发制造基地，加大电机、电控系统企业的招商引资力度，力争成为国家级新能源汽车关键零部件、智能制造示范工程。

四是建设以人为本、产城融合、特色鲜明的生态宜居新城区。进一步完善保税生态城产业规划，致力提升周边地区的配套功能和产业内涵，重点引入一批特色教育、特色医疗、特色商业项目，打造综合教育、健康医疗、商业商贸、总部经济四大主导产业。全面挖掘大窑湾临港经济内在潜力，在高端服务、物联网、大数据、人居智慧化等领域率先取得突破。以实体产业为支撑，加快二十里堡向主城区融合进程。大力发展生态农业、观光农业、旅游农业，实现重点农业园区错位发展，把亮甲店建设成为金普新区后花园。

第十八节　天津经济技术开发区

一、园区概况

天津经济技术开发区(以下简称天津开发区)，于1984年12月6日经国务院批准建立，是中国首批国家级开发区之一。天津开发区由10个园区组成，总规划面积超过400km^2，致力于构建区域经济发展的引领区、先进制造研发的集聚区、推进创新驱动的活力区、美丽文明宜居的标志区。

多年来，在天津市委、市政府和滨海新区的正确领导下，天津开发区始终站在我国

北方对外开放的最前沿，已成为中国经济规模最大、外向型程度最高、综合投资环境最优的国家级开发区。自1997年起，天津开发区主要经济指标和综合发展水平在国家级开发区中持续保持领先。

天津开发区地处环渤海经济带和京津冀都市圈的交汇点，在“一带一路”倡议、京津冀协同发展等国家战略中具有突出的区位优势。其背靠中国华北、东北、西北广大地区，与日本、韩国隔海相望，直接面向东北亚和迅速崛起的亚太经济圈，是中国对外开放的重要窗口和通道；东临华北地区最大的国际贸易港口——天津港，紧靠中国最大的航空货运中心——天津滨海国际机场。

天津开发区是联合国工业发展组织确定的中国最具活力的六个城市和地区之一；被《财富》和《福布斯》杂志评为中国最受赞赏的工业园区；被新加坡中盛集团评为中国AAA级工业园区之首。此外，天津开发区还成为国家三部委认定的全国首批三个生态工业园区之一，成为中国最具投资潜力经济园区，国家首批循环经济试点园区，电子、汽车、石化三大产业的国家新型工业化产业示范基地，国家级海外高层次人才创新创业基地等。

二、园区创新影响力实践

天津开发区是1984年经国务院批准建立的中国首批国家级开发区，自1997年至今，在商务部关于国家级开发区的综合评价中，天津开发区综合投资环境、综合经济实力、科学发展水平在全国国家级开发区中始终位居榜首，成为中国乃至亚太地区最具吸引力的投资区域，曾被美国《财富》杂志评为“中国最受赞赏的工业园区”，被联合国工业发展组织认定为“中国最具活力的城市和地区”之一。

30多年来，天津开发区将深化改革，作为发展的根本动力。特别是近两年来，天津开发区贯彻落实国家和天津市关于“大众创业、万众创新”各项部署要求，充分发挥自身优势，不断深化双创工作内涵，探索了转型升级、创新发展新路径。

（一）做强“众创空间”，完善“双创”链条

发展众创空间、推进创新创业工作是实施科技驱动、实现转型升级的重要抓手。近年来，天津开发区着力引进和建设了一批低成本、便利化、全要素、开放式的众创空间，实现了多个种类众创空间的高度聚集。

按照国际上对众创空间的通用分类，天津开发区实现了众创空间种类全覆盖，拥有以津京互联创业咖啡、笔牧咖啡为代表的投资促进型众创空间；以亚杰商会、清华大学X-Lab为代表的培训辅导型众创空间；以36氪－泰达氪空间、1984文化创意空间为代表的媒体延伸型众创空间；以中科智能识别产业研究院、泰达智能硬件创新基地、微软创投加速器为代表的专业服务型众创空间；以天津飞马创业营、YOU＋国际青年创业社区为代表的等创客孵化型众创空间。截至目前，天津开发区各类“众创空间”达到21家。同时，多家传统型孵化器、科技园区和高新技术企业也正计划设立“众创空间”，加快转型升级。

通过“众创空间”的快速发展，天津开发区持续加快众创成果转化。目前，累计认定科技型中小企业 5577 家，国家级高新技术企业 308 家；多家企业成功挂牌新三板，部分企业已获得证监会的 IPO 预披露，25 家企业在各类资本市场挂牌、上市。

经过多年发展，天津开发区“双创”链条不断完善，科技型企业发展质量和水平持续提升，涌现出一批优秀代表企业。其中，赶集网、猎聘网、网聚优众等一批“互联网+”企业相继落户，形成了“互联网+产业”“互联网+政府管理与服务”“互联网+社会民生”的特色发展方向；同时，飞旋科技、深之蓝水下机器人、泰华伟业机器人、康希诺、赛诺医疗、津膜科技、博尔迈、中能锂业、蓝晶光电等一批涉及高端智能装备制造、生物医药及医疗器械、节能环保、新材料企业等领域企业快速发展，有力推动区域转型升级。

此外，天津开发区还创造出一批国际领先、拥有核心技术和自主知识产权的“杀手锏”产品。飞旋科技的国内第一台磁力轴承真空分子泵，打破了国外垄断，填补了国内空白；康希诺公司的埃博拉疫苗成为首次获境外临床试验许可的中国研制疫苗；赛诺医疗“冠脉支架系统”首次在技术和产品的功效上全面超过进口产品；津膜科技“中空纤维超滤、微滤膜组件”产品，在其领域位居全国前三。

（二）全面优化环境，广搭“双创”平台

天津开发区搭建孵化载体平台，围绕创新创业和转型升级，围绕区域先进制造业、战略性新兴产业和现代服务业发展情况，深挖资源，拓展载体空间，提升载体环境，吸引企业聚集。

坚持搭建载体平台，助推双创企业孵化发展。依托国家超算天津中心、滨海新区集成电路设计服务中心等平台载体，推动“互联网+”、智能装备、健康医疗、生物医药领域企业加速聚集；依托泰达 MSD、北塘企业总部园等楼宇资源，加快推进生产性服务业和科技服务业企业聚集；开辟“创业苗圃”空间，完善了创业苗圃—孵化基地—转化基地—产业化基地的多元化载体体系。目前，天津开发区拥有各类孵化基地 15 家，孵化场地面积达到 110 万 m^2。

坚持搭建人才发展平台，不断优化区域人才发展环境。先后出台多项支持创新创业人才发展政策，加大引才引智力度，被中组部批准成为国家级“海外高层次人才创新创业基地”。目前，天津开发区人才资源总量超过 21 万人，其中领军人才累计达到 100 名，高层次人才累计达到 15000 名，高校优秀大学生累计达到 63000 名，引进海外留学归国人员超过 4000 人，28 人入选国家“千人计划”，69 人入选天津市“千人计划”。

坚持搭建政策促进平台，为企业创新创业提供鼎力支持。加大资金扶持力度，每年设立 2 亿元的科技型中小企业专项扶持资金；特别是按照天津市政府“一助两促”工作要求，积极扶持中小微企业融资贷款，2015 年以来银行已放款企业近 500 家，放款额度 400 多亿元。完善促进政策，出台公共研发设备及平台资助、研发中心资助、研发项目配套资助等多板块扶持政策，为企业提供免费的专业孵化、培训等综合服务，为处于不同成长时期的企业量身打造资金和政策支持。

坚持搭建企业服务平台，为创业者、创业团队和创业企业提供高效、专业、低成本的服务，形成了创业导入、创业培训、创业后续关怀一条龙的创业前、中、后辅导服务体系。天津开发区提出了“一四六十”科技创业企业服务举措，即：“一站式”科技型中小企业认定；系统化、专业化、定制化、长期化四个企业服务标准；在商业、政策兑现、融资、培训、人力资源、研发等六个重点服务板块；财务记账、工商税务服务、法律顾问、公证服务、市场对接、产学研对接、企业培训、知识产权、公共技术平台、实习生聘用补贴等十项免费服务菜单。同时，着力打造三项重点活动，通过创办“创业超市”，实施创业鼓励计划；组织“泰达创业精英集训营”对初创型企业实施系列创业辅导；打造“泰达创业大赛”品牌创业赛事，促进资本与项目高效融合，加速潜力企业落户和发展。

（三）加速转型升级，打造“双创”高地

发展众创空间、推进双创工作是天津开发区实施科技创新驱动、加速转型升级的重要发展方向。未来，天津开发区将进一步发挥管委会对大众创新创业的组织、引导和政策支持职能，集中优势力量搭建适宜大众创新创业的公共平台，完善创业条件、发展平台、生活环境、支持政策等举措，让有发展潜力的企业及时得到支持。

天津开发区将深入实施“孵化器提升计划”，大力推进科技企业孵化器提升转型为众创空间，打造集创业辅导、融资对接、市场推广、孵化服务、人居配套等为一体的全链条服务体系。加大创新创业和转型升级扶持力度，创造条件激发大众创新创业热情，积极培育创新创业市场化运营主体，鼓励和推动科技成果产业化。进一步加强与国内外知名机构、组织合作，通过开展一系列竞赛、论坛等活动，营造浓厚的创业文化。通过不断努力，着力打造一批优秀的品牌“众创空间”，建设天津市及滨海新区的“双创”工作新高地。

三、小结

未来，天津开发区将在新的起点上，紧紧抓住多重叠加的历史机遇，实施“一四三三五”的发展目标和工作思路，增后劲、补短板，促均衡、上水平，打造开发区升级版，全力开创发展新局面，继续保持在滨海新区中的主力军作用不动摇，保持在国家级开发区中的领头羊地位不动摇，做天津市和滨海新区实现“十三五”发展目标的主力军和排头兵。

ICS 01.040.03
A 01

CSPSTC

中国科技产业化促进会团体标准

T/CSPSTC 1—2017

企业创新影响力评价体系

Evaluation systems for enterprise innovation influence

2017-11-01 发布　　2017-12-15 实施

中国科技产业化促进会　发布

前　言

本标准按照 GB/T 1.1—2009 给出的规则起草。

本标准由中国科技产业化促进会和标准联合咨询中心提出。

本标准由中国科技产业化促进会标准化工作委员会归口。

本标准起草单位:标准联合咨询中心、中国标准化研究院、珠海格力电器股份有限公司、海尔集团公司、内蒙古第一机械集团有限公司、中信戴卡股份有限公司、江苏亨通光电股份有限公司、伽蓝(集团)股份有限公司、山东阳谷电缆集团有限公司、中核建中核燃料元件有限公司、中车青岛四方机车车辆股份有限公司、洛阳轴承研究所有限公司、中国重型汽车集团有限公司、黑龙江珍宝岛药业股份有限公司、软控股份有限公司、河南省宋河酒业股份有限公司、远东电缆有限公司、北京东方雨虹防水技术股份有限公司、中车株洲电力机车有限公司、上海良信电器股份有限公司、山东电力工程咨询院有限公司、广东坚美铝型材厂(集团)有限公司、湖北宜化集团有限责任公司、中国航天科工集团第三研究院第三一〇研究所、宁波永发智能安防科技有限公司、山东太平洋光纤光缆有限公司、凯迪生态环境科技股份有限公司、贵州茅台酒股份有限公司、山东格瑞德集团有限公司、江西昌河汽车有限责任公司、美的集团股份有限公司、中国质量认证中心、清华大学、中关村标准创新服务中心、创新联盟认证中心股份公司、中国科技产业化促进会。

本标准主要起草人:卢成绪、高昂、董明珠、王晔、杜劭峰、徐佐、孙义兴、刘玉亮、高宪武、邓话、曹志伟、叶军、李玉生、许照芹、于明进、李学思、朱长彪、段文锋、赵江农、李柏、王龙林、李临、周玉焕、杨晓勤、曾何荣、曹忠伟、张传栋、罗廷元、张黎雪、刘汉林、管印贵、萧枭、胡自强、潘英、肖广岭、田川、惠小兵、谭华。

企业创新影响力评价体系

1 范围

本标准规定了企业创新影响力评价应遵循的评价原则、指标体系、指标说明和评价方法。

本标准适用于各类行业和各种规模的企业创新影响力评价,并为企业形成、保持和提升创新影响力提供参考。

2 规范性引用文件

下列文件对于本文件的应用是必不可少的。凡是注日期的引用文件,仅注日期的版本适用于本文件。凡是不注日期的引用文件,其最新版本(包括所有的修改单)适用于本文件。

GB/T 19011—2013 管理体系审核指南

3 术语和定义

下列术语和定义适用于本文件。

3.1

企业创新影响力 enterprise innovation influence

企业在产品技术、品牌塑造、经营管理、文化凝练、社会责任展现等方面进行创新活动实践,并在此过程中实现承诺、获得认同并取得成效,从而对企业自身或相关方产生良性导向作用的能力。

3.2

评价体系 evaluation system

以对评价对象进行评价为目的,建立指标体系,依据评价原则、评价程序和评价方法等要素构成的整体系统。

3.3

指数 index

围绕评价目标,运用评价体系的各要素数据进行综合、叠加、统计运作获得的指标性数字,能够有效测定并反映评价对象随各要素变动的量化影响程度。

4 总则

4.1 评价原则

企业创新影响力评价应遵循下述原则:

——公正性 依据实际情况,客观、公平、公正地对企业创新影响力进行评价;

——科学性 评价指标的获取应当有可靠的来源,并与企业创新实践活动科学结合,能准确体现评价的导向和要求;

——可操作性 评价指标和评分方法应当具体明确,指标可衡量,指标设计应易于理解,评分方法应科学合理、便于操作;

——持续改进原则 企业创新影响力评价体系应持续改进以提供客观、公正、与时俱进的评价结果。

当评价对象如有损害社会公众利益、造成重大生态污染或重大质量安全事故等记录时,不予评价。

4.2 评价声明

评价工作开展前，应当由评价实施机构向企业声明评价结果的预期用途、评价报告使用者、评价过程、评价人员资质要求、评价实施时间和评价时效等信息。

4.3 评价对象的界定

评价实施方在开展评价前应识别被评价组织的主体类型和从事行业类型，界定其产品或服务所属的业务领域，并委任有能力的人员实施评价。

4.4 评价信息的来源

评价人员应确保获得开展评价所需要的有效信息，信息的来源可包括被评价企业和合适的第三方提供的数据等。评价人员应充分评估所使用的数据的真实性、完整性、一致性和充分性。

4.5 评价人员的要求

在评价过程中，评价人员应基于4.1的评价原则开展工作，并遵循以下要求：

——熟悉评价对象所属的行业现状和发展前景；

——积极与评价小组成员沟通，解决评价过程中的问题或疑惑；

——保证评价过程的全面与客观，不得人为调整指标数据或操作评价结果；

——考虑实际操作情况，确保评价过程确实可行且评价过程可回溯；

——评价信息和中间数据未经被评价企业的允许，应严格保密；

——以帮助企业持续改进其创新影响力为目标开展评价工作。

5 评价体系

5.1 一般要求

5.1.1 评价层级划分

企业创新影响力评价体系由3级指标构成。评价体系包含3项一级指标，分别是：企业技术创新影响力指数、企业品牌创新影响力指数、企业经营创新影响力指数。这3项一级指标下设共6项二级指标和29项三级指标。

5.1.2 评价指标构成

企业创新影响力评价体系指标的变量经逐级计算确定。评价体系各级指标由其下一级评价指标的算术平均或几何平均计算确定。即一级指标的指数为其类目下各二级指标的几何平均数，二级指标的指数为其类目下各三级指标的算术平均数。企业创新影响力评价体系见表1。

表1 企业创新影响力评价体系

一级指标	二级指标	三级指标	单位
企业技术创新影响力指数 L1	技术创新投入指数 L1P1	研发人员占员工总数比例 L1P1-A1	百分比
		研究生及高级职称以上研发人员占比 L1P1-A2	百分比
		年度研发资金投入占上年销售额比例 L1P1-A3	百分比
		研发人员上年人工成本占上年毛利润比例 L1P1-A4	百分比

表 1（续）

一级指标	二级指标	三级指标	单位
企业技术创新影响力指数 L1	技术创新产出指数 L1P2	年度授权国外专利（发明、实用新型和外观设计）数量 L1P2-A1	件
		年度授权国家专利（发明、实用新型和外观设计）数量 L1P2-A2	件
		年度发布标准(国际标准、国家标准、行业标准、地方标准、团体标准)数量 L1P2-A3	项
		年度出版专著及获得著作权登记证书数量 L1P2-A4	个
		年度发表国内外专业期刊论文数量 L1P2-A5	篇
		两年内新产品获利占销售收入比例 L1P2-A6	百分比
		年度获得各级政府科研项目经费总额(万元) L1P2-A7	分级量化
		年度获得各级政府技术奖励经费总额(万元) L1P2-A8	分级量化
企业品牌创新影响力指数 L2	品牌建设指数 L2P1	品牌规划及品牌战略投入占上年毛利润比例 L2P1-A1	百分比
		企业文化建设活动投入占上年毛利润比例 L2P1-A2	百分比
		企业广告宣传投入占上年毛利润比例 L2P1-A3	百分比
		品牌推广创新性渠道数量 L2P1-A4	分级量化
	品牌美誉指数 L2P2	年度主办、承办、协办国内外具备行业影响力会议次数 L2P2-A1	次
		年度在各类媒体的原创良性报道次数 L2P2-A2	次
		年度企业家媒体专访次数 L2P2-A3	次
		年度获得国际、国家、省部、协会级荣誉数量 L2P2-A4	次
企业经营创新影响力指数 L3	管理创新指数 L3P1	企业实施管理方法或管理体系的数量 L3P1-A1	项
		研究生及高级职称以上管理人员占比 L3P1-A2	百分比
		年度参加并完成专业培训的员工占比 L3P1-A3	百分比
		上年度投资回报率情况 L3P1-A4	分级量化
		创新管理方法论实践情况 L3P1-A5	分级量化
	社会贡献指数 L3P2	慈善公益投入情况 L3P2-A1	分级量化
		响应政府政策号召的情况 L3P2-A2	分级量化
		顾客满意度情况 L3P2-A3	分级量化
		对产业链和行业的影响情况 L3P2-A4	分级量化

5.1.3 评价指标表头说明

企业创新影响力评价指标表(表 1)中的表头说明如下：

1） 指标编号：L：一级指数；P：二级指数；A：三级指标。
2） 指标名称：评价指标的名称。
3） 单位：评价指标的计量单位。
4） 计算方法：指标数值的计算方法。

5） 计算公式：指标数值计算使用的公式。

5.2 企业技术创新影响力指数

5.2.1 技术创新投入指数

企业技术创新投入指数评价指标及测量方法见表 2。

表 2 技术创新投入指数评价指标

编号	指标名称	指标测量方法	阈值范围	单位	计算方法	计算公式
L1P1-A1	研发人员占员工总数比例	X＝企业研发人员数量/企业员工总数量	min$X$＝20％，max$X$＝80％	百分比	水平对比法	见 6.2 公式
L1P1-A2	研究生及高级职称以上研发人员占比	X＝企业研究生及高级职称以上研发人员数量/企业员工总数量	min$X$＝20％，max$X$＝80％	百分比	水平对比法	见 6.2 公式
L1P1-A3	年度研发资金投入占上年销售额比例	X＝企业年度研发资金投入额/企业上年销售总额	min$X$＝10％，max$X$＝50％	百分比	水平对比法	见 6.2 公式
L1P1-A4	研发人员上年人工成本占上年毛利润比例	X＝企业中研发人员上年人工成本/企业上年毛利润	min$X$＝10％，max$X$＝50％	百分比	水平对比法	见 6.2 公式

5.2.2 技术创新产出指数

企业技术创新产出指数评价指标及测量方法见表 3。

表 3 技术创新产出指数评价指标

编号	指标名称	指标测量方法	阈值范围	单位	计算方法	计算公式
L1P2-A1	年度授权国外专利(发明、实用新型和外观设计)数量	$X=\sum M\times m$ M 为国外专利分值；m 为 M 对应的专利获得数量。 国外专利分值 M，取值如下： 发明＝1 实用新型＝0.8 外观设计＝0.6	min$X$＝0，max$X$＝50	件	水平对比法	见 6.2 公式
L1P2-A2	年度授权国家专利(发明、实用新型和外观设计)数量	$X=\sum M\times m$ M 为国家专利分值；m 为 M 对应的专利获得数量。 国家专利分值 M，取值如下： 发明＝1 实用新型＝0.8 外观设计＝0.6	min$X$＝0，max$X$＝100	件	水平对比法	见 6.2 公式

表 3（续）

编号	指标名称	指标测量方法	阈值范围	单位	计算方法	计算公式
L1P2-A3	年度发布标准（国际标准、国家标准、行业标准、地方标准、团体标准）数量	$X=\sum N\times M\times m$ N 为单一标准研制贡献度；M 为起草标准等级；m 为同时与 N 和 M 对应的起草标准数量。 单一标准研制贡献度 N，取值如下： 主持＝1(排名 1～3) 主要参与＝0.6(排名 4～6) 参与＝0.3(排名 6 以后) 起草标准等级 M，取值如下： 国际标准＝1 国家标准＝0.8 行业标准＝0.7 团体标准＝0.6 地方标准＝0.5	min$X$＝0， max$X$＝20	项	水平对比法	见 6.2 公式
L1P2-A4	年度出版专著及获得著作权登记证书数量	$X=\sum m$ m 为年度出版专著及获得著作权登记证书数量（企业必须为第一署名单位）	min$X$＝0， max$X$＝50	个	水平对比法	见 6.2 公式
L1P2-A5	年度发表国内外专业期刊论文数量	$X=\sum M\times m$ M 为发表论文等级；m 为 M 对应的专业期刊论文发表数量。 发表论文等级 M，取值如下： SCI/EI 期刊＝1 核心期刊＝0.6 公开发行期刊＝0.4	min$X$＝0， max$X$＝80	篇	水平对比法	见 6.2 公式
L1P2-A6	两年内新产品获利占销售收入比例	X＝企业两年内新产品获利总额/企业两年内总销售收入	min$X$＝0， max$X$＝80％	百分比	水平对比法	见 6.2 公式
L1P2-A7	年度获得各级政府科研项目经费总额万元	当总额＝0 时，X＝0； 当 0＜总额＜100 时，X＝25； 当 100≤总额＜500 时，X＝50； 当 500≤总额＜1 000 时，X＝75； 当总额≥1 000 时，X＝100	min$X$＝0， max$X$＝100	分级量化	水平对比法	见 6.2 公式
L1P2-A8	年度获得各级政府技术奖励经费总额万元	当总额＝0 时，X＝0； 当 0＜总额＜50 时，X＝25； 当 50≤总额＜100 时，X＝50； 当 100≤总额＜200 时，X＝75； 当总额≥200 时，X＝100	min$X$＝0， max$X$＝100	分级量化	水平对比法	见 6.2 公式

5.3 企业品牌创新影响力指数

5.3.1 品牌建设指数

品牌建设指数评价指标及测量方法见表 4。

表 4 品牌建设指数评价指标

编号	指标名称	指标测量方法	阈值范围	单位	计算方法	计算公式
L2P1-A1	品牌规划及品牌战略投入占上年毛利润比例	X=企业品牌规划及品牌战略投入额/企业上年毛利润	min$X$=0，max$X$=10%	百分比	水平对比法	见 6.2 公式
L2P1-A2	企业文化建设活动投入占上年毛利润比例	X=企业文化建设活动投入额/企业上年毛利润	min$X$=0，max$X$=10%	百分比	水平对比法	见 6.2 公式
L2P1-A3	企业广告宣传投入占上年毛利润比例	X=企业广告宣传投入额/企业上年毛利润	min$X$=0，max$X$=10%	百分比	水平对比法	见 6.2 公式
L2P1-A4	品牌推广创新性渠道数量(如微博、微信等互联网或新媒体营销)	当创新渠道数=0 时，X=0； 当 0<创新渠道数<3 时，X=25； 当 3≤创新渠道数<6 时，X=50； 当 6≤创新渠道数<9 时，X=75； 当创新渠道数≥9 时，X=100	min$X$=0，max$X$=100	分级量化	水平对比法	见 6.2 公式

5.3.2 品牌美誉指数

品牌美誉指数评价指标及测量方法见表 5。

表 5 品牌美誉指数评价指标

编号	指标名称	指标测量方法	阈值范围	单位	计算方法	计算公式
L2P2-A1	年度主办、承办、协办国内外具备行业影响力会议次数	$X=\sum N\times M\times m$ N 为责任单位层次；M 为会议等级；m 为同时与 N 和 M 对应的会议次数。 责任单位层次 N，取值如下： 主办=1 承办=0.8 协办=0.6 会议等级 M，取值如下： 国际会议=1 国内会议=0.8	min$X$=0，max$X$=100	次	水平对比法	见 6.2 公式
L2P2-A2	年度在各类媒体的原创良性报道次数	$X=\sum m$ m 为年度在各类媒体的原创非重复性良性报道次数	min$X$=0，max$X$=100	次	水平对比法	见 6.2 公式

表 5（续）

编号	指标名称	指标测量方法	阈值范围	单位	计算方法	计算公式
L2P2-A3	年度企业家媒体专访次数	$X=\sum m$ m 为年度企业家媒体专访次数	$\min X=0$, $\max X=20$	次	水平对比法	见 6.2 公式
L2P2-A4	年度获得国际、国家、省部、协会级荣誉数量	$X=\sum M\times m$ M 为荣誉分值；m 为 M 对应的荣誉获得数量。 荣誉分值 M，取值如下： 国际级＝1 国家级＝0.8 省部级＝0.6 协会级＝0.4	$\min X=0$, $\max X=10$	次	水平对比法	见 6.2 公式

5.4 企业经营创新影响力指数

5.4.1 管理创新指数

管理创新指数评价指标及测量方法见表 6。

表 6 管理创新指数评价指标

编号	指标名称	指标测量方法	阈值范围	单位	计算方法	计算公式
L3P1-A1	企业实施管理方法或管理体系的数量	$X=\sum m$ m 为企业实施管理方法或管理体系的数量	$\min X=0$, $\max X=10$	项	水平对比法	见 6.2 公式
L3P1-A2	研究生及高级职称以上管理人员占比	X＝研究生及高级职称以上企业管理人员数量/企业管理人员数量	$\min X=20\%$, $\max X=80\%$	百分比	水平对比法	见 6.2 公式
L3P1-A3	年度参加并完成专业培训的员工占比	X＝企业年度参加并完成 1 次或多次专业培训的员工数量/企业员工总数量	$\min X=20\%$, $\max X=100\%$	百分比	水平对比法	见 6.2 公式
L3P1-A4	上年度投资回报率情况	当投资回报率＝0 时，$X=0$； 当 0＜投资回报率＜5%时，$X=25$； 当 5%≤投资回报率＜10%时，$X=50$； 当投资回报率≥10%时，$X=100$	$\min X=0$, $\max X=100$	分级量化	水平对比法	见 6.2 公式
L3P1-A5	创新管理方法论实践情况	创新管理方法论缺失，$X=0$； 创新管理方法论已具备，能指导企业创新活动实践，$X=60$； 创新管理方法论健全，能促进企业创新活动实践，$X=100$	$\min X=0$, $\max X=100$	分级量化	水平对比法	见 6.2 公式

5.4.2 社会贡献指数

社会贡献指数评价指标及测量方法见表7。

表7 社会贡献指数评价指标

编号	指标名称	指标测量方法	阈值范围	单位	计算方法	计算公式
L3P2-A1	慈善公益投入情况	企业慈善公益年度投入额、慈善公益项目年度数量、员工志愿者年均活动时长等慈善公益投入低于去年，$X=0$； 慈善公益投入与去年持平，$X=60$； 慈善公益投入高于去年，$X=80$； 慈善公益投入大幅度高于去年，$X=100$	$\min X=0$，$\max X=100$	分级量化	水平对比法	见6.2公式
L3P2-A2	响应政府政策号召的情况	企业发展战略与国家、区域产业发展政策规划契合度较低，$X=60$； 与产业发展政策规划一致性较好，$X=80$； 与产业发展政策规划紧密契合，$X=100$	$\min X=60$，$\max X=100$	分级量化	水平对比法	见6.2公式
L3P2-A3	顾客满意度情况	顾客满意度较低，投诉情况多，$X=0$； 顾客对产品和服务质量比较满意，$X=60$； 顾客对产品和服务质量满意，$X=80$； 顾客对产品和服务质量非常满意，$X=100$	$\min X=0$，$\max X=100$	分级量化	水平对比法	见6.2公式
L3P2-A4	对产业链和行业的影响情况	对产业链和行业发展产生影响较低，$X=0$； 产生一定影响，$X=60$； 产生较好影响，$X=80$； 能够改造升级产业链和行业，$X=100$	$\min X=0$，$\max X=100$	分级量化	水平对比法	见6.2公式

6 评价模型

6.1 创新影响力单项指数计算模型

企业创新影响力单项指数即各项二级指标的计算分值，如“技术创新投入指数”分值，由各项三级指标的算术平均计算得到，具体计算过程如下。

首先，各项三级指标的测量中，若需采用水平对比法判断所评价企业的第 i 个一级指标下的第 j 个二级指标下的第 k 个三级指标在该项变量阈值范围中所处的水平，计算方法见式(1)：

$$Q_{ijk}=\frac{X_{ijk}-\min X_{ijk}}{\max X_{ijk}-\min X_{ijk}} \qquad \cdots\cdots (1)$$

式中：

Q_{ijk} ——第 i 个一级指标下的第 j 个二级指标下的第 k 个三级指标分值；

X_{ijk} ——第 i 个一级指标下的第 j 个二级指标下的第 k 个三级指标实际测量值；

$\min X_{ijk}$，$\max X_{ijk}$ ——本标准设定的第 i 个一级指标下的第 j 个二级指标下的第 k 个三级指标的阈值构成项，分别指阈值的最小值和最大值。各项三级指标的阈值范围见表2～表7。

当采用水平对比法判断所评价企业的第 i 个一级指标下的第 j 个二级指标下的第 k 个三级指标超过该项变量阈值范围中的最大值时，该项三级指标分值 Q_{ijk} 直接取1。

其次，企业创新影响力单项指数即各项二级指标分值由其下若干三级指标的算术平均值构成，计算方法见式(2)：

$$Q_{ij}=\frac{\sum_{k=1}^{k}Q_{ijk}}{k} \qquad\qquad (2)$$

式中：

Q_{ij}——第 i 个一级指标下的第 j 个二级指标分值；

Q_{ijk}——第 i 个一级指标下的第 j 个二级指标下的第 k 个三级指标分值。

6.2 创新影响力分类指数计算模型

企业创新影响力分类指数即各项一级指标的分值计算，当企业技术创新影响力分类指数(Q_1)、企业品牌创新影响力分类指数(Q_2)和企业经营创新影响力分类指数(Q_3)等一级指标由二级指标构成时，使用几何平均方法计算得到，计算方法见式(3)：

$$Q_i=\sqrt[j]{\prod_{j=1}^{j}Q_{ij}} \qquad\qquad (3)$$

式中：

Q_i ——第 i 个一级指标分值；

Q_{ij} ——第 i 个一级指标下的第 j 个二级指标分值。

6.3 创新影响力综合指数计算模型

企业创新影响力综合指数由企业技术创新影响力指数(Q_1)、企业品牌创新影响力指数(Q_2)和企业经营创新影响力指数(Q_3)3 项一级指标的分值使用几何平均方法计算得到，计算方法见式(4)：

$$Q=\sqrt[3]{\prod_{i=1}^{3}Q_i} \qquad\qquad (4)$$

式中：

Q ——企业创新影响力综合指数；

Q_i ——第 i 个一级指标指数。

7 评价方法

7.1 评价总体要求

7.1.1 依据本标准开展企业创新影响力评价时，需组织专门的评价小组执行具体工作，由有资质的评审员组成。企业内部的评价可由企业中的相关部门人员进行。

7.1.2 评价过程宜有实施计划，计划应包括对企业技术创新影响力指数、企业品牌创新影响力指数、企业经营创新影响力指数等不同层面的调查和评分，得出综合性的评价结果。

7.1.3 评价时采用文件调查和现场调查的方式，包括查阅文件和记录、询问工作人员、观察现场等，宜按 GB/T 19011—2013 中 6.4 规定的方法进行。

7.2 评价程序

企业创新影响力评价过程应包含以下程序：

a) 声明评价目的：通过综合的分析对被评价企业的创新状况及其结果进行评价和论断，以促进被评价企业创新能力的提高、行业整体发展水平的提升和社会经济的发展；

b) 界定被评价企业类型：识别被评价的企业类型和所属行业类型，界定其产品或服务所属的业务领域；

c) 厘清影响企业创新影响力的主要方面，确定企业创新影响力评价指标：结合被评价企业的实际情况，根据表1～表7中各项及各级指标的具体测量及计算方法确定被评价企业的创新影响力评价指标；

d) 制定评价数据和信息的采集方案，并采集信息：评价人员需根据被评价企业的实际情况制定详细的评估数据和信息采集方案，信息的来源可包括被评价企业和合适的第三方提供的数据等，充分评估所使用的数据的真实性、完整性、一致性和充分性，确保开展评价所使用的信息真实有效；

e) 选择适宜方法进行评价：可依据被评价企业类型、所属行业类型、其产品或服务所属的业务领域的不同，使用不同的具体方法开展企业创新影响力评价活动；

f) 出具评价结果报告：评价活动结束后，应向被评价企业出具评价结果报告，评价结果报告应包含的内容具体参见7.3，评价报告样表见附录A。

7.3 评价报告

企业创新影响力评价报告应由基本信息、被评价企业概要、评价内容与分值、差距分析、现场图片和审核文件、评价结论六部分组成。

基本信息应包括被评价企业名称和地址、评价日期、评价人员及其资质证明等信息。

被评价企业概要应包括被评价企业类型等基础信息以及财务状况和主要经营情况等能够说明企业状况的信息。

评价内容和分值应包括企业技术创新影响力指数、企业品牌创新影响力指数、企业经营创新影响力指数3项一级指标，6项二级指标，29项三级指标的评价内容、证明描述和对应的各项分值。

差距分析应对评价过程中发现的问题，以及被评价企业尚存在的差距进行说明，并提出需改进的具体建议。

评价结论应根据第8章中的要求给出企业创新影响力评价的最终结论。

8 评价结果

8.1 创新影响力指数

综合评价得到企业创新影响力指数使用千分制形式展现，即企业创新影响力综合指数分值Q×1 000，按分数高低进行横向排名，排名在前的企业创新影响力大于排名在后的企业。当分值相同时，采取排名并列的处理方法。

8.2 创新影响力等级

根据企业创新影响力指数分值，评价确定企业创新影响力等级如下：

a) 达到700分以上(含700分)，创新影响力卓越企业(AAAAA+)；

b) 达到500分(含500分)且不足700分，创新影响力优秀企业(AAAA+)；

c) 达到300分(含300分)且不足500分，创新影响力成长企业(AAA+)。

附 录 A
（资料性附录）
企业创新影响力评价报告样式

企业创新影响力评价报告样表见表 A.1。

表 A.1 企业创新影响力评价报告样表

<table>
<tr><td>报告编号
Report number</td><td>日期和参考号等
Date，Reference No.，etc</td></tr>
<tr><td>企业名称
Enterprise</td><td>企业地址
Enterprise address</td></tr>
<tr><td>评价组组长
Expert group leader</td><td>评价组成员
Expert group</td></tr>
<tr><td>创新影响力指数
Innovation influence index</td><td>创新影响力等级
Innovation influence index classification</td></tr>
<tr><td colspan="2">评价依据：
Assessment standards</td></tr>
<tr><td colspan="2">评价过程描述：
Assessment procedure description</td></tr>
<tr><td colspan="2">自由处置区
Free disposal
（签署）
Place and date of issue，Authentication</td></tr>
</table>

ICS 01.040.03
A 01

CSPSTC

中国科技产业化促进会团体标准

T/CSPSTC 2—2017

产业园区创新影响力评价体系

Evaluation systems for industrial park innovation influence

2017-11-01 发布 2017-12-15 实施

中国科技产业化促进会 发布

前　言

本标准按照 GB/T 1.1—2009 给出的规则起草。

本标准由中国科技产业化促进会和标准联合咨询中心提出。

本标准由中国科技产业化促进会标准化工作委员会归口。

本标准起草单位:标准联合咨询中心、中国标准化研究院、中关村发展集团股份有限公司、苏州工业园区管理委员会、上海张江高科技园区开发股份有限公司、南昌高新技术产业开发区管理委员会、滁州经济技术开发区管理委员会、如皋经济技术开发区管理委员会、天安数码城(集团)有限公司、中国宜兴环保科技工业园管理委员会、成都高新技术产业开发区管理委员会、青岛国家高新技术产业开发区管理委员会、长沙高新技术产业开发区管理委员会、重庆高新技术产业开发区管理委员会、宁波国家高新技术产业开发区管理委员会、淄博高新技术产业开发区管理委员会、济宁高新技术产业开发区管理委员会、石家庄高新技术产业开发区管理委员会、沧州渤海新区管理委员会、上海浦东软件园股份有限公司、中国质量认证中心、清华大学、中国商业联合会、创新联盟认证中心股份公司、中国科技产业化促进会。

本标准主要起草人:卢成绪、高昂、韩柏、丁立新、葛培健、杨晓辉、盛必龙、马金华、乔良、朱旭峰、徐富艺、肖焰恒、宋捷、刘小强、林贻泉、张旭东、黄伟鹏、丁飞燕、张国栋、张素龙、潘英、肖广岭、谭兴政、惠小兵、谭华。

产业园区创新影响力评价体系

1 范围

本标准规定了产业园区创新影响力评价应遵循的评价原则、指标体系、指标说明和评价方法。

本标准适用于不同类型产业园区的创新影响力评价，并为产业园区形成、保持和提升创新影响力提供参考。

2 规范性引用文件

下列文件对于本文件的应用是必不可少的。凡是注日期的引用文件，仅注日期的版本适用于本文件。凡是不注日期的引用文件，其最新版本（包括所有的修改单）适用于本文件。

GB/T 19011—2013 管理体系审核指南

T/CSPSTC 1—2017 企业创新影响力评价体系

3 术语和定义

下列术语和定义适用于本文件。

3.1

产业园区创新影响力 industrial park innovation influence

产业园区在创新资源聚集、创新创业环境、创新活动绩效、创新驱动发展等方面进行实践，并在此过程中实现承诺、获得认同并取得成效，从而对产业园区自身或相关方产生良性导向作用的能力。

3.2

评价体系 evaluation system

以对评价对象进行评价为目的，建立指标体系，依据评价原则、评价程序和评价方法等要素构成的整体系统。

[T/CSPSTC 1—2017，定义 3.2]

3.3

指数 index

围绕评价目标，运用评价体系的各要素数据进行综合、叠加、统计运作获得的指标性数字，能够有效测定并反映评价对象随各要素变动的量化影响程度。

[T/CSPSTC 1—2017，定义 3.3]

4 总则

4.1 评价原则

产业园区创新影响力评价宜遵循下列原则：

——公正性 依据实际情况，客观、公平、公正地对产业园区创新影响力进行评价；

——科学性 评价指标的获取应当有可靠的来源，并与产业园区创新实践活动科学结合，能准确体现评价的导向和要求；

——可操作性　评价指标和评分方法应当具体明确，指标可衡量，指标设计应易于理解，评分方法应科学合理、便于操作；

——持续改进原则　产业园区创新影响力评价体系应持续改进以提供客观、公正、与时俱进的评价结果。

4.2　评价声明

评价工作开展前，应当由评价实施机构向产业园区管理单位声明评价结果的预期用途、评价报告使用者、评价过程、评价人员资质要求、评价实施时间和评价时效等信息。

4.3　评价对象的界定

评价实施方在开展评价前应识别被评价产业园区的建设定位、资源禀赋和特色产业，界定其园区类型和重点发展的业务领域，并委任有能力的人员实施评价。

4.4　评价数据的来源

评价人员应确保获得开展评价所需要的有效信息，信息的来源可包括产业园区和合适的第三方提供的数据。评价人员应充分评估所使用的数据的真实性、完整性、一致性和充分性。

4.5　评价人员的要求

在评价过程中，评价人员应基于4.1中的评价原则开展工作，并遵循以下要求：

——熟悉评价对象的发展现状和所在地区域发展战略和产业政策要求；

——积极与评价小组成员沟通，解决存在的问题或疑惑；

——保证评价过程的全面与客观，不得人为调整指标数据或操作评价结果；

——考虑实际操作情况，确保评价过程确实可行且评价过程可回溯；

——评价信息和中间数据未经产业园区的允许，应严格保密；

——以帮助产业园区持续改进其创新影响力为目标开展评价工作。

5　评价体系

5.1　一般要求

5.1.1　评价层级划分

产业园区创新影响力评价体系由2级指标构成。评价体系包含4项一级指标，分别是：创新资源集聚指数、创新创业环境指数、创新活动绩效指数、创新驱动发展指数。这4项一级指标下各设5项二级指标，共计20项二级指标。

5.1.2　评价指标构成

产业园区创新影响力评价体系指标的变量经逐级计算确定。即一级指标的指数为其类目下各二级指标的算数平均数，产业园区创新影响力指数为各一级指标的几何平均数。产业园区创新影响力评价体系见表1。

表 1 产业园区创新影响力评价体系

一级指标	二级指标	说明
创新资源集聚指数 L1	研发人员数量占园区企业员工总数的比重 L1P1	反映产业园区创新研发的直接人力资源投入强度
	园区企业研发投入与园区企业营收增加值比例 L1P2	反映产业园区创新研发的经费投入强度
	财政科技经费投入与园区财政总投入比例 L1P3	反映产业园区管理机构对科技活动的支持以及营造良好创新创业环境的情况
	各级专业研发机构数量 L1P4	反映产业园区落地的各级各类专业性研发机构的密集程度
	标杆企业数量 L1P5	反映产业园区在聚集和培养创新性企业方面的情况
创新创业环境指数 L2	年度新增企业数量与企业总数比例 L2P1	反映产业园区的招商引资、企业落地的活力情况
	各类创新服务机构数量 L2P2	反映产业园区服务创新和创新成果产业化的支撑条件
	高级职称专业人员所占比重 L2P3	体现产业园区对高端专业性人才的吸引力
	园区孵化器及加速器内企业数量 L2P4	反映产业园区支撑创新创业落实国家创新驱动发展举措的基础条件和服务能力
	创投机构对园区企业进行投资的比例 L2P5	衡量产业园区的科技金融发展水平，反映产业园区在聚集创投机构、吸纳风险投资以支持创新创业等方面发展情况
创新活动绩效指数 L3	高新技术产业总收入与园区营业总收入的比例 L3P1	反映产业园区高新技术产业总体规模以及在园区整体中所占的份额
	园区企业亿元产值拥有知识产权比例 L3P2	反映产业园区相对于经济产出的知识产权产出情况
	园区企业当年完成的技术服务/咨询/转让合同交易额(万元) L3P3	反映产业园区企业技术输出、技术转让、技术对外服务的收入情况，体现产业园区企业的技术能力
	生产性服务业从业人员数量占园区从业人员比重 L3P4	反映产业园区生产性服务业的现状和发展高端产业的配套环境，并反映产业园区转方向调结构以及产业优化升级情况，衡量园区由价值链曲线底端向两端攀升的情况
	技术服务出口占园区出口总额比重 L3P5	反映产业园区产业向产业链高端延伸以及国际市场开拓和竞争能力
创新驱动发展指数 L4	园区内企业总收入占所在城市 GDP 比例 L4P1	反映产业园区经济发展对城市经济发展的引领带动作用
	园区企业平均工资增长率 L4P2	反映产业园区员工的人均收入改善情况
	园区循环经济开展情况 L4P3	衡量产业园区循环经济实现程度的重要参考
	园区设施配套情况 L4P4	反映产业园区基础设施配套和生活便利化情况，间接反映产业园区的招商引资能力
	园区运营管理机制建设水平 L4P5	反映产业园区的创新管理和运营机制情况

5.1.3 评价指标表头说明

产业园区创新影响力评价指标表(表 1)中的表头说明如下：

a) 指标编号：L：一级；P：二级；

b) 指标名称:评价指标的名称;
c) 单位:评价指标的计量单位;
d) 计算方法:指标数值的计算方法;
e) 计算公式:指标数值计算使用的公式。

5.2 创新资源集聚指数

创新资源集聚指数评价指标及测量方法见表 2。

表 2 创新资源集聚指数评价指标

编号	指标名称	指标测量方法	阈值范围	单位	计算方法	计算公式
L1P1	研发人员数量占园区企业员工总数的比重	X=研发人员数量/园区企业员工总数	min$X$=10%, max$X$=80%	百分比	水平对比法	见 6.2 公式
L1P2	园区企业研发投入与园区企业营收增加值比例	X=园区企业研发投入总额/园区企业营收增加值总额	min$X$=10%, max$X$=50%	百分比	水平对比法	见 6.2 公式
L1P3	财政科技经费投入与园区财政总投入比例	X=当年园区财政科技经费投入/当年园区财政总投入	min$X$=10%, max$X$=50%	百分比	水平对比法	见 6.2 公式
L1P4	各级专业研发机构数量	$X=\sum M\times m$ M 为研发机构级别;m 为 M 对应的研发机构数量。 研发机构级别分值 M 取值如下: 国家级=1 省部级=0.8 其他=0.6	min$X$=0, max$X$=20	个	水平对比法	见 6.2 公式
L1P5	标杆企业数量	$X=\sum M\times m$ M 为标杆企业级别;m 为 M 对应的企业数量。 研发机构级别分值 M 取值如下: “独角兽”企业=1 “双创”企业=0.8 高新技术企业=0.6	min$X$=0, max$X$=20	个	水平对比法	见 6.2 公式

5.3 创新创业环境指数

创新创业环境指数评价指标及测量方法见表 3。

表 3 创新创业环境指数评价指标

编号	指标名称	指标测量方法	阈值范围	单位	计算方法	计算公式
L2P1	年度新增企业数量与园区企业总数比例	X＝年度新增企业数量/园区企业总数	min$X$＝0，max$X$＝20％	百分比	水平对比法	见6.2公式
L2P2	各类创新服务机构数量	$X=\sum m$ m为园区各类科技成果转化等创新服务机构数量	min$X$＝0，max$X$＝10	个	水平对比法	见6.2公式
L2P3	高级职称专业人员所占比重	X＝园区企业从业人员中正副高级职称专业人员数量/园区企业从业人员总数	min$X$＝5％，max$X$＝30％	百分比	水平对比法	见6.2公式
L2P4	园区孵化器及加速器内企业数量	$X=\sum m$ m为园区科技企业孵化器及加速器内企业数量	min$X$＝0，max$X$＝10	个	水平对比法	见6.2公式
L2P5	创投机构对园区企业进行投资的比例	X＝园区内获得过1 000万元以上投资的企业数量/园区企业总数	min$X$＝0，max$X$＝30％	百分比	水平对比法	见6.2公式

5.4 创新活动绩效指数

创新活动绩效指数评价指标及测量方法见表4。

表 4 创新活动绩效指数评价指标

编号	指标名称	指标测量方法	阈值范围	单位	计算方法	计算公式
L3P1	高新技术产业总收入与园区营业总收入的比例	X＝当年园区高新技术产业营业收入/当年园区营业总收入	min$X$＝10％，max$X$＝60％	百分比	水平对比法	见6.2公式
L3P2	园区企业亿元产值拥有知识产权比例	X＝当年园区企业获得有效知识产权数量/当年亿元GDP	min$X$＝0，max$X$＝100％	百分比	水平对比法	见6.2公式
L3P3	园区企业当年完成的技术服务/咨询/转让合同交易额/万元	当总额＝0时，X＝0；当0＜总额＜5 000时，X＝25；当5 000≤总额＜20 000时，X＝50；当20 000≤总额＜50 000时，X＝75；当总额≥50 000时，X＝100	min$X$＝0，max$X$＝100	分级量化	水平对比法	见6.2公式

表 4（续）

编号	指标名称	指标测量方法	阈值范围	单位	计算方法	计算公式
L3P4	生产性服务业从业人员数量占园区从业人员比重	X=园区内生产性服务业从业人员数量/园区从业人员总数	min$X$=0，max$X$=20%	百分比	水平对比法	见6.2公式
L3P5	技术服务出口额占园区出口总额比重	X=技术服务出口额/园区出口总额	min$X$=0，max$X$=50%	百分比	水平对比法	见6.2公式

5.5 创新驱动发展指数

创新驱动发展指数评价指标及测量方法见表5。

表5 创新驱动发展指数评价指标

编号	指标名称	指标测量方法	阈值范围	单位	计算方法	计算公式
L4P1	园区内企业总收入占所在城市GDP比例	X=本年度产业园区企业总收入/所在城市GDP	min$X$=0，max$X$=50%	百分比	水平对比法	见6.2公式
L4P2	园区企业平均工资增长率	X=(园区企业当年平均工资－园区企业去年平均工资)/园区企业去年平均工资	min$X$=0，max$X$=20%	百分比	水平对比法	见6.2公式
L4P3	园区循环经济开展情况	园区未具备循环经济意识，X=0；园区已具备循环经济意识，X=60；园区已开展循环经济实践，且能源综合利用率较好，X=80；园区循环经济实践较成熟，且能源综合利用率较高，X=100	min$X$=0，max$X$=100	分级量化	水平对比法	见6.2公式
L4P4	园区设施配套情况	园区生产生活设施配套一般，X=60；园区生产生活设施配套较好，便利化程度良好，X=80；园区生产生活设施配套完善，智能化程度高，X=100	min$X$=60，max$X$=100	分级量化	水平对比法	见6.2公式
L4P5	园区运营管理机制建设水平	园区规章制度有待健全，服务管理水平待提升，X=60；园区运营各项规章制度较为完善，管理机制较灵活，X=80；园区运营各项规章制度完善，实施服务化管理机制，X=100	min$X$=60，max$X$=100	分级量化	水平对比法	见6.2公式

6 评价模型

6.1 产业园区创新影响力单项指数计算模型

产业园区创新影响力单项指数即各项二级指标的分值计算中，若需采用水平对比法判断所评价产业园区的第 i 个一级指标下的第 j 个二级指标在该项变量阈值范围中所处的水平，计算方法见式(1)：

$$Q_{ij}=\frac{X_{ij}-\min X_{ij}}{\max X_{ij}-\min X_{ij}} \quad \cdots\cdots(1)$$

式中：

Q_{ij} ——第 i 个一级指标下的第 j 个二级指标分值；

X_{ij} ——第 i 个一级指标下的第 j 个二级指标实际测量值；

$\min X_{ij}$，$\max X_{ij}$ ——本标准设定的第 i 个一级指标下的第 j 个二级指标的阈值构成项，分别指阈值的最小值和最大值。各项二级指标的阈值范围见本标准表 2～表 6。

当采用水平对比法判断所评价产业园区的第 i 个一级指标下的第 j 个二级指标超过该项变量阈值范围中的最大值时，该项二级指标分值 Q_{ij} 直接取 1。

6.2 产业园区创新影响力分类指数计算模型

产业园区创新影响力分类指数即各项一级指标的分值计算中，当产业园区创新资源集聚指数(Q_1)、创新创业环境指数(Q_2)、创新活动绩效指数(Q_3)、创新驱动发展指数(Q_4)等一级指标由二级指标构成时，由二级指标的算术平均值计算得到，计算方法见式(2)：

$$Q_i=\frac{\sum_{j=1}^{j}Q_{ij}}{j} \quad \cdots\cdots(2)$$

式中：

Q_i ——第 i 个一级指标分值；

Q_{ij} ——第 i 个一级指标下的第 j 个二级指标分值。

6.3 产业园区创新影响力综合指数计算模型

产业园区创新影响力综合指数由创新资源集聚指数(Q_1)、创新创业环境指数(Q_2)、创新活动绩效指数(Q_3)、创新驱动发展指数(Q_4)4 项一级指标的分值使用几何平均方法计算得到，计算方法见式(3)：

$$Q=\sqrt[i]{\prod_{i=1}^{3}Q_i} \quad \cdots\cdots(3)$$

式中：

Q ——产业园区创新影响力综合指数；

Q_i ——第 i 个一级指标指数。

7 评价方法

7.1 评价总体要求

7.1.1 依据本标准开展产业园区创新影响力评价时，需组织专门的评价小组执行具体工作，由有资质的评审员组成。产业园区内部的评价可由产业园区中的相关人员进行。

7.1.2 评价过程宜有实施计划，计划应包括对产业园区创新资源集聚指数、创新创业环境指数、创新活动绩效指数、创新驱动发展指数等不同层面的调查和评分，得出综合性的评价结果。

7.1.3 评价时采用文件调查和现场调查的方式，包括查阅文件和记录、询问工作人员、观察现场等，宜按 GB/T 19011—2013 中 6.4 规定的方法进行。

7.2 评价程序

产业园区创新影响力评价过程应包含以下程序：

a) 声明评价目的：通过综合的分析对被评价产业园区的创新状况及其结果进行评价和论断，以促进被评价产业园区创新能力的提高、行业整体发展水平的提升和社会经济的发展；
b) 界定被评价产业园区类型：识别被评价产业园区的建设定位、资源禀赋和特色产业，界定其园区类型和重点发展的业务领域；
c) 厘清影响产业园区创新影响力的主要方面，确定产业园区创新影响力评价指标：结合被评价产业园区的实际情况，根据表 1～表 6 中各项及各级指标的具体测量及计算方法确定被评价产业园区的创新影响力评价指标；
d) 制定评价数据和信息的采集方案，并采集信息：评价人员需根据被评价产业园区的实际情况制定详细的评估数据和信息采集方案，信息的来源可包括被评价产业园区和合适的第三方提供的数据等，充分评估所使用的数据的真实性、完整性、一致性和充分性，确保开展评价所使用的信息真实有效；
e) 选择适宜方法进行评价：可依据被评价产业园区类型和重点发展的业务领域的不同，使用不同的具体方法开展产业园区创新影响力评价活动；
f) 出具评价结果报告：评价活动结束后，应向被评价产业园区出具评价结果报告，评价结果报告应包含的内容具体参见 7.3，评价报告样表参见附录 A。

7.3 评价报告

产业园区创新影响力评价报告应由基本信息、被评价园区概要、评价内容与得分、差距分析、现场图片和审核文件、评价结论六部分组成。

基本信息应包括被评价产业园区名称和地址、评价日期、评价人员及其资质证明等信息。

被评价园区概要应包括被评价园区类型等基础信息以及财务状况和主要经营情况等能够说明产业园区状况的信息。

评价内容和得分应包括产业园区创新资源集聚指数、产业园区创新创业环境指数、产业园区创新活动绩效指数、产业园区创新驱动发展指数 4 项一级指标，20 项二级指标的评价内容、证明描述和对应的各项得分。

差距分析应对评价过程中发现的问题，以及被评价产业园区尚存在的差距进行说明，并提出需改进的具体建议。

评价结论应根据第 8 章中的要求给出产业园区创新影响力评价的最终结论。

8 评价结果

8.1 创新影响力指数

综合评价得到产业园区创新影响力指数使用千分制形式展现，即产业园区创新影响力综合指数分值 $Q\times1\ 000$，按分数高低进行横向排名，排名在前的产业园区创新影响力大于排名在后的产业园区。当分值相同时，采取排名并列的处理方法。

8.2 创新影响力等级

根据产业园区创新影响力指数，评价确定产业园区创新影响力等级如下：

a) 达到700分以上（含700分），创新影响力卓越产业园区（AAAAA+）；

b) 达到500分（含500分）且不足700分，创新影响力优秀产业园区（AAAA+）；

c) 达到300分（含300分）且不足500分，创新影响力成长产业园区（AAA+）。

附　录　A
（资料性附录）
产业园区创新影响力评价报告样式

产业园区创新影响力评价报告样表见表A.1。

表A.1　产业园区创新影响力评价报告样表

报告编号 Report number	日期和参考号等 Date，Reference No.，etc
产业园区名称 Industrial park	产业园区地址 Industrial park address
评价组组长 Expert group leader	评价组成员 Expert group
创新影响力指数 Innovation influence index	创新影响力等级 Innovation influence index classification
评价依据： Assessment standards	
评价过程描述： Assessment procedure description	
	自由处置区 **Free disposal** （签署） Place and date of issue，Authentication

ICS 01.040.03
A 01

CSPSTC

中国科技产业化促进会团体标准

T/CSPSTC 3—2017

科技成果产业化评价体系

Evaluation system of industrialization for scientific and technical achievement

2017-12-31 发布　　2018-02-01 实施

中国科技产业化促进会　发布

前　言

本标准按照 GB/T 1.1—2009 给出的规则起草。

本标准由中国科技产业化促进会和标准联合咨询中心提出。

本标准由中国科技产业化促进会标准化工作委员会归口。

本标准起草单位:标准联合咨询中心、中国科技产业化促进会、中国标准化研究院、内蒙古第一机械集团有限公司、中信戴卡股份有限公司、滁州经济技术开发区管理委员会、如皋经济技术开发区管理委员会、伽蓝(集团)股份有限公司、南昌高新技术产业开发区管理委员会、天安数码城(集团)有限公司、中核建中核燃料元件有限公司、北京东方雨虹防水技术股份有限公司、湖北宜化集团有限责任公司、中国宜兴环保科技工业园管理委员会、中国重型汽车集团有限公司、山东阳谷电缆集团有限公司、上海良信电器股份有限公司、凯迪生态环境科技股份有限公司、京信通信系统(中国)有限公司、山东电力工程咨询院有限公司、广东坚美铝型材厂(集团)有限公司、山东太平洋光纤光缆有限公司、漳州片仔癀药业股份有限公司、万力轮胎股份有限公司、宁波永发智能安防科技有限公司、湖南省丰源体育科技有限公司、广东中鹏电气有限公司、创新联盟认证中心股份公司、中国电力建设集团有限公司、清华大学、全国工业和信息化科技成果转化联盟、中国质量认证中心。

本标准主要起草人:卢成绪、高昂、惠小兵、谭华、赵文军、武汉琦、盛必龙、马金华、刘玉亮、杨晓辉、乔良、邓话、段文锋、杨晓勤、朱旭峰、李玉生、高宪武、李柏、罗廷元、张黎雪、李学锋、王龙林、刘振勇、王毅、周玉焕、张传栋、黄进明、高世双、曹忠伟、王虹力、王国萱、卢振平、楚跃先、肖广岭、阿拉腾、陈玉涛、尹银锋、潘英。

科技成果产业化评价体系

1 范围

本标准规定了对科研成果和创新技术的产品化、市场化、产业化转化过程进行评价的原则、指标和方法。

本标准适用于对各类组织研发形成的科技成果的产业化过程开展评价,并为组织提升和保持科技成果产业化能力提供参考。

2 规范性引用文件

下列文件对于本文件的应用是必不可少的。凡是注日期的引用文件,仅注日期的版本适用于本文件。凡是不注日期的引用文件,其最新版本(包括所有的修改单)适用于本文件。

GB/T 19011—2013 管理体系审核指南

3 术语和定义

下列术语和定义适用于本文件。

3.1

科技成果 scientific and technical achievement

在科学技术活动中通过智力劳动所得出的具有学术价值和实用价值的知识产品。

注:改写 GB/T 33450—2016,3.1。

3.2

产业化 industrialization

在市场经济条件下,以行业需求为导向,以实现效益为目标,依靠专业服务和质量管理,形成的系列化和品牌化的经营方式和组织形式。

3.3

评价体系 evaluation system

以对评价对象进行评价为目的,建立指标体系,依据评价原则、评价程序和评价方法等要素构成的整体系统。

[T/CSPSTC 1—2017,3.2]

4 评价原则

4.1 规范性

科技成果产业化评价主要涉及评价委托方、评价管理单位、评价组织单位、咨询与评审专家委员会等方面。各相关方应遵循科技成果评价和科技评估管理相关规章制度,遵守评价合同约定,在评价过程中履行义务并承担责任。

4.2 客观公正

由第三方机构依据科技成果产业化的实际情况,客观、公平、公正地对科技成果产业化活动进行评价。

4.3 实用性

指标判定应从多种渠道获取相应的数据或支撑信息作为参考或依据，以对科技成果产业化活动的特征和特性获得全面的评估结果。

4.4 持续性

评价与持续改进相结合，在得出评价结果后，应按年度进行监督评价或内部改进评价。

5 评价指标

5.1 技术指标

5.1.1 技术水平

技术水平的评价项包括但不限于：

——在技术研发过程中解决关键技术问题并取得较大技术突破，建立创新技术、创新方法或创新试验测试条件，能够掌握产业核心技术且具备自主创新能力；

——主要技术指标（性能、工艺、产品设计等）全面高于相关国家标准要求，有能力达到或超过国内国际先进水平；

——科技成果研发过程中能够利用融合技术、方法工具对成果的创新要素和创新内容进行集成和优化，有能力形成各类技术优势互补的动态创新过程和融合多元化技术为一体的集成创新过程；

——在自主创新的同时，科技成果能够获得来自国家级、省部级、地市级的各方科研经费和产业发展经费的多方支持。

5.1.2 技术团队能力

技术团队能力的评价项包括但不限于：

——技术团队有能力研发先进、实用、可操作性强并与相关技术标准兼容的科技成果，能够在产品相关技术标准竞争中获得领跑地位和标准话语权；

——技术团队有能力凭借研究基础积累和技术先发优势，建立并灵活运用知识产权战略，推进科技成果形成技术标准，在产业链上下游吸引相关产学研用单位加入形成产业技术创新联盟，积极推进全产业链的科技成果产业化。

5.1.3 知识产权运营

知识产权运营的评价项包括但不限于：

——科技研发过程中有能力凝练形成知识成果产出物，并申请与科技成果紧密相关的发明专利、实用新型专利、外观设计专利、著作权和商标；

——专利、著作权等知识成果产出物的数量和等级，能够在同行横向对比中处于领先水平，核心技术能够转化形成内部或公开技术标准，并有能力推进技术标准成为行业技术准入门槛；

——具备知识产权战略思维和运营团队，在相关知识产权受到侵犯时，能够正确依据法律法规和行业部门规章实施保护措施。

5.1.4 技术管理能力

技术管理能力的评价项包括但不限于：

——有能力进行技术发展方向预测，确保技术创新符合产品更新换代的总体技术发展趋势；
——有能力进行所在行业的专利池构建和专利竞争力分析，确保在参与行业知识产权竞争过程中保持相关科技储备和创新敏感度；
——有能力在规避知识产权侵权风险的前提下，研发自主技术以替代同类进口产品，并逐步减少对进口零部件的依赖。

5.2 经济指标

5.2.1 市场前景

市场前景的评价项包括但不限于：
——科技成果产业化形成的产品或服务应当能够达到国内市场领先地位，并能体现一定的国际竞争力；
——科技成果产业化形成的产品或服务应当具备明确的目标用户，或有能力在一定程度上引导用户的消费习惯；
——科技成果产业化形成的产品或服务的潜在市场规模较大，预期发展前景较好，能够保持稳定的市场增长态势。

5.2.2 投资价值

投资价值的评价项包括但不限于：
——科技成果产业化项目相关的投资评估指标，如净利润、销售收入、净资产等，能够体现吸引投资者的指标展现；
——科技成果产业化项目有条件出具第三方机构的相关评估报告，投资回收的预期周期较短，预期投资市盈率较高；
——科技成果及其产品应具有较强竞争力，与同类产品在功能、成本、价格等方面的比较中综合优势明显；
——科技成果产业化项目的方向，研发团队的素质，团队专业技术的完备程度，研发进行的阶段，市场的状况，以往转化项目的完成度，及其他相关因素具备良好的对外展示，能够提升投资人的估值。

5.2.3 产业资源禀赋

产业资源禀赋的评价项包括但不限于：
——科技成果产业化项目具备良好的产业链上游和下游配套和供应能力；
——科技成果产业化项目具备完善的自有或第三方生产配套和检测配套；
——所在区域的区位条件与经济发展情况能够支撑产业化项目的持续健康发展。

5.3 社会指标

5.3.1 产业政策契合度

产业政策契合度的评价项包括但不限于：
——科技成果所属产业符合国家供给侧改革的基本要求和经济社会可持续发展的趋势；
——科技成果产业化项目应当符合国家重大产业政策发展方向和产业资金投入扶持方向；
——在条件成熟时，有能力逐步减弱对产业政策的依赖，适应市场演变发展过程，并进一步提升核心竞争力。

5.3.2 成果产业化环境

成果产业化环境的评价项包括但不限于：

——科技成果产业化过程应当符合政策、法律、规范及相关部门规章的要求；

——科技成果产业化的战略、目标、发展规划、定位应当明确、清晰；

——科技成果产业化过程应当促进所在地区产业结构优化升级，推动区域经济持续增长；

——科技成果产业化过程应当合理利用资源，节能降耗，并展现组织的社会责任。

5.3.3 模式创新

模式创新的评价项包括但不限于：

——组织应当不断尝试管理体制机制创新，逐步形成完善的组织治理结构，并积极实践先进的管理体系，获取相应的认证并持续改进；

——组织应当主动推进产业资源共享，积极牵头或参与建设产业技术创新联盟，加快科技成果研发进度，提高科技成果研发水平；

——应当广泛关注产业链上下游相关机构的经营状况，培养管理人员和技术人员的信息敏感度，形成科技成果研、产、供、销有机结合的一体化经营模式。

6 评价实施

6.1 评价流程

科技成果产业化评价应当遵循规定评价流程开展，评价流程见图1。

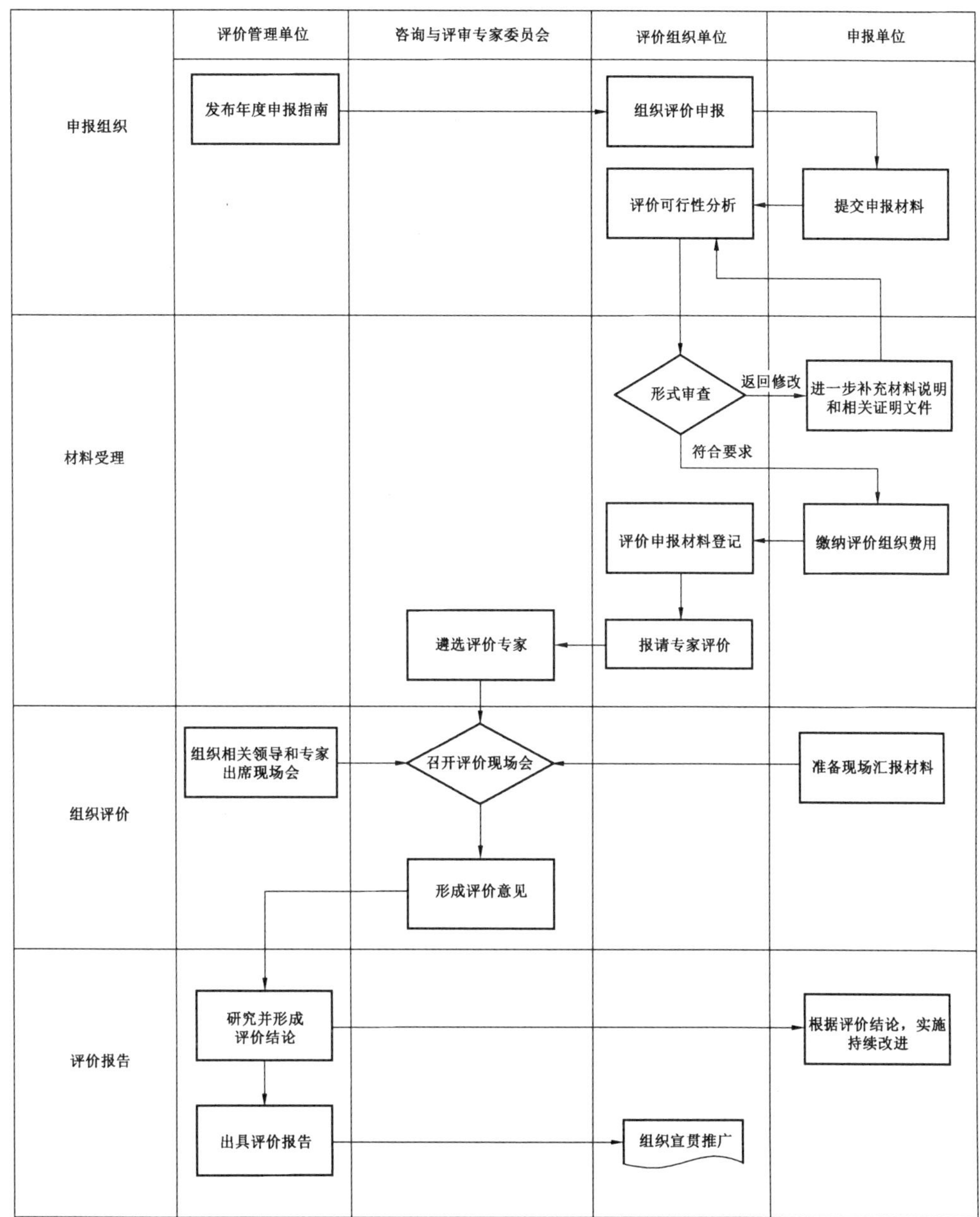

图1　科技成果产业化评价流程

6.2　申报组织

6.2.1　评价管理单位按年度发布申报指南或申报通知，申报单位依据指南向评价组织单位提交科技成果产业化评价申报材料。

6.2.2 申报材料应当完整、真实、规范,内容表述明确,并附带相应证明材料。
6.2.3 申报材料应包括纸质材料和 PDF 格式电子版材料各一份。
6.2.4 申报材料包括但不限于以下内容,并按照顺序排列成册,逐页标明页码,各项材料间应当有区别标志:

——申请表(见附录 B):申报表内容包括但不限于成果名称和类型、委托方信息、以及委托方声明等内容;
——成果资料:应包括成果简介、法人证书或身份证复印件以及相关证明材料。成果简介包括但不限于成果技术指标、效益指标和风险指标等内容。相关证明材料包括但不限于专利、专著、论文、标准、著作权、获奖证书、转让合同、测试报告、应用证明、国家法律法规要求的行业审批文件以及其他反映评价指标体系内容的证明材料的复印件。

6.3 材料受理

6.3.1 评价组织单位需进行评价可行性分析,并对申报单位的申报材料进行形式审查,判断申报单位提交的材料是否达到开展评价活动的基础要求。
6.3.2 若评价材料不齐全,需将材料返回至申报单位进一步补充材料或说明;若申报材料齐全且符合要求,或者申报单位按照进一步要求补充完整材料并符合要求后,评价组织单位予以受理。
6.3.3 材料审查通过后,评价组织单位与申报单位签订科技成果产业化评价咨询协议,约定有关评价工作事项,完成时间和评价费用等事项。

6.4 组织评价

6.4.1 总体要求

6.4.1.1 依据本标准开展科技成果产业化评价时,应当在咨询与评审专家委员会中遴选适当的专家做为评审员并组成评价执行小组。
6.4.1.2 评价过程宜有实施计划,计划应包括对本标准所要求的各项评价指标在不同维度的调查和评分步骤,得出评价意见。
6.4.1.3 评价时宜识别评价指标适用于不同行业的特定要求,并在适当的范围内对不同行业属性的科技成果进行综合性评价。
6.4.1.4 评价时采用文件调查和现场调查的方式,包括查阅文件和记录、询问工作人员、观察现场等,评价宜按 GB/T 19011—2013 中 6.4 规定的方法进行。
6.4.1.5 评价宜每三年重新评价一次,以达到保持和改进的目的。

6.4.2 评分

科技成果产业化评价指标和分值见附录 A,评价结果采用加权平均求和评估方法,评价得分计算式(1)为:

$$F=\sum x_i w_i \qquad \cdots\cdots(1)$$

式中:

F ——某评审员对被评估项目的综合性评分;

x_i ——该评审员对某项指标的具体评分;

w_i ——该指标的权重。

计算结果时,首先依据本标准对二级指标打分,并依据二级指标权重对各二级指标得分进行加权求和,再依据一级指标权重对各一级指标得分进行加权求和,得到综合性评分,再综合所有评审员的评分得到最终综合性评分。

此外，为保证评价能够体现科技成果产业化过程中的创新性亮点，设置20分的创新加分项，以体现科技成果产业化评价体系未涵盖的指标创新性，创新加分项的分值由专家组合议形成。

6.5 评价报告

6.5.1 评价完成后，评价管理单位应研究并形成评价结论，在15个工作日内出具评价报告(见附录C)。评价报告内容应包括科技成果产业化概况、评价内容及评价结论等。评价报告应加盖“评价管理单位业务专用章”，并书面通知申报单位。

6.5.2 评价组织单位应对评价报告进行建档存留，并组织落实科技成果产业化的宣传推广工作。

附　录　A
（规范性附录）
科技成果产业化评价指标和分值

科技成果产业化评价指标和分值见表 A.1。

表 A.1　科技成果产业化评价指标和分值

一级指标	指标权重	二级指标	满分	指标权重
技术指标	40%	技术水平	100	30%
		技术团队能力	100	25%
		知识产权运营	100	25%
		技术管理能力	100	20%
经济指标	35%	市场前景	100	40%
		投资价值	100	35%
		产业资源禀赋	100	25%
社会指标	25%	产业政策契合度	100	30%
		成果产业化环境	100	30%
		模式创新	100	40%
创新加分项	—	科技成果产业化评价加分项	20	—

附 录 B
(规范性附录)
科技成果产业化评价申请表

科技成果产业化评价评价申请表见表B.1。

表B.1 科技成果产业化评价申请表(样表)

编号:

<table>
<tr><td>成果名称</td><td colspan="6"></td></tr>
<tr><td>成果类型</td><td colspan="6">□ 科技成果产业化评价 □ 科技成果水平评价</td></tr>
<tr><td>研究开始时间</td><td colspan="3"></td><td>研究终止时间</td><td colspan="2"></td></tr>
<tr><td>任务来源</td><td>()</td><td colspan="5">1-国家计划 2-省部计划 3-计划外</td></tr>
<tr><td>成果有无密级</td><td>()</td><td>0-无 1-有</td><td>密级</td><td>()</td><td colspan="2">1-秘密 2-机密 3-绝密</td></tr>
<tr><td rowspan="9">委托方</td><td>名称或姓名</td><td colspan="5"></td></tr>
<tr><td>隶属省部</td><td>代码</td><td colspan="2"></td><td>名称</td><td></td></tr>
<tr><td>所在地区</td><td>代码</td><td colspan="2"></td><td>名称</td><td></td></tr>
<tr><td>通讯地址</td><td colspan="3"></td><td>邮政编码</td><td></td></tr>
<tr><td>性质</td><td colspan="5">□独立科研机构;□大专院校;□企业;□个人;□其他</td></tr>
<tr><td>负责人</td><td></td><td>电话</td><td></td><td>传真</td><td></td></tr>
<tr><td rowspan="2">联系人</td><td rowspan="2"></td><td>电话</td><td></td><td>传真</td><td></td></tr>
<tr><td>手机</td><td></td><td>电子邮箱</td><td></td></tr>
<tr><td>成果资料</td><td colspan="6">所附资料(请在所提供资料前的□内打“√”)
□ 1. 成果简介,包括项目背景、产品概述、解决的技术问题、项目设计标准和规范、技术论述、技术效果及应用情况等内容;
□ 2. 主要研制人员名单,包括姓名、性别、出生年月、技术职称、文化程度、工作单位、对成果创造性贡献等;
□ 3. 评价大纲;
□ 4. 成果产业化工作总结;
□ 5. 成果产业化技术研究报告;
□ 6. 成果产业化用户使用报告;
□ 7. 法人证书或身份证复印件;
□ 8. 专利复印件;
□ 9. 著作(书籍)封面复印件;
□ 10. 论文复印件;
□ 11. 标准复印件;
□ 12. 软件著作权复印件;
□ 13. 获奖证书复印件;
□ 14. 转让合同复印件;
□ 15. 测试或检测报告复印件;
□ 16. 应用证明复印件;
□ 17. 国家法律法规要求的行业审核文件;
□ 18. 其他</td></tr>
</table>

表 B.1（续）

<table>
<tr><td colspan="2">委托方声明</td></tr>
<tr><td colspan="2">委托方自愿申请科技成果产业化评价活动，并承诺所提供的相关证明、资料真实、有效，复印件和原件一致。成果符合国家法律、法规，不存在知识产权权益纠纷。如有不实之处，我愿负相应法律责任，并承担由此造成的一切后果。

委托方（签字/盖章）
年　月　日</td></tr>
<tr><td colspan="2">委托方意见</td></tr>
<tr><td colspan="2">
委托方（签字/盖章）
年　月　日</td></tr>
<tr><td colspan="2">评价机构意见</td></tr>
<tr><td colspan="2">
评价机构（签字/盖章）
年　月　日</td></tr>
<tr><td>评价形式</td><td>会议</td></tr>
</table>

附 录 C
（规范性附录）
科技成果产业化评价报告

科技成果产业化评价报告见表 C.1。

表 C.1 科技成果产业化评价报告（样表）

编号：

科技成果产业化评价报告

××××科促评字[　　]第××号

成果名称：____________________

申报单位：____________________

评价机构（盖章）：______________

实施时间：____________________

中国科技产业化促进会 制

年 月 日

表 C.1（续）

<table>
<tr><td>成果名称</td><td colspan="6"></td></tr>
<tr><td>成果类型</td><td colspan="6">□ 科技成果产业化评价 □ 科技成果水平评价</td></tr>
<tr><td>研究开始时间</td><td colspan="3"></td><td>研究终止时间</td><td colspan="2"></td></tr>
<tr><td>任务来源</td><td>（ ）</td><td colspan="5">1-国家计划　2-省部计划　3-计划外</td></tr>
<tr><td>成果有无密级</td><td>（ ）</td><td>0-无 1-有</td><td>密级</td><td>（ ）</td><td colspan="2">1-秘密　2-机密　3-绝密</td></tr>
<tr><td rowspan="8">委托方</td><td>名称或姓名</td><td colspan="5"></td></tr>
<tr><td>隶属省部</td><td>代码</td><td colspan="2"></td><td>名称</td><td></td></tr>
<tr><td>所在地区</td><td>代码</td><td colspan="2"></td><td>名称</td><td></td></tr>
<tr><td>通讯地址</td><td colspan="3"></td><td>邮政编码</td><td></td></tr>
<tr><td>性质</td><td colspan="5">□独立科研机构；□大专院校；□企业；□个人；□其他</td></tr>
<tr><td>负责人</td><td></td><td>电话</td><td></td><td>传真</td><td></td></tr>
<tr><td rowspan="2">联系人</td><td rowspan="2"></td><td>电话</td><td></td><td>传真</td><td></td></tr>
<tr><td>手机</td><td></td><td>电子邮箱</td><td></td></tr>
<tr><td rowspan="5">评价机构</td><td>名称</td><td colspan="5"></td></tr>
<tr><td>通讯地址</td><td colspan="5"></td></tr>
<tr><td>负责人</td><td></td><td>电话</td><td></td><td>传真</td><td></td></tr>
<tr><td rowspan="2">联系人</td><td rowspan="2"></td><td>电话</td><td></td><td>传真</td><td></td></tr>
<tr><td>手机</td><td></td><td>电子邮箱</td><td></td></tr>
<tr><td colspan="7">报告内容</td></tr>
<tr><td colspan="7">根据委托，我方于××××年××月××日在××××对×××××送评《×××××科技成果产业化技术报告》(以下简称“技术报告”)进行了评价，现提出如下评价报告。
一、成果概况
二、成果评价

三、评价结论
评价认为：
评价结论属咨询意见，供使用者参考。依据评价结论做出的决策行为，其后果由行为决策者承担。
附件：评价咨询专家名单
专家组长签字：
年　月　日</td></tr>
</table>

附件：

评价咨询专家名单					
姓名	工作单位	职称	从事专业	联系电话	签字

参 考 文 献

[1] 中华人民共和国促进科技成果转化法
[2] 科技评估管理暂行办法
[3] 国家创新驱动发展战略纲要
[4] 2017年深化经济体制改革重点工作意见的通知
[5] 科学技术评价办法(试行)
[6] “十三五”国家科技创新规划
[7] 深化科技体制改革实施方案
[8] GB/T 33450—2016 科技成果转化为标准指南
[9] T/CSPSTC 1—2017 企业创新影响力评价体系
[10] T/CSPSTC 2—2017 产业园区创新影响力评价体系